我的第1本
Excel书

一、同步素材文件　二、同步结果文件

素材文件方便读者学习时同步练习使用，结果文件供读者参考

第2章　第3章　第4章　第5章　第6章　第7章　第8章　第9章　第10章　第11章　第12章　第13章　第14章

第15章　第16章　第17章　第18章　第19章　第20章　第21章　第22章　第23章　第24章　第25章　第26章

四、同步PPT课件

**同步的PPT教学课件，
方便教师教学使用**

一、如何学好、用好Excel视频教程

1.1 Excel最佳学习方法

1.Excel究竟有什么用，用在哪些领域

2.学好Excel要有积极的心态和正确的方法

3.Excel版本那么多，应该如何选择

1.2 用好Excel的8个习惯

1.打造适合自己的Excel工作环境

2.电脑中Excel文件管理的好习惯

3.合理管理好工作表、工作簿

4.理清Excel中的3表

5.表格标题只保留一个

6.函数不必多，走出函数学习的误区

7.图表很直观，但使用图表要得当

8.掌握数据透视表的正确应用方法

1.3 Excel八大偷懒技法法

1.常用操作记住快捷键可以让你小懒一把

2.教你如何快速导入已有数据

3.合适的数字格式让你制表看表都轻松

4.设置数据有效性有效规避数据录入错误

5.将常用的表格做成模板

6.批量操作省时省力

7.数据处理不要小看辅助列的使用

8.使用数据透视功能应对多变的要求

三、同步视频教学

长达10小时的与书同步视频教程，精心策划了"Excel 2016 基础学习篇、Excel 2016公式和数篇、Excel 2016图表与图形篇、Excel 2016数据分析篇、Excel 2016实战应用篇"共5篇章内容

➤ 264个"实战"案例　　➤ 82个"妙招技法"　　➤ 4个大型的"商务办公实战"

Part 1　本书同步资源

Part 2　超值赠送资源

Excel 2016
超强学习套餐

二、500个高效办公模板

1.200个Word 办公模板
60个行政与文秘应用模板
68个人力资源管理模板
32个财务管理模板
22个市场营销管理模板
18个其他常用模板

2.200个Excel办公模板
19个行政与文秘应用模板
24个人力资源管理模板
29个财务管理模板
86个市场营销管理模板
42个其他常用模板

3.100个PPT模板
12个商务通用模板
9个品牌宣讲模板
21个教育培训模板
21个计划总结模板
6个婚庆生活模板
14个毕业答辩模板
17个综合案例模板

三、4小时 Windows 7视频教程

第1集 Windows7的安装、升级与卸载
第2集 Windows7的基本操作
第3集 Windows7的文件操作与资源管理
第4集 Windows7的个性化设置
第5集 Windows7的软硬件管理
第6集 Windows7用户账户配置及管理
第7集 Windows7的网络连接与配置
第8集 用Windows7的IE浏览器畅游互联网
第9集 Windows7的多媒体与娱乐功能
第10集 Windows7中相关小程序的使用
第11集 Windows7系统的日常维护与优化
第12集 Windows7系统的安全防护措施
第13集 Windows7虚拟系统的安装与应用

四、

函
26

6

办公宝典

Excel 2016

完全自学教程

凤凰高新教育　编著

北京大学出版社
PEKING UNIVERSITY PRESS

内 容 提 要

熟练使用 Excel 操作，已成为职场人士必备的职业技能。本书以 Excel 2016 软件为平台，从办公人员的工作需求出发，配合大量典型实例，全面而系统地讲解了 Excel 2016 在文秘、人事、统计、财务、市场营销等多个领域中的办公应用，帮助读者轻松高效完成各项办公事务。

本书以"完全精通 Excel"为出发点，以"用好 Excel"为目标来安排内容，全书共 5 篇，分为 26 章。第 1 篇为基础学习篇（第 1~6 章），主要针对初学者，从零开始，系统并全面地讲解了 Excel 2016 基本操作、电子表格的创建与编辑、格式设置，以及 Excel 表格数据的获取与共享技能；第 2 篇为公式和函数篇（第 7~16 章），介绍了 Excel 2016 的数据计算核心功能，包括如何使用公式计算数据、如何调用函数计算数据，以及常用函数、文本函数、逻辑函数、日期与时间函数、查找与引用函数、财务函数、数学与三角函数等的使用；第 3 篇为图表与图形篇（第 17~19 章），介绍了 Excel 2016 统计图表的创建、编辑与分析数据方法，迷你图的使用方法，以及图形图片的编辑与使用技能；第 4 篇为数据分析篇（第 20~22 章），介绍了 Excel 2016 数据统计与分析管理技能，包括数据的排序、筛选、汇总、条件格式、数据验证、透视表与透视图的使用；第 5 篇为案例实战篇（第 23~26 章），通过 4 个综合应用案例，系统地讲解了 Excel 2016 在日常办公中的实战应用技能。

本书可作为需要使用 Excel 软件处理日常办公事务的文秘、人事、财务、销售、市场营销、统计等专业人员的案头参考书，也可作为大中专职业院校、计算机培训班的相关专业教材参考用书。

图书在版编目(CIP)数据

Excel 2016完全自学教程 / 凤凰高新教育编著. —北京：北京大学出版社，2017.7
ISBN 978-7-301-28337-0

Ⅰ.①E… Ⅱ.①凤… Ⅲ.①表处理软件—教材 Ⅳ.①TP391.13

中国版本图书馆CIP数据核字(2017)第107870号

书　　　名	Excel 2016完全自学教程
	EXCEL 2016 WANQUAN ZIXUE JIAOCHENG
著作责任者	凤凰高新教育　编著
责 任 编 辑	尹毅
标 准 书 号	ISBN 978-7-301-28337-0
出 版 发 行	北京大学出版社
地　　　址	北京市海淀区成府路205 号　100871
网　　　址	http://www.pup.cn　　新浪微博：@ 北京大学出版社
电 子 信 箱	pup7@pup.cn
电　　　话	邮购部62752015　发行部62750672　编辑部62570390
印 刷 者	北京大学印刷厂
经 销 者	新华书店
	880毫米×1092毫米　16开本　29.75印张　插页2　1019千字
	2017年10月第1版　2018年10月第4次印刷
印　　　数	14001-18000册
定　　　价	99.00 元

前　言

如果你是一个表格小白，把 Excel 表格当作 Word 中的表格功能来使用；

如果你是一个表格菜鸟，只会简单的 Excel 表格制作和计算；

如果你掌握了 Excel 表格的基础应用，想专业学习 Excel 数据处理与分析技能；

如果你觉得自己 Excel 操作水平一般，缺乏足够的编辑和设计技巧，希望全面提升操作技能。

如果你想成为职场达人，轻松搞定日常工作；

那么本书是您最好的选择！

让我们来告诉你如何成为你所期望的职场达人！

当进入职场时，你才发现原来工作中各种表格、数据处理、统计分析任务随时都有，处处都会用到 Excel 软件。没错，当今我们已经进入了计算机办公与大数据时代，熟练掌握 Excel 软件技能已经是现代入职的一个必备条件，然而经数据调查显示，现如今大部分的职场人对于 Excel 软件的了解还不及五分之一，所以在面临工作时，很多人是用了事倍功半的时间。针对这种情况，我们策划并编写了本书，旨在帮助那些有追求、有梦想，但又苦于技能欠缺的刚入职或在职人员。

本书适合 Excel 初学者，但即便你是一个 Excel 老手，这本书一样能让你大呼开卷有益。这本书将帮助你解决如下问题。

（1）快速掌握 Excel 2016 最新版本的基本功能。

（2）快速拓展 Excel 2016 电子表格的制作方法。

（3）快速掌握 Excel 2016 的数据计算方法。

（4）快速掌握 Excel 2016 数据管理与统计分析的经验与方法。

（5）快速学会 Excel 电子表格的相关技巧，并能熟练进行日常办公应用。

我们不但告诉你怎样做，还要告诉你怎样操作最快、最好、最规范！要学会与精通 Excel 办公软件，这本书就够了！

本书特色

（1）讲解版本最新、内容常用实用。本书遵循"常用、实用"的原则，以微软最新 Excel 2016 版本为写作标准，在书中还标识出 Excel 2016 的相关"新功能"及"重点"知识。并且结合日常办公应用的实际需求，全书安排了 264 个"实战"案例、82 个"妙招技法"、4 个大型的"综合办公项目实战"，系统并全面地讲解 Excel 2016 组件电子表格制作与数据处理方面的相关技能与实战操作。

（2）图解写作、一看即懂、一学就会。为了让读者更易学习和理解，本书采用"步骤引导＋图解操作"的写作方式进行讲解。而且，在步骤讲述中以"❶、❷、❸…"的方式分解出操作小步骤，并在图上进行对应标识，非常方便读者学习掌握。只要按照书中讲述的步骤方法去操作练习，就可以做出与书同样的效果。真正做到简单明了、一看即会、易学易懂的效果。另外，为了解决读者在自学过程中可能遇到的问题，我们在书中设置了"技术看板"栏目板块，解释在讲解中出现的或者在操作过程中可能会遇到的一些疑难问题；另外，我们还设置了"技能拓展"栏目板块，其目的是教会读者通过其他方法来解决同样的问题，通过技能的讲解，从而达到举一反三的作用。

（3）技能操作＋实用技巧＋办公实战＝应用大全

本书充分考虑到读者"学以致用"的原则，在全书内容安排上，精心策划了 5 篇内容，共 26 章，具体安排如下。

第 1 篇：基础学习篇（第 1~6 章），主要针对初学者，从零开始，系统并全面地讲解 Excel 2016 基本操作、电子表格的创建与编辑、格式设置，以及 Excel 表格数据的获取与共享技能。

第 2 篇：公式和函数篇（第 7~16 章），介绍 Excel 2016 的数据计算核心功能，包括如何使用公式计算数据、如何调用函数计算数据，以及常用函数、文本函数、逻辑函数、日期与时间函数、查找与引用函数、财务函数、数学与三角函数等的使用。

第 3 篇：图表与图形篇（第 17~19 章），介绍 Excel 2016 统计图表的创建、编辑与分析数据方法，迷你图的使用方法，以及图形图片的编辑与使用技能。

第 4 篇：数据分析篇（第 20~22 章），介绍 Excel 2016 数据统计与分析管理技能，包括数据的排序、筛选、汇总、条件格式、数据验证、透视表与透视图的使用。

第 5 篇：案例实战篇（第 23~26 章），通过 4 个综合应用案例，系统并全面地讲解 Excel 2016 在日常办公中的实战应用技能。

丰富的教学光盘，让您物超所值，学习更轻松

本书配套光盘内容丰富、实用，赠送了实用的办公模板、教学视频，让读者花一本书的钱，得到多本书的超值学习内容。光盘内容包括如下。

（1）同步素材文件。指本书中所有章节实例的素材文件。全部收录在光盘中的"素材文件\第＊章"文件夹中。读者在学习时，可以参考图书讲解内容，打开对应的素材文件进行同步操作练习。

（2）同步结果文件。指本书中所有章节实例的最终效果文件。全部收录在光盘中的"结果文件\第＊章"文件夹中。读者在学习时，可以打开结果文件，查看其实例效果，为自己在学习中的练习操作提供帮助。

（3）同步视频教学文件。本书为您提供了长达10小时的与书同步的视频教程。读者可以通过相关的视频播放软件（Windows Media Player、暴风影音等）打开每章中的视频文件进行学习，就像看电视一样轻松学会。

（4）赠送"Windows 7系统操作与应用""Windows 10系统操作与应用"的视频教程，让读者完全掌握Windows 7、Windows 10系统的应用。

（5）赠送商务办公实用模板。内容包括200个Word办公模板、200个Excel办公模板、100个PPT商务办公模板，实战中的典型案例，不必再花时间和心血去搜集，拿来即用。

（6）赠送高效办公电子书。"微信高手技巧随身查""QQ高手技巧随身查""手机办公10招就够"电子书，教会读者移动办公诀窍。

（7）赠送"新手如何学好用好Excel"视频教程。时间长达63分钟，为读者分享Excel专家学习与应用经验，内容包括：① Excel的最佳学习方法；② 用好Excel的八个习惯；③ Excel的八大偷懒技法。

（8）赠送"5分钟学会番茄工作法"讲解视频。教会您在职场之中高效地工作、轻松应对职场那些事儿，真正让您"不加班，只加薪"！

（9）赠送"10招精通超级时间整理术"讲解视频。专家传授10招时间整理术，教会您如何整理时间、有效利用时间。无论是职场，还是生活，都要学会时间整理。这是因为"时间"是人类最宝贵的财富。只有合理整理时间，充分利用时间，才能让您的人生价值最大化。

（10）赠送PPT课件。本书还提供了较为方便的PPT课件，以便教师教学使用。

温馨提示：附赠的光盘学习资源，也可以使用微信扫描下方二维码关注公众号获取，输入代码E201xC69，可获取下载地址及密码。

另外，本书还赠送读者一本《高效人士效率倍增手册》小册子，教您学会日常办公中的一些管理技巧，让读者高质高量地完成工作。

本书不是单纯的一本 IT 技能 Excel 办公书，而是一本教授职场综合技能的实用书籍！

本书可作为需要使用 Excel 软件处理日常办公事务的文秘、人事、财务、销售、市场营销、统计等专业人员的案头参考书，也可作为大、中专职业院校、计算机培训班的相关专业教材参考用书。

创作者说

本书由凤凰高新教育策划并组织编写。全书由一线办公专家和多位微软 MVP 教师合作编写，他们具有丰富的 Excel 软件应用技巧和办公实战经验，对于他们的辛苦付出在此表示衷心的感谢！同时，由于计算机技术发展非常迅速，书中疏漏和不足之处在所难免，敬请广大读者及专家指正。

若您在学习过程中产生疑问或有任何建议，可以通过 E-mail 或 QQ 群与我们联系。

投稿信箱：pup7@pup.cn

读者信箱：2751801073@qq.com

读者交流 QQ 群：218192911（办公之家）、363300209

目　录

第2篇　公式和函数篇

对于大多数学习 Excel 的人来说，能使用 Excel 计算数据是学习 Excel 的动力。Excel 具有强大的数据计算功能，相比其他计算工具，它的计算能力更快、更准、量更大。

第 3 篇　图表与图形篇

　　面对大量的数据和计算公式，会让查看表格的人头痛。在分析数据或展示数据时，如果可以将数据表现得更直观形象，不用查看密密麻麻的文字和数字，那么分析数据或查看数据一定会更轻松。所以有了另一种展示数据的方式，那就是图表。此外，图形可以增强工作表或图表的视觉效果，创建出引人注目的报表。

第4篇　数据分析篇

在现代办公应用中，人们需要记录和存储各种数据，而这些数据记录和存储无非是为了日后的查询或分析。当人们面对海量的数据时，也许并没有那么多的时间和精力去仔细查看每一条数据，甚至很多时候，只是需要从这些数据中找到一些想要的信息。如何从中获取最有价值的信息，不仅需要选对数据分析的方法，还必须掌握数据分析的工具。

第20章 ▶
数据的简单分析 ………… 347

第5篇 案例实战篇

没有实战的学习只是纸上谈兵，为了更好地理解和掌握学习到的知识和技巧，大家拿出一点时间来练习本篇中的这些具体案例制作。

现在，提到办公系列软件恐怕没有人会不知道 Office 系列套件。Excel 2016 是 Office 2016 中的一个重要组件，是由 Microsoft 公司推出的一款优秀的表格制作与数据处理应用程序。

第 1 章　Excel 2016 应用快速入门

- ➥ 你知道 Excel 具体能做什么吗？
- ➥ Excel 可以帮助哪些人？
- ➥ 想知道 Excel 2016 的新功能吗？
- ➥ 你会启动 \ 退出 Excel、登录个人账户、自定义工作环境吗？
- ➥ 学习 Excel 有没有捷径呢？

本章将介绍 Excel 的功能、Excel 在相关领域中的应用，以及 Excel 2016 的新增功能及其用法，并为读者解答以上问题。

1.1　Excel 简介

·Excel 是 Microsoft 公司推出的 Office 办公套件中的一个重要组件，使用它既可以制作电子表格，也可以进行各种数据的处理、统计分析和辅助决策操作，被广泛应用于管理、统计财经、金融等众多领域。

自 Excel 诞生以来，Excel 经历了 Excel 2000、Excel 2003、Excel 2007、Excel 2010、Excel 2013 和 Excel 2016 等不同版本。下面来简单回顾一下 Excel 各个版本的新贡献。

1985 年，Microsoft 推出了比 Lotus1-2-3 更好的软件，也就是第一款 Excel，但是它只用于 Mac 系统。

1987 年，第一款适用于 Windows 系统的 Excel 也产生了。1988 年的时候，Excel 的销量超过了 Lotus1-2-3，使得 Microsoft 站在了 PC 软件商的领先位置。这次的事件，促成了软件王国霸主的更替，Microsoft 巩固了它强有力的竞争者地位，并从中找到了发展图形软件的方向。此后大约每两年，Microsoft 就会推出新的版本来扩大自身的优势。

1993 年，Excel 第 一 次 被 捆 绑 进 Microsoft Office 中 时，Microsoft Excel 1998 就 对 Microsoft Word 和 Microsoft PowerPoint 的界面进行了重新设计，以适应这款当时极为流行的应用程序。而且，此时的 Excel 就开始支持 Visual Basic for Applications（VBA）。VBA 是一款功能强大的工具，它使 Excel 形成了独立的编程环境。使用 VBA 和宏，可以把手工步骤自动化，VBA 也允许创建窗体来获得用户输入的信息。

1997 年，Excel 1997 一经问世，就被认为是当前功能强大、使用方便的电子表格软件。它可完成表格输入、统计、分析等多项工作，可生成精美直观的表格、图表。为人们日常生活中处理各式各样的表格提供了良好的工具。此外，因为 Excel 和 Word 同属于 Office 套件，所以它们在窗口组成、格式设定、编辑操作等方面有很多相似之处，因此，在学习 Excel 时很多已经学习过 Word 的朋友很自然就融会贯通了。

2003 年，Excel 2003 已经可以通过功能强大的工具帮助用户将杂乱的数据组织成有用的信息，然后分析、交流和共享所得到的结果。Excel 2003 还引入了【权限管理】这一功能，利用这一功能就可以对工作簿中的不同部分加以限制，帮助用户在团队中工作得更为出色，并能保护和控制对用户工作的访问。另外，用户还可以使用符合行业标准的扩展标记语言（XML），更方便地连接业务程序。

2007 年，在新的面向结果的用户界面中，Excel 2007 提供了强大的工具和功能，用户可以使用这些工具和功能轻松地分析、共享和管理数据。Excel 2007 中的编辑栏可以通过拖曳编辑栏底部的调整条，或双击调整条来调整高度了，不再占用编辑栏下方的空间；同时，用户可以通过左右拖曳名称框的分隔符来调整名称地址框的宽度，使其能够适应长名称；而且，Excel 2007 对编辑框内的公式限制也增加了改进，公式长度限制从 2003 版的 1000 个字符改进到 8000 个字符，公式嵌套的层数限制从 2003 版的 7 层改进到 64 层，公式中参数的个数限制从 2003 版的 30 个改进到 255 个。

2010 年，Excel 2010 可以通过比以往更多的方法分析、管理和共享信息，从而帮助用户发现模式或趋势，做出更明智的决策并提高用户分析大型数据集的能力。使用单元格内嵌的迷你图及带有新迷你图的文本数据获得数据的直观汇总。使用新增的切片器功能快速、直观地筛选大量信息，并增强了数据透视表和数据透视图的可视化分析。

2012 年，Excel 2013 采用了 Microsoft Windows 视窗系统，可以在 Windows 8 设备上获得最佳体验。而且 Excel 2013 的功能更加完善，大量新增功能将帮助用户绘制更具说服力的数据图，从而指导用户制定更好更明智的决策。尤其是其更加智能化的填充功能，提高了数据输入的效率，还可以实现云端服务、服务器、流动设备和 PC 客户端的数据交流，让数据轻松共享。

2015 年，Excel 2016 版本诞生了，这也是目前 Excel 的最新版本，本书中将详细讲解该版本的新增功能。

随着版本的不断提高，Excel 高效的数据处理功能和简洁的操作流程使用户的数据处理变得越来越得心应手，且随着系统的智能化程度不断提高，它甚至可以在某些方面成为用户下一步操作的重要依据，使用户操作简化。Excel 虽然提供了大量的用户界面特性，但它仍然保留了第一款电子制表软件 VisiCalc 的特性：行、列组成单元格，数据、与数据相关的公式或者对其他单元格的绝对引用保存在单元格中。

1.2　Excel 的主要功能

Excel 的主要功能就是进行数据处理。其实，人类自古以来都有处理数据的需求，文明程度越高，需要处理的数据就越多越复杂，而且对处理的要求也越高，速度还必须越来越快。因此，需要不断改善所借助的工具来完成数据处理需求。当信息时代来临时，人们频繁地与数据打交道，Excel 也就应运而生了。它作为数据处理的工具，拥有强大的计算、分析、传递和共享功能，可以帮助读者将繁杂的数据转化为信息。

1.2.1　数据记录与整理

孤立的数据包含的信息量太少，而过多的数据又难以理清头绪。制作成表格是数据管理的重要手段。

记录数据有非常多的方式，用 Excel 不是最好的方式，但相对于纸质方式和其他类型的文件方式来讲，利用 Excel 记录数据会有很大的优势。至少记录的数据在 Excel 中可以非常方便地进行进一步的加工处理包括统计与分析。例如，我们需要存储客户信息，如果我们把每个客户的信息都单独保存到一个文件中，那么，当客户量增大之后，对于客户数据的管理和维护就显得非常的不方便。如果我们用 Excel，就可以先建立好客户信息的数据表格，然后有新客户我们就增加一条客户信息到该表格中，这样每条信息都保持了相同的格式，对于后期数据查询、加工、分析等都变得很方便。

在一个 Excel 文件中可以存储许多独立的表格，我们可以把一些不同类型但是有关联的数据存储到一个 Excel 文件中，这样不仅可以方便整理数据，还可以方便我们查找和应用数据。后期还可以对具有相似表格框架、相同性质的数据进行合并汇总工作。

将数据存储到 Excel 后，使用其围绕表格制作与使用而开发的一系列功能（大到表格视图的精准控制，小到一个单元格格式的设置），Excel 几乎能为用户做到他们在整理表格时想做的一切。例如，我们需要查看或应用数据，可以利用 Excel 中提供的查找功能快速定位到需要查看的数据；可以使用条件格式功能快速标识出表格中具有指定特征的数据，而不必肉眼逐行识别，如图 1-1 所示；可以使用数据有效性功能限制单元格中可以输入的内容范围；对于复杂的数据，还可以使用分级显示功能调整表格的阅读方式，既能查看明细数据，又可获得汇总数据，如图 1-2 所示。

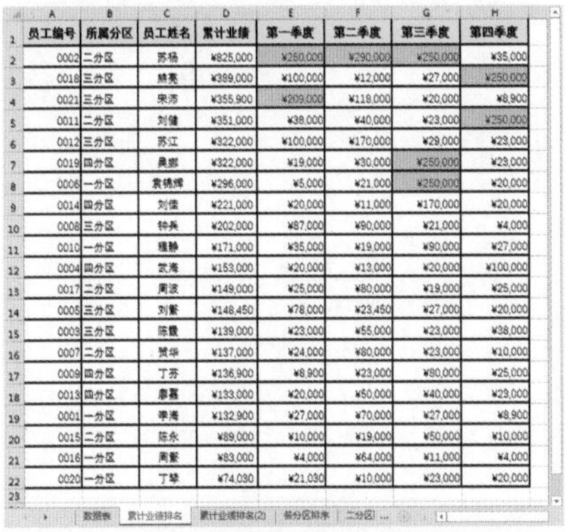

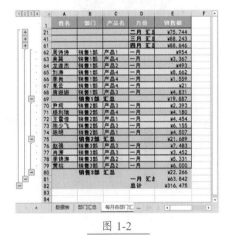

图 1-1

图 1-2

1.2.2 数据加工与计算

在现代办公中对数据的要求不仅仅是存储和查看，很多时候是需要对现有的数据进行加工和计算。例如，每个月我们会核对当月的考勤情况、

核算当月的工资、计算销售数据等。

在 Excel 中，我们可以运用公式和函数等功能来对数据进行计算，利用计算结果自动完善数据，这也是 Excel 值得炫耀的功能之一。

Excel 的计算功能与普通电子计算器相比，简直不可同日而语。在 Excel 中，常见的四则运算、开方乘幂等简单计算只需要输入简单的公式就可以完成，如图 1-3 所示为使用加法计算的办公费用开支统计表，在图最上方的公式编辑栏中可以看到该单元格中的公式为【=D4+D5+D6+D9+D10+D11+D12+D15】。

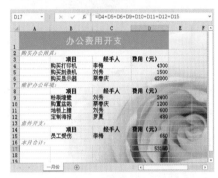

图 1-3

Excel 除了可以进行一般的数据计算工作外，还内置了 400 多个函数，分为了多个类别，可用作统计、财务、数学、字符串等操作，以及各种工程上的分析与计算。利用不同的函数组合，用户几乎可以完成绝大多数领域的常规计算任务。

例如，核算当月工资时，我们将所有员工信息及其工资相关的数据整理到一个表格中，然后运用公式和函数计算出每个员工当月扣除的社保、个税、杂费、实发工资等。图 1-4 所示为一份工资核算表中使用函数进行复杂计算，得到个人所得税的具体扣除金额。如果手动或使用其他计算工具实现起来可能就会麻烦许多。

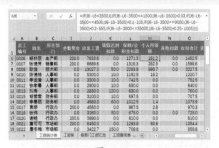

图 1-4

除数学运算外，Excel 中还可以进行字符串运算和较为复杂的逻辑运算，利用这些运算功能，我们还能让 Excel 完成更多更智能的操作。例如，我们在收集员工信息时，让大家填写身份证号之后，我们完全可以不用让大家填写什么籍贯、性别、生日、年龄这些信息，因为这些信息在身份证号中本身就存在，我们只需要应用好 Excel 中的公式，让 Excel 自动帮助我们完善这些信息。

1.2.3 数据统计与分析

要从大量的数据中获得有用的信息，仅仅依靠计算是不够的，还需要用户沿着某种思路运用对应的技巧和方法进行科学的分析，展示出需要的结果。

Excel 专门提供了一组现成的数据分析工具，称为分析工具库。这些分析工具为建立复杂的统计或计量分析工作带来了极大的方便。

排序、筛选、分类汇总是最简单、也是最常见的数据分析工具，使用它们能对表格中的数据做进一步的归类与统计。例如，对销售数据进行各方面的汇总，对销售业绩进行排序，如图 1-5 所示；根据不同条件对各销售业绩情况进行分析，如图 1-6 所示；根据不同条件对各商品的销售情况进行分析；根据分析结果对未来数据变化情况进行模拟，调整计划或进行决策，如图 1-7 所示为在 Excel 中利用直线回归法根据历史销售记录预测 2016 年销售额。

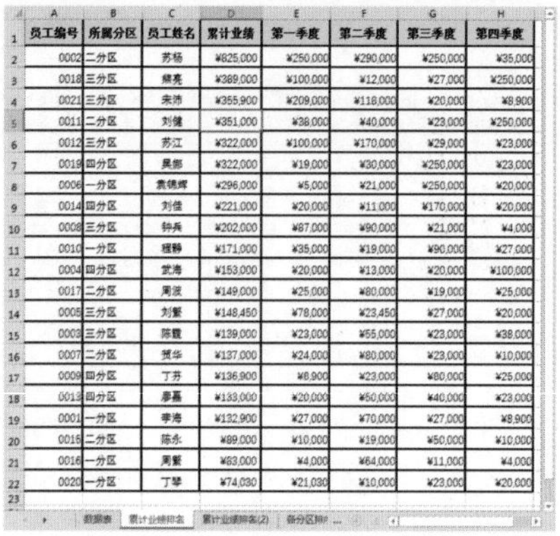

图 1-5

图 1-6

图 1-7

部分函数也是用于数据分析的，例如，图 1-8 所示是在 Excel 中利用函数来进行的商品分期付款决策分析。

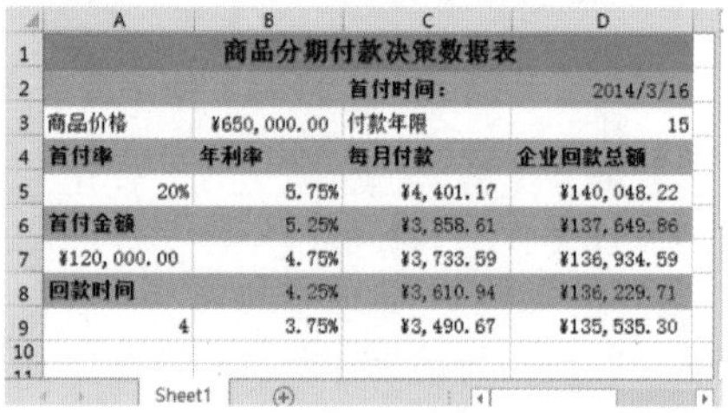

图 1-8

数据透视图表是 Excel 中最具特色的数据分析功能，只需几步操作便能灵活透视数据的不同特征，变换出各种类型的报表。图 1-9 所示为原始数据，图 1-10 ～图 1-13 所示为对同一数据的透视，从而分析出该企业的不同层面人员的结构组成情况。

图 1-9

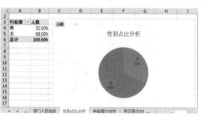

图 1-10

图 1-11

图 1-12

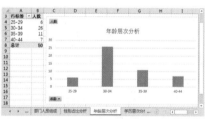

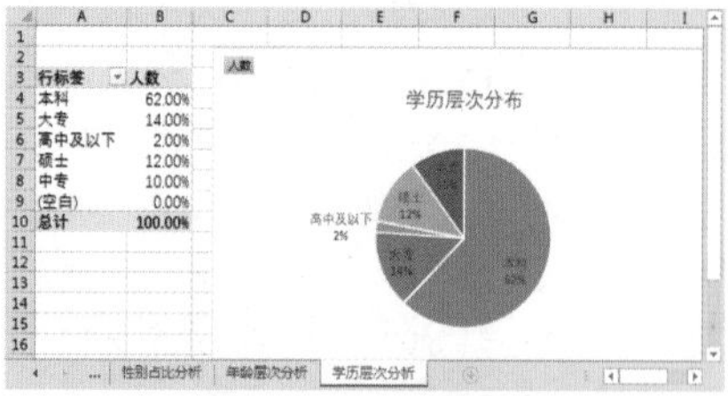

图 1-13

1.2.4 图形报表的制作

密密麻麻的数据展现在人们眼前时，总是会让人觉得头晕眼花，所以，

很多时候，我们在向别人展示或者分析数据的时候，为了使数据更加清晰、易懂，常常会借助图形来表示。例如，我们想要表现一组数据的变化过程，可以用一条折线或曲线，如图 1-14 所示；想要表现多个数据的占比情况，可以用多个不同大小的扇形来构成一个圆形，如图 1-15 所示；想比较一系列数据并关注其变化过程，可以使用多个柱形图来表示，如图 1-16 所示，这些图表类别都是办公应用中常见的一些表现数据的图形报表。

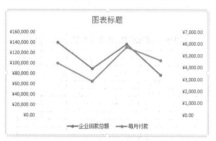

图 1-14

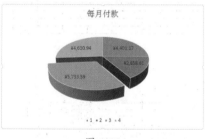

图 1-15

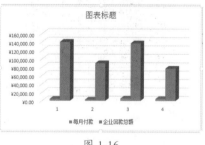

图 1-16

1.2.5 信息传递和共享

在 Excel 2016 中，使用对象连接和嵌入功能可以将其他软件制作的图形插入 Excel 的工作表中。如图 1-17 所示是在表格中通过【超链接】

功能添加链接到其他工作表的超级链接。

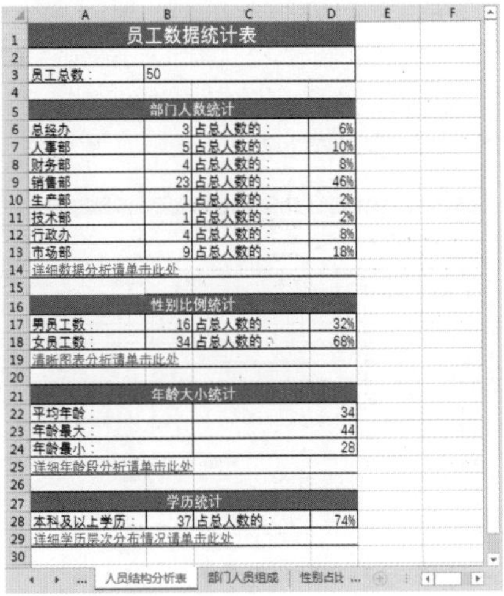

	A	B	C	D
1	员工数据统计表			
2				
3	员工总数：	50		
4				
5	部门人数统计			
6	总经办	3	占总人数的：	6%
7	人事部	5	占总人数的：	10%
8	财务部	4	占总人数的：	8%
9	销售部	23	占总人数的：	46%
10	生产部	1	占总人数的：	2%
11	技术部	1	占总人数的：	2%
12	行政办	4	占总人数的：	8%
13	市场部	9	占总人数的：	18%
14	详细数据分析请单击此处			
15				
16	性别比例统计			
17	男员工数：	16	占总人数的：	32%
18	女员工数：	34	占总人数的：	68%
19	清晰图表分析请单击此处			
20				
21	年龄大小统计			
22	平均年龄：			34
23	年龄最大：			44
24	年龄最小：			28
25	详细年龄段分析请单击此处			
26				
27	学历统计			
28	本科及以上学历：	37	占总人数的：	74%
29	详细学历层次分布情况请单击此处			
30				

图 1-17

在 Excel 中插入超链接，还能添加链接到其他工作簿的超级链接，从而将有关联的工作表或工作簿联系起来。还能创建指向网页、图片、电子邮件地址或程序的链接。当需要更改链接内容时，只要在链接处双击，就会自动打开制作该内容的程序，内容将出现在该内容编辑软件中，修改、编辑后的内容也会同步在 Excel 内显示出来。还可以将声音文件或动画文件嵌入到 Excel 工作表中，从而制作出一份声形并貌的报表。

此外，Excel 还可以登录 Microsoft 账户通过互联网与其他用户进行协同办公，方便于交换信息。

1.2.6 数据处理的自动化功能

虽然 Excel 自身的功能已经能够满足绝大部分用户的需求，但对一些用户的高数据计算和分析需求，Excel 也没有忽视，它内置了 VBA 编程语言，允许用户可以定制 Excel 的功能，开发出适合自己的自动化解决方案。

用户还可以使用宏语言将经常要执行的操作过程记录下来，并将此过程用一个快捷键保存起来。在下一次进行相同的操作时，只需按所定义的宏功能的相应快捷键即可，而不必重复整个过程。在录制新宏的过程中，用户可以根据自己的习惯设置宏名、快捷键、保存路径和简单的说明等。

1.3 Excel 的应用领域

在企业信息化的时代，人事、行政、财务、营销、生产、仓库和统计策划等管理人员如果能利用 Excel 建立完善的数据库工作系统，并进行统筹运用，将会为公司的管理带来巨大便利，也只有这样才能更加适应信息化社会的飞速发展。下面将展示 Excel 在办公领域中的几个常见应用案例。

1.3.1 人事管理

企业的人事部门掌握着所有职员的资料，并负责录取新员工、处理公司人事调动和绩效考核等重要事务。因此建立合理且清晰的档案管理非常重要，使用 Excel 即可轻松建立这类表格。例如，图 1-18 所示为人事部应聘人员考试成绩表，图 1-19 所示为某公司制作的司机档案登记表。

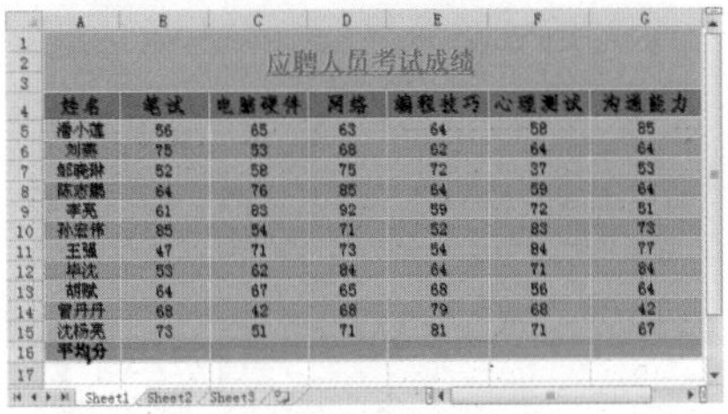

应聘人员考试成绩

姓名	笔试	电脑硬件	网络	编程技巧	心理测试	沟通能力
潘小莲	56	65	63	64	58	85
刘燕	75	53	68	62	64	64
邹晓琳	52	58	75	72	37	53
陈宏鹏	64	76	85	64	59	64
李亮	61	83	92	59	72	51
孙宏伟	85	54	71	52	83	73
王强	47	71	73	54	84	77
毕沈	53	62	84	64	71	84
胡赋	64	67	65	68	56	64
曾丹丹	68	42	68	79	68	42
沈杨亮	73	51	71	81	71	67
平均分						

图 1-18

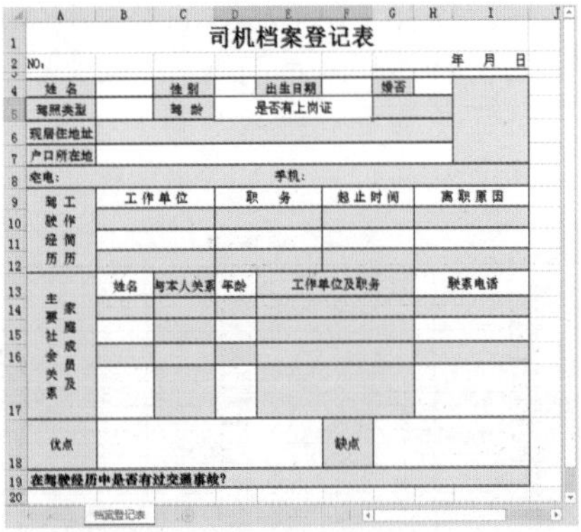

图 1-19

技术看板

人事部在整理应聘人员的考试成绩时，利用 Excel 可轻易计算出应聘人员考试的总成绩及平均成绩等，以免手动计算出错带给应聘人员不公正的评判。

1.3.2 行政管理

行政部门的日常事务繁杂，担负着重要的流通、出入、文件、会议和安全等管理工作。但人脑难免有遗忘的时候，此时 Excel 表格就能派上大用场了，它可以帮助管理人员有效地管理各项事务，统筹上层领导的工作时间，取得万无一失的效果。例如，图 1-20 所示为用于填写卫生工作考核的表格，图 1-21 所示为行政部门统筹工作时间的表格。

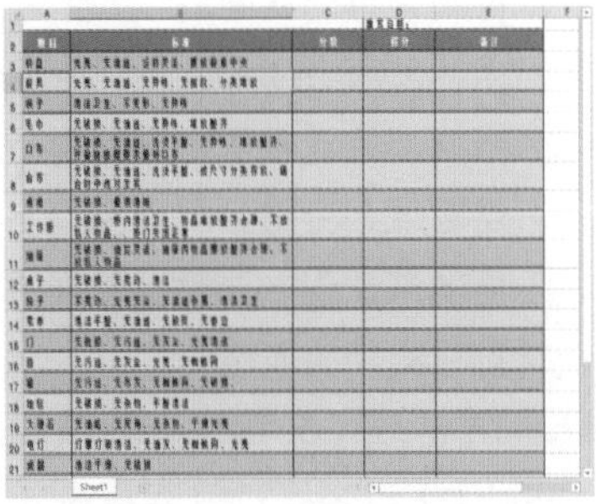

图 1-20

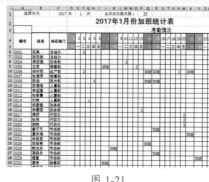

图 1-21

1.3.3 财务管理

Excel 软件在国际上被公认为是一个通用的财务软件，凝聚了许多世界一流的软件设计和开发者的智慧以及广大财务人员和投资分析人员的工作经验，具有强大而灵活的财务数据管理功能。使用 Excel 处理财务数据不但非常方便灵活，而且不需要编写任何程序，因此它是广大财务人员的好助手，特别是年轻一代的财务管理人员必须掌握的工具。

财务表格的制作是财务部门必不可少而又非常精细、复杂的工作。因而每一个财务人员但凡能熟练使用 Excel 实现高效财务及各类数据分析，绝对能为其职场加分。当他们在面对日常烦琐的数据处理时，能够充分利用 Excel 强大的数据处理功能将自己从数据堆中解放出来，回归到他们的主要职责——管理而不是计算，使用 Excel 还能够轻轻松松制作出漂亮的图表，得到领导的认同。

财务人员使用 Excel 可以快速制作办公表格、会计报表，进行财会统计、资产管理、金融分析、决策与预算。下面就来认识一些财务管理方面比较常见且实用的表格。

- 记账凭证表：又称为记账凭单，如图 1-22 所示。记账凭证表用于记录经济事务，是登记账簿的直接依据，其他各种账务处理程序都是以它为基础发展演化而成的。使用 Excel 2016 能制作出格式统一、经济实用的凭证，并可多次调用便于提高工作效率。

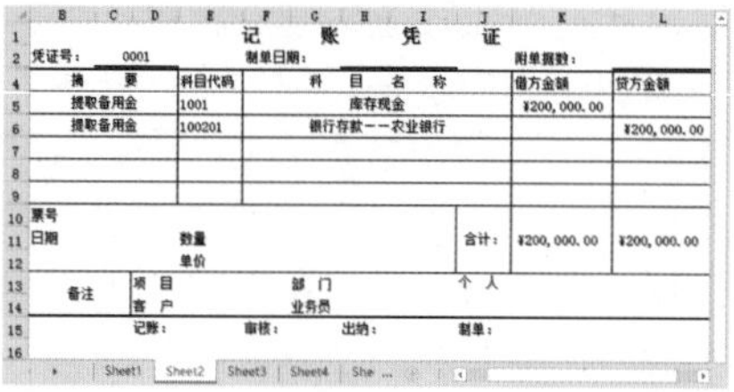

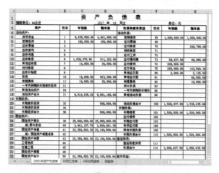

图 1-22

- 会计报表：根据日常会计核算资料（记账凭证）定期编制，综合反映企业某一特定日期财务状况和某一会计期间经营成果、现金流量的总结性书面文件，包括资产负债表、利润表、现金流量表、资产减值准备明细表、利润分配表、股东权益增减变动表等。它是企业财务报告的主要部分，是企业向外传递会计信息的主要手段。使用 Excel 2016 的公式计算功能和引用功能可轻松将记账凭证汇总为会计报表。图 1-23 所示为某公司 12 月的资产负债表。

图 1-23

技术看板

采用记账凭证账务处理程序时，需要设置 3 类记账凭证，即收款凭证、付款凭证和转账凭证，以便据以登记总账。

- 审计表：使用 Excel 2016 制作的审计表格可用于日常工作中对历史数据进行分析和管理，起到帮助本单位健全内部控制，改善经营管理，提高经济效益的目的。其效果图如图 1-24 所示。

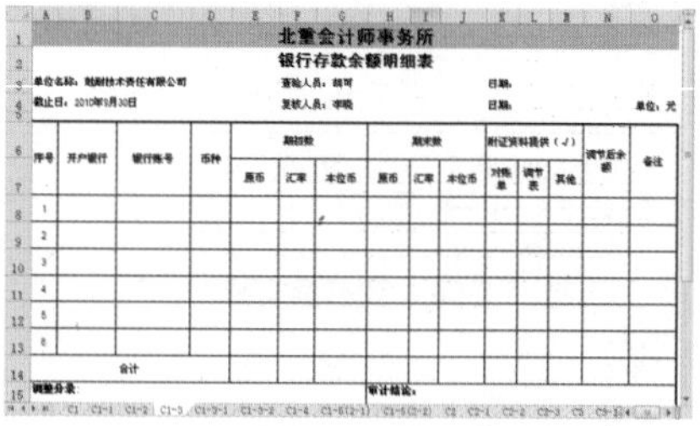

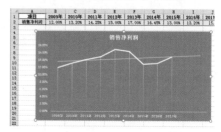

图 1-24

- 财务分析表：使用 Excel 2016 进行财务分析，是利用各种财务数据，采用一系列专门的分析技术和方法，对企业的过去和现在财务状况进行的综合评价。图 1-25 所示为某公司的财务趋势分析图。

图 1-25

- 管理固定资产：固定资产是企业赖以生存的主要资产。使用 Excel 管理固定资产，能使企业更好地利用固定资产，加强对固定资产的维修与保养。图 1-26 所示为某公司的固定资产清查盘点统计表。

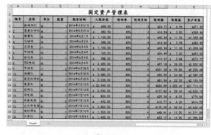

图 1-26

- 管理流动资产：使用 Excel 2016 制

作管理流动资产的相关工作表，能为企业对货币资金、短期投资、应收账款、预付账款和存货等流动资产进行管理。图1-27所示为应收账款分析表。

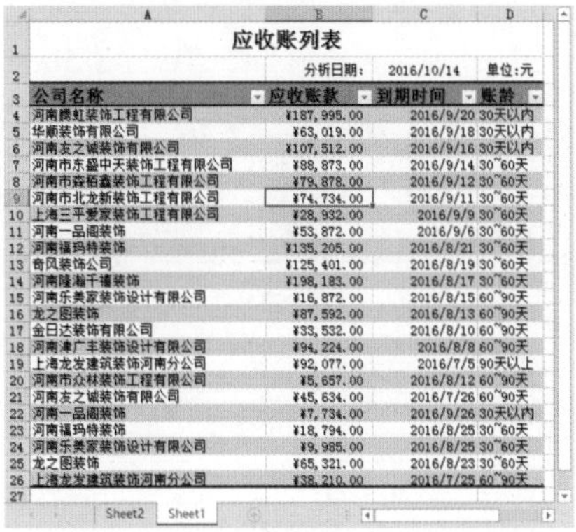

应收账列表

图 1-27

1.3.4 市场与营销管理

营销部门在进行市场分析后，需要制定营销策略，管理着销售报表及员工的业绩，并掌握重要的客户资料。以前都是通过人工收集市场上各种零散的数据资料，这样不仅会消磨员工工作的积极性，而且工作效率相当低。现在，在营销管理中各管理人员利用Excel的图表与分析功能可从DRP、CRM等系统中导出的数据进行分析，直观地了解产品在市场中的定位，从而及时改变营销策略，还能调查员工的销售业绩，有针对性地管理和优化员工业绩。

图1-28所示为年初时制订的销售计划表。

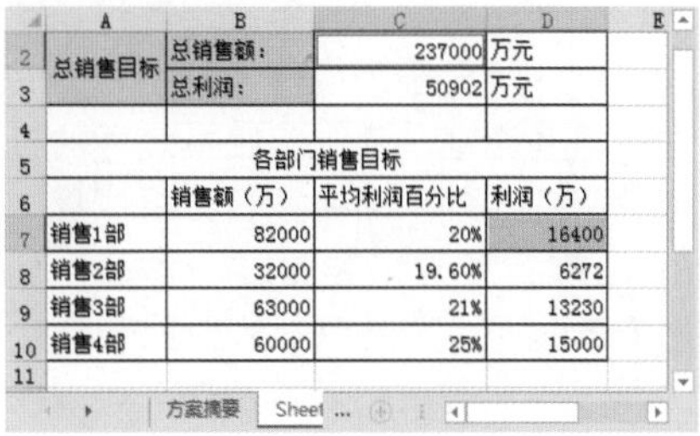

销售计划表

图 1-28

图1-29所示为常见的销售记录表，用于登记每天的销售数据。

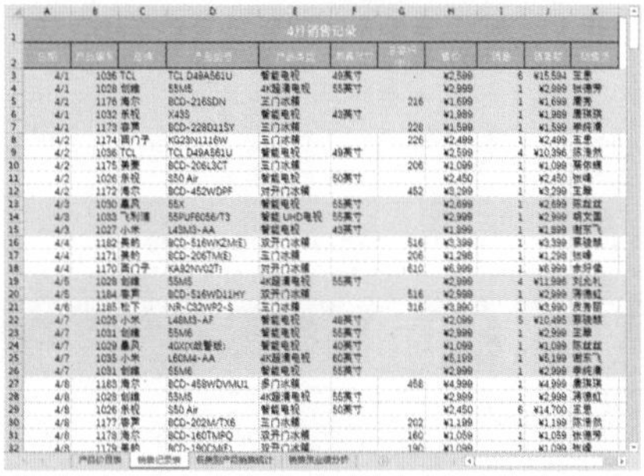

4月销售记录

图 1-29

1.3.5 生产管理

工厂生产管理员需要时刻明确产品的生产总量和需要生产量，确保产品在数量上的精确，了解生产的整体进度，以便随时调整计划，并做好人员配备工作。生产部门处理的表格数据，为公司分析投入产出提供了依据，而且能及时掌握供需关系，明确各阶段的生产计划。

数学与统计在生产管理科学的不断进步中起着支配地位，一名优秀的生产管理人员，需要将学习到的各种先进的管理理念应用到实战管理中。而在这个过程中，Excel将帮助用户精确分析出各种方案的优劣。这样用户就可以将更多精力投入产品质量的生产上，使产品精益求精。

图1-30所示为生产部门制作的生产日报表。

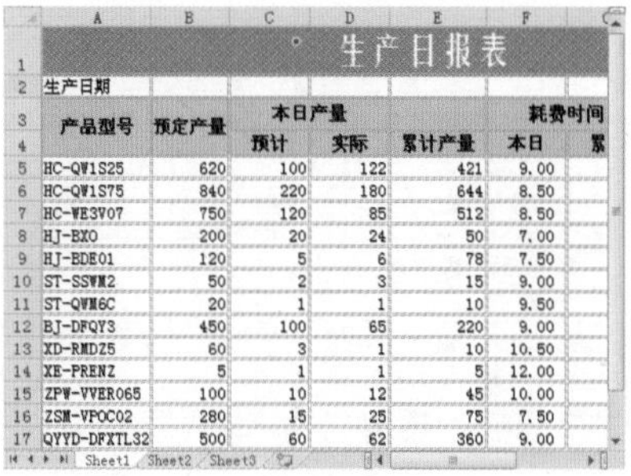

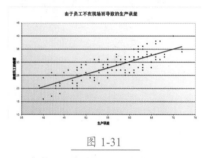

图 1-30

图1-31所示为根据统计出的生产误差数据制作的生产误差散点图。

图 1-31

1.3.6 仓库管理

仓库管理部门应定时清点公司库房的存货，及时更新库存信息，并对生产材料进行清点，全面掌握库存产品在一段时期内的变化情况，避免公司遭到严重的经济损失。利用Excel可以清楚地统计固定时间段产品的库房进出量，协同生产部门规范生产。在保证精确记录库房存货的同时，还可总结规律，如产品在哪个季度的进、销、存量最大等。

图1-32所示为仓库管理人员记录库房出入明细的表格。

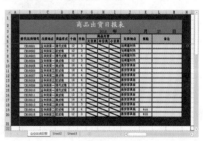

图 1-32

图 1-33 所示为仓库管理人员调查库房存货的表格。

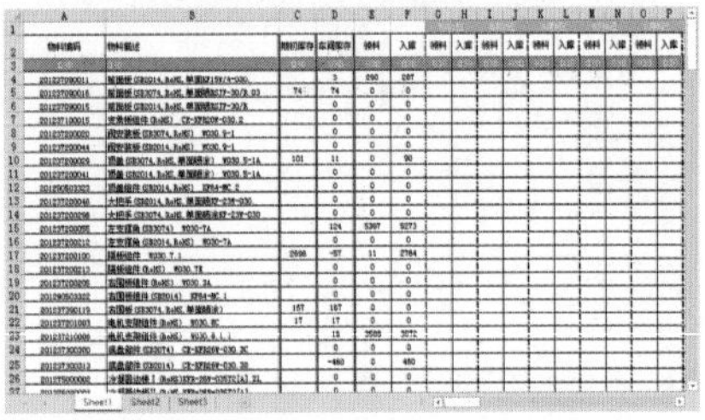

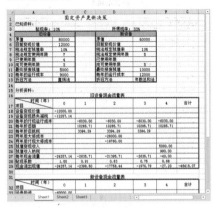

图 1-33

1.3.7 投资分析

投资决策是企业所有决策中最关键，也是最重要的决策，因此人们常说，投资决策决定着企业的未来，正确的投资决策能够使企业降低风险、取得收益，投资决策失误是企业最大的失误，往往会使一个企业陷入困境，甚至破产。因此，财务管理的一项极为重要的职能就是为企业当好参谋，把好投资决策关。

所谓投资决策，是指投资者对项目的投资回报和风险的深入分析，为了实现其预期的投资目标，运用一定的科学理论、方法和手段，通过一定的程序，对若干个可行性的投资方案进行研究论证，从中选出最满意的投资方案的过程。而在投资分析过程中 Excel 起到了越来越重要的作用，使用 Excel 能更方便地分析数据和做出更明智的业务决策。特别是，可以使用 Excel 跟踪数据，生成数据分析模型，编写公式以对数据进行计算，以多种方式透视数据，并以各种具有专业外观的图表来显示数据。

公司高管及投资决策的参与者（投资经理、财务经理、财务分析师、计划绩效经理等）使用 Excel 可以快速制作各种预测和分析报表，将投资管理融入企业的全面绩效管理和价值管理中，确保每一个投资项目的成功，最终实现企业的健康增长。如图 1-34 所示为某企业关于是否购买新产品的投资决策表。

固定资产更新决策

已知资料：

贴现率：10%　所得税率：33%

旧设备			新设备	
原值	80000		原值	60000
目前变现价值	12000		目前变现价值	
税法规定残值率	10%		税法规定残值率	10%
税法规定使用年限	7		税法规定使用年限	5
已使用年限	4		已使用年限	
尚可使用年限	3		尚可使用年限	5
最终报废残值	5000		最终报废残值	10000
每年的运行成本	9000		每年的运行成本	12000
折旧方法	直线法		折旧方法	年数总和法

分析资料：

旧设备现金流量表

时间（年）项目	0	1	2	3	4	合计
设备变现价值	-12000.00					
设备变现损失减税	-12257.14					
每年的付现运行成本		-6030.00	-6030.00	-6030.00	-6030.00	
每年折旧额		10285.71	10285.71	10285.71	10285.71	
每年折旧抵税		3394.29	3394.29	3394.29		
两年后大修成本			-28000.00			
两年后付现大修成本			-18760.00			
残值变现收入					5000.00	
残值收入纳税					990.00	
每年现金流量	-24257.14	-2635.71	-21395.71	-2635.71	-40.00	
贴现系数	1.00	0.91	0.83	0.75	0.68	
现金流出现值	-24257.14	-2398.50	-17758.44	-1976.79	-27.20	-46418.07

新设备现金流量表

时间（年）项目	0	1	2	3	4	合计
设备投资	-60000.00					

图 1-34

1.4 Excel 2016 的主要新增功能

Office 作为办公软件霸主，在功能特性上早已经发展得炉火纯青，加上其高度的专业性，自然也很难在整体上有太大颠覆性的改变了。与 Excel 2013 相比，Excel 2016 的变化可以分为两大类。首先是配合 Windows 10 的改变，其次才是软件本身的功能性升级，下面就来讲解 Excel 2016 中新增的功能。

★ 新功能 1.4.1 配合 Windows 10 的改变

随着 Windows 10 的推出 Office 系列也迎来了三年一更新的节点。微软在 Windows 10 上针对触控操作有了很多改进，而 Office 2016 也随之进行了适配。

可以说，Office 2016 是针对 Windows 10环境全新开发的通用应用（Universal App）。无论从界面、功能、还是应用上，都和 Windows 10 保持着高度一致，它在计算机、平板电脑、手机等各种设备上的用户体验是完全一致的。尤其针对手机、平板电脑触摸操作进行了全方位的优化，并保留了 Ribbon 界面元素，是第一个可以真正用于手机的 Office。计算机和手机上的 Excel 2016 效果如图 1-35 所示。

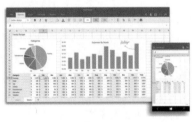

图 1-35

如果说 Office 2016 有机地将计算机、平板电脑、手机等各种设备的用户体验融为了一体是个巨大的改变，那么再加上云端同步功能，就可堪称革命性的进步了。

举个最简单的例子，你正在 Windows 10 计算机上查看某个 Excel 表格，但突然有事需要外出，路上只要拿出 Windows 10 Mobile 手机，接入 OneDrive，就可继续查看该表格数据，而且是从你刚才离开的位置继续查看，阅读体验也是近乎完全一致的，只有屏幕大小不同而已，如图 1-36 所示，这就是通用应用的威力！

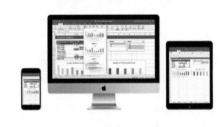

图 1-36

Office 2016 还在大规模地向 iOS、Android、Mac OS X 平台挺近，尤其是在移动平台上，第一次真正有了移动办公的样子。不过，微软方面表示，"除了触屏版本之外，Office 2016 将会维持用户一直以来非常熟悉的 Office 操作体验，它依然是最适合配有键盘和鼠标的 PC 端平台"，所以本书还是以电脑版的 Excel 2016 来进行讲解。

★ 新功能 1.4.2 便利的软件进入界面

打开 Excel 2016 的主界面后，充满浓厚 Windows 风格的主页让老用户们觉得很熟悉，如图 1-37 所示。在左面是最近使用的文档列表，而右边更大的区域则是罗列了各种类型表格的模板供用户直接选择，这种设计就更符合普通用户的使用习惯了。

图 1-37

★ 新功能 1.4.3 主题色彩新增彩色和中灰色

Excel 2016 中提供了更加丰富的 Office 主题，色彩方面不再是单调的灰白色，有更多主题颜色供我们选择。如图 1-38 所示为 Excel 2016 在设置为不同主题颜色时的效果，其中彩色是默认的，深灰色的主题比较素雅，黑色主题比较个性，白色主题和

2013 版本的效果类似，彩色主题则显得与系统更加和谐。

图 1-38

★ 新功能 1.4.4 界面扁平化新增触摸模式

在新建工作簿后可以发现，Excel 2016 主界面与之前的变化并不大，对于用户来说都非常熟悉，而功能区上的图标和文字与整体的风格更加协调，依然充满了浓厚的 Windows 风格，同时将扁平化的设计进一步加重，按钮、复选框都彻底扁了。

Excel 2016 为了与 Windows 10 相适配，在顶部的快速访问工具栏中增加了一个手指标志按钮，用于鼠标模式和触摸模式的直接切换，不同的界面显示效果略有不同。

如图 1-39 所示为新增的触摸模式，可以发现触摸模式下选项栏的字体间隔更大，更利于使用手指直接操作。而在鼠标模式下选项栏则更窄，字体间距也小，显得更加紧凑，这样也为编辑区域节省更多的空间，更利于阅读。

图 1-39

★ 新功能 1.4.5 Clippy 助手回归——【Tell Me】搜索栏

十多年前，如果你用过 Excel，一定会记得那个【大眼夹】——Clippy 助手，如图 1-40 所示。它虽然以小助手的身份出现，但是能真正帮忙的地方却少之又少，显得多余不说，有的时候甚至是很烦人的（不过这并不妨碍它的 Q 萌形象深入人心），所以在 Excel 2007 中便取消了该功能。

图 1-40

在 Excel 2016 中，微软带来了 Clippy 的升级版——Tell Me。Tell Me 是全新的 Office 助手，我们在 Excel 2016 中的功能区上可以看到一个文本框，其中显示着【告诉我你想要做什么】，如图 1-41 所示，它就是 Tell Me 功能的展示形式。

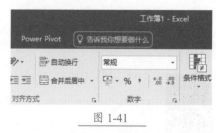

图 1-41

Tell Me 其实不像看起来那么简单，它提供了一种全新的命令查找方式，非常智能，它可在用户使用 Excel 的过程中提供多种不同的帮助。用户可以在其中输入与接下来要执行的操作相关的字词和短语，快速访问要使用的功能或要执行的操作，就不必再到选项卡中寻找某个命令的具体

位置了。还可以选择获取与要查找的内容相关的帮助，或是对输入的术语执行智能查找。例如，当我们在【Tell Me】搜索栏中输入【度量值】，在弹出的下拉菜单中会出现【自动求和】【数据透视表】【排序】【公式审核模式】等可操作命令，当然也还会提供有关【度量值】的帮助，如图1-42所示。

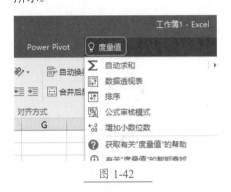

图 1-42

★ 新功能 1.4.6 Excel 2016 的【文件】菜单

选择【文件】选项卡，即可进入自 Office 2007 以来便重点推广的 BackStage 后台。这次的 Office 2016 版本重点对【打开】和【另存为】的界面进行了改良，如图1-43和图1-44所示，存储位置排列，以及浏览功能、当前位置和最近使用的排列，都变得更加清晰。

图 1-43

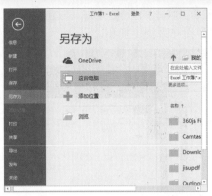

图 1-44

在【打开】和【另存为】界面，原来 Excel 2013 的【计算机】被改成了【这台电脑】。并且将原本位于【计算机】之下的【浏览】模块转移到了左侧的最下方，也就是将二级菜单提升为一级菜单了。由于大部分用户习惯将文档保存在本地计算机中，这样的做法可以直接浏览本地位置，减少了一次选择，所以增加了易用性，也更符合人们日常的使用习惯。

技术看板

保存或另存为新文档时，OneDrive 的存储路径依旧放在了首要的位置，然后是网络位置，接下来才是本地。这和当下流行的云存储相吻合，微软也在不断推荐大家使用云存储的方式，不用再借助任何 USB 等第三方介质进行文件的传输。只要将文件保存在云端，便可以非常方便地在任何设备上随时随地登录个人账户编辑浏览文档了。

★ 新功能 1.4.7 简化文件共享操作

如果无法将报表与合适的人员进行共享，则报表制作的目的就没有完全达到。Excel 2016 将共享功能和 OneDrive 进行了整合。

在【文件】菜单的【共享】界面下，可以将文件直接保存在 SharePoint、OneDrive 或 OneDrive for Business 中，如图 1-45 所示，然后邀请他人和我们一起来查看、分析、编辑表格。这些更改将协作的两个重要方面结合在一起：可以访问给定表格的人员，以及当前与你共同处理表格的人员。现在你可以通过【共享】对话框查看这两类信息了。

图 1-45

除了 OneDrive 之外，我们还可以通过电子邮件、联机演示或直接发送到博客的方式共享他人，如图 1-46 所示。

图 1-46

事实上，数据分析准备工作完成之后，我们可以仅使用一个按钮就能通过 Power BI 与工作组或客户进行共享，这个按钮就是选项卡右侧的【共享】按钮，如图 1-47 所示，单击该按钮后，会显示出【共享】任务窗格，在其中进行设置即可快速完成共享操作。发布到 Power BI 之后，可使用数据模型快速构造交互式报表和仪表板。借助 Power BI 服务中内置的 Excel Online 支持，用户还可以显示格式设置完整的 Excel 工作表。

图 1-47

📁 **技术看板**

在【打开】界面中我们也可以直接打开 OneDrive 下的文件了。可以说在 Excel 2016 中，微软对 OneDrive 的整合已经到了非常贴心的地步。

★ 新功能 1.4.8 改进的版本历史记录

将工作簿保存在 OneDrive for Business 或 SharePoint 上后，在【文件】菜单的【历史记录】界面中，可以查看对工作簿进行的更改的完整列表，并可访问早期版本，如图 1-48 所示。

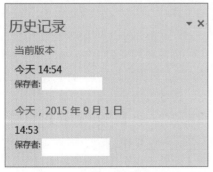

图 1-48

★ 新功能 1.4.9 软件更新不再依赖系统 Windows 更新

Excel 2016 能单独控制其自身的更新方式了，而不必通过系统 Windows 更新。在【文件】菜单的【账户】界面中，我们可以查看 Excel 的激活状态，该界面中还多了一个【Office 更新】功能按钮，如图 1-49 所示。单击该按钮，即可控制 Excel 的更新下载。

图 1-49

★ 新功能 1.4.10 智能查找功能

微软在 Excel 2016 中加入了与 Bing（必应）搜索紧密结合的【Insights for Office】功能，即图 1-50 的【智能查找】功能。有了这个功能，用户无须离开表格，可以直接调用搜索引擎在在线资源中智能查找相关内容。

该功能是由 Bing 搜索提供的支持，我们可以在【审阅】选项卡的【见解】组中找到该功能按钮，如图 1-50 所示。

图 1-50

为了便于用户使用【Insights for

Office】功能，微软还将其整合到了右键菜单中。若要在表格中查看或搜索内容，只需在任何单词或短语上右击，并在弹出的快捷菜单中选择【智能查找】命令，如图 1-51 所示。同时，Excel 中会显示出【见解】任务窗格，其中显示着 Insights 为用户提供的这个单词或者短语的相关信息，如图 1-52 所示。

图 1-51

图 1-52

★ 新功能 1.4.11 手写公式

在 Excel 旧版本中用户可以插入公式，也可以手动输入一组自定义的公式，但是自定义的公式需要经过很多步骤才能完成，这样就会影响工作的效率。在 Excel 2016 中添加了一个相当强大而又实用的功能——墨迹公式。如果你拥有触摸设备，开启墨迹公式功能后，就可以使用手指或触摸笔在编辑区域手动写入数学公式了，Excel 会自动将它转换为系统可识别的文本格式，如图 1-53 所示（如果你没有触摸设备，也可以使用鼠标进行写入）。你还可以在进行过程中擦除、选择及更正所写入的内容。

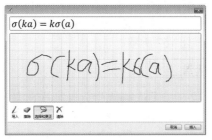

图 1-53

★ 新功能 1.4.12 增加了 6 种图表类型

图表创建、分析是 Excel 的专长，Excel 2016 中添加了 6 款全新的图表，以帮助用户创建财务或分层信息的一些最常用的数据可视化，以及显示在数据中的统计属性。

新增的图表包括树状图、旭日图、直方图、排列图、箱形图与瀑布图。这几种新增的图表类型在数据分析行业中使用得非常普遍。例如，使用瀑布图制作的利润表效果如图 1-54 所示。

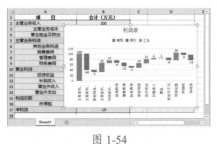

图 1-54

使用旭日图分析企业日常费用支出的效果如图 1-55 所示。

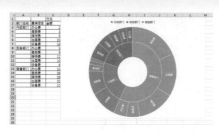

图 1-55

使用树状图分析用餐情况的效果如图 1-56 所示。

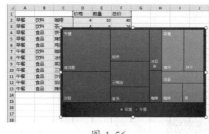

图 1-56

★ 新功能 1.4.13 插入 3D 地图

Excel 2013 中有一款称为 Power Map 的插件，是一款最受欢迎的三维地理可视化工具，该工具一经推出便颠覆了所有人对【基本办公软件】的理解。借助该工具生成的数据地图不仅有 3D 效果，录入时间数据之后，还能将数据录入过程像视频一样播放出来。

Power Map 经过重命名后，现在直接内置在 Excel 2016 中，供所有 Excel 2016 用户使用了。这种创新的故事分享功能已重命名为 3D 地图，可以通过单击【插入】选项卡【演示】组中的【3D 地图】按钮，并根据软件的提示下载一个 Microsoft.NET Framework4.5 插件，安装后即可看到其他可视化工具，使用这些工具插入三维地图的效果如图 1-57 所示。

此外，还能在播放的时候将二维地图和三维地球完美对接，造成电影里镜头拉伸的高端效果。

图 1-57

Excel 2016 在将 Power Map 插件变为原生的同时，还完善了该功能，如新增了【创建自定义地图】功能，使用该功能可以创建如图 1-58 所示的自定义地图。

图 1-58

★ 新功能 1.4.14 获取和转换功能

大数据无疑是当今的热门技术之一，很多公司纷纷推出了具备数据分析与可视化功能的软件工具。作为最常见的数据分析与查看工具，Excel 的商务智能工具也在不断开发和提高。Power Query 就是一款面向企业的工具。

在 Excel 2010 和 Excel 2013 版本中，需要单独安装的 Power Query 插件，现在已被整合到 Excel 2016 中了。

在【数据】选项卡下我们可以发现新增了一个【获取和转换】组，它就是 Power Query 功能的体现，其中有【新建查询】【显示查询】【从表格】和【最近使用的源】4 个按钮。单击【新建查询】按钮，在弹出的下拉菜单中可以看到包含的内容和功能非常丰富，包含【从文件】【从数据库】【从 Azure】【从其他源】【合并查询】等功能，如图 1-59 所示，在每一项的二级菜单中还包含很多选项。

图 1-59

企业通常会将数据存储在具有不同格式或不同容器的数据库中，因此必须先收集相关的数据到同一个容器中，才能进行后续的数据分析。现在，Excel 2016 高级版与 Power BI 相结合，通过内置的 Power Query 功能便可以发现、连接、合并多个不同源（文件/数据库/Azure、Hadoop、Active Directory、Dynamic CRM 及 SalesForc 等）的企业数据，然后进行调整和优化。

★ 新功能 1.4.15 管理数据模型

数据模型是 Excel 中与数据透视表、数据透视图和 Power View 报表结合使用的嵌入式相关表格数据。

数据模型是从关系数据源导入多个相关表格或创建工作簿中单个表格之间的关系时在后台创建的。Office RT 中不支持数据模型。在 Excel 2016 中单击【数据】选项卡【数据工具】组中的【管理数据模型】按钮，便可以通过管理数据模型导入 Access 数据，不过会自动跳转到 Power Pivot for Excel 窗口中，效果如图 1-60 所示。在这个窗口中，用户可以根据自己的需要对表格进行编辑与分析操作。

图 1-60

技术看板

Power View 现在还可处理来自 OLAP 多维数据集的数据。

★ 新功能 1.4.16 改进的数据透视表功能

Excel 中的数据透视图表以其灵活且功能强大的分析体验而闻名。在 Excel 2016 和 Excel 2013 中，这种体验通过引入 Power Pivot 和数据模型得到了显著增强，从而使用户能够跨数据轻松构建复杂的模型，通过度量值和 KPI 增强数据模型，然后对数百万行进行高速计算。

Excel 2016 中数据透视图表增强的功能归类如下。

➡ 自动关系检测：可在用于工作簿数据模型的各个表之间发现并创建关系，因此用户不必再手动执行相关操作了。Excel 2016 会智能地知道用户分析何时需要两个或多个链接在一起的表并通知你。只需单击一次，它便会构建关系，方便用户立即使用它们。

➡ 创建、编辑和删除自定义度量值：可以直接在数据透视表字段列表中创建、编辑和删除自定义度量值，从而可在需要添加其他计算来进行分析时节省大量时间。

➡ 自动时间分组：可自动在数据透视表中自动检测与时间相关的字段（年、季度、月）并进行分组，从而有助于以更强大的方式使用

这些字段。如图 1-61 所示，只要设置了数据表字段，系统便自动根据时间将字段划分为各年统计。组合在一起之后，只需通过将组拖动到数据透视表，便可立即开始使用向下钻取功能对跨不同级别的时间进行分析。

图 1-61

➡ 智能重命名：用户可以重命名工作簿数据模型中的表和列，如图 1-62 所示，Excel 2016 可在整个工作簿中自动更新任何相关表和计算，包括所有工作表和 DAX 公式。

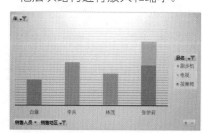

图 1-62

➡ 数据透视图向下钻取按钮：如果数据透视的层级比较多，在创建的数据透视图中会显示向下钻取按钮（一般显示在图表的右下方），如图 1-63 所示。单击该按钮可以跨时间分组和数据中的其他层次结构进行放大和缩小。

图 1-63

技术看板

Excel 2016 还可以通过延迟更新功能在 Power Pivot 中执行多个更改，而无须等到每个更改后在整个工作簿中进行传播。更改会在 Power Pivot 窗口关闭之后，一次性进行传播。

在数据透视表字段列表中还可以搜索整个数据集中当前最重要的字段。

★ 新功能 1.4.17 一键式预测工作表功能

在 Excel 的早期版本中，只能使用线性预测。在 Excel 2016 中，新增了几个 FORECAST 函数进行扩展，允许基于指数平滑（如 FORECAST.ETS()…）进行预测。

同时，还将该功能作为新的一键式预测按钮来使用。单击【数据】选项卡【预测】组中的【预测工作表】按钮 📈，便可以快速创建数据系列的预测可视化效果，如图 1-64 所示。

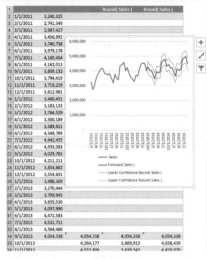

图 1-64

使用【预测工作表】功能，用户可以根据一个时间段对一个相应的数据进行分析，预测出一组新的数据，预测的数值可以根据已知数据的平均值、最大值、最小值、统计和求和等数值来预测。预测的图表可以是折线图，也可以是柱形图，用户可以根据自己的需要，在创建向导中进行选择图表的显示类型，还可以由默认的置信区间自动检测、用于调整常见预测参数（如季节性）等选项。

技术看板

如果工作表有一部分数据丢失或者失效，而数据本身是有一定规律的，也可以通过创建预测工作表，智能地恢复。

★ 新功能 1.4.18 Excel 中的数据丢失保护

数据丢失保护 (DLP) 是 Outlook 中深受用户喜爱的高价值企业功能。现在，在 Excel 2016 中也引入了 DLP，以针对最常见的敏感数据类型（如信用卡号码、社会保险号和美国银行账号）来启用基于一组预定义策略的实时内容扫描。此功能还会在 Excel、Word 和 PowerPoint 中实现从 Office 365 同步 DLP 策略，并跨 Exchange、SharePoint 和 OneDrive for Business 中存储的内容为组织提供统一的策略。

1.5 安装 Office 2016 并启动 Excel 2016

了解了 Excel 2016 新增如此多的功能后，读者是不是也想亲自尝试一下，那就赶紧安装 Office 2016 吧！在成功安装 Office 2016 之后，就可以启动 Excel 2016 了。

1.5.1 安装 Office 2016

现在，很多网站都已经收录了 Office 2016 简体中文预览版的 64 位和 32 位，安装的时候自己选择对应的版本即可。

Office 2016 官方下载版的安装方式采用的是全新的在线安装方式，就是必须联网下载安装包才能安装。安装过程很简单，如图 1-65 所示为 Office 2016 中文版的安装启动界面。

图 1-65

稍等片刻就会开始下载完整的安装包，如图 1-66 所示，耐心等待，期间无须任何干预，程序就会自动完成安装。Office 2016 的安装时间根据用户的下载网速而定，一般 30~60 分钟就能完成安装。

图 1-66

Office 2016 安装完毕后，即可使用其中的各个组件了。不过，首次运行 Word、Excel、Power Point 等任意一个 Office 2016 组件时，Office 2016 都会打开提示对话框要求用户输入激活密钥，这时将购买的激活密钥输入就能激活使用了，如图 1-67 所示。

图 1-67

软件是否被激活，我们可以在【文件】菜单的【账户】选项卡中查看，激活后的该界面如图 1-68 所示。

图 1-68

技术看板

Office 2016 简体中文官方下载版目前已经全面支持 Windows 7 以上的系统，不再支持 Windows XP 系统。

★ 新功能 1.5.2 启动 Excel 2016

要使用 Excel 2016 进行表格制作，首先需要启动 Excel 2016。启动 Excel 2016 常见的方法有以下 4 种。

1. 通过【开始】菜单启动

安装 Office 2016 以后，Office 的所有组件就会自动添加到【开始】菜单的【所有程序】列表中。因此，用户可以通过【开始】菜单来启动 Excel 2016，具体操作步骤如下。

Step01 ❶ 在计算机桌面上，单击任务

栏左侧的【开始】按钮，❷ 在弹出的菜单中选择【所有程序】命令，打开程序列表，如图 1-69 所示。

图 1-69

Step02 在程序列表中选择需要启动的【Excel 2016】命令，如图 1-70 所示。

图 1-70

Step03 经过上步操作后，将启动 Excel 2016，进入其新建界面中，如图 1-71 所示。与早期版本中的不同，启动

Excel 2016 后，不会直接以空白工作簿的方式启动，需要在新建界面中根据自己的需要选择启动类型，如空白工作簿或内置的模板文件。

图 1-71

2. 双击桌面快捷图标启动

通过双击计算机桌面上的 Excel 2016 快捷图标，可以快速启动 Excel 2016，如图 1-72 所示。这是启动 Excel 2016 最快捷的方法。

图 1-72

要想在计算机桌面上创建 Excel 2016 的快捷方式图标，一种方法是在安装 Office 2016 时进行设置，另一种方法就是在安装程序后手动进行添加，具体操作步骤如下。

❶ 在【开始】菜单中的【Excel 2016】命令上右击，❷ 在弹出的快捷菜单中选择【发送到】命令，❸ 在弹出的下级子菜单中选择【桌面快捷方式】命令，如图 1-73 所示。

图 1-73

口中找到任意 Excel 文件，如【商务旅行预算表】，双击该文件图标，如图 1-74 所示（或者在 Excel 文件图标上右击，在弹出的快捷菜单中选择【打开】命令），即可启动 Excel 2016 并打开该文件。

图 1-74

3. 通过已有表格启动

利用已有的 Excel 2016 文件来启动 Excel 2016，也是常用的方法。只要在【资源管理器】或【计算机】窗

4. 通过快速启动栏启动

在安装 Excel 2016 时，若添加了

快捷方式图标到快速启动栏中，可直接单击快速启动栏中的 Excel 2016 图标快速启动该程序，如图 1-75 所示。

图 1-75

技术看板

当使用完毕后应该按正确的方法退出 Excel 2016，以释放出软件运行时占用的系统资源。由于 Excel 2016 已经取消了老版本中直接退出软件的功能，只能依次关闭各工作簿窗口，相关操作将在第 2 章中讲解。

1.6 Excel 2016 的账户配置

自从 Office 2013 版本开始，微软便新增了账户功能，并将 Microsoft 账户作为默认的个人账户。当用户将 Office 2016 安装到计算机中，并设置 Microsoft 账户后，系统会自动将 Office 与此 Microsoft 账户相联。用户只需要登录一次 Microsoft 账户，即可一起使用自己所有的 Microsoft 服务（包括 Office、Outlook、Skype 及 Windows 等）。无论用户使用 Windows、iOS 还是 Android 设备，或者在这 3 种设备之间切换，用户的账户都能将他需要的所有内容存放在正在使用的设备中。

有了 Microsoft 账户，全新 Office 套装无论是从易用性、多平台跨屏幕间的交互，还是协同交互上，都有了极大的提升。新时期的 Microsoft 账户更像是一串打开微软各项服务大门的钥匙，为用户开启了一个又一个的互联网通道，也在无声中革新着用户当前所生活的这个与云端紧紧相连的世界。本节将介绍关于 Microsoft 账户的配置和使用。

★ 重点 1.6.1 实战：注册并登录 Microsoft 账户

实例门类	软件功能
教学视频	光盘\视频\第 1 章\1.6.1.mp4

由于用户通过登录自己的账户，可以使用更多的 Office 功能，因此在使用 Excel 2016 之前，为了便于操作，建议先设置 Microsoft 账户。

在安装 Office 时，软件可能会要求用户注册 Microsoft 账号，但也可

能用户当时并没有注册，因为这个过程是可以跳过的。在后期的使用过程中，用户也可以通过下面的方法来注册 Microsoft 账号，具体操作步骤如下。

Step01 进入 Excel 2016 编辑主界面之后，单击标题栏右侧的【登录】链接，如图 1-76 所示。

Step02 打开【登录】对话框，❶ 在文本框中输入电子邮箱地址或者电话号码，❷ 单击【下一步】按钮，如图 1-77 所示。

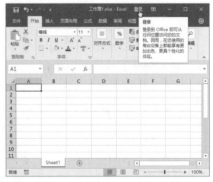

图 1-76

图 1-77

Step03 接下来如果用户之前已注册账户，则直接输入用户名和密码进行登录。这里因为之前没有注册过该账户，所以单击【注册】链接进行注册，如图 1-78 所示。

图 1-78

Step04 切换到注册账户界面，❶ 根据提示在各文本框中输入相关信息，❷ 单击【创建账户】按钮完成注册，如图 1-79 所示。

图 1-79

Step05 注册成功之后 Excel 会自动登录，返回到 Excel 编辑界面之后会看到右上角已经显示的是自己的个人账户姓名了，如图 1-80 所示。

图 1-80

技能拓展——退出当前 Microsoft 账户

成功登录 Microsoft 账户后，若要退出当前账户，可切换到【文件】选项卡，在左侧窗格中选择【账户】命令，切换到【账户】界面，在【用户信息】栏中单击【注销】链接。

★ 重点 1.6.2 实战：设置账户背景

实例门类	软件功能
教学视频	光盘\视频\第1章\1.6.2.mp4

登录 Microsoft 账户后，还可以管理账户的隐私设置，从而管理用户的个人信息状况。例如，要设置 Office 背景，具体操作步骤如下。

Step01 ❶ 单击标题栏右侧显示的个人账户姓名链接，❷ 在弹出的下拉菜单中选择【账户设置】命令，如图 1-81 所示。

技术看板

Microsoft 账户作为整个微软生态服务链的通行证，自然与全新 Office 密切关联。Office 2016 中的部分功能（如 SkyDrive 云服务），必须借助 Microsoft 账户才能起到作用。

图 1-81

Step02 切换到【文件】菜单的【账户】界面，可以看到默认的没有设置的 Office 背景，如图 1-82 所示。

图 1-82

Step03 在【Office 背景】下拉列表框中选择需要的背景效果，即可看到使用该背景时的 Excel 界面效果，如图 1-83 所示。

图 1-83

1.7 熟悉 Excel 2016 的工作环境

学习使用 Excel 管理各种数据前，首先需要了解该软件的工作界面。只有熟悉了软件工作界面的各组成部分，大致知道常用的命令和操作有哪些，才能在学习软件基础知识后更好地运用该软件。

与 Excel 2013 相比较，Excel 2016 的工作界面在外观上并没有太大的变化，只是界面的主题颜色和风格有所改变，更贴近于 Windows 10 操作系统。在 Excel 2016 中新建工作簿之后便可以看到整个 Excel 2016 的工作界面，如图 1-84 所示。它主要由标题栏、快速访问工具栏、功能区、工作表编辑区及状态栏等部分组成。

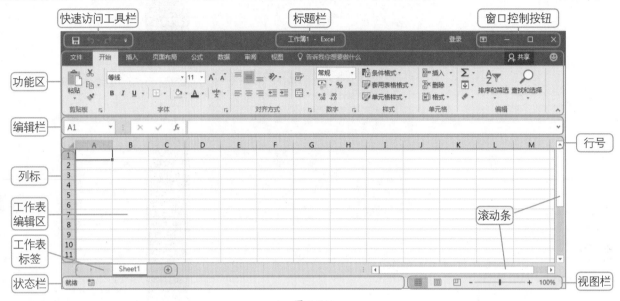

图 1-84

★ 新功能 1.7.1 标题栏

标题栏位于窗口的最上方，主要用于显示正在编辑的工作簿的文件名，以及所使用的软件后缀名。如图 1-84 中所示的标题栏显示【工作簿 1-Excel】，表示此窗口的应用程序为 Microsoft Excel，在 Excel 中打开的当前文件的文件名为【工作簿 1】。

另外，还包括右侧的【登录】超级链接和窗口控制按钮。【登录】超级链接用于快速登录 Microsoft 账户，窗口控制按钮包括【功能区显示选项】【最小化】【最大化】和【关闭】4 个按钮，用于对工作簿窗口的内容、大小和关闭进行相应控制。

技术看板

单击【功能区显示选项】按钮，在弹出的下拉菜单中选择不同的命令，可以控制功能区的显示效果。

1.7.2 快速访问工具栏

默认情况下，快速访问工具栏位于 Excel 窗口的左上侧，用于显示 Excel 2016 中常用的一些工具按钮，默认包括【保存】按钮、【撤销】按钮和【恢复】按钮等，单击它们可执行相应的操作。

无论功能区如何显示，快速访问工具栏中的命令始终可见，所以可以将常用的工具按钮显示在快速访问工具栏中，其中的工具，用户可以根据需要进行添加。

★ 新功能 1.7.3 功能区

功能区中集合了各种重要功能，清晰可见，是 Excel 的控制中心。功能区主要由选项卡、组、命令 3 部分组成，以及工作时需要用到的命令，如新增加的 Tell Me 功能助手、【共享】按钮。

➡ 选项卡：默认状态下，Excel 2016 会显示出【文件】【开始】【插入】【页面布局】【公式】【数据】【审阅】和【视图】等选项卡。每个选项卡代表 Excel 执行的一组核心任务。选择不同的选项卡将显示出不同的 Ribbon 工具条。Ribbon 工具条中又分为不同的组，方便用户从中选择各组中的命令按钮。常用的命令按钮主要集中在【开始】选项卡中，如【粘贴】【剪切】和【复制】等命令按钮。

技术看板

相比于 Excel 2016 中的其他选项卡，【文件】选项卡比较特殊。选择【文件】选项卡后，在弹出的【文件】菜单中可以看到其显示为下拉菜单，操作又类似于界面，其中包含了【打开】【保存】等针对文件操作的常用命令。

➜ 组：Excel 2016 将在执行特定类型的任务时可能用到的所有命令按钮集合到一起，并在整个任务执行期间一直处于显示状态，以便随时使用，这些重要的命令按钮显示在工作区上方，集合的按钮放置在一个区域中就形成了组。

➜ 命令按钮：功能区中的命令按钮是最常用的，通过这些命令按钮，可完成工作表中数据的排版、检索等操作。Excel 2016 功能区中不会一直显示所有命令按钮，只会根据当前执行的操作显示一些可能用到的命令按钮。

➜ Tell Me 功能助手：通过在【告诉我你想要做什么】文本框中输入关键字，可以快速检索 Excel 功能，用户就不用再到选项卡中寻找某个命令的具体位置了，可以快速实现相应操作。

➜ 【共享】按钮：用于快速共享当前工作簿的副本到云端，以便实现协同工作。

1.7.4 编辑栏

编辑栏用于显示和编辑当前活动单元格中的数据或公式，由名称框和公式栏组成。

位于编辑栏左侧的名称栏中显示的是当前活动单元格的地址和名称，也可在名称栏中直接输入一个单元格或一个单元格区域的地址进行单元格的快速选定。

位于编辑栏右侧的公式栏用于显示和编辑活动单元格的内容。当向活动单元格输入数据时，公式栏中便出现 3 个按钮，单击 ✖ 按钮取消输入的内容；单击 ✔ 按钮确定输入的内容；单击 𝑓𝑥 按钮插入函数。

1.7.5 工作表编辑区

工作表编辑区是处理数据的主要场所，在 Excel 2016 工作界面中所占面积最大，它由许多小方格组成，可以输入不同的数据类型。工作表编辑区是最直观显示内容的区域，包括行号、列标、单元格、滚动条等部分。

➜ 行号、列标与单元格：Excel 中通过行号和列标的标记，将整张表格划分为很多小方格，即单元格。单元格中可输入不同类型的数据，是 Excel 中存储数据的最基本元素。

➜ 滚动条：位于工作簿窗口的右边及下边，包括水平滚动条和垂直滚动条。通过拖动滚动条可实现文档的水平或垂直滚动，以便查看窗口中超过屏幕显示范围而未显示出来的内容。

★ 新功能 1.7.6 工作表标签

编辑栏的左下方显示着工作表标签滚动显示按钮、工作表标签和【新工作表】按钮。

➜ 工作表标签滚动显示按钮：如果当前工作簿中包含的工作表数量较多，而且工作簿窗口大小不足以显示出所有的工作表标签，则可通过单击工作表标签队列左侧提供的标签滚动显示按钮来查看各工作表标签。标签滚动显示按钮包含 ◂ 和 ▸ 两个按钮，分别用于向前或向后切换一个工作表标签。在工作表标签滚动显示按钮上右击，将打开【激活】对话框，如图 1-85 所示。在其中选择任意一个工作表即可切换到相应的工作表标签。

图 1-85

➜ 工作表标签：工作表标签显示着工作表的名称，Excel 2016 中一般只显示 1 个工作表标签，默认以【Sheet1】命名，用户可以根据需要，单击右侧的【新工作表】按钮生成新的工作表。工作簿窗口中显示的工作表称为当前工作表，当前工作表只有一张，用户可通过单击工作表下方的标签激活其他工作表为当前工作表。当前工作表的标签为白色，其他为灰色。

1.7.7 状态栏

状态栏位于工作界面底部左侧，用于当前工作表或单元格区域操作的相关信息，如在工作表准备接受命令或数据时，状态栏中显示【就绪】，在编辑栏中输入新的内容时，状态栏中显示【输入】；当选择菜单命令或单击工具按钮时，状态栏中显示此命令或工具按钮用途的简要提示。

1.7.8 视图栏

视图栏位于状态栏的右侧，它显示了工作表当前使用的视图模式和缩放比例等内容，主要用于切换视图模式、调整表格显示比例，方便用户查看表格内容。要调节文档的显示比例，直接拖动显示比例滑块即可，也可单击【缩小】按钮 − 或【放大】按钮 ＋，成倍缩放视图显示比例。

各视图按钮的作用如下。

➜ 【普通视图】按钮 ▦：普通视图是 Excel 的默认视图，效果如图 1-86 所示。在普通视图中可进行输入数据、筛选、制作图表和设置格式等操作。

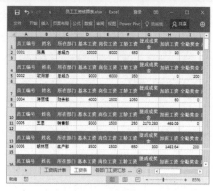

图 1-86

➡ 【页面布局视图】按钮 ▦：单击该按钮，将当前视图切换到页面布局视图，如图 1-87 所示。在页面布局视图中，工作表的顶部、两侧和底部都显示有页边距，顶

部和一侧的标尺可以帮助调整页边距。

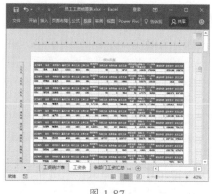

图 1-87

➡ 【分页预览视图】按钮 ▥：单击该按钮，将当前视图切换到分页预览状态，如图 1-88 所示。它是

按打印方式显示工作表的编辑视图。在分页预览视图中，可通过左右或上下拖动来移动分页符，Excel 会自动按比例调整工作表使其行、列适合页的大小。

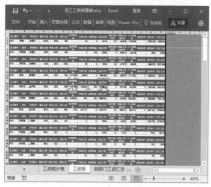

图 1-88

1.8 如何学习使用 Excel 2016

　　实际工作中，有些人使用 Excel 出神入化，工作效率也特别高。有些人就要问了"我要从什么地方开始学习 Excel，才能快速成为 Excel 高手"？确实，人人都希望在自己前进的道路中能得到高人指点，少走弯路。那到底有没有学习 Excel 的捷径呢？答案是有的，只要能以积极的心态、正确的方法，并持之以恒，就能学好 Excel，而在这个过程中，如果懂得搜集、利用学习资源，多花时间练习，就能在较短的时间内取得较大的进步。

1.8.1 积极的心态

　　成为 Excel 高手的捷径首先在于其拥有积极的心态，积极的心态能够提升学习的效率，能产生学习的兴趣，遇到压力时也能转化为动力。

　　Excel 作为现代职场人士的重要工具，职场中 80% 的人都会使用该软件的 10% 功能，这也就说现代职场人士是必定要学习 Excel 的。面对日益繁杂的工作任务，学好了 Excel 不仅能提高自己的工作效率，节省时间，提升职业形象，有时还能帮助朋友，获得满足感。这样考虑以后，你是不是又提升了学习 Excel 的兴趣呢？兴趣是最好的老师，希望在学习 Excel 的过程中读者能对 Excel 一直保持浓厚的兴趣，如果暂时实在是提不起兴趣，那么请重视来自工作或生活中的压力，把它们转化为学习的动力。相信学好 Excel 技巧以后，这些

先进的工作方法一定能带给你丰厚的回报。

1.8.2 正确的方法

　　学习任何知识都要讲究方法，学习 Excel 也不例外。正确的学习方法能使人快速进步，下面总结了一些典型的学习方法。

1. 学习需要循序渐进

　　学习任何知识都有循序渐进的一个过程，不可能一蹴而就。学习 Excel 需要在自己现有水平的基础上，根据学习资源有步骤地由浅入深地学习。这不是短时间可以完全掌握的，不可能像小说中存在的功夫秘笈一样，看一遍就成为高手了。虽然优秀的学习资源肯定存在，但绝对没有什么神器能让新手在短时间内成为高手。

　　Excel 学习内容主要包括数据操作、图表与图形、公式与函数、数据

分析，以及宏与 VBA 5 个方面。根据学习 Excel 知识的难易度，我们把学习的整个过程大致划分为 4 个阶段，即 Excel 入门阶段、Excel 中级阶段、Excel 高级阶段和 Excel 高手阶段。

　　Excel 入门阶段学习的内容主要针对 Excel 新手，这一阶段只需要对 Excel 软件有一个大概的认识，掌握 Excel 软件的基本操作方法和常用功能即可。读者可以通过 Excel 入门教程了解录入与导入数据、查找替换等常规编辑、设置单元格格式、排序、汇总、筛选表格数据、自定义工作环境和保存、打印工作簿等内容。通过这一阶段的学习，读者就能简单地运用 Excel 了，对软件界面和基础的命令菜单都比较熟悉，但对每项菜单命令的具体设置和理解还不是很透彻，不能熟练运用。

Excel 中级阶段主要是让读者通过学习，在入门基础上理解并熟练使用各个 Excel 菜单命令，掌握图表和数据透视表的使用方法，并掌握部分常用的函数及函数的嵌套运用。图表能极大地美化工作表，好的图表还能提升读者的职业形象，这一阶段读者需要掌握标准图表、组合图标、图标美化、高级图表、交互式图表的制作方法；公式与函数在 Excel 学习过程中是最具魅力的，这一阶段读者只需掌握 SUM 函数、IF 函数、VLOOKUP 函数、INDEX 函数、MATCH 函数、OFFSET 函数、TEXT 函数等 20 个常用函数即可；制作图表的最终目的是分析数据，这一阶段读者还需要掌握通过 Excel 专门的数据分析功能对相关数据进行分析、排序、筛选、假设分析、高级分析等操作的技巧；还有一些读者在 Excel 中级阶段就开始学习使用简单的宏了。大部分处于 Excel 中级阶段的读者，在实际工作中已经算得上是 Excel 水平比较高的人了，他们有能力解决绝大多数工作中遇到的问题，但是这并不意味着 Excel 无法提供出更优秀的解决方案。

再进一步学习 Excel 高级阶段的内容，就需要熟练运用数组公式，能够利用 VBA 编写不是特别复杂的自定义函数或过程。这一阶段的读者会发现利用宏与 VBA 的强大二次开发，简化了重复和有规律的工作。以前许多看似无法解决的问题，现在也都能比较容易地处理了。

Excel 是应用性太强的软件，也是学无止尽的。从某种意义上来说，能称为 Excel 专家的人，是不能用指标和数字量化的，至少他必定也是某个或多个行业的专家，他们拥有丰富的行业知识和经验，能结合高超的 Excel 技术和行业经验，将 Excel 功能发挥到极致。所以，如果希望成为 Excel 专家，还要学习 Excel 以外的知识。

2. 合理利用资源

除了通过本书来学习 Excel 外，还有很多方法可以帮助读者快速学习本书中没有包含的 Excel 知识和技巧，如通过 Excel 的联机帮助、互联网、书刊杂志和周边人群进行学习。由于本书书页有限，包含的知识点也有限，读者在实际使用过程中如果遇到问题，不妨通过以上方法快速获得需要的解决方法。

要想知道 Excel 中某个功能的具体使用方法，可调出 Excel 自带的联机帮助，集中精力学习这个功能。尤其在学习 Excel 函数的时候该方法特别适用，因为 Excel 的函数实在太多，想用人脑记住全部函数的参数与用法几乎不可能。

Excel 实在是博大精深，如果对所遇问题不知从何下手，甚至不能确定 Excel 能否提供解决方法时，可以求助于他人。身边如果有 Excel 高手那么虚心求教一下，很快就能解决。也可以通过网络解决，一般问题网络上的解决方法有很多，实在没有还可以到某些 Excel 网站上去寻求帮助。

3. 多练习

多阅读 Excel 技巧或案例方面的文章与书籍，能够拓宽读者的视野，并从中学到许多对自己有帮助的知识。但是"三天不练，手生"，不勤加练习，把学到的知识和技能转化为自己的知识，过一段时间就忘记了。所以，学习 Excel，阅读与实践必须并重。伟人说"实践出真知"，在 Excel 里，不但实践出真知，而且实践出技巧，很多 Excel 高手就是通过实践达到的，因为 Excel 的基本功能是有限的，只有通过实践练习，才能把解决方法理解得更透彻，以便在实际工作中举一反三。

★ 新功能 1.8.3 实战：获取帮助了解 Excel 2016 的相关功能

使用 Excel 的过程中，如果遇到

不熟悉的操作，或对某些功能不了解时，可以通过使用 Excel 提供的联机帮助功能寻求解决问题的方法。根据用户需要帮助的具体情况，可选择如下 3 种方法来获取联机帮助。

1. 使用对话框中的辅助功能

在操作与使用 Excel 时，当打开一个操作对话框，而不知道具体的设置含义时，则可单击对话框中的【帮助】按钮 ？ ，这样可以及时有效地获取帮助信息。

下面以在【函数】对话框中获取帮助信息为例，介绍使用对话框中的辅助功能获取帮助信息的操作步骤如下。

Step 01 单击编辑栏中的【插入函数】按钮 fx，如图 1-89 所示。

图 1-89

Step 02 打开【插入函数】对话框，单击右上角的 ？ 按钮，如图 1-90 所示。

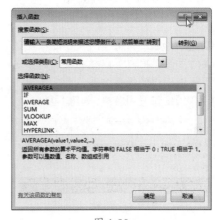

图 1-90

Step 03 打开网页浏览器，并自动连接到 Microsoft 的官方网站。系统根据文本插入点的所在位置猜测用户需要寻求的帮助，并给出了相应的帮助。如果这些帮助信息不是自己需要的，

❶ 只需在上方的搜索框中输入要搜索的文字，如【乘积函数】，❷ 单击【搜索】按钮，如图 1-91 所示。

图 1-91

Step04 在新界面中将显示出所有搜索到的相关信息列表，单击需要查看的超级链接，如图 1-92 所示。

图 1-92

Step05 经过上步操作，即可进入超链接的页面，用户可以根据提供的信息了解该知识的操作方法，看完后单击【关闭】按钮关闭窗口，如图 1-93 所示。

图 1-93

2. 查询 Excel 联机帮助

如果明确知道要查找的帮助内容，用户可以启动 Excel 2016 自带的联机帮助，在其中直接输入需要获取帮助的全名或关键字，然后进行搜索。例如，要在联机帮助中搜索共享工作簿的相关内容，具体操作步骤如下。

Step01 选择【文件】选项卡，如图 1-94 所示。

图 1-94

Step02 显示出【文件】菜单，单击右上角的【Microsoft Excel 帮助】按钮 ?，如图 1-95 所示。

图 1-95

Step03 打开网页浏览器，并自动连接到 Microsoft 的官方网站。根据前面介绍的方法，❶ 在上方的搜索框中输入要搜索的文字，如【共享工作簿】，❷ 单击【搜索】按钮 🔍，如图 1-96 所示。并依次选择需要查看的超级链接，直到查看到需要的内容。

图 1-96

3. 善用【Tell Me】功能

Office 的联机帮助是最权威、最系统，也是最好用的 Office 知识的学习资源之一。Excel 2016 的【帮助】功能还融合在【Tell Me】功能中了，而且【Tell Me】的功能更强大，能比以往任何时候都更轻松地帮助你找到所需要的东西。

例如，要在 Excel 2016 中搜索查看三维地图的相关帮助，具体操作步骤如下。

Step01 ❶ 在【Tell Me】文本框中输入需要查找的内容，如【三维地图】，❷ 在弹出的下拉菜单中选择【获取有关"三维地图"的帮助】命令，❸ 在弹出的下级子菜单中可以看到系统给出的相关帮助，如果还想查看更详细的内容，选择【所有帮助和支持】命令，如图 1-97 所示。

图 1-97

Step02 显示出【帮助】任务窗格，在其中列举了常见的各种帮助信息，选择需要信息可能在的分类项，这里选择

【图表和形状】选项，如图 1-98 所示。

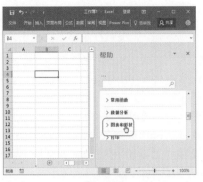

图 1-98

Step 03 经过上步操作，即可展开【图表和形状】选项下的内容，继续选择要查看的分类选项，这里选择【三维地图使用入门】选项，如图 1-99 所示。

图 1-99

Step 04 经过上步操作，即可显示出【三维地图使用入门】选项链接的内容，❶ 拖动滚动条查看所有内容，❷ 查看完后单击【关闭】按钮关闭任务窗格，如图 1-100 所示。

🎯 技术看板

刚开始接触 Excel 会遇到很多疑难，如一些数据录入技巧、单元格设置方法，通过【Tell Me】输入框打开【帮助】任务窗格后，我们可以搜索各个功能的帮助内容，作为系统性的教程来学习。

图 1-100

1.8.4 使用网络查找资源

学习就是一个不断摸索进步的过程，在这个过程中我们需要掌握好的方法和途径，多一些学习的途径，就可以帮助我们获得更多的知识，快速解决相应的难题。

用户遇到一些不懂的问题时，除了向 Excel 软件本身寻求帮助外，还可以向一些 Excel 高手请教，也可以通过互联网寻求帮助。

互联网上介绍 Excel 应用的文章很多，而且可以免费阅读，有些甚至是视频文件或者动画教程，这些都是非常好的学习资源。当遇到 Excel 难题时可以直接在【百度】【谷歌】等搜索引擎中输入关键字进行搜索，也可以到 Excel 网站中寻求高人的帮助，如 "Excel Home"（http://club.excelhome.net/）等。

妙招技法

通过前面知识的学习，相信读者已经对 Excel 2016 有了基本的认识。在使用 Excel 2016 编辑工作表内容时，还需要对 Excel 2016 的工作环境进行设置。下面结合本章内容，给大家介绍一些实用技巧。

技巧 01：设置表格内容的显示比例

教学视频	光盘\视频\第 1 章\技巧 01.mp4

在 Excel 2016 中，表格默认的显示比例是 100%，用户可以根据自己的实际需要调整表格内容的显示比例。

单击 Excel 2016 视图栏中的【缩小】按钮 ，可以逐步缩小表格内容的显示比例，单击【放大】按钮 ，可以逐步放大表格内容的显示比例，还可以通过拖动这两个按钮中间的滑块来调整表格内容的显示比例，向左拖动将缩小显示比例，向右拖动将放大显示比例。

此外，用户可以通过【视图】选项卡【显示比例】组中的【显示比例】按钮进行调整，具体操作步骤如下。

Step 01 单击【视图】选项卡【显示比例】组中的【显示比例】按钮 ，如图 1-101 所示。

图 1-101

Step 02 打开【显示比例】对话框，

❶ 在【缩放】栏中选中需要显示比例值的单选按钮，如选中【50%】单选按钮，❷ 单击【确定】按钮，如图 1-102 所示。

图 1-102

Step03 经过上步操作后，表格内容的显示比例更改为 50%，效果如图 1-103 所示。

图 1-103

技术看板

单击【显示比例】组中的【100%】按钮，可以快速让表格内容以 100% 的比例显示；单击【缩放到选定区域】按钮，可以根据当前所选择的单元格区域的大小，让其中的内容最大化显示出来。

技巧 02：自定义快速访问工具栏

教学视频	光盘\视频\第 1 章\技巧 02.mp4

快速访问工具栏作为一个命令按

钮的容器，可以承载 Excel 2016 所有的操作命令和按钮。不过，默认情况下的快速访问工具栏中只提供了【保存】【撤销】和【恢复】3 个按钮，为了方便在编辑表格内容时能快速实现常用的操作，用户可以根据需要将经常使用的按钮添加到快速访问工具栏中。

例如，要将【打开】按钮添加到快速访问工具栏中，具体操作步骤如下。

Step01 ❶ 单击快速访问工具栏右侧的下拉按钮，❷ 在弹出的下拉菜单中选择需要添加的【打开】命令，如图 1-104 所示。

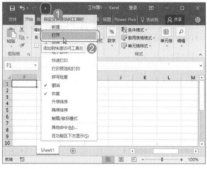

图 1-104

Step02 经过上步操作，即可在快速访问工具栏中添加【打开】按钮，效果如图 1-105 所示。

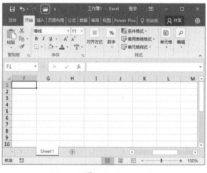

图 1-105

技能拓展——删除快速访问工具栏中的按钮

单击快速访问工具栏右侧的下拉按钮，在弹出的下拉菜单中再次选择某个命令，取消命令前的选中标记，即可删除快速访问工具栏中相应的按钮。

技巧 03：自定义功能区

教学视频	光盘\视频\第 1 章\技巧 03.mp4

在使用 Excel 2016 进行表格内容编辑时，用户可以根据自己的操作习惯，为经常使用的命令按钮创建一个独立的选项卡或工具组。下面以添加【我的工具】组为例进行介绍，具体操作步骤如下。

Step01 选择【文件】选项卡，在弹出的【文件】菜单中选择【选项】命令，如图 1-106 所示。

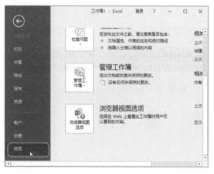

图 1-106

Step02 打开【Excel 选项】对话框，❶ 选择【自定义功能区】选项卡，❷ 在右侧的【自定义功能区】列表框中选择工具组要添加到的具体位置，这里选择【开始】选项，❸ 单击【新建组】按钮，如图 1-107 所示。

图 1-107

Step03 经过上步操作，即可在【自定义功能区】列表框中【开始】选项中的【编辑】选项的下方添加【新建组（自定义）】选项。保持新建工作组的选择状态，单击【重命名】按钮，如图1-108所示。

图1-108

技能拓展——在功能区中新建选项卡

在【Excel 选项】对话框左侧选择【自定义功能区】选项卡，在右侧单击【新建选项卡】按钮可以在功能区中新建选项卡。

Step04 打开【重命名】对话框，① 在【符号】列表框中选择要作为新建工作组的符号标志，② 在【显示名称】文本框中输入新建组的名称【我的工具】，③ 单击【确定】按钮，如图1-109所示。

图1-109

Step05 ① 在【从下列位置选择命令】下拉列表框中选择【常用命令】选项，② 在下方的列表框中依次选择需要添加到新建组中的按钮，③ 单击【添加】按钮将它们添加到新建组中，④ 添加完毕后单击【确定】按钮，如图1-110所示。

图1-110

Step06 完成自定义功能区的操作后返回 Excel 窗口中，在【开始】选项卡【编辑】组的右侧将显示新建的【我的工具】组，在其中可以看到添加的自定义功能按钮，如图1-111所示。

图1-111

技能拓展——删除功能区中的功能组

如果需要删除功能区中的功能组，在【Excel 选项】对话框的【自定义功能区】选项卡中，在【自定义功能区】列表框中选择需要删除的功能组，单击【删除】按钮即可。

技巧04：隐藏窗口中的元素

| 教学视频 | 光盘\视频\第1章\技巧04.mp4 |

Excel 窗口中包含一些可以选择显示或隐藏的窗口元素，如网格线、编辑栏等。为了让屏幕中设置的表格背景等效果更佳，可以将网格线隐藏

起来，具体操作步骤如下。

Step01 在【视图】选项卡【显示】组中取消选中【网格线】复选框，如图1-112所示。

图1-112

Step02 经过上步操作后，即可看到工作表编辑区中的网格线被隐藏起来，效果如图1-113所示。

图1-113

技术看板

如果要显示或隐藏窗口中的其他元素，在【视图】选项卡【显示】组中选中或取消选中相应的复选框即可。如要让隐藏起来的网格线再显示出来，可以选中【视图】选项卡【显示】组中的【网格线】复选框。

技巧05：显示或隐藏功能区

| 教学视频 | 光盘\视频\第1章\技巧05.mp4 |

当我们在录入或者查看 Office 文件内容时，如果想在有限的窗口界面中增大可用空间，以便显示出更多的

文件内容，可以对功能区进行控制。

自从 Office 的相关命令以功能按钮的形式进行展示，而非菜单项的形式出现时，我们便可以对功能区进行折叠或展开控制。默认情况下，功能区是展开的，对其进行折叠的操作步骤如下。

Step01 单击功能区右下角的【折叠功能区】按钮 ∧，如图 1-114 所示。

图 1-114

技能拓展——折叠功能区的其他方法

在功能区的任意空白处右击，在弹出的快捷菜单中选择【折叠功能区】命令；或者单击标题栏右侧的【功能区显示选项】按钮 ⊞，在弹出的下拉列表中选择【显示选项卡】选项，也可以折叠功能区。

若在【功能区显示选项】下拉列表中选择【自动隐藏功能区】选项，将隐藏功能区并切换到全屏阅读状态。要显示出功能区，可以将鼠标光标移动到窗口最上方，显示出标题栏，单击右侧的 ··· 按钮。

Step02 经过上步操作后，即可看到折叠功能区后的效果，实际上就是让功能区仅显示出选项卡的效果。❶ 在折叠后的功能区上右击，在弹出的快捷菜单中可以看到【折叠功能区】命令

前显示一个复选框标记，❷ 选择【折叠功能区】命令，如图 1-115 所示。

图 1-115

Step03 经过上步操作后，即可显示出功能区，如图 1-116 所示。

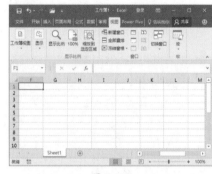

图 1-116

本章小结

本章主要介绍了 Excel 2016 的相关知识，包括 Excel 的主要功能和应用领域、Excel 2016 新增加的功能、Excel 2016 的启动方法、工作界面的组成等，相信读者已经对 Excel 有了基本的认识。一般来说，凡是制作表格都可以用 Excel，对需要大量计算的表格特别适用。但 Excel 不仅仅用于表格的制作，进行各种数据的运算，还可以进行图表处理、统计分析及辅助决策操作。因此 Excel 被广泛应用于管理、统计财经、金融等众多领域，是人们在现代商务办公中使用率极高的必备工具之一。Excel 的灵活和强大填补了现有信息系统的许多盲点，成为商务管理中不可缺少的重要利器。希望 Excel 初学者在学习本章知识后，要多熟悉其工作界面，切换到不同的选项卡中看看都有哪些功能按钮，对每个按钮的功能大致进行分析，不懂的地方可以先通过联机帮助进行了解。另外，可以注册一个 Microsoft 账户，从一开始就掌握协同办公的基本操作。在开始正式学习 Excel 2016 前，还应该设置一个适合自己的工作环境，如对功能区进行自定义，将常用的按钮添加到一处。

第2章 工作簿与工作表的基本操作

➡ 最基本的工作簿操作还不知道怎么做吗？

➡ 想在一个工作簿中创建多个工作表，怎么选择相应的工作表呢？

➡ 重要的数据或表格结构不希望别人再进行改动，或直接不想让别人看到这些数据，怎么办？

➡ 打开了多个工作簿窗口，如何快速排列它们？怎么对比两个工作簿中的内容呢？

➡ 表格中的数据太多，总是不知道哪行数据对应什么内容，如何进行操作呢？

　　本章将介绍如何使用工作簿与工作表，以及通过对其数据的保护及窗口的控制来教读者快速掌握 Excel 的一些相关技巧，从而解答以上问题。

2.1 使用工作簿

　　在应用 Excel 进行工作时，首先需要创建工作簿。而且，Excel 中的所有操作都是在工作簿中完成的，因此学习 Excel 2016 首先应学会工作簿的基本操作，包括创建、保存、打开和关闭工作簿。只有熟练使用这些基本操作，并进一步掌握这些操作对应的快捷键，才能在后期使用快捷键操作工作簿，真正提高工作效率。

★ 新功能 2.1.1 新建工作簿

　　在 Office 2016 版本中，启动 Excel 2016 后，并不会再像老版本一样会自动新建一个空白工作簿了。不过这样的设计更方便，我们可以在启动软件的界面中就根据自己的需要选择启动类型，如空白工作簿或内置的模板表格。

1. 新建空白工作簿

　　空白工作簿是 Excel 中默认新建的工作簿，人们常说的新建工作簿也是指新建空白工作簿。新建空白工作簿的具体操作步骤如下。

Step01 启动 Excel 2016，在右侧界面选择【空白工作簿】选项，如图 2-1 所示。

Step02 即可新建一个名为【工作簿1】的空白工作簿。❶ 在【文件】菜单中选择【新建】命令，❷ 选择【空白工作簿】选项，如图 2-2 所示。

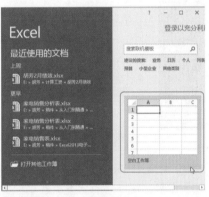

图 2-1

图 2-2

⚙ 技能拓展——新建工作簿的快捷操作

　　按【Ctrl+N】组合键，可快速新建空白工作簿。

Step03 即可查看到新建的空白工作簿，默认工作簿名称为【工作簿2】，如图 2-3 所示。若继续新建空白工作簿，系统默认按顺序命名新的工作簿，即【工作簿3】【工作簿4】……

图 2-3

2. 根据模板新建工作簿

Excel 2016 中提供了许多工作簿模板，这些工作簿的格式和所要填写的内容都是已经设计好的，它可以保存占位符、宏、快捷键、样式和自动图文集词条等信息。用户可以根据需要新建相应的模板工作簿，然后在新建的模板工作簿中填入相应的数据，这样在一定程度上大大提高了工作效率。

Excel 2016 的【新建】面板采用了网页的布局形式和功能，其中【主页】栏中包含了【业务】【日历】【个人】【列表】【预算】和【小型企业】6 类常用的工作簿模板链接。此外，用户还可以单击【其他类别】链接，或者在【搜索】文本框中输入需要搜索模板的关键字进行搜索，查找更多类别的工作簿模板。

在 Excel 2016 启动软件的界面或在【文件】菜单的【新建】命令界面中都可以选择需要的表格模板，而且方法大致相同。这里以在【文件】菜单的【新建】命令界面为例，讲解根据模板新建工作簿的方法，具体操作步骤如下。

Step01 ❶ 在【文件】菜单中选择【新建】命令，❷ 在右侧单击需要的链接类型，如【业务】链接，如图 2-4 所示。

图 2-4

Step02 在新界面中会展示出系统搜索到的所有与【业务】有关的表格模板，拖动鼠标可以依次查看各模板的缩略图效果。这里因为没有找到需要的模板，单击【主页】按钮，如图 2-5 所示。

图 2-5

Step03 将返回 Excel 2016 默认的【新建】界面。❶ 在【搜索】文本框中输入需要搜索的模板关键字，如【销售】，❷ 单击右侧的【搜索】按钮，如图 2-6 所示。

图 2-6

Step04 经过上步操作，系统将搜索与输入关键字【销售】有关的表格模板。在搜索列表中选择需要的表格模板，这里选择【日常销售报表】选项，如图 2-7 所示。

图 2-7

Step05 进入该模板的说明界面，在其中可依次查看该模板中部分表格页面的大致效果，满意后单击【创建】按钮，如图 2-8 所示。

图 2-8

Step06 返回 Excel 2016 的工作界面中即可查看到系统根据模板自动创建的【日常销售报表1】工作簿，如图 2-9 所示。

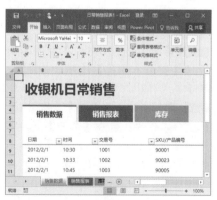

图 2-9

★ 新功能 2.1.2 保存工作簿

新建工作簿后，一般需要对其进行保存，方便以后对工作簿进行修改。保存工作簿又分为保存新建工作簿和另存为工作簿两种。

1. 保存新建工作簿

保存工作簿是为了方便日后使用该工作簿中的数据。新建工作簿操作刚结束就可以进行保存操作了，也可以在对工作簿进行编辑后再保存。保存新建工作簿的时候应该注意为其指定一个与工作表内容一致的名称，并指定保存的位置，可以保存到硬盘中也可以保存到网络中的其他计算机或云端固定位置，或者 U 盘等可移动设备中。

下面将刚刚根据模板新建的工作簿以【日常销售报表】为名进行保存，具体操作步骤如下。

Step01 单击快速访问工具栏中的【保存】按钮🖫，如图 2-10 所示。

图 2-10

技能拓展——保存工作簿的快捷操作

按【Ctrl+S】组合键，可以对工作簿进行快速保存。

Step02 系统自动切换到【文件】菜单的【另存为】界面，但实际是进行的第一次保存操作。在界面右侧选择文件要保存的位置，这里选择【浏览】

选项，如图 2-11 所示。

图 2-11

Step03 打开【另存为】对话框，❶在【保存位置】下拉列表框中选择文件要保存的位置，❷在【文件名】下拉列表框中输入工作簿要保存的名称，如【日常销售报表】，❸单击【保存】按钮，如图 2-12 所示。

图 2-12

Step04 返回 Excel 2016 的工作界面中，在标题栏上可以看到其标题已变为【日常销售报表】，如图 2-13 所示。

图 2-13

技术看板

如果已经对工作簿进行过保存操作，在编辑工作簿后，再次进行保存操作，将不会打开【另存为】对话框，也不再需要进行设置，系统会自动将上一次保存的位置作为当前工作簿默认的保存位置。

2. 另存为工作簿

在对已经保存过的工作簿进行了再次编辑后，如果既希望不影响原来的工作簿数据，又希望将编辑后的工作簿数据进行保存，则可以将编辑后的工作簿进行另存为操作。虽然前面讲解的操作步骤中我们也选择了【另存为】命令，打开了【另存为】对话框，但实际并没有执行【另存为】操作。

下面将前面保存的【日常销售报表】工作簿另存为【10月销售报表】工作簿，具体操作步骤如下。

Step01 ❶在【文件】菜单中选择【另存为】命令，❷在右侧选择文件要保存的位置，这里双击【这台电脑】选项，如图 2-14 所示。

图 2-14

Step02 打开【另存为】对话框，❶在【文件名】下拉列表框中重新输入工作簿的名称，如【10月销售报表】，❷单击【保存】按钮，如图 2-15 所示。

图 2-15

Step 03 返回 Excel 2016 的工作界面中，在标题栏上可以看到其标题已变为【10月销售报表】，如图 2-16 所示。

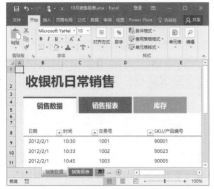

图 2-16

技术看板

Excel 文件其实具有通用性，也就是说我们可以将 Excel 文件保存为其他格式的文件，然后通过其他程序来打开该工作簿。在【另存为】对话框的【保存类型】下拉列表框中还有一个设置保存工作簿类型的常用选项——【Excel 97-2003 工作簿】选项，选择该选项可以在 Excel 老版本中打开保存的工作簿。

★ **新功能 2.1.3 打开工作簿**

当用户需要查看或再编辑以前保存过的 Excel 工作簿文件，首先需要将其打开。例如，要打开素材文件中提供的【待办事项列表】工作簿，具体操作步骤如下。

Step 01 ❶ 在【文件】菜单中选择【打开】

命令，❷ 在右侧选择要打开文件保存的位置，这里选择【浏览】选项，如图 2-17 所示。

图 2-17

技能拓展——打开工作簿

【打开】命令的快捷键为【Ctrl+O】。此外，我们也可以通过双击 Excel 2016 文件图标将其打开。如果需要打开的文件是最近刚刚使用过的，可以在【文件】菜单的【打开】界面选择【最近】选项，在右侧区域将显示出最近使用的工作簿名称和最近打开工作簿所在的位置，选择需要打开的工作簿名称选项即可打开该工作簿。

Step 02 打开【打开】对话框，❶ 在左侧依次单击找到文件的保存位置，❷ 在中间的列表框中选择要打开的工作簿，如【待办事项列表】，❸ 单击【打开】按钮，如图 2-18 所示。

图 2-18

技术看板

在【打开】对话框中单击【打开】按钮右侧的下拉按钮，在弹出的下拉列表中还可以选择打开工作簿的方式。提供有多种打开工作簿的方式。

- 选择【打开】命令，将以普通状态打开工作簿。
- 选择【以只读方式打开】命令，在打开的工作簿中只能查看数据，不能进行任何编辑。
- 选择【以副本方式打开】命令，将以副本的形式打开工作簿，用户对该副本进行的任何编辑都会保存在该副本中，不会影响原工作簿的数据。
- 选择【在浏览器中打开】命令，可以在浏览器中打开工作簿，一般用于查看数据上传后的网页效果。
- 选择【在受保护视图中打开】命令，若对打开的工作簿进行编辑操作都会被提示是否进行该操作。

Step 03 在新打开的 Excel 2016 窗口中即可查看到打开的【待办事项列表】工作簿的内容，如图 2-19 所示。

图 2-19

技术看板

在【另存为】和【打开】对话框中，提供了多种视图方式，方便用户浏览文件。单击对话框右上角【更改您的视图】按钮，在弹出的下拉列表中可以选择文件夹和文件的视图方式，包括缩略图、列表、详细信息、平铺、内容等多种视图方式。

★ 新功能 2.1.4 关闭工作簿

对工作簿进行编辑并保存后，就可以将其关闭以减少计算机的内存占用量。关闭工作簿主要有以下5种方法。

（1）单击【关闭】按钮关闭。单击工作簿窗口右上角的【关闭】按钮×关闭当前工作簿，如图2-20所示。

图 2-20

（2）通过【文件】菜单关闭。在【文件】菜单中选择【关闭】命令关闭当前工作簿，如图2-21所示。

图 2-21

（3）通过标题栏快捷菜单关闭。在标题栏中任意位置右击，在弹出的快捷菜单中选择【关闭】命令也可以关闭当前工作簿，如图2-22所示。

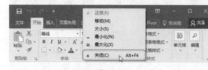

图 2-22

（4）通过快捷键关闭。按【Alt+F4】组合键可以快速关闭当前工作簿。

（5）通过任务栏按钮关闭。在计算机桌面任务栏中找到要关闭的Excel任务，单击其右侧的【关闭】按钮 ⊠ 即可关闭对应的工作簿，如图2-23所示。

图 2-23

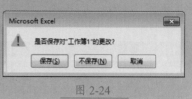

技术看板

若在关闭工作簿前没有对其中所做的修改进行保存，关闭工作簿时将打开对话框询问是否进行保存，如图2-24所示。单击【保存】按钮可保存工作簿的更改并关闭，单击【不保存】按钮则不保存对工作簿的更改并关闭，单击【取消】按钮将取消工作簿的关闭命令。

图 2-24

2.2 使用工作表

通过前面的介绍，大家知道在 Excel 中对数据进行的多数编辑操作都是在工作表中进行的。所以，本节将介绍工作表的基本操作。Excel 中对工作表的操作也就是对工作表标签的操作，用户可以根据实际需要重命名、插入、选择、删除、移动和复制工作表。

2.2.1 重命名工作表

默认情况下，新建的空白工作簿中包含一个名为【Sheet1】的工作表，后期插入的新工作表将自动以【Sheet2】【Sheet3】……依次进行命名。

实际上，Excel 是允许用户为工作表命名的。为工作表重命名时，最好命名为与工作表中内容相符的名称，以后只需通过工作表名称即可判定其中的数据内容，从而方便对数据表进行有效管理。重命名工作表的具体操作步骤如下。

Step01 打开光盘\素材文件\第2章\报价单.xlsx，在要重命名的【Sheet1】工作表标签上双击，让其名称变成可编辑状态，如图2-25所示。

图 2-25

在要命名的工作表标签上右击，在弹出的快捷菜单中选择【重命名】命令，也可以让工作表标签名称变为可编辑状态。

Step02 ❶ 直接输入工作表的新名称，如【报价单】，❷ 按【Enter】键或单击其他位置完成重命名操作，如图2-26所示。

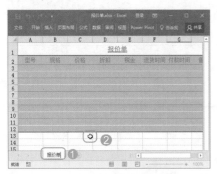

图 2-26

2.2.2 改变工作表标签的颜色

在 Excel 中，除了可以用重命名的方式来区分同一个工作簿中的工作表外，还可以通过设置工作表标签颜色来区分。例如，要修改【报价单】工作表的标签颜色，具体操作步骤如下。

Step01 ❶ 在【报价单】工作表标签上右击，❷ 在弹出的快捷菜单中选择【工作表标签颜色】→【绿色，个性色6，神色50%】命令，如图2-27所示。

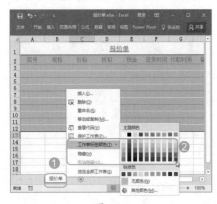

图 2-27

Step02 返回工作表中可以看到【报价单】工作表标签的颜色已变成深绿色，如图2-28所示。

图 2-28

单击【开始】选项卡【单元格】组中的【格式】按钮，在弹出的下拉菜单中选择【工作表标签颜色】命令也可以设置工作表标签颜色。

在选择颜色的列表中分为【主题颜色】【标准色】【无颜色】和【其他颜色】4栏，其中【主题颜色】栏中的第一行为基本色，之后的5行颜色由第一行变化而来。如果列表中没有需要的颜色，可以选择【其他颜色】命令，在打开的对话框中自定义颜色。如果不需要设置颜色，可以在列表中选择【无颜色】命令。

2.2.3 插入工作表

默认情况下，在 Excel 2016 中新建的工作簿中只包含一张工作表。若在编辑数据时发现工作表数量不够，可以根据需要增加新工作表。

在 Excel 2016 中，单击工作表标签右侧的【新工作表】按钮 ⊕，即可在当前所选工作表标签的右侧插入一张空白工作表，插入的新工作表将以【Sheet2】【Sheet3】……的顺序依次进行命名。除此之外，还可以利用插入功能来插入工作表，具体操作步骤如下。

Step01 ❶ 单击【开始】选项卡【单元格】组中的【插入】按钮，❷ 在弹出的下拉菜单中选择【插入工作表】命令，如图2-29所示。

图 2-29

Step02 经过上步操作后，在【报价单】工作表之前插入了一个空白工作表，效果如图2-30所示。

图 2-30

按【Shift+F11】组合键可以在当前工作表标签的左侧快速插入一张空白工作表。

2.2.4 选择工作表

一个 Excel 工作簿中可以包含多张工作表，如果需要同时在几张工作表中进行输入、编辑或设置工作表的格式等操作，首先就需要选择相应的工作表。通过单击 Excel 工作界面底部的工作表标签可以快速选择不同的工作表，选择工作表主要分为4种不同的方式。

（1）选择一张工作表。移动鼠标指针到需要选择的工作表标签上，单击即可选择该工作表，使之成为当前工作表。被选择的工作表标签以白色为底色显示。如果看不到所需工作表标签，可以单击工作表标签滚动显示按钮 ◀ ▶ 以显示出所需的工作表标签。

（2）选择多张相邻的工作表。选择需要的第一张工作表后，按住【Shift】键的同时单击需要选择的多张相邻工作表的最后一个工作表标签，即可选择这两张工作表和之间的所有工作表，如图2-31所示。

图 2-31

（3）选择多张不相邻的工作表。选择需要的第一张工作表后，按住【Ctrl】键的同时单击其他需要选择的工作表标签即可选择多张工作表，如图2-32所示。

图 2-32

（4）选择工作簿中所有工作表。在任意一个工作表标签上右击，在弹出的快捷菜单中选择【选定全部工作表】命令，即可选择工作簿中的所有工作表，如图2-33所示。

图 2-33

技术看板

选择多张工作表时，将在窗口的标题栏中显示"[工作组]"字样。单击其他不属于工作组的工作表标签或者在工作组中的任意工作表标签上右击，在弹出的快捷菜单中选择【取消组合工作表】命令，可以退出工作组。

2.2.5 移动或复制工作表

在表格制作过程中，有时需要将一个工作表移动到另一个位置，用户可以根据需要使用Excel提供的移动工作表功能进行调整。对于制作相同工作表结构的表格，或者多个工作簿之间需要相同工作表中的数据时，可以使用复制工作表功能来提高工作效率。

工作表的移动和复制有两种实现方法：一种是通过鼠标拖动进行同一个工作簿的移动或复制；另一种是通过快捷菜单命令实现不同工作簿之间的移动和复制。

1. 利用拖动法移动或复制工作表

在同一工作簿中移动和复制工作表主要通过鼠标拖动来完成。通过鼠标拖动的方法是最常用，也是最简单的方法，具体操作步骤如下。

Step01 打开光盘\素材文件\第2章\工资管理系统.xlsx，❶选择需要移动位置的工作表，如【补贴记录表】，❷按住鼠标左键不放并拖动到要将该工作表移动到的位置，如【考勤表】工作表标签的右侧，如图2-34所示。

图 2-34

Step02 释放鼠标后，即可将【补贴记录表】工作表移动到【考勤表】工作表的右侧。❶选择需要复制的工作表，如【工资条】，❷按住【Ctrl】键的同时拖动鼠标指针到该工作表的右侧，如图2-35所示。

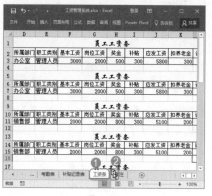

图 2-35

Step03 释放鼠标后，即可在指定位置复制得到【工资条（2）】工作表，如图2-36所示。

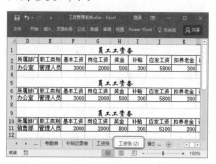

图 2-36

2. 通过菜单命令移动或复制工作表

通过拖动鼠标指针的方法在同一工作簿中移动或复制工作表是最快捷的，如果需要在不同的工作簿中移动或复制工作表，则需要使用【开始】选项卡【单元格】组中的命令来完成，具体操作步骤如下。

Step01 ❶选择需要移动位置的工作表，如【工资条（2）】，❷单击【开始】选项卡【单元格】组中的【格式】按钮 📋，❸在弹出的下拉菜单中选择【移动或复制工作表】命令，如图2-37所示。

图 2-37

Step02 打开【移动或复制工作表】对话框，❶ 在【将选定工作表移至工作簿】下拉列表框中选择要移动到的工作簿名称，这里选择【新工作簿】选项，❷ 单击【确定】按钮，如图 2-38 所示。

图 2-38

Step03 即可创建一个新工作簿，并将【工资管理系统】工作簿中的【工资条（2）】工作表移动到新工作簿中，效果如图 2-39 所示。

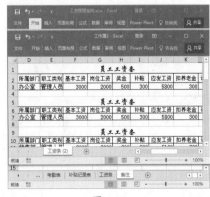

图 2-39

技术看板

在【移动或复制工作表】对话框中，选中【建立副本】复选框，可将选择的工作表复制到目标工作簿中。在【下列选定工作表之前】列表框中还可以选择移动或复制工作表在工作簿中的位置。

2.2.6 删除工作表

在一个工作簿中，如果新建了多余的工作表或有不需要使用的工作表，可以将其删除，以有效地控制工作表的数量，方便进行管理。删除工作表主要有以下两种方法。

（1）通过菜单命令。选择需要删除的工作表，单击【开始】选项卡【单元格】组中的【删除】按钮，在弹出的下拉列表中选择【删除工作表】选项即可删除当前选择的工作表，如图 2-40 所示。

技术看板

删除存放有数据的工作表时，将打开提示对话框，询问是否永久删除工作表中的数据，单击【删除】按钮即可将工作表删除。

图 2-40

（2）通过快捷菜单命令。在需要删除的工作表的标签上右击，在弹出的快捷菜单中选择【删除】命令，可删除当前选择的工作表，如图 2-41 所示。

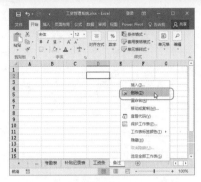

图 2-41

2.2.7 显示与隐藏工作表

如果工作簿中包含了多张工作表，而有些工作表中的数据暂时不需要查看，可以将其隐藏起来，当需要查看时，再使用显示工作表功能将其显示出来。

1. 隐藏工作表

隐藏工作表即是将当前工作簿中指定的工作表隐藏，使用户无法查看到该工作表，以及工作表中的数据。可以通过菜单命令或快捷菜单命令来实现，用户可根据自己的使用习惯来选择采用的操作方法。下面通过菜单命令的方法来隐藏工作簿中的工作表，具体操作步骤如下。

Step01 ❶ 按住【Ctrl】键的同时，选择【工资表】【基本工资记录表】和【工资条】3 张工作表，❷ 单击【开始】选项卡【单元格】组中的【格式】按钮，❸ 在弹出的下拉菜单中选择【隐藏和取消隐藏】→【隐藏工作表】命令，如图 2-42 所示。

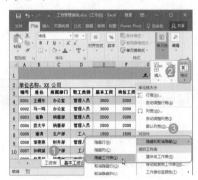

图 2-42

Step**02** 经过上步操作后，系统自动将选择的3张工作表隐藏起来，效果如图2-43所示。

图 2-43

技能拓展——快速隐藏工作表

在需要隐藏的工作表标签上右击，在弹出的快捷菜单中选择【隐藏】命令可快速隐藏选择的工作表。

2. 显示工作表

显示工作表即是将隐藏的工作表显示出来，使用户能够查看到隐藏工作表中的数据，是隐藏工作表的逆向操作。显示工作表同样可以通过菜单命令和快捷菜单命令来实现。例如，要将前面隐藏的工作表显示出来，具体操作步骤如下。

Step**01** ❶ 单击【开始】选项卡【单元格】组中的【格式】按钮，❷ 在弹出的下拉菜单中选择【隐藏和取消隐藏】→【取消隐藏工作表】命令，如图2-44所示。

图 2-44

Step**02** 打开【取消隐藏】对话框，❶ 在【取消隐藏工作表】列表框中选择需要显示的工作表名称，如选择【基本工资记录表】选项，❷ 单击【确定】按钮，如图2-45所示。

图 2-45

Step**03** 即可将工作簿中隐藏的【基本工资记录表】工作表显示出来，效果如图2-46所示。

图 2-46

技能拓展——取消隐藏工作表

在工作簿中的任意工作表标签上右击，在弹出的快捷菜单中选择【取消隐藏】命令也可打开【取消隐藏】对话框，进行相应设置即可将隐藏的工作表显示出来。

2.3 保护数据信息

通常情况下，为了保证 Excel 文件中数据的安全性，特别是企业内部的重要数据，或为了防止自己精心设计的格式与公式被破坏，应该为工作表和工作簿安装"防盗锁"。

★ 重点 2.3.1 实战：保护考勤表

实例门类	软件功能
教学视频	光盘\视频\第2章\2.3.1.mp4

为了防止其他人员对工作表中的部分数据进行编辑，可以对工作表进行保护。在 Excel 中，对当前工作表设置保护，主要是通过【保护工作表】对话框来设置的，具体操作步骤如下。

Step**01** ❶ 选择需要进行保护的工作表，如【考勤表】工作表，❷ 单击【审阅】选项卡【更改】组中的【保护工作表】按钮，如图2-47所示。

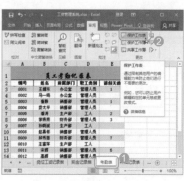

图 2-47

Step 02 打开【保护工作表】对话框，❶ 在【取消工作表保护时使用的密码】文本框中输入密码，如输入【123】，❷ 在【允许此工作表的所有用户进行】列表框中选中【选定锁定单元格】和【选定未锁定的单元格】复选框，❸ 单击【确定】按钮，如图 2-48 所示。

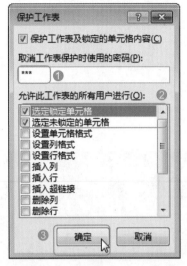

图 2-48

技能拓展——快速打开【保护工作表】对话框

在需要保护的工作表标签上右击，在弹出的快捷菜单中选择【保护工作表】命令，也可以打开【保护工作表】对话框。

Step 03 打开【确认密码】对话框，❶ 在【重新输入密码】文本框中再次输入设置的密码【123】，❷ 单击【确定】按钮，如图 2-49 所示。

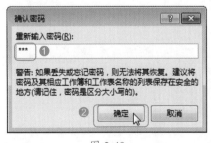

图 2-49

技能拓展——撤销工作表保护

单击【开始】选项卡【单元格】组中的【格式】按钮，在弹出的下拉菜单中选择【撤销工作表保护】命令，可以撤销对工作表的保护。如果设置了密码，则需要在打开的【撤销工作表保护】对话框的【密码】文本框中输入正确密码才能撤销保护。

★ **重点 2.3.2 实战：保护工资管理系统工作簿**

实例门类	软件功能
教学视频	光盘\视频\第 2 章\2.3.2.mp4

Excel 2016 允许用户对整个工作簿进行保护，这种保护分为两种方式：一种是保护工作簿的结构；另一种则是保护工作簿的窗口。

保护工作簿的结构能防止其他用户查看工作簿中隐藏的工作表，以及移动、删除、隐藏、取消隐藏、重命名或插入工作表等操作。保护工作簿的窗口可以在每次打开工作簿时保持窗口的固定位置和大小，能防止其他用户在打开工作簿时，对工作表窗口进行移动、缩放、隐藏、取消隐藏或关闭等操作。

保护工作簿的具体操作步骤如下。

Step 01 单击【审阅】选项卡【更改】组中的【保护工作簿】按钮 ，如图 2-50 所示。

图 2-50

Step 02 打开【保护结构和窗口】对话框，❶ 选中【结构】复选框，❷ 在【密码（可选）】文本框中输入密码，如输入【1234】，❸ 单击【确定】按钮，如图 2-51 所示。

图 2-51

Step 03 打开【确认密码】对话框，❶ 在【重新输入密码】文本框中再次输入设置的密码【1234】，❷ 单击【确定】按钮，如图 2-52 所示。

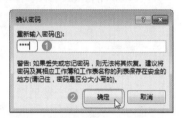

图 2-52

技能拓展——撤销工作簿保护

打开设置密码保护的工作簿，可以看到其工作表的窗口将呈锁定状态，且【保护工作簿】按钮呈按下状态，表示已经使用了该功能。要取消保护工作簿，可再次单击【保护工作簿】按钮，在打开的对话框中进行设置。

★ **重点 2.3.3 实战：加密成本费用表工作簿**

实例门类	软件功能
教学视频	光盘\视频\第 2 章\2.3.3.mp4

如果一个工作簿中大部分甚至全部工作表都存放有企业的内部资料和

重要数据，一旦泄露或被他人盗用将影响企业利益，此时可以为工作簿设置密码保护，这样可以在一定程度上保障数据的安全。为工作簿设置密码的具体操作步骤如下。

我们也可以在另存工作簿时为其设置密码，在【另存为】对话框中单击左下角的【工具】按钮，在弹出的下拉菜单中选择【常规选项】命令，打开如图 2-53 所示的【常规选项】对话框，在【打开权限密码】和【修改权限密码】文本框中输入密码即可。

图 2-53

Step01 打开光盘\素材文件\第2章\成本费用表.xlsx，❶ 在【文件】菜单中选择【信息】命令，❷ 单击【保护工作簿】按钮，❸ 在弹出的下拉菜单中选择【用密码进行加密】命令，如图 2-54 所示。

图 2-54

Step02 打开【加密文档】对话框，❶ 在【密码】文本框中输入密码，如【123】，❷ 单击【确定】按钮，如图 2-55 所示。

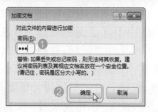

图 2-55

Step03 打开【确认密码】对话框，❶ 在文本框中再次输入设置的密码【123】，❷ 单击【确定】按钮，如图 2-56 所示。

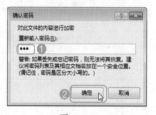

图 2-56

技术看板

为工作簿设置密码时，输入的密码最多可达 15 个字符，包含字母、数字和符号，字母要区分大小写。

2.4 工作簿窗口控制

在 Excel 中编辑工作表时，有时需要在多个工作簿之间进行交替操作。为了工作方便，我们可以通过【视图】选项卡中的【窗口】组来快速切换窗口、新建窗口、重排打开的工作簿窗口、拆分和冻结窗口。

2.4.1 切换窗口

同时编辑多个工作簿时，如果要查看其他打开的工作簿数据，可以在打开的工作簿之间进行切换。在计算机桌面任务栏中选择某个工作簿名称任务即可在桌面上切换显示出该工作簿窗口。Excel 中还提供了快速切换窗口的方法，即单击【视图】选项卡【窗口】组中的【切换窗口】按钮，在弹出的下拉列表中选择需要切换到的工作簿名称，即可快速切换到相应的工作簿，如图 2-57 所示。

图 2-57

技能拓展——切换工作簿的快捷操作

按【Ctrl+F6】组合键可以切换工

作簿窗口到文件名列表中的上一个工作簿窗口。按【Ctrl+Shift+F6】组合键可以切换到文件名列表中的下一个工作簿窗口。并且这些文档的切换顺序构成了一个循环，使用【Ctrl+Shift+F6】或【Ctrl+F6】组合键可向后和向前切换工作簿窗口。

★ 重点 2.4.2 实战：新建窗口查看账务数据

实例门类	软件功能
教学视频	光盘\视频\第2章\2.4.2.mp4

对于数据比较多的工作表，可以

建立两个或多个窗口，每个窗口显示工作表中不同位置的数据，方便进行数据的查看和其他编辑操作，避免了使用鼠标滚动来回显示工作表数据的麻烦。新建窗口的具体操作步骤如下。

Step01 打开光盘\素材文件\第2章\总账表.xlsx，单击【视图】选项卡【窗口】组中的【新建窗口】按钮，如图 2-58 所示。

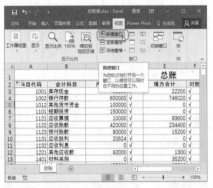

图 2-58

Step02 将创建一个新的窗口，显示的内容还是该工作簿的内容，如图 2-59 所示。

图 2-59

技术看板

通过新建窗口，使用不同窗口显示同一文档的不同部分时，Excel 2016 并未将工作簿复制成多份，只是显示同一工作簿的不同部分，用户在其中一个工作簿窗口中对工作簿进行的编辑会同时反映到其他工作簿窗口中。

2.4.3 重排窗口

如果打开了多个工作簿窗口，要实现窗口之间的快速切换，还可以使用 Excel 2016 的【全部重排】功能对窗口进行排列。将窗口全部重排的操作步骤如下。

Step01 在计算机桌面中显示出所有需要查看的窗口，在任意一个工作簿窗口中单击【视图】选项卡【窗口】组中的【全部重排】按钮，如图 2-60 所示。

图 2-60

Step02 打开【重排窗口】对话框，❶ 选择需要重排窗口的排序方式，如选中【平铺】单选按钮，❷ 单击【确定】按钮，如图 2-61 所示。

图 2-61

Step03 即可看到所有桌面上的工作簿窗口以平铺方式进行排列的效果，如图 2-62 所示。

图 2-62

Step04 使用前面介绍的方法再次打开【重排窗口】对话框，❶ 选中【水平并排】单选按钮，❷ 单击【确定】按钮，如图 2-63 所示。

图 2-63

Step05 即可看到所有桌面上的工作簿窗口以水平并排方式进行排列的效果，如图 2-64 所示。

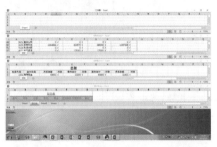

图 2-64

Step06 使用前面介绍的方法再次打开【重排窗口】对话框，❶ 选中【垂直并排】单选按钮，❷ 单击【确定】按钮，如图 2-65 所示。

图 2-65

Step07 即可看到所有桌面上的工作簿窗口以垂直并排方式进行排列的效果，如图 2-66 所示。

图 2-66

Step⑧ 使用前面介绍的方法再次打开【重排窗口】对话框，❶ 选中【层叠】单选按钮，❷ 单击【确定】按钮，如图 2-67 所示。

图 2-67

Step⑨ 即可看到所有桌面上的工作簿窗口以层叠方式进行排列的效果，如图 2-68 所示。

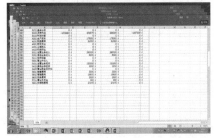

图 2-68

★ 重点 2.4.4 实战：并排查看新旧两份档案数据

实例门类	软件功能
教学视频	光盘\视频\第2章\2.4.4.mp4

在 Excel 2016 中，还有一种排列窗口的特殊方式，即并排查看。在并排查看状态下，当滚动显示一个工作簿中的内容时，并排查看的其他工作簿也将随之进行滚动，方便同步进行查看。例如，要并排查看新旧两份档案的数据，具体操作步骤如下。

Step① ❶ 打开需要并排查看数据的两个工作簿，❷ 在任意一个工作簿窗口中单击【视图】选项卡【窗口】组中的【并排查看】按钮，如图 2-69 所示。

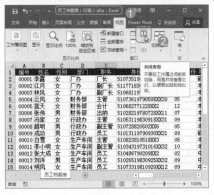

图 2-69

Step② 打开【并排比较】对话框，❶ 在其中选择要进行并排比较的工作簿，❷ 单击【确定】按钮，如图 2-70 所示。

图 2-70

Step③ 即可看到将两个工作簿并排在桌面上的效果，在任意一个工作簿窗口中滚动鼠标，另一个窗口中的数据也会自动进行滚动显示，如图 2-71 所示。

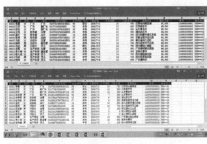

图 2-71

技能拓展——取消并排查看

如果要退出并排比较窗口方式，再次单击【并排查看】按钮即可。

★ 重点 2.4.5 实战：将员工档案表拆分到多个窗格中

实例门类	软件功能
教学视频	光盘\视频\第2章\2.4.5.mp4

当一个工作表中包含的数据太多时，对比查看其中的内容就比较麻烦，此时可以通过拆分工作表的方法将当前的工作表拆分为多个窗格，每个窗格中的工作表都是相同的，并且是完整的。这样在数据量比较大的工作表中，用户也可以很方便地在多个不同的窗格中单独查看同一表格中的数据，有利于在数据量比较大的工作表中查看数据的前后对照关系。

下面将员工档案表拆分为 4 个窗格，具体操作步骤如下。

Step① 打开光盘\素材文件\第2章\员工档案表（16 版）.xlsx，❶ 选择作为窗口拆分中心的单元格，这里选择 C2 单元格，❷ 单击【视图】选项卡【窗口】组中的【拆分】按钮，如图 2-72 所示。

图 2-72

Step② 系统自动以 C2 单元格为中心，将工作表拆分为 4 个窗格，拖动水平滚动条或垂直滚动条就可以对比查看工作表中的数据了，如图 2-73 所示。

图 2-73

一般表格的最上方数据和最左侧的数据都是用于说明表格数据的一种属性的，当数据量比较大的时候，为了方便用户查看表格的这些特定属性区域，可以通过 Excel 提供的【冻结工作表】功能来冻结需要固定的区域，方便用户在不移动固定区域的情况下，随时查看工作表中距离固定区域较远的数据。

冻结窗口的操作方法与拆分窗口的操作方法基本相同，首先需要选择要冻结的工作表，然后执行【冻结窗格】命令。根据需要冻结的对象不同，又可以分为以下 3 种冻结方式。

（1）冻结拆分窗格：查看工作表中的数据时，保持设置的行和列的位置不变。

（2）冻结首行：查看工作表中的数据时，保持工作表的首行位置不变。

（3）冻结首列：查看工作表中的数据时，保持工作表的首列位置不变。

下面将员工档案表中已经拆分的窗格进行冻结，具体操作步骤如下。

Step01 ❶ 单击【视图】选项卡【窗口】组中的【冻结窗格】按钮，❷ 在弹出的下拉菜单中选择【冻结拆分窗格】命令，如图 2-74 所示。

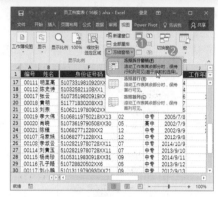

图 2-74

Step02 系统自动将拆分工作表的表头部分和左侧两列单元格冻结，拖动垂直滚动条和水平滚动条查看工作表中的数据，如图 2-75 所示。

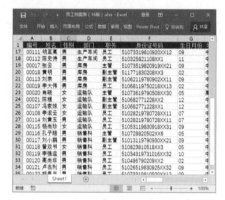

图 2-75

将鼠标光标定位在拆分标志横线上，当其变为 形状时，按住鼠标左键不放进行拖动可以调整窗格高度；将鼠标光标定位在拆分标志竖线上，当其变为 形状时，按住鼠标左键不放进行拖动可以调整窗格宽度。要取消窗口的拆分方式，可以再次单击【拆分】按钮。

★ 重点 2.4.6 实战：冻结员工档案表的拆分窗格

实例门类	软件功能
教学视频	光盘\视频\第 2 章\2.4.6.mp4

妙招技法

通过前面知识的学习，相信读者已经掌握了 Excel 2016 工作簿和工作表的基本操作了。下面结合本章内容，给大家介绍一些实用技巧。

技巧 01：修复受损的工作簿

教学视频	光盘\视频\第 2 章\技巧 01.mp4

Excel 文件是一个应用比较广泛的工作簿，其中又可以包含多个工作表，每个工作表中可以包含大量的数据。在处理 Excel 文件时大家都可能会遇到 Excel 文件受损的问题，即在打开一个以前编辑好的 Excel 工作簿时，却发现 Excel 文件已经损坏，不能正常打开，或出现内容混乱，无法进行编辑、打印等相关操作。

以下收集整理了一些常用的修复受损 Excel 文档的方法和技巧，希望对大家有所帮助。

1. 直接修复 Excel 2016 文件

在【文件】菜单中选择【打开】命令，在右侧选择文件的保存位置，在打开的【打开】对话框中定位并打开包含受损文档的文件夹，选择要修复的 Excel 文件。单击【打开】按钮右侧的下拉按钮，然后在弹出的下拉列表中选择【打开并修复】选项，如

图 2-76 所示。

图 2-76

2. 自动修复为较早的 Excel 版本文件

当 Excel 程序运行出现故障关闭程序或因断电导致来不及保存 Excel 工作簿时，则最后保存的版本可能不会被损坏。当然，该版本不包括最后一次保存后对文档所做的更改。首先关闭打开的工作簿，当系统询问是否保存更改时，单击【否】按钮。重新运行 Excel，在启动界面会出现一个【已恢复】选项，单击【查看恢复的文件】链接，如图 2-77 所示。

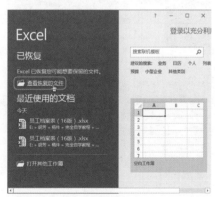

图 2-77

在打开的空白工作簿中会显示出【文档恢复】任务窗格，并在其中列出已自动恢复的所有文件。选择要保留的文件选项，即可打开该文件；也可以单击指定文件名旁的下拉按钮，根据需要在弹出的下拉列表中选择【视图】【另存为】【关闭】或【显示修复】选项，如图 2-78 所示。

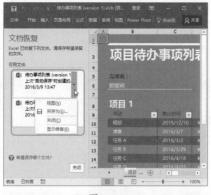

图 2-78

技能拓展——手动恢复文件

如果设置有自动保存工作簿，则当 Excel 文件出现异常并通过自动修复的较早版本的工作簿中恢复的信息将更多。若在重新运行 Excel 程序后，没有显示出【文档恢复】任务窗格，用户可以在 Excel 的【文件】菜单中选择【打开】命令，在右侧选择【最近】选项，然后单击该栏最下方的【恢复未保存的工作簿】按钮，手动找到文件的保存位置，打开文件进行自动修复。

3. 转换为 SYLK 格式修复

如果能够打开 Excel 文件，只是不能进行各种编辑和打印操作，建议通过另存为的方式将工作簿转换为 SYLK（符号连接）(*.slk) 格式，然后关闭目前开启的文件，打开另存为的 SYLK 版本文件筛选出文档的损坏部分，再保存数据。

技巧 02：设置 Excel 2016 启动时自动打开指定的工作簿

教学视频	光盘\视频\第 2 章\技巧 02.mp4

在日常工作中，某些用户往往在一段时间里需要同时处理几个工作簿文件，一个一个地打开这些工作簿太

浪费时间，为了方便操作，可以设置在启动 Excel 时就自动打开这些工作簿。这个设置并不难，具体操作步骤如下。

Step01 在【Excel 选项】对话框中，❶选择【高级】选项，❷在右侧【常规】栏中的【启动时打开此目录中的所有文件】文本框中输入需要在启动 Excel 时指定打开的工作簿所在文件夹路径，❸单击【确定】按钮，如图 2-79 所示。

图 2-79

Step02 以后，每次启动 Excel 的时候，都会自动打开这个文件夹中的工作簿文件。

技巧 03：将工作簿保存为模板文件

教学视频	光盘\视频\第 2 章\技巧 03.mp4

如果经常需要制作某类型或某种框架结构的表格，可以先完善该表格的格式设置等，然后将其保存为模板文件，这样在以后就可以像使用普通模板一样使用该模板来创建表格了。将工作簿保存为模板文件的具体操作步骤如下。

打开【另存为】对话框，❶在【文件名】文本框中输入模板文件的名称，❷在【保存类型】下拉列表框中选择【Excel 模板】选项，❸选择模板文件的保存位置，❹单击【保存】按钮，如图 2-80 所示。

图 2-80

技巧 04：怎么设置文档自动保存的时间间隔

教学视频	光盘\视频\第2章\技巧 04.mp4

用户可以为工作簿设置自动保存，这样能够最大可能地避免计算机遇到停电、死机等突发事件而造成数据的丢失。设置自动保存工作簿后，每隔一段时间，Excel 就会自动对正在编辑的工作簿进行保存。这样即使计算机遇到意外事件发生，在重新启动计算机并打开 Excel 文件时，系统也会自动恢复保存的工作簿数据，从而降低数据丢失的概率。

技术看板

由于工作簿的自动保存操作会占用系统资源，频繁地保存会影响数据的编辑，因此工作簿的自动保存时间间隔不宜设置得过短。也不宜设置得太长，否则容易因各种原因造成不能及时保存数据。一般设置 10～15 分钟的自动保存时间间隔为宜。

下面将 Excel 工作簿的自动保存时间间隔设置为每隔 10 分钟自动保存一次，具体操作步骤如下。

打开【Excel 选项】对话框，❶ 选择【保存】选项卡，❷ 在右侧的【保存工作簿】栏中选中【保存自动恢复信息时间间隔】复选框，并在其后的数值框中输入间隔的时间，如输入【10】，❸ 单击【确定】按钮，如图 2-81 所示。

图 2-81

技巧 05：设置最近使用的文件列表

教学视频	光盘\视频\第2章\技巧 05.mp4

在【文件】菜单的【打开】界面中，选择【最近】选项，在右侧将显示出最近使用的工作簿名称。默认情况下，系统会在该处保留最近打开过的 25 个文件的列表，以帮助用户快速打开最近使用的工作簿。如果希望改变默认列表的数量，可按如下操作步骤进行设置。

Step❶ 在【Excel 选项】对话框中，❶ 选择【高级】选项卡，❷ 在右侧【显示】栏中的【显示此数目的"最近使用的工作簿"】数值框中输入需要显示的文件个数，如输入【8】，❸ 单击【确定】按钮，如图 2-82 所示。

图 2-82

Step❷ ❶ 在【文件】菜单中选择【打开】命令，❷ 选择【最近】选项，可以看到在右侧面板中仅显示了 8 个最近使用的工作簿名称，如图 2-83 所示。

图 2-83

技术看板

【Excel 选项】对话框中有上百项关于 Excel 运行和操作的设置项目，通过设置这些项目，能让 Excel 2016 尽可能地符合用户自己的使用习惯来处理问题。

本章小结

通过本章知识的学习和案例练习，相信读者已经掌握好工作簿和工作表的基本操作。首先，读者要掌握工作簿的基本操作，工作簿就是 Excel 文件，是表格文件的外壳，它的操作和其他 Office 文件的操作相同，而且都是很简单的；实际上，在 Excel 中存储和分析数据都是在工作表中进行的，所以掌握工作表的基本操作尤其重要，要掌握插入新工作表的方法，能根据内容重命名工作表，学会移动和复制工作表来快速转移数据位置或得到数据的副本；对于重要数据要有保护意识，能通过隐藏工作表、保护工作表、加密工作簿等方式来实施保护措施；对窗口的控制有时也能起到事半功倍的效果，如要对比两个工作表数据就使用【并排查看】功能，如果一个表格中的数据太多，就要灵活使用【新建窗口】【拆分窗格】和【冻结窗格】功能了。

第3章 表格数据的录入与编辑

→ 表格数据的行或列位置输入错误了，需要重新删除这些数据添加上其他数据吗？

→ 部分单元格或单元格区域中的数据相同，有什么办法可以快速输入吗？

→ 特殊内容不知道怎么输入，怎么办？

→ 你还在逐字逐句地敲键盘，想提高录入效率吗？

→ 想快速找到相应的数据吗？

→ 想一次性将某些相同的数据替换为其他数据吗？

本章将带领读者认识 Excel 中的行与列，并通过讲解单元格和区域的基本操作及数据的输入来为读者解答以上问题。

3.1 认识行、列、单元格和单元格区域

在第 1 章中大家已经知道表格中的最小数据存储单位是单元格，许多单元格又组成了行或列，而许多的行和列才构成了一张二维表格，也就是人们所说的工作表。在 Excel 中，用户可以对整行、整列、单个单元格或者单元格区域进行操作。

3.1.1 什么是行与列

日常生活中使用的表格都是由许多条横线和许多条竖线交叉而成的一排排格子。在这些线条围成的格子中，填上各种数据就构成了人们所说的表格，如学生使用的课程表、公司使用的认识履历表、工作考勤表等。

Excel 作为一个电子表格软件，其最基本的操作形态就是标准的表格——由横线和竖线所构成的格子。在 Excel 工作表中，由横线所间隔出来的横着的部分被称为行，由竖线所间隔出来的竖着的部分被称为列。

在 Excel 窗口中，工作表的左侧有一组垂直的灰色标签，其中的阿拉伯数字 1，2，3···标识了电子表格的行号；工作表的上面有一排水平的灰色标签，其中的英文字母 A，B，C···标识了电子表格的列号。这两组标签在 Excel 中分别被称为行号和列标。

行号的概念类似于二维坐标中的纵坐标，或者地理平面中的纬度，而列标的概念则类似于二维坐标中的横坐标，或者地理平面中的经度。

3.1.2 什么是单元格

在了解行和列的概念后，来了解单元格就很容易了。单元格是工作表中的行线和列线将整个工作表划分出来的每一个小方格，它好比二维坐标中的某个坐标点，或者地理平面中的某个地点。

单元格是 Excel 中构成工作表最基础的组成元素，存储数据的最小单位，不可以再拆分。众多的单元格组成了一张完整的工作表。

每个单元格都可以通过单元格地址来进行标识。单元格地址由它所在的行和列组成，其表示方法为【列标＋行号】，如工作表中最左上角的单元格地址为【A1】，即表示该单元格位于 A 列第 1 行。

3.1.3 什么是单元格区域

单元格区域的概念实际上是单元格概念的延伸，多个单元格所构成的单元格群组就被称为单元格区域。构成单元格区域的这些单元格之间如果是相互连续的，即形成的总形状为一个矩形，则称为连续区域；如果这些单元格之间是相互独立不连续的，则它们构成的区域就是不连续区域。

对于连续的区域，可以使用矩形区域左上角和右下角的单元格地址进行标识，表示方法为【左上角单元格地址：右下角单元格地址】，如 A1:B3 表示此区域从 A1 单元格到 B3 单元格之间所形成的矩形区域，该矩形区域宽度为 2 列，高度为 3 行，总共包括 6 个连续的单元格，如图 3-1 所示。

图 3-1

对于不连续的单元格区域，则

需要使用【,】符号分隔开每一个不连续的单元格或单元格区域，如【A1:C4，B7，J11】表示该区域包含从 A1 单元格到 C4 单元格之间形成的矩形区域、B7 单元格和 J11 单元格组成。

3.1.4 两种引用格式

单元格引用是 Excel 中的专业术语，其作用在于标识工作表上的单元格或单元格区域在表中的坐标位置。通过引用，用户可以在公式中使用工作表不同部分的数据；或者在多个公式中使用同一个单元格中的数值；还可以引用同一工作簿中不同工作表的单元格、不同工作簿的单元格，甚至其他应用程序中的数据。

Excel 中的单元格引用有两种表示的方法，即 A1 和 R1C1 引用样式。

➜ A1 引用样式：以数字为行号、以英文字母为列标的标记方式被称为【A1 引用样式】，这是 Excel 默认使用的引用样式。在使用 A1 引用样式的状态下，工作表中的任意一个单元格都可以用【列标＋行号】的表示方法来标识其在表格中的位置。

在 Excel 的名称框中输入【列标＋行号】的组合来表示单元格地址，即可以快速定位到该地址。例如，在名称框中输入【C25】，就可以快速定位到列 C 和行 25 交叉处的单元格。如果要引用单元格区域，就请输入【左上角单元格地址:右下角单元格地址】的表示方法。

➜ R1C1 引用样式：R1C1 引用样式是以【字母 "R"＋行数字＋字母 "C"＋列数字】来标识单元格的位置，其中字母 R 就是行（Row）的简写、字母 C 就是列（Column）的简写。这样的表示方式也就是传统习惯上的定位方式：第几行第几列。例如，R5C4 表示位于第五行第四列的单元格，即 D5 单元格。

在 R1C1 引用样式下，列标签是数字而不是字母。例如，在工作表列的上方看到的是 1、2、3…而不是 A、B、C…此时，在工作表的名称框中输入形如【RnCn】的组合，即表示 R1C1 引用样式的单元格地址，可以快速定位到该地址。

要在 Excel 2016 中打开 R1C1 引用样式，只需要打开【Excel 选项】对话框，选择【公式】选项卡，在【使用公式】栏中选中【R1C1 引用样式(R)】复选框，如图 3-2 所示，单击【确定】按钮之后就会发现 Excel 2016 的引用模式改为 R1C1 模式了。如果要取消使用 R1C1 引用样式，则取消选中【R1C1 引用样式(R)】复选框即可。

图 3-2

技术看板

与 A1 引用样式相比，R1C1 引用样式不仅仅可以标识单元格的绝对位置，还能标识单元格的相对位置。有关 R1C1 引用样式的更详细内容，请参阅本书 7.3 节。

3.2 行与列的操作

在使用工作表的过程中，经常需要对工作表的行或列进行操作，如选择行或列、插入行或列、移动行或列、复制行或列、删除行或列、调整行高和列宽、显示与隐藏行或列等。

3.2.1 选择行和列

要对行或列进行相应的操作，首先选择需要操作的行或列。在 Excel 中选择行或列主要有如下 4 种情况。

1. 选择单行或单列

将鼠标指针移动到某一行单元格的行号标签上，当鼠标指针变成➡形状时单击，即可选择该行单元格。此时，该行的行号标签会改变颜色，该行的所有单元格也会突出显示，以此来表示此行当前处于选中状态，如图

3-3 所示。

图 3-3

将鼠标指针移动到某一列单元格的列标标签上，当鼠标指针变成⬇形状时单击，即可选择该列单元格，如图 3-4 所示。

图 3-4

技能拓展——选择单行单列的快捷操作

此外，使用快捷键也可以快速选择某行或某列。首先选择某单元格，按【Shift+Space】组合键，即可选

择该单元格所在的行；按【Ctrl+Space】组合键，即可选择该单元格所在的列。需要注意的是，由于大多数Windows系统中将【Ctrl+Space】组合键默认设置为切换中英文输入法的快捷方式，因此要在Excel中使用该快捷键前提是要将切换中英文输入法的快捷方式设置为其他按键的组合。

2. 选择相邻连续的多行或多列

单击某行的标签后，按住鼠标左键不放并向上或向下拖动，即可选择与此行相邻的连续多行，如图3-5所示。

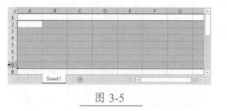

图 3-5

选择相邻连续多列的方法与此类似，就是在选择某列标签后按住鼠标左键不放并向左或向右拖动即可。拖动鼠标时，行或列标签旁会出现一个带数字和字母内容的提示框，显示当前选中的区域中包含了多少行或者多少列。

3. 选择不相邻的多行或多列

要选择不相邻的多行可以在选择某行后，按住【Ctrl】键不放的同时依次单击其他需要选择的行对应的行标签，直到选择完毕后才松开【Ctrl】键。如果要选择不相邻的多列，方法与此类似，效果如图3-6所示。

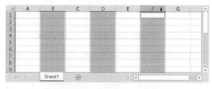

图 3-6

4. 选择表格中所有的行和列

在行标记和列标记的交叉处有一

个【全选】按钮 ，单击该按钮可选择工作表中的所有行和列，如图3-7所示。按【Ctrl+A】组合键也可以选择全部的行和列。

图 3-7

★ 重点 3.2.2 实战：在员工档案表中插入行和列

实例门类	软件功能
教学视频	光盘\视频\第3章\3.2.2.mp4

Excel中建立的表格一般是横向上或竖向上为同一个类别的数据，即同一行或同一列属于相同的字段。所以，如果在编辑工作表的过程中，出现漏输数据的情况，一般会需要在已经有数据的表格中插入一行或一列相同属性的内容。此时，就需要掌握插入行或列的方法了。例如，要在员工档案表中插入行和列，具体操作步骤如下。

Step01 打开光盘\素材文件\第3章\员工档案表.xlsx，❶选择G列单元格，❷单击【开始】选项卡【单元格】组中的【插入】按钮，❸在弹出的下拉菜单中选择【插入工作表列】命令，如图3-8所示。

图 3-8

Step02 即可在原来的G列单元格左侧插入一列空白单元格，效果如图3-9所示。

图 3-9

Step03 ❶选择第22~27行单元格，❷单击【插入】按钮，❸在弹出的下拉菜单中选择【插入工作表行】命令，如图3-10所示。

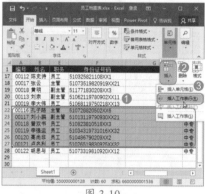

图 3-10

Step04 即可在所选单元格的上方插入6行空白单元格，效果如图3-11所示。

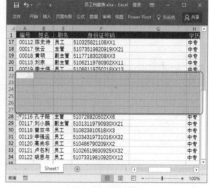

图 3-11

★ 重点 3.2.3 实战：移动员工档案表中的行和列

实例门类	软件功能
教学视频	光盘\视频\第3章\3.2.3.mp4

在工作表中输入数据时，如果发现将数据的位置输入错误，不必再重复输入，只需使用 Excel 提供的移动数据功能来移动单元格中的内容即可。例如，要移动部分员工档案数据在档案表中的位置，具体操作步骤如下。

Step01 ❶ 选择需要移动的第 19 条记录数据，❷ 按住鼠标左键不放并向下拖动，直到将该行单元格拖动到第 24 行单元格上，如图 3-12 所示。

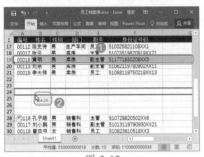

图 3-12

Step02 释放鼠标左键后，即可看到将第 19 条记录移动到第 24 行单元格上的效果。❶ 选择需要移动的第 31 条记录数据，❷ 单击【开始】选项卡【剪贴板】组中的【剪切】按钮 ✂，如图 3-13 所示。

图 3-13

Step03 ❶ 选择第 30 行单元格，并在其上右击，❷ 在弹出的快捷菜单中选择【插入剪切的单元格】命令，如图 3-14 所示。

图 3-14

Step04 即可将第 31 条和第 30 记录对换位置，如图 3-15 所示。

图 3-15

★ 重点 3.2.4 实战：复制员工档案表中的行和列

实例门类	软件功能
教学视频	光盘\视频\第3章\3.2.4.mp4

如果表格中需要输入相同的数据，或表格中需要的原始数据事先已经存在其他表格中，为了避免重复劳动，减少二次输入数据可能产生的错误，可以通过复制行和列的方法来进行操作。例如，要在同一个表格中复制某个员工的档案数据，并将所有档案数据复制到其他工作表中，具体操作步骤如下。

Step01 ❶ 选择需要复制的第 33 行单元格，❷ 按住【Ctrl】键的同时向下拖动鼠标指针，直到将其移动到第

36 行单元格上，如图 3-16 所示。

图 3-16

Step02 ❶ 释放鼠标左键后再释放【Ctrl】键，即可看到将第 33 条记录复制到第 36 行单元格的效果，❷ 全选整个表格，❸ 单击【开始】选项卡【剪贴板】组中的【复制】按钮 📋，❹ 单击 Sheet1 工作表标签右侧的【新工作表】按钮 ⊕，如图 3-17 所示。

图 3-17

Step03 选择 Sheet2 工作表中的 A1 单元格，单击【剪贴板】组中的【粘贴】按钮 📋，即可将刚刚复制的 Sheet1 工作表中的数据粘贴到 Sheet2 工作表中，如图 3-18 所示。

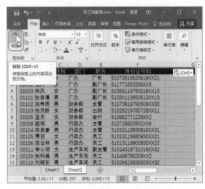

图 3-18

3.2.5 实战：删除员工档案表中的行和列

实例门类	软件功能
教学视频	光盘\视频\第 3 章\3.2.5.mp4

如果工作表中有多余的行或列，可以将这些行或列直接删除。选择的行或列被删除之后，工作表会自动填补删除的行或列的位置，不需要进行额外的操作。删除行和列的具体操作步骤如下。

Step01 ① 选择 Sheet1 工作表，② 选择要删除的 G 列单元格，③ 单击【开始】选项卡【单元格】组中【删除】按钮，如图 3-19 所示。

图 3-19

Step02 即可删除所选的列。① 选择要删除的多行空白单元格，② 单击【开始】选项卡【单元格】组中【删除】按钮，③ 在弹出的下拉菜单中选择【删除工作表行】命令，如图 3-20 所示。

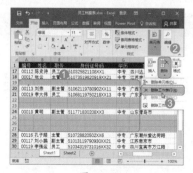

图 3-20

Step03 即可删除所选的行，效果如图 3-21 所示。

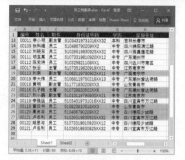

图 3-21

3.2.6 实战：调整员工档案表中的行高和列宽

实例门类	软件功能
教学视频	光盘\视频\第 3 章\3.2.6.mp4

默认情况下，每个单元格的行高与列宽是固定的，但在实际编辑过程中，有时会在单元格中输入较多内容，导致文本或数据不能完全地显示出来，这时就需要适当调整单元格的行高或列宽了，具体操作步骤如下。

Step01 ① 选择 F 列单元格，② 将鼠标指针移至 F 列列标和 G 列列标之间的分隔线处，当鼠标指针变为➕形状时，按住鼠标左键不放进行拖动，如图 3-22 所示，此时鼠标指针右上侧将显示出正在调整列的列宽的具体数值，拖动鼠标指针至需要的列宽后释放鼠标即可。

图 3-22

技术看板

拖动鼠标指针调整行高和列宽是最常用的调整单元格行高和列宽的方法，也是最快捷的方法，但该方法只适用于对行高进行大概调整。

Step02 ① 选择第 2~29 行单元格，② 将鼠标指针移至任意两行的行号之间的分隔线处，当鼠标指针变为➕形状时向下拖动，此时鼠标指针右上侧将显示出正在调整行的行高的具体数值，拖动鼠标指针至需要的行高后释放鼠标即可，如图 3-23 所示。

图 3-23

Step03 经过上步操作后，即可调整所选各行的行高。① 选择第一行单元格，② 单击【开始】选项卡【单元格】组中的【格式】按钮，③ 在弹出的下拉菜单中选择【行高】命令，如图 3-24 所示。

图 3-24

Step04 打开【行高】对话框，① 在【行高】文本框中输入精确的数值，② 单击【确定】按钮，如图 3-25 所示。

图 3-25

Step **05** 即可将第一行单元格调整为设置的行高。这种方法适用于精确地调整单元格行高。❶选择A~J列单元格，❷单击【格式】按钮，❸在弹出的下拉菜单中选择【自动调整列宽】命令，如图3-26所示。

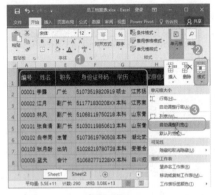

图 3-26

Step **06** 经过上步操作后，Excel将根据单元格中的内容自动调整列宽，使单元格列宽刚好能够将其中的内容显示完整，效果如图3-27所示。

图 3-27

3.2.7 实战：显示与隐藏员工档案表中的行和列

实例门类	软件功能
教学视频	光盘\视频\第3章\3.2.7.mp4

如果在工作表中有一些重要的数据不想让别人查看，除了前面介绍的方法外，还可以通过隐藏行或列的方法来解决这一问题。当需要查看已经被隐藏的工作表数据时，再根据需要

将其重新显示出来即可。

隐藏单元格与隐藏工作表的方法相同，都需要在【格式】下拉菜单中进行设置，要将隐藏的单元格显示出来，也需要在【格式】下拉菜单中进行选择。例如，要对员工档案表中的部分行和列进行隐藏和显示操作，具体操作步骤如下。

Step **01** ❶选择I列中的任意一个单元格，❷单击【开始】选项卡【单元格】组中的【格式】按钮，❸在弹出的下拉菜单中选择【隐藏和取消隐藏】→【隐藏列】命令，如图3-28所示。

图 3-28

Step **02** 经过上步操作后，I列单元格将隐藏起来，同时I列标记上和隐藏的单元格上都会显示为一条直线。❶选择第2~4行中的任意3个竖向连续单元格，❷单击【格式】按钮，❸在弹出的下拉菜单中选择【隐藏和取消隐藏】→【隐藏行】命令，如图3-29所示。

图 3-29

Step **03** 经过上步操作后，第2~4行单元格将隐藏起来，同时会在其行标记上显示为一条直线，且在隐藏的单元格上也会显示出一条直线。❶单击【格式】按钮，❷在弹出的下拉菜单中选择【隐藏和取消隐藏】→【取消隐藏行】命令，即可取消隐藏。如图3-30所示。

技能拓展——显示单元格的其他方法

在【格式】下拉菜单中选择【取消隐藏列】命令，可以显示出表格中所有隐藏的列。另外，使用鼠标拖动隐藏后的行或列标记上所显示的那一条直线，也可将隐藏的行或列显示出来。

图 3-30

Step **04** 经过上步操作后，该表格中所有隐藏的行都将显示出来了，如图3-31所示。

图 3-31

3.3 单元格和单元格区域的基本操作

单元格作为工作表中存放数据的最小单位，在 Excel 中编辑数据时经常需要对单元格进行相关的操作，包括单元格的选择、插入、删除、调整行高和列宽、合并与拆分单元格、显示与隐藏单元格等。

3.3.1 选择单元格和单元格区域

在 Excel 中制作工作表的过程，对单元格的操作是必不可少的，因为单元格是工作表中最重要的组成元素。选择单元格和单元格区域的方法有多种，我们可以根据实际需要选择最合适、最有效的操作方法。

1. 选择一个单元格

在 Excel 中当前选中的单元格被称为【活动单元格】。将鼠标指针移动到需要选择的单元格上并单击，即可选择该单元格。

在名称框中输入需要选择的单元格的行号和列号，然后按【Enter】键也可选择对应的一个单元格。

选择一个单元格后，该单元格将被一个绿色方框包围，在名称框中也会显示该单元格的名称，该单元格的行号和列标都成突出显示状态，如图 3-32 所示。

图 3-32

2. 选择相邻的多个单元格（单元格区域）

先选择第一个单元格（所需选择的相邻多个单元格范围左上角的单元格），然后按住鼠标左键不放并拖动到目标单元格（所需选择的相邻多个单元格范围右下角的单元格）。

在选择第一个单元格后，按住【Shift】键的同时选择目标单元格即可选择单元格区域。

选择的单元格区域被一个大的绿色方框包围，但在名称框中只会显示出该单元格区域左上侧单元格的名称，如图 3-33 所示。

图 3-33

3. 选择不相邻的多个单元格

按住【Ctrl】键的同时，依次单击需要选择的单元格或单元格区域，即可选择多个不相邻的单元格，效果如图 3-34 所示。

图 3-34

4. 选择多个工作表中的单元格

在 Excel 中，使用【Ctrl】键不仅可以选择同一张工作表中不相邻的多个单元格，还可以使用【Ctrl】键在不同的工作表中选择单元格。先在一张工作表中选择需要的单个或多个单元格，然后按住【Ctrl】键不放，切换到其他工作表中继续选择需要的单元格即可。

企业中制作的一个工作簿中常常包含有多张数据结构大致或完全相同的工作表，又经常需要对这些工作表进行同样的操作，此时就可以先选择这多个工作表中的相同单元格区域，然后再对它们统一进行操作来提高工作效率。

要快速选择多个工作表的相同单元格区域，可以先按住【Ctrl】键选择多个工作表，形成工作组，然后在其中一张工作表中选择需要的单元格区域，这样就同时选择了工作组中每张工作表的该单元格区域，如图 3-35 所示。

图 3-35

3.3.2 插入单元格或单元格区域

实例门类	软件功能
教学视频	光盘\视频\第3章\3.3.2.mp4

在编辑工作表的过程中，有时可能会因为各种原因输漏了数据，如果要在已有数据的单元格中插入新的数据，建议根据情况使用插入单元格的方法使表格内容满足需求。

在工作表中，插入单元格不仅可以插入一行或一列单元格，还可以插入一个或多个单元格。例如，在实习申请表中将内容的位置输入到附近单元格中了，需要通过插入单元格的方法来调整位置，具体操作步骤如下。

Step 01 打开光盘\素材文件\第3章\实习申请表 .xlsx，❶ 选择 D6 单元格，❷ 单击【开始】选项卡【单元格】组中的【插入】按钮，❸ 在弹出的下拉菜单中选择【插入单元格】命令，如图 3-36 所示。

图 3-36

Step 02 打开【插入】对话框，❶ 在其中根据插入单元格后当前活动单元格需要移动的方向进行选择，这里选中【活动单元格右移】单选按钮，❷ 单击【确定】按钮，如图 3-37 所示。

图 3-37

技能拓展——打开【插入】对话框的其他方法

选择单元格或单元格区域后，在其上右击，在弹出的快捷菜单中选择【插入】命令，也可以打开【插入】对话框。

Step 03 经过上步操作，即可在选择的单元格位置前插入一个新的单元格，并将同一行中的其他单元格右移，效果如图 3-38 所示。

图 3-38

Step 04 ❶ 选择 D10:G10 单元格区域，❷ 单击【插入】按钮，❸ 在弹出

的下拉菜单中选择【插入单元格】命令，如图 3-39 所示。

图 3-39

Step 05 打开【插入】对话框，❶ 选中【活动单元格下移】单选按钮，❷ 单击【确定】按钮，如图 3-40 所示。

图 3-40

Step 06 即可在选择的单元格区域上方插入 4 个新的单元格，并将所选单元格区域下方的单元格下移，效果如图 3-41 所示。

图 3-41

3.3.3 删除单元格或单元格区域

实例门类	软件功能
教学视频	光盘\视频\第 3 章\3.3.3.mp4

在 Excel 2016 中选择单元格后，按

【Delete】键只能删除单元格中的内容。

在编辑工作表的过程中，有时候不仅需要清除单元格中的部分数据，还希望在删除单元格数据的同时删除对应的单元格位置。例如，要使用删除单元格功能将实习申请表中的无用单元格删除，具体操作步骤如下。

Step 01 ❶ 选择 C4:C5 单元格区域，❷ 单击【开始】选项卡【单元格】组中【删除】按钮，❸ 在弹出的下拉菜单中选择【删除单元格】命令，如图 3-42 所示。

图 3-42

Step 02 打开【删除】对话框，❶ 在其中根据删除单元格后需要移动的是行还是列来选择方向，这里选中【右侧单元格左移】单选按钮，❷ 单击【确定】按钮，如图 3-43 所示。

图 3-43

Step 03 经过上步操作，即可删除所选的单元格区域，同时右侧的单元格会向左移动，效果如图 3-44 所示。

图 3-44

选择单元格或单元格区域后，在其上右击，在弹出的快捷菜单中选择【删除】命令，也可以打开【删除】对话框，如图3-45所示。

图 3-45

3.3.4 实战：复制和移动单元格或单元格区域

实例门类	软件功能
教学视频	光盘\视频\第3章\3.3.4.mp4

在 Excel 中不仅可以移动和复制行/列，还可以移动和复制单元格和单元格区域，操作方法基本相同。例如，要通过移动和复制操作完善实习申请表，具体操作步骤如下。

Step01 ❶ 选择需要复制的 A11 单元格，❷ 单击【开始】选项卡【剪贴板】组中的【复制】按钮，如图3-46所示。

图 3-46

Step02 ❶ 选择需要复制到的 A17 单元格，❷ 单击【开始】选项卡【剪贴板】组中的【粘贴】按钮，即可完成单元格的复制操作，如图3-47所示。

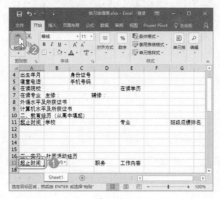

图 3-47

Step03 选择需要移动位置的 A35:B36 单元格区域，并将鼠标指针移动到该区域的边框线上，如图3-48所示。

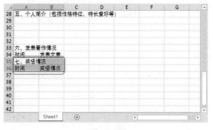

图 3-48

Step04 拖动鼠标指针，直到移动到合适的位置再释放鼠标，将选择的单元格区域移动到如图3-49所示的位置。

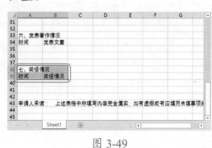

图 3-49

★ 重点 3.3.5 实战：合并实习申请表中的单元格

实例门类	软件功能
教学视频	光盘\视频\第3章\3.3.5.mp4

在制作表格的过程中，为了满足不同的需求，有时也需要将多个连续的单元格通过合并单元格操作将其合并为一个单元格。如果当在一个单元格中输入的内容过多，则在显示时可能会占用几个单元格的位置（如表头内容）。这时最好将几个单元格合并成一个适合单元格内容大小的单元格，以满足数据的显示。

Excel 2016 中提供了多种合并单元格的方式，每种合并方式的不同功能如下。

➥ 合并后居中：将选择的多个单元格合并为一个大的单元格，且其中的数据将自动居中显示。

➥ 跨越合并：将同行中相邻的单元格进行合并。

➥ 合并单元格：将选择的多个单元格合并为一个大的单元格，与【合并后居中】方式不同的是，选择该命令不会改变原来单元格数据的对齐方式。

下面在实习申请表中根据需要合并相应的单元格，具体操作步骤如下。

Step01 ❶ 选择需要合并的 A1:H1 单元格区域，❷ 单击【开始】选项卡【对齐方式】组中的【合并后居中】按钮，❸ 在弹出的下拉菜单中选择【合并单元格】命令，如图3-50所示。

图 3-50

Step02 经过上步操作后，即可将原来的 A1:H1 单元格区域合并为一个单元格，且不会改变数据在合并后单元格中的对齐方式。❶ 拖动鼠标指针调整该行的高度到合适，❷ 选择需要合并的 A2:H2 单元格区域，❸ 单击【合并后居中】按钮，如图 3-51 所示。

图 3-51

Step 03 即可将原来的 A2:H2 单元格区域合并为一个单元格，且其中的内容会显示在合并后单元格的中部。使用相同的方法继续合并表格中的其他单元格，并调整合适的单元格列宽，完成后的效果如图 3-52 所示。

Step 04 ① 选择需要合并的 B34:H37 单元格区域，② 单击【合并后居中】按钮，③ 在弹出的下拉菜单中选择【跨越合并】命令，如图 3-53 所示。

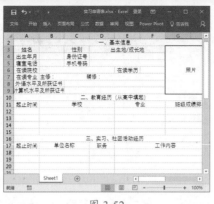

图 3-52

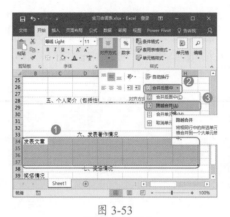

图 3-53

Step 05 即可将原来的 B34:H37 单元格区域按行的方式进行合并，① 使用相同的方法继续跨行合并 B39:H42 单元格区域，② 单击【对齐方式】组中的【居中】按钮，如图 3-54 所示。

图 3-54

技能拓展——拆分单元格

对于合并后的单元格，如果效果不满意，或者认为不需要合并，还可对其进行拆分。拆分单元格先需要选择已经合并的单元格，然后单击【合并后居中】按钮，在弹出的下拉列表中选择【取消单元格合并】命令即可。

3.4 数据的输入

在 Excel 中，数据是用户保存的重要信息，同时它也是体现表格内容的基本元素。用户在编辑 Excel 电子表格时，首先需要设计表格的整体框架，然后根据构思输入各种表格内容。在 Excel 表格中可以输入多种类型的数据内容，如文本、数值、日期和时间、百分数等，不同类型的数据在输入时需要使用不同的方法，本节就来介绍如何输入不同类型的数据。

3.4.1 制作表格首先需要设计表格

要制作一个适用的、美观的表格是需要细心的分析和设计的。用于表现数据的表格设计相对来说比较简单些，我们只需要分析清楚表格中要展示哪些数据，设计好表头、输入数据，然后加上一定的修饰即可；而用于规整内容、排版内容和数据的表格的设计相对来说就比较复杂，这类表格在设计时，需要先理清表格中需要展示的内容和数据，然后按一定规则将其整齐地排列起来，甚至可以先在纸上绘制草图，然后再到 Excel 中制作表格，最后添加各种修饰。

1. 数据表格的设计

通常用于展示数据的表格都有整齐的行和列，很多人认为，这种表格太简单根本不用设计，但事实上，这种观点在过去可能没什么问题，但现在，随着社会发展和进步，人们对于许多事物的关注更细致了，因此我们在设计表格时也应该站在阅读者的角度去思考，除了如何让表格看起来漂亮以外，还应该更多地考虑如何让内容展示得更清晰，让查阅者看起来更容易，如一个密密麻麻都是数据的表格，很多人看到时都会觉得头晕，而我们设计表格时就需要想办法让它看起来更清晰，通常可以从以下几个方面着手来设计数据表格。

（1）精简表格字段。虽然 Excel 很适合用于展示字段很多的大型表格，但我们不得不承认当字段过多时就会影响阅读者对重要数据的把握。所以，在设计表格时，我们需要仔细考虑，分析出表格字段的主次，将一些不重要的字段删除，保留重要的字段。尤其在制作的表格需要打印输出时，一定要注意不能让表格中的数据字段过多超出页面范围，否则会非常不便于查看。

（2）注意字段顺序。表格中字段的顺序也是不容忽视的，为什么成绩表中通常都把学号或者姓名作为第一列？为什么语文、数学、英语科目的成绩总排列在其他科目成绩的前面？

在设计表格时，需要分清各字段的关系、主次等，按字段的重要程度或某种方便阅读的规律来排列字段，每个字段放在什么位置都需要仔细推敲。

（3）保持行列内容对齐。使用表格可以让数据有规律的排列，使数据展示更整齐统一，而对于表格中各单元格内部的内容而言，每一行和每一列都应该整齐排列。例如，图 3-55 所示的表格，行列中的数据排列不整齐，表格就会显得杂乱无章，查看起来就不太方便了。

姓名	语文	数学	外语
张三	98		93
李四	87	85	87
王五	73	90	93
平均成绩	86	89.33	82.67

图 3-55

通常不同类型的字段，可采用不同的对齐方式来表现，但对于每一列中各单元格的数据应该采用相同的对齐方式，将图 3-55 中的内容按照这个标准进行对齐方式设置后的效果，如图 3-56 所示，各列对齐方式可以不同，但每列的单元格对齐方式是统一的。

姓名	性别	年龄	学历	职位
张三	男	23	大专	工程师
李四	女	26	本科	设计师
王五	男	34	大专	部门经理

图 3-56

（4）调整行高与列宽。表格中各字段的内容长度可能不相同，所以不可能做到各列的宽度统一，但通常可以保证各行的高度一致。

在设计表格时，应仔细研究表格数据内容，是否有特别长的数据内容，尽量通过调整列宽，使较长的内容在单元格内采用不换行显示。如果单元格中的内容确实需要换行，则统一调整各列的高度，让每一行高度一致。

如图 3-57 表格中的部分单元格内容过长，此时需要调整各列的宽度及各行的高度，调整后的效果如图 3-58 所示。

姓名	性别	年龄	学历	职位	工作职责
张三	男	23	大专	工程师	负责商品研发工作
李四	女	26	本科	设计师	负责商品设计
王五	男	34	大专	部门经理	负责项目计划、进度管理、员工管理等。
赵六	男	38	本科	部门经理兼技术总监。	负责项目计划、进度管理、员工管理、技术攻坚等

图 3-57

姓名	性别	年龄	学历	职位	工作职责
张三	男	23	大专	工程师	负责商品研发工作
李四	女	26	本科	设计师	负责商品设计
王五	男	34	大专	部门经理	负责项目计划、进度管理、员工管理等。
赵六	男	38	本科	部门经理兼技术总监。	负责项目计划、进度管理、员工管理、技术攻坚等

图 3-58

（5）适当应用修饰。数据表格中以展示数据为主，修饰的目的是更好地展示数据，所以在表格中应用修饰时应以便于数据更清晰为目标，不要一味地追求艺术。

通常表格中的数据量较大，文字较多，为了更清晰地展示数据，可使用如下方式。

➡ 使用常规的或简洁的字体，如宋体、黑体等。

➡ 使用对比明显的色彩，如白底黑字、黑底白字等。

➡ 表格主体内容区域与表头、表尾采用不同的修饰进行区分，如使用不同的边框、底纹等。

图 3-59 所示为修饰后的表格。

图 3-59

2. 不规则表格的设计

当我们应用表格表现一系列相互之间没有太大关联的数据时，无法使用行或列来表现相同的意义，这类表格的设计相对来说就比较麻烦。例如，我们要设计一个干部任免审批表，表格中需要展示审批中的各类信息，这些信息之间几乎没有什么关联，当然也可以不选择用表格来展现这些内容，但是用表格来展示这些内容的优势就在于可以使页面结构更美观、数据更清晰明了。所以，在设计这类表格时，依然需要按照更美观更清晰的标准进行设计。

（1）明确表格中需要展示的信息。在设计表格前，首先需要明确表格中要展示哪些数据内容，可以先将这些内容列举出来，然后再考虑表格的设计。例如，干部任免审批表中可以包含姓名、性别、籍贯、学历、出生日期、参加工作时间、工资情况等各类信息，先将这些信息列举出来。

（2）根据列表的内容进行分类。分析要展示的内容之间的关系，将有关联的、同类的信息归为一类，在表格中尽量整理同一类信息。例如，可将干部任免审批表中的信息分为基本资料、工作经历、职务情况、家庭成员等几大类别。为了更清晰地排布表格中的内容，也为了使表格结构更合理、更美观，可以先在纸上绘制草图，反复推敲，最后在 Excel 中制作表格。如图 3-60 所示即为手绘的干部任免审批表效果。

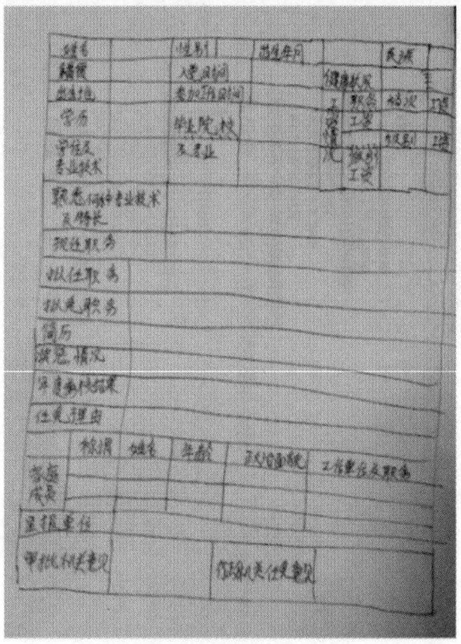

图 3-60

（3）根据类别制作表格大框架。根据表格内容中的类别，制作出表格的大结构，如图 3-61 所示。

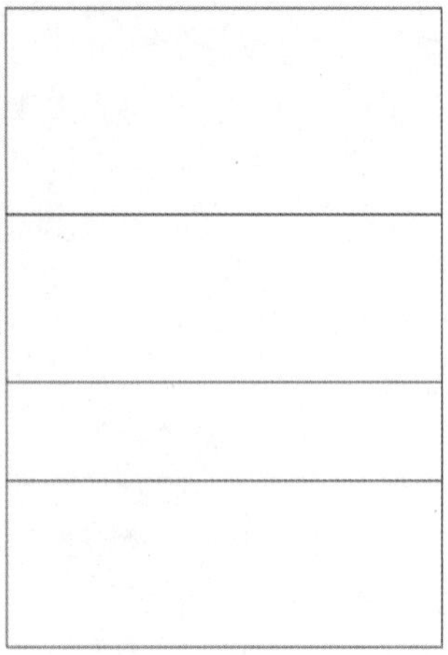

图 3-61

（4）合理利用空间。应用表格展示数据除了让数据更直观更清晰外，还可以有效地节省空间，用最少的位置清晰地展现更多的数据。如图 3-62 所示，表格后面行的内容比第一行的内容长，如果保持整齐的行列，留给填写者填写的空间就会受到影响，因此采用合并单元格的方式，扩大单元格宽度，不仅保持了表格的整齐，也合理地利用了多余的表格空间。

姓名		性别		出生年月		民族		
籍贯		入党时间		健康状况				
出生地		参加工作时间		工资情况	职务	档次		工资金额
学历		毕业						
学位或专业技术职务		院校及专长			级别	级别		工资金额
熟悉何种专业技术及有何种专长								
现任职务								

图 3-62

总之，这类表格之所以复杂，原因主要在于空间的利用，要在有限的空间展示更多的内容，并且内容整齐、美观，需要有目的性地合并或拆分单元格，不可盲目拆分合并。在制作这类表格时，通常在有了大致的规划之后进行制作，先制作表格中大的框架，然后利用单元格的拆分或合并功能，将表格中各部分进行细分，输入相应的文字内容，最后再加以修饰。另外，此类表格需要特别注意各部分内容之间的关系及摆放位置，以方便填写和查阅为目的，如简历表中第一栏为姓名，因为姓名肯定是这张表中最关键的数据，如果你需要在简历表中突出自己的联系方式，方便查看简历的人联系你，那么可以将联系电话作为第二栏……

技术看板

在 Excel 中建立表格首先需要确定要建表格的字段、数据关系等，再绘制表格框架，然后输入数据，最后制作图表、进行分析等操作。

3.4.2 实战：在医疗费用统计表中输入文本

实例门类	软件功能
教学视频	光盘\视频\第 3 章\3.4.2.mp4

文本是 Excel 中最简单的数据类型，它主要包括字母、汉字和字符串。在表格中输入文本可以用来说明表格中的其他数据。输入文本的常用方法有以下 3 种。

（1）选择单元格输入：选择需要输入文本的单元格，然后直接输入文本，完成后按【Enter】键或单击其他单元格即可。

（2）双击单元格输入：双击需要输入文本的单元格，将文本插入点定位在该单元格中，然后在单元格中输入文本，完成后按【Enter】键或单击其他单元格。

（3）通过编辑栏输入：选择需要输入文本的单元格，然后在编辑栏中输入文本，单元格中会自动显示在编辑栏中输入的文本，表示该单元格中输入了文本内容，完成后单击编辑栏中的【输入】按钮 ✔，或单击其他单元格即可。

例如，要输入医疗费用统计表的内容，具体操作步骤如下。

Step 01 ❶ 新建一个空白工作簿，并以【医疗费用统计表】为名进行保存，❷ 在 A1 单元格上双击，将文本插入点定位在 A1 单元格中，切换到合适的输入法并输入文本【日期】，如图 3-63 所示。

图 3-63

Step 02 ❶ 按【Tab】键完成文本的输入，系统将自动选择 B1 单元格，❷ 将文本插入点定位在编辑栏中，并输入文本【员工编号】，❸ 单击编辑栏中的【输入】按钮 ✔，如图 3-64 所示。

图 3-64

在单元格中输入文本后，若按【Tab】键，将结束文本的输入并选择单元格右侧的单元格；若按【Enter】键，将结束文本的输入并选择单元格下方的单元格；若按【Ctrl+Enter】组合键，将结束文本的输入并继续选择输入文本的单元格。

Step03 按【Tab】键完成文本的输入，系统将自动选择C1单元格，直接输入需要的文本【员工姓名】，如图3-65所示。

图 3-65

Step04 按【Tab】键选择右侧的单元格，使用前面的方法继续输入本表格的其他表头文本内容和员工姓名，完成后的效果如图3-66所示。

图 3-66

3.4.3 实战：在医疗费用统计表中输入数值

实例门类	软件功能
教学视频	光盘\视频\第3章\3.4.3.mp4

Excel中的大部分数据为数字数据，通过数字能直观地表达表格中各类数据所代表的含义。在单元格中输入常规数据的方法与输入普通文本的方法相同。

不过，如果要在表格中输入以【0】开始的数据，如001、002等，按照普通的输入方法输入后将得不到需要的结果。例如，直接输入编号【001】，按【Enter】键后数据将自动变为【1】。

在Excel中，当输入数值的位数超过12位时，Excel会自动以科学记数格式显示输入的数值，如【5.13029E+11】；而且，当输入数值的位数超过15位（不含15位）时，Excel会自动将15位以后的数字全部转换为【0】。

在输入这类数据时，为了能正确显示输入的数据，我们可以在输入具体的数据前先输入英文状态下的单引号【'】，让Excel将其理解为文本格式的数据。例如，要输入以0开头的员工编号，具体操作步骤如下。

Step01 选择E2单元格，并输入数值【4400】，如图3-67所示。

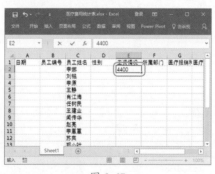

图 3-67

Step02 ❶ 按【Enter】键完成数值的输入，系统将自动选择E2单元格，同时可以看到输入的数据效果，❷ 使用相同的方法继续输入其他单元格中的数值，完成后的效果如图3-68所示。

Step03 ❶ 选择B2单元格，❷ 在编辑栏中输入数据【'0016001】，❸ 单击编辑栏中的【输入】按钮✔，如图3-69所示。

图 3-68

图 3-69

Step04 经过上步操作，可看到单元格中显示的正是由0开始的数据。用相同方法输入其他员工编号数据，完成后的效果如图3-70所示。

图 3-70

技能拓展——输入其他格式的数据

如果要输入的数据格式不是这里介绍的几种，我们也可以在【设置单元格格式】对话框【数字】选项卡中的【数值】分类列表中进行设置，具体的操作方法可以查看本书4.2节的相关内容。

3.4.4 实战：在医疗费用统计表中输入日期和时间

实例门类	软件功能
教学视频	光盘\视频\第3章\3.4.4.mp4

在 Excel 表格中输入日期数据时，需要按【年-月-日】格式或【年/月/日】格式输入。默认情况下，输入的日期数据包含年、月、日时，都将以【×年/×月/×日】格式显示；输入的日期数据只包含月、日时，都将以【××月××日】格式显示。如果需要输入其他格式的日期数据，则需要通过【设置单元格格式】对话框中的【数字】选项卡进行设置。

在工作表中有时还需要输入时间型数据。和日期型数据相同，如果只需要普通的时间格式数据，直接在单元格中按照【×时:×分:×秒】格式输入即可。如果需要设置为其他的时间格式，如 00∶00PM，则需要在【设置单元格格式】对话框中进行格式设置。

例如，要在医疗费用统计表中输入日期和时间数据，具体操作步骤如下。

Step01 选择 A2 单元格，输入【2016-6-20】，如图 3-71 所示。

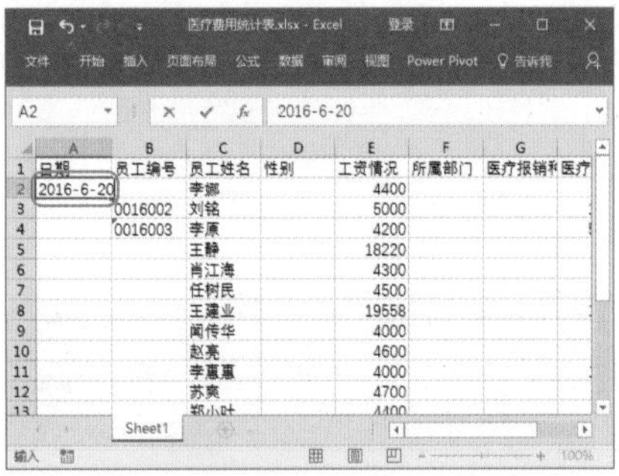

图 3-71

Step02 ❶ 按【Enter】键完成日期数据的输入，可以看到输入的日期自动以【年/月/日】格式显示，❷ 使用相同的方法继续输入其他单元格中的日期数据，❸ 选择第一行单元格，

❹ 单击【开始】选项卡【单元格】组中的【插入】按钮，如图 3-72 所示。

图 3-72

Step03 经过上步操作，可在最上方插入一行空白单元格。❶ 在 A1 单元格中输入【制表时间】文本，❷ 选择 B1 单元格，并输入【8-31 17:25】，如图 3-73 所示。

图 3-73

Step04 按【Enter】键完成时间数据的输入，可以看到输入的时间自动惯用了系统当时的年份数据，显示为【2016/8/31 17:25】，效果如图 3-74 所示。

图 3-74

技能拓展——输入带时间的日期数据

如果需要在日期中加入确切的时间，可以在日期后输入空格，在空格后再输入时间。

3.4.5 制作非展示型表格需要注意的事项

企业中使用的表格一般比较多，细心的读者可以发现其中的数据很多是重复的。对于这些需要重复使用的数据，聪明的制表人会将所有表格数据的源数据制作在一张表格中，如图 3-75 所示，然后通过归纳和提取有效数据对源数据进行处理，再进一步基于这些处理后的数据制作出在不同分析情况下的对应表格。在这个过程中涉及要制作三类表格，这也完全符合 Excel 的工作步骤：数据录入→数据处理→数据分析。

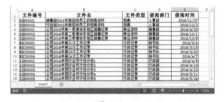

图 3-75

因此，在制作 Excel 表格时，一定要弄清楚制作的表格是源数据表格还是分类汇总表格。源数据表格只用于记录数据的明细，版式简洁且规范，只需按照合理的字段顺序填写数据即可，甚至不需要在前面几行制作表格标题，最好让表格中的所有数据都连续排列，不要无故插入空白行与列或合并单元格。总之，这些修饰和分析的操作都可以在分类汇总表格中进行，而源数据表格要越简单越好。

下面来说说为什么不能在源数据表格中添加表格标题。如图 3-76 所示的表格中前面的三行内容均为表格标题，虽然这样的设计并不会对源数据造成破坏，也基本不影响分类汇总表的制作，但在使用自动筛选功能时，Excel 无法定位到正确的数据区域，还需要手动进行设置才能完成（具体的操作方法将在后面的章节中讲解）。实际上只有第三行的标题才是真正的标题行，第一行文本是数据表的表名，可以直接在使用的工作表标签上输入。而第二行的文本是对第三行标题的文本说明。而源数据表只是一张明细表，除了使用者本人会使用外，一般不需要给别人查看，所以这样的文本说明也是没有太大意义的。而且从简单的层面来讲，源数据表格中应该将同一种属性的数据记录在同一列中，这样才能方便在分析汇总数据表中使用函数和数据透视表对数据进行分析。同样道理，最好不要在同一列单元格中输入包含多个属性的数据。

图 3-76

再来说说为什么不能在源数据表

中轻易合并单元格、插入空白行与列等类似操作。当在表格中插入空行后就相当于人为将表格数据分割成了多个数据区域，当选择这些区域中的任意单元格后，按【Ctrl+A】组合键后将只选择该单元格所在的这一个数据区域的所有单元格。这是因为 Excel 是依据行和列的连续位置来识别数据之间的关联性，而人为设置的空白单元格行和列时就会打破数据之间的这种关联性，Excel 认为它们之间没有任何联系，就会导致后期的数据管理和分析。合并单元格也是这样的原理，有些人习惯将连续的多个具有相同内容的单元格进行合并，这样确实可以减少数据输入的工作量，还能美化工作表，但合并单元格后，Excel 默认只有第一个单元格中才保存有数据，其他单元格都是空白单元格，对数据进一步管理和分析将带来不便。若设置需要在源数据表中区分部分数据，可以通过设置单元格格式来进行区分。

综上所述，一个正确的源数据表应该具备以下几个条件。

（1）它是一个一维数据表，只在横向或竖向上有一个标题行。

（2）字段分类清晰，先后有序。

（3）数据属性完整且单一，不会在单元格中出现短语或句子的情况。

（4）数据连续，没有空白单元格、没有合并的单元格或用于分隔的行与列，更没有合计行数据。

在制作数据源表格时还有一点需要注意，即源数据最好制作在一张表格中，若分别记录在多张表格中，就失去了通过源数据简化其他分类汇总表格制作的目的。在制作分类汇总表时，用户只需使用 Excel 的强大函数和数据分析功能进行制作即可。

系统地讲，源数据就是通过 Excel 工作界面输入的业务明细数据；而汇总表则是由 Excel 自动生成的。但并不是说源数据中的内容都是需要手工输入的，它也可以通过函数自动关联某些数据，还可以通过设置数据有效性和定义名称等来规范和简化数据的输入。总之，在理解源数据表制作的真正意义后，才可以根据需要正确使用 Excel 提供的各种功能。

3.5 快速填充表格数据

在制作表格的过程中，有些数据可能相同或具有一定的规律。这时如果采用手动逐个输入不仅浪费时间，而且容易出错。读者可能会思考有没有什么快速输入的方法，答案是有的，Excel 中提供了多种快速填充数据的功能，掌握这些技巧便能轻松输入相同和有规律的数据，在一定程度上缩短了工作时间，有效地提高了工作效率。下面就来介绍 Excel 中快速填充数据的方法，包括填充相同数据、有序数据、自定义序列数据的方法。读者在学习时应掌握各种填充数据的具体操作，以便能灵活运用，融会贯通。

3.5.1 实战：在医疗费用统计表的多个单元格中填充相同数据

实例门类	软件功能
教学视频	光盘\视频\第 3 章\3.5.1.mp4

如果需要在多个单元格中输入相同的数据内容，此时可以选择多个单元格后同时输入内容。例如，要在医

疗费用统计表中快速输入员工性别，具体操作步骤如下。

Step 01 ❶ 选择要输入相同内容的多个单元格或单元格区域，这里选择 D 列中所有性别为女的单元格，❷ 在选择最后一个单元格后输入数据【女】，如图 3-77 所示。

图 3-77

Step 02 输入完数据后，按【Ctrl+Enter】组合键，即可一次输入多个单元格的内容，效果如图 3-78 所示。

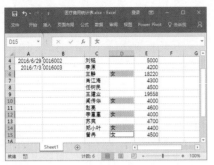

图 3-78

Step 03 使用相同的方法为该列中所有需要输入【男】的单元格数据进行填充，完成后的效果如图 3-79 所示。

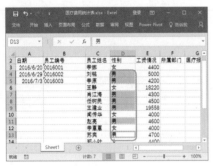

图 3-79

★ 重点 3.5.2 实战：在医疗费用统计表中连续的单元格区域内填充相同的数据

实例门类	软件功能
教学视频	光盘\视频\第 3 章\3.5.2.mp4

在 Excel 中为单元格填充相同的数据时，如果需要填充相同数据的单元格不相邻，就只能通过上一小节介绍的方法来快速输入。若需要填充相同数据的单元格是连续的区域时，则可以通过以下 3 种方法进行填充。

（1）通过鼠标左键拖动控制柄填充。在起始单元格中输入需要填充的数据，然后将鼠标指针移至该单元格的右下角，当鼠标指针变为"➕"形状（常常称为填充控制柄）时按住鼠标左键不放并拖动控制柄到目标单元格中，释放鼠标，即可快速在起始单元格和目标单元格之间的单元格中填充相应的数据。

（2）通过鼠标右键拖动控制柄填充。在起始单元格中输入需要填充的数据，用鼠标右键拖动控制柄到目标单元格中，释放鼠标右键，在弹出的快捷菜单中选择【复制单元格】命令即可。

（3）单击按钮填充。在起始单元格中输入需要填充的数据，然后选择需要填充相同数据的多个单元格（包括起始单元格），在【开始】选项卡的【编辑】组中单击【填充】按钮 ⬇，在弹出的下拉菜单中选择【向下】【向右】【向上】【向左】命令，分别在选择的多个单元格中根据不同方向的第一个单元格数据进行填充。

以上 3 种方法中，使用控制柄填充数据是最方便，也是最快捷的方法。下面就用拖动控制柄的方法为医疗费用统计表中连续的单元格区域填充部门内容，具体操作步骤如下。

Step 01 ❶ 在 F 列的相关单元格中输入部门内容，❷ 选择 F4 单元格，并将鼠标指针移至该单元格的右下角，此时鼠标指针将变为"➕"形状，如图 3-80 所示。

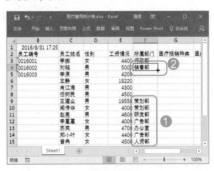

图 3-80

Step 02 拖动鼠标指针到 F8 单元格，如图 3-81 所示。

Step 03 释放鼠标后可以看到 F5:F8 单元格区域内都填充了与 F4 单元格中相同的内容，效果如图 3-82 所示。

图 3-81

图 3-82

★ 新功能 3.5.3 实战：在医疗费用统计表中填充有序的数据

实例门类	软件功能
教学视频	光盘\视频\第 3 章\3.5.3.mp4

在 Excel 工作表中输入数据时，经常需要输入一些有规律的数据，如等差或等比的有序列数据。对于这些数据，可以使用 Excel 提供的快速填充数据功能将具有规律的数据填充到相应的单元格中。快速填充该类数据主要可以通过以下 3 种方法来实现。

（1）通过鼠标左键拖动控制柄填充。在第一个单元格中输入起始值，然后在第二个单元格中输入与起始值成等差或等比性质的第二个数字（在要填充的前两个单元格内输入数据，目的是为了让 Excel 识别到规律）。再选择这两个单元格，将鼠标指针移到选区右下角的控制柄上，当其变成"➕"形状时，按住鼠标左键不放并拖动到需要的位置，释放鼠标即可填充等差或等比数据。

（2）通过鼠标右键拖动控制柄填充。首先在起始的两个或多个连续单元格中输入与第一个单元格成等差或等比性质的数字。再选择该多个单元格，用鼠标右键拖动控制柄到目标单元格中，释放鼠标右键，在弹出的快捷菜单中选择【填充序列】【等差序列】或【等比序列】命令即可填充需要的有序数据。

（3）通过对话框填充。在起始单元格中输入需要填充的数据，然后选择需要填充序列数据的多个单元格（包括起始单元格），在【开始】选项卡的【编辑】组中单击【填充】按钮▼，在弹出的下拉菜单中选择【序列】命令。在打开的对话框中可以设置填充的详细参数，如填充数据的位置、类型、日期单位、步长值和终止值等，单击【确定】按钮即可按照设置的参数填充相应的序列。

技术看板

即使在起始的两个单元格中输入相同的数据，按照不同的序列要求进行快速填充的数据结果也是不相同的。Excel 中提供的默认序列为等差序列和等比序列，在需要填充特殊的序列时，用户只能通过【序列】对话框来自定义填充序列。

例如，要使用填充功能在医疗费用统计表中填充等差序列编号和日期，具体操作步骤如下。

Step01 ❶ 选择 B5 单元格，❷ 将鼠标指针移至该单元格的右下角，当其变为 "✛" 形状时向下拖动至 B15 单元格，如图 3-83 所示。

Step02 ❶ 释放鼠标左键后可以看到 B5:B15 单元格区域内自动填充了等差为 1 的数据序列。❷ 选择 A5:A15 单元格区域，❸ 单击【开始】选项卡【编辑】组中的【填充】按钮▼，❹ 在弹出的下拉菜单中选择【序列】命令，如图 3-84 所示。

图 3-83

图 3-84

Step03 打开【序列】对话框，❶ 在【类型】栏中选中【日期】单选按钮，❷ 在【日期单位】栏中选中【工作日】单选按钮，❸ 在【步长值】数值框中输入【4】，❹ 单击【确定】按钮，如图 3-85 所示。

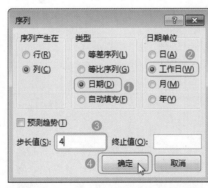

图 3-85

Step04 经过以上操作，Excel 会自动在选择的单元格区域中按照设置的参数填充差距为 4 个工作日的等差时间序列，如图 3-86 所示。

图 3-86

技能拓展——通过【自动填充选项】下拉列表中的命令来设置填充数据的方式

默认情况下，通过拖动控制柄填充的数据是根据选择的起始两个单元格中的数据进行填充的等差序列数据，如果只选择了一个单元格作为起始单元格，则通过拖动控制柄填充的数据为复制的相同数据。即通过控制柄填充数据时，有时并不能按照预先所设想的规律来填充数据，此时我们可以单击填充数据后单元格区域右下角出现的【自动填充选项】按钮，在弹出的下拉列表中选中相应的单选按钮来设置数据的填充方式。

（1）选中【复制单元格】单选按钮，可在控制柄拖动填充的单元格中重复填充起始单元格中的内容。

（2）选中【填充序列】单选按钮，可在控制柄拖动填充的单元格中根据起始单元格中的内容填充等差序列数据内容。

（3）选中【仅填充格式】单选按钮，可在控制柄拖动填充的单元格中复制起始单元格中数据的格式，并不填充内容。

（4）选中【不带格式填充】单选按钮，可在控制柄拖动填充的单元格中重复填充起始单元格中不包含格式的数据内容。

（5）这里需要特别说明一下【快速填充】单选按钮，选中该单选按钮，系统会根据你选择的数据识别出相应的模式，一次性输入剩余的数据。它是在当工作表中已经输入了参照内容时使用的，能完成更为出色的序列填充方式。

"快速填充"功能是 Excel 2013 后才推出的新功能，它主要有以下 5 种模式。

● 字段匹配：在单元格中输入相邻数据列表中与当前单元格位于同一行的某个单元格内容，然后在向下快速填充时会自动按照这个对应字段的整列顺序来进行匹配式填充。填充前后的对比效果如图 3-87 和图 3-88 所示。

图 3-87

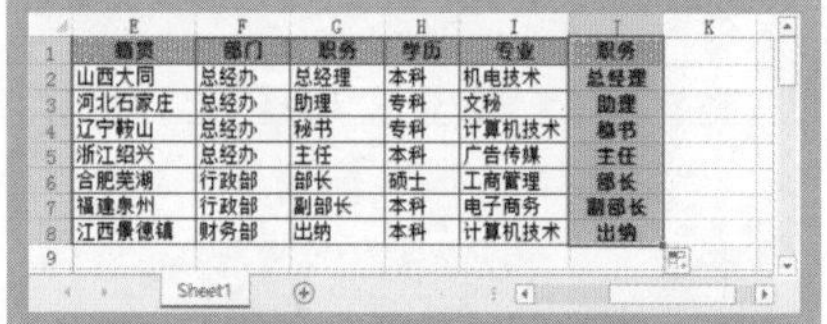

图 3-88

● 根据字符位置进行拆分：在单元格中输入的不是数据列表中某个单元格的完整内容，而只是其中字符串中的一部分字符，那么 Excel 会依据这部分字符在整个字符串中所处的位置，在向下填充的过程中按照这个位置规律自动拆分其他同列单元格的字符串，生成相应的填充内容，效果如图 3-89~ 图 3-92 所示。

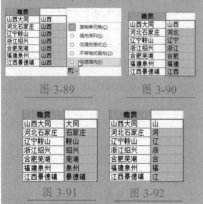

图 3-89

图 3-90

图 3-91

图 3-92

● 根据分隔符进行拆分：如果原始数据中包含分隔符，在快速填充的拆分过程中也会智能地根据分隔符的位置，提取其中的相应部分进行拆分，效果如图 3-93~ 图 3-96 所示。

图 3-93

图 3-94

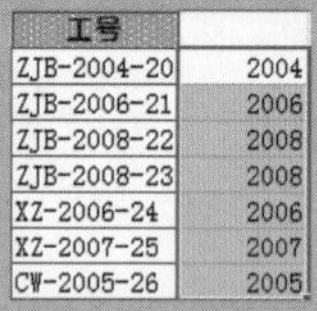

图 3-95

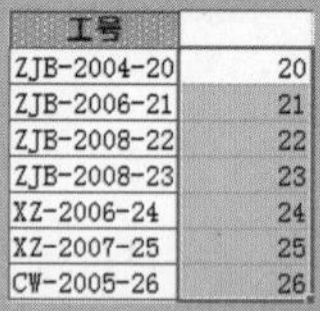

图 3-96

● 根据日期进行拆分：如果输入的内容只是日期中的某一部分，如只有月份，Excel 也会智能地将其他单元格中的相应组成部分提取出来生成填充内容，效果如图 3-97~ 图 3-100 所示。

图 3-97

图 3-98

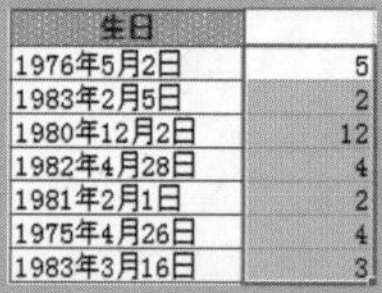

图 3-99

图 3-100

● 字段合并：单元格中输入的内容如果是相邻数据区域中同一行的多个单元格内容所组成的字符串，在快速填充中也会依照这个规律，合并其他相应单元格来生成填充内容，效果如图 3-101 和图 3-102 所示。

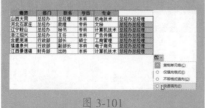

图 3-101

图 3-102

3.5.4 实战：通过下拉列表填充医疗费用统计表数据

实例门类	软件功能
教学视频	光盘\视频\第3章\3.5.4.mp4

默认情况下，Excel 自动开启了【为单元格值启动记忆式键入】功能，可以将输入过的数据记录下来。当在单元格中输入的起始字符与该列中已有的输入项相同时，Excel 会自动填写之前输入的数据。这一功能被称为记忆式输入法，非常适合 Excel 表格中数据的输入，因为一般表格中的同列数据用于展示同一个属性的内容，所以会有很多重复项。

技术看板

如果在一列中有多个不同的数据，前一部分内容相同，后一部分不同，则可以使用记忆式输入法快速输入相同部分的内容，再修改不同的部分。

在 Excel 中不仅可以使用输入第一字符的方法来利用记忆式输入法功能快速输入数据，还可以使用快捷键在同一数据列中快速填写重复输入项。例如，需要在医疗费用统计表中快速输入医疗报销的种类，具体操作步骤如下。

Step01 ❶ 在 G3:G10 单元格区域中输入相关的内容，❷ 接着在 G11 单元格中输入【接】，如图 3-103 所示。

Step02 此时，单元格 G11 中就会显示之前输入的词组【接生费】，如图 3-104 所示。按【Enter】键确认输入。

图 3-103

图 3-104

Step03 ① 选择 G12 单元格，② 在按住【Alt】键的同时按下向下方向键【↓】，此时，在活动单元格下方将弹出一个下拉列表，其中列出了当前列中已经出现的数据，选择需要的选项，如【住院费】，如图 3-105 所示。

图 3-105

Step04 经过上步操作，即可在 G12 单元格中快速输入【住院费】。继续在该列单元格中输入其他数据，尽量使用快速方法来提高输入效率，完成后的效果如图 3-106 所示。

图 3-106

技能拓展——开启【为单元格值启动记忆式键入】功能

在【Excel 选项】对话框中选择【高级】选项卡，在【编辑选项】栏中选中或取消选中【为单元格值启用记忆式键入】复选框，即可开启或取消记忆式键入功能，如图 3-107 所示。

图 3-107

★ 重点 3.5.5 实战：将产品介绍表中的产品型号定义为自定义序列

实例门类	软件功能
教学视频	光盘\视频\第3章\3.5.5.mp4

在 Excel 中内置了一些特殊序列，但不是所有用户都能用上。如果用户经常需要输入某些固定的序列内容，可以定义为序列，从而提高工作效率。例如，要将产品介绍表中的产品型号自定义为序列，以方便在其他表格中输入这些序列，具体操作步骤如下。

Step01 打开光盘\素材文件\第3章\产品介绍表.xlsx，① 选择需要定义的 A2:A7 单元格区域，② 选择【文件】选项卡，如图 3-108 所示。

图 3-108

Step02 在弹出的【文件】菜单中选择【选项】命令，如图 3-109 所示。

图 3-109

Step03 打开【Excel 选项】对话框，① 选择【高级】选项，② 在右侧的【常规】栏中单击【编辑自定义列表】按钮，如图 3-110 所示。

图 3-110

Step04 打开【自定义序列】对话框，① 单击【导入】按钮，② 单击【确定】按钮，如图 3-111 所示。

图 3-111

Step05 返回【Excel 选项】对话框，单击【确定】按钮，如图 3-112 所示，完成序列的自定义操作。

图 3-112

图 3-113

> ### 技术看板
>
> 　　除了通过上述的方法将已经存在的表格数据自定义为序列外，还可以先打开【自定义序列】对话框，在【输入序列】列表框中输入需要定义的新序列，然后单击【添加】按钮将其添加到左侧列表框中。

Step06 ❶ 新建一个空白工作簿，❷ 在 A2 单元格中输入自定义序列的第一个参数【WN10Y】，并选择该单元格，❸ 向下拖动控制柄至相应单元格，即可在这些单元格区域中按照自定义的序列填充数据，如图 3-113 所示。

> ### 技能拓展——快速填充多行和多列数据
>
> 　　当工作表中的数据比较多时，可能会遇到需要重复复制或按照相同的规律填充连续的多行或多列中的部分单元格区域，此时，不需要逐行或逐列地进行填充，可以同时对多行和多列快速填充数据。只需在多个起始单元格中输入数据后，按照前面对单列或单行单元格区域填充数据的方法进行填充即可。

3.6　编辑数据

　　在表格数据输入过程中最好适时进行检查，如果发现数据输入有误，或是某些内容不符合要求，可以再次进行编辑，包括插入、复制、移动、删除、合并单元格，修改或删除单元格数据等。单元格的相关操作已经在前面讲解过，这里主要介绍单元格中数据的编辑方法，包括修改、查找／替换、删除数据。

3.6.1　实战：修改快餐菜单中的数据

实例门类	软件功能
教学视频	光盘\视频\第 3 章\3.6.1.mp4

　　表格数据在输入过程中，难免会存在输入错误的情况，尤其在数据量比较大的表格中。此时，我们可以像在日常生活中使用橡皮擦一样将工作表中错误的数据修改正确。修改表格数据主要有以下 3 种方法。

　　（1）选择单元格修改：选择单元格后，直接在单元格中输入新的数据进行修改。这种方法适合需要

对单元格中的数据全部进行修改的情况。

　　（2）在单元格中定位文本插入点进行修改：双击单元格，将文本插入点定位到该单元格中，然后选择单元格中的数据，并输入新的数据，按【Enter】键后即可修改该单元格的数据。这种方法既适合将单元格中的数据全部进行修改，也适合修改单元格中的部分数据。

　　（3）在编辑栏中修改：在选择单元格后，在编辑栏中输入数据进行修改。这种方法不仅适合将单元格中的数据全部进行修改，也适合修改单元格中的部分数据的情况。

> ### 技能拓展——删除数据后重新输入
>
> 　　要修改表格中的数据，还可以先将单元格中的数据全部删除然后再输入新的数据，删除数据的方法将在 3.6.3 小节中详细讲解。

　　例如，要修改快餐菜单中的部分数据，具体操作步骤如下。

Step01 打开光盘\素材文件\第 3 章\快餐菜单.xlsx，❶ 选择 E17 单元格，❷ 在编辑栏中选择需要修改的部分文本，这里选择【糟辣】文本，如图 3-114 所示。

图 3-114

Step02 在编辑栏中直接输入要修改为的文本【香辣】，按【Enter】键确认输入文本，即可修改【糟辣】文本为【香辣】文本，如图 3-115所示。

图 3-115

Step03 选择 E53 单元格，如图 3-116所示。

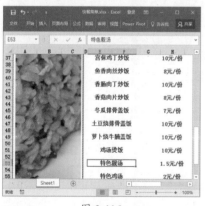

图 3-116

Step04 直接输入【新鲜海带汤】文本，

按【Enter】键确认输入的文本，如图3-117 所示。

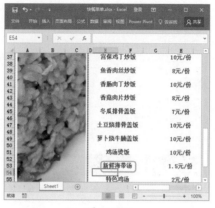

图 3-117

★ 重点 3.6.2 实战：查找和替换快餐菜单中的数据

实例门类	软件功能
教学视频	光盘\视频\第3章\3.6.2.mp4

在查阅表格时，如果需要查看某一具体数据信息或发现一处相同的错误在表格中多处存在时，手动逐个查找相当耗费时间，尤其在数据量较大的工作表中，要一行一列地查找某一个数据将是一项繁杂的任务，几乎不可能完成。此时使用 Excel 的查找和替换功能可快速查找到满足查找条件的单元格，还可快速替换掉不需要的数据。

1. 查找数据

在工作表中查找数据，主要是通过【查找和替换】对话框中的【查找】选项卡来进行的。利用查找数据功能，用户可以查找各种不同类型的数据，提高工作效率。例如，要查找快餐菜单中 8 元的数据，具体操作步骤如下。
Step01 ❶ 单击【开始】选项卡【编辑】组中的【查找和选择】按钮 🔍，❷ 在弹出的下拉菜单中选择【查找】命令，如图 3-118 所示。
Step02 打开【查找和替换】对话框，

❶ 在【查找内容】文本框中输入要查找的文本【8】，❷ 单击【查找下一个】按钮，如图 3-119 所示。

图 3-118

图 3-119

Step03 经过上步操作，所查找到的第一处【8】内容的 H15 单元格便会处于选中状态。单击【查找下一个】按钮，如图 3-120 所示。

图 3-120

Step04 经过上步操作，所查找到的第2 处【8】内容的 H25 单元格便会处于选中状态。单击【查找全部】按钮，如图 3-121 所示。

图 3-121

Step05 展开【查找和替换】对话框的下方区域，其中显示了具有相应数据的工作簿、工作表、名称、单元格、值和公式信息，且在最下方的状态栏中将显示查找到的单元格的个数。在下方的列表框中选择需要快速切换到的单元格选项，如图 3-122 所示，即可快速选择表格中的该单元格。查找完成后单击【关闭】按钮。

图 3-122

技术看板

单击【查找和替换】对话框中的【选项】按钮，在展开的对话框中可以设置查找数据的范围、搜索方式和查找范围等选项。

2. 替换数据

如果需要替换工作表中的某些数据，可以使用 Excel 的【替换】功能，

在工作表中快速查找到符合某些条件的数据的同时将其替换成指定的内容。例如，要将快餐菜单中的部分 8 元菜品替换为 10 元菜品，并统一将 6 元的菜品替换为 8 元菜品，具体操作步骤如下。

Step01 ❶ 单击【开始】选项卡【编辑】组中的【查找和选择】按钮，❷ 在弹出的下拉菜单中选择【替换】命令，如图 3-123 所示。

图 3-123

Step02 打开【查找和替换】对话框，❶ 在【替换】选项卡中的【查找内容】下拉列表框中输入要查找的文本【8】，❷ 在【替换为】下拉列表框中输入要用于替换的文本【10】，❸ 单击【查找下一个】按钮，如图 3-124 所示。

图 3-124

Step03 经过上步操作，所查找到的第一处【8】内容的 H39 单元格便会处于选中状态（这里所谓的第一处实际是从准备查找时定位的位置开始向下找到的第一处符合要求的位置）。单击【替换】按钮，如图 3-125 所示。

Step04 经过上步操作，H39 单元格中的【8】便被替换为【10】。单击【查找下一个】按钮，又可向下找到下一处【8】内容的 H43 单元格，这里不需要替换

该单元格中的内容，所以继续单击【查找下一个】按钮，如图 3-126 所示。

图 3-125

图 3-126

技能拓展——查找与替换的快捷操作

按【Ctrl+F】组合键可以快速打开【查找和替换】对话框中的【查找】选项卡；按【Ctrl+H】组合键可以快速进行替换操作。

Step05 ❶ 使用相同的方法依次查找将【8】替换为【10】。❷ 在【替换】选项卡中的【查找内容】下拉列表框中输入【6】，❸ 在【替换为】下拉列表框中输入【8】，❹ 单击【全部替换】按钮，如图 3-127 所示。

Step06 经过上步操作后，工作表中的【6】全部替换为【8】，并打开提示对话框提示进行替换的数量，如图 3-128 所示，单击【确定】按钮。

图 3-127

图 3-128

Step07 返回【查找和替换】对话框，单击【关闭】按钮关闭对话框，如图 3-129 所示。

图 3-129

3.6.3 实战：清除快餐菜单中的数据

实例门类	软件功能
教学视频	光盘\视频\第3章\3.6.3.mp4

在表格编辑过程中，如果输入了错误或不需要的数据，可以通过按快捷键和选择菜单命令两种方法对其进行清除。

（1）按快捷键：选择需要清除

内容的单元格，按【Backspace】键和【Delete】键均可删除数据。选择需要清除内容的单元格区域，按【Delete】键可删除数据。双击需要删除数据的单元格，将文本插入点定位到该单元格中，按【Backspace】键可以删除文本插入点之前的数据；按【Delete】键可以删除文本插入点之后的数据。这是最简单，也是最快捷的清除数据的方法。

（2）选择菜单命令：选择需要清除内容的单元格或单元格区域，单击【开始】选项卡【编辑】组中的【清除】按钮 ✐ ，在弹出的下拉菜单中提供了【全部清除】【清除格式】【清除内容】【清除批注】和【清除超链接】5 个命令，用户可以根据需要选择相应的命令。

🔖 技术看板

删除单元格操作区别于清除数据操作的本质在于，删除单元格后其他单元格将自动上移或左移，如果单元格中包含有数据，也会自动随单元格进行移动。而清除操作只是清除所选单元格中的相应内容、格式等，单元格或区域的位置并没有改变。

下面将快餐菜单中不再提供的菜品进行清除，并查看清除格式的效果，具体操作步骤如下。

Step01 选择需要删除的 E23:H23 单元格区域，按【Delete】键删除该单元格区域中的所有数据，如图 3-130 所示。

图 3-130

Step02 ① 选择 E17:H19 单元格区域，② 单击【开始】选项卡【编辑】组中的【清除】按钮 ✐ ，③ 在弹出的下拉菜单中选择【清除格式】命令，如图 3-131 所示。

图 3-131

🔖 技术看板

【清除】菜单下各子命令的具体作用如下。

● 【全部清除】命令：用于清除所选单元格中的全部内容，包括所有内容、格式和注释等。

● 【清除格式】命令：只用于清除所选单元格中的格式，内容不受影响，仍然保留。

● 【清除内容】命令：只用于清除所选单元格中的内容，但单元格对应的设置，如字体、字号、颜色等不会受到影响。

● 【清除批注】命令：用于清除所选单元格的批注，但通常情况下我们还是习惯使用右键快捷菜单中的【删除批注】命令来进行删除。

● 【清除超链接】命令：用于清除所选单元格之前设置的超链接功能，一般我们也是通过右键快捷菜单来清除。

Step03 经过上步操作，系统自动将 E17:H19 单元格区域中的数据格式和单元格格式清除，此时单元格区域中的数据恢复为默认的【宋体、11 号、黑色】样式，而单元格区域中的填充颜色也被取消，如图 3-132 所示。单击快速访问工具栏中的【撤销】按钮 ⤺。

Step04 撤销上步执行的清除格式操作后，又可看到恢复格式设置的单元格区域效果，如图 3-133 所示。

图 3-132

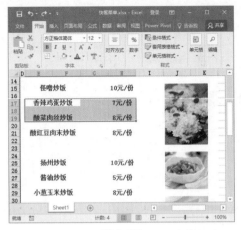

图 3-133

妙招技法

通过前面知识的学习，相信读者已经掌握了表格数据的输入与编辑操作。下面结合本章内容，给大家介绍一些实用技巧。

技巧01：快速插入特殊符号

教学视频	光盘 \ 视频 \ 第 3 章 \ 技巧 01.mp4

在制作 Excel 表格时，有些表格还需要输入一些符号，键盘上有的符号（如 @、#、¥、%、$、^、&、* 等），可以通过按住【Shift】键的同时按符号所在的键位输入，方法很简单；如果需要输入的符号无法在键盘上找到与之匹配的键位，即特殊符号，如★、△、◎或●等。这些特殊符号就需要通过【符号】对话框进行输入了。

例如，要在康复训练服务登记表中用★符号的多少来表示康复训练的效果，具体操作步骤如下。

Step01 打开光盘 \ 素材文件 \ 第 3 章 \ 康复训练服务登记表 .xlsx，❶ 选择 C2 单元格，❷ 单击【插入】选项卡【符号】组中的【符号】按钮 Ω，如图 3-134 所示。

图 3-134

Step02 打开【符号】对话框，❶ 在【字体】下拉菜单中选择需要的字符集，这里选择【Wingdings】选项，❷ 在下面的列表框中选择需要插入的符号，这里选择【★】选项，❸ 单击【插入】按钮，如图 3-135 所示。

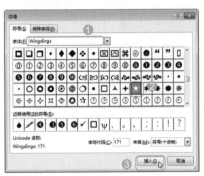

图 3-135

Step03 经过上步操作，即可看到该单元格中插入了一个【★】符号。❶ 继续单击【插入】按钮，在该单元格中多插入几个【★】符号，并将文本插入点定位到其他单元格中插入需要的符号，❷ 完成后单击【关闭】按钮，如图 3-136 所示。

图 3-136

Step04 返回工作簿中即可看到插入的符号效果，如图 3-137 所示。

图 3-137

技巧 02：快速填充所有空白单元格

教学视频	光盘 \ 视频 \ 第 3 章 \ 技巧 02.mp4

在工作中填充数据时，如果要填充的单元格具有某种特殊属性或单元格中数据具有特定的数据类型，我们还可以通过【定位条件】命令快速查找和选择目标单元格，然后再输入内容。例如，要在生产报表中的所有空白单元格中输入【-】，具体操作步骤如下。

Step01 打开光盘 \ 素材文件 \ 第 3 章 \ 生产报表 .xlsx，❶ 选择表格中需要为空白单元格填充数据的区域，这里选择 A2:O19 单元格区域，❷ 单击【开始】选项卡【编辑】组中的【查找和选择】按钮 ，❸ 在弹出的下拉菜单中选择【定位条件】命令，如图 3-138 所示。

图 3-138

技术看板

查找和选择符合特定条件的单元格之前，需要定义搜索的范围，若要搜索整个工作表，可以单击任意单元格。若要在一定的区域内搜索特定的单元格，需要先选择该单元格区域。

Step02 打开【定位条件】对话框，❶ 选中【空值】单选按钮，❷ 单击【确定】按钮，如图 3-139 所示。

图 3-139

技术看板

【定位条件】对话框中可以设置常量、公式、空值等，下面分别列举其中比较常用的设置参数的功能。

● 批注：添加了批注的单元格。
● 常量：包含常量的单元格，即数值、文本、日期等手工输入的静态数据。
● 公式：包含公式的单元格。
● 空值：空单元格。

● 对象：表示将选择所有插入的对象。
● 行内容差异单元格：选择行中与活动单元格内容存在差异的所有单元格。选定内容（不管是区域、行，还是列）中始终都有一个活动单元格。活动单元格默认为一行中的第一个单元格，但是可以通过按【Enter】或【Tab】键来更改活动单元格的位置。如果选择了多行，则会对选择的每一行分别进行比较，每一其他行中用于比较的单元格与活动单元格处于同一列。
● 列内容差异单元格：选择的列中与活动单元格内容存在差异的所有单元格。活动单元格默认为一列中的第一个单元格，同样可以通过按【Enter】或【Tab】键来更改活动单元格的位置。如果选择了多列，则会对选择的每一列分别进行比较，每一其他列中用于比较的单元格与活动单元格处于同一行。
● 最后一个单元格：工作表上最后一个含数据或格式的单元格。
● 可见单元格：仅查找包含隐藏行或隐藏列的区域中的可见单元格。
● 条件格式：表示将选择所有设置了条件格式的单元格。
● 数据验证：表示将选择所有设置了数据有效性的单元格。

Step03 返回工作表中即可看到，所选单元格区域中的所有空白单元格已经被选中了，输入【-】，如图 3-140 所示。

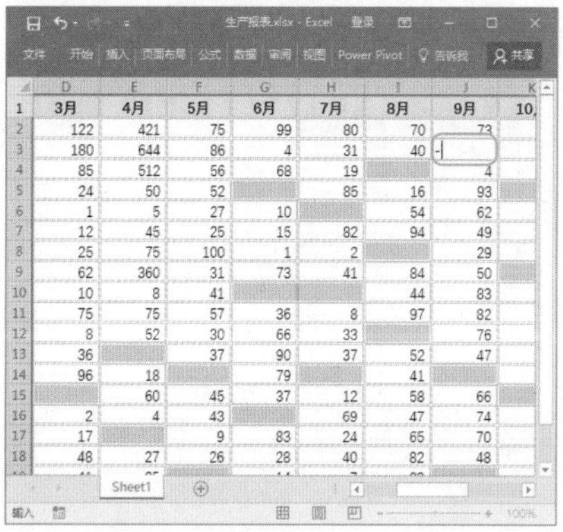

图 3-140

Step04 按【Ctrl+Enter】组合键，即可

为所有空白单元格输入【-】，效果如图 3-141 所示。

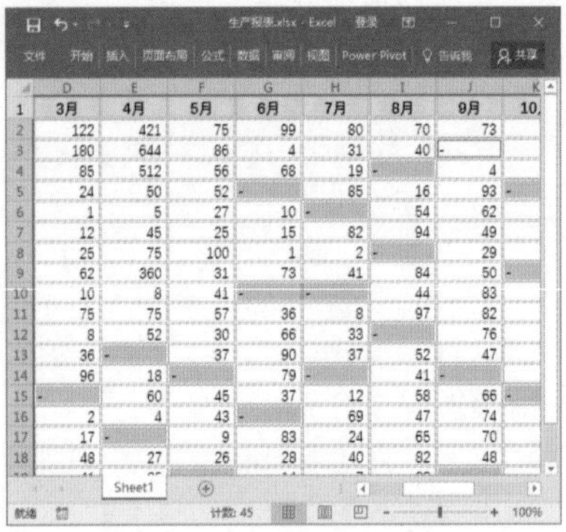

图 3-141

技巧 03：更改日期值的填充方式

教学视频	光盘\视频\第 3 章\技巧 03.mp4

默认情况下，在对工作表中的日期值进行自动填充时，填充的方式是按日期进行填充，但在某些表格，如记账表格、月度工作表或年度工作表中，日期的填充方式有可能会按照工作日、月份或年份进行填充。此时，就需要更改日期值的填充方式。例如，要在销售统计表中快速填充每个月的最后一天日期，具体操作步骤如下。

Step01 打开光盘\素材文件\第 3 章\销售统计表 .xlsx，❶ 在 A2 单元格中输入第一个日期数据，❷ 拖动填充控制柄至 A32 单元格，如图 3-142 所示。

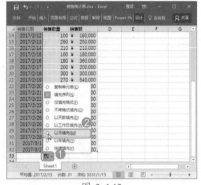

图 3-142

Step02 释放鼠标左键后可以看到自动填充的日期数据是按日进行填充的。❶ 单击单元格区域右下角出现的【自动填充选项】按钮，❷ 在弹出的下拉列表中选择填充方式，这里选中【以月填充】单选按钮，如图 3-143 所示。

图 3-143

Step03 经过上步操作后，即可将默认的日期填充方式更改为指定日期格式，效果如图 3-144 所示。

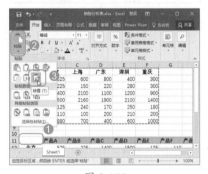

图 3-144

技巧 04：对单元格区域进行行列转置

教学视频	光盘\视频\第 3 章\技巧 04.mp4

在编辑工作表数据时，有时会根据需要对单元格区域进行转置设置，转置的意思即将原来的行变为列，将原来的列变为行。例如，需要将销售分析表中的数据区域进行行列转置，具体操作步骤如下。

Step01 打开光盘\素材文件\第 3 章\销售分析表 .xlsx，❶ 选择要进行转置的 A1:F8 单元格区域，❷ 单击【开始】选项卡【剪贴板】组中的【复制】按钮，如图 3-145 所示。

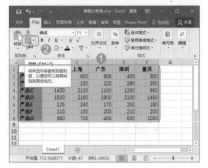

图 3-145

Step02 ❶ 选择转置后数据保存的目标位置，这里选择 A11 单元格，❷ 单击【剪贴板】组中【粘贴】按钮下方的下拉按钮，❸ 在弹出的下拉列表中单击【转置】按钮，如图 3-146 所示。

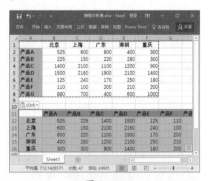

图 3-146

Step03 经过上步操作后，即可看到转置后的单元格区域，效果如图 3-147 所示。

图 3-147

技术看板

复制数据后，直接单击【粘贴】按钮，会将复制的数据内容和数据格式等全部粘贴到新位置中。

技巧 05：使用通配符模糊查找数据

教学视频	光盘\视频\第3章\技巧05.mp4

在 Excel 中查找内容时，有时需要查找的并不是一个具体的数据，而是一类有规律的数据，如要查找以【李】开头的人名、以【Z】结尾的产品编号，或者包含【007】的车牌号码等。这时就不能以某个数据为匹配的目标内容进行精确查找了，只能进行模糊查找，这就需要使用到通配符。

在 Excel 中，通配符是指可作为筛选及查找和替换内容时的比较条件的符号，经常配合查找引用函数进行模糊查找。通配符有 3 个——【？】【*】和转义字符【~】。其中，？可以替代任何单个字符；* 可以替代任意多个连续的字符或数字；~ 后面跟随的【？】【*】【~】，都表示通配符本身。通配符的实际应用示例如表 3-1 所示。

表 3-1　通配符的实际应用示例

搜索内容	模糊搜索关键字
以【李】开头的人名	李*
以【李】开头，姓名由两个字组成的人名	李？
以【李】开头，以【芳】结尾，且姓名由三个字组成的人名	李？芳
以【Z】结尾的产品编号	*Z
包含【007】的车牌号码	*007*
包含【～007】的文档	*~~007*
包含【?007】的文档	*~?007*
包含【*007】的文档	*~*007*

技术看板

通配符都是在半角符号状态下输入的。

例如，要查找员工档案表中所有姓李的员工，具体操作步骤如下。

Step01 打开光盘\素材文件\第3章\员工档案表.xlsx，❶ 单击【开始】选项卡【编辑】组中的【查找和选择】按钮🔍，❷ 在弹出的下拉菜单中选择【查找】命令，如图 3-148 所示。

图 3-148

Step02 打开【查找和替换】对话框，❶ 在【查找内容】下拉列表框中输入【李*】，❷ 单击【查找全部】按钮，即可在下方的列表框中查看到所有姓李的员工的相关数据，如图 3-149 所示。

图 3-149

技巧 06：将当前列单元格中的数据分配到几列单元格中

教学视频	光盘\视频\第3章\技巧06.mp4

在 Excel 中处理数据时，有时可能需要将一列单元格中的数据拆分到

多列单元格中，此时使用文本分列向导功能即可快速实现。例如，要将产品类别和产品型号的代码分别排列在两列单元格中，具体操作步骤如下。

Step01 打开光盘\素材文件\第3章\生产报表.xlsx，根据需要拆分的列数，事先需要预留好拆分后数据的放置位置。❶ 选择B列单元格，❷ 单击【开始】选项卡【单元格】组中的【插入】按钮，如图 3-150 所示。

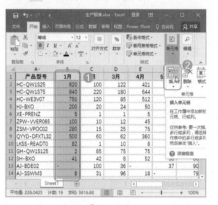

图 3-150

Step02 ❶ 选择要拆分数据所在的单元格区域，这里选择 A2:A19 单元格区域，❷ 单击【数据】选项卡【数据工具】组中的【分列】按钮，如图 3-151 所示。

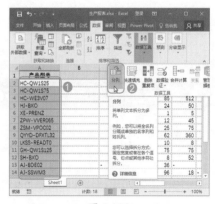

图 3-151

Step03 打开【文本分列向导】对话框，❶ 在【原始数据类型】栏中选中【分隔符号】单选按钮，❷ 单击【下一步】按钮，如图 3-152 所示。

图 3-152

Step04 ❶ 在【分隔符号】栏中选中【其他】复选框，并在其后的文本框中输入数据中的分隔符号，如【-】，❷ 在【数据预览】栏中查看分列后的效果，满意后单击【下一步】按钮，如图 3-153所示。

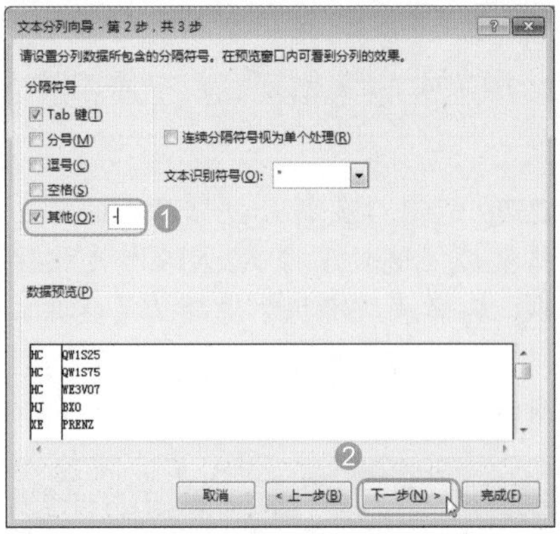

图 3-153

Step05 ❶ 在【数据预览】区域中查看分列后的效果，❷ 单击【完成】按钮，如图 3-154 所示。

图 3-154

技术看板

只有当需要分列的数据中包含相同的分隔符，且需要通过该分隔符分列数据时，才可以通过【分隔符号】进行分列。若在【原始数据类型】栏中选中【固定宽度】单选按钮，则可在【数据预览】栏中单击设置分隔线作为单元格分列的位置。

Step06 打开提示对话框，单击【确定】按钮即可完成分列操作，如图 3-155所示。

图 3-155

Step07 返回工作表中即可看到分列后的数据效果，在 B1 单元格中输入【产品代码】，如图 3-156 所示。

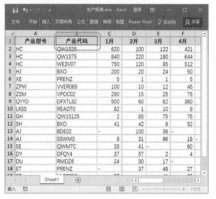

图 3-156

本章小结

通过本章知识的学习和案例练习，相信读者已经掌握了常规表格数据的输入与编辑方法。本章中首先介绍了什么是行、列、单元格和单元格区域，然后分别介绍了行 / 列、单元格 / 单元格区域的常见操作，接着才开始进入本章的重点——数据输入和编辑的基本操作，包括表格内容的输入、快速输入技巧、编辑表格内容等。在实际制作电子表格的过程中输入和编辑操作经常是交错进行的，读者只有对每个功能的操作步骤烂熟于心，才能在实际工作中根据具体情况合理进行操作，提高工作效率。

第4章 格式化工作表

→ 想知道别人的漂亮表格都是怎样设计出来的吗？

→ 设计表格怎么能不懂点配色，快来学习基础的色彩知识吧！

→ 你花了很多时间设计表格格式，为什么每次都单独设置一种效果？

→ 想知道又快又好地美化表格方法吗？

→ 改变表格的整体效果容易吗？

本章将通过对颜色的选用、单元格格式及表格的样式的设置，以及如何使用主题工作表来介绍单元格格式的美化，并解答以上问题。

4.1 Excel 颜色的选用

通过前面的学习读者已经能制作出简单实用的表格了，功能上是满足了需要，但外观上都千篇一律的，没有美感可言。而实际应用中，尤其是用于交流的工作表都需要注重美观。因为色彩对人的视觉刺激是最直接、最强烈的，所以颜色在美化表格的过程中起着至关重要的作用，专业外观的工作表与普通 Excel 制表的差别首先就体现在颜色的使用上。所以，本节将介绍一些颜色应用的基础知识和 Excel 表格中的用色技巧。

4.1.1 色彩基础知识

色彩是表格设计中的重要元素，想充分利用色彩，让色彩能够为我们服务，就必须懂得它，了解它，下面就一起来认识一下色彩的基础知识。

1. 色彩的分类

颜色是因为光的折射而产生的。根据色彩的属性可分为无彩色和有彩色两大类。

（1）无彩色。

无彩色是黑色、白色及二者按不同比例混合所得到的深浅各异的灰色系列。在光的色谱上见不到这 3 种色，不包括在可见光谱中，所以称为无彩色，如图 4-1 所示。

图 4-1

黑白是最基本、最简单的搭配，白字黑底，黑底白字都非常清晰明了，如图 4-2 所示。默认情况下输入的表格字体都是黑色，默认使用的边框颜色也是黑色。

图 4-2

灰色是万能色，可以和任何彩色搭配，也可以帮助两种对立的色彩和谐过渡。因此，在找不出合适的色彩时，都使用灰色。灰色填充效果的表格如图 4-3 所示。

（2）有彩色。

凡带有某一种标准色倾向的色（也就是带有冷暖倾向的色），称为有彩色。光谱中的红、橙、黄、绿、青、蓝、紫等色都属于彩色，如图 4-4所示。

图 4-3

图 4-4

有彩色是无数的，不过世间色彩均由 3 种颜色组成，即红、黄、蓝，这也是人们常说的三原色。色彩的构成原理是两个原色相加便会出现间色（如红＋黄＝橙、红＋蓝＝紫、黄＋蓝＝绿），再由一个间色加一个原色出现复色，最后形成色环，如图 4-5所示。

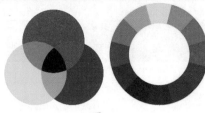

图 4-5

这就是颜色之间的合成关系。下面将介绍颜色之间的抵消关系，谈到抵消，先介绍一下颜色的彩属性分类，黑、灰、白称为无彩，其他称为彩色，所谓抵消就是一种颜色与另一种颜色混合后，产生无彩系颜色就称为抵消，也就是人们说的对冲。

凡是色环正对面的那个颜色就是该色的"完全抵消"色。"完全抵消"是指同等的色素分子量会全部抵消，不残留任何其他彩系色。

技术看板

色环对于了解色彩之间的关系具有很大的作用。无彩色系与有彩色系形成了相互区别而又休戚与共的统一色彩整体。读者空闲时间可以对如图4-6所示的标准色环进行研究。

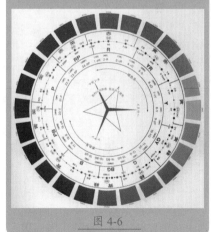

图 4-6

2. 色彩三要素

有彩色系的颜色具有 3 个基本特性：色相、纯度（也称彩度、饱和度）、明度。在色彩学上也称为色彩的三大要素或色彩的三属性。有彩色的色相、

纯度和明度是不可分割的，它们之间的变化形成了人们所看到的缤纷色彩，应用时必须同时考虑这 3 个因素。

（1）色相。

色相是指色彩的名称，它是色彩最基本的特征，是一种色彩区别于另一种色彩的最主要的因素。最初的基本色相包括红、橙、黄、绿、蓝、紫。在各色中间加上中间色，其头尾色相，按光谱顺序包括红、橙红、黄橙、黄、黄绿、绿、绿蓝、蓝绿、蓝、蓝紫、紫、红紫——十二基本色相，如图4-7所示。

图 4-7

如以绿色为主的色相，可能有粉绿、草绿、中绿、深绿等色相的变化，它们虽然是在绿色相中调入了白与灰，在明度与纯度上产生了微弱的差异，但仍保持绿色相的基本特征。如图4-8所示显示了绿色色相的不同差异。

图 4-8

（2）明度。

明度是指色彩的明亮程度，色彩的明度有以下两种情况。

➡ 相同色相的明度：各种有色物体由于它们的反射光量的区别会产生颜色的明暗强弱。如同一颜色在强光照射下显得明亮，弱光照射下显得较灰暗模糊。

在无彩色中，白色明度最高，黑色明度最低，白色和黑色之间是一个从亮到暗的灰色系列。所以，当同一颜色加黑或加白混和以后也能产生各种不同的明暗层次。

图 4-9 所示为不同红色的明度关系对比（从明度低的向明度高的依次排列）。

| 浅红 | 大红 | 深红 |

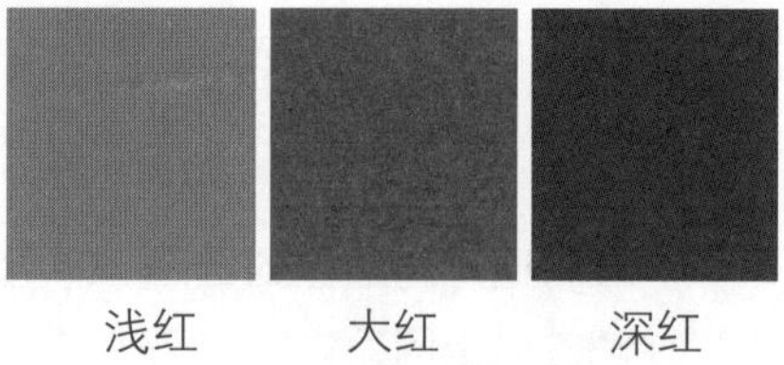

图 4-9

➡ 不同色相的明度：在有彩色中，任何一种纯度色都有其相应的明度特征。黄色明度最高，蓝紫色明度最低，红、绿色为中间明度。图 4-10 所示为不同色相的明度关系对比（从明度低的向明度高的依次排列）。

| 蓝 | 红 | 黄 |

图 4-10

色彩的明度变化往往会影响到纯度，如红色加入黑色以后明度降低了，同时纯度也降低了；如果红色加白色则明度提高了，纯度却降低了。

明度越大，色彩越亮；明度低则色彩较灰暗。没有明度关系的色彩，就会显得苍白无力，只有加入明暗的变化，才能展现出色彩的视觉冲击力和丰富的层次感。

（3）纯度。

纯度又称为饱和度或彩度，就是指色相的鲜浊或纯净程度，它表示颜色中所含有色成分的比例。含有色彩成分的比例越大，则色彩的纯度越高，含有色成分的比例越小，则色彩的纯度也越低。

不同的色相不但明度不等，纯度也不相等。纯度体现了色彩内向的品格。不同色相的纯度关系对比，如图 4-11 所示。

高纯度　　中纯度　　低纯度

图 4-11

同一色相，即使纯度发生了细微的变化，也会立即带来色彩性格的变化。有了纯度的变化，才使世界上有如此丰富的色彩。当一种颜色混入黑、白或其他彩色时，纯度就会产生变化。越多的颜色相混合，颜色的纯度越低。假如某色不含有白或黑的成分，便是纯色，其纯度最高；如果含有越多白或黑的成分，其纯度也会逐渐下降，如图 4-12 所示。

纯色加白色

纯色加黑色

黑色加白色

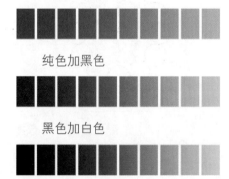

图 4-12

3. 色彩的心理效应

人们生长在一个充满色彩的世界，色彩一直刺激着人们最为敏锐的视觉器官。随着社会生活经验的变化，各种色彩在人们心里也产生了联想。不同色彩会产生不同的联想，诱发不同的情感，这种难以用言语形容的感觉就称为印象，即色彩的心理效应。

冷色与暖色便是依据人的心理错觉对色彩的物理性分类，是人对颜色的物质性印象。冷暖本来是人体皮肤对外界温度高低的触觉。但我们所看到的色彩往往也可以给人以相对的、易变的、抽象的心理感受，如太阳、炉火、烧红的铁块，本身温度很高，它们射出的红橙色有导热的功能，将使周围的空气、水和别的物体温度升高，人的皮肤被它们射出的光照所及，也能感觉到温暖。大海、雪地等环境，是蓝色光照最多的地方，蓝色光会导热，而大海、雪地有吸热的功能，因而这些地方的温度比较低，人们在这些地方会觉得冷。这些生活印象的积累，使人的视觉、触觉及心理活动之间具有一种特殊的，常常是下意识的联系。

大致可以将颜色划分为冷暖两个色系。红色光、橙色光、黄色光本身具有暖和感，照射任何物体时都会产生暖和感。相反，紫色光、蓝色光、绿色光有寒冷的感觉，如图 4-13 所示斜线左下方的是冷色系，斜线右上方的是暖色系。

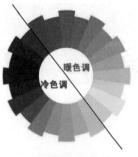

暖色调

冷色调

图 4-13

其实，可以将色彩按"红→黄→绿→蓝→红"依次过渡渐变，就可以得到一个色彩环。而在色环的两端便是暖色和冷色，中间是中性色。

色彩的冷暖是相对的。在同类色彩中，含暖意成分多的较暖，反之较冷。制作表格的过程中，选择色彩要与表格的内容相关联。下面从色彩的三要素来分别讲解色彩的情感。

（1）不同色相颜色的不同色彩情感。

色相影响色彩情感的因素有很多，如文化、宗教、传统、个人喜好等，每个色相都可以给人带来不同的色彩情感。不同色相在人们的生理和心理上会产生不同的影响，因此构成了色彩本身特有的艺术感情。以下是几种常见色相的习惯性色彩情感。

➡ **红色●：** 由于红色容易引起注意，在各种表格中被广泛的采用。红色除了具有较佳的明视效果外，更被用来传达有活力、积极、热诚、温暖、喜悦、速度、竞争与前进等含义的表格内容。另外红色也常用来作为警告、危险、禁止、防火等重要单元格数据。但由于红色是刺激的不安宁的颜色，容易造成人视觉疲劳，在表格中的使用的面积不应过多。

➡ **粉红色●：** 富于温柔、含蓄和娇柔的含义，在使用时一定要根据具体情况而定。

➡ **橙色●：** 一种激奋的色彩，具有轻快、欢欣、热烈、温馨、时尚、艳丽的效果。在工业安全用色中，橙色即是警戒色，如火车头、登山服装、背包、救生衣等常用橙色，因此在这类表格中使用橙色也非常自然。但由于橙色非常明亮刺眼，有时会使人有负面低俗的意象，所以在运用橙色时，要注意选择搭配的色彩和表现方式，尽量节约使用在外表突出的工作位置，这样才能将橙色明亮活泼的特性发挥出来。

➡ **黄色●：** 表达希望、庄重、高贵、忠诚、乐观、快乐和智慧，它的明度最高，在交通和机械等内容的表格中黄色的使用率极高，且将它作为背景色能形成明暗差别的效果，是不错的选择。

➡ **绿色●：** 介于冷暖两种色彩的中间，在表格设计中，绿色所传达的和睦、宁静、清爽、理想、希望、生长、发展和安全的意象，符合服务业、卫生保健业的诉求。尤其在表格数据比较多的情况下，建议使用绿色，能避免眼睛疲劳。

但在财政金融类表格中，绿色则要非常谨慎地使用。

→ **蓝色●**：由于蓝色沉稳、专业的特性，具有凉爽、理智、准确、协调的意象，在表格设计中，强调科技、文学和效率的单元格数据，大多选用蓝色。同时，蓝色还具有消除大脑疲劳，使人清醒，精力旺盛的特性，因此也常应用在数据较多的表格中。但将蓝色用于食物或烹饪类表格中，则非常糟糕，因为地球上很少有蓝色的食物，它会抑制人的食欲。

→ **紫色●**：具有强烈的女性化性格，个人神秘、高贵、脱俗的意象。紫色在表格设计用色中受到相当的限制，除了与女性有关的表格数据外，一般不常采用为主色。

→ **褐色●**：一种保守的颜色，表现稳定、朴素和舒适。在表格设计中，褐色通常用来强调格调古典优雅的表格内容，在咖啡、茶、麦、麻、木材类表格中经常使用。

→ **灰色●**：在表格设计中，灰色具有柔和、高雅的意象，所以灰色是永远流行的主要颜色。许多的高科技产品，尤其与金属材料有关的表格，几乎都采用灰色来传达高级、科技的形象。使用灰色时，大多利用不同的层次变化组合或搭配其他色彩，才不会过于朴素和沉闷。

（2）不同明度颜色的不同色彩情感。

色彩的色相无论是相同，还是不同，在不同色彩明度下，其表现出的色彩情感是完全不同的。如图4-14所示是几种色相相同的颜色（红色）在不同明度下产生的色彩情感。

深红	大红	浅红
深沉、高贵	热情、奔放	明快、清爽

图 4-14

色相明度越高，越醒目、越明快，明度越低越神秘、越深沉，如图4-15所示。

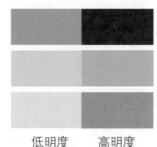

低明度　　　高明度

图 4-15

（3）不同纯度颜色的不同色彩情感。

纯度越高，颜色越亮、越明快、越夺目；纯度越低，越灰暗、不引人注目，如图4-16所示。纯度适当，搭配合理的低纯度颜色是高级的灰色调，在日常生活中被广泛利用。

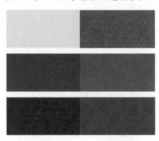

高纯度　　　低纯度

图 4-16

4. 常见的色彩搭配方案

若想制作一个让人眼前一亮的表格，内容设计上一定要符合要求，搭配合适的色彩，增加一些总结性强的数据分析结论即可。表格的配色很多人都是按自己的感觉来配，有时出来的作品往往让人觉得不入流。若想配出专业的颜色，那就来学习下面的配色方案吧。

当主色确定后，必须考虑其他色彩与主色的关系，要表现什么内容及效果等，这样才能增强其表现力。如图4-17所示为一个标准的二十四色相环，色相对比的强弱，决定于色相

在色环上的距离。

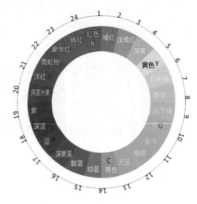

图 4-17

（1）相近色和互补色。

根据颜色在色环中所处的位置，还可分为相近色和互补色。

→ **相近色**：色环中相邻的3种颜色称为相近色。如果以橙色开始并想得到它的两个相似色，就选定红色和黄色，如图4-18所示。

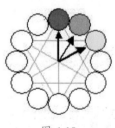

图 4-18

使用相似色的配色方案可以提供颜色的协调和交融，类似于在自然界中所见到的效果，给人的视觉效果舒适、自然。所以相近色在表格设计中极为常用。

→ **互补色**：在色环上，与环中心对称，并在180°的位置两端的色被称为互补色，也称为对比色，如图4-19所示。

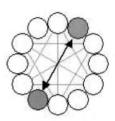

图 4-19

在图 4-17 所示的标准二十四色相环中，1-14、4-15、6-16、8-18、10-21、12-23 互为补色。如果希望更鲜明地突出某些颜色，则选择互补色。采用互补色配色方案时，稍微调整补色的亮度，有时候也是一种很好的搭配。

（2）10 种配色方案。

根据色环可以将色彩搭配分为以下 10 种设计方案。

➡ 无色设计：不用彩色，只用黑、白、灰色，如图 4-20 所示。虽然无色相，但它们的组合在实用方面很有价值。对比效果感觉大方、庄重、高雅而富有现代感，但也易产生过于素净的单调感。

图 4-20

➡ 冲突设计：把一个颜色和它补色左边或右边的色彩配合起来，如图 4-21 所示的搭配效果。虽然它们在色相上有很大差别，但在视觉上却比较接近，这种配色方法的最大特征是其明显的统一协调性，在统一中不失对比的变化。

图 4-21

➡ 单色设计：把一个颜色和任意一个或它所有的明、暗色配合起来，如图 4-22 所示的搭配效果，效果明快、活泼、饱满、使人兴奋，感觉有兴趣，对比既有相当力度，但又不失调和之感。

图 4-22

➡ 分裂补色设计：把一个颜色和它的补色任一边的颜色组合起来，如图 4-23 所示的搭配效果。效果

强烈、醒目、有力、活泼、丰富，但也不易统一而感觉杂乱、刺激，造成视觉疲劳。一般需要采用多种调和手段来改善对比效果。

图 4-23

➡ 二次色设计：把二次色绿、紫、橙色结合起来，如图 4-24 所示的搭配效果。二次色是由三原色调配出来的颜色，如黄与蓝调配出绿色；红与蓝调配出紫色；红与黄调配出橙色。在调配时，由于原色在份量多少上有所不同，所以能产生丰富的颜色变化，色相对比略显柔和。

图 4-24

➡ 类比设计：在色相环上任选 3 个连续的色彩或任一明色和暗色，即一组相近色，如图 4-25 所示的搭配效果。这种方法可以构成一个简朴、自然的背景，安定情绪，有舒适的感觉，但也易产生单调、呆板的弊端。

图 4-25

➡ 互补设计：即采用互补色，如图 4-26 所示的搭配效果。一对补色在一起，可以使对方的色彩更加鲜明，如红色与青色、橙色与蓝色等。

图 4-26

➡ 中性设计：加入颜色的补色或黑色使色彩消失或中性化，如图 4-27 所示的搭配效果。

图 4-27

➡ 原色设计：把纯原色红、黄、蓝三原色结合起来，如图 4-28 所示。红、黄、蓝三原色是色环上最极端的 3 个颜色，表现了最强烈的色相气质，它们之间的对比属最强烈的色相对比，令人感受到一种极强烈的色彩冲突，似乎更具精神的特征。

图 4-28

➡ 三次色三色设计：三次色三色设计是红—橙、黄—绿、蓝—紫、蓝—绿、黄—橙、红—紫组合中的一个，它们在色相环上每个颜色彼此都有相等的距离，如图 4-29 所示的搭配效果。

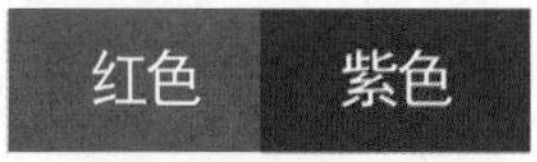

图 4-29

技术看板

根据专业的研究机构研究表明，彩色的记忆效果是黑白的 3.5 倍。即在一般情况下，彩色页面较黑白页面更加吸引人。

4.1.2 为表格配色

正因为有了色彩，人们生活的环境、生存的世界才如此丰富多彩。色彩激发情感，颜色传递感情。人类的视觉对色彩的感知度是非常高的，合理的使用色彩，可以获得意想不到的效果。所以，许多人把色彩称为"最经济的奢侈品"。表格也可以是一份设计作品，但它和照片、绘画等艺术设计又有所不同，它的最终目的是为了展示数据、表达内容，下面就来介绍如何为表格配色。

技术看板

本小节讲的表格配色，乃至本章中所讲的表格设计都是针对展示型的表格进行设计。至于非展示型表格设计就没有太高的要求了，用于承载原始数据的源数据表格最好不要进行任何修饰和美化操作。

1. 色彩选择注意事项

很多表格制作者在选择颜色时都是根据个人喜好，或者没有进行任何考虑，直接打开色彩设置窗口随意选取颜色，这样制作出来的表格很难博得观众的喜爱。在为表格配色时，不能太主观，需要考虑以下事项。

（1）针对用途选择颜色。

为表格配色首先需要考虑表格的用途，大致可以分为展示信息、汇总信息和打印输出3种。

➡ 信息展现：除了图表之外，很多时候表格本身也是需要展示的，这个时候对于效果的要求是最高的。在这种情况下，需要特别注意表格和文字段落格式的协调，当然也包括颜色的协调。建议在美化表格前先分析一下表格中涉及的内容层级，根据层级的复杂层度确定大概会用几种颜色。

➡ 信息汇总：有些表格是需要制作成模板类型的，再基于数字版本的发布要求很多用户来填写表格，以便搜集信息。这种用途的表格在制作过程中需要考虑填写方便，除了保护单元格外，哪些表格必须要填写，哪些是可选填写的，哪些是需要核实确认的，哪些不能更改，最好分别填充不同的颜色，如图 4-30 所示。

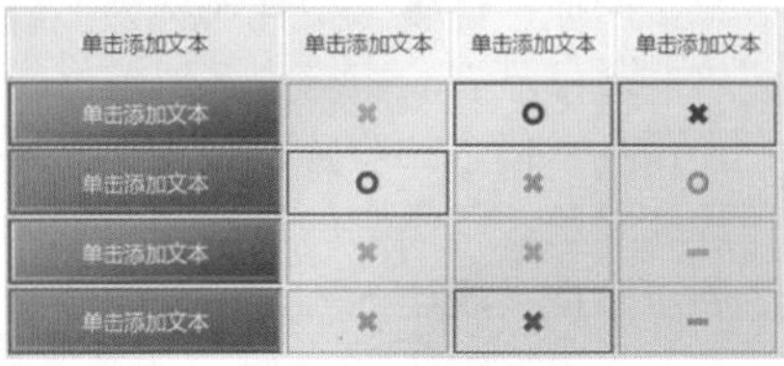

单击添加文本	单击添加文本	单击添加文本	单击添加文本
单击添加文本	✖	○	✖
单击添加文本	○	✖	○
单击添加文本	✖	✖	—
单击添加文本	✖	○	—

图 4-30

➡ 打印输出：要打印输出的表格同样需要用不同的颜色标识出填写项，另外，用于输出的表格中所有颜色都必须考虑输出设备，在屏幕上看到的往往不是最终效果，所以需要慎重配色。

不同计算机或显示器的设置都有差别，所以表格在不同设备上看到的效果也不一样。

很多老旧的投影机都设置了很高的对比度，会压缩掉一切层次，配色要考虑到这个情况。

大多数办公室里都是黑白的激光打印机，所有的颜色都会转成灰度，屏幕上很多不同的颜色打印出来却无法分辨。这种情况下，如果表格颜色设置得过于复杂打印出来的资料反而会很难看。而且绝大部分企业都是"黑白打印 + 双面利用"以节省成本，正反面不同区域透过来的灰色色块更让人难以接受。

复印机在办公室里也是广泛使用的，复印几次之后，所有的配色都是一团一团的很难看。

综上所述，如果是用于输出的表格，还是尽量控制使用的颜色数量在3种以内，即白色 +2 主色，如图 4-31 所示，另外两个主色会以不同灰度的形式印刷出来。尽管如此可能还是会影响阅读，这点要切记。运用于填充的颜色最好浅一点，实在想用深色的时候，文字要反白显示。

图 4-31

（2）针对表格阅读选择颜色。

不同的表格内容有不同的阅读者，不同的阅读者有不同的色彩喜好，在制作表格时一定要考虑受众的感受。

如果制作的表格专业性较高，具有很强的指导性，由于这类表格受众更在乎的是展示的数据内容，并且愿意主动去接受表格中的信息，则在配色方面可以朴素一些，不要喧宾夺主。如图 4-32 所示为要运用到职场的个人简历表，由于其阅读的对象是职场人士，需要体现厚重、稳妥的感觉，所以选择了相对深沉的颜色。

图 4-32

如果制作的是作为宣导的表格，由于观众的主动性较低，就需要表格的配色足够优秀，才能吸引观众的注意力。如图 4-33 所示为销售过程中展示给客户查看的产品参数表，所以选用了活泼亮丽的颜色来调动观众的激情与热情。

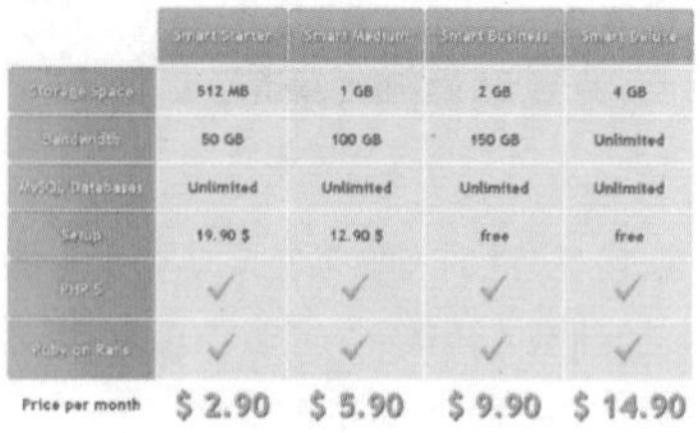

图 4-33

（3）颜色要符合内容含义。

一些颜色有其惯用的含义，如红色表示警告，而绿色表示认可。使用颜色可表明信息内容间的关系，表达特定的信息或进行强调。如果所选的颜色无法明确表示信息内容，请选择其他颜色。

如图 4-34 所示将图 4-33 中的"√"应用为红色了，显然"√"用绿色更适合日常生活习惯。

	Smart Starter	Smart Medium	Smart Business	Smart Deluxe
Storage Space	512 MB	1 GB	2 GB	4 GB
Bandwidth	50 GB	100 GB	150 GB	Unlimited
MySQL Databases	Unlimited	Unlimited	Unlimited	Unlimited
Setup	19.90 $	12.90 $	free	free
PHP 5	✓	✓	✓	✓
Ruby on Rails	✓	✓	✓	✓
Price per month	$ 2.90	$ 5.90	$ 9.90	$ 14.90

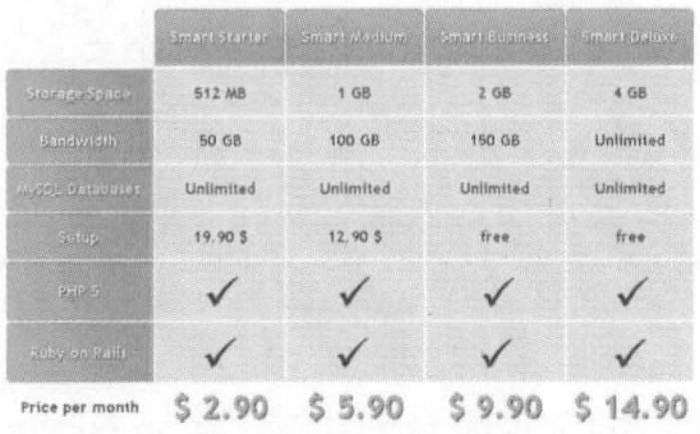

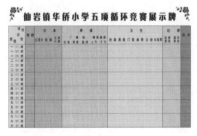

图 4-34

2. 色彩不能滥用

好的表格不是依靠效果堆砌起来的，应该打造出简洁而鲜明的风格，如果效果和颜色太多，则可能显得非常杂乱。

无论是在一个工作簿中，还是在一张工作表中，颜色的使用都不能太多，否则即便表格的其他方面设计得很到位，也会给人杂乱无章的感觉，如图 4-35 所示。

图 4-35

为了避免阅读者眼花缭乱，表格中的颜色尽量不要超过 3 种色系。为什么是 3 种？我们简单地从配色方案的角度出发来考虑，三色原则是能最大范围地适用“对比色配色方案”“互补色配色方案”或者“邻近色配色方案”的。所以，在 Excel 中设计表单样式一定要遵守“三色原则”：首行首列最深，间行间列留白。颜色过多反而抓不住重点。

如图 4-36 所示为 Excel 自带的表格样式，表单设计采用的是三色配色方案，用色系根据明度递减做配色。当然也可以根据实际需要进行多种颜色的搭配，只需要符合配色规律即可，有设计基础的读者应该都能轻松掌握。

产品型号	产品代码	1月	2月	3月	4月	5月	6月	7月	8月
HC	QW1S25	620	100	122	421	75.14	99.05	80.49	69.79
HC	QW1S75	840	220	180	644	86.47	4.35	31.22	39.68
HC	WE3V07	750	120	85	512	55.98	67.55	19.34	-
HJ	BXO	200	20	24	50	51.58	-	84.6	16.11
XE	PRENZ	5	1	1	5	27.11	9.58	-	53.83
ZPW	VVER065	100	10	12	45	24.77	15.47	81.62	93.99
ZSM	VPOC02	280	15	25	75	99.98	1.25	2.16	-
QYYD	DFXTL32	500	60	62	360	30.96	72.67	40.53	84.24
LKSS	READT0	81.62	1	10	8	41.31	-	-	43.57
GH	QW1S125	2.16	84.51	74.5	75.14	57.14	35.56	7.53	97.1
SH	BXO	40.53	41.9	8.38	51.58	29.73	65.7	32.75	-
AJ	BDE02	-	99.98	36.04	-	36.87	90.25	36.57	52.49
AJ	SSWM3	7.53	30.96	96.31	17.94	-	78.7	-	40.73
SE	QWM7C	32.75	41.31	-	59.89	44.63	37.32	12.15	58.47
DY	DFQY4	36.57	57.14	1.92	4.2	42.69	-	69.41	47.24
DU	RMDZ6	23.73	29.73	16.51	-	9.11	82.74	23.73	64.84
ET	PRENZ	-	36.87	47.88	27.11	25.7	27.66	39.63	82.15
ET	VVER066	96.79	-	41.14	24.77	-	14.35	7.2	22.99

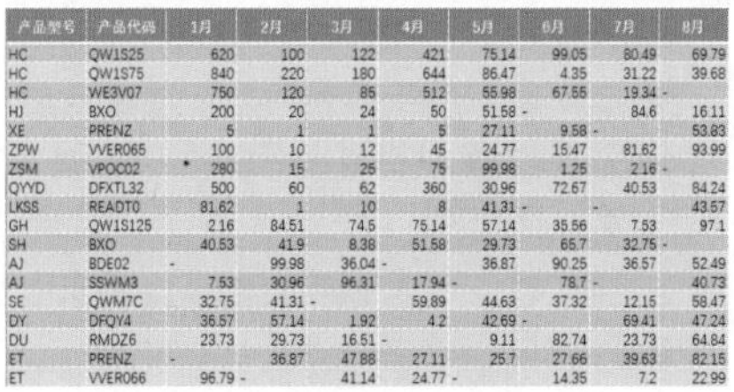

图 4-36

3. 注意色彩的均衡搭配

要使表格看上去舒适、协调，除了文字、图片等内容的合理排版，色彩的均衡也是相当重要的一个因素。一般来说一个表格不可能单一地运用一种颜色，所以色彩的均衡问题是制表者必须要考虑的。色彩的均衡包括色彩的位置、每种色彩所占的比例和色彩的面积等。尤其色彩的面积对表格整体效果的影响很大。

色彩的面积占比是指页面中各种色彩在面积上多与少、大与小的差别，影响到页面主次关系。在同一视觉范围内，色彩面积的不同，会产生不同的对比效果。

当两种颜色以相等的面积比例出现时，这两种颜色就会产生强烈的冲突，色彩对比自然强烈。

如果将比例变换为 3:1，一种颜色被削弱，整体的色彩对比也减弱了。当一种颜色在整个页面中占据主要位置时，则另一种颜色只能成为陪衬。这时，色彩对比效果最弱。如图 4-37 所示的色彩面积对比。

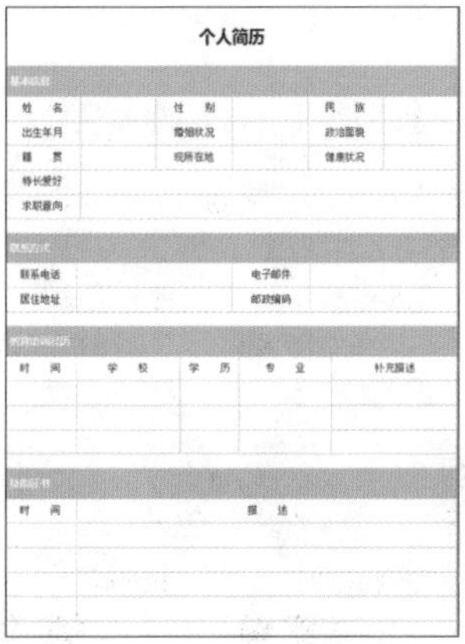

图 4-37

同一种色彩，面积越大，明度、纯度越强；面积越小，明度、纯度越低。面积大的时候，亮的色显得更轻，暗的色显得更重。

根据设计主题的需要，在页面上以一方为主色，其他的颜色为辅助色，使页面的主次关系更突出，在统一的同时富有变化，如图 4-38 所示。

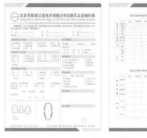

图 4-38

- 表格主色：视觉的冲击中心点，整个画面的重心点，它的明度、大小、饱和度都直接影响到辅助色的存在形式，以及整体的视觉效果。
- 表格辅助色：在表格的整体页面中则应该起到平衡主色的冲击效果和减轻其对观看者产生的视觉疲劳度，起到一定量的视觉分散的效果。

注意：在表格制作时两种或多种对比强烈的色彩为主色的同时，必须找到平衡它们之间关系的一种色彩，如黑色、灰色调、白色等，但需要注意它们之间的亮度、对比度和具体占据的空间比例的大小，在此基础上再选择表格辅助色。

4. 背景要单纯

表格的背景要单纯。如果采用一些过于花巧而且又与数据内容无关的背景图片，只会削弱表格要传达的信息，如果信息不能有效传达，再漂亮的背景都没有意义。有些表格由于采用过于华丽的背景，反而影响内容。如图 4-39 所示。

图 4-39

一般来说，使用纯色背景，或者柔和的渐变色背景、或者低调的图案背景都可以产生良好的视觉效果，可以使文字信息清晰可见，如图 4-40 所示。

图 4-40

技能拓展
——在 Excel 中调整图片效果使其更符合需求

在 Excel 2016 中，使用图片中的对比度、明度等工具，能对图像、照片进行简单的处理。如果图片用作背景，可以设置为"冲蚀"效果，可以让图片和文字很好地结合在一起；如果需要突出显示图片，就需要调整它的对比度，使它变得更显著，具体操作见本书第 19 章。

4.1.3 表格配色的技巧

制作的表格需要有一个具有设计

感的色彩来吸引阅读者，让他能够从外观上直接对表格内容产生兴趣。

在工作表设计中，可以添加颜色的对象包括背景、标题、正文、图片、装饰图形等。它们被简单地分为背景对象和前景对象两大类。一般来说，表格配色有一些可以通用的技巧。

1. 使用主题统一风格

制表者选择颜色的关键是要在专业性和趣味性之间作出平衡。如果用户对颜色搭配不在行，使用 Excel 中预定义的颜色组合是一个不错的选择。即使用主题快速创建具有专业水准、设计精美、美观时尚的表格。

主题是一套统一的设计元素和配色方案，是为表格提供的一套完整的格式集合。其中包括主题颜色（配色方案的集合）、主题文字（标题文字和正文文字的格式集合）和相关主题效果（如线条或填充效果的格式集合）。主题的具体应用参见 4.5 节的内容。

2. 利用秩序原理保持均衡

为表格或表格中的对象进行配色时，可以采用秩序原理。

如图 4-41 所示，在标准色彩中有一个正多边形，当需要配色的多个对象处于同一板块时可以选择由顶点向内放射性取色；当多个对象属于多个板块并列时，可以选择在各个顶点所在的范围内取色。实际应用效果如图 4-42 所示。

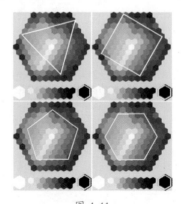

图 4-41

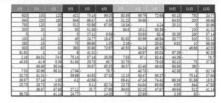

图 4-42

技术看板

不建议对表格正文内容上色，这对于大多数人来说是无法忍受的，如图 4-43 所示。如果在表格中大幅度任意使用颜色会导致表格视觉上支离破碎，还会给未来可能的打印造成不确定的后果。

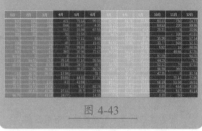

图 4-43

3. 巧妙利用渐变效果

渐变是一种适度变化而有均衡感的配色，它的色彩变化样式非常容易使人接受。渐变的形式，在日常生活中随处可见，是一种很普遍的视觉形象，这种现象运用在视觉设计中能产生强烈的透视感和空间感。渐变配色一般用于表现递进的关系，如事物的发展变化等。实际应用效果如图 4-44 所示。

图 4-44

需要注意的是，渐变的程度在设计中非常重要，渐变的程度太大，速度太快，就容易失去渐变所特有的规律性，给人以不连贯和视觉上的跃动感。反之，如果渐变的程度太慢，会产生重复之感，但慢的渐变在设计中会显示出细致的效果。

4. 使用强调色产生对比效果

强调色是总色调中的重点用色，是面积因素和可辨识度结合考虑的用色。一般要求明度和纯度高于周围的色彩，在面积上则要小于周围的色彩，否则起不到强调作用。如图 4-45 所示的图表中使用强调色后，被强调单元格中的数据就会引起注意。

	Rolling Stones	U2	Mötley Crüe
Lead Vocals	Mick Jagger	Bono	Vince Neil
Lead Guitar	Keith Richards	The Edge	Mick Mars
Bass Guitar	Ron Wood	Adam Clayton	Nikkie Sixx
Drums	Charlie Watts	Larry Mullen, Jr.	Tommy Lee

图 4-45

5. 表格不同位置的上色

为表格不同位置的单元格进行上色也是有规律可循的，下面分别进行介绍。

（1）表格标题上色。

为达到醒目和与表格内容区分的目的，在保证不影响表格的视觉效果前提下，我们可以用颜色划分区域，不过仅限于对字段标题上色，通常是表格的第一行或第一列。

为行标题与列标题上色以后，读者会发现单元格默认的黑色文字不够清晰，这时可以把文字颜色调整成白色再加粗，同时适当调整字号，如图 4-46 所示。

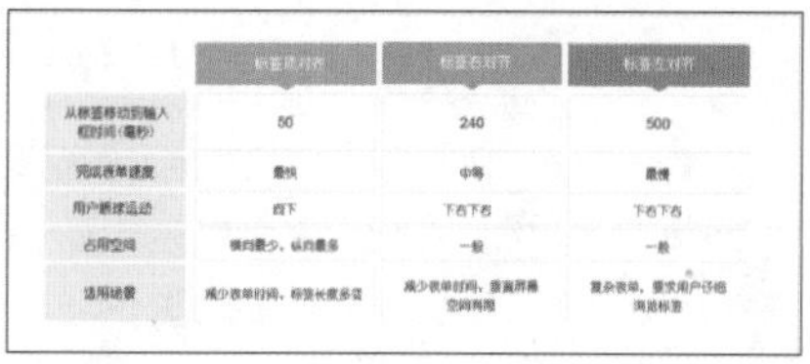

图 4-46

技术看板

Excel 中的配色也可以直接拿来为标题行上色。由于默认是黑色文字，所以颜色明度要高，但是明度过高又会比较淡，经过权衡，第二排颜色可以随意使用，如图 4-47 所示。

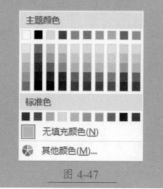

图 4-47

（2）表格内容的上色。

表格就是表格，就应该尽量采用三色来区分，表格不要总是这里一个色块那里一个色块，但是为表格的所有正文内容添加一个底色还是可以的。个人比较喜欢制表之前先选择一个区域填充为纯色底，淡色最佳。区别对比如图 4-48 所示。

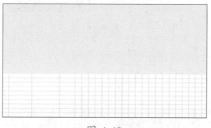

图 4-48

（3）表格内容的区分。

如果表格中有许多内容需要区分，通常会使用以下 3 种方法。

- 镶边行或镶边列：使用与行标题或列标题相同色系的浅色（即图 4-47 中的同一列），在需要区分的一行或多行中穿插对背景上色，即隔一行或多行染一行或多行，以此类推。效果如图 4-49 和图 4-50 所示。

Products	Chemicals Name	CAS	EINECS	Purity
-	4-乙基-2-甲氧基苯酚	2785-89-9	220-500-4	-
99%	4-乙烯基愈创木酚	7786-61-0	232-101-2	99%
-	4-萜烯醇	562-74-3	209-235-5	-
-	L-茶氨酸			-
-	α-柏木烯	469-61-4	207-418-4	-
95%	α-蒎烯	80-56-8	201-291-9	95%
-	α-长叶蒎烯	5989-08-2	N/A	-
-	β-水芹烯	555-10-2	209-081-9	-
95~98%	β-蒎烯	127-91-3	242-060-2	95~98%

图 4-49

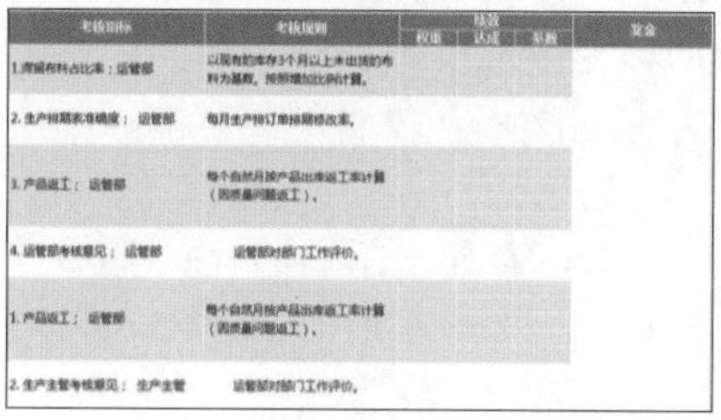

图 4-50

我们称这种方法为“镶边行”，相对应的还有“镶边列”，即隔一列或多列染一列或多列，以此类推，如图 4-51 所示。

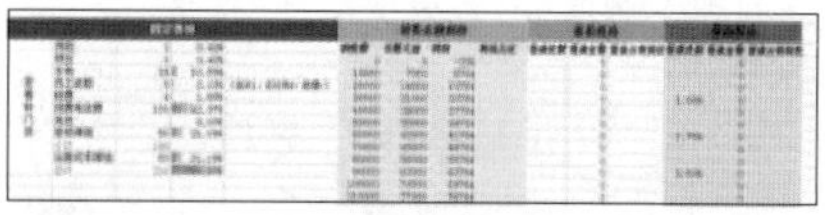

图 4-51

在实际应用中这样的表单可以实现得很美观、很正规而且易于阅读。这就是为什么要错行配色的原因。不过，“镶边行”方法只适合列数据简单不需要太多区分的表格；“镶边列”方法只适合行数据简单不需要太多区分的表格。

- 复杂数据的区分：当行和列数据都较多，都需要进行区分时，采用“镶边行 + 镶边列”效果，辨识度就降低了，如图 4-52 所示。

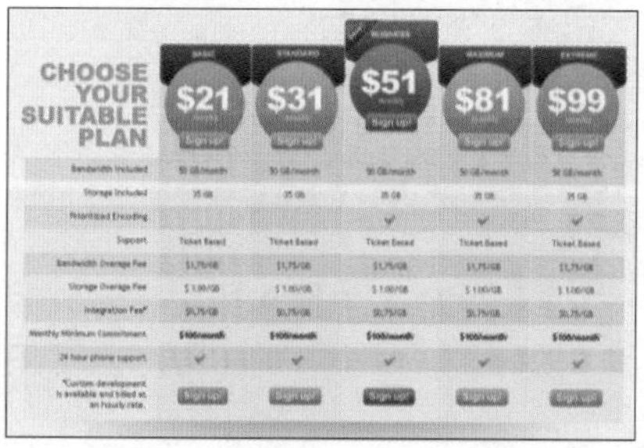

图 4-52

此时，可以先设置"镶边列"效果对列数据进行区分，再使用行边框来区分行数据，如图 4-53 所示。

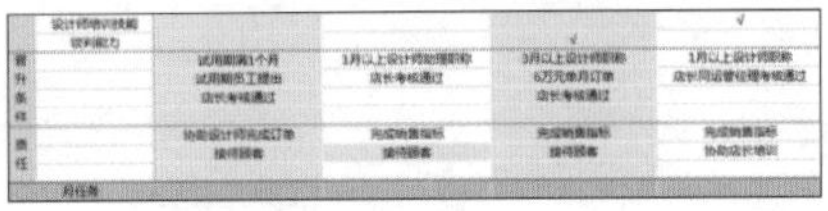

图 4-53

→ 划分区域的线条：如果表格中的数据需要区别为若干行，即分隔数据区域，我们可以使用线条来进行区分。

简单编辑表格后，用线条将数据分隔开，效果明显，比用颜色标注好很多，如图 4-54 所示。

（4）设置字体颜色。

有时也需要为表格中的文字设置颜色，一般是为需要突出显示的文字设置红色。此外，也要根据文字所在单元格已经填充的背景色来选择文字字体的颜色，主要是保证文字的可读性。

为了让读者在制作表格时，既能让文字与背景搭配得清晰，又不失美观度。下面为大家提供 10 种可供参考的，比较常见的文字与背景的配色

方案，如图 4-55 所示。

图 4-54

图 4-55

如果在制作的表格中插入了图片、图形等对象，那么在设置单元格和字体颜色时一定要根据图片中的颜色进行设置。我们可以将图片中的主色作为字体的颜色，这样可以起到交相辉映的作用。

（5）边框的搭配。

如果表格不需要打印输出，则一般不用对边框进行修饰，既没有必要也影响美观，Excel 默认的网格线完全可以完成内容的区分工作。

如果需要打印，只考虑到美观的问题，边框采用 50% 左右灰度的线条效果最好，既能区分内容又不会影响识别，边框颜色过深就会影响到内容的识别。

4.2 设置单元格格式

Excel 2016 默认状态下制作的工作表具有相同的文字格式和对齐方式，没有边框和底纹效果。为了让制作的表格更加美观和适于交流，可以为其设置适当的单元格格式，包括为单元格设置文字格式、数字格式、对齐方式，还可以为其添加边框和底纹。

4.2.1 实战：设置应付账款分析表中的文字格式

实例门类	软件功能
教学视频	光盘\视频\第 4 章\4.2.1.mp4

Excel 2016 中输入的文字字体默认为等线体，字号为 11 号。为了使

表格数据更清晰、整体效果更美观，可以为单元格中的文字设置字体格式，包括对文字的字体、字号、字形和颜色进行调整。

在 Excel 2016 中为单元格设置文字格式，可以在【字体】组中进行设置，也可以通过【设置单元格格式】对话框进行设置。

1. 在【字体】组中设置文字格式

在 Excel 中为单元格数据设置文字格式，也可以像在 Word 中设置字体格式一样。在【字体】组（图 4-56）中就能够方便地设置文字的字体、字号、颜色、加粗、斜体和下画线等常用字体格式。通过该方法设置字体也是最常用、最快捷的方法。

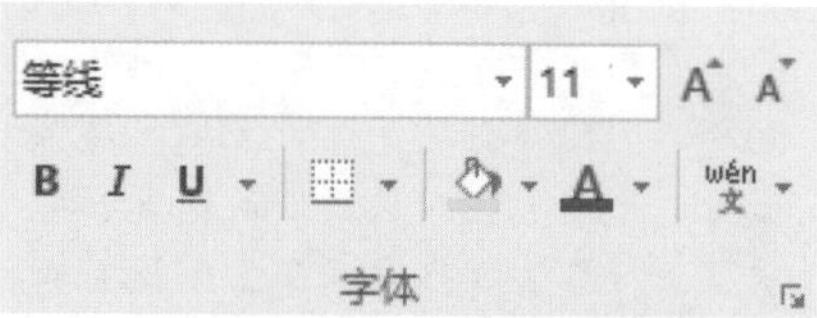

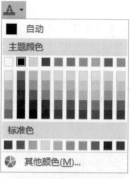

图 4-56

首先选择需要设置文字格式的单元格、单元格区域、文本或字符。然后在【开始】选项卡【字体】组中选择相应的选项或单击相应的按钮即可执行相应的操作。各选项和按钮的具体功能如下。

→ 【字体】下拉列表框 等线 ▼：单击该下拉列表框右侧的下拉按钮，在弹出的下拉列表中可以选择所需的字体。

→ 【字号】下拉列表框 11 ▼：在该下拉列表框中可以选择所需的字号。

→ 【加粗】按钮 B：单击该按钮，可将所选的字符加粗显示，再次单击该按钮又可取消字符的加粗显示。

→ 【倾斜】按钮 I：单击该按钮，可将所选的字符倾斜显示，再次单击该按钮又可取消字符的倾斜显示。

→ 【下画线】按钮 U ▼：单击该按钮，可为选择的字符添加下画线效果。单击该按钮右侧的下拉按钮，在弹出的下拉列表中还可选择【双下画线】选项，为所选字符添加双下画线效果。

→ 【增大字号】按钮 A˄：单击该按钮将根据字符列表中排列的字号大小依次增大所选字符的字号。

→ 【减小字号】按钮 A˅：单击该按钮将根据字符列表中排列的字号大小依次减小所选字符的字号。

→ 【字体颜色】按钮 A ▼：单击该按钮，可自动为所选字符应用当前颜色。若单击该按钮右侧的下拉按钮，将弹出如图 4-57 所示的下拉菜单，在其中可以设置字体填充的颜色。

图 4-57

技术看板

在图 4-57 所示的下拉菜单的【主题颜色】栏中可选择主题颜色；在【标准色】栏中可以选择标准色；选择【其他颜色】命令后，将打开如图 4-58 所示的【颜色】对话框，在其中可以自定义需要的颜色。

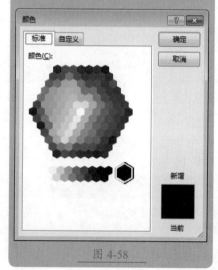

图 4-58

下面通过【字体】组中的选项和按钮为【应付账款分析】工作簿的表头设置合适的文字格式，具体操作步骤如下。

Step01 打开光盘\素材文件\第4章\应付账款分析 .xlsx，❶ 选择 A1:J2 单元格区域，❷ 单击【开始】选项卡【字体】组中的【字体】下拉列表框右侧的下拉按钮，❸ 在弹出的下拉列表中选择需要的字体，如【黑体】，如图 4-59 所示。

图 4-59

Step02 单击【字体】组中的【加粗】按钮 B，如图 4-60 所示。

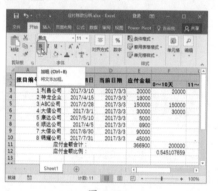

图 4-60

Step03 ❶ 单击【字体颜色】按钮右侧的下拉按钮，❷ 在弹出的下拉菜单中选择需要的颜色，如【蓝色】，如图 4-61 所示。

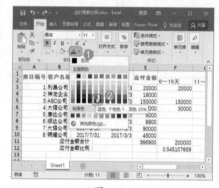

图 4-61

Step04 ❶ 选择 F2:J2 单元格区域，❷ 单击【字号】下拉列表框右侧的下拉按钮，❸ 在弹出的下拉列表中选择【10】选项，如图 4-62 所示。

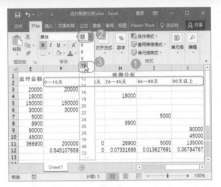

图 4-62

对于表格内的数据，原则说来不应当使用粗体，以免喧宾夺主。但也有特例，如在设置表格标题（表头）的字体格式时，一般使用加粗效果就会更好。另外，当数据稀疏时，可以将其设置为黑体，起到强调的作用。

2. 通过对话框设置

我们还可以通过【设置单元格格式】对话框来设置文字格式，只需单击【开始】选项卡【字体】组右下角的【对话框启动器】按钮，即可打开【设置单元格格式】对话框。在该对话框的【字体】选项卡中可以设置字体、字形、字号、下画线、字体颜色和一些特殊效果等。

通过【设置单元格格式】对话框设置文字格式的方法主要用于设置删除线、上标和下标等文字的特殊效果。

例如，要为【应付账款分析】工作簿中的部分单元格设置特殊的文字格式，具体操作步骤如下。

Step01 ❶ 选择 A11:D12 单元格区域，❷ 单击【开始】选项卡【字体】组右下角的【对话框启动器】按钮，如图 4-63 所示。

Step02 打开【设置单元格格式】对话框，❶ 在【字体】选项卡的【字形】列表框中选择【加粗】选项，❷ 在【下画线】下拉列表框中选择【会计用单下画线】选项，❸ 在【颜色】下拉列表框中选择需要的蓝色，❹ 单击【确定】按钮，如图 4-64 所示。

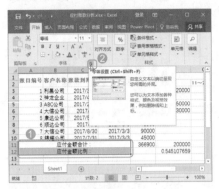

图 4-63

图 4-64

Step03 返回工作表中即可看到为所选单元格设置的字体格式效果，如图 4-65 所示。

图 4-65

如果已经为某个单元格或单元格区域设置了某种单元格格式，又要在其他单元格或单元格区域中使用相同的格式，除了继续为其设置单元格格式外，还可以使用格式刷快速复制格式。其方法是先选择需要复制格式的单元格或单元格区域，然后单击【开始】选项卡【剪贴板】组中的【格式刷】按钮。当鼠标指针变为形状时，单击需要应用该格式的单元格或单元格区域，释放鼠标后即可看到该单元格已经应用了复制单元格相同的格式。通过格式刷可以复制单元格的数据类型格式、文字格式、对齐方式格式、边框和底纹等。

★ 重点 4.2.2 实战：设置应付账款分析表中的数字格式

实例门类	软件功能
教学视频	光盘\视频\第4章\4.2.2.mp4

在单元格中输入数据后，Excel会自动识别数据类型并应用相应的数字格式。在实际生活中常常遇到日期、货币等特殊格式的数据。例如，要区别输入的货币数据与其他普通数据，需要在货币数字前加上货币符号，如人民币符号【¥】；或者要让输入的当前日期显示为【2016年12月20日】等。在 Excel 2016 中要让数据显示为需要的形式，就需要设置数字格式了，如常规格式、货币格式、会计专用格式、日期格式和分数格式等。

在 Excel 2016 中为单元格设置数字格式，可以在【开始】选项卡的【数字】组中进行设置，也可以通过【设置单元格格式】对话框进行设置。例如，要为【应付账款分析】工作簿中的相关数据设置数字格式，具体操作步骤如下。

Step01 ❶ 选择 A3:A10 单元格区域，❷ 单击【开始】选项卡【数字】组右下角的【对话框启动器】按钮，如图 4-66 所示。

图 4-66

Step02 打开【设置单元格格式】对话框，❶ 在【数字】选项卡的【分类】列表框中选择【自定义】选项，❷ 在【类型】文本框中输入需要自定义的格式，如【0000】，❸ 单击【确定】按钮，如图 4-67 所示。

图 4-67

Step03 经过上步操作，即可让所选单元格区域内的数字显示为 0001、0002…❶ 选择 C3:C10 单元格区域，❷ 单击【开始】选项卡【数字】组右下角的【对话框启动器】按钮，如图 4-68 所示。

图 4-68

技术看板

利用 Excel 提供的自定义数据类型的功能，用户还可以自定义各种格式的数据。下面来讲解在【类型】文本框中经常输入的各代码的用途。

●【#】：数字占位符。只显示有意义的零而不显示无意义的零。小数点后数字若大于【#】的数量，则按【#】的位数四舍五入，如输入代码【###.##】，则 12.3 将显示为 12.30;12.3456 显示为 12.35。

●【0】：数字占位符。如果单元格的内容大于占位符，则显示实际数字；如果小于占位符的数量，则用 0 补足，如输入代码【00.000】，则 123.14 显示为 123.140；1.1 显示为 01.100。

●【@】：文本占位符。如果只使用单个 @，作用是引用原始文本，要在输入数字数据之后自动添加文本，使用自定义格式为：【文本内容】@；要在输入数字数据之前自动添加文本，使用自定义格式为：@【文本内容】；如果使用多个 @，则可以重复文本。如输入代码【;;;"西游"@"部"】，则财务将显示为西游财务部；输入代码【;;;@@@】，财务显示为财务财务财务。

●【*】：重复下一字符，直到充满列宽。如输入代码【@*-】，则 ABC 显示为【ABC--------------------】。

●【,】：千位分隔符。如输入代码【#,###】，则 32000 显示为：32,000。

● 颜色：用指定的颜色显示字符，可设置红色、黑色、黄色、绿色、白色、兰色、青色和洋红 8 种颜色。如输入代码：【[青色];[红色];[黄色];[兰色]】，则正数为青色，负数显示红色，零显示黄色，文本显示为兰色。

● 条件：可对单元格内容进行判断后再设置格式。条件格式化只限于

使用 3 个条件，其中两个条件是明确的，另一个是除前两个条件外的其他。条件要放到方括号中，必须进行简单的比较。如输入代码：【[>0]" 正数 ";[=0]" 零 "; " 负数 "】。则单元格数值大于零显示【正数】，等于 0 显示【零】，小于零显示【负数】。

Step04 打开【设置单元格格式】对话框，❶ 在【数字】选项卡的【分类】列表框中选择【日期】选项，❷ 在【类型】列表框中选择需要的日期格式，❸ 单击【确定】按钮，如图 4-69 所示。

图 4-69

Step05 经过上步操作，即可为所选单元格区域设置相应的时间样式，❶ 选择 D3:D10 单元格区域，❷ 在【开始】选项卡【数字】组中的【数字格式】下拉列表框中选择【长日期】选项，如图 4-70 所示。

图 4-70

Step06 经过上步操作，也可以为所选单元格区域设置相应的时间样式。

❶选择 E3:J11 单元格区域，❷在【数字】组中的【数字格式】下拉列表框中选择【货币】选项，如图 4-71 所示。

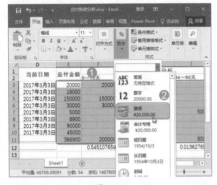

图 4-71

技能拓展——快速设置千位分隔符

单击【数字】组中的【千位分隔样式】按钮 ⁹，可以为所选单元格区域中的数据添加千位分隔符。

Step 07 经过上步操作，即可为所选单元格区域设置货币样式，且每个数据均包含两位小数。连续两次单击【数字】组中的【减少小数位数】按钮 .⁰⁰，如图 4-72 所示。

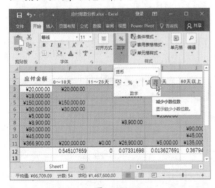

图 4-72

技能拓展——设置数据的小数位

在【设置单元格格式】对话框【数字】选项卡的【分类】列表框中选择【数值】选项，在右侧的【小数位数】

数值框中输入需要设置数据显示的小数位数即可，在【负数】列表框中还可以选择需要的负数表现形式。

另外，每单击【数字】组中的【减少小数位数】按钮 .⁰⁰ 一次，可以让所选单元格中的数据减少一位小数。

Step 08 经过上步操作，即可让所选单元格区域中的数据显示为整数。❶选择 F12:J12 单元格区域，❷单击【数字】组中的【百分比样式】按钮 %，如图 4-73 所示。

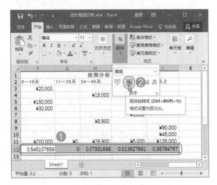

图 4-73

Step 09 经过上步操作，即可让所选单元格区域的数据显示为百分比样式。❶按【Ctrl+1】组合键快速打开【设置单元格格式】对话框，❷在右侧的【小数位数】数值框中输入【2】，❸单击【确定】按钮，如图 4-74 所示。

图 4-74

Step 10 经过上步操作，即可统一所选单元格区域的数据均包含两位小数，如图 4-75 所示。

图 4-75

★ 重点 4.2.3 实战：设置应付账款分析表中的对齐方式

实例门类	软件功能
教学视频	光盘\视频\第 4 章\4.2.3.mp4

默认情况下，在 Excel 中输入的文本显示为左对齐，数据显示为右对齐。为了保证工作表中数据的整齐性，可以为数据重新设置对齐方式。设置对齐方式包括设置文字的对齐方式、文字的方向和自动换行。其设置方法和文字格式的设置方法相似，可以在【对齐方式】组中进行设置，也可以在【设置单元格格式】对话框中的【对齐】选项卡中进行设置，下面将分别进行讲解。

1. 在【对齐方式】组中设置

在【开始】选项卡的【对齐方式】组中能够方便地设置单元格数据的水平对齐方式、垂直对齐方式、文字方向、缩进量和自动换行等。通过该方法设置数据的对齐方式是最常用、最快捷的方法。选择需要设置格式的单元格或单元格区域，在【对齐方式】组中选择相应选项或单击相应按钮即可执行相应的操作。

➡ 垂直对齐方式按钮：通过【顶端对齐】按钮 三、【垂直居中】按钮 三 和【底端对齐】按钮 三 可以在垂直方向上设置数据的对齐方式。单击【顶端对齐】按钮 三，可使相应数据在垂直方向上位于顶端对齐；单击【垂直居中】按钮≡，可使相应数据在垂直方向上居中对齐；单击【底端对齐】按钮≡，可使相应数据在垂直方向上位于底端对齐。

➜ 水平对齐方式按钮：通过【左对齐】按钮≡、【居中】按钮≡和【右对齐】按钮≡可以在水平方向上设置数据的对齐方式。单击【左对齐】按钮≡，可使相应数据在水平方向上根据左侧对齐；单击【居中】按钮≡，可使相应数据在水平方向上居中对齐；单击【右对齐】按钮≡，可使相应数据在水平方向上根据右侧对齐。

➜ 【方向】按钮≫·：单击该按钮，在弹出的下拉菜单中可选择文字需要旋转的45°倍数方向，选择【设置单元格对齐方式】命令，可在打开的【设置单元格格式】对话框中具体设置需要旋转的角度。

➜ 【自动换行】按钮≡：当单元格中的数据太多，无法完整显示在单元格中时，单击该按钮，可将该单元格中的数据自动换行后以多行的形式显示在单元格中，方便直接阅读其中的数据，再次单击该按钮又可取消字符的自动换行显示。

➜ 【减少缩进量】按钮≡和【增大缩进量】按钮≡：单击【减少缩进量】按钮≡，可减小单元格边框与单元格数据之间的边距；单击【增大缩进量】按钮≡，可增大单元格边框与单元格数据之间的边距。

下面通过【对齐方式】组中的选项和按钮为【应付账款分析】工作簿设置合适的对齐方式，具体操作步骤如下。

Step01 ❶ 选择 F2:J2 单元格区域，❷ 单击【开始】选项卡【对齐方式】组中的【居中】按钮≡，如图 4-76 所示。让选择的单元格区域中的数据居中显示。

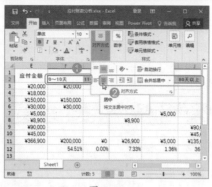

图 4-76

Step02 ❶ 选择 A3:D10 单元格区域，❷ 单击【对齐方式】组中的【左对齐】按钮≡，如图 4-77 所示。让选择的单元格区域中的数据靠左对齐。

图 4-77

Step03 ❶ 修改 B5 单元格中的数据，❷ 单击【对齐方式】组中的【自动换行】按钮≡，如图 4-78 所示。显示出该单元格中的所有文字内容。

图 4-78

2. 通过对话框设置

通过【设置单元格格式】对话框设置数据对齐方式的方法主要用于

需要详细设置水平、垂直对齐方式、旋转方向和缩小字体进行填充的特殊情况。

如图 4-79 所示，在【设置单元格格式】对话框【对齐】选项卡的【文本对齐方式】栏中可以设置更多单元格中数据在水平和垂直方向上的对齐方式，并且能够设置缩进值；在【方向】栏中可以设置具体的旋转角度值，并能在预览框中查看文字旋转后的效果；在【文本控制】栏中选中【自动换行】复选框，可以为单元格中的数据进行自动换行，选中【缩小字体填充】复选框，可以将所选单元格或单元格区域的字体自动缩小以适应单元格的大小。设置完毕后单击【确定】按钮关闭对话框即可。

图 4-79

★ 重点 4.2.4 实战：为应付账款分析表添加边框和底纹

实例门类	软件功能
教学视频	光盘\视频\第 4 章\4.2.4.mp4

Excel 2016 默认状态下，单元格的背景是白色的，边框为无色显示。为了能更好地区分单元格中的数据内容，可以根据需要为其设置适当的边框效果、填充喜欢的底纹。

1. 添加边框

实际上，在打印输出时，默认情况下 Excel 中自带的边线也是不会被打印出来的，因此需要打印输出的表格具有边框，就需要在打印前添加边框。为单元格添加边框后，还可以使制作的表格轮廓更加清晰，让每个单元格中的内容有一个明显的划分。

为单元格添加边框有两种方法，一种方法是可以单击【开始】选项卡【字体】组中的【边框】按钮 田 ▾ 右侧的下拉按钮，在弹出的下拉菜单中选择为单元格添加的边框样式；另一种方法是需要在【设置单元格格式】对话框的【边框】选项卡中进行设置。

下面通过设置【应付账款分析】工作簿中的边框效果，说明添加边框的具体操作步骤如下。

Step 01 ❶ 选择 A1:J12 单元格区域，❷ 单击【字体】组中的【边框】按钮 田 ▾ 右侧的下拉按钮，❸ 在弹出的下拉菜单中选择【所有框线】命令，如图 4-80 所示。

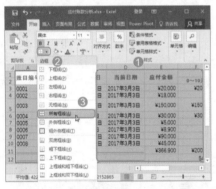

图 4-80

技术看板

在【边框】下拉菜单中能快速设置常见的边框效果，包括设置单元格或单元格区域的单边边框、两边边框及四周的边框。如果不显示单元格的边框，可以选择【无框线】选项。还可以在其中的【绘制边框】栏中设置需要的边框颜色和线型，然后手动绘制需要的边框效果，并可使用【擦除边框】命令擦除多余的边框线条，从而制作出更多元化的边框效果。

Step 02 经过上步操作，即可为所选单元格区域设置边框效果。❶ 选择 A1:J2 单元格区域，❷ 单击【字体】组右下角的【对话框启动器】按钮 ⌝，如图 4-81 所示。

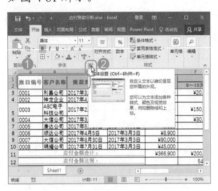

图 4-81

Step 03 打开【设置单元格格式】对话框，❶ 选择【边框】选项卡，❷ 在【颜色】下拉列表框中选择【蓝色】选项，❸ 在【样式】列表框中选择【粗线】选项，❹ 单击【预置】栏中的【外边框】按钮，❺ 单击【确定】按钮，如图 4-82 所示。

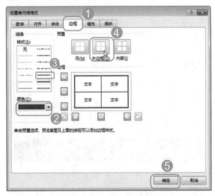

图 4-82

技术看板

在【边框】选项卡的【边框】栏中显示了设置边框后的效果，单击其中的按钮还可单独为单元格中的某一边添加边框效果。如单击 ⊟ 按钮可以为单元格添加顶部的边框；单击 ◫ 按钮可以为单元格添加左侧的边框；单击 ⧄ 按钮可以为单元格添加斜线等。

Step 04 经过上步操作，即可为所选单元格区域设置外边框效果，如图 4-83 所示。

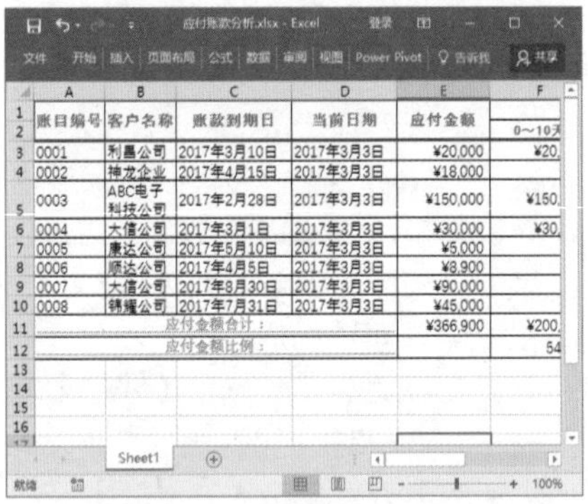

图 4-83

技术看板

表格线宽度会对使用表格的人造成比较大的影响。要搭配使用合适的粗细线。最简便易行的方法就是细内线 + 粗边框。合理的粗细线结合会让人感觉到表格是用心设计出来的，会产生一种信任感。另外，如果有大片的小单元格聚集时，表格边线则可考虑采用虚线，以免影响使用者的视线。

2. 设置底纹

在编辑表格的过程中，为单元格设置底纹既能使表格更加美观，又能让表格更具整体感和层次感。为包含重要数据的单元格设置底纹，还可以使其更加醒目，起到提醒的作用。这里所说的设置底纹包括为单元格填充纯色、带填充效果的底纹和带图案的底纹 3 种。

为单元格填充底纹一般需要通过【设置单元格格式】对话框中的【填充】选项卡进行设置。若只为单元格填充纯色底纹，还可以通过单击【开始】选项卡【字体】组中的【填充颜色】按钮 ◇ ▾ 右侧的下拉按钮，在弹出的下拉菜单中选择需要的颜色。

下面以为【应付账款分析】工作

表设置底纹为例，详细讲解为单元格设置底纹的方法，具体操作步骤如下。

Step 01 ❶ 选择 A1:J2 单元格区域，❷ 单击【开始】选项卡【字体】组右下角的【对话框启动器】按钮，如图 4-84 所示。

图 4-84

Step 02 打开【设置单元格格式】对话框，❶ 选择【填充】选项卡，❷ 在【背景色】栏中选择需要填充的背景颜色，如【橙色】，❸ 在【图案颜色】下拉列表框中选择图案的颜色，如【白色】，❹ 在【图案样式】下拉列表框中选择需要填充的背景图案，❺ 单击【确定】按钮关闭对话框，如图 4-85 所示。

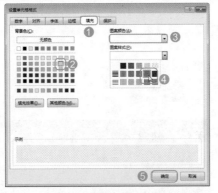

图 4-85

Step 03 返回工作界面中即可看到设置的底纹效果。❶ 选择隔行的单元格区域，❷ 单击【开始】选项卡【字体】组中的【填充颜色】按钮，❸ 在弹出的下拉菜单中选择需要填充的颜色，即可为所选单元格区域填充选择的颜色，如图 4-86 所示。

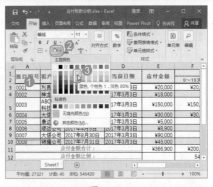

图 4-86

4.3 设置单元格样式

Excel 2016 提供了一系列单元格样式，它是一整套已为单元格预定义了不同的文字格式、数字格式、对齐方式、边框和底纹效果等样式的格式模板。使用单元格样式可以快速使每一个单元格都具有不同的特点，除此之外，用户还可以根据需要对内置的单元格样式进行修改，或自定义新单元格样式，创建更具个人特色的表格。

4.3.1 实战：为申购单套用单元格样式

实例门类	软件功能
教学视频	光盘\视频\第 4 章\4.3.1.mp4

如果用户希望工作表中的相应单元格格式独具特色，却又不想浪费太多的时间进行单元格格式设置，此时便可利用 Excel 2016 自动套用单元格样式功能直接调用系统中已经设置好的单元格样式，快速地构建带有相应格式特征的表格，这样不仅可以提高工作效率，还可以保证单元格格式的质量。

单击【开始】选项卡【样式】组中的【单元格样式】按钮，在弹出的下拉菜单中即可看到 Excel 2016 中提供的多种单元格样式。通常，我们会为表格中的标题单元格套用 Excel 默认提供的【标题】类单元格样式，为文档类的单元格根据情况使用非

【标题】类的样式。

例如，要为【办公物品申购单】工作表中的单元格套用单元格样式，具体操作步骤如下。

Step 01 打开光盘\素材文件\第 4 章\办公物品申购单 .xlsx，❶ 选择 A1:I1 单元格区域，❷ 单击【开始】选项卡【样式】组中的【单元格样式】按钮，❸ 在弹出的下拉菜单中选择【标题 1】选项，如图 4-87 所示。

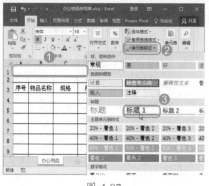

图 4-87

Step 02 经过上步操作，即可为所选单元格区域设置标题 1 样式。❶ 选择 A3:I3 单元格区域，❷ 单击【单元格样式】按钮，❸ 在弹出的下拉菜单中选择需要的主题单元格样式，如图 4-88 所示。

图 4-88

Step 03 经过上步操作，即可为所选单元格区域设置选择的主题单元格样式。❶ 选择 H4:H13 单元格区域，❷ 单击【单元格样式】按钮，❸ 在弹出的下拉菜单中选择【货币】选项，如图 4-89 所示。

图 4-89

Step 04 经过上步操作，即可为所选单元格区域设置相应的货币样式。在 H4:H13 单元格区域中的任意单元格中输入数据，即可看到该数据自动应用【货币】单元格样式的效果，如图 4-90 所示。

图 4-90

★ 重点 4.3.2 实战：创建及应用单元格样式

实例门类	软件功能
教学视频	光盘\视频\第 4 章\4.3.2.mp4

Excel 2016 中提供的单元格样式是有限的，不过它允许用户自定义单元格样式。这样，用户就可以根据需要创建更具个人特色的单元格样式。将自己常用的单元格样式进行自定义后，创建的单元格样式会自动显示在【单元格样式】下拉菜单的【自定义】栏中，方便后期随时调用。

例如，要创建一个名为【多文字格式】的单元格样式，并为【办公物品申购单】工作簿中的相应单元格应用该样式，具体操作步骤如下。

Step 01 ❶ 单击【单元格样式】按钮，❷ 在弹出的下拉菜单中选择【新建单元格样式】命令，如图 4-91 所示。

Step 02 打开【样式】对话框，❶ 在【样式名】文本框中输入新建单元格样式的名称，如【多文字格式】，❷ 在【包

括样式（例子）】栏中根据需要定义的样式选中相应的复选框，❸ 单击【格式】按钮，如图 4-92 所示。

图 4-91

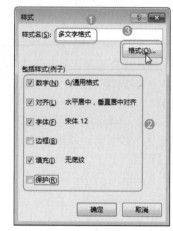

图 4-92

Step 03 打开【设置单元格格式】对话框，❶ 选择【数字】选项卡，❷ 在【分类】列表框中选择【文本】选项，如图 4-93 所示。

图 4-93

Step(14) ❶ 选择【对齐】选项卡，❷ 在【水平对齐】下拉列表框中选择【靠左（缩进）】选项，并在右侧的【缩进】数值框中输入具体的缩进量，如【2】，❸ 在【垂直对齐】下拉列表框中选择【居中】选项，❹ 在【文本控制】栏中选中【自动换行】复选框，如图4-94所示。

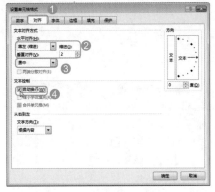

图 4-94

Step(05) ❶ 选择【字体】选项卡，❷ 在【字体】列表框中选择【微软雅黑】选项，❸ 在【字号】列表框中选择【12】选项，❹ 在【颜色】下拉列表框中选择【红色】选项，如图4-95所示。

图 4-95

Step(06) ❶ 选择【填充】选项卡，❷ 在【背景色】栏中选择单元格的填充颜色，❸ 单击【确定】按钮，如图4-96所示。

Step(07) 返回【样式】对话框，单击【确定】按钮，如图4-97所示。

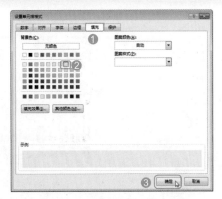

图 4-96

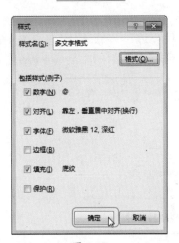

图 4-97

Step(08) ❶ 选择 D14:D15 单元格区域，❷ 单击【单元格样式】按钮，❸ 在弹出的下拉列表中选择自定义的单元格样式，如图4-98所示。

图 4-98

Step(09) 在 D14 单元格中输入建议文本，即可看到该数据应用自定义单元格样式的效果，如图4-99所示。

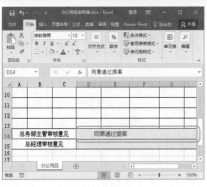

图 4-99

4.3.3 实战：修改与复制单元格样式

实例门类	软件功能
教学视频	光盘\视频\第4章\4.3.3.mp4

用户在应用单元格样式后，如果对应用样式中的字体、边框或某一部分样式不满意，还可以对应用的单元格样式进行修改。同时，还可以对已经存在的单元格样式进行复制。通过修改或复制单元格样式来创建新的单元格样式比完全从头开始自定义单元格样式更加快捷。

下面来修改【标题1】单元格样式，具体操作步骤如下。

Step(01) ❶ 单击【单元格样式】按钮，❷ 在弹出的下拉菜单中找到需要修改的单元格样式并右击，这里在【标题1】选项上右击，❸ 在弹出的快捷菜单中选择【修改】命令，如图4-100所示。

图 4-100

技能拓展——复制单元格样式

要创建现有单元格样式的副本，可在单元格样式名称上右击，然后在弹出的快捷菜单中选择【复制】命令。再在打开的【样式】对话框中为新单元格样式输入适当的名称即可。

Step02 打开【样式】对话框，单击【格式】按钮，如图 4-101 所示。

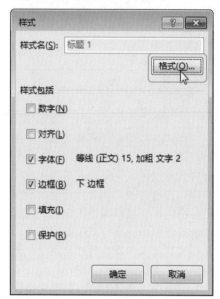

图 4-101

技术看板

在【样式】对话框中的【样式包括】栏中，选中与要包括在单元格样式中的格式相对应的复选框，或者取消选中与不想包括在单元格样式中的格式相对应的复选框，可以快速对单元格格式进行修改。但是这种方法将会对单元格样式中的某一种格式，如文字格式、数字格式、对齐方式、边框或底纹效果等样式进行统一取舍。

Step03 打开【设置单元格格式】对话框，❶选择【字体】选项卡，❷在【颜色】下拉列表框中选择【蓝色】选项，如图 4-102 所示。

图 4-102

Step04 ❶选择【边框】选项卡，❷在【颜色】下拉列表框中选择【蓝色】选项，❸单击【确定】按钮，如图 4-103 所示。

图 4-103

Step05 返回【样式】对话框，直接单击【确定】按钮关闭该对话框，如图 4-104 所示。

图 4-104

Step06 返回工作簿中即可看到已经为表格中曾应用了【标题 1】样式的 A1 单元格应用了新的【标题 1】样式，

如图 4-105 所示。

图 4-105

技术看板

修改非 Excel 内置的单元格样式时，用户可以在【样式】对话框的【样式名】文本框中重新输入样式名称。

复制的单元格样式和重命名的单元格样式将添加到【单元格样式】下拉菜单的【自定义】栏中。如果不重命名内置单元格样式，该内置单元格样式将随着所做的样式更改而更新。

4.3.4 实战：合并单元格样式

实例门类	软件功能
教学视频	光盘\视频\第4章\4.3.4.mp4

创建的或复制到工作簿中的单元格样式只能应用于选择的当前工作簿，如果要使用到其他工作簿中，则可以通过合并样式操作，将一张工作簿中的单元格样式复制到另一张工作簿中。

在 Excel 中合并单元格样式操作需要先打开要合并单元格样式的两个及以上工作簿，然后在【单元格样式】下拉菜单中选择【合并样式】命令，再在打开的对话框中根据提示进行操作。

下面将【办公物品申购单】工作簿中创建的【多文字格式】单元格样式合并到【参观申请表】工作簿中，具体操作步骤如下。

Step01 打开光盘\素材文件\第4章\参观申请表 .xlsx，❶ 单击【单元格样式】按钮，❷ 查看弹出的下拉菜单，其中并无【自定义】栏，表示没有创建过单元格样式，然后在该下拉菜单中选择【合并样式】命令，如图 4-106 所示。

图 4-106

Step02 打开【合并样式】对话框，❶ 在【合并样式来源】列表框中选择包含要复制的单元格样式的工作簿，这里选择【办公物品申购单】选项，❷ 单击【确定】按钮关闭【合并样式】对话框，如图 4-107 所示。完成单元格样式的合并操作。

图 4-107

Step03 打开提示对话框，提示是否需要合并相同名称的样式，这里单击【否】按钮，如图 4-108 所示。

图 4-108

Step04 返回【参观申请表】工作簿中，❶ 选择 C26:C28 单元格区域，❷ 单击【单元格样式】按钮，❸ 在弹出的下拉菜单中即可看到已经将【办公物品申购单】工作簿中自定义的单元格样式合并到该工作簿中了，在【自定义】栏中选择【多文字格式】选项，即可为所选单元格区域应用该单元格样式，如图 4-109 所示。

图 4-109

4.3.5 实战：**删除申请表中的单元格样式**

实例门类	软件功能
教学视频	光盘\视频\第4章\4.3.5.mp4

如果对创建的单元格样式不再需要了，可以进行删除操作。在单元格样式下拉菜单中需要删除的预定义或自定义单元格样式上右击，在弹出的快捷菜单中选择【删除】命令，即可将该单元格样式从下拉菜单中删除，并从应用该单元格样式的所有单元格中删除单元格样式。

技术看板

单元格样式下拉菜单中的"常规"单元格样式，即 Excel 内置的单元格样式是不能删除的。

如果只是需要删除应用于单元格中的单元格样式，而不是删除单元格样式本身，可先选择该单元格或单元格区域，然后使用【清除格式】功能。

下面通过一个案例来对比删除单元格样式和清除格式的差别，具体操作步骤如下。

Step01 ❶ 选择需要用户输入数据的单元格区域，❷ 单击【单元格样式】按钮，❸ 在弹出的下拉菜单中选择【输入】选项，如图 4-110 所示。

图 4-110

Step02 ❶ 单击【单元格样式】按钮，❷ 在弹出的下拉菜单的【多文字格式】选项上右击，❸ 在弹出的快捷菜单中选择【删除】命令，如图 4-111 所示。

图 4-111

Step03 经过上步操作，即可将【多文字格式】单元格样式从下拉菜单中删除，同时表格中原来应用了该单元格样式的所有单元格会恢复为默认的单元格样式。❶ 选择 B23:B25 单元格区域，❷ 单击【开始】选项卡【编辑】组中的【清除】按钮，❸ 在弹出的下拉列表中选择【清除格式】选项，如图 4-112 所示。

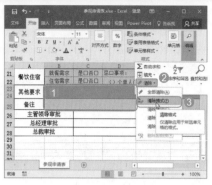

Step04 经过上步操作，即可看到清除格式后，B23:B25 单元格区域显示为普通单元格格式，效果如图 4-113 所示。单击快速访问工具栏中的【撤销】按钮 清除上一步执行的【清除格式】命令。

图 4-112

图 4-113

4.4 设置表格样式

Excel 2016 中不仅提供了单元格样式，还提供了许多预定义的表格样式。与单元格样式相同，表格样式也是一套已经定义了不同文字格式、数字格式、对齐方式、边框和底纹效果等样式的格式模板，只是该模板是作用于整个表格的。这样，使用该功能就可以快速对整个数据表格进行美化了。套用表格格式后还可以为表元素进行设计，使其更符合实际需要。如果预定义的表格样式不能满足需要，可以创建并应用自定义的表格样式。

4.4.1 实战：为档案表套用表格样式

实例门类	软件功能
教学视频	光盘\视频\第 4 章\4.4.1.mp4

如果需要为整个表格或大部分表格区域设置样式，可以直接使用【套用表格格式】功能。应用 Excel 预定义的表格样式与应用单元格样式的方法相同，可以为数据表轻松快速地构建带有特定格式特征的表格。同时，还将添加自动筛选器，方便用户筛选表格中的数据。

例如，要为司机档案表应用预定义的表格样式，具体操作步骤如下。
Step01 打开光盘\素材文件\第 4 章\司机档案表 .xlsx，❶ 选择表格中的填写内容部分，即 A2:I18 单元格区域，❷ 单击【开始】选项卡【样式】组中的【套用表格格式】按钮 ，❸ 在弹出的下拉菜单中选择需要的表格样式，这里选择【中等深浅】栏中

的【表样式中等深浅 2】选项，如图 4-114 所示。

图 4-114

Step02 打开【套用表格式】对话框，❶ 确认设置单元格区域并取消选中【表包含标题】复选框，❷ 单击【确定】按钮关闭对话框，如图 4-115 所示。

图 4-115

Step03 返回工作表中即可看到已经为所选单元格区域套用了选定的表格格式，效果如图 4-116 所示。

图 4-116

技术看板

一般情况下可以为表格套用颜色间隔的表格格式，如果为表格中的部分单元格设置了填充颜色，或设置了条件格式，继续套用表格格式时则会选择没有颜色间隔的表格格式。

★ 新功能 4.4.2 实战：为档案表设计表格样式

实例门类	软件功能
教学视频	光盘\视频\第4章\4.4.2.mp4

套用表格格式之后，表格区域将变为一个特殊的整体区域，且选择该区域中的任意单元格时，将激活【表格工具 设计】选项卡。在该选项卡中可以设置表格区域的名称和大小，在【表样式选项】组中还可以对表元素（如标题行、汇总行、第一列、最后一列、镶边行和镶边列）设置快速样式……从而对整个表格样式进行细节处理，进一步完善表格格式。

在【表格工具 设计】选项卡的【表样式选项】组中选择不同的表元素进行样式设置，能起到的作用如下。

➡ 【标题行】复选框：控制标题行的打开或关闭。

➡ 【汇总行】复选框：控制汇总行的打开或关闭。

➡ 【第一列】复选框：选中该复选框，可显示表的第一列的特殊格式。

➡ 【最后一列】复选框：选中该复选框，可显示表的最后一列的特殊格式。

➡ 【镶边行】复选框：选中该复选框，以不同方式显示奇数行和偶数行，以便于阅读。

➡ 【镶边列】复选框：选中该复选框，以不同方式显示奇数列和偶数列，以便于阅读。

➡ 【筛选按钮】复选框：选中该复选框，可以在标题行的每个字段名称右侧显示出筛选按钮。

下面为套用表格格式后的【司机档案表】工作表设计适合的表格样式，具体操作步骤如下。

Step 01 ❶ 选择套用了表格格式区域中的任意单元格，激活【表格工具 设计】选项卡，❷ 在【表格样式选项】组中取消选中【标题行】复选框，如图 4-117 所示。

图 4-117

Step 02 经过上步操作后，将隐藏因为套用表格格式而生成的标题行。选中【镶边列】复选框，即可赋予间隔列以不同的填充色，如图 4-118 所示。

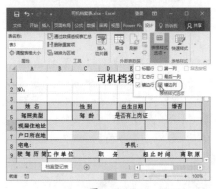

图 4-118

Step 03 设置镶边列效果后，更容易发现套用表格格式后之前合并过的单元格都拆开了，需要重新进行合并。单击【工具】组中的【转换为区域】按钮，如图 4-119 所示。

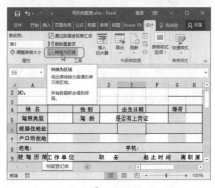

图 4-119

技术看板

套用表格格式之后，表格区域将成为一个特殊的整体区域，当在表格中添加新的数据时，单元格上会自动应用相应的表格样式。如果要将该区域转换成普通区域，可单击表格工具【设计】选项卡【工具】组中的【转换为区域】按钮，当表格转换为区域之后，其表格样式仍然保留。

Step 04 打开提示对话框，单击【是】按钮，如图 4-120 所示。

图 4-120

Step 05 返回工作表中，此时可以发现【合并后居中】按钮又可以使用了。❶ 选择需要合并的 D5:F5 单元格区域，❷ 单击【开始】选项卡【对齐方式】组中的【合并后居中】按钮，如图 4-121 所示。

图 4-121

Step 06 使用相同的方法继续合并表格中的其他单元格，并更改部分单元格的填充颜色，完成后拖动鼠标指针调整第 3 行的高度至合适，最终效果如图 4-122 所示。

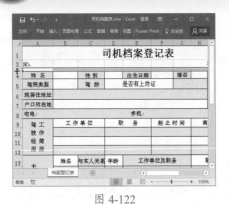

图 4-122

★ 重点 4.4.3 实战：创建及应用表格样式

实例门类	软件功能
教学视频	光盘\视频\第4章\4.4.3.mp4

　　Excel 2016 预定义的表格格式默认有浅色、中等深浅和深色三大类型供用户选择。如果预定义的表格样式不能满足需要，用户还可以创建并应用自定义的表格样式。自定义表格样式的方法与自定义单元格格式的方法基本相同。

　　在【套用表格格式】下拉菜单中选择【新建表格样式】命令，然后在打开的对话框中设置新建表格样式的名称，在【表元素】列表框中选择需要定义样式的表格组成部分，单击【格式】按钮进一步自定义该表元素的文字格式、数字格式、对齐方式、边框和底纹效果等样式即可。

　　创建的表格样式会自动显示在【套用表格格式】下拉菜单的【自定义】栏中，需要应用的时候，按照套用表格格式的方法，直接选择相应选项即可。

　　下面创建一个名为【自然清新表格样式】的表格样式，并为【绿地工作日检查】工作表应用该表格样式，具体操作步骤如下。

Step01 打开光盘\素材文件\第4章\绿地工作日检查.xlsx，❶单击【开始】选项卡【样式】组中的【套用表格格

式】按钮🔲，❷在弹出的下拉菜单中选择【新建表格样式】命令，如图4-123所示。

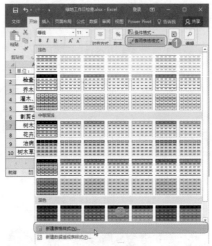

图 4-123

Step02 打开【新建表样式】对话框，❶在【名称】文本框中输入新建表格样式的名称【自然清新表格样式】，❷在【表元素】列表框中选择【整个表】选项，❸单击【格式】按钮，如图4-124所示。

图 4-124

Step03 打开【设置单元格格式】对话框，❶选择【边框】选项卡，❷在【颜色】下拉列表框中设置颜色为【深绿色】，❸在【样式】列表框中设置外边框样式为【粗线】，❹单击【外边框】按钮，❺在【样式】列表框中设置内部边框样式为【横线】，❻单击【内部】按钮，❼单击【确定】按钮关闭该对话框，如图4-125所示。

图 4-125

Step04 返回【新建表样式】对话框，❶在【表元素】列表框中选择【第二行条纹】选项，❷单击【格式】按钮，如图4-126所示。

图 4-126

Step05 打开【设置单元格格式】对话框，❶选择【填充】选项卡，❷在【背景色】栏中选择【浅绿色】，❸单击【确定】按钮，如图4-127所示。

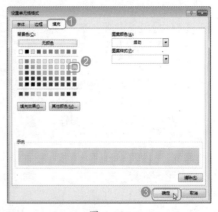

图 4-127

Step06 返回【新建表样式】对话框，❶在【表元素】列表框中选择【标题行】

选项，②单击【格式】按钮，如图4-128所示。

图 4-128

Step⑦ 打开【设置单元格格式】对话框，①选择【字体】选项卡，②在【字形】列表框中选择【加粗】选项，③在【颜色】下拉列表框中选择【白色】选项，如图4-129所示。

图 4-129

Step⑧ ①选择【填充】选项卡，②在【背景色】栏中选择【绿色】，③单击【确定】按钮，如图4-130所示。

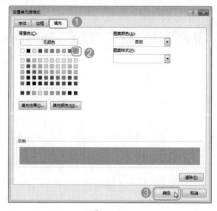

图 4-130

Step⑨ 返回【新建表样式】对话框，单击【确定】按钮，如图4-131所示。

图 4-131

Step⑩ 返回工作簿中，①选择A2:E18单元格区域，②单击【套用表格格式】按钮，③在弹出的下拉菜单中选择【自定义】栏中的【自然清新表格样式】选项，如图4-132所示。

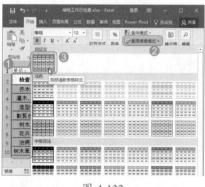

图 4-132

Step⑪ 打开【套用表格式】对话框，①确认设置单元格区域并选中【表包含标题】复选框，②单击【确定】按钮，如图4-133所示。

图 4-133

Step⑫ 经过以上操作，即可为单元格应用自定义的表格样式，在【表格样

式选项】组中取消选中【筛选按钮】复选框，效果如图4-134所示。

图 4-134

> **技术看板**
>
> 创建的自定义表格样式只存储在当前工作簿中，因此不可用于其他工作簿。

4.4.4 实战：修改与删除登记表中的表格样式

实例门类	软件功能
教学视频	光盘\视频\第4章\4.4.4.mp4

如果对自定义套用的表格格式不满意，除了可以在【表格工具 设计】选项卡中进行深入的设计外，还可以返回创建的基础设计中进行修改。

若对套用的表格格式彻底不满意，或不需要进行修饰了，可将应用的表格样式清除。例如，要修改住宿登记表中的表格样式，然后将其删除，具体操作步骤如下。

Step① 打开光盘\素材文件\第4章\住宿登记表.xlsx，①单击【套用表格格式】按钮，②在弹出的下拉菜单中找到当前表格所用的表格样式，这里在【自定义】栏中的第二种样式上右击，③在弹出的快捷菜单中选择【修改】命令，如图4-135所示。

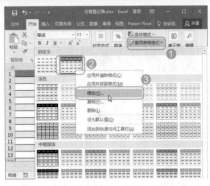

图 4-135

Step02 打开【修改表样式】对话框，❶ 在【表元素】列表框中选择需要修改的表元素，这里选择【标题行】选项，❷ 单击【格式】按钮，如图 4-136 所示。

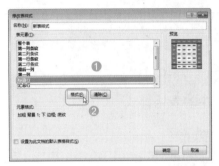

图 4-136

Step03 打开【设置单元格格式】对话框，❶ 选择【字体】选项卡，❷ 在【字形】列表框中选择【加粗】选项，如图 4-137 所示。

图 4-137

Step04 ❶ 选择【边框】选项卡，❷ 在【颜色】下拉列表框中设置颜色为【咖啡

色】，❸ 在【样式】列表框中选择【双线】选项，❹ 单击【下边框】按钮，❺ 单击【确定】按钮，如图 4-138 所示。

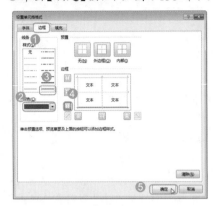

图 4-138

Step05 返回【修改表样式】对话框，单击【确定】按钮，如图 4-139 所示。

图 4-139

技能拓展 ——清除表格样式

在【修改表样式】对话框中单击【清除】按钮，可以去除表元素的现有格式。

如果是要清除套用的自定义表格格式，还可以在【套用表格格式】下拉菜单中找到套用的表样式，然后在其上右击，在弹出的快捷菜单中选择【删除】命令。

Step06 返回到工作表中，❶ 选择 A1:D25 单元格区域，❷ 单击【套用表格格式】按钮，❸ 在弹出下拉菜单【自定义】栏中的第二种样式上右击，❹ 在弹出的快捷菜单中选择【应用并清除格式】命令，如图 4-140 所示。

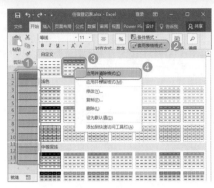

图 4-140

Step07 经过上步操作，即可看到应用修改后样式的效果。❶ 选择套用了表格样式区域中的任意单元格，❷ 单击【表格工具 设计】选项卡【表格样式】组中的【快速样式】按钮，❸ 在弹出的下拉菜单中选择【清除】命令，如图 4-141 所示。

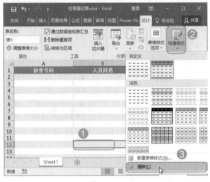

图 4-141

Step08 经过上步操作后，即可让工作表中使用该表格样式的所有单元格都以默认的表格样式进行显示，如图 4-142 所示。

图 4-142

4.5 使用主题设计工作表

Excel 2016 中整合了主题功能，它是一种指定颜色、字体、图形效果的方法，能用来格式文档。用户可以为单元格分别设置边框和底纹，也可以套用需要的单元格或表格样式，还可以通过主题设计快速改变表格效果，创建出更精美的表格，赋予它专业和时尚的外观。

4.5.1 主题三要素的运作机制

主题是 Excel 为表格提供的一套完整的格式集合，每一套主题都包含了颜色、字体、效果 3 个要素，其中主题颜色是配色方案的集合，主题文字中包括了标题文字和正文文字的格式集合，主题效果中包括设计元素的线条或填充效果的格式。

事实上，在输入数据时，就正在创建主题文本，它们自动应用了系统默认的"Office"主题。Excel 的默认主题文本样式使用的是"正文"字体，默认主题颜色是我们在任意一个颜色下拉菜单的【主体颜色】栏中看到的颜色（如单击【开始】选项卡【字体】组中的【填充颜色】按钮所弹出的下拉菜单），一般第一行是最饱和的颜色模式，接下来的 5 行分别显示具有不同饱和度和明亮度的相同色调。主题效果功能支持更多格式设置选项（如直线的粗或细，简洁的或华丽的填充，对象有无斜边或阴影等），主要为图表和形状提供精美的外观。

但并不是每个人都喜欢预定义的主题，用户还可以根据需要改变主题。在 Excel 中选择某一个主题后，还可以分别对主题颜色、字体或效果进行设置，从而组合出更多的主题效果。用户可以针对不同的数据内容选择主题，也可以按自己对颜色、字体、效果的喜好来选择不同的设置，但应尽量让选择的主题与表格要表达的内容保持统一。

一旦选择了一个新的主题，工作簿中的任何主题样式将相应地进行更新。但在更改主题后，主题的所有组成部分（字体、颜色和效果）看起来仍然是协调并且舒适的。同时，颜色下拉菜单、字体下拉菜单，以及其他的图形下拉菜单也会相应进行更新来显示新的主题。因此，通过设置主题，可以自动套用更多格式的单元格样式和表格格式。

★ 新功能 4.5.2 实战：为销售表应用主题

实例门类	软件功能
教学视频	光盘\视频\第 4 章\4.5.2.mp4

Excel 2016 中提供了大量主题效果，用户可以根据需要选择不同的主题来设计表格。此外，还可以分别设置主题的字体、颜色、效果，从而定义出更丰富的主题样式。下面为销售情况分析表应用预定义的主题，并修改主题的颜色和字体，具体操作步骤如下。

Step01 打开光盘\素材文件\第 4 章\销售情况分析表 .xlsx，❶单击【页面布局】选项卡【主题】组中的【主题】按钮，❷在弹出的下拉菜单中选择需要的主题，这里选择【木头类型】选项，如图 4-143 所示。

图 4-143

Step02 经过上步操作，即可看到工作表中的数据采用了【木头类型】主题

中的字体、颜色和效果。❶单击【主题】组中的【颜色】按钮，❷在弹出的下拉菜单中选择【橙色】选项，工作表中的配色将变成对应的橙色方案，如图 4-144 所示。

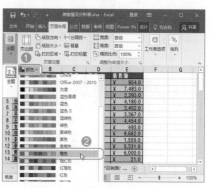

图 4-144

Step03 ❶单击【主题】组中的【字体】按钮，❷在弹出的下拉菜单中选择需要的字体选项，同时可以看到工作表中的数据采用相应的文字搭配方案后的效果，如图 4-145 所示。

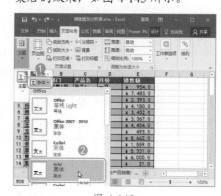

图 4-145

Step04 切换到本工作簿的其他工作表中，可以看到它们的主题效果也进行了相应的更改，如【各产品销售总额】工作表中的内容在更改主题前后的对比分别如图 4-146 和图 4-147 所示。

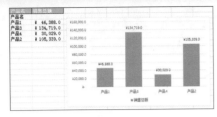

图 4-146

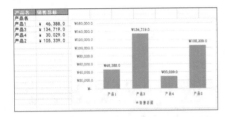

图 4-147

技能拓展——更改主题效果

主题中的效果是幻灯片中应用形状等时所应用的默认效果，要更改主题中包含的形状效果，可以在【主题】组中单击【效果】按钮，再在弹出的下拉菜单中选择需要的主题效果。

4.5.3 主题的自定义和共享

用户也可以根据自己的喜好创建、混合和搭配不同的内置和自定义的颜色、字体和效果组合，甚至保存合并的结果作为新的主题以便在其他文档中使用。

自定义的主题只作用于当前工作簿，不影响其他工作簿。如果用户希望将自定义的主题应用于更多的工作簿，则可以将当前主题保存为主题文件，保存的主题文件格式扩展名为".thmx"。以后在其他工作簿中需要使用自定义的主题时，再通过单击【主题】按钮，在弹出的下拉菜单中选择【浏览主题】命令，在打开的对话框中找到该主题文件并将其打开即可。

例如，要自定义一个新主题并将其保存下来，具体操作步骤如下。

Step01 打开光盘\素材文件\第4章\

卫生工作考核表.xlsx，❶单击【页面布局】选项卡【主题】组中的【颜色】按钮，❷在弹出的下拉菜单中选择【自定义颜色】命令，如图4-148所示。

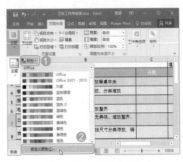

图 4-148

Step02 打开【新建主题颜色】对话框，❶单击【文字/背景-深色2】取色器，❷在弹出的下拉菜单中选择【其他颜色】命令，如图4-149所示。

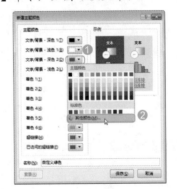

图 4-149

Step03 打开【颜色】对话框，❶选择【自定义】选项卡，❷在下方的数值框中输入需要自定义的颜色RGB值，❸单击【确定】按钮，如图4-150所示。

图 4-150

Step04 返回【新建主题颜色】对话框，❶使用相同的方法继续自定义该配色方案中的其他颜色，❷设置完成后单击【保存】按钮，如图4-151所示。

图 4-151

Step05 ❶单击【主题】组中的【字体】按钮，❷在弹出的下拉菜单中选择【自定义字体】命令，如图4-152所示。

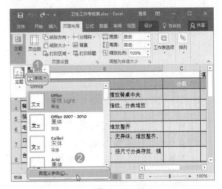

图 4-152

技术看板

建议不要自己随意搭配主题颜色，能使用系统默认的颜色方案就尽量使用默认方案。如果用户对颜色搭配不专业，又想使用个性的色彩搭配，可以到专业的配色网站直接选取它们提供的配色方案。

Step06 打开【新建主题字体】对话框，❶在【西文】栏中的两个下拉列表框中分别设置标题和正文的西文字体，❷在【中文】栏中的两个下拉列表框中分别设置标题和正文的中文字体，

❸在【名称】文本框中输入主题名称，❹单击【保存】按钮，如图4-153所示。

图 4-153

图 4-154

Step07 经过上步操作后，表格会自动套用自定义的字体主题。❶单击【主题】组中的【颜色】按钮，❷在弹出的下拉菜单的【自定义颜色】栏中选择刚刚自定义的颜色方案，应用自定义的颜色方案，如图4-154所示。

Step08 ❶单击【主题】组中的【主题】按钮，❷在弹出的下拉菜单中选择【保存当前主题】命令，如图4-155所示。

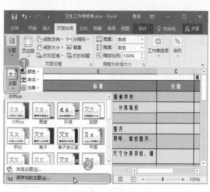

图 4-155

技能拓展——共享主题

如果想在不同计算机上共享主题，将保存的主题文件复制到另一台计算机相应目录下即可。

Step09 打开【保存当前主题】对话框，❶选择主题保存的位置，❷在【文件名】下拉列表框中输入主题名称，❸单击【保存】按钮，如图4-156所示。

图 4-156

妙招技法

通过前面知识的学习，相信读者已经掌握了美化工作表的相关操作。下面结合本章内容，给大家介绍一些实用技巧。

技巧01：输入指数上标和下标

教学视频	光盘\视频\第4章\技巧01.mp4

在 Excel 中有时需要输入指数上标，如输入平方和立方；也有些时候需要输入下标，如【X_2】【H_2O】。这些符号在 Excel 中的什么地方呢？

不用着急，通过设置字体格式就能完成了。例如，要在单元格中输入 2^3，具体操作步骤如下。

Step01 新建一个空白工作簿，❶在单元格中输入【23】，❷在【开始】选项卡【数字】组的下拉列表框中选择【文本】选项，如图4-157所示。

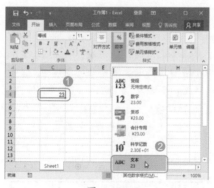

图 4-157

技能拓展——快速输入平方和立方

在 Excel 中输入平方和立方有一个简便的方法。即在按住【Alt】键的

同时，按小键盘中的数字键【178】或【179】。

Step02 ❶选择单元格中的【3】，❷单击【开始】选项卡【字体】组右下角的【对话框启动器】按钮，如图4-158所示。

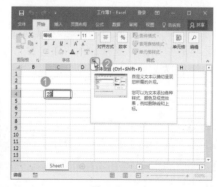

图 4-158

Step 03 打开【设置单元格格式】对话框，❶ 在【特殊效果】栏中选中【上标】复选框，❷ 单击【确定】按钮，如图 4-159 所示。

图 4-159

Step 04 经过上步操作后，即可将所选文本设置为上标，效果如图 4-160 所示。

图 4-160

技巧 02：通过设置单元格格式输入分数

教学视频	光盘\视频\第4章\技巧02.mp4

在单元格中输入数据时，如果要输入以数学分数表示的数据，如【1/2】之类的数据，若直接输入，内容会自动变化为日期格式数据，故需要以特殊方式输入分数数据，其操作步骤如下。

Step 01 ❶ 在单元格中输入【0.5】，❷ 单击【开始】选项卡【数字】组右下角的【对话框启动器】按钮，如图 4-161 所示。

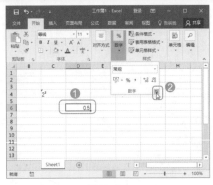

图 4-161

Step 02 打开【设置单元格格式】对话框，❶ 在【数字】选项卡的【分类】列表框中选择【分数】选项，❷ 在右侧的【类型】列表框中选择【分母为一位数】选项，❸ 单击【确定】按钮，如图 4-162 所示。

图 4-162

技术看板

在【设置单元格格式】对话框中设置数字类型为【分数】后，在右侧的【类型】列表框中提供了几种常见的分数类型，下面以图 4-163 来举例说明选择不同选项时，同一个数的显示效果。

分数格式	314.659显示为	备注
一位数分数	314 2/3	四舍五入为最接近的一位数分数值
两位数分数	314 29/44	四舍五入为最接近的两位数分数值
三位数分数	314 487/739	四舍五入为最接近的三位数分数值
以 2 为分母的分数	314 1/2	
以 4 为分母的分数	314 3/4	
以 8 为分母的分数	314 5/8	
以 16 为分母的分数	314 11/16	
以 100 为分母的分数	314 7/10	
以 100 为分母的分数	314 66/100	

图 4-163

Step 03 经过上步操作后，即可让表格内容显示为【1/2】，效果如图 4-164 所示。

图 4-164

技能拓展——用【整数位 + 空格 + 分数】方法输入分数

上面介绍的方法常用于将一个已经输入的数据表示为分数形式，如果要在 Excel 中直接输入一个分数，可采用【整数位 + 空格 + 分数】方法进行输入，即先输入整数，然后输入空格，再输入分数。如要输入一又三分之一，可以输入【1(空格)1/3】，按【Enter】键后将自动显示为【1 1/3】。

如果需要输入前面没有整数的分数，需要先输入 0，然后输入空格，再输入分数。如要输入二分之一，应输入【0(空格)1/2】。

需要注意的是，通过这种方法输入的分数 Excel 会自动进行约分，将分数中的分子分母最小化。

技巧 03：如何快速复制单元格格式

教学视频	光盘\视频\第4章\技巧03.mp4

如果已经为工作表中某一个单元格或单元格区域设置了某种单元格格式，又要在与它不相邻的其他单元格或单元格区域中使用相同的格式，除了使用格式刷快速复制格式外，还可以通过选择性粘贴功能只复制其中的单元格格式。

例如，要快速复制【新产品开发计划表】工作簿中的部分单元格格式，具体操作步骤如下。

Step01 打开光盘\素材文件\第4章\新产品开发计划表.xlsx，❶选择A2单元格，❷单击【开始】选项卡【剪贴板】组中的【复制】按钮，如图4-165所示。

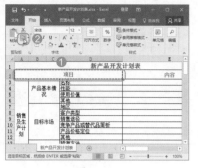

图 4-165

Step02 ❶选择需要复制格式的单元格，❷单击【剪贴板】组中的【粘贴】按钮，❸在弹出的下拉列表中单击【格式】按钮，如图4-166所示。

图 4-166

Step03 经过上步操作后，即可将A2单元格的格式复制到所选单元格上。依次单击【对齐方式】组中的【合并后居中】和【自动换行】按钮，使用相同的方法继续复制格式到其他单元格中，完成后的效果如图4-167所示。

图 4-167

技术看板

复制数据后，在【粘贴】下拉列表中单击【值】按钮，将只复制内容而不复制格式，若所选单元格区域中原来是公式，将只复制公式的计算结果；单击【公式】按钮，将只复制所选单元格区域中的公式；单击【公式和数字格式】按钮，将复制所选单元格区域中的所有公式和数字格式；单击【值和数字格式】按钮，将复制所选单元格区域中的所有数值和数字格式，若所选单元格区域中原来是公式，将只复制公式的计算结果和其数字格式；单击【无边框】按钮，将复制所选单元格区域中除了边框以外的所有内容；单击【保留源列宽】按钮，将从一列单元格到另一列单元格复制列宽信息。

技巧04：查找/替换单元格格式

教学视频	光盘\视频\第4章\技巧04.mp4

通常情况下，使用替换功能替换单元格中的数据时，替换后的单元格数据依然会采用之前单元格设置的单元格格式。但实际上，Excel 2016的查找替换功能是支持对单元格格式的查找和替换操作的。也就是说，用户可以查找设置了某种单元格格式的单元格，还可以通过替换功能，将它们快速设置为其他的单元格格式。

查找替换单元格格式，首先需要设置相应的单元格格式。下面对已经设置了单元格格式的【茶品介绍】工作表内容进行格式替换操作，具体操作步骤如下。

Step01 打开光盘\素材文件\第4章\茶品介绍.xlsx，❶单击【开始】选项卡【编辑】组中的【查找和选择】按钮，❷在弹出的下拉菜单中选择【替换】命令，如图4-168所示。

图 4-168

Step02 打开【查找和替换】对话框，单击【选项】按钮，如图4-169所示。

图 4-169

Step03 ❶在展开的设置选项中单击【查找内容】下拉列表框右侧的【格式】按钮右侧的下拉按钮，❷在弹出的下拉菜单中选择【从单元格选择格式】命令，如图4-170所示。

图 4-170

Step04 当鼠标指针变为"✏"形状时，移动鼠标指针到E3单元格上并单击，如图4-171所示，即可汲取该单元格设置的单元格格式。

Step05 返回【查找和替换】对话框，❶单击【替换为】下拉列表框右侧的【格式】按钮右侧的下拉按钮。❷在弹出的下拉菜单中选择【从单元格选择格式】命令，如图4-172所示。

图 4-171

图 4-172

Step06 当鼠标指针变为"➕✒"形状时，移动鼠标指针到 E6 单元格上并单击，如图 4-173 所示。

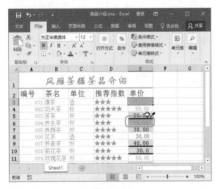

图 4-173

Step07 返回【查找和替换】对话框，单击【替换为】下拉列表框右侧的【格式】按钮，如图 4-174 所示。

图 4-174

Step08 打开【替换格式】对话框，❶ 选择【数字】选项卡，❷ 在【分类】列表框中选择【货币】选项，如图 4-175 所示。

图 4-175

Step09 ❶ 选择【字体】选项卡，❷ 在【字体】列表框中设置字体为【仿宋】，❸ 在【字形】列表框中设置字形为【加粗】，❹ 在【颜色】下拉列表框中设置字体颜色为【茶色】，如图 4-176 所示。

图 4-176

Step10 ❶ 选择【填充】选项卡，❷ 设置背景色为【浅蓝色】，❸ 单击【确定】按钮，如图 4-177 所示。

Step11 返回【查找和替换】对话框，单击【全部替换】按钮，如图 4-178 所示。

Step12 经过上步操作后，系统立刻对工作表中的数据进行查找替换操作，并在打开的提示对话框中提示已经完成了两处替换，如图 4-179 所示，单击【确定】按钮即可。

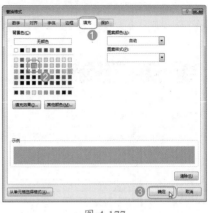

图 4-177

图 4-178

图 4-179

Step13 返回工作簿中，即可查看到表格中符合替换条件的 E3 和 E6 单元格格式发生了改变，如图 4-180 所示。

图 4-180

技巧 05：为工作表设置背景

教学视频	光盘\视频\第4章\技巧 05.mp4

为了让工作表的背景更美观，整体更具有吸引力，除了可以为单元格填充颜色外，还可以为工作表填充喜欢的图片作为背景。例如，要为【茶品介绍】工作表添加背景图，具体操作步骤如下。

Step01 单击【页面布局】选项卡【页面设置】组中的【背景】按钮，如图 4-181 所示。

图 4-181

Step02 打开【插入图片】对话框，单击【来自文件】选项右侧的【浏览】按钮，如图 4-182 所示。

图 4-182

Step03 打开【工作表背景】对话框，❶ 选择背景图片的保存路径，❷ 在下方的列表框中选择需要添加的图片，❸ 单击【插入】按钮，如图 4-183 所示。

图 4-183

Step04 返回工作表中，可看到工作表的背景即变成插入图片后的效果，如图 4-184 所示。

图 4-184

技能拓展——删除工作表背景

在一些比较严肃的表格中还是保持白色的背景比较好。如果已经为工作表填充了背景图，原【页面布局】选项卡【页面设置】组中的【背景】按钮将变为【删除背景】按钮，单击该按钮即可删除填充的背景图。

技巧 06：在特定区域中显示背景图

教学视频	光盘\视频\第4章\技巧 06.mp4

默认情况下，为工作表添加的背景图片将以平铺的方式，根据图片大小依次铺满整个工作表。但有时只需

要在特定的单元格区域中显示出来，如需要将背景图只显示在包含有数据的单元格区域中，具体操作步骤如下。

Step01 ❶ 在添加了背景图的工作表中，按【Ctrl+A】组合键选择整张工作表，❷ 单击【开始】选项卡【字体】组右下角的【对话框启动器】按钮，如图 4-185 所示。

图 4-185

Step02 打开【设置单元格格式】对话框，❶ 选择【填充】选项卡，❷ 设置背景色为白色，❸ 单击【确定】按钮，如图 4-186 所示。

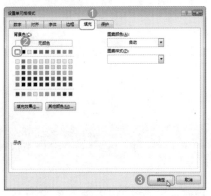

图 4-186

Step03 返回工作簿中，即可看到填充了白色底纹的表格效果。选择包含有数据的A1:E12单元格区域，如图 4-187 所示。

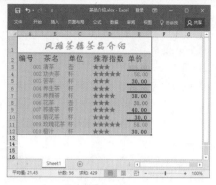

图 4-187

Step04 ❶ 按【Ctrl+1】组合键再次打开【设置单元格格式】对话框，❷选择【填充】选项卡，❸在【背景色】栏中单击【无颜色】按钮，❹单击【确定】按钮，如图 4-188 所示。

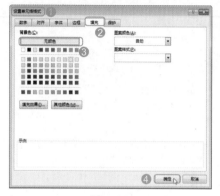

图 4-188

Step05 返回工作簿中，即可看到背景图只出现在 A1:E12 单元格区域中的效果，如图 4-189 所示。

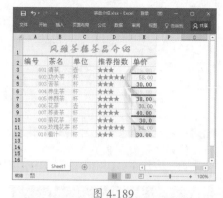

图 4-189

技能拓展——取消 Excel 网格线

为工作表添加背景图片后，的确让工作表显得更加美观了，打印输出的表格也是一个整体。但如果是在显示器上查看添加背景图片后的表格，将在背景图片上方看到 Excel 默认显示的灰色网格线，这似乎让背景与工作表内容显得不是那么和谐。

网格线会对显示效果产生很大的影响。同一张表格在有无网格线的情况下给人的感觉是完全不同的。有网格线时给人一种【这是一张以数据为主的表格】的心理暗示，而去掉网格线则会使重点落到工作表的内容上，削弱表格的作用。

因此，以表格为主的工作表可以保留网格线，而以文字说明为主的工作表则最好隐藏网格线。选择【视图】选项卡，在【显示】组中取消选中【网格线】复选框，如图 4-190 所示，即可取消网格线的显示。

图 4-190

本章小结

通过本章知识的学习和案例练习，相信读者已经掌握了美化表格的这些方法。不过表格美化不是随意添加各种修饰，主要作用还是突出重要数据，或方便读者查看。如果只是对表格进行美化，适当设置单元格的字体格式、数字格式、对齐方式和边框即可；如果要突出表格中的数据，可以实行手动添加底纹，或设置单元格格式；如果需要让表格数据的可读性增加，可采用镶边行或镶边列的方式，这种情况下直接套用表格格式比较快捷；如果用户厌倦了当前表格的整体效果，就可以通过修改主题快速改变。

第5章 查阅与打印报表

➡ 检查表格的人员每次发现错误都要写个便条告诉制表人，这样跑来跑去，烦不胜烦。

➡ 你花了很多时间检查数据正误，每次都要仔细核对。想知道快速检查正误的方法吗？

➡ 你会打印表格吗？

➡ 精心设计了表格结构，还适当美化了表格外观，为什么打印出来的表格依然很难看？

➡ 想知道为什么别人的表格输出打印后怎么那么好看吗？

本章将通过了解插入与编辑批注，拼写与语法检查，设置打印内容与区域，以及调整页面设置等知识来介绍查阅与打印报表的相关知识并为读者解答上述问题。

5.1 插入与编辑批注

批注是附加在单元格中的一种注释信息。在书本中，批注是我国文学鉴赏的重要形式和传统的读书方法。Excel中沿用了批注的这种特性，无论是表格的制作者还是阅读者都可以为表格添加注释或批语。

★ 重点 5.1.1 实战：在档案表中添加批注

实例门类	软件功能
教学视频	光盘\视频\第5章\5.1.1.mp4

批注是十分有用的提醒方式，用户可以在编辑工作表内容时，为一些较复杂或易出错的单元格内容插入批注信息，这样可为用户自己或为其他用户提供信息反馈。在审阅表格数据时，为了不修改原表格中的数据，也可以通过批注的形式对内容做出说明意见和建议，方便表格的审阅者与制作者进行交流。

在 Excel 中使用批注时，首先要在文档中插入批注框，然后在批注框中输入批注内容。例如，要在员工档案表中新建批注，具体操作步骤如下。

Step 01 打开光盘\素材文件\第5章\员工档案表 .xlsx，❶ 选择要添加批注的单元格，如G1单元格，❷ 单击【审阅】选项卡【批注】组中的【新建批注】按钮，如图 5-1 所示。

图 5-1

Step 02 经过上步操作后，在选择单元格的旁边将显示一个空白批注框，且批注线条指向所选的单元格，将文本插入点定位到批注框中并输入批注的内容，如图 5-2 所示。

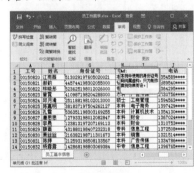

图 5-2

Step 03 使用相同的方法，为工作表中的其他单元格添加批注，如图 5-3 所示。

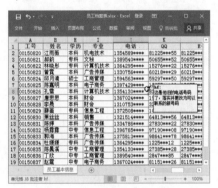

图 5-3

5.1.2 实战：查看档案表中的批注

实例门类	软件功能
教学视频	光盘\视频\第5章\5.1.2.mp4

添加批注信息后，当用户单击其他单元格时批注信息就不见了，仅仅在单元格的右上角显示一个红色三角形标记，表示该单元格有批注内容。

所以，要查看或快速移动到批注处，还需要掌握下面的操作步骤。

Step01 将鼠标指针移动到插入了批注的单元格上，即可显示出批注框，如图5-4所示。

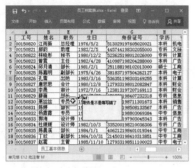

图 5-4

Step02 ❶ 选择任意单元格，❷ 单击【审阅】选项卡【批注】组中的【下一条】按钮，如图5-5所示。

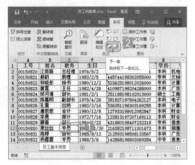

图 5-5

Step03 经过上步操作，Excel会跳转到所选单元格后的第一个批注，并显示出批注框。❶ 继续单击【下一条】按钮，可依次查看表格中的其他批注，❷ 要查看表格中当前位置前面的一个批注时，可单击【上一条】按钮，如图5-6所示。

图 5-6

5.1.3 实战：编辑档案表中的批注内容

实例门类	软件功能
教学视频	光盘\视频\第5章\5.1.3.mp4

为单元格添加批注后，标记会显示在单元格中，批注内容会隐藏起来，不会影响表格的整体效果，还能方便其他用户一目了然地看到。但是要编辑批注信息就不那么方便了，需要按以下步骤进行操作。

Step01 ❶ 在需要编辑的批注所在的单元格上右击，❷ 在弹出的快捷菜单中选择【编辑批注】命令，如图5-7所示。

图 5-7

Step02 经过上步操作后，进入批注编辑状态，重新编辑批注内容即可，如图5-8所示。

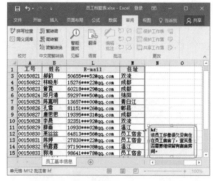

图 5-8

技能拓展——编辑批注的其他方法

选择需要编辑批注所在的单元格后，单击【审阅】选项卡【批注】组中的【编辑批注】按钮，也可以编辑批注内容。

5.1.4 实战：显示或隐藏批注

实例门类	软件功能
教学视频	光盘\视频\第5章\5.1.4.mp4

在 Excel 2016 默认状态下，当添加批注信息后，选择其他单元格就会隐藏批注信息。只有将鼠标指针移动到单元格上时，该单元格中的批注框才会显示出来。为了方便对批注框中的信息进行查看和编辑，可以将隐藏的批注显示出来，具体操作步骤如下。

Step01 ❶ 选择要显示出来的批注所在的单元格，如G1单元格，❷ 单击【审阅】选项卡【批注】组中的【显示/隐藏批注】按钮，如图5-9所示。

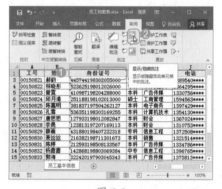

图 5-9

技能拓展——隐藏批注

若在编辑工作表时发现有的批注框会遮挡表格中的数据，不便于对表格进行编辑操作，可以在选择相应的单元格后，再次单击【显示/隐藏批注】按钮隐藏批注框。

Step02 经过上步操作，G1 单元格中的批注框将显示出来。单击【审阅】选项卡【批注】组中的【显示所有批注】按钮🗨，如图 5-10 所示。

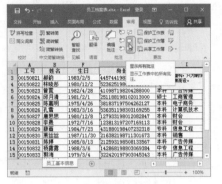

图 5-10

Step03 经过上步操作，工作表中的所有批注框都会显示出来，如图 5-11 所示。

图 5-11

技能拓展——隐藏所有批注

显示出所有批注框后，再次单击【显示所有批注】按钮可快速隐藏工作表中的所有批注框。

5.1.5 实战：移动批注或调整批注的大小

实例门类	软件功能
教学视频	光盘\视频\第5章\5.1.5.mp4

如果批注框的范围太大或者位置不合适，遮挡了其他单元格中的内容

（尤其是在显示批注框状态下），这时可以移动批注框的位置或调整批注框的大小，具体操作步骤如下。

Step01 在显示批注框状态下，选择并拖动鼠标指针即可移动批注框的位置，如图 5-12 所示。

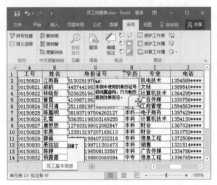

图 5-12

Step02 将鼠标指针移动到批注框的边框部分，当其变为双向箭头形状时，拖动鼠标指针即可调整批注框的大小，如图 5-13 所示。

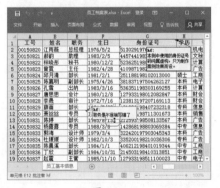

图 5-13

★ 重点 5.1.6 实战：设置批注的格式

实例门类	软件功能
教学视频	光盘\视频\第5章\5.1.6.mp4

批注框中的格式也不是一成不变的，可以通过【设置批注格式】对话框，对批注的字体、对齐方式、颜色与线条、大小及页边距等进行相关设置，从而使批注变得更加个性化。例如，要对档案表中的批注设置格式，

具体操作步骤如下。

Step01 在显示批注框状态下，❶在需要设置格式的批注框上右击，❷在弹出的快捷菜单中选择【设置批注格式】命令，如图 5-14 所示。

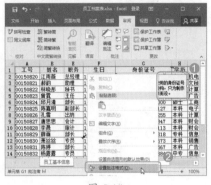

图 5-14

Step02 打开【设置批注格式】对话框，❶选择【字体】选项卡，❷在【字体】列表框中选择【微软雅黑】选项，❸在【字号】列表框中选择【10】选项，❹在【颜色】下拉列表框中选择【青色】选项，如图 5-15 所示。

图 5-15

Step03 ❶选择【颜色与线条】选项卡，❷在【填充】栏中的【颜色】下拉列表框中选择【浅绿色】选项，❸在【线条】栏中的【颜色】列表框中选择【深绿色】选项，在【粗细】数值框中设置线条粗细为【1磅】，❹单击【确定】按钮，如图 5-16 所示。

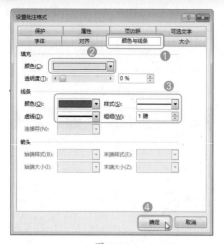

图 5-16

Step04 返回工作表中即可看到设置格式后的批注框效果，拖动调整批注框的大小以显示出所有批注内容，如图5-17所示。

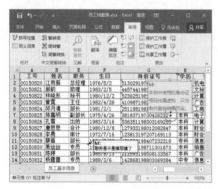

图 5-17

★ 重点 5.1.7 更改批注的默认名称

实例门类	软件功能
教学视频	光盘\视频\第5章\5.1.7.mp4

批注框内显示的默认用户名称是在【Excel选项】对话框中设定的名称，用户也可以根据需要更改该名称。更改新批注框内的用户名称的具体操作步骤如下。

Step01 打开【Excel选项】对话框，❶选择【常规】选项卡，❷在【对Microsoft Office进行个性化设置】栏的【用户名】文本框中输入一个新用户名称，如【Ch】，❸单击【确定】按钮，如图5-18所示。

图 5-18

Step02 经过上步操作后，再次在文档中添加批注就会显示新用户的名称了，如图5-19所示。

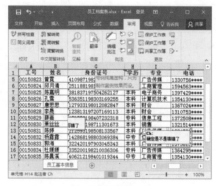

图 5-19

5.1.8 实战：复制档案表中的批注

实例门类	软件功能
教学视频	光盘\视频\第5章\5.1.8.mp4

如果要在多个单元格中创建相同的批注，可以先在一个单元格中添加批注，然后通过复制的方法将批注添加到其他单元格中。例如，要将员工档案表中J8单元格中的批注复制到J16单元格中，具体操作步骤如下。

Step01 ❶选择需要复制批注所在的单元格，这里选择J8单元格，❷单击【开始】选项卡【剪贴板】组中的【复制】按钮，如图5-20所示。

图 5-20

Step02 ❶选择批注要粘贴到的单元格，这里选择J16单元格，❷单击【剪贴板】组中的【粘贴】按钮下方的下拉按钮，❸在弹出的下拉菜单中选择【选择性粘贴】命令，如图5-21所示。

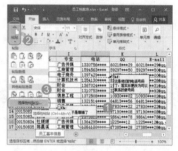

图 5-21

⚙ 技能拓展——快速打开【选择性粘贴】对话框

复制内容后，在需要粘贴的单元格上右击，在弹出的快捷菜单中选择【选择性粘贴】命令，可快速打开【选择性粘贴】对话框。

Step03 打开【选择性粘贴】对话框，❶选中【批注】单选按钮，❷单击【确定】按钮，如图5-22所示。

图 5-22

Step**04** 经过上步操作，即可在 J16 单元格中复制与 J8 单元格相同的批注，效果如图 5-23 所示。

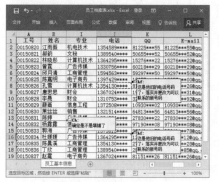

图 5-23

5.1.9 实战：删除档案表中的批注

实例门类	软件功能
教学视频	光盘\视频\第 5 章\5.1.9.mp4

如果觉得工作表中的某个或某些批注不再需要了，可以将其删除。删除批注的具体操作步骤如下。

Step**01** ❶ 选择包含要删除批注的单元格或直接选择要删除的批注框，❷ 单击【审阅】选项卡【批注】组中的【删除批注】按钮 🗙，如图 5-24 所示。

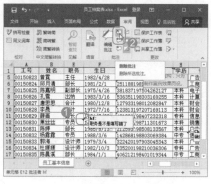

图 5-24

Step**02** 经过上步操作后，即可删除该批注，如图 5-25 所示。

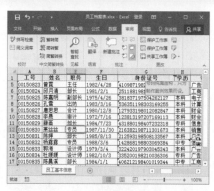

图 5-25

技能拓展——删除批注的其他方法

如果当前批注呈显示状态，则可选择插入批注的批注框，直接按【Delete】键将其删除。

5.2 拼写和语法检查

在制作表格时常常可能因为一些疏忽导致表格中出现一些错误，所以在表格制作完成后需要对其内容进行审阅，审阅过程可以由自己或他人来完成。但在实际的日常工作中，通常是没有足够的时间来慢慢审阅的。此时用户可以使用 Excel 提供的拼写检查和自动更正功能，对表格中是否存在拼写和语法错误进行检查。

★ 重点 5.2.1 实战：对选课手册表进行拼写和语法检查

实例门类	软件功能
教学视频	光盘\视频\第 5 章\5.2.1.mp4

在 Excel 中制作一些较严谨的正式文档时，当表格制作完成后，通常需要再仔细地检查一遍，尽可能避免错误的存在。对于这种需求，Excel 2016 提供了一些基础的自动校对功能，如拼写检查、语法检查，方便相关人员对表格内容进行校对。

技术看板

Excel 中的拼写和语法检查功能主要对英语进行检查，很多中文的拼写和语法错误还检查不出来。

例如，要为已经编辑完成的【选课手册】表检查拼写和语法错误，具体操作步骤如下。

Step**01** 打开光盘\素材文件\第 5 章\选课手册 .xlsx，❶ 选择需要进行拼写和语法检查的【18 级】工作表，❷ 单击【审阅】选项卡【校对】组中的【拼写检查】按钮 ✔，如图 5-26 所示。

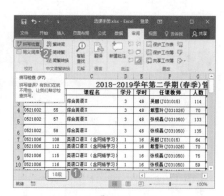

图 5-26

Step**02** 因为工作表中存在拼写错误，所以会打开【拼写检查：英语】对话框，同时，Excel 会自动从第一个单元格开始检查，识别到错误后将在对话框的【不在词典中】下拉列表框中显示出错误的所在，且会在【建议】列表框中显示单词更正后的效果。此时用户需要自行判断然后决定是否更改，这里不需要将表格中所有的【Fxpro】进行更改，所以单击【全部忽略】按钮，忽略工作表中的所有当前项检查，如图 5-27 所示。

图 5-27

单击【拼写检查：英语】对话框中的【忽略一次】按钮，将只忽略工作表中检查到的当前项，下次若再检查到同样的错误也会进行提示。

Step03 经过上步操作后，Excel 会继续检查下一处错误，即【Mircosoft】，分析后认为需要更改为【建议】列表框中的【Microsoft】，所以单击【更改】按钮，将当前的【Mircosoft】替换为【Microsoft】，如图 5-28 所示。

图 5-28

Step04 经过上步操作后，Excel 会继续检查下一处错误，还是【Mircosoft】，这次单击【全部更改】按钮，将工作表中所有的【Mircosoft】替换为

【Microsoft】，如图 5-29 所示。

图 5-29

Step05 完成检查后会打开提示对话框，单击【确定】按钮，如图 5-30 所示。

图 5-30

5.2.2 查找字词

【信息检索】是 Excel 的一项辅助功能，在 Excel 2016 中该功能更名为【同义词库】。通过【同义词库】功能可以在同义词库中快速查找同义词和反义词，方便用户在操作中使用同义词或反义词。在同义词库中查找字词的具体操作步骤如下。

Step01 单击【审阅】选项卡【校对】组中的【同义词库】按钮 ▤，如图 5-31 所示。

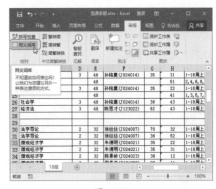

图 5-31

Step02 显示出【同义词库】任务窗格，❶在【搜索】文本框中输入需要翻译的单词或短语，此处输入【Beautiful】，❷单击右侧的【搜索】按钮 ▢，即可在下方的列表框中看到搜索的结果，如图 5-32 所示。

图 5-32

5.2.3 自动更正拼写

通过使用自动更正功能，可以更正输入、拼写错误的单词。默认情况下，自动更正使用一个典型的错误拼写和符号列表进行设置，使用过程中，也可以修改自动更正所用的列表。使用列表中的单词自动更正拼写的具体操作步骤如下。

Step01 打开【Excel 选项】对话框，❶选择【校对】选项卡，❷单击【自动更正选项】按钮，如图 5-33 所示。

图 5-33

Step02 打开【自动更正】对话框，❶选择【自动更正】选项卡，❷选中【键入时自动替换】复选框，❸在【替换】文本框中输入需要替换的文本，

如【Visual Fxpro】，在【为】文本框中输入需要替换为的文本，如【Visual Foxpro】，❹单击【添加】按钮，如图5-34所示。

图 5-34

Step03 经过上步操作，即可将单词【Visual Fxpro】添加到列表框中，单击【确定】按钮完成操作，如图5-35所示。以后，每次输入【Visual Fxpro】文本时，系统便会自动将其替换为【Visual Foxpro】了。

图 5-35

5.2.4 添加单词

拼写检查和语法检查均是自动完成的，在使用拼写检查器时，软件会将文档中的单词与主词典中的单词进行自动比较。在主词典中包含了大多数常见的单词，但一些特殊名词、技术术语、缩写或语法描述由于没有收录到主词典中，所以进行检查后就会

导致出现拼写或语法错误提示。要减少错误提示，可以将自定义的单词添加到拼写检查器中，具体操作步骤如下。

Step01 打开【Excel 选项】对话框，❶选择【校对】选项卡，❷取消选中【仅根据主词典提供建议】复选框，单击【自定义词典】按钮，如图5-36所示。

图 5-36

Step02 打开【自定义词典】对话框，单击【新建】按钮，如图5-37所示。

图 5-37

Step03 打开【创建自定义词典】对话框，❶在【文件名】下拉列表框中输入自定义词典的名称，这里输入【我的词典】，❷单击【保存】按钮，保存创建的自定义词典，如图5-38所示。

图 5-38

Step04 返回【自定义词典】对话框，单击【编辑单词列表】按钮，如图5-39所示。

图 5-39

Step05 打开【我的词典】对话框，❶在【单词】文本框中输入需要添加的单词，❷单击【添加】按钮，如图5-40所示。

图 5-40

Step06 经过上步操作后，即可将输入的单词添加到【词典】列表框中。❶使用相同的方法继续添加其他单词，❷完成后单击【确定】按钮，如图5-41所示。

图 5-41

可以将创建好的词典添加到自定义词典中，操作方法为：新建一个记事本文档，并输入自定义的单词列表，然后选择【另存为】命令打开【另存为】对话框，在该对话框中将文件以【.dic】格式进行保存，并在【编码】下拉列表框中选择【Unicode】选项，如图 5-42 所示。最后在【自定义词典】对话框中单击【添加】按钮，

并打开刚刚保存的记事本文件即可。

图 5-42

5.3 设置打印内容和区域

尽管无纸化办公越来越成为一种趋势，但许多时候制作的表格打印输出才是最终目的，本节将介绍一下打印的相关技巧。在打印表格之前，首先需要确定要打印的内容和区域。Excel 默认只打印当前工作表中的已有数据和图表的区域。但 Excel 还提供了很多人性化的设置，通过设置可以调整打印的内容和区域，如只打印部分表格数据，还可以设置打印批注等。

★ 重点 5.3.1　实战：为招聘职位表设置打印区域

实例门类	软件功能
教学视频	光盘\视频\第 5 章\5.3.1.mp4

在实际的工作中，并不总需要打印整个工作表，如果只需要打印表格中的部分数据，此时可通过设置工作表的打印区域只打印需要的部分，具体操作步骤如下。

Step01 打开光盘\素材文件\第 5 章\公开招聘职位表 .xlsx，❶ 选择需要打印的 A1:J12 单元格区域，❷ 单击【页面布局】选项卡【页面设置】组中的【打印区域】按钮，❸ 在弹出的下拉列表中选择【设置打印区域】选项，如图 5-43 所示。

图 5-43

Step02 经过上步操作后，即可将选择的单元格区域设置为打印区域。在【文件】菜单中选择【打印】命令，在页面右侧可以预览工作表的打印效果，如图 5-44 所示。

图 5-44

如果要取消已经设置的打印区域，可以单击【打印区域】按钮，在弹出的下拉列表中选择【取消打印区域】选项。

★ 重点 5.3.2　实战：打印科技计划项目表的标题

实例门类	软件功能
教学视频	光盘\视频\第 5 章\5.3.2.mp4

在 Excel 工作表中，第一行或前几行通常存放着各个字段的名称，如【客户资料表】中的【客户姓名】【服务账号】【公司名称】等，我们把这行数据称为标题行（标题列以此类推）。

当工作表的数据占据着多页时，在打印表格时直接打印出来的就只有第一页存在标题行或标题列了，使得

查看其他页中的数据时不太方便。为了查阅的方便，需要将行标题或列标题打印在每页上面。例如，要在【科技计划项目】工作簿中打印标题第 2 行，具体操作步骤如下。

Step01 打开光盘\素材文件\第 5 章\科技计划项目 .xlsx，单击【页面布局】选项卡【页面设置】组中的【打印标题】按钮，如图 5-45 所示。

图 5-45

Step02 打开【页面设置】对话框的【工作表】选项卡，单击【打印标题】栏中【顶端标题行】参数框右边的【引用】按钮，如图 5-46 所示。

图 5-46

技术看板

在打印表格时，有时虽然是打印表格区域，但希望在打印区域的同时能够连同表格标题一起打印，这时就可以同时设置打印区域和打印标题，在【页面设置】对话框【工作表】选项卡的【打印区域】参数框中也可以设置要打印的区域。

Step03 ❶ 在工作表中用鼠标拖动选择需要重复打印的行标题，这里选择第 2 行，❷ 单击折叠对话框中的【引用】按钮，如图 5-47 所示。

图 5-47

Step04 返回【页面设置】对话框中可以看到【打印标题】栏中的【顶端标题行】参数框中已经引用了该工作表的第 2 行单元格，单击【打印预览】按钮，如图 5-48 所示。

图 5-48

技术看板

【页面设置】对话框【工作表】选项卡的【打印标题】栏中提供了两种设置方式。【顶端标题行】参数框用于将特定的行作为打印区域的横排标题，【左端标题列】参数框用于将特定的列作为打印区域的竖排标题。

Step05 Excel 进入打印预览模式，可以查看到设置打印标题行后的效果，单击下方的【下一页】按钮 ▶ 可以依次查看每页的打印效果，这时会发现在每页内容的顶部都显示了设置的标题行内容，如图 5-49 所示。

图 5-49

技术看板

在打印预览模式下，单击预览区下方的【上一页】按钮 ◀ 和【下一页】按钮 ▶，可逐页查看各页表格的打印预览效果。在【上一页】按钮右侧的文本框中输入需要预览的表格页码，也可直接切换到该页进行预览。

5.3.3 分页预览科技计划项目表的打印效果

在【分页预览】视图模式下可以很方便地显示当前工作表的打印区域以及分页设置，并且可以直接在视图中调整分页。进入【分页预览】视图模式观看表格分页打印效果的具体操作步骤如下。

Step01 单击【视图】选项卡【工作簿视图】组中的【分页预览】按钮，如图 5-50 所示。

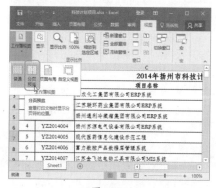

图 5-50

Step02 经过上步操作后，页面进入分页预览视图，如图 5-51 所示。

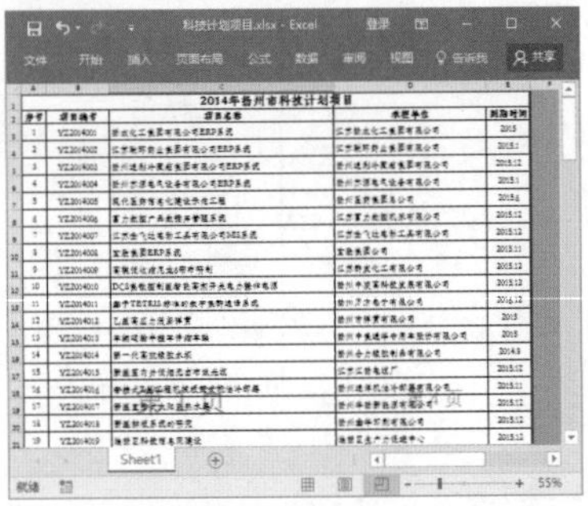

图 5-51

技术看板

在【分页预览】视图模式下，被粗实线框所围起来的白色表格区域是打印区域，而线框外的灰色区域是非打印区域。

★ 重点 5.3.4 实战：分页符设置

实例门类	软件功能
教学视频	光盘\视频\第 5 章\5.3.4.mp4

默认情况下，在打印工作表时，数据内容将自动按整页排满后再自动分页的方式打印。在上面的案例中可以看到，当数据内容超过一页宽时，Excel 会先打印左半部分，把右半部分单独放在后面的新页中；同样的道理，当数据内容超过一页高时，Excel 会先打印前面部分，把超出的部分放在后面的新页中。

但如果超出一页宽的右半部分数据并不多，可能就是一两列时，或者当超出一页高的后半部分并不多，可能就是一两行时。针对上面的情况不论是单独出现或同时出现，如果不进行调整就直接进行打印，那么效果肯定不能令人满意，而且还浪费纸张。为了打印出来效果更好，这时就需要在分页预览下调整分页符的位置，让数据缩印在一页纸内。

另外，当数据的内容比较长时，打印出来的纸张可能有很多页，当然，这些页之间的分隔，还是 Excel 默认添加的。而实际情况中，有时需要将同类数据分别放置于不同页面中进行强制分页打印。此时就需要通过插入分隔符来指定打印副本的新页开始位置。

例如，要让【科技计划项目】工作表按要求打印在 3 页上，并让每一页中的数据打印出来之后每一行数据都是完整的，具体操作步骤如下。

Step01 ❶ 选择 C23 单元格，❷ 单击【页面布局】选项卡【页面设置】组中的【分隔符】按钮，❸ 在弹出的下拉列表中选择【插入分页符】选项，如图 5-52 所示。

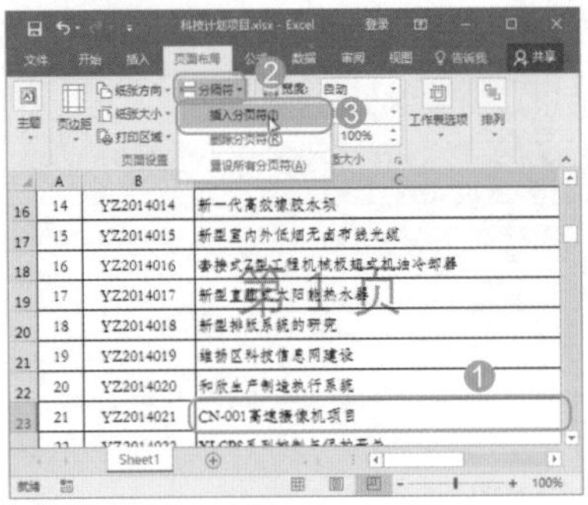

图 5-52

Step02 此时，即可在 C23 单元格的左侧和上方同时插入垂直分页符和水平分页符。并用粗实线进行分隔，表示将分页符前面内容打印在一张纸上，将分页符后面的内容打印在另一张纸上，效果如图 5-53 所示。将鼠标指针移动到第一根粗实线的边框上，当鼠标指针显示为黑色双向箭头形状时按住鼠标左键并向右拖动。

技术看板

在打印工作表之前，一定要确认电子表格页面中显示出了所有数据。如果表格中的内容太多，不能在现有单元格中完全显示出来，显示为数字标记【##】时，则打印输出后的表格中文本也将显示为【##】。

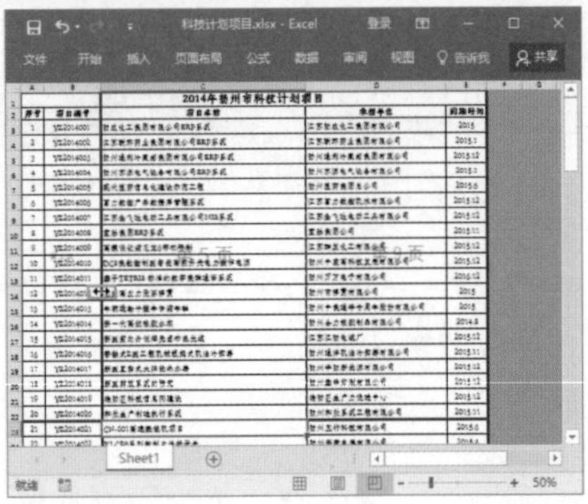

图 5-53

Step03 拖动鼠标指针到最后一列数据的右侧，然后释放鼠标左键，即可调整打印区域的范围大小，效果如图 5-54 所示。

图 5-54

技能拓展——删除分页符

如果需要取消分隔打印数据，则可单击【页面布局】选项卡【页面设置】组中的【分隔符】按钮，在弹出的下拉列表中选择【删除分页符】选项。或者选择要删除的水平分页符下方的单元格或要删除的垂直分页符右侧的单元格，并在其上右击，在弹出的快捷菜单中选择【删除分页符】命令。不过，这些方法只能删除人工分页符，系统的自动分页符不能被删除。

★ 重点 5.3.5　实战：选定打印内容

实例门类	软件功能
教学视频	光盘\视频\第 5 章\5.3.5.mp4

除了设置工作表的打印区域外，用户也可以决定对哪些内容进行打印输出，如图片、图形、艺术字、批注等。

1. 对象的打印设置

在 Excel 的默认设置中，几乎所有对象都是可以在打印输出时显示出来的，这些对象包括图片、图形、艺术字、控件等。如果用户不希望打印某个对象，可以修改该对象的打印属性。例如，要取消商品介绍表中某张图片的打印显示，具体操作步骤如下。

技术看板

以下操作步骤中的快捷菜单命令，以及显示出的任务窗格的具体名称都取决于选择的对象类型，但操作步骤基本相同。

Step01 打开光盘\素材文件\第 5 章\商品介绍表 .xlsx，❶ 选择不希望被打印的那张图片，并在其上右击，❷ 在弹出的快捷菜单中选择【设置图片格式】命令，如图 5-55 所示。

图 5-55

Step02 显示出【设置图片格式】任务窗格，❶ 单击【大小与属性】图标，❷ 在【属性】栏中取消选中【打印对象】复选框，如图 5-56 所示。

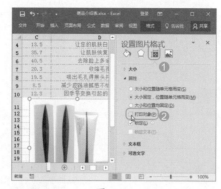

图 5-56

Step03 在【文件】菜单中选择【打印】命令，在页面右侧可以预览工作表的打印效果，此时可以发现图片并没有被打印，如图 5-57 所示。

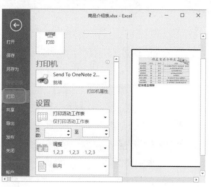

图 5-57

技术看板

如果希望对工作表中的所有对象统一设置打印属性，可以单击【开始】选项卡【编辑】组中的【查找和选择】按钮，在弹出的下拉菜单中选择【定位条件】命令，通过该命令选择所有对象，然后进行设置。

2. 打印显示批注的工作表

在编辑和管理 Excel 工作时，如果工作表中添加了批注，且在工作表中显示出了添加批注，在打印时默认情况该批注不会被打印出来，若要在打印时打印显示出的批注内容，则需要以下操作步骤进行设置。

Step01 打开光盘\素材文件\第 5 章\员工档案表 .xlsx，单击【审阅】选项卡【批注】组中的【显示所有批注】按钮，如图 5-58 所示。

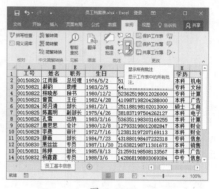

图 5-58

技术看板

如果在【批注】下拉列表框中选择【工作表末尾】选项，则打印时批注将打印在文档的末尾。

Step02 经过上步操作，工作表中的所有批注框都会显示出来，❶ 适当调整批注框的大小和位置，❷ 单击【页面布局】选项卡【页面设置】组右下角的【对话框启动器】按钮，如图 5-59 所示。

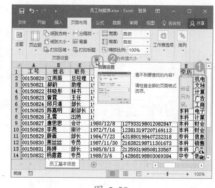

图 5-59

Step03 打开【页面设置】对话框，❶ 选择【工作表】选项卡，❷ 在【打印】栏中的【批注】下拉列表框中选择【如同工作表中的显示】选项，❸ 单击【确定】按钮，如图 5-60 所示。

图 5-60

Step04 在【文件】菜单中选择【打印】命令，在页面右侧

可以预览工作表的打印效果，此时可以发现批注框已经被一同打印了，如图 5-61 所示。

图 5-61

5.4 调整页面设置

设置表格的打印区域和打印内容后，也可以直接进行打印，但为了让打印出的效果更加满意，还需要对打印输出的表格进行页面布局和合适的格式安排，如设置纸张的方向和大小、页边距，以及页眉页脚等。

5.4.1 实战：为招聘职位表设置页面纸张

实例门类	软件功能
教学视频	光盘\视频\第 5 章\5.4.1.mp4

实际应用中的表格都具有一定的规范，如表格一般摆放在打印纸上的中部或中上部位置，如果表格未摆放在打印纸上的合适位置，再美的表格也会黯然失色。打印之后的表格在打印纸上的位置，主要取决于打印前对表格进行的页面纸张设置，包括纸张大小和纸张方向的设置。

纸张大小是指纸张规格，表示纸张制成后经过修整切边，裁剪成一定的尺寸，通常以【开】为单位表示纸张的幅面规格。常用纸张大小有 A4、A3、B5 等。在 Excel 中，设置纸张大小是指用户需要根据给定的纸张规格（用于打印数据的纸张大小）设置文档的页面，以便用户在相同页面大小中设置表格数据，使打印出来的表格更为美观。

纸张方向是指工作表打印的方向，分为横向打印和纵向打印两种。Excel 2016 默认的打印方向是纵向。如果制作的表格内容中列数较多，要保证打印输出时同一记录的内容能够显示完整，可以选择打印纸张的方向为横向；如果文档内容的高度很高时，一般都设置成纵向打印。

例如，要为公开招聘职位表设置纸张大小为 A3、纸张方向为纵向，具体操作步骤如下。

Step01 打开光盘\素材文件\第 5 章\公开招聘职位表 .xlsx，单击【视图】选项卡【工作簿视图】组中的【页面布局】按钮，如图 5-62 所示。

图 5-62

Step02 经过上步操作后，便进入了页面布局视图，在其中能分页显示各页的效果，方便用户查看页面效果。❶单击【页面布局】选项卡【页面设置】组中的【纸张大小】按钮，❷在弹出的下拉菜单中选择【A3】命令，如图 5-63 所示。

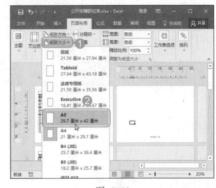

图 5-63

Step03 此时，即可设置纸张大小为 A3。在工作表中会根据纸张页面大小调整各页的效果。❶单击【页面设置】组中的【纸张方向】按钮，❷在弹出的下拉列表中选择【纵向】选项，如图 5-64 所示。

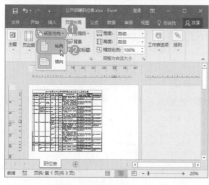

图 5-64

技能拓展——自定义纸张大小

单击【页面布局】选项卡【页面设置】组中的【纸张大小】按钮，在弹出的下拉菜单中选择【其他纸张大小】命令，可以在打开的对话框中自定义纸张的大小。

Step 04 缩小内容显示比例后，即可看到所有页面呈现纵向排列了，即原来的长度和宽度进行了调换，且表格中的每一条数据刚好放置在每页内，如图 5-65 所示。

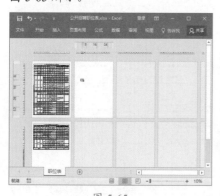

图 5-65

5.4.2 实战：为招聘职位表设置页边距

实例门类	软件功能
教学视频	光盘\视频\第5章\5.4.2.mp4

页边距是指打印在纸张上的内容，距离纸张上、下、左、右边界的

距离。打印表格时，一般可根据要打印表格的行、列数，以及纸张大小来设置页边距。有时打印出的表格需要装订成册，此时常常会将装订线所在边的距离设置得比其他边距宽。

下面介绍如何设置页边距，使文件或表格格式更加统一和美观，具体操作步骤如下。

Step 01 ❶ 单击【页面布局】选项卡【页面设置】组中的【页边距】按钮，❷ 在弹出的下拉菜单中选择【普通】命令，如图 5-66 所示。

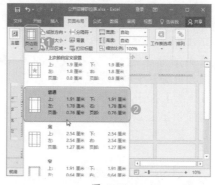

图 5-66

技术看板

在 Excel 中，如果表格的宽度比设定的页面短，默认情况下会打印在纸张的左侧，这样右侧就会留有一条空白区域，非常不美观。可以调整某个或某些单元格的宽度，使其恰好与设定的页面相符，或者调整左右页边距，使其恰好处于页面中央。但最佳的方法是直接在【页面设置】对话框中设置数据的居中方式。

Step 02 经过上步操作，会将表格页边距设置为普通的页边距效果，同时调整每页的显示内容。❶ 再次单击【页边距】按钮，❷ 在弹出的下拉菜单中选择【自定义边距】命令，如图 5-67 所示。

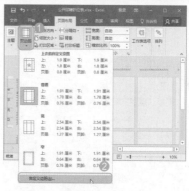

图 5-67

Step 03 打开【页面设置】对话框，❶ 分别在【左】和【右】文本框中设置页面左右的边距，❷ 选中【居中方式】栏中的【水平】和【垂直】复选框，❸ 单击【确定】按钮，如图 5-68 所示。

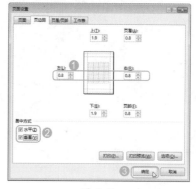

图 5-68

Step 04 ❶ 在【文件】菜单中选择【打印】命令，❷ 在页面右侧可以预览到设置页边距后的表格打印效果，单击预览效果右下角的【显示边距】按钮，即可在预览效果的纸张边距位置显示出两条纵虚线和 4 条横虚线，如图 5-69 所示。

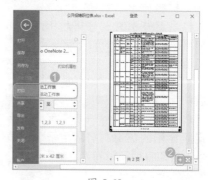

图 5-69

【页面设置】对话框中各项数据的作用如下。

● 【上】数值框：用于设置页面上边缘与第一行顶端间的距离值。

● 【左】数值框：用于设置页面左端与无缩进的每行左端间的距离值。

● 【下】数值框：用于设置页面下边缘与最后一行底端间的距离值。

● 【右】数值框：用于设置页面右端与无缩进的每行右端间的距离值。

● 【页眉】数值框：用于设置上页边界到页眉顶端间的距离值。

● 【页脚】数值框：用于设置下页边界到页脚底端间的距离值。

● 【水平】复选框：选中该复选框后，表格相对于打印纸页面水平居中对齐。

● 【垂直】复选框：选中该复选框后，表格相对于打印纸页面垂直居中对齐。

★ 重点 5.4.3 实战：为招聘职位表添加页眉和页脚

实例门类	软件功能
教学视频	光盘\视频\第5章\5.4.3.mp4

制作完成的表格有时需要打印输出上交上级部门或客户，为了让表格打印输出后更加美观和严谨，一般需要添加与表格出处公司的名称等有用信息。Excel 的页眉和页脚就是提供显示特殊信息的位置，也是体现这些信息的最好场所，如添加页码、日期和时间、作者、文件名、是否保密等。

页眉是每一打印页顶部所显示的信息，可以用于表明名称和标题等内容；页脚是每一打印页中最底端所显示的信息，可以用于表明页号、打印日期及时间等。对于要打印的工作表，用户可以为其设置页眉和

页脚。

Excel 内置了很多页眉页脚格式内容，用户只需作简单的选择即可快速应用相应的页眉页脚样式。我们可以通过【插入】选项卡的【文本】组进行添加，也可通过【页面设置】对话框的【页眉/页脚】选项卡进行设置。

1. 通过【文本】组插入页眉页脚

单击【插入】选项卡【文本】组中的【页眉和页脚】按钮，Excel 会自动切换到【页面布局】视图中，并在表格顶部显示出可以编辑的页眉文本框，同时显示出【页眉和页脚工具 设计】选项卡，在其中的【页眉和页脚】组中单击【页眉】按钮或【页脚】按钮，在弹出的下拉列表中将显示出 Excel 自带的页眉与页脚样式，选择需要的页眉或页脚样式选项即可。

例如，要为招聘职位表快速应用简约风格的页眉和页脚信息，具体操作步骤如下。

Step01 单击【插入】选项卡【文本】组中的【页眉和页脚】按钮，如图 5-70 所示。

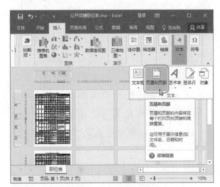

图 5-70

Step02 此时，工作表自动进入页眉和页脚的编辑状态，并切换到【页眉和页脚工具 设计】选项卡。❶ 单击【页眉和页脚】组中的【页眉】按钮，❷ 在弹出的下拉列表中选择需要的页眉样式，如图 5-71 所示。

图 5-71

在【页眉和页脚工具 设计】选项卡的【导航】组中单击【转至页眉】按钮或【转至页脚】按钮，可在页脚和页眉编辑状态中进行切换。在【选项】组中可以设置页眉页脚的一些效果，与【页面设置】对话框【页眉/页脚】选项卡中的复选框作用相同。

Step03 返回工作表中即可查看插入的页眉效果，如图 5-72 所示。

图 5-72

插入的页眉页脚在普通编辑视图中是不显示的，但是在打印输出时或者在打印预览视图中是可以看到的。

Step04 ❶ 单击【页眉和页脚】组中的【页脚】按钮，❷ 在弹出的下拉列表中选择需要的页脚样式，如图 5-73 所示。

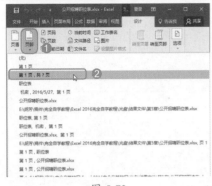

图 5-73

Step 05 返回工作表中即可查看插入的页脚效果，如图 5-74 所示。

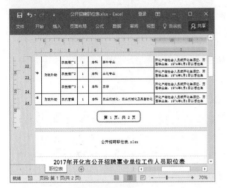

图 5-74

技术看板

在打印包含大量数据或图表的 Excel 工作表之前，可以在【页面布局】视图中快速对页面布局参数进行微调，使工作表达到专业水准。

2. 通过对话框添加页眉页脚

在【页面设置】对话框的【页眉/页脚】选项卡中的【页眉】下拉列表框中可以选择页眉样式，在【页脚】下拉列表框中可以选择页脚样式，如图 5-75 所示。这些样式是 Excel 预先设定的，选择之后可以在预览框中查看效果。

图 5-75

【页面设置】对话框的【页眉/页脚】选项卡下方的多个复选框的作用分别如下。

→ 【奇偶页不同】复选框：选中该复选框后，可指定奇数页与偶数页使用不同的页眉和页脚。

→ 【首页不同】复选框：选中该复选框后，可删除第 1 个打印页的页眉和页脚或为其选择其他页眉和页脚样式。

→ 【随文档自动缩放】复选框：用于指定页眉和页脚是否应使用与工作表相同的字号和缩放。默认情况下，此复选框处于选中状态。

→ 【与页边距对齐】复选框：用于确保页眉或页脚的边距与工作表的左右边距对齐。默认情况下，此复选框处于选中状态。取消选中该复选框后，页眉和页脚的左右边距设置为与工作表的左右边距无关的固定值 0.7 英寸（1.9 厘米），即页边距的默认值。

5.4.4 实战：为图书配备目录表自定义页眉和页脚

实例门类	软件功能
教学视频	光盘\视频\第 5 章\5.4.4.mp4

如果系统内置的页眉页脚样式不符合需要，想制作更贴切需要的页眉页脚效果，用户也可自定义页眉页脚信息，如定义页码、页数、当前日期、文件名、文件路径和工作表名、包含特殊字体的文本及图片等元素。

例如，要为【图书配备目录】工作表自定义带图片的页眉页脚效果，具体操作步骤如下。

Step 01 打开光盘\素材文件\第 5 章\图书配备目录 .xlsx，单击【插入】选项卡【文本】组中的【页眉和页脚】按钮，如图 5-76 所示。

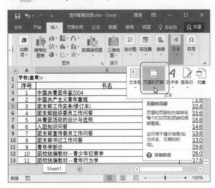

图 5-76

Step 02 工作表自动进入页眉和页脚的编辑状态，❶ 单击鼠标将文本插入点定位在页眉位置的第一个文本框中，❷ 单击【页眉和页脚工具 设计】选项卡【页眉和页脚元素】组中的【图片】按钮，如图 5-77 所示。

图 5-77

Step 03 打开【插入图片】对话框，单击【来自文件】选项后的【浏览】按钮，如图 5-78 所示。

Step 04 打开【插入图片】对话框，❶ 选择图片文件的保存位置，❷ 在下方的列表框中选择需要插入的图片，❸ 单击【插入】按钮，如图 5-79 所示。

图 5-78

图 5-79

Step 05 返回工作表页眉和页脚的编辑界面，可以看到【页眉和页脚元素】组中的【设置图片格式】按钮已经处于激活状态，单击该按钮，如图 5-80 所示。

图 5-80

Step 06 打开【设置图片格式】对话框，❶ 在【大小】选项卡的【大小和转角】栏中设置图片高度为【1 厘米】，❷ 单击【确定】按钮，如图 5-81 所示。

Step 07 返回工作表，❶ 在页眉位置的第二个文本框中单击定位文本插入点，然后输入文本【2016 年（下）中小学图书配备目录】，❷ 在【开始】选项卡的【字体】组中设置合适的字体格式，如图 5-82 所示。

图 5-81

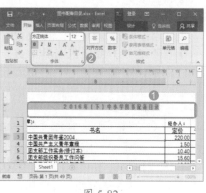

图 5-82

Step 08 单击【页眉和页脚工具 设计】选项卡【导航】组中的【转至页脚】按钮，如图 5-83 所示。

图 5-83

Step 09 此时，即可切换到页脚的第 2 个文本框中。单击【页眉和页脚元素】组中的【页码】按钮，即可在页脚位置第 2 个文本框中插入当前页码，如图 5-84 所示。

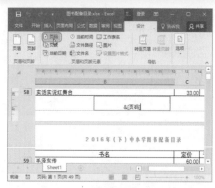

图 5-84

技能拓展——调整页眉和页脚内容的位置

页眉和页脚文本框中的数据不能通过设置对齐方式进行调整，当需要调整其中数据的位置时，只能通过添加空格进行调整。

Step 10 ❶ 在页脚位置的第 3 个文本框中单击定位文本插入点，❷ 单击【页眉和页脚元素】组中的【当前日期】按钮，即可在页脚位置第 3 个文本框中插入当前系统日期，如图 5-85 所示。

图 5-85

技术看板

将工作表切换到页眉和页脚编辑状态时，在【页眉和页脚工具 设计】选项卡的【页眉和页脚元素】组中单击【页数】按钮，可插入总页数；单击【当前时间】按钮，可插入系统的当前时间；单击【文件路径】按钮，可插入文件路径；单击【文件名】按钮，可插入文件名；单击【工作表名】按钮，可插入工作表名称。

Step11 单击任意单元格，退出页眉和页脚编辑状态，即可查看到自定义的页眉和页脚效果，如图 5-86 所示。

图 5-86

技能拓展——自定义页眉页脚的其他方法

在【页面设置】对话框的【页眉/页脚】选项卡中单击【自定义页眉】

或【自定义页脚】按钮，将打开【页眉】或【页脚】对话框，如图 5-87 所示，这两个对话框中包含的文本框及按钮信息都相同，单击相应的按钮即可在对应的页眉页脚位置插入相应的页眉页脚信息。

图 5-87

5.4.5 删除页眉和页脚

不同的场合会对工作表有不同的要求，若工作表中不需要设置页眉和

页脚，或对自定义的页眉或页脚不满意，只需删除页眉或页脚位置文本框中的数据重新设置即可，或在【页眉和页脚工具 设计】选项卡的【页眉和页脚】组中设置页眉和页脚的样式为【无】，还可以在【页面设置】对话框的【页眉/页脚】选项卡中的【页眉】和【页脚】下拉列表框中选择【无】选项。

5.5 打印设置

在确定了打印的具体内容和页面格式设置，并通过打印预览模式对预览的打印效果满意后，则可直接打印工作表，默认打印为一份，用户可以根据需要设置打印参数。本节将介绍一些使用打印机打印表格的设置。

5.5.1 在【打印】命令中设置打印参数

调整工作表的页边距、纸张大小、方向、页眉和页脚及打印区域后，为了保证设置的准确性，一般在打印之前可以对工作表进行打印预览，以观察设置的效果，有利于调整。Excel 2016 的 Backstage 视图中提供了单独位置预览打印效果，也就是前面介绍的【文件】菜单中的【打印】命令，该命令右侧的面板分为两部分，第一部分用于设置打印机的属性，如图 5-88 所示，第二部分为表格的打印预览。预览之后，如果要返回工作簿并进行修改，单击【返回】按钮 ⊙ 即可。

如果对预览效果感到满意，则可以在第一部分设置需要打印的份数、打印机选项和其他打印机设置，然后单击【打印】按钮即可打印

输出。

图 5-88

➡ 【打印】按钮 🖶：单击该按钮即可开始打印。

➡ 【份数】数值框：若要打印多份相同的工作表，但不想重复执行打印操作时，可在该数值框中输入要打印的份数，即可逐页打印多份表格。

➡ 【打印机】下拉列表：如果安装有多台打印机，可在该下拉列表中选择本次打印操作要使用的打印机，单击【打印机属性】超级链接，可以在打开的对话框中对打印机的属性进行设置。

➡ 【打印范围】下拉列表：该下拉列表用于设置打印的内容，单击后将显示出整个下拉选项，如图 5-89 所示。在其中选择【打印活动工作表】选项时，将打印当前工作表或选择的工作表组；选择【打印整个工作簿】选项时，可自动

打印当前工作簿中的所有工作表;选择【打印选定区域】选项时,与设置打印区域的效果相同,只打印在工作表中选择的单元格区域;选择【忽略打印区域】选项,可以在本次打印中忽略在工作表中设置的打印区域。

图 5-89

➡ 【打印页码】数值框![]::当打印的内容有多页时,在该数值框中可以设置需要打印的页面范围,分别在【至】前后的两个数值框中输入起始页面打印到结束页面。

➡ 【调整】下拉列表:该下拉列表用于设置打印的顺序,单击后将显示出整个下拉选项,如图 5-90所示。在打印多份多页表格时,可采取逐页打印多份和逐份打印多页两种方式。

图 5-90

➡ 【打印方向】下拉列表:该下拉列表用于设置表格打印的方向为横向或纵向。

➡ 【纸张大小】下拉列表:该下拉列表用于设置表格打印的纸张大小。

➡ 【页边距】下拉列表:该下拉列表用于设置表格的页边距效果。

➡ 【缩放设置】下拉列表:该下拉列表用于当表格中数据比较多时,

设置打印表格的缩放类型。单击后将显示出整个下拉选项,如图5-91 所示。选择【将工作表调整为一页】选项时,可以将工作表中的所有内容缩放为一页大小进行打印;选择【将所有列调整为一页】选项,可以将表格中所有列缩放为一个页宽大小进行打印;选择【将所有行调整为一页】选项,可以将表格中所有行缩放为一个页高大小进行打印;选择【自定义缩放选项】选项,可以在打开的【页面设置】对话框中自定义缩放类型。

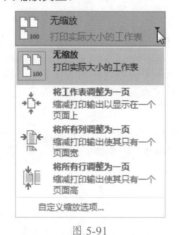

图 5-91

技能拓展——快速执行【打印】命令

按【Ctrl+P】组合键可快速切换到打印面板。

5.5.2 在【页面设置】对话框中设置打印参数

在打印表格时,为了使打印内容更加准确,有时需要进行其他打印设置,此时可在【页面设置】对话框中进行详细设置。

【页面设置】对话框中包含了4个选项卡,其中【页边距】和【页眉/页脚】选项卡的用法在前面已经介绍得比较仔细了,下面主要介绍【页

面】和【工作表】选项卡中的相关设置。

技能拓展——打开【打印】对话框的其他方法

单击【页面布局】选项卡【页面设置】组右下角的【对话框启动器】按钮,或者在【文件】菜单中选择【打印】命令,在右侧面板中的【设置】栏中单击【页面设置】链接,也可以打开【页面设置】对话框。

1. 【页面】选项卡

【页面设置】对话框的【页面】选项卡中提供了设置打印方向、缩放、纸张大小及打印质量等选项,比【页面布局】选项卡中用于设置页面纸张的参数更齐全,如图5-92所示,下面对其中的一些参数进行说明。

图 5-92

➡ 【方向】栏:该栏用于设置纸张方向,其中提供了【纵向】和【横向】两个单选按钮,在页面横向与纵向打印之间进行选择。

➡ 【缩放比例】单选按钮:选中该单选按钮,可以按照正常尺寸的百分比缩放打印,在其后的【% 正常尺寸】数值框中输入确切的缩放百分比,最小缩放比例为10%。

➡ 【调整为】单选按钮:选中该单选按钮,可以在其后的【页宽】和【页高】数值框中输入确切的

数字。若要填充纸宽，请在【页宽】数值框中输入指定的整数（如1），并在【页高】数值框中不输入数据（或足够大的整数）。若要填充纸高，请在【页高】数值框中输入指定的整数（如1），并在【页宽】数值框中不输入数据（或足够大的整数）。Excel会根据设置的【页高】和【页宽】自动调整缩放的比例。

技术看板

如果表格的宽度比设定的页面长，则右侧多余的部分会打印到新的纸张上，不仅浪费，还影响表格的阅读。如果手动调整，改变单元格的尺寸后，单元格中的内容也会随之改变。这时可以打开【页面设置】对话框并切换到【页面】选项卡，在【缩放】栏中选中【调整为】单选按钮，并设定为【1】页宽。不过，此方法对于与纸张高、宽比例严重不协调的工作表来讲，建议不要采用，否则会严重影响打印效果。

➡ 【打印质量】下拉列表框：在该下拉列表框中选择分辨率选项，可指定活动工作表的打印质量。分辨率是打印页面上每线性英寸的点数(dpi)。在支持高分辨率打印的打印机上，分辨率越高打印质量就越好。一般情况下不需要进行设置。不同类型打印机的打印质量是不相同的，在设置前可以查阅一下打印机的说明资料。

➡ 【起始页码】文本框：在该文本框中输入【自动】，可以对各页进行编号。如果是打印作业的第1页，则从【1】开始编号，否则从下一个序号开始编号。也可以输入一个大于1的整数来指定【1】以外的起始页码。

2. 【工作表】选项卡

【页面设置】对话框的【工作表】选项卡中不仅可以设置批注的打印与

否，还可以设置工作表中的其他一些内容，打印输出的颜色、打印质量及网格线是否打印等，如图5-93所示，下面分别讲解其中各打印设置选项的用途。

图 5-93

➡ 【网格线】复选框：选中该复选框后，在打印输出的表格中将包含工作表网格线。默认情况下，无论网格线在工作表中显示与否，都不会进行打印。

➡ 【单色打印】复选框：选中该复选框后，在使用彩色打印机时，可打印出单色表格；在使用黑白打印机时，如果不希望工作表中单元格的背景颜色影响到报表的整洁和可读性，也可选中该复选框。默认情况下，该复选框处于取消选中状态。

➡ 【草稿品质】复选框：如果所使用的打印机具有草稿品质模式，则选中该复选框后，可以使用较低的打印质量以更快的速度打印。

➡ 【行号列标】复选框：选中该复选框后，可以在打印输出中包含这些标题。

➡ 【错误单元格打印为】下拉列表框：当在工作表中使用了公式或者函数之后，有些时候难免会出现一些错误提示信息，如果把这些错误信息也打印出来就非常不雅了。要避免将这些错误提示信息打印出来，可以在该下拉列表框中选择希望工作表中出现的单元格错误在打印输出中的显示方式。默认情况下，错误将按原样显示，但

也可以通过选择【<空白>】选项不显示错误，选择【--】选项，将错误显示为两个连字符，或者将错误显示为【#N/A】。

➡ 【先列后行】单选按钮：大的工作表必须向下打印很多行，并向一侧打印很多列，其中一些打印页会包含与其他页不同的列。打印输出会沿水平方向和垂直方向对工作表进行划分。默认情况下，Excel按照先自上而下再从左到右的顺序（即先列后行）打印工作表页面，将较长和较宽的工作表进行拆分。

➡ 【先行后列】单选按钮：选中该单选按钮后，Excel会向下打印一组列中的所有行，直到到达工作表底部为止。然后，Excel将回到顶部，横向移动，再向下打印下一组列，直到到达工作表底部，就这样以此类推，直到打印完所有数据为止。

5.5.3 中止打印任务

在打印文档时，若发现打印设置错误，那么这时就需要立即中止正在执行的打印任务，然后重新设置打印操作。中止打印任务的具体操作步骤如下。

Step01 ❶单击【开始】按钮，❷在弹出的菜单中选择【设备和打印机】命令，如图5-94所示。

图 5-94

Step⑫ 打开【设备和打印机】窗口，双击执行打印任务的打印机名称，如图 5-95 所示。

图 5-95

Step⑬ 在打开的打印机窗口中，选择【查看正在打印的内容】选项，如图 5-96 所示。

图 5-96

Step⑭ 在打开的打印机窗口中，❶ 单击【文档】菜单，❷ 在弹出的下拉菜单中选择【取消】命令，如图 5-97 所示。

图 5-97

Step⑮ 打开【打印机】对话框提示是否需要取消文档，单击【是】按钮即可，如图 5-98 所示。

图 5-98

Step⑯ 经过上步操作后，将返回打印机窗口，可以看到选择的打印任务正在删除中，如图 5-99 所示。

图 5-99

妙招技法

通过前面知识的学习，相信读者已经掌握了查阅与打印报表的相关操作。下面结合本章内容，给大家介绍一些实用技巧，让读者在打印过程中更加顺利。

技巧01： 复制工作表的页面设置

教学视频	光盘\视频\第5章\技巧01.mp4

Excel 中可以为同一工作簿中的每张工作表分别设置不同的页面设置，如纸张大小、打印方向、页边距、页眉页脚等。而在实际工作中制作报表时，经常需要为多张工作表设置相同或相似的页面设置，此时我们想到了复制，但是全选表格后，复制得到的表格只复制了表格中的数据格式，还是需要进行页面设置的。下面介绍复制工作表页面设置的具体方法，例如，要将之前为【公开招聘职位表】工作簿设置的页面格式复制到【办公物品登记】工作簿中的所有工作表中，具体操作步骤如下。

Step⑪ 打开光盘\素材文件\第5章\

公开招聘职位表 .xlsx 和办公物品登记 .xlsx，❶ 在【公开招聘职位表】工作簿的【职位表】工作表上右击，❷ 在弹出的快捷菜单中选择【移动或复制】命令，如图 5-100 所示。

图 5-100

Step⑫ 打开【移动或复制工作表】对话框，❶ 在【将选定工作表移至工作簿】下拉列表框中选择需要复制页面效果的工作簿名称，这里选择【办

公物品登记】选项，❷ 在下方的列表框中选择需要移动到该工作簿中的位置，这里选择【办公用品】选项，表示将移动到该工作表之前，❸ 选中【建立副本】复选框，❹ 单击【确定】按钮，如图 5-101 所示。

图 5-101

Step03 此时，即可将需要复制工作表页面设置效果的工作表与被复制工作表置于同一个工作簿中。❶ 选择复制后的【职位表】工作表，并改变其视图模式为普通视图，❷ 按住【Ctrl】键的同时选择其他需要复制页面设置的工作表，形成工作组，如图 5-102 所示。

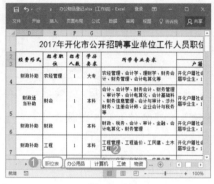

图 5-102

Step04 ❶ 在【文件】菜单中选择【打印】命令，❷ 在【设置】栏中单击【页面设置】链接，如图 5-103 所示。

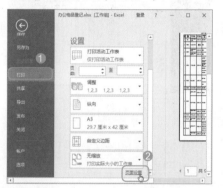

图 5-103

Step05 打开【页面设置】对话框，不进行任何设置，直接单击【确定】按钮，如图 5-104 所示。

图 5-104

Step06 返回打印界面，单击【返回】按钮❺，如图 5-105 所示。

图 5-105

Step07 返回工作簿编辑界面，❶ 选择原工作簿中的任意工作表，❷ 单击视图状态栏中的【页面布局】按钮▦，即可看到该工作表中的页面设置已经与最先选择的工作表（【职位表】工作表）相同了，如图 5-106 所示。切换到其他工作表也可以发现它们的页面布局效果都是相同的。

图 5-106

技术看板

如果需要制作相同页面设置的所有工作表尚未进行页面设置，就可以在按住【Ctrl】键的同时选择这些工作表形成工作组，然后再对整个工作组进行页面设置。这样，多个工作表将获得相同的页面设置。

技巧 02：打印背景图

教学视频	光盘 \ 视频 \ 第 5 章 \ 技巧 02.mp4

默认情况下，Excel 中为工作表添加的背景图片只能在显示器上查看，是无法打印输出的。如果需要将背景图和单元格内容一起打印输出，可以将背景图以插入图片的方法添加为背景，或者通过设置单元格的填充色，因为单元格的填充色会被 Excel 打印。

若已经为表格添加了背景图，还可以通过 Excel 的摄影功能进行打印。Excel 2016 中的摄影功能包含在【选择性粘贴】功能中，它的操作原理是将工作表中的某一单元格区域的数据以链接的方式同步显示在另外一个地方，但是它又是以【抓图】的形式进行链接的，因此可以连带该单元格区域的背景图一并进行链接。

下面通过 Excel 的摄影功能设置打印【茶品介绍】工作表中的背景图，具体操作步骤如下。

Step01 打开光盘\素材文件\第 5 章\茶品介绍.xlsx，❶ 选择要打印的部分，这里选择 A1:E12 单元格区域，❷ 单击【开始】选项卡【剪贴板】组中的【复制】按钮▣，❸ 单击【新工作表】按钮⊕，如图 5-107 所示。

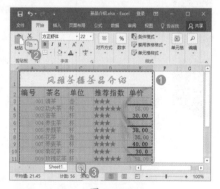

图 5-107

Step02 ❶ 单击【剪贴板】组中的【粘贴】按钮▣，❷ 在弹出的下拉菜单的【其他粘贴选项】栏中单击【链接的图片】

按钮 📷，如图 5-108 所示。

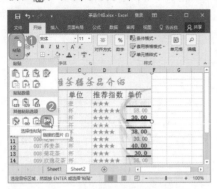

图 5-108

技术看板

通过 Excel 的摄影功能粘贴的链接图片虽然表面上是一张图片，但是在修改原始单元格区域中的数据时，被摄影功能抓拍下来的链接图片中的数据也会进行同步更新。链接图片还具有图片的可旋转等功能。

Step03 经过上步操作，即可在【Sheet2】工作表中以图片的形式粘贴【Sheet1】工作表中的 A1:E12 单元格区域。在【文件】菜单中选择【打印】命令，在右侧面板中查看表格的打印预览效果，此时便能打印出背景图了，如图 5-109 所示。

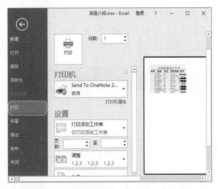

图 5-109

技巧 03：只打印工作表中的图表

教学视频	光盘\视频\第 5 章\技巧 03.mp4

在打印 Excel 工作表中的内容时，

如果只需要打印工作表中某一个图表内容，具体操作步骤如下。

Step01 打开光盘\素材文件\第 5 章\销售情况分析表 .xlsx，❶ 选择【各产品销售总额】工作表，❷ 选择要打印的图表，❸ 选择【文件】选项卡，如图 5-110 所示。

图 5-110

Step02 在弹出的【文件】菜单中选择【打印】命令，此时在右侧的预览面板中可以看到页面中只显示选中的图表，如图 5-111 所示。

图 5-111

技巧 04：不打印工作表中的零值

教学视频	光盘\视频\第 5 章\技巧 04.mp4

有些工作表中，如果认为把【0】值打印出来不太美观，可以进行如下设置，避免 Excel 打印【0】值。例如，要让工资表在打印输出时其中的【0】值隐藏起来，具体操作步骤如下。

Step01 打开光盘\素材文件\第 5 章\工资表 .xlsx，❶ 打开【Excel 选项】对话框，❷ 选择【高级】选项，❸ 在【此

工作表的显示选项】栏中取消选中【在具有零值的单元格中显示零】复选框，❹ 单击【确定】按钮，如图 5-112 所示。

图 5-112

Step02 在【文件】菜单中选择【打印】命令，此时在右侧的预览面板中可以看到零值单元格已经不会被打印出来了，如图 5-113 所示。

图 5-113

技巧 05：在同一页上打印不连续的区域

教学视频	光盘\视频\第 5 章\技巧 05.mp4

在 Excel 的同一个工作表中，按住【Ctrl】键的同时选择多个单元格区域，可以将这些单元格区域都打印输出。但是默认情况下，在将这些不连续的区域设置为打印区域后，Excel 会把这些区域分别打印在不同的页面上，而不是在同一页中。如将【选课手册】工作表中的 C2:K12 和 C17:K23 单元格区域作为打印区域，在打印预览中将看到显示的是两页内

容的打印，效果如图 5-114 和图 5-115 所示。

图 5-114

图 5-115

打印工作表中不连续的区域，甚至可以在同一页面上打印不同工作表或不同工作簿中的内容。但在打印前，需要将这些不连续的区域内容通过摄影功能复制到同一页面中并按需要进行排列，再进行打印。

其实，使用技巧 02 讲到的 Excel 的摄影功能就可以实现在同一页面上

本章小结

　　在现代办公中，大部分的文档都不是一蹴而就的，一般都需要经历多次的修改、审核然后才会最终定型。所以掌握批注的使用方法和常规的拼写检查可以提高工作效果。另外，办公应用中的表格通常不是为了给自己看的，很多报表都需要打印输出，以供人填写、审阅或核准。Excel 报表的打印效果与选择的打印内容、页面布局和打印设置直接关联，因此，在打印前一般需要进行一系列的设置，从而帮助用户打印出需要的工作表。无论是添加批注、检查拼写和语法、设置打印内容、调整页面格式，还是设置打印参数，都只需要围绕所要表达的内容正确、明了地展示给读者来进行设置。

第 1 篇　第 2 篇　第 3 篇　第 4 篇　第 5 篇

第6章 数据的获取与共享

- ➡ 还在比照着稿件逐字输入数据吗？有了原始数据，可以直接导入吗？
- ➡ Word、Excel、PPT不是一家公司的吗？是不是可以用【Ctrl+C】和【Ctrl+V】组合键？
- ➡ 怎样让关联的表格数据自动进行更新？
- ➡ 表格、图表、文本怎样快速导入Excel？
- ➡ 花费那么多精力制作的表格，怎样分享给大家？

本章将通过介绍数据导入、数据共享及超链接的使用来为用户呈现数据的获取与共享的相关知识，并为读者解答以上问题。

6.1 导入数据

在使用Excel 2016的过程中，或许需要将其他软件制作的文件或其他设备生成的数据"放"到Excel中。这就需要学习将相关文件导入Excel的方法。本节主要介绍从Access、网站、文本获取外部数据，以及使用现有链接获取外部数据的方法。通过学习，读者需要掌握使用链接与嵌入的方式导入其他Office组件中的文件到Excel中的具体方法，以便简化后期的表格制作过程。

6.1.1 软件之间的关联性与协作

在计算机中，人们可以应用的软件非常丰富，不同的软件，开发者不同、开发目的和应用的方向也不相同，甚至具有相同功能的软件也可能有许多款，那么用户在针对不同应用需求选购软件时，选择范围也会很广泛。

在现代企业中，无纸化办公、信息化、电子商务等高新技术的应用越来越广泛，对于各类软件的需求也越来越多。例如，公司可能会有内部的OA办公系统、账务管理系统、收银系统、进销存管理系统、电子商务平台、ERP/SAP系统等，或者有一些专业的应用软件，如金碟财务、用友A8、数据库等。

由于不同的软件的侧重点不相同，提供的功能也就有很大的差别，如普通的OA系统主要应用于公司内部文件的流通和流程的应用，虽然提供了文件发布及文档编辑功能，

但它提供的文档编辑或表格处理功能相对于Word和Excel来说就非常简洁了，要做出专业的排版和表格或图表，还是需要使用Word和Excel软件。

所以，要提高工作效率，首先需要了解各个软件的作用及特点，掌握各个软件在不同应用中的重点功能，在完成某项工作时，合理地应用不同的软件完成工作中不同的部分，从而提高工作效率。

例如，要编写一个销售报告，报告中除了文字及排版外，还会用到许多的数据、图表之类的元素，此时，我们可以应用Excel创建数据表格、制作图表，并将这些数据表格和图表应用到Word中，从而提高工作效率。

又如，ERP系统为人们提供了信息化的综合性的企业管理功能，企业管理相关的各类信息都会存放到数据库，而系统中可能只提供了一些特定的数据分析和报表功能，如果要使用

更灵活的方式来筛选数据、分析数据，此时可以将数据库中需要的数据导入到Excel中，利用Excel中强大的数据计算和分析功能来自行创建各类统计报表。

再如，现代化的企业中，员工的考勤记录基本上都会采用打卡设备来采集，而采集的数据很多时候还需要进一步的分析和统计，同样可以运用Excel来处理这些数据。

当然，在应用多种软件来完成工作时，只有先了解了这些软件的特点，才可能合理地应用这些软件来为我们工作。如果不了解Excel软件的特点是数据处理和统计分析，而应用Excel来做文档的编辑和排版，相信这样工作效率将极其低下。当我们了解软件的特点后，合理地应用各软件的强项，从而达到提高工作效率的目的。

另外，现代化的办公应用中，可能还会用到一些现化的仪器和设备，有些设备是为我们采集数据而

使用的，有些设备又有着其他的应用目的。因此，还需要了解工作中可能会用到的各种设备，包括设备用途，导出或导入时所支持的文件格式等，当然也包括日常生活中用到的一些设备，如智能手机、平板电脑等，这些设备支持哪些文件格式，将做好的文档或表格保存成什么样的格式可以方便用户在手机上查阅甚至编辑，手机中的通讯录如何导入 Excel 中进行分析等。

★ 重点 6.1.2 实战：从 Access 获取产品订单数据

实例门类	软件功能
教学视频	光盘\视频\第 6 章\6.1.2.mp4

Microsoft Office Access 程序是 Office 软件中常用的另一个组件，是一种更专业、功能更强大的数据处理软件，它能快速地处理一系列数据，主要用于大型数据的存放或查询等。

在实际工作中，由于个人处理数据所使用的软件习惯不同，可能会遇到某些人习惯使用 Access 软件，某些人习惯使用 Excel 软件。导致在查看数据前就需要在 Excel 和 Access 两个软件之间进行转换。也有可能用户所在的部门或工作组经常会在处理数据时既使用 Access 也使用 Excel，也需要在 Excel 和 Access 两个软件之间进行转换。

一般情况下会在 Access 数据库中存储数据，但使用 Excel 来分析数据、绘制图表和分发分析结果。因此，经常需要将 Access 数据库中的数据导入 Excel 中。这时，可以通过下面的 4 种方法来实现数据的导入。

技术看板

【导入】在 Excel 和 Access 中的意义各不相同。在 Excel 中，导入指建立一个可刷新的永久数据连接。而在 Access 中，导入则指将数据装入 Access 中一次，但不建立数据连接。

1. 复制粘贴法

如果只是临时需要将 Access 中的数据应用到 Excel 中，可以通过复制粘贴的方法进行获取。即与在工作表中复制数据一样，先从 Access 的数据表视图复制数据，然后将数据粘贴到 Excel 工作表中。

下面通过使用复制粘贴法，将【超市产品销售】数据库中的数据复制到工作簿中，具体操作步骤如下。

Step 01 ❶ 启动 Access 2016，打开包含要复制记录的数据库，这里打开光盘\素材文件\第 6 章\超市产品销售 .accdb，❷ 在【表】任务窗格中双击【超市产品列表】选项，打开该数据表，系统自动切换到数据表视图模式，❸ 选择需要复制的前面几条记录，❹ 单击【开始】选项卡【剪贴板】组中的【复制】按钮，如图 6-1 所示。

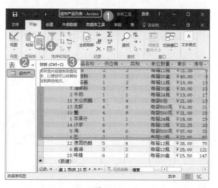

图 6-1

技术看板

Office 剪贴板是所有 Office 组件程序的共享内存空间。任何 Office 组件程序之间，Office 剪贴板都能帮助它们进行信息复制。

Step 02 ❶ 启动 Excel 2016，在新建的空白工作簿中选择要显示第一个字段名称的单元格，这里选择 A1 单元格。

❷ 单击【开始】选项卡【剪贴板】组中的【粘贴】按钮，即可将复制的 Access 数据粘贴到 Excel 中，如图 6-2 所示。❸ 以【超市产品销售】为名保存当前 Excel 文件。

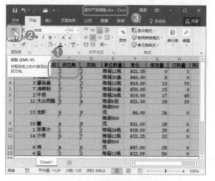

图 6-2

技术看板

由于 Excel 和 Access 都不提供利用 Excel 数据创建 Access 数据库的功能，因此不能将 Excel 工作簿保存为 Access 数据库。

2. 使用【打开】命令

在 Excel 中可以直接打开 Access 软件制作的文件，使用【打开】命令即可像打开工作簿一样打开 Access 文件，并可查看和编辑其中的数据。

下面使用【打开】命令，在 Excel 中打开【产品订单数据库】文件，具体操作步骤如下。

Step 01 新建一个空白工作簿，❶ 在【文件】菜单中选择【打开】命令，❷ 在中间栏中选择【浏览】选项，如图 6-3 所示。

图 6-3

Step 02 打开【打开】对话框，❶ 选择需要打开的数据库文件的保存位置，❷ 在【文件名】文本框右侧的下拉列表框中选择【所有文件】选项，❸ 在中间的列表框中选择需要打开的文件，❹ 单击【打开】按钮，如图 6-4 所示。

图 6-4

Step 03 打开提示对话框，单击【启用】按钮继续连接数据，如图 6-5 所示。

图 6-5

技术看板

通过【打开】对话框在 Excel 中打开 Access 文件时，Microsoft 会自动打开【Microsoft Excel 安全声明】对话框，提示用户已经禁止了数据连接，如果是信任的文件来源，可以单击【启用】按钮启用数据连接功能。如果用户不信任该文件，一定要记得单击【禁用】按钮，否则，连接数据后将对计算机产生数据安全威胁。

Step 04 由于打开的数据库中包含了多个数据表，因此打开了【选择表格】对话框，❶ 需要在其中选择要打开的数据表，这里选择【订单明细】选项，❷ 单击【确定】按钮，如图 6-6 所示。

图 6-6

Step 05 打开【导入数据】对话框，❶ 在【请选择该数据在工作簿中的显示方式】栏中根据导入数据的类型和需要选择相应的显示方式，这里选中【表】单选按钮，❷ 单击【确定】按钮，如图 6-7 所示。

图 6-7

技能拓展——在 Access 中导出数据

通过使用 Access 中的导出向导功能，可以将一个 Access 数据库对象（如表、查询或窗体）或视图中选择的记录导入 Excel 工作表中。在执行导出操作时，还可以保存详细信息以备将来使用，甚至可以制订计划，让导出操作按指定时间间隔自动运行。

Step 06 返回 Excel 界面中即可查看到打开的 Access 数据表，如图 6-8 所示，进行查看和编辑后，以【产品订单明细】为名保存当前 Excel 文件。

图 6-8

技术看板

在工作簿中导入外部数据库中的数据时，将激活【表格工具 设计】选项卡。在该选项卡中可以修改插入表格的表名称、调整表格的大小、导出数据、刷新、取消链接、调整表格样式选项的显示与否，以及设置表格样式等。

3. 使用【获取外部数据】命令

Excel 的导入外部数据功能非常强大，可以实现动态查询，如要在 Excel 中定期分析 Access 中的数据，不需要从 Access 反复复制或导出数据。因为当原始 Access 数据库使用新信息更新时，可以自动刷新包含该数据库中的数据的 Excel 工作簿。

要让导入的 Access 数据实现动态查询功能，需要在 Excel 中创建一个到 Access 数据库的连接，这个连接通常存储在 Office 数据连接文件（.odc）中，可检索或查询表中的所有数据。

例如，要使用【获取外部数据】命令获取能实现动态查询的产品订单数据透视表，具体操作步骤如下。

Step 01 ❶ 新建一个空白工作簿，选择 A1 单元格作为存放 Access 数据库中数据的单元格，❷ 单击【数据】选项卡【获取外部数据】组中的【自 Access】按钮，如图 6-9 所示。

图 6-9

Step 02 打开【选取数据源】对话框，❶ 选择需要打开的数据库文件的保存位置，❷ 在中间的列表框中选择需要打开的文件，❸ 单击【打开】按钮，如图 6-10 所示。

图 6-10

Step03 打开【选择表格】对话框，❶ 选择要打开的数据表，这里选择【供应商】选项，❷ 单击【确定】按钮，如图 6-11 所示。

图 6-11

Step04 打开【导入数据】对话框，❶ 在【请选择该数据在工作簿中的显示方式】栏中根据导入数据的类型和需要选择相应的显示方式，这里选中【数据透视表】单选按钮，❷ 单击【属性】按钮，如图 6-12 所示。

图 6-12

Step05 打开【连接属性】对话框，为导入的数据设置名称、查询定义、刷

新控件、OLAP 服务器格式设置和布局选项等，这里 ❶ 选中【刷新频率】复选框，并在其后的数值框中输入【180】，❷ 选中【打开文件时刷新数据】复选框，❸ 单击【确定】按钮，如图 6-13 所示。

图 6-13

Step06 返回【导入数据】对话框，单击【确定】按钮，如图 6-14 所示。

图 6-14

技术看板

在【导入数据】对话框中的【请选择该数据在工作簿中的显示方式】栏中选中【表】单选按钮可将外部数据创建为一张表，方便进行简单排序和筛选；选中【数据透视表】单选按

钮可创建为数据透视表，方便通过聚合及合计数据来汇总大量数据；选中【数据透视图】单选按钮可创建为数据透视图，以方便用可视方式汇总数据；若要将所选连接存储在工作簿中以供以后使用，需要选中【仅创建连接】单选按钮。

在【数据的放置位置】栏中选中【现有工作表】单选按钮，可将数据返回到选择的位置；选中【新工作表】单选按钮，可将数据返回到新工作表的第一个单元格。

Step07 返回 Excel 界面中即可查看到创建了一个空白数据透视表，❶ 在【数据透视表字段】任务窗格的列表框中选中【城市】【地址】【公司名称】【供应商 ID】和【联系人姓名】复选框，❷ 将【行】列表框中的【城市】选项移动到【筛选】列表框中，即可得到需要的数据透视表效果，如图 6-15 所示。❸ 以【产品订单数据透视表】为名保存当前 Excel 文件。

技术看板

数据透视表的具体应用可查看本书第 22 章内容。

图 6-15

4. 使用【插入对象】命令

Office 2016 中的各个组件之间除了通过链接方式实现信息交流外，还可以通过嵌入的方式来实现协同工作。

链接数据和嵌入数据两种方式之间的主要区别在于源数据的存储位置，以及将数据导入 Excel 目标文档后的更新方法。链接的数据存储于源文档中，目标文档中仅存储文档的地址，并显示链接数据的外部对象。链接数据后的源文档大小变化不大，只有在修改源文档时才会更新信息；而嵌入的数据会成为目标文档中的一部分，一旦插入就不再与源文档有任何联系。在源程序中双击嵌入的数据就可以打开它的宿主程序并对它进行编辑。

例如，为了完善和丰富表格内容，有时需要嵌入其他组件中的文件到 Excel 中。在 Excel 中可以嵌入 *.dbf、文本文件、网页文件、Word、PowerPoint、Access 等类型的对象。要使用嵌入对象，首先要在其中新建嵌入对象。下面通过使用【插入对象】命令在 Excel 中嵌入 Access 对象，具体操作步骤如下。

Step01 ① 新建一个空白工作簿，选择 A1 单元格，② 单击【插入】选项卡【文本】组中的【对象】按钮，如图 6-16 所示。

图 6-16

Step02 打开【对象】对话框，① 选择【由文件创建】选项卡，② 单击【文件名】文本框右侧的【浏览】按钮，并在打开的对话框中选择要打开的文件，

③ 选中【链接到文件】复选框，
④ 单击【确定】按钮，如图 6-17 所示。

图 6-17

Step03 返回工作表中即可查看到插入工作表中的图标对象，如图 6-18 所示。双击插入的图标对象。

图 6-18

Step04 打开【打开软件包内容】对话框，单击【打开】按钮，如图 6-19 所示，即可启动 Access 软件打开该图标对象所指的源文档。

图 6-19

6.1.3 实战：将公司网站数据导入工作表

实例门类	软件功能
教学视频	光盘\视频\第 6 章\6.1.3.mp4

如果用户需要将某个网站的数据导入 Excel 工作表中，可以使用【打开】对话框来打开指定的网站，将其数据导入 Excel 工作表中，也可以使用【插入对象】命令将网站数据嵌入到表格中，还可以使用【数据】选项卡中的【自网站】按钮来实现。

例如，要导入公司最近上架的新书，具体操作步骤如下。

Step01 ① 新建一个空白工作簿，选择 A1 单元格，② 单击【数据】选项卡【获取外部数据】组中的【自网站】按钮，如图 6-20 所示。

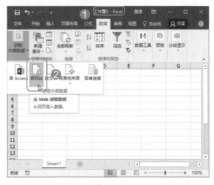

图 6-20

Step02 打开【新建 Web 查询】对话框，① 在地址栏中输入要导入网页内容的所在网址，这里输入【http://search.dangdang.com/?key=%C7%B0%D1%D8%CE%C4%BB%AF&act=input&sort_type=sort_default#J_tab】，② 单击右侧的【转到】按钮切换到该网页，③ 单击网页上方的【出版时间】链接，如图 6-21 所示。

图 6-21

Step03 进入新书上架页面，单击【导入】按钮，如图 6-22 所示。

图 6-22

Step04 打开【导入数据】对话框，❶ 选中【现有工作表】单选按钮，并选择存放数据的位置，如 A1 单元格，❷ 单击【确定】按钮，如图 6-23 所示。

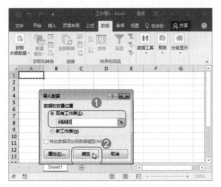

图 6-23

Step05 经过上步操作后，即可将当前网页中的数据导入到工作表中。❶ 选择多余的数据，❷ 单击【开始】选项卡【单元格】组中的【删除】按钮，删除这些数据，❸ 以【最近上架新书】为名保存该工作簿，如图 6-24 所示。

图 6-24

6.1.4 实战：从文本中获取联系方式数据

实例门类	软件功能
教学视频	光盘\视频\第 6 章\6.1.4.mp4

在 Excel 中，用户可以打开文本文件，Excel 也支持导入外部文本文件中的格式化文本内容。这类文本内容的每个数据项之间一般会以空格、逗号、分号、Tab 键等作为分隔符，然后根据文本文件的分隔符将数据导入相应的单元格。通过导入数据的方法可以很方便地使用外部文本数据，避免了手动输入文本的麻烦。

在 Excel 中导入文本也可以通过 6.1.2 节中提到的 4 种方法进行导入，只是由于文本数据与表格数据的存在形式有一定差距，在导入文本数据时会打开【文本导入向导】对话框，这时用户只需根据提示一步一步进行操作即可。

下面使用【自文本】命令的方法将【联系方式】文本文件中的数据导入到 Excel 中，具体操作步骤如下。

Step01 ❶ 新建一个空白工作簿，选择 A1 单元格，❷ 单击【数据】选项卡【获取外部数据】组中的【自文本】按钮，如图 6-25 所示。

图 6-25

Step02 打开【导入文本文件】对话框，❶ 选择文本文件存放的路径，❷ 选择需要导入的文件，这里选择【联系方式】文件，❸ 单击【导入】按钮，

如图 6-26 所示。

图 6-26

Step03 打开【文本导入向导 - 第 1 步，共 3 步】对话框，❶ 设置原始数据类型，这里在【导入起始行】数值框中输入【3】，其他选项保持默认设置，❷ 单击【下一步】按钮，如图 6-27 所示。

图 6-27

Step04 打开【文本导入向导 - 第 2 步，共 3 步】对话框，❶ 选择文本数据项的分隔符号，这里选中【空格】复选框，❷ 单击【下一步】按钮，如图 6-28 所示。

图 6-28

在导入文本时，选择分隔符号需要根据文本文件中的符号类型进行选择。对话框中提供了【Tab键】【分号】【逗号】及【空格】等分隔符号供选择，如果在提供的类型中没有相应的符号，可以在【其他】文本框中输入，然后再进行导入操作。可以在【数据预览】栏中查看分隔的效果。

Step05 打开【文本导入向导 - 第3步，共3步】对话框，设置各列数据的类型，这里 ❶ 在【数据预览】栏中选择最后一列数据，❷ 选中【文本】单选按钮，❸ 单击【完成】按钮完成文本向导的设置，如图6-29所示。

图 6-29

默认情况下，所有数据都会设置为【常规】格式，该数据格式可以将数值转换为数字格式，日期值转换为日期格式，其余数据转换为文本格式。如果导入的数据长度大于或等于11位时，为了数据的准确性，要选择导入为【文本】类型。

Step06 打开【导入数据】对话框，❶ 选择导入数据存放的位置，如A1单元格，❷ 单击【确定】按钮，如图6-30所示。

图 6-30

Step07 返回 Excel 界面中即可查看导入的外部文本数据，如图6-31所示。进行查看和编辑后，以【联系方式】为名保存当前 Excel 文件。

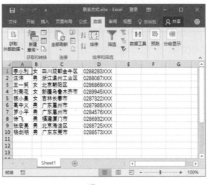

图 6-31

在 Excel 中插入的外部文本多为 .prn；.txt；.csv 格式，如果需要插入 Word 文档格式的文本数据，需要通过【对象】对话框中的【由文件创建】选项卡中进行设置后插入。在【对象】对话框中的【新建】选项卡中提供了插入 Word 文档的选项，在其中选择需要的对象类型，可在工作表中新建一个对象，使用 Word 的编辑模式进行输入。输入完成后单击任意单元格即可退出 Word 编辑模式。需要修改时，可双击该单元格，或在该单元格上右击，在弹出的快捷菜单中选择【文档对象 - 编辑】命令，进入编辑模式。

6.1.5 实战：使用现有连接获取销售数据

实例门类	软件功能
教学视频	光盘\视频\第6章\6.1.5.mp4

在 Excel 2016 中单击【获取外部数据】组中的【现有链接】按钮，可使用现有连接获取外部数据，这样就不用再重复复制数据了，可以更加方便地在 Excel 中定期分析所连接的外部数据。连接到外部数据之后，还可以自动刷新来自原始数据源的 Excel 工作簿，而不论该数据源是否用新信息进行了更新。

下面使用现有连接功能将【产品订单数据库】文件中的【订单明细】数据表连接到 Excel 中，具体操作步骤如下。

Step01 ❶ 新建一个空白工作簿，并以【产品订单】为名进行保存。❷ 选择 A1 单元格，单击【数据】选项卡【获取外部数据】组中的【现有连接】按钮，如图6-32所示。

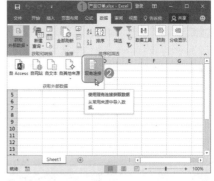

图 6-32

Step02 打开【现有连接】对话框，❶ 在【显示】下拉列表框中选择【此计算机的连接文件】选项，❷ 在下方的列表框中选择需要连接的外部文档，这里选择【产品订单数据库 订单明细】选项，❸ 单击【打开】按钮，如图6-33所示。

图 6-33

Step03 打开【导入数据】对话框，❶ 选中【现有工作表】单选按钮，并选择存放数据的位置，如 A1 单元格，❷ 单击【确定】按钮，如图 6-34 所示。

图 6-34

技术看板

Excel 中导入所有外部文件都可以使用链接与嵌入的方式进行导入。

Step04 经过上步操作，即可在工作表中查看获取的外部产品订单明细数据，如图 6-35 所示。

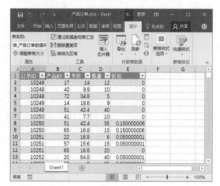

图 6-35

6.2 使用超链接

在浏览网页时，如果单击某些文字或图形，就会打开另一个网页，这就是超链接。Excel 2016 中也提供了链接到 Internet 网址及电子邮件地址等内容的功能，轻松实现跳转。超链接实际是为了快速访问而创建的指向一个目标的连接关系，在 Excel 中可以连接的目标有图片、文件、Internet 网址、电子邮件地址或程序等。

★ 重点 6.2.1 实战：在成绩表中插入超链接

实例门类	软件功能
教学视频	光盘\视频\第6章\6.2.1.mp4

超链接在 Excel 工作表中表示为带有颜色和下画线的文本或图形，单击后可以打开其他工作表，也可以转向互联网中的文件、文件的位置或网页。超链接还可以转到新闻组或 Gopher、Telnet 和 FTP 站点。因此，在编辑 Excel 时，有时为了快速访问另一个文件中或网页上的相关信息，可以在工作表单元格中插入超链接。

1. 创建指向网页的超链接

在日常工作中，经常需要在 Excel 工作表中插入链接到某个网页的链接。例如，需要在成绩表中插入

链接到联机试卷网页的超链接，具体操作步骤如下。

Step01 打开光盘\素材文件\第6章\16 级第一次月考成绩统计表 .xlsx，❶ 选择 A35 单元格，❷ 单击【插入】选项卡【链接】组中的【超链接】按钮，如图 6-36 所示。

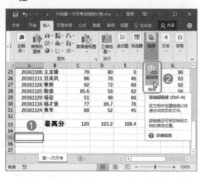

图 6-36

Step02 打开【插入超链接】对话框，❶ 在【链接到】列表框中选择【现有文件或网页】选项，❷ 在【地址】

下拉列表框中输入需要链接的网址，❸ 此时输入的网址会同时出现在【要显示的文字】文本框中，手动修改其中的内容为要在单元中显示的内容，这里输入【第一次月考的语文试卷】，❹ 单击【屏幕提示】按钮，如图 6-37 所示。

图 6-37

技术看板

在【插入超链接】对话框左侧可以选择连接的目标为文档中的单元格位置、新建文档和电子邮件地址。

Step03 打开【设置超链接屏幕提示】对话框，❶ 在文本框中输入当将鼠标指针移动到该超级链接上时需要在屏幕显示的文字，这里输入【单击打开中考网上已经上传的该试卷】，❷ 单击【确定】按钮，如图 6-38 所示。

图 6-38

Step04 返回【插入超链接】对话框，单击【确定】按钮，如图 6-39 所示。

图 6-39

Step05 返回工作表中，可以看到 A35 单元格中显示了【第一次月考的语文试卷】，将鼠标指针移动到该单元格上时，可以看到鼠标指针变为 🖑 形状，同时可以看到屏幕上的提示框和其中的提示内容，如图 6-40 所示。单击该超级链接，将启动浏览器或相应浏览程序并打开设置的网页。

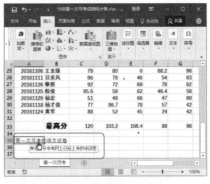

图 6-40

2. 创建指向现有文件的超链接

如果要为 Excel 工作表创建指向

计算机中的现有文件的超链接，用户可以按照下面的步骤来操作。

Step01 打开光盘\素材文件\第 6 章\16 级第二次月考成绩统计表 .xlsx，❶ 选择 A35 单元格，❷ 单击【插入】选项卡【链接】组中的【超链接】按钮，如图 6-41 所示。

图 6-41

Step02 打开【插入超链接】对话框，❶ 在【查找范围】下拉列表框中选择需要链接的文件保存的路径，❷ 在【当前文件夹】列表框中选择要链接的文件，这里选择【16 级第一次月考成绩统计表 .xlsx】选项，此时会在【要显示的文字】文本框和【地址】下拉列表框中同时显示出所选文件的名称，❸ 单击【确定】按钮，如图 6-42 所示。

图 6-42

Step03 返回到工作表中，可以看到 A35 单元格中显示了【16 级第一次月考成绩统计表 .xlsx】，将鼠标指针移动到该单元格上时，可以看到鼠标指针变为 🖑 形状，同时可以看到屏幕上的提示框和其中的提示内容，即该文件的保存路径和相关提示，如图 6-43 所示。单击该超级链接，将打开

【16 级第一次月考成绩统计表】工作簿。

图 6-43

6.2.2 实战：编辑成绩表中的超链接

实例门类	软件功能
教学视频	光盘\视频\第 6 章\6.2.2.mp4

创建超链接后，还可以对链接的内容和内容的样式进行编辑，使其符合要求，不过首先应学会如何在不跳转到相应目标的情况下选择超链接。

1. 选择超链接，但不激活该链接

在 Excel 中选择包含超链接的单元格时易跳转到对应的目标链接处，如果不需要进行跳转，可将鼠标指针移动到该单元格上单击并按住鼠标片刻，片刻之后鼠标指针就变成了 ✛ 形状，表示在不转向目标连接处的情况下选择该单元格成功，此时可释放鼠标左键。

2. 更改超链接内容

在插入的超链接中难免会发生错误，如果要对插入的超链接的名称进行修改，也可以在选择包含超链接的单元格后，直接对其中的内容进行编辑；如果要对超链接进行提示信息编辑，则需要在包含该超链接的单元格上右击，在弹出的快捷菜单中选择【编辑超链接】命令，在打开的【编辑超链接】对话框中对超链接进行修改。

3. 更改超链接文本的外观

默认情况下创建的超链接以蓝色带下画线的形式显示，而访问过的超链接则以紫红色带下画线的形式显示。如果对创建的超链接的格式不满意，可以直接选择包含超链接的单元格，然后像编辑普通单元格格式一样编辑其格式。

例如，要使用单元格样式功能快速为成绩表中的超链接设置外观格式，具体操作步骤如下。

Step01 将鼠标指针移动到 A35 单元格上单击并按住鼠标片刻，直到鼠标指针变成 ✛ 形状时释放鼠标左键，如图 6-44 所示。

图 6-44

Step02 ❶ 单击【开始】选项卡【样式】组中的【单元格样式】按钮 ，❷ 在弹出的下拉列表中选择需要设置的单元格样式，这里选择【链接单元格】选项，如图 6-45 所示。

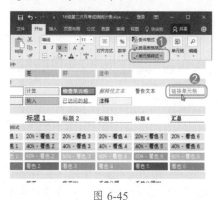

图 6-45

Step03 返回到工作表中，可以看到 A35 单元格中的内容套用所选单元格样式后的效果，如图 6-46 所示。

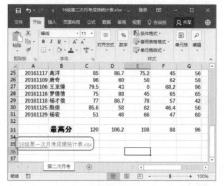

图 6-46

6.2.3　删除超链接

如果插入的超链接没有实际意义，需要在保留超链接中显示内容的情况下取消单元格链接时，只需在选择该单元格后，在其上右击，然后在弹出的快捷菜单中选择【取消超链接】命令即可，如图 6-47 所示。

图 6-47

如果要快速删除多个超链接，可以先选择包含这些链接的单元格区域，然后单击【开始】选项卡【编辑】组中的【清除】按钮 ，在弹出的下拉列表中选择【删除超链接】命令即可，如图 6-48 所示。

图 6-48

技能拓展
——取消输入 URL 或 E-mail 地址的超链接功能

如果在单元格中输入 URL 或 E-mail 地址，在输入完毕后按【Enter】键即可将输入的内容快速转变为超链接格式。其实，这是设置了自动更正功能中的【键入时自动套用格式】功能，它可以将 Internet 及网络路径替换为超链接。如果不希望在输入这类内容时进行转换，可取消该功能，也可手动选择输入内容是否进行转换，即在内容输入完毕后，将鼠标指针移动到该单元格中，片刻后单击显示出的【自动更正选项】标记图标 ，在弹出的下拉列表中选择【撤销超链接】选项，如图 6-49 所示。

图 6-49

6.3 数据共享

团队协作能力是一个团队发展的关键，Excel 2016 为办公人员提供了许多方便团队协作的功能，可以实现多人之间的交流，如表格数据的共享、多人修订、审阅等。在处理一些大型表格数据时，经常需要由多位工作人员同时输入和编辑同一个工作表，此时首先需要根据表格中涉及的内容和目标来安排相应的人员分工协作，然后将这个多人合力完成的表格交由相关人员逐一审阅、完善内容。当然，此过程中不可避免会进行多次的讨论，并且很可能需要重复多次审阅和修订过程，然后完成一份较完整的表格。

★ 新功能 6.3.1 实战：创建共享工作簿

实例门类	软件功能
教学视频	光盘\视频\第 6 章\6.3.1.mp4

Excel 支持【共享工作簿】功能，这让多个用户可以同时编辑同一个工作簿变为可能。共享工作簿的实质就是创建共享工作簿，并将其放在可供多人同时编辑内容的一个网络位置上。例如，某工作组中的人员各自需要处理一些数据，并且需要知道彼此当前的数据状态，那么该工作组就可以使用共享工作簿来跟踪数据的状态，所有参与的人员以后也可以在相同的工作簿中输入各自的数据信息，还能看到其他用户所做的修改。

要让工作簿在公司的办公网络中共享使用，首先必须创建共享工作簿，具体操作步骤如下。

Step01 打开光盘\素材文件\第 6 章\员工通讯录 .xlsx，单击【审阅】选项卡【更改】组中的【共享工作簿】按钮，如图 6-50 所示。

图 6-50

Step02 打开【共享工作簿】对话框，选中【允许多用户同时编辑，同时允许工作簿合并】复选框，如图 6-51 所示。

图 6-51

Step03 ① 选择【高级】选项卡，② 在该选项卡中可以对共享工作簿的保存修订、更新文件等操作进行设置，这里在【修订】栏中选中【保存修订记录】单选按钮，并在其后的数值框中输入保存的时间，在【更新】栏中选中【保存文件时】单选按钮，在【用户间的修订冲突】栏中选中【询问保存哪些修订信息】单选按钮，选中【在个人视图中包括】栏中所有的复选框，③ 单击【确定】按钮，如图 6-52 所示。

图 6-52

Step04 打开提示对话框，单击【确定】按钮完成工作簿的共享操作，如图 6-53 所示。

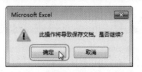

图 6-53

技术看板

如果当前工作簿未保存，系统会提示用户保存该工作簿。可以将这个工作簿保存在一个其他人都可以访问到的地方，如一个共享文件夹。

Step05 返回 Excel 界面中，即可看到标题栏中出现了【[共享]】字样，如图 6-54 所示，表明已经将该工作簿保存并共享在局域网中的某个文件夹下，局域网中的其他用户也可以通过网络访问并修改该工作簿的内容了。

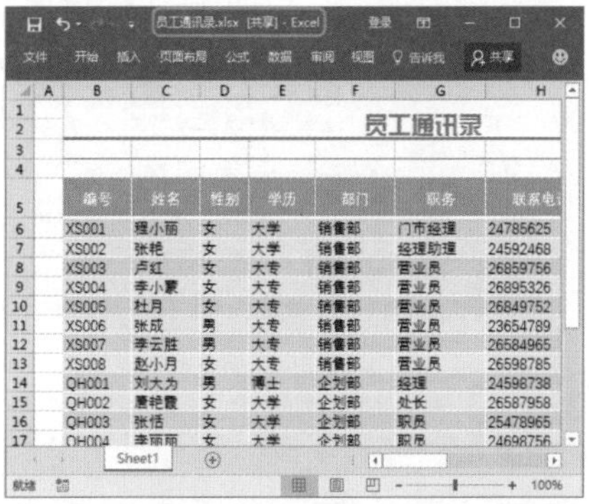

图 6-54

技能拓展——管理访问共享工作簿的权限

共享工作簿之后，具有网络共享访问权限的所有用户都具有该共享工作簿的访问权限。而作为共享工作簿的所有者（一般称为主用户），可以通过控制用户对共享工作簿的访问权限来设置访问该工作簿的人员（一般称为辅用户），即在【共享工作簿】对话框的【编辑】选项卡的【正在使用本工作簿的用户】列表框中选择除自己以外的用户选项，然后单击【删除】按钮即可撤销该用户的使用权限。

6.3.2 修订共享工作簿

在为工作簿设置共享后，就可以提供给具有访问权限的辅用户使用了。在局域网中可以使用多个 Excel 打开这个工作簿，即多个辅用户可以同时使用共享的工作簿。

辅用户在使用 Excel 编辑共享工作簿时，与编辑本地工作簿的操作相同，可以在其中输入和更改数据，完成后都需要保存。这样就可以看到共享工作簿中的内容被更新了。

只是在进行多人协作编排时，如果需要对他人编排的表格内容直接进行修改，为尊重编写者，以原作者意见为主，其他用户都是在修订状态下对表格进行修订的。修订表格后，工作簿中会保留所有修改过程及修改前的内容，并以特定的格式显示修订的内容，以便于原作者查看并确认是否进行相应的修改。

技术看板

共享工作簿对于辅用户而言，并非完全支持 Excel 的所有功能。如不能插入或删除单元格、工作表，不能合并、拆分单元格，不能进行插入图表、图片等操作。

6.3.3 实战：突出显示通讯录中的修订

实例门类	软件功能
教学视频	光盘\视频\第 6 章\6.3.3.mp4

如果有多个辅用户在同时编辑一个共享工作簿，他们每个人都可能对该工作簿做了一定的修订，这时主用户可以设置突出显示修订功能，来及时了解其他辅用户的具体修订内容。例如，主用户要在刚刚创建的【员工通讯录】共享工作簿中了解各个辅用户对该工作簿的修订的整个工作进程，具体操作步骤如下。

Step01 ❶ 其他用户在自己的计算机上打开已经共享的【员工通讯录】工作簿，❷ 修改 C10 单元格中的数据，❸ 单击快速访问工具栏中的【保存】按钮，如图 6-55 所示。

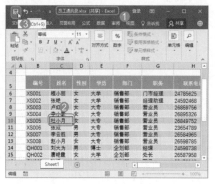

图 6-55

Step02 ❶ 另一个用户也在自己的计算机上打开已经共享的【员工通讯录】工作簿，并修改了 C10 单元格中的数据，❷ 主用户在自己的计算机上单击【审阅】选项卡【更改】组中的【修订】按钮，❸ 在弹出的下拉列表中选择【突出显示修订】选项，如图 6-56 所示。

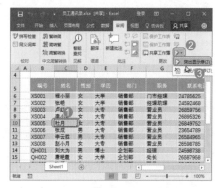

图 6-56

Step03 打开【突出显示修订】对话框，❶ 选中【编辑时跟踪修订信息，同时共享工作簿】复选框，❷ 在【突出显示的修订选项】栏中选中【时间】和【修订人】复选框，分别在各个复选框后的下拉列表框中设置时间、修订人参数，这里设置为突出显示所有时间内所有人进行的修订，❸ 选中【在新工作表上显示修订】复选框，❹ 单击【确定】按钮，如图6-57所示。

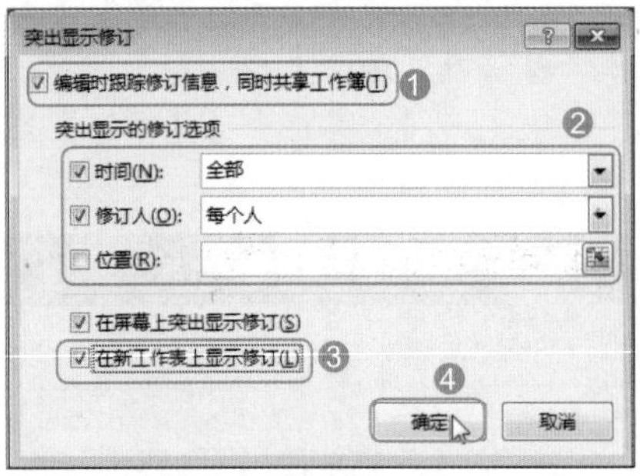

图 6-57

Step04 经过以上操作，即可新建一个名为【历史记录】的工作表，在其中根据设置的参数统计了所有人对该工作簿的修订操作，如图6-58所示。

图 6-58

Step05 选择共享工作簿中的共享数据表，可以看到被辅用户修订的单元格其左上角显示了一个小三角形标记。将鼠标指针移动到该单元格上时，将在弹出的信息框中显示修订的用户、时间及原始数据和修订数据等，如图6-59所示。

图 6-59

技术看板

如果有两个辅用户在同时修订共享工作簿中的某个单元格内容，就会产生修订冲突，这时会在第二个修改该单元格数据的用户保存工作簿时打开【解决冲突】对话框，提示用户阅读有关每次更改，以及其他用户所做的冲突修订的信息。如果需要保留自己的更改或其他用户的更改并继续处理下一个冲突修订，该辅用户可以单击【接受本用户】或【接受其他用户】按钮；如果要保留自己的其余所有更改或其他用户的所有更改，可以单击【全部接受本用户】或【全部接受其他用户】按钮。

6.3.4 实战：接受或拒绝通讯录中的修订

实例门类	软件功能
教学视频	光盘\视频\第6章\6.3.4.mp4

在对共享工作簿进行修订时，不一定修订的最终结果就是正确的，也可能有多个用户在同时编辑同一共享工作簿并试图对同一个单元格数据进行修订和保存，由于Excel只能在一个单元格里保留一种版本的修订，这时就会产生修订冲突，虽然辅用户也可自行进行修订的选择。但通常需要由主用户通过查看和分析该工作簿过去的修订记录，并做出是否保存这些修订的决定，即确认是否接受或拒绝修订内容。如需要保留对方的修改可接收修订，取消对方的修改可拒绝修订。

下面是在【员工通讯录】共享工作簿中设置接受和拒绝修订的操作步骤。

Step01 等待其他辅用户在自己的计算机上打开共享的工作簿并对其进行修订，如图6-60所示。

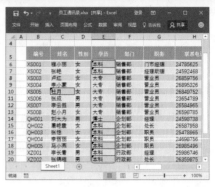

图 6-60

Step02 ❶ 主用户在自己的计算机上打开共享的工作簿，❷ 单击【审阅】选项卡【更改】组中的【修订】按钮，❸ 在弹出的下拉菜单中选择【接受/拒绝修订】命令，如图6-61所示。

图 6-61

Step03 打开【接受或拒绝修订】对话框，❶ 选中【修订人】复选框，并在其后的下拉列表框中设置要查看修订的修订人范围，这里选择【除我之外每个人】选项，❷ 选中【位置】复选框，并在其后的参数框中设置要查看修订的位置，这里设置为C10单元格，❸ 单击【确定】按钮，如图6-62所示。

图 6-62

Step04 在打开的对话框的列表框中即可显示出C10单元格中修订的内容，

❶选择需要保留的修订项，❷单击【接受】按钮，如图 6-63 所示。

图 6-63

Step05 经过上步操作，即可接受选择的修订项，使其成为该单元格最终显示的内容。❶再次单击【审阅】选项卡【更改】组中的【修订】按钮，❷在弹出的下拉菜单中选择【接受 /拒绝修订】命令，如图 6-64 所示。

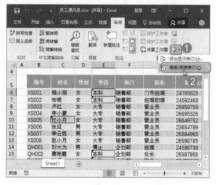

图 6-64

Step06 打开【接受或拒绝修订】对话框，❶选中【修订人】复选框，并在其后的下拉列表框中设置要查看修订的修订人名，❷单击【确定】按钮，如图 6-65 所示。

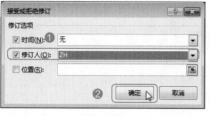

图 6-65

Step07 经过上步操作后，将在对话框中显示出查找到的该修订者执行的第一处修订，并选择相应的单元格，根据需要判断是否保留该修订，这里单击【接受】按钮，如图 6-66 所示。

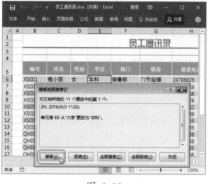

图 6-66

Step08 经过上步操作，即可接受该用户进行的此处修订，并将其最终保存到该单元格中。继续分析该用户的其他修订并作出决定，这里单击【全部接受】按钮，快速接受该修订者对该工作簿进行的所有修订，如图 6-67 所示。

图 6-67

技术看板

在【接受或拒绝修订】对话框中单击【拒绝】按钮可以拒绝对相应信息所做的修改，可使工作表中显示修订前的数据。

6.3.5 取消共享工作簿

计算机中的工作簿过多时可能会导致共享工作簿错误，一般在主用户合并了所有修订后，就可以在局域网中停止共享工作簿。

取消共享工作簿时，首先确定其他正在编辑该工作簿的辅用户是否已经停止编辑，并已保存和关闭该工作簿，然后单击【审阅】选项卡【更改】组中的【共享工作簿】按钮，在打开的【共享工作簿】对话框的【编辑】选项卡中取消选中【允许多用户同时编辑，同时允许工作簿合并】复选框，单击【确定】按钮，最后将局域网中的该工作簿移动到其他未共享的任意文件夹中，这样才能完全取消共享的工作簿。

妙招技法

通过前面知识的学习，相信读者已经掌握了表格数据的获取和共享的相关操作。下面结合本章内容，给大家介绍一些实用技巧。

技巧 01：完善共享文档的属性信息

教学视频	光盘 \ 视频 \ 第 6 章 \ 技巧 01.mp4

Excel 在保存文件时，会把计算机中设置的属性内容连同几种类型的隐藏数据和个人信息一同保存进去。因为这些信息是在查看工作簿时，无法直接看到的，所有经常被忽略，但是在 Excel 2016 的【文件】菜单中选择【信息】命令，在最右侧一栏中可以查看到当前表格的属性，包括内容缩略图、创建时间、相关人员等信息。其中的大部分属性内容是可以修改的。

保存工作簿时，除了会保存文档属性和个人信息外，还会保存批注、墨迹注释、页眉、页脚、隐藏行、列和工作表、文档服务器属性、自定义XML数据，以及工作簿中因设置为不可见格式而看不到的对象。

在实际工作中，当公司里有多人共享工作簿时，后进入的用户可以通过该属性栏了解到谁正在使用这个工作簿的提示，这个信息非常有利于大家进行协作。同时，完善使用共享文档中的个人信息，相当于制作了一张联系人卡片，最终建立了一个共享文档库。因此，通过使用文档属性来为工作簿文件添加详细描述与分类信息就显得非常重要了。

在【文件】菜单【信息】命令的最右侧栏中，将鼠标指针移动到需要修改的属性框位置处，大部分可修改的文档属性便处于可编辑状态了，直接输入需要的信息即可，如图 6-68所示。当然，少数用户为了保护个人信息的隐秘性，会故意不设置属性栏中的个人信息，如图 6-69 所示。

图 6-68

图 6-69

技巧 02：检查 Excel 2016 文档

教学视频	光盘 \ 视频 \ 第 6 章 \ 技巧 02.mp4

每一个工作簿除了所包含的工作表内容以外，都包含了更多的信息。在计划共享工作簿时，如果需要保证不公开那些不希望公开共享的有关组织或工作簿本身的详细信息，最好检查工作簿中是否有存储在工作簿本身或其文档属性中的隐藏数据或个人信息，然后在与其他人共享工作簿之前将其删除。

下面介绍使用 Excel 中的【文档检查器】功能帮助用户查找并删除工作簿中的隐藏数据和个人信息。

如果已经将工作簿共享，则无法删除批注、注释、文档属性和个人信息，以及页眉和页脚等隐藏内容。这是因为共享工作簿使用个人信息来实现多人基于同一工作簿的协作。若要从共享工作簿中删除此类信息，只有先复制该工作簿，然后再取消共享操作。

Step01 打开需要检查的【16级第二次月考成绩统计表】工作簿，❶ 在【文件】菜单中选择【信息】命令，❷ 单击【检查问题】按钮，❸ 在弹出的下拉列表中选择【检查文档】选项，如图 6-70 所示。

图 6-70

检查 Excel 文档的操作最好在原始工作簿的副本中进行，因为有时可能无法恢复【文档检查器】功能删除的数据。

Step02 打开【文档检查器】对话框，❶ 选中需要检查的隐藏内容类型对应的复选框，默认情况下将检查所有类型的隐藏内容，❷ 单击【检查】按钮，如图 6-71 所示。

图 6-71

Step03 稍等片刻，即可在【文档检查器】对话框中查看检查结果，❶ 对于要从文档中删除的隐藏内容的类型，单击其检查结果旁边的【全部删除】按钮，这里选择删除文档属性和个人信息，❷ 完成删除后，单击【关闭】按钮关闭【文档检查器】对话框，如图 6-72 所示。

图 6-72

技术看板

如果删除包含数据的隐藏行、列或工作表，可能会更改工作簿中的计算或公式的结果。而从在工作簿中删除隐藏内容后，可能无法通过单击【撤销】操作来恢复隐藏的内容。因此，需要慎重选择删除的隐藏内容。

技巧 03：更新 Excel 中导入的外部数据

教学视频	光盘\视频\第6章\技巧03.mp4

在 Excel 中通过导入数据功能在工作表中获取的外部数据，其实都是一个一个连接的，它们和连接的图片、文件、Internet 网址、电子邮件地址或程序等源文件都保留了联系。

如果源文件中数据进行了编辑，并重新保存了。在这种情况下，我们可能希望工作表立即更新连接来显示当前的数据。例如，修改了【联系方式】文本文件中的数据，希望导入该文本文件数据的工作表能快速更新数据，具体操作步骤如下。

Step(01) 打开光盘\素材文件\第6章\联系方式 .txt，❶ 修改最后一个数据，❷ 选择【文件】→【保存】命令，如

图 6-73 所示。

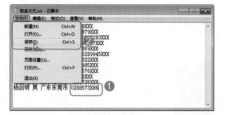

图 6-73

Step(02) 打开光盘\素材文件\第6章\联系方式 .xlsx，单击【数据】选项卡【连接】组中的【全部刷新】按钮，如图 6-74 所示。

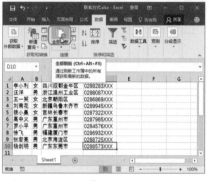

图 6-74

Step(03) 打开【导入文本文件】对话框，❶ 在列表框中选择相应的源文件，这里选择【联系方式 .txt】选项，❷ 单击【导入】按钮，如图 6-75 所示。

图 6-75

Step(04) 经过上步操作后，Excel 会自动使用最新版本的源文件更新连接数据。返回【联系方式】工作表中，可以看到相应的单元格数据进行了更改，效果如图 6-76 所示。

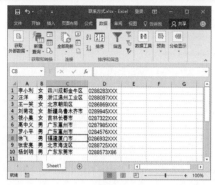

图 6-76

技巧 04：设置在打开工作簿时就连接到 Excel 中的外部数据

教学视频	光盘\视频\第6章\技巧04.mp4

要在打开工作簿时就连接到 Excel 中的外部数据，需要启用计算机的与外部数据连接功能，具体操作步骤如下。

Step(01) 打开【Excel 选项】对话框，❶ 选择【信任中心】选项卡，❷ 在其右侧单击【信任中心设置】按钮，如图 6-77 所示。

图 6-77

Step(02) 打开【信任中心】对话框，❶ 选择【受信任位置】选项卡，❷ 通过单击【添加新位置】按钮来创建受信任的文档，❸ 单击【确定】按钮，如图 6-78 所示。

图 6-78

在【信任中心】对话框的列表框中选择某个选项后，单击【删除】按钮，将删除相应的受信任的发布者和文档；单击【修改】按钮，可以更改文件的受信任位置。

技巧 05：将 Excel 文档保存为 PDF 文件

教学视频	光盘 \ 视频 \ 第 6 章 \ 技巧 05.mp4

PDF 文档（即可移植文档格式）是一种常见的电子文档格式。Adobe 公司设计这种文档格式的目的是支持跨平台的多媒体集成信息出版和发布，其提供了对网络信息发布的支持。PDF 文档具有其他文档所没有的优点，它可以将文字、字形、格式、颜色及独立于设备和分辨率的图形图像封装在一个文件中，同时文档中还可以包含超链接、声音和动态影像等电子信息。另外，PDF 文档能够支持特长文件，并具有集成度和可靠性高的特点。

实际上，Excel 对 PDF 文档提供了很好的支持，用户能够方便地将工作簿保存为 PDF 文档。例如，需要将【16 级第二次月考成绩统计表】工作簿中的数据保存为 PDF 格式，具体操作步骤如下。

Step01 ❶ 在【文件】菜单中选择【导出】命令，❷ 在中间栏中选择【创建 PDF/XPS 文档】选项，❸ 单击【创建 PDF/XPS】按钮，如图 6-79 所示。

图 6-79

Step02 打开【发布为 PDF 或 XPS】对话框，❶ 在【保存类型】下拉列表框中选择【PDF(*.pdf)】选项，❷ 单击【发布】按钮，如图 6-80 所示。

图 6-80

默认情况下，Excel 只将当前活动工作表保存为 PDF 文档。如果需要保存整个工作簿或工作表中选择的内容，可以在【发布为 PDF 或 XPS】对话框中选择【选项】选项，在打开的对话框中进行设置。

Step03 经过上步操作后，将启动相应的 PDF 查看器软件并打开发布后的 PDF 文件，如图 6-81 所示。

图 6-81

技巧 06：将 Excel 文档发布为网页

教学视频	光盘 \ 视频 \ 第 6 章 \ 技巧 06.mp4

在完成工作表的编辑操作后，可将其以网页的形式发布，再通过后台链接以达到共同浏览的目的。将 Excel 文档发布为网页的具体操作步骤如下。

Step01 ❶ 在【文件】菜单中选择【另存为】命令，❷ 选择【浏览】选项，如图 6-82 所示。

图 6-82

Step02 打开【另存为】对话框，❶ 在【保存类型】下拉列表框中选择【网页】选项，❷ 选中【选择：工作表】单选按钮，❸ 单击【更改标题】按钮，如图 6-83 所示。

图 6-83

Step 03 打开【输入文字】对话框，① 在【标题】文本框中输入需要的网页标题内容，② 单击【确定】按钮，如图 6-84 所示。

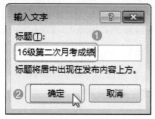

图 6-84

Step 04 返回【另存为】对话框，单击【发布】按钮，如图 6-85 所示。

图 6-85

Step 05 打开【发布为网页】对话框，① 选中【在浏览器中打开已发布网页】复选框，② 单击【发布】按钮，如图 6-86 所示。

图 6-86

技术看板

【发布为网页】对话框的【发布内容】下拉列表框中可以选择发布为网页的范围，如整个工作簿、单张工作表。

Step 06 经过上步操作，即可将当前工作表中的内容发布为网页形式。随后会启动浏览器并打开发布的网页，效果如图 6-87 所示。

图 6-87

本章小结

在现代办公中，大部分的文档都不是一蹴而就的，其创作过程可能使用到多个软件的协同配合，或者经历了多名参与者的共同努力才最终实现。无论是哪种形式都讲究一个协同工作的原理，只有充分发挥各软件的优势、各团队成员的长处，合理地协作办公，才能使相关工作更加高质高效。本章首先介绍了导入数据的重要性和方法，在制作工作表时，如果表格中的数据已经在其他软件中制作好了，就不必再重新输入一遍，可以通过 Excel 提供的导入数据功能直接导入数据，还可以以超链接的方式连接其他文件，在需要时通过链接打开即可查看；接着介绍了数据共享的方法，当需要制作数据量很大的工作表时，就可以使用 Excel 的共享工作簿功能，将工作簿共享出来，让其他人一起编辑和使用制作的表格数据。此外，还可以在保护数据不被编辑的情况下以其他格式共享给他人查看。

公式和函数篇

对于大多数学习 Excel 的人来说，能使用 Excel 计算数据是学习 Excel 的动力。Excel 具有强大的数据计算功能，相比其他计算工具，它的计算能力更快、更准、量更大。

第 7 章

公式的基础应用

- ➡ 你只会使用 Excel 中内置的操作技巧，如设置单元格格式、表格样式这种简单操作吗？
- ➡ 想让你的表格数据拥有内涵，使用公式计算是简单分析的第一步。
- ➡ 你知道公式都有哪些运算方式吗？它们又是怎样进行计算的？
- ➡ 公式的输入与编辑方法和普通数据的相关操作有什么不同？
- ➡ 不同的单元格引用方式会让公式结果带来巨大变化吗？

本章将通过对公式的认识、输入和编辑，单元格的引用和对常见公式中的错误的介绍来讲解公式的基础应用并解答以上问题。

7.1 公式简介

在 Excel 中，除了对数据进行存储和管理外，其最主要的功能在于对数据进行计算与分析。使用公式是 Excel 实现数据计算的重要方式。运用公式可以使各类数据处理工作变得方便。使用 Excel 计算数据之前，本节先来了解公式的组成、公式中的常用运算符和优先级等知识。

7.1.1 认识公式

Excel 中的公式是存在于单元格中的一种特殊数据，它以字符等号【=】开头，表示单元格输入的是公式，而Excel 会自动对公式内容进行解析和计算，并显示出最终的结果。

要输入公式计算数据，首先应了解公式的组成部分和意义。Excel 中的公式是对工作表中的数据执行计算

的等式。它以等号【=】开始，运用各种运算符号将常量或单元格引用组合起来，形成公式的表达式，如【=A1+B2+C3】，该公式表示将 A1、B2和 C3 这 3 个单元格中的数据相加求和。

使用公式计算实际上就是使用数据运算符，通过等式的方式对工作表中的数值、文本、函数等执行计算。公式中的数据可以是直接的数据，称为常量，也可以是间接的数据，如单元格

的引用、函数等。具体来说，输入到单元格中的公式可以包含以下 5 种元素中的部分内容，也可以是全部内容。

（1）运算符：运算符是 Excel公式中的基本元素，它用于指定表达式内执行的计算类型，不同的运算符进行不同的运算。

（2）常量数值：直接输入公式中的数字或文本等各类数据，即不用通过计算的值，如【3.1416】【加班】

【2010-1-1】【16:25】等。

（3）括号：括号控制着公式中各表达式的计算顺序。

（4）单元格引用：指定要进行运算的单元格地址，从而方便引用单元格中的数据。

（5）函数：函数是预先编写的公式，它们利用参数按特定的顺序或结构进行计算，可以对一个或多个值进行计算，并返回一个或多个值。

★ 重点 7.1.2　认识公式中的运算符

Excel 中的公式等号【=】后面的内容就是要计算的各元素（即操作数），各操作之间由运算符分隔。运算符是公式中不可缺少的组成元素，它决定了公式中的元素执行的计算类型。

Excel 中除了支持普通的数学运算外，还支持多种比较运算和字符串运算等，下面分别为大家介绍在不同类型的运算中可使用的运算符。

1. 算术运算符

算术运算是最常见的运算方式，也就是使用加、减、乘、除等运算符完成基本的数学运算、合并数字及生成数值结果等，是所有类型运算符中使用效率最高的。在 Excel 2016 中可以使用的算术运算符如表 7-1 所示。

表 7-1　算术运算符

算术运算符符号	具体含义	应用示例	运算结果
＋（加号）	加法	6+3	9
－（减号）	减法或负数	6-3	3
*（乘号）	乘法	6×3	18
/（除号）	除法	6÷3	2
%（百分号）	百分比	6%	0.06
^（求幂）	求幂（乘方）	6^3	216

2. 比较运算符

在了解比较运算时，首先需要了解两个特殊类型的值，一个是【TRUE】，另一个是【FALSE】，它们分别表示逻辑值【真】和【假】或者理解为【对】和【错】，也称为【布尔值】。例如，假如我们说 1 是大于 2 的，那么这个说法是错误的，我们可以使用逻辑值【FALSE】表示。

Excel 中的比较运算主要用于比较值的大小和判断，而比较运算得到的结果就是逻辑值【TRUE】或【FALSE】。要进行比较运算，通常需要运算【大于】【小于】【等号】之类的比较运算符，Excel 2016 中的比较运算符及含义如表 7-2 所示。

> **技术看板**
>
> 【=】符号应用在公式开头，用于表示该单元格内存储的是一个公式，是需要进行计算的，当其应用于公式中时，通常用于表示比较运算，来判断【=】左右两侧的数据是否相等。另外需要注意，任意非 0 的数值如果转换为逻辑值后结果为【TRUE】，数值 0 转换为逻辑值后结果为【FALSE】。

表 7-2　比较运算符

比较运算符符号	具体含义	应用示例	运算结果
＝（等号）	等于	A1=B1	若单元格 A1 的值等于 B1 的值，则结果为 TRUE，否则为 FALSE
＞（大于号）	大于	18 > 10	TRUE
＜（小于号）	小于	3.1415 < 3.15	TRUE
＞=（大于等于号）	大于或等于	3.1415 >= 3.15	FALSE
＜=（小于等于号）	小于或等于	PI() <= 3.14	FALSE
＜＞（不等于号）	不等于	PI() <> 3.1416	TRUE

> **技术看板**
>
> 比较运算符也适用于文本。如果 A1 单元格中包含 Alpha，A2 单元格中包含 Gamma，则【A1 < A2】公式将返回【TRUE】，因为 Alpha 在字母顺序上排在 Gamma 的前面。

3. 文本连接运算符

在 Excel 中，文本内容也可以进行公式运算，使用【&】符号可以连接一个或多个文本字符串，以生成一个新的文本字符串。需要注意，在公式中使用文本内容时，需要为文本内容加上引号（英文状态下的），以表示该内容为文本。例如，要将两组文字【北京】和【水立方】连接为一组文字，可以输入公式【=" 北京 "&" 水立方"】，最后公式得到的结果为【北京水立方】。

使用文本运算符也可以连接数值，数值可以直接输入，不用再添加引号了。例如，要将两组文字【北京】和【2016】连接为一组文字，可以输入公式【=" 北京 "&2016】，最后公式得到的结果为【北京 2016】。

使用文本运算符还可以连接单元格中的数据。例如，A1 单元格中包含 123，A2 单元格中包含 456，则输入【=A1&A2】，Excel 会默认将 A1 和 A2 单元格中的内容连接在一起，即等同于输入【123456】。

> **技术看板**
>
> 从表面上看，使用文本运算符连接数字得到的结果是文本字符串，但是如果在数学公式中使用这个文本字符串，Excel 会把它看成数值。

4. 引用运算符

引用运算符是与单元格引用一起使用的运算符，用于对单元格进行操作，从而确定用于公式或函数中进行计算的单元格区域。引用运算符主要包括范围运算符、联合运算符和交集运算符，引用运算符包含的具体运算符如表 7-3 所示。

表 7-3　引用运算符

引用运算符符号	具体含义	应用示例	运算结果
:（冒号）	范围运算符，生成指向两个引用之间所有单元格的引用（包括这两个引用）	A1:B3	引用 A1、A2、A3、B1、B2、B3 共 6 个单元格中的数据
,（逗号）	联合运算符，将多个单元格或范围引用合并为一个引用	A1,B3:E3	引用 A1、B3、C3、D3、E3 共 5 个单元格中的数据
（空格）	交集运算符，生成对两个引用中共有的单元格的引用	B3:E4 C1:C5	引用两个单元格区域的交叉单元格，即引用 C3 和 C4 单元格中的数据

5. 括号运算符

除了以上用到的运算符外，Excel 公式中常常还会用到括号。在公式中，括号运算符用于改变 Excel 内置的运算符优先次序，从而改变公式的计算顺序。每一个括号运算符都由一个左括号搭配一个右括号组成。在公式中，会优先计算括号运算符中的内容。因此，当需要改变公式求值的顺序时，可以像日常数学计算一样，使用括号来提升运算级别。例如，需

要先计算加法然后再计算除法，可以利用括号将公式按需要来实现，将先计算的部分用括号涵盖起来，如在公式【=(A1+1)/3】中，将先执行【A1+1】运算，再将得到的和除以 3 得出最终结果。

也可以在公式中嵌套括号，嵌套是把括号放在括号中。如果公式包含嵌套的括号，则会先计算最内层的括号，逐级向外。Excel 计算公式中使用的括号与我们平时使用的数学计算式不一样，无论公式多复杂，凡是需要提升运算级别均使用小括号【()】，如数学公式【=(4+5)×[2+(10-8)÷3]+3】，在 Excel 中的表达式为【=(4+5)*(2+(10-8)/3)+3】。如果在 Excel 中使用了很多层嵌套括号，相匹配的括号会使用相同的颜色。

技术看板

Excel 公式中要习惯使用括号，即使并不需要括号，也可以添加。因为使用括号可以明确运算次序，使公式更容易阅读。

★ 重点 7.1.3　熟悉公式中运算优先级

运算的优先级就是运算符的先后使用顺序。为了保证公式结果的单一性，Excel 中内置了运算符的优先次序，从而使公式按照这一特定的顺序从左到右计算公式中的各操作数，并得出计算结果。

公式的计算顺序与运算符优先级有关。运算符的优先级决定了当公式中包含多个运算符时，先计算哪一部分，后计算哪一部分。如果在一个公

式中包含了多个运算符，Excel 将按表 7-4 所示的次序进行计算。如果一个公式中的多个运算符具有相同的优先顺序（例如，如果一个公式中既有乘号又有除号），Excel 将从左到右进行计算。

表 7-4　Excel 运算符的优先级

优先顺序	运算符	说明
1	:,	引用运算符：冒号，单个空格和逗号
2	—	算术运算符：负号（取得与原值正负号相反的值）
3	%	算术运算符：百分比
4	^	算术运算符：乘幂
5	* 和 /	算术运算符：乘和除
6	＋和－	算术运算符：加和减
7	&	文本运算符：连接文本
8	=,<,>,<=,>=,<>	比较运算符：比较两个值

技术看板

Excel 中的计算公式与日常使用的数学计算式相比，运算符有所不同，其中算术运算符中的乘号和除号分别用【*】和【/】符号表示，请注意区别于数学中的 × 和 ÷；比较运算符中的大于等于号、小于等于号、不等于号分别用【>=】【<=】和【<>】符号表示，请注意区别于数学中的 ≥、≤ 和 ≠。

7.2　公式的输入和编辑

在 Excel 中对数据进行计算时，用户可以根据表格的需要来自定义公式进行数据的运算。输入公式后，我们还可以进一步编辑公式，如对输入错误的公式进行修改，通过复制公式，让其他单元格应用相同的公式，还可以删除公式。

★ 重点 7.2.1 实战：在折扣单中输入公式

实例门类	软件功能
教学视频	光盘\视频\第7章\7.2.1.mp4

在工作表中进行数据的计算，首先要输入相应的公式。输入公式的方法与输入文本的方法类似，只需将公式输入到相应的单元格中，即可计算出数据结果。可以在单元格中输入，也可以在编辑栏中输入。但是在输入公式时首要要输入【=】符号作为开头，然后才是公式的表达式。

下面在【产品折扣单】工作簿中，通过使用公式计算出普通包装的产品价格，具体操作步骤如下。

Step01 打开光盘\素材文件\第7章\产品折扣单.xlsx，❶ 选择需要放置计算结果的 G2 单元格，❷ 在编辑栏中输入【=】，❸ 选择 C2 单元格，如图 7-1 所示。

图 7-1

Step02 经过上步操作，即可引用 C2 单元格中的数据。继续在编辑栏中输入运算符并选择相应的单元格进行引用，输入完成后的表达式效果如图 7-2 所示。

Step03 按【Enter】键确认输入公式，即可在 G2 单元格中计算出公式结果，如图 7-3 所示。

图 7-2

图 7-3

技术看板

输入公式时，被输入单元格地址的单元格将以彩色的边框显示，方便确认输入是否有误，在得出结果后，彩色的边框将消失。而且，在输入公式时可以不区分单元格地址字母的大小写。

7.2.2 实战：修改折扣单中的公式

实例门类	软件功能
教学视频	光盘\视频\第7章\7.2.2.mp4

建立公式时难免出现错误，这时可以重新编辑公式，直接修改公式出错的地方。首先选择需要修改公式的单元格，然后使用修改文本的方法对公式进行修改即可。修改公式需要进入单元格编辑状态进行修改，具体修改方法有两种，一种是直接在单元格中进行修改，另一种是在编辑栏中进行修改。

（1）在单元格中修改公式。

双击要修改公式的单元格，让其显示出公式，然后将文本插入点定位到出错的数据处。删除错误的数据并输入正确的数据，再按【Enter】键确认输入。例如，在为折扣单中输入公式为第一种产品计算成品价时引用了错误的单元格，修改公式的操作步骤如下。

Step01 ❶ 双击错误公式所在的 H2 单元格，❷ 显示出公式，选择公式中需要修改的【D2】文本，按【Delete】键将其删除，如图 7-4 所示。

图 7-4

Step02 重新选择 C2 单元格，即可引用 C2 单元格中的数据，如图 7-5 所示。

图 7-5

Step03 经过上步操作，即可将公式中原来的【D2】修改为【C2】，继续将公式中的【E2】修改为【D2】，如图 7-6 所示。

图 7-6

Step 04 按【Enter】键确认公式的修改，即可在 H2 单元格中计算出新公式的结果，如图 7-7 所示。

图 7-7

（2）在编辑栏中修改公式。

选择要修改公式的单元格，然后在编辑栏中定位文本插入点至需要修改的数据处。删除编辑栏中错误的数据并输入正确的数据，再按【Enter】键确认输入。例如，同样修改前面的错误，也可以按照下面的操作步骤来修改。

Step 01 ❶ 选择错误公式所在的 H2 单元格，❷ 在编辑栏中选择公式中需要修改的【D2】文本，按【Delete】键将其删除，如图 7-8 所示。

Step 02 重新选择 C2 单元格，即可引用 C2 单元格中的数据，如图 7-9 所示。

Step 03 使用相同的方法将公式中的【E2】修改为【D2】，如图 7-10 所示。按【Enter】键确认公式的修改，即可在 H2 单元格中计算出新公式的结果。

图 7-8

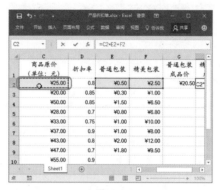

图 7-9

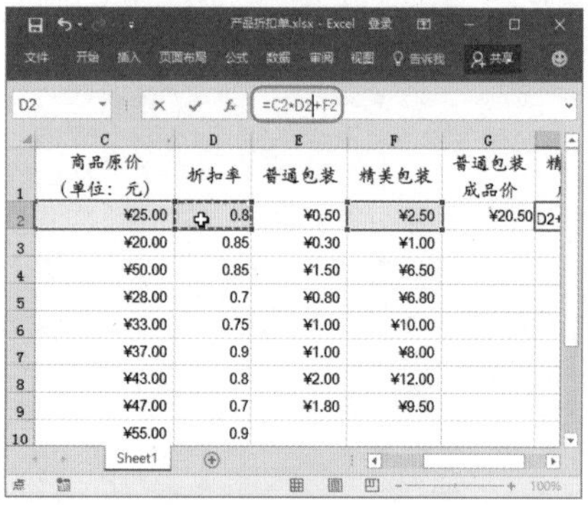

图 7-10

7.2.3 实战：复制折扣单中的公式

实例门类	软件功能
教学视频	光盘\视频\第 7 章\7.2.3.mp4

有时需要在一个工作表中使用公式进行一些类似数据的计算，如果在单元格中逐个输入公式进行计算，则会增加计算的工作量。此时复制公式

是进行快速计算数据的最佳方法，因为在将公式复制到新的位置后，公式中的相对引用单元格将会自动适应新的位置并计算出新的结果。避免了手动输入公式内容的麻烦，提高了工作效率。

复制公式的方法与复制文本的方法基本相似，主要有以下几种方法实现。

（1）选择【复制】命令复制：选择需要被复制公式的单元格，单击【开始】选项卡【剪贴板】组中的【复制】按钮，然后选择需要复制相同公式的目标单元格，再在【剪贴板】组中单击【粘贴】按钮即可。

（2）通过快捷菜单复制：选择需要被复制公式的单元格，在其上右击，在弹出的快捷菜单中选择【复制】命令，然后在目标单元格上右击，在弹出的快捷菜单中选择【粘贴】命令复制公式。

（3）按快捷键复制：选择需要被复制公式的单元格，按【Ctrl+C】组合键复制单元格，然后选择需要复制相同公式的目标单元格，再按【Ctrl+V】组合键进行粘贴即可。

（4）拖动控制柄复制：选择需要被复制公式的单元格，移动鼠标指针到该单元格的右下角，待鼠标指针变成+形状时，按住鼠标左键不放拖动到目标单元格后释放鼠标即可复制公式到鼠标拖动经过的单元格区域。

下面在【产品折扣单】工作簿中，通过拖动控制柄复制公式的方法快速计算出每种产品的成品价，具体操作步骤如下。

Step 01 ❶ 选择 G2:H2 单元格区域，❷ 将鼠标指针移动到该单元格区域的右下方，当其变为+形状时按住鼠标左键不放并向下拖动鼠标至 H10 单元格，如图 7-11 所示。

Step 02 释放鼠标即可完成公式的复制，在 G3:H10 单元格区域中将自动计算出复制公式的结果，效果如图 7-12 所示。

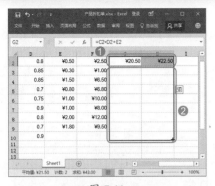

图 7-11

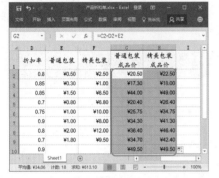

图 7-12

技能拓展——只复制公式结构,不改变单元格引用

如果希望复制后的公式不改变引用单元格的地址,即制作一个一模一样的公式副本,公式中的结构和所有参数都不改变。为此,可以直接在公式编辑模式下选择公式内容,然后将公式作为文本进行复制。

7.2.4　删除公式

在 Excel 2016 中,删除单元格中的公式有两种情况,一种是不需要单元格中的所有数据了,选择单元格后直接按【Delete】键删除即可;另一种情况,只是为了删除单元格中的公式,而需要保留公式的计算结果。此时可利用【选择性粘贴】功能将公式结果转化为数值,这样即使改变被引用公式的单元格中的数据,其结果也不会发生变化。

例如,要将【产品折扣单】工作簿中计算数据的公式删除,只保留其计算结果,具体操作步骤如下。

Step01 ❶ 选择 G2:H10 单元格区域,并在其上右击,❷ 在弹出的快捷菜单中选择【复制】命令,如图 7-13 所示。

图 7-13

Step02 ❶ 单击【剪贴板】组中的【粘贴】按钮,❷ 在弹出的下拉菜单的【粘贴数值】栏中选择【值】命令,如图 7-14 所示。

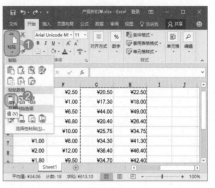

图 7-14

Step03 经过上步操作后,G2:H10 单元格区域中的公式已被删除。选择该单元格区域中的某个单元格后,在编辑栏中只显示对应的数值,如图 7-15 所示。

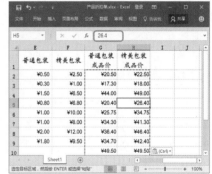

图 7-15

7.3 使用单元格引用

在 Excel 2016 中,单元格是工作表的最小组成元素,以左上角第一个单元格为原点,向右向下分别为行、列坐标的正方向,由此构成单元格在工作表上所处位置的坐标集合。在公式中使用坐标方式表示单元格在工作表中的"地址"实现对存储于单元格中的数据的调用,这种方法称为单元格引用,可以告之 Excel 在何处查找公式中所使用的值或数据。在第 3 章中介绍了单元格引用的两种样式,此处再深入了解单元格引用的一些原理和具体使用方法。

7.3.1　单元格的引用方法

在 Excel 中使用公式对数据进行计算时,如果要直接使用表格中已存在的数据作为公式中的运算数据,则可以使用单元格的引用。引用单元格进行数据间的计算是一个比较常用的操作。在 7.2 节中讲解的案例就使用了单元格的引用。

一个引用地址就能代表工作表上的一个或者多个单元格或单元格区域。在 Excel 中引用单元格,实际上就是将单元格或单元格区域的地址作为索引,目的是引用该单元格或单元格区域中的数据。因此,引用的作用就在于标识工作表中的单元格或单元格区域，并指明公式中所使用的数据的地址，尤其是在单元格中存储公式中可能变化的数据时，使用单元格引用的方法更有利于以后的维护。因为引用单元格数据以后，公式的运算值将随着被引用的单元格数据变化而变化。当被引用的单元格数据被修改后，公式的运算值将自动修改。

单元格的引用方法一般有以下两种。

（1）在计算公式中输入需要引用单元格的列标号及行标号，如 A5（表示 A 列中的第 5 个单元格）；A6:B7（表示从 A6 到 B7 之间的所有单元格）。

（2）在编写公式时直接单击选择需要运算的单元格，Excel 会自动将选择的单元格地址添加到公式中。

★ 重点 7.3.2 相对引用、绝对引用和混合引用

单元格在公式中的引用具有以下关系：如果 A1 单元格中输入了公式【=B1】，那么 B1 就是 A1 的引用单元格，A1 就是 B1 的从属单元格。从属单元格和引用单元格之间的位置关系称为单元格引用的相对性。

根据表述位置相对性的不同方法，可分为 3 种不同的单元格引用方式，即【相对引用】【绝对引用】和【混合引用】。它们各自具有不同的含义和作用。下面用 A1 引用样式为例分别介绍相对引用、绝对引用和混合引用的使用方法。

1. 相对引用

相对引用是指引用单元格的相对地址，即从属单元格与引用单元格之间的位置关系是相对的。默认情况下，新公式使用相对引用。

使用 A1 引用样式时，相对引用样式用数字 1、2、3…表示行号，用字母 A、B、C…表示列标，采用

【列字母＋行数字】的格式表示，如 A1、E12 等。如果引用整行或整列，可省去列标或行号，如 1:1 表示第一行；A:A 表示 A 列。

采用相对引用后，当复制公式到其他单元格时，Excel 会保持从属单元格与引用单元格的相对位置不变，即引用的单元格位置会随着单元格复制后的位置发生改变。例如，在 G2 单元格中输入公式【=E2*F2】，如图 7-16 所示。

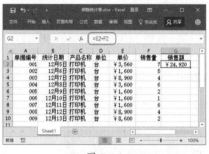

图 7-16

然后将公式复制到下方的 G3 单元格中，则 G3 单元格中的公式会变为【=E3*F3】。这是因为 E2 单元格相对于 G2 单元格来说，是其向左移动了 2 个单元格的位置，而 F2 单元格相对于 G2 单元格来说，是其向左移动了 1 个单元格的位置。因此在将公式复制到 G3 单元格时，始终保持引用公式所在的单元格向左移动 2 个单元格位置的 E3 单元格，和其向左移动 1 个单元格位置的 F3 单元格，如图 7-17 所示。

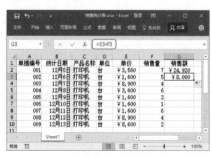

图 7-17

2. 绝对引用

绝对引用和相对引用相对应，是

指引用单元格的实际地址，从属单元格与引用单元格之间的位置关系是绝对的。当复制公式到其他单元格时，Excel 会保持公式中所引用单元格的绝对位置不变，结果与包含公式的单元格位置无关。

使用 A1 引用样式时，在相对引用的单元格的列标和行号前分别添加冻结符号【$】便可成为绝对引用。例如，在水费收取表中要计算出每户的应缴水费，可以在 C3 单元格中输入公式【=B3*$B$1】，如图 7-18 所示。

图 7-18

然后将公式复制到下方的 C4 单元格中，则 C4 单元格中的公式会变为【=B4*$B$1】，公式中采用绝对引用的 B1 单元格仍然保持不变，如图 7-19 所示。

图 7-19

3. 混合引用

混合引用是指相对引用与绝对引用同时存在于一个单元格的地址引用中。混合引用具有两种形式，即绝对列和相对行、绝对行和相对列。绝对引用列采用 $A1、$B1 等形式，绝对

引用行采用 A$1、B$1 等形式。

在混合引用中，如果公式所在单元格的位置改变，则绝对引用的部分保持绝对引用的性质，地址保持不变；而相对引用的部分同样保留相对引用的性质，随着单元格的变化而变化。具体应用到绝对引用列中，就是说改变位置后的公式行部分会调整，但是列不会改变；绝对引用行中，则改变位置后的公式列部分会调整，但是行不会改变。

例如，在 A1 引用样式中，在 C3 单元格中输入公式【=$A5】，则公式向右复制时始终保持为【=$A5】不变，向下复制时行号将发生变化，即行相对列绝对引用。而在 R1C1 引用样式中，表示为【=R[2]C1】。

技能拓展——R1C1 引用样式的相对、绝对和混合引用

在 R1C1 引用样式中，如果希望在复制公式时能够固定引用某个单元格地址，就不需要添加相对引用的标识符号 [ ]，将需要相对引用的行号和列标的数字包括起来。具体参见表 7-5 所示。

表 7-5　单元格引用类型及特性

引用类型	A1样式	R1C1样式	特性
相对引用	A1	R[*]C[*]	向右向下复制公式均会改变引用关系
行绝对列相对混合引用	A$1	R1C[*]	向下复制公式不改变引用关系
行相对列绝对混合引用	$A1	R[*]C1	向右复制公式不改变引用关系
绝对引用	$A$1	R1C1	向右向下复制，公式不改变引用关系

表 7-5 中的 * 符号代表数字，正数表示右侧或下方的单元格，负数表示左侧或上方的单元格。如果活动单元格是 A1，则单元格相对引用 R[1]C[1] 将引用下面一行和右边一列的单元格，即 B2。

R1C1 引用样式的行和列数据是可以省略的。例如，R[-2]C 表示对在同一列、上面两行的单元格的相对引用；

R[-1] 表示对活动单元格整个上面一行单元格区域的相对引用；R 表示对当前行的绝对引用。

R1C1 引用样式对于计算位于宏内的行和列很有用。在 R1C1 样式中，Excel 指出了行号在 R 后而列号在 C 后的单元格的位置。当用户录制宏时，Excel 将使用 R1C1 引用样式录制命令。例如，如果要录制这样的宏，当单击【自动求和】按钮时该宏插入将某区域中的单元格求和的公式。Excel 使用 R1C1 引用样式，而不是 A1 引用样式来录制公式。

7.3.3　快速切换 4 种不同的单元格引用类型

在 Excel 中创建公式时，可能需要在公式中使用不同的单元格引用方式。如果需要在各种引用方式间不断切换，来确定需要的单元格引用方式时，可按【F4】键快速在相对引用、绝对引用和混合引用之间进行切换。如在公式编辑栏中选择需要更改的单元格引用【A1】，然后反复按【F4】键时，就会在【$A$1】【A$1】【$A1】和【A1】之间切换。

7.4　了解公式中的错误值

在 Excel 中输入公式时，可能由于用户的误操作或公式函数应用不当，导致公式结果出现错误值提示信息。了解数据计算出错的处理方法，能有效防止错误的再次发生和连续使用。下面介绍了一些 Excel 中常出现的公式错误值，以及它们出现的原因及处理办法。

7.4.1　【#####】错误及解决方法

有时对表格的格式进行调整，并没有编辑表格中的数据，操作完成后却发现有些单元格的左上角将显示一个三角形状▱，其中的数据不见了，取而代之的是【#####】形式的数据。

如果整个单元格都使用【#】符号填充，通常表示该单元格中所含

的数字、日期或时间超过了单元格的宽度，无法显示数据，此时加宽该列宽度即可。当单元格中的数据类型不对时，也可能显示【#####】错误，此时可以改变单元格的数字格式，直到能显示出数据。如果单元格包含的公式返回了无效的时间和日期，如产生了一个负值，也会显示【#####】错误，因此需要保证日期与时间公式的正确性。

技术看板

在单元格中输入错误的公式不仅会导致出现错误值，而且还会产生某些意外结果，如一个错误值可以导致使用该单元格公式的许多其他单元格出现错误，即如果引用的单元格包含错误值，公式就可能返回一个错误值（这称为连锁反应）。

7.4.2 【#DIV/0!】错误及解决方法

在 Excel 表格中，当公式除以 0 时，将会产生错误值【#DIV/0!】，解决方法是将除数更改为非零值；如果参数是一个空白单元格，由于 Excel 会认为其值为 0，因此也会产生错误值【#DIV/0!】。此时就需要修改单元格引用，或在用作除数的单元格中输入不为零的值，确认函数或公式中的除数不为零或不为空。

7.4.3 【#N/A】错误及解决方法

表格中出现【#N/A】错误值的概率也很高。当在公式中没有可用数值时，就会出现错误值【#N/A】，主要有以下几种情况。

（1）目标数据缺失：通常在查找匹配函数（如 Match、Lookup、Vlookup、Hlookup 等）时，在执行匹配过程中，匹配失效。

（2）源数据缺失：小数组在复制到大区域中时，尺寸不匹配的部分就会返回【#N/A】错误值。

（3）参数数据缺失：如公式【=Match(,,)】，由于没有参数，就会返回【#N/A】错误值。

（4）数组之间的运算：当某一个数组有多出来的数据时，如【SUMPRODUCT(array1,array2)】，当 array1 与 array2 的尺寸不一样时，也会产生【#N/A】错误值。

因此，在出现【#N/A】错误值时，就需要检查目标数据、源数据、参数是否填写完整，相互运算的数组是否尺寸相同。

技术看板

如果工作表中某些单元格暂没有数值，可以在单元格中输入【#N/A】，公式在引用这些单元格时，不会进行数值计算，而是直接返回【#N/A】错误值。

7.4.4 【#NAME?】错误及解决方法

在公式中使用 Excel 不能识别的文本时将产生错误值【#NAME?】。产生该错误值的情况比较多，如函数名拼写错误；某些函数未加载宏，如 DATEDIF 函数；名称拼写错误；在公式中输入文本时没有使用双引号，或是在中文输入法状态下输入的引号为【】，而非英文状态下输入的引号 " "，以至于 Excel 误将其解释为名称，但又找不到对应的函数或名称而出错；单元格引用地址书写错误，如输入了错误公式【=SUM(A1:B)】；使用较高版本制作的工作簿在较低版本中使用时，由于其中包含的某个函数在当前运行的 Excel 版本中不受支持，而产生【#NAME?】错误值。

由此可见，在出现【#NAME?】错误值时，需要确保拼写正确，加载宏，定义好名称，删除不受支持的函数，或将不受支持的函数替换为受支持的函数。

技能拓展——检查单元格名称的正确性

要确认公式中使用的名称是否存在，可以在【名称管理器】对话框中查看所需的名称有没有被列出。如果公式中引用了其他工作表或工作簿中的值或单元格，且工作簿或工作表的名称中包含非字母字符或空格时，需要将该字符放置在单引号【'】中。

7.4.5 【#NULL!】错误及解决方法

使用运算符进行计算时，一定要注意是否出现【#NULL!】错误值。该错误值表示公式使用了不相交的两个区域的交集，需要注意的是不相交，而不是相交为空（有关这个概念将在后面的章节中详细讲解）。例如，公式【=1:1 2:2】就是错误的，因为行 1 与行 2 不相交。产生【#NULL!】错误值的原因是使用了不正确的区域运算符，解决的方法就是预先检查计算区域，避免空值的产生。

技能拓展——合并区域引用

若实在要引用不相交的两个区域，一定要使用联合运算符，即半角逗号【,】。

7.4.6 【#NUM!】错误及解决方法

通常公式或函数中使用无效数字值时，即在需要数字参数的函数中使用了无法接受的参数时，将出现【#NUM!】错误值。解决的方法是确保函数中使用的参数为正确的数值范围和数值类型。例如，【=10^309】，超出了 Excel 数值大小的限值，属于范围出错，有时即使需要输入的值是【$6,000】，也应在公式中输入【6000】。

7.4.7 【#REF!】错误及解决方法

当单元格引用无效时将产生错误值【#REF!】，该错误值的产生原因主要有以下两种情况。

（1）引用地址失效：当删除了其他公式所引用的单元格，或将已移动的单元格粘贴到其他公式所引用的单元格中，或使用了拖动填充控制柄的方法复制公式，但公式中的相对引用成分变成了无效引用。

（2）返回无效的单元格：如【=OFFSET($H$2,-ROW(A2),)】，返回的是 $H$2 单元格向上移动两行的单元格的值，应该是 H0 单元格，但该单元格并不存在。

由此可见，在出现【#REF!】错误值时，需要更改公式，检查被引用的单元格或区域、返回参数的值是否存在或有效，在删除或粘贴单元格之后恢复工作表中的单元格。

7.4.8 【#VALUE!】错误及解决方法

当使用的参数或操作数类型错误，或者当公式自动更正功能不能更正公式时，就会产生【#VALUE!】错误。具体原因可能是数值型与非数值型数据进行了四则运算，或没有以【Ctrl+Shift+Enter】组合键的方式输入数组公式。解决方法是确认公式或函数使用正确的参数或运算对象类型，公式引用的单元格中是否包含有效的数值。

妙招技法

通过前面知识的学习，相信读者已经掌握了公式输入与编辑的基本操作。下面结合本章内容，给大家介绍一些实用技巧。

技巧 01：使用除【=】开头外的其他符号输入公式

教学视频	光盘\视频\第7章\技巧01.mp4

在一个空单元格中输入【=】符号时，Excel 就默认为该单元格中即将输入公式，因为公式都是以等号开头的。公式除了使用【=】开头进行输入外，Excel 还允许使用【＋】或【－】符号作为公式的开头。但是，Excel 总是在公式输入完毕后插入前导符号【=】。其中，以【＋】符号开头的公式第一个数值为正数，以【－】符号开头的公式第一个数值为负数，如在 Excel 中输入【+58+6+7】，即等同于输入【=58+6+7】；输入【-58+6+7】，即等同于输入【=-58+6+7】。

技术看板

考虑到 1-2-3 老用户使用 Excel 的习惯，Excel 还允许使用【@】符号开始一个以函数开头的公式，如在 Excel 中输入【@SUM(A1:A20)】，即等同于输入【=SUM(A1:A20)】。但是在输入第二个公式时，Excel 会用【=】符号替代【@】符号。

技巧 02：在公式中输入空格或空行

教学视频	光盘\视频\第7章\技巧02.mp4

通常情况下，输入公式时不需要输入任何空格。但有时，为了使公式更容易理解，也可以在公式中使用空格或空行，这对公式的结果没有任何影响。

Excel 公式中允许输入空格和空行，在公式编辑过程中直接按【Space】键即可输入空格，按【Alt+Enter】组合键即可输入空行。

技能拓展——调整公式编辑栏的高度

为了使公式编辑栏显示多行文本，可以将鼠标指针移动到公式编辑栏的下边框处，当其变为形状时，向下拖动鼠标即可。

技巧 03：手动让公式进行计算

教学视频	光盘\视频\第7章\技巧03.mp4

如果一个工作表中创建了多个复杂的公式，Excel 的计算就可能变得非常缓慢。如果希望控制 Excel 计算公式的时间，可以将公式计算模式调整为【手动计算】，具体操作步骤如下。

Step01 ❶ 在【公式】选项卡【计算】组中单击【计算选项】按钮，❷ 在弹出的下拉列表中选择【手动】选项即可，如图 7-20 所示。

图 7-20

Step02 经过上步操作，即可进入手动计算模式。❶ 在单元格中输入公式，此时会在状态栏中显示【计算】标识，❷ 单击【公式】选项卡【计算】组中的【开始计算】按钮，可手动重新计算所有打开的工作簿（包括数据表），并更新所有打开的图表工作表，如图 7-21 所示。

图 7-21

技术看板

单击【计算】组中的【计算工作表】按钮，可手动重新计算活动的工作表，以及链接到此工作表的所有图表和图表工作表。

打开【Excel 选项】对话框，选择【公式】选项卡，在【计算选项】栏中也可以设置公式的计算模式。当选择手动计算模式后，Excel 将自动选中【保存工作簿前重新计算】复选框，如图 7-22 所示。如果保存工作簿需要很长时间，则可以考虑取消选中【保存工作簿前重新计算】复选框以便缩短保存时间。

图 7-22

技巧 04：设置不计算数据表

Excel 中的数据表是一个单元格区域，用于显示公式中一个或两个变量的更改对公式结果造成的影响。它是 Excel 中的 3 种假设分析工具（方案、数据表和单变量求解）之一。默认情况下，Excel 工作表中若存在数据表，无论其是否进行过更改，每当重新计算工作表时，都会重新计算数据表。当工作表或数据表较大时，就容易降低计算速度。

若在每次更改值、公式或名称时，只重新计算除数据表之外的所有相关

公式，就可以加快计算速度。在【计算选项】下拉菜单中选择【除模拟运算表外，自动重算】命令，即可调整为不计算数据表模式。若要手动重新计算数据表，可以选择数据表公式，然后单击【开始计算】按钮圖或按【F9】键。

技术看板

按【Shift+F9】组合键，可只计算活动工作表中的公式，不计算同一工作簿中的其他工作表；按【Ctrl+Alt+F9】组合键会强制重新计算所有打开的工作簿。Excel 的计算模式不针对具体的工作表。如果改变了 Excel 的计算模式，它会影响所有打开的工作簿。

技巧 05：通过状态栏进行常规计算

教学视频	光盘\视频\第 7 章\技巧 05.mp4

如果需要查看某个单元格区域中的最大值、最小值、平均值、总和等，都需要进行计算时就比较耗费时间。

Excel 中提供了查看常规公式计算的快捷方法，只需进行简单设置即可，具体操作步骤如下。

Step01 ❶ 在状态栏上右击，❷ 在弹出的快捷菜单中选择需要查看结果的计算类型的相应命令，这里选择【平均值】【计数】和【求和】命令，如图 7-23 所示。

图 7-23

Step02 选择需要计算的单元格区域，即可在状态栏中一目了然地查看所选单元格区域中的相应计算结果，如图 7-24 所示。

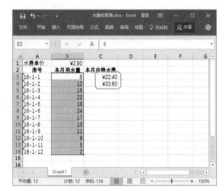

图 7-24

技术看板

在状态栏快捷菜单中选择【数值计算】命令，可统计出包含数字的单元格数量；选择【计数】命令，会统计出所选单元格区域包含的单元格数量，或工作表中已填充数据的单元格数量。

本章小结

通过本章知识的学习和案例练习，相信读者已经掌握了公式的基础应用。本章首先介绍了什么是公式，公式中的运算符有哪些，它们是怎样进行计算的；然后举例讲解了公式的录入与编辑操作；接着重点介绍了单元格的引用，读者需要熟练掌握不同类型单元格引用的表示方式，尤其为了简化工作表的计算采用复制公式的方法时如何才能得到正确的结果，使用正确的单元格引用方式是一个重点也是一个难点；最后简单介绍了公式中的错误值，并能根据提示能快速找到解决的方法。

第8章　公式计算的高级应用

→ 表格数据已经录入到其他工作表中了，使用链接公式就可以快速调用过来吗？

→ 你不知道数组是什么吗？

→ 你会使用数组公式实现高级计算吗？

→ 如何使用名称简化公式中的引用，并且代入公式简化计算？

→ 如何学会自己审核公式，确保每个计算结果都是你想要的？

本章将通过对链接公式、数组简介，以及名称与审核公式的使用来介绍公式的高级应用，并为读者解答以上问题。

8.1　链接公式简介

前面的章节中讲解的单元格引用都是引用同一张工作表中的单元格或单元格区域。掌握本节介绍的链接公式的基本操作后，读者也可以在多个工作簿或工作表中进行计算，方便多表的协同工作。

8.1.1　认识链接公式的结构

在公式中使用单元格引用获取间接数据是很常见的，不仅可以引用同一工作表中的单个单元格、单元格区域，还可以引用同一工作簿中其他工作表中的单元格或其他工作簿中的单元格。

包含对其他工作表或工作簿单元格的引用的公式，也被称为【链接公式】。链接公式需要在单元格引用表达式前面添加半角感叹号【!】。

在 Excel 2016 中，链接公式的一般结构有以下两种。

（1）引用同一工作簿中其他工作表中的单元格。

如果希望引用同一工作簿中其他工作表中的单元格或单元格区域，只需在单元格引用的前面加上工作表的名称和半角感叹号【!】即可，即引用格式为【= 工作表名称！单元格地址】。

技术看板

如果需要引用的工作表名称中包含非字母字符，则引用格式中的工作表名称必须置于单引号【'】中。

（2）引用其他工作簿中的单元格。

如果需要引用其他工作簿中的单元格或单元格区域，引用格式为【=[工作簿名称] 工作表名称！单元格地址】，即用中括号【[ ]】将工作簿名称包括起来，后面接工作表名称、叹号【!】和单元格地址。

当被引用单元格所在工作簿处于未打开状态时，公式中将在工作簿名称前自动添加上文件的路径。当路径、工作簿名称或工作表名称中有任意一处含空格或相关特殊字符时，感叹号之前的部分需要使用一对半角引号包含起来，即表示为【' 工作簿存储地址 [工作簿名称] 工作表名称 '！单元格地址】。例如，【=SUM('C:\My Documents\[Book3. xls]Sheet1:Sheet3'!$A$1)】表示将计算 C 盘【My Documents】文件夹中的工作簿 Book3 中工作表 1 到工作表 3 中所有 A1 单元格中数值的和。

技术看板

如果工作簿已被打开则公式会省略工作簿存储地址，公式变为【=SUM ([Book3]Sheet1:Sheet3'!$A$1)】，但在关闭工作簿 Book3 后，公式又会自动变为一般格式。

默认情况下，引用其他工作簿中的单元格时，公式中的单元格或单元格区域采用的是绝对引用。

★ 重点 8.1.2　实战：为成绩统计表创建链接到其他工作表中的公式

实例门类	软件功能
教学视频	光盘 \ 视频 \ 第 8 章 \8.1.2.mp4

当公式中需要引用的单元格数据位于其他工作簿或工作表中时，除了将需要的数据添加到该工作表中，最简单的方法就是创建链接公式。

如果希望引用同一工作簿中其他

工作表中的单元格或单元格区域，可在公式编辑状态下，通过单击相应的工作表标签，然后选择相应的单元格或单元格区域。

例如，要在【第二次月考】工作表中引用第一次月考的统计数据，具体操作步骤如下。

Step01 打开光盘\素材文件\第8章\16级月考成绩统计表.xlsx，❶选择【第二次月考】工作表，❷在 C34 单元格中输入【=】，如图 8-1 所示。

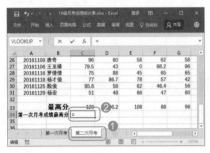

图 8-1

Step02 ❶选择【第一次月考】工作表，❷选择 C33 单元格，如图 8-2 所示。

图 8-2

Step03 按【Enter】键，即可将【第一次月考】工作表中 C33 单元格中的数据引用到【第二次月考】工作表的 C34 单元格中，如图 8-3 所示。

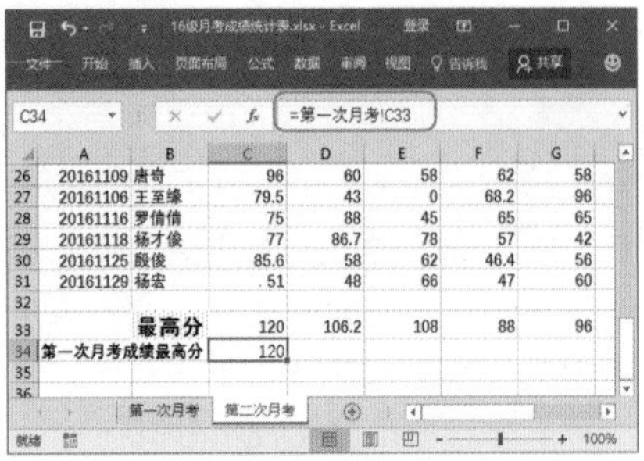

图 8-3

Step04 向右拖动填充控制柄到 K34 单元格，可以看到分别引用了【第一次月考】工作表中 D33:K33 单元格区域的数据，如图 8-4 所示。

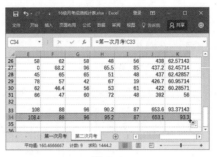

图 8-4

★ 重点 8.1.3 实战：为成绩统计表创建链接到其他工作簿中的公式

实例门类	软件功能
教学视频	光盘\视频\第8章\8.1.3.mp4

如果需要引用其他工作簿中的单元格，其方法与引用同一工作簿中其他工作表中的单元格数据类似。例如，要在【16级月考成绩统计表】工作簿【第一次月考】工作表中引用【子弟学校月考成绩统计表】工作簿中的第一次月考统计数据，具体操作步骤如下。

Step01 打开光盘\素材文件\第8章\16级月考成绩统计表.xlsx 和子弟学校月考成绩统计表.xlsx，❶选择【16级月考成绩统计表】工作簿中的【第一次月考】工作表，❷在 C34 单元格中输入【=】，❸单击【视图】选项卡【窗口】组中的【切换窗口】按钮，❹在弹出的下拉列表中显示了当前打开的所有工作簿名称，选择需要切换到的【子弟学校月考成绩统计表】工作簿选项，如图 8-5 所示。

图 8-5

Step02 切换到【子弟学校月考成绩统计表】工作簿窗口中，选择【第一次月考】工作表中的 C29 单元格，如图 8-6 所示。

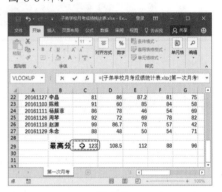

图 8-6

Step03 按【Enter】键，即可将【子弟学校月考成绩统计表】工作簿【第一次月考】工作表中 C29 单元格中的数据引用到【16级月考成绩统计表】工作簿【第二次月考】工作表的 C34 单元格中，在编辑栏中可以看到单元格引用为绝对引用，如图 8-7 所示。

图 8-7

Step04 ❶ 修改公式中的单元格引用为相对引用，❷ 向右拖动填充控制柄到 K34 单元格，虽然后面的单元格中的公式都正确填充了，但是并没有正确引用【子弟学校月考成绩统计表】工作簿中的数据，如图 8-8 所示。

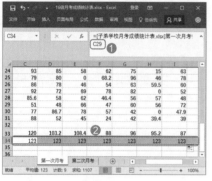

图 8-8

Step05 双击填充公式后的单元格，手动将各公式中的单元格引用修改为绝对引用，即可正确引用【子弟学校月考成绩统计表】工作簿中 D29:K29 单元格区域的数据，如图 8-9 所示。

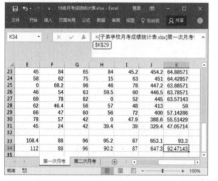

图 8-9

8.1.4 更新链接

如果链接公式的源工作簿中数据进行了编辑，并重新保存了。而引用的工作表中公式没有重新进行计算，数据没有立即更新链接来显示当前的数据。可以使用 Excel 中提供的强制更新功能，确保链接公式拥有来自源工作簿的最新数据，具体操作步骤如下。

Step01 在当前工作簿中，单击【数据】

选项卡【连接】组中的【编辑链接】按钮 🔂，如图 8-10 所示。

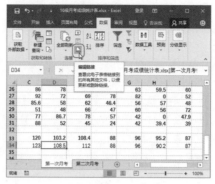

图 8-10

Step02 打开【编辑链接】对话框，❶ 在列表框中选择相应的源工作簿，❷ 单击【更新值】按钮，如图 8-11 所示。Excel 会自动使用最新版本的源工作簿数据更新链接公式。

图 8-11

8.1.5 实战：修改成绩统计表中的链接源

实例门类	软件功能
教学视频	光盘\视频\第8章\8.1.5.mp4

当已保存外部链接公式中存在错误的文件，或链接的源文件不再可用时，就必须修改链接源了。例如，要修改【16 级月考成绩统计表】工作簿【第一次月考】工作表中引用的第一次月考统计数据为【子弟学校月考成绩统计表（2）】工作簿中的数据，具体操作步骤如下。

Step01 打开光盘\素材文件\第8章\16级月考成绩统计表.xlsx，❶ 按照前面介绍的方法打开【编辑链接】对话

框，❷ 在列表框中选择需要修改的源工作簿，❸ 单击【更改源】按钮，如图 8-12 所示。

图 8-12

Step02 打开【更改源】对话框，❶ 在列表框中重新定位原始链接源或另一个链接源，这里需要选择修改的链接源工作簿名称为【子弟学校月考成绩统计表（2）】，❷ 单击【确定】按钮，如图 8-13 所示。

图 8-13

Step03 返回【编辑链接】对话框，单击【关闭】按钮，如图 8-14 所示。

图 8-14

Step04 经过上步操作后，Excel 会自动使用新的链接源替换被修改前的链接源，仍套用以前的公式得到新的计算结果，如图 8-15 所示。

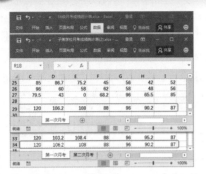

图 8-15

实际上，很多数据在使用链接公式进行计算后，并没有再更新过，如此这般，每次打开都进行更新就麻烦了。

当工作表中包含链接公式时，如果不再需要这个链接，可通过选择性粘贴功能将外部链接公式转换为数值，从而取消链接。也可以单击【编辑链接】对话框中的【断开链接】按钮来实现，如图 8-17 所示。

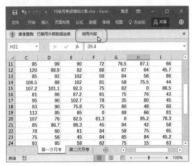

技能拓展——修改源文件中的数据

在【编辑链接】对话框中单击【打开源文件】按钮，可以打开源文件，方便修改源文件中的数据。

8.1.6 取消外部链接公式

在打开含有链接公式的工作簿时，系统会给出安全警告，提示用户已经禁止了自动更新链接，要更新链接需要单击【启用内容】按钮，如图 8-16 所示。

图 8-17

技术看板

由于不能撤销断开链接的操作，所以请慎重使用。

8.1.7 检查链接状态

单击【编辑链接】对话框中的【检查状态】按钮，可以更新列表中所有链接的状态。这样就能有针对性地对需要更新的数据进行更新，直到所有链接的状态变为【已更新】。

检查状态后，【状态】栏中的状态有以下几种情况。

➥ 【正常】状态，表示链接工作正常

图 8-16

且处于最新状态，无须进行任何操作。

➥ 【未知】状态时，需要单击【检查状态】按钮以更新列表中所有链接的状态。

➥ 【不适用】状态，表示链接使用 OLE 或动态数据交换 (DDE)。Excel 不能检查这些链接类型的状态。

➥ 【错误：未找到源】状态时，需要单击【更改源】按钮重新选择适当的工作簿。

➥ 【错误：未找到工作表】状态，表示源可能已经移动或重命名。需要重新选择适当的工作表。

➥ 【警告：值未更新】状态一般是因为打开工作簿时未更新链接，单击【更新值】按钮更新即可。

➥ 【警告：源未重新计算】状态，表示工作簿处于手动计算状态，需要先调整为自动计算状态。

➥ 【警告：请打开源以更新值】状态，表示只有打开源，才能更新链接。单击【打开源文件】按钮打开源并进行更新。

➥ 【源为打开状态】状态，表示源处于打开状态。如果未收到工作表错误，则无须进行任何操作。

➥ 【错误：状态不定】状态，说明 Excel 不能确定链接的状态。源可能不包含工作表，或工作表可能以不受支持的文件格式保存。最好单击【更新值】按钮更新值。

8.2 数组简介

对于希望精通 Excel 函数与公式的用户来说，数组运算和数组公式是必须跨越的门槛。本节首先来介绍数组的相关知识，让用户能够对数组有更深刻的理解。

★ 重点 8.2.1 Excel 中数组的相关定义

数组是在程序设计中，为了处理方便，把具有相同类型的若干变量按有序的形式组织起来的一种形式。这些按序排列的同类数据元素的集合称为数组。引用到 Excel 中，数组就是由文本、数值、日期、逻辑、错误值等元素组成的集合，一个数组其实就是一组同类型的数据，可以当作一个整体来处理。在 Excel 公式与函数中，数组是按一行、一列或多行多列排列的。

1. 数组的维度

数组的维度是指数组的行列方向，一行多列的数组为横向数组（也称为【水平数组】或【列数组】），一列多行的数组为纵向数组（也称为【垂直数组】或【行数组】）。多行多列的数组则同时拥有横向和纵向两个维度。

2. 数组的维数

【维数】是数组中的一个重要概念，是指数组中不同维度的个数。根据维数的不同，可将数组划分为一维数组、二维数组、三维数组、四维数组……在 Excel 公式中，我们接触到的一般是一维数组或二维数组。Excel 中主要是根据行数与列数的不同进行一维数组和二维数组的区分。

技术看板

虽然 Excel 是支持三维及多维数组的计算，但由于 Excel 不支持显示三维数组，所以一般情况下都使用一维和二维数组进行运算。

（1）一维数组。

一维数组存在于一行或一列单元格中。根据数组的方向不同，通常又在一维数组中分为一维横向数组和一维纵向数组，具体效果如图 8-18 所示。

图 8-18

技术看板

我们可以将一维数组简单地理解为是一行或一列单元格数据的集合，如图 8-18 所示的 B3:F3 和 B7:B11 单元格区域。

（2）二维数组。

多行多列同时拥有纵向和横向两个维度的数组称为二维数组，具体效果如图 8-19 所示。

图 8-19

我们可以将二维数组看成是一个多行多列的单元格数据集合，也可以看成是多个一维数组的组合。如图 8-19 所示的 C4:F7 单元格区域是一个四行四列的二维数组。我们可以把它看成是 C4:F4、C5:F5、C6:F6 与 C7:F7 这 4 个一维数组的组合。

由于二维数组各行或各列的元素个数必须相等，存在于一个矩形范围内，因此又称为【矩阵】，行列数相等的矩阵称为【方阵】。

3. 数组的尺寸

数组的尺寸是用数组各行各列上包含的元素个数来表示的。一行 N 列的一维横向数组，可以用【$1*N$】来表示其尺寸；一列 N 行的一维纵向数组，可以用【$N*1$】来表示其尺寸；对于 M 行 N 列的二维数组，可以用【$M*N$】来表示其尺寸。

技术看板

数组是一个以行和列来确定位置、以行数和列数作为高度和宽度的数据矩形，因此数组中不能存在长度不等的行或列。

8.2.2 Excel 2016 中数组的存在形式

在 Excel 中，根据构成元素的不同，还可以把数组分为常量数组、单元格区域数组、内存数组和命名数组。

1. 常量数组

在 Excel 公式与函数应用中，常量数组是指直接在公式中输入的数组元素，但必须手动输入大括号 {} 将构成数组的常量括起来，各元素之间分别用半角分号【:】和半角逗号【,】来间隔行和列。常量数组不依赖单元格区域，可直接参与公式运算。

顾名思义，常量数组的组成元素只可以是常量元素，决不能是函数、公式、单元格引用或其他数组。常量数组中可以包含数字、文本、逻辑值和错误值等，而且可以同时包含不同的数据类型，但不能包含带有逗号、美元符号、括号、百分号的数字。

常量数组只具有行、列（或称水平、垂直）两个方向，因此只能是一维或二维数组。

一维横向常量数组的各元素之间用半角逗号【,】间隔，如【={"A","B","C","D","E"}】表示尺寸为 1 行 *5 列的文本型常量数组，具体效果如图 8-18 中的一维横向数组；【={1,2,3,4,5}】表示尺寸为 1 行 *5 列的数值型常量数组。

一维纵向常量数组的各元素之间用半角分号【;】间隔，如【={" 张三 ";" 李 四 ";" 王 五 "}】表示尺寸为 3 行 *1 列 的 文 本 型 常 量 数 组；【={1;2;3;4;5}】表示尺寸为 5 行 *1 列的数值型常量数组，具体效果如图 8-18 中的一维纵向数组。

二维常量数组在表达方式上与一维数组相同，即数组的每一行上的各元素之间用半角逗号【,】间隔，每一列上的各元素之间用半角分号【;】间隔，如【={1,2," 我 爱 Excel!";"2016-8-8",TRUE,#N/A}】 表示尺寸为 2 行 *3 列的二维混合数据类型的常量数组，包含数值、文本、日期、逻辑值和错误值，具体效果如图 8-20 所示。

图 8-20

二维数组中的元素总是按先行后列的顺序排列，即表达为【{ 第一行的第一个元素，第一行的第二个元素，第一行的第三个元素……；第二行的第一个元素，第二行的第二个元素，第二行的第三个元素……；第三行的第一个……}】。

2. 单元格区域数组

如果在公式或函数参数中引用工作表的某个连续单元格区域，且其中函数参数不是单元格引用或区域类型（reference、ref 或 range），也不是向量（vector）时，Excel 会自动将该区域引用转换为该区域中各单元格的

值构成的同维数同尺寸的数组，也称为单元格区域数组。

简而言之，单元格区域数组是特定情况下通过对一组连续的单元格区域进行引用，被 Excel 自动转换得到的数组。这类数组是用户在利用【公式求值】功能查看公式运算过程时常看到的。例如，在数组公式中，{A1:B8} 是一个 8 行 *2 列的单元格区域数组。Excel 会自动在数组公式外添加括号【{}】，手动输入【{}】符号是无效的，Excel 会认为输入的是一个正文标签。

3. 内存数组

内存数组只出现在内存中，并不是最终呈现的结果。它是指某一公式通过计算，在内存中临时返回多个结果值构成的数组。而该公式的计算结果并不需要存储到单元格区域中，而是作为一个整体直接嵌入其他公式中

继续参与运算了。该公式本身就被称为内存数组公式。

技术看板

内存数组与区域数组的主要区别在于，区域数组是通过引用存在的，它依赖于引用的单元格区域。而内存数组是通过公式计算得到的，独立存在于内存中。

4. 命名数组

命名数组是指使用命名的方式为常量数组、区域数组、内存数组定义了名称的数组。该名称可以在公式中作为数组来调用。

在数据验证（有效性序列除外）和条件格式的自定义公式中不接受常量数组，可以将其命名后，直接调用名称进行运算。

8.3 使用数组公式

Excel 中数组公式非常有用，可建立产生多值或对一组值而不是单个值进行操作的公式。掌握数组公式的相关技能技巧，当在不能使用工作表函数直接得到结果，又需要对一组或多组数据进行多重计算时，方可大显身手。本节将介绍在 Excel 2016 中数组公式的使用方法，包括输入和编辑数组、了解数组的计算方式等。

8.3.1 认识数组公式

数组公式是相对于普通公式而言的，我们可以认为数组公式是 Excel 对公式和数组的一种扩充，换句话说，数组公式是 Excel 公式中一种专门用于数组的公式类型。

数组公式的特点就是所引用的参数是数组参数，当我们将数组作为公式的参数进行输入，就形成了数组公式。与普通公式的不同之处在于，数组公式能通过输入的这个单一公式，执行多个输入的操作并产生多个结果，而且每个结果都将显示在一个单元格中。

普通公式（如【=SUM(B2:D2)】、【=B8+C7+D6】等）只占用一个单

元格，且只返回一个结果。而数组公式可以占用一个单元格，也可以占用多个单元格，数组的元素可多达 6500 个。它对一组数或多组数进行多重计算，并返回一个或多个结果。因此，我们可以将数组公式看成是有多重数值的公式，它会让公式中有对应关系的数组元素同步执行相关的计算，或在工作表的相应单元格区域中同时返回常量数组、区域数组、内存数组或命名数组中的多个元素。

8.3.2 输入数组公式

在 Excel 中数组公式的显示是用大括号 {} 括住以区分普通 Excel 公式。要使用数组公式进行批量数据的

处理，首先要学会建立数组公式的方法，具体操作步骤如下。

Step01 如果希望数组公式只返回一个结果，可先选择保存计算结果的单元格。如果数组公式要返回多个结果，请选择需要保存数组公式计算结果的单元格区域。

Step02 在编辑栏中输入数组的计算公式。

Step03 公式输入完成后，按【Ctrl+Shift+Enter】组合键锁定输入的数组公式并确认输入。

其中第 3 步用【Ctrl+Shift+Enter】组合键结束公式的输入是最关键的，这相当于用户在提示 Excel【输入的不是普通公式，是数组公式，需要特

殊处理】，此时 Excel 就不会用常规的逻辑来处理公式了。

在 Excel 中，只要在输入公式后按【Ctrl+Shift+Enter】组合键结束公式，Excel 就会把输入的公式视为一个数组公式，会自动为公式添加大括号 {}，以和普通公式区别开来。

如果在输入公式后，第 3 步只按【Enter】键，则输入的只是一个简单的公式，Excel 只在选择的单元格区域的第 1 个单元格位置（选择区域的左上角单元格）显示一个计算结果。

8.3.3 使用数组公式的规则

在输入数组公式时，必须遵循相应的规则，否则，公式将会出错，无法计算出数据的结果。

（1）输入数组公式时，应先选择用来保存计算结果的单元格或区域。如果计算公式将产生多个计算结果，必须选择一个与完成计算时所用区域大小和形状都相同的区域。

（2）数组公式输入完成后，按【Ctrl+Shift+Enter】组合键，这时在公式编辑栏中可以看见 Excel 在公式的两边加上了 {} 符号，表示该公式是一个数组公式。需要注意的是，{} 符号是由 Excel 自动加上去的。不用手动输入 {}，否则，Excel 会认为输入的是一个正文标签，但若是想在公式里直接表示一个数组，就需要输入 {} 符号将数组的元素括起来，如【=IF({1,1},D2:D6,C2:C6)】公式中的数组 {1,1} 的 {} 符号就是手动输入的。

（3）在数组公式所涉及的区域中，不能编辑、清除或移动单个单元格，也不能插入或删除其中的任何一个单元格。这是因为数组公式所涉及的单元格区域是一个整体，只能作为一个整体进行操作。例如，只能把整个区域同时删除、清除，而不能只删除或清除其中的一个单元格。

（4）要编辑或清除数组公式，需要选择整个数组公式所涵盖的单元格区域，并激活编辑栏（也可单击数组公式所包括的任一单元格，这时数组公式会出现在编辑栏中，它的两边有 {} 符号，单击编辑栏中的数组公式，它两边的 {} 符号就会消失），然后在编辑栏中修改数组公式，或删除数组公式，操作完成后按【Ctrl+Shift+Enter】组合键计算出新的数据结果。

（5）如需将数组公式移动至其他位置，需要先选中整个数组公式所涵盖的单元格范围，然后把整个区域拖放到目标位置，也可通过【剪切】和【粘贴】命令进行数组公式的移动。

（6）对于数组公式的范畴应引起注意，输入数值公式或函数的范围，其大小及外形应该与作为输入数据的范围的大小和外形相同。如果存放结果的范围太小，就看不到所有的运算结果；如果范围太大，有些单元格就会出现错误信息【#N/A】。

★ 重点 8.3.4 数组公式的计算方式

为了以后能更好地运用数组公式，还需要了解数组公式的计算方式，根据数组运算结果的多少，将数组计算分为多单元格联合数组公式的计算和单个单元格数组公式的计算两种。

1. 多单元格联合数组公式

在 Excel 中使用数组公式可建立产生多值或对应一组值而不是单个值进行操作的公式，其中能产生多个计算结果并在多个单元格中显示出来的单一数组公式，称为【多单元格数组公式】。在数据输入过程中出现统计模式相同，而引用单元格不同的情况时，就可以使用多单元格数组公式来简化计算。需要联合多单元格数组的情况主要有以下几种情况。

多单元格数组公式主要进行批量计算，可节省计算的时间。输入多单元格数组公式时，应先选择需要返回数据的单元格区域，选择的单元格区域的行、列数应与返回数组的行、列数相同。否则，如果选中的区域小于数组返回的行列数，将只显示该单元格区域的返回值，其他的计算结果将不显示。如果选择的区域大于数组返回的行列数，那超出的区域将会返回 #N/A 值。因此在输入多单元格数组公式前，需要了解数组结果是几行几列。

（1）数组与单一数据的运算。

一个数组与一个单一数据进行运算，等同于将数组中的每一个元素均与这个单一数据进行计算，并返回同样大小的数组。

例如，在【年度优秀员工评选表】工作簿中，要为所有员工的当前平均分上累加一个印象分，通过输入数组公式快速计算出员工评选累计分的具体操作步骤如下。

Step01 打开光盘 \ 素材文件 \ 第 8 章 \ 年度优秀员工评选表 .xlsx，❶ 选择 I2:I12 单元格区域，❷ 在编辑栏中输入【=H2:H12+B14】，如图 8-21 所示。

图 8-21

Step02 按【Ctrl+Shift+Enter】组合键后，可看到编辑栏中的公式变为【{=H2:H12+B14}】，同时会在 I2:I12 单元格区域中显示出计算的数组公式结果，如图 8-22 所示。

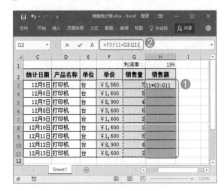

图 8-22

技术看板

该案例中的数组公式相当于在 I2 单元格中输入公式【=H2+$B$14】，然后通过拖动填充控制柄复制公式到 I3:I12 单元格区域中。

（2）一维横向数组或一维纵向数组之间的计算。

一维横向数组或一维纵向数组之间的运算，也就是单列与单列数组或单行与单行数组之间的运算。

相比数组与单一数据的运算，只是参与运算的数据都会随时变动的而已，其实质是两个一维数组对应元素间进行运算，即第一个数组的第一个元素与第二个数组的第一个元素进行运算，结果作为数组公式结果的第一个元素，然后第一个数组的第二个元素与第二个数组的第二个元素进行运算，结果作为数组公式结果的第二个元素，接着是第三个元素……直到第 N 个元素。一维数组之间进行运算后，返回的仍然是一个一维数组，其行、列数与参与运算的行、列数组的行、列数相同。

例如，在【销售统计表】工作簿中，需要计算出各产品的销售额，即让各产品的销售量乘以其销售单价。通过输入数组公式可以快速计算出各产品的销售额，具体操作步骤如下。

Step01 打开光盘\素材文件\第 8 章\销售统计表 .xlsx，❶选择 H3:H11 单元格区域，❷在编辑栏中输入

【=F3:F11*G3:G11】，如图 8-23 所示。

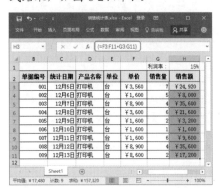

图 8-23

Step02 按【Ctrl+Shift+Enter】组合键后，可看到编辑栏中的公式变为【{=F3:F11*G3:G11}】，在 H3:H11 单元格区域中同时显示出计算的数组公式结果，如图 8-24 所示。

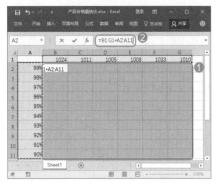

图 8-24

技术看板

该案例中 F3:F11*G3:G11 是两个一维数组相乘，返回一个新的一维数组。该案例如果使用普通公式进行计算，通过复制公式也可以得到需要的结果，但若需要对 100 行甚至更多行数据进行计算，光复制公式也会比较麻烦的。

（3）一维横向数组与一维纵向数组的计算。

一维横向数组与一维纵向数组进行运算后，将返回一个二维数组，且返回数组的行数同一维纵向数组的行数相同、列数同一维横向数组的列数

相同。返回数组中第 M 行第 N 列的元素是一维纵向数组的第 M 个元素和一维横向数组的第 N 个元素运算的结果。具体的计算过程可以通过查看一维横向数组与一维纵向数组进行运算后的结果来进行分析。

例如，在【产品合格量统计】工作表中已经将生产的产品数量输入成一组横向数组，并将预计的可能合格率输入成一组纵向数组，需要通过输入数组公式计算每种合格率可能性下不同产品的合格量，具体操作步骤如下。

Step01 打开光盘\素材文件\第 8 章\产品合格量统计 .xlsx，❶选择 B2:G11 单元格区域，❷在编辑栏中输入【=B1:G1*A2:A11】，如图 8-25 所示。

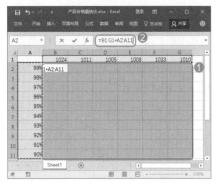

图 8-25

Step02 按【Ctrl+Shift+Enter】组合键后，可看到编辑栏中的公式变为【{=B1:G1*A2:A11}】，在 B2:G11 单元格区域中同时显示出计算的数组公式结果，如图 8-26 所示。

图 8-26

（4）行数（或列数）相同的单列（或单行）数组与多行多列数组的计算。

单列数组的行数与多行多列数组的行数相同时，或单行数组的列数与多行多列数组的列数相同时，计算规律与一维横向数组或一维纵向数组之间的运算规律大同小异，计算结果将返回一个多行列的数组，其行、列数与参与运算的多行多列数组的行列数相同。单列数组与多行多列数组计算时，返回的数组的第 M 行第 N 列的数据等于单列数组的第 M 行的数据与多行多列数组的第 M 行第 N 列的数据的计算结果；单行数组与多行多列数组计算时，返回的数组的第 M 行第 N 列的数据等于单行数组的第 N 列的数据与多行多列数组的第 M 行第 N 列的数据的计算结果。

例如，在【生产完成率统计】工作表中已经将某一周预计要达到的生产量输入成一组纵向数组，并将各产品的实际生产数量输入成一个二维数组，需要通过输入数组公式计算每种产品每天的实际完成率，具体操作步骤如下。

Step01 打开光盘\素材文件\第8章\生产完成率统计 .xlsx，❶ 合并 B11:G11 单元格区域，并输入相应的文本，❷ 选择 B12:G19 单元格区域，❸ 在编辑栏中输入【=B3:G9/A3:A9】，如图 8-27 所示。

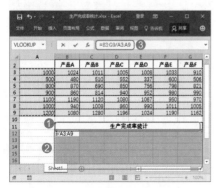

图 8-27

Step02 按【Ctrl+Shift+Enter】组合键后，可看到编辑栏中的公式变为【{=B3:G9/A3:A9}】，在 B12:G19 单元格区域中同时显示出计算的数组公式结果，如图 8-28 所示。

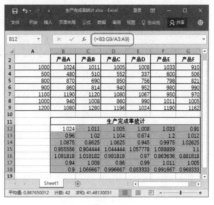

图 8-28

Step03 ❶ 为整个结果区域设置边框线，❷ 在第 11 行单元格的下方插入一行单元格，并输入相应的文本，❸ 选择 B12:G19 单元格区域，❹ 单击【开始】选项卡【数字】组中的【百分比样式】按钮 %，让计算结果显示为百分比样式，如图 8-29 所示。

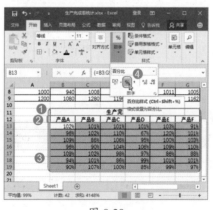

图 8-29

（5）行列数相同的二维数组间的运算。

行列相同的二维数组之间的运算，将生成一个新的同样大小的二维数组。其计算过程等同于第一个数组的第一行的第一个元素与第二个数组的第一行的第一个元素进行运算，结果为数组公式的结果数组的第一行的第一个元素，接着是第二个，第三个……直到第 N 个元素。

例如，在【月考平均分统计】工作表中已经将某些同学前三次月考的成绩分别统计为一个二维数组，需要通过输入数组公式计算这些同学三次考试的每科成绩平均分，具体操作步骤如下。

Step01 打开光盘\素材文件\第8章\月考平均分统计 .xlsx，❶ 选择 B13:D18 单元格区域，❷ 在编辑栏中输入【=(B3:D8+G3:I8+L3:N8)/3】，如图 8-30 所示。

图 8-30

Step02 按【Ctrl+Shift+Enter】组合键后，可看到编辑栏中的公式变为【{=(B3:D8+G3:I8+L3:N8)/3}】，在 B13:D18 单元格区域中同时显示出计算的数组公式结果，如图 8-31 所示。

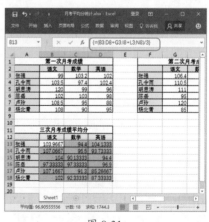

图 8-31

使用多单元格数组公式的优势在于：（1）能够保证在同一个范围内的公式具有同一性，防止用户在操作时无意间修改到表格的公式。创建此类公式后，公式所在的任何单元格都不能被单独编辑，否则将会打开提示对话框，提示用户不能更改数组的某一部分；（2）能够在一个较大范围内快速生成大量具有某种规律的数据；（3）数组通过数组公式运算后生成的新数组（通常称为【内存数组】）存储在内存中，因此使用数组公式可以减少内存占用，加快公式的执行时间。

2. 单个单元格数组公式

通过前面对数组公式的计算规律的讲解和案例分析后，不难发现，一维数组公式经过运算后，得到的结果可能是一维的，也可能是多维的，存放在不同的单元格区域中。有二维数组参与的公式计算，其结果也是一个二维数组。总之，数组与数组的计算，返回的将是一个新的数组，其行数与参与计算的数组中行数较大的数组的行数相同，列数与参与计算的数组中列数较大的数组的列数相同。

有一个共同点，不知道你发现了没有，前面讲解的数组运算都是普通的公式计算，如果将数组公式运用到函数中，结果又会如何？实际上，上面得出的两个结论都会被颠覆。将数组用于函数计算中，计算的结果可能是一个值也可能是一个一维数组或者二维数组。

函数的内容将在后面的章节中进行讲解，这里先举一个简单的例子来进行说明。例如，沿用【销售统计表】工作表中的数据，下面使用一个函数来完成对所有产品的总销售利润进行统计，具体操作步骤如下。

Step01 打开光盘\素材文件\第8章\销售统计表.xlsx，❶合并F13:G13单元格区域，并输入相应文本，❷选

择H13单元格，❸在编辑栏中输入【=SUM(F3:F11*G3:G11)*H1】，如图8-32所示。

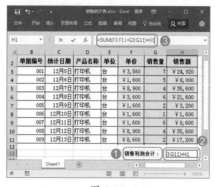

图 8-32

Step02 按【Ctrl+Shift+Enter】组合键后，可看到编辑栏中的公式变为【={SUM(F3:F11*G3:G11)*H1}】，在H13单元格中同时显示出计算的数组公式结果，如图8-33所示。

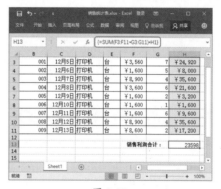

图 8-33

当运算中存在着一些只有通过复杂的中间运算过程才会得到结果的时候，就必须结合使用函数和数组了。

本例的数组公式先在内存中执行计算，将各商品的销量和单价分别相乘，然后再将数组中的所有元素用SUM函数汇总，得到总销售额，最后再乘以H1单元格的利润率得出最终结果。

本例中的公式还可以用SUMPRODUCT函数来代替，输入【=SUMP

RODUCT(F3:F11*G3:G11)*H1】即可。SUMPRODUCT函数的所有参数都是数组类型的参数，直接支持多项计算，具体应用参考后面的章节。

8.3.5 明辨多重计算与数组公式的区别

在A1:A5单元格区域中依次输入【-5】【0】【2】【103】和【-24】这5个数字，然后在B1单元格中输入公式【=SUMPRODUCT((A1:A5>0)*A1:A5)】，按【Enter】键计算的结果为105；在B2单元格中也输入与B1单元格相同的公式，按【Ctrl+Shift+Enter】组合键计算的结果也为105，那么这两个公式到底有什么不同呢？

上面的公式都是求所选单元格区域中所有正数之和，结果相同，但这里存在【多重计算】和【数组公式】两个概念。本例中的【(A1:A5>0)*A1:A5】相当于先执行了A1>0，A2>0……A5>0的5个比较运算，再将产生的逻辑值分别乘以A1……A5的值，这个过程就是【多重计算】。而数组公式的定义可概括为【对一组或多组值执行多重计算，并返回一个或多个结果，数组公式置于大括号{}中，按【Ctrl+Shift+Enter】组合键可以输入数组公式，即是说数组公式中包含了多重计算，但并未明确定义执行多重计算就是数组公式，执行单个计算就不算数组公式。如本例中直接按【Enter】键得到结果的第一种方法，并未将公式内容置于大括号{}中，可它执行的是多重计算；再如输入【=A1】，并按【Ctrl+Shift+Enter】组合键即可得到数组公式的形式【{=A1}】，但它只执行了单个计算。为便于理解，可简单认为只要在输入公式后，按【Ctrl+Shift+Enter】组合键结束的，即是数组公式。

★ 重点 8.3.6 数组的扩充功能

在公式或函数中使用数组时，参与运算的对象或参数应该和第一个数组的维数匹配，也就是说要注意数组行列数的匹配。对于行列数不匹配的数组，在必要时，Excel 会自动将运算对象进行扩展，以符合计算需要的维数。每一个参与运算的数组的行数必须与行数最大的数组的行数相同，列数必须与列数最大的数组的列数相同。

当数组与单一数据进行运算时，如【{=H3:H6+15}】公式中的第一个数组为 1 列 *4 行，而第二个数据并不是数组，而是一个数值，为了让第二个数值能与第一个数组进行匹配，Excel 会自动将数值扩充成 1 列 *4 行的数组 {15;15;15;15;15;15}。所以，最后是使用【{=H3:H6+{15;15;15;15;15;15}}】公式进行计算。

又如一维横向数组与一维纵向数组的计算，如公式【{={10;20;30;40}+{50,60}}】的第一个数组 {10;20;30;40} 为 4 行 *1 列，第二个数组 {50,60} 为 1 行 *2 列，在计算时，Excel 会自动将第一个数组扩充为一个 4 行 *2 列的数组 {10,10;20,20;30,30;40,40}，也会将第二个数组扩充为一个 4 行 *2 列的数组 {50,60;50,60;50,60;50,60}，所以，最后是使用【{={10,10;20,20;30,30;40,40}+{50,60;50,60;50,60;50,60}}】公式进行计算。公式最后返回的数组也是一个 4 行 *2 列的数组，数组的第 M 行第 N 列的元素等于扩充后的两个数组的第 M 行第 N 列的元素的计算结果。

如果行列数均不相同的两个数组进行计算，Excel 仍然会将数组进行扩展，只是在将区域扩展到可以填入比该数组公式大的区域时，已经没有扩大值可以填入单元格内，这样就会出现【#N/A】错误值。如公式【{={1,2;3,4}+{1,2,3}}】的第一个数组为一个 2 行 *2 列的数组，第二个数组 {1,2,3} 为 1 行 *3 列，在计算时，Excel 会自动将第一个数组扩充为一个 2 行 *3 列的数组 {1,2,#N/A;3,4,#N/A}，也会将第二个数组扩充为一个 2 行 *3 列的数组 {1,2,#N/A;1,2,#N/A}，所以，最后是使用【{={1,2,#N/A;3,4,#N/A}+{1,2,#N/A;1,2,#N/A}}】公式进行计算。

由此可见，行列数不相同的数组在进行运算后，将返回一个多行多列数组，行数与参与计算的两个数组中行数较大的数组的行数相同，列数与较大的列数的数组相同。且行数大于较小行数数组行数、大于较大列数数组列数的区域的元素均为【#N/A】。有效元素为两个数组中对应数组的计算结果。

8.3.7 编辑数组公式

数组公式的编辑方法与公式基本相同，只是数组包含多个单元格，这些单元格形成一个整体，所以，数组里的任何单元格都不能被单独编辑。如果对数组公式结果中的其中一个单元格的公式进行编辑，系统会提示用户无法更改数组的某一部分，如图 8-34 所示。

图 8-34

如果需要修改多单元格数组公式，必须先选择整个数组区域。要选择数组公式所占有的全部单元格区域，可以先选择单元格区域中的任意一个单元格，然后按【Ctrl+/】组合键。

编辑数组公式时，在选择数组区域后，将文本插入点定位到编辑栏中，此时数组公式两边的大括号 {} 将消失，表示公式进入编辑状态，在编辑公式后同样需要按【Ctrl+Shift+Enter】组合键锁定数组公式的修改。这样，数组区域中的数组公式将同时被修改。

若要删除原有的多单元格数组公式，可以先选择整个数组区域，然后按【Delete】键删除数组公式的计算结果；或在编辑栏中删除数组公式，然后按【Ctrl＋Shift＋Enter】组合键完成编辑；还可以单击【开始】选项卡【编辑】组中的【清除】按钮，在弹出的下拉菜单中选择【全部清除】命令。

8.4 名称的使用

Excel 中使用列标加行号的方式虽然能准确定位各单元格或单元格区域的位置，但是并没有体现单元格中数据的相关信息。为了直观表达一个单元格、一组单元格、数值或者公式的引用与用途，可以为其定义一个名称。掌握名称在公式中的相关应用技巧，可以更加便捷地创建、更改和调整数据，这有助于提高数据分析的工作效率。下面介绍名称的概念及各种与名称相关的基本操作。

8.4.1 定义名称的作用

在 Excel 中，名称是我们建立的一个易于记忆的标识符，它可以引用单元格、范围、值或公式。使用名称有以下优点。

（1）名称可以增强公式的可读性，使用名称的公式比使用单元格引用位置的公式易于阅读和记忆。例如，公式【=销量*单价】比公式【=F6*D6】更直观，特别适合于提供给非工作表制作者的其他人查看。

（2）一旦定义名称之后，其使用范围通常是在工作簿级的，即可以在同一个工作簿中的任何位置使用。不仅减少了公式出错的可能性，还可以让系统在计算寻址时，能精确到更小的范围而不必用相对的位置来搜寻源及目标单元格。

（3）当改变工作表结构后，可以直接更新某处的引用位置，达到所有使用这个名称的公式都自动更新。

（4）为公式命名后，就不必将该公式放入单元格中了，有助于减小工作表的大小，还能代替重复循环使用相同的公式，缩短公式长度。

（5）用名称方式定义动态数据列表，可以避免使用很多辅助列，跨表链接时能让公式更清晰。

（6）使用范围名替代单元格地址，更容易创建和维护宏。

8.4.2 名称的命名规则

在 Excel 中定义名称时，不是任意字符都可以作为名称的，或许在定义名称的时候也遇到过 Excel 打开提示对话框，提示【输入的名称无效】，这说明定义没有成功。

名称的定义有一定的规则。具体需要注意以下几点。

（1）名称可以是任意字符与数字的组合，但名称中的第一个字符必须是字母、下画线【_】或反斜线【/】，如【_1HF】。

（2）名称不能与单元格引用相同，如不能定义为【B5】和【C$6】等。也不能以字母【C】【c】【R】或【r】作为名称，因为【R】【C】在 R1C1 单元格引用样式中表示工作表的行、列。

（3）名称中不能包含空格，如

果需要由多个部分组成，则可以使用下画线或句点号代替。

（4）不能使用除下画线、句点号和反斜线以外的其他符号，允许用问号【？】，但不能作为名称的开头。如定义为【Hjing?】可以，但定义为【?Hjing】就不可以。

（5）名称字符长度不能超过255 个字符。一般情况下，名称应该便于记忆且尽量简短，否则就违背了定义名称的初衷。

（6）名称中的字母不区分大小写，即是说名称【Hjing】和【hjing】是相同的。

8.4.3 名称的适用范围

Excel 中定义的名称具有一定的适用范围，名称的适用范围定义了使用名称的场所，一般包括当前工作表和当前工作簿。

默认情况下，定义的名称都是工作簿级的，能在工作簿中的任何一张工作表中使用。例如，创建一个称为【Name】的名称，引用 Sheet1 工作表中的 A1:B7 单元格区域，然后在当前工作簿的所有工作表中都可以直接使用这一名称，这种能够作用于整个工作簿的名称被称为工作簿级名称。

定义的名称在其适用范围内必须唯一，在不同的适用范围内，可以

定义相同的名称。若在没有限定的情况下，在适用范围内可以直接应用名称，而超出了范围就需要加上一些元素对名称进行限定。如在工作簿中创建一个仅能作用于一张工作表的名称，即工作表级名称，就只能在该工作表中直接使用它，若要在工作簿中的其他工作表中使用就必须在该名称的前面加上工作表的名称，表达格式为【工作表名称＋感叹号＋名称】，如【Sheet2! 姓名】。若需要引用其他工作簿中的名称时，原则与前面介绍的链接引用其他工作簿中的单元格相同。

★ 重点 8.4.4 实战：在现金日记账记录表中定义单元格名称

实例门类	软件功能
教学视频	光盘\视频\第8章\8.4.4.mp4

在公式中引用单元格或单元格区域时，为了让公式更容易理解，便于对公式和数据进行维护，可以为单元格或单元格区域定义名称。这样就可以在公式中直接通过该名称引用相应的单元格或单元格区域。尤其在引用不连续的单元格区域时，定义名称减少了依次输入比较长的单元格区域字符串的麻烦。

例如，在【现金日记账】工作表中要统计所有存款的总金额，可以先为这些不连续的单元格区域定义名称为【存款】，然后在公式中直接运用名称来引用单元格，具体操作步骤如下。

Step01 打开光盘\素材文件\第8章\现金日记账 .xlsx，❶ 按住【Ctrl】键的同时，选择所有包含存款数额的不连续单元格，❷ 单击【公式】选项卡【定义的名称】组中的【定义名称】按钮，❸ 在弹出的下拉列表中选择【定义名称】选项，如图 8-35 所示。

图 8-35

Step02 打开【新建名称】对话框，❶ 在【名称】文本框中为选择的单元格区域命名，这里输入【存款】，❷ 在【范围】下拉列表框中选择该名称的适用范围，默认选择【工作簿】选项，❸ 单击【确定】按钮，如图 8-36 所示，即可完成单元格区域的命名。

图 8-36

Step03 ❶ 在 E23 单元格中输入相关文本，❷ 选择 F23 单元格，❸ 在编辑栏中输入【= SUM（存款）】公式，可以看到公式自动引用了定义名称时包含的那些单元格，如图 8-37 所示。

图 8-37

Step04 按【Enter】键即可快速计算出定义名称为【存款】的不连续单元格中数据的总和，如图 8-38 所示。

图 8-38

技术看板

通过工作表编辑栏中的名称框可以快速为选择的单元格或单元格区域定义名称。以上面的例子为例，可先 ❶ 按住【Ctrl】键选择不连续单元格区域，❷ 将文本插入点定位在名称框中，输入【存款】，如图 8-39 所示，按【Enter】键确认定义即可。

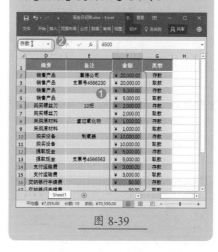

图 8-39

★ 重点 8.4.5 实战：在销售提成表中将公式定义为名称

实例门类	软件功能
教学视频	光盘\视频\第 8 章\8.4.5.mp4

Excel 中的名称，并不仅仅是为单元格或单元格区域提供一个易于阅读的名称这么简单，还可以在名称中使用数字、文本、数组，以及简单的公式。

在【新建名称】对话框的【引用位置】文本框中的内容永远是以【=】符号开头的，而【=】符号开头就是 Excel 中公式的标志，因此可以将名称理解为一个有名称的公式，即定义名称，实质上是创建了一个命名的公式，且这个公式不存放于单元格中。

将公式定义为名称最大的优点是简化了公式的编写，并且随时可以修改名称的定义，以实现对表格中的大量计算公式快速修改。

例如，在销售表中经常会计算员工参与销售后可以提取的收益，根据规定可能需要修改提取的比例，此时就可以为提成率定义一个名称，下面在【销售提成表】工作簿中通过将公式定义为名称计算出相关产品的提成费用，具体操作步骤如下。

Step01 打开光盘\素材文件\第 8 章\销售提成表 .xlsx，单击【公式】选项卡【定义的名称】组中的【定义名称】按钮，如图 8-40 所示。

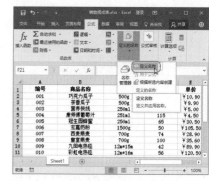

图 8-40

Step02 打开【新建名称】对话框，❶ 在【名称】文本框中输入【提成率】，❷ 在【引用位置】文本框中输入公式【=1%】，❸ 单击【确定】按钮即可完成公式的名称定义，如图 8-41 所示。

图 8-41

Step③ 在 G2 单元格中输入公式【= 提成率 *F2】，按【Enter】键即可计算出单元格的值，如图 8-42 所示。

图 8-42

Step④ 选择 G2 单元格，拖动填充控制柄至 G11 单元格，计算出所有产品可以提取的获益金额，效果如图 8-43 所示。

图 8-43

技术看板

基于以上理论，在名称中还能够使用函数，使用方法与公式中的使用方法相同。在将函数定义为名称时，若使用相对引用，则工作表中引用该名称的函数在求值时，会随活动单元格的位置变化而对不同区域进行计算。

用户还需透彻理解名称的概念，方便后期进一步挖掘名称在 Excel 中的用途，从而简化工作量。

8.4.6 管理定义的名称

定义名称以后，用户可能还需要查看名称的引用位置或再次编辑名称，下面将介绍名称的相关编辑方法。

1. 快速查看名称的引用位置

Excel 2016 提供了专门用于管理名称的【名称管理器】对话框。在该对话框中可以查看、创建、编辑和删除名称，在其主窗口中，可以查看名称的当前值，名称指代的内容、名称的适用范围和输入的注释。

2. 快速选择名称引用的单元格区域

选择命名的单元格或单元格区域时，对应的名称就会出现在名称框中。这是验证名称引用正确的单元格的好方法。但如果定义了多个单元格时，全部选择所有单元格就显得有些困难了，这时可以通过选择名称来查看对应的单元格，具体有以下两种方法。

（1）通过名称框进行选择。

例如，要在【现金日记账】工作表中查看【存款】名称的引用位置，具体操作步骤如下。

Step① ❶ 单击名称框右侧的下拉按钮，❷ 在弹出的下拉列表中选择定义的名称，这里选择【存款】选项，如图 8-44 所示。

图 8-44

Step② 经过上步操作后，即可快速选择该名称指定的范围，效果如图 8-45 所示。

图 8-45

（2）使用定位功能进行选择。

用户也可以通过定位功能来选择名称所引用的单元格区域。例如，同样是在【现金日记账】工作表中查看【存款】名称的引用位置，具体操作步骤如下。

Step① ❶ 单击【开始】选项卡【编辑】组中的【查找和选择】按钮 🔍，❷ 在弹出的下拉菜单中选择【转到】命令，如图 8-46 所示。

图 8-46

Step② 打开【定位】对话框，❶ 选择定义的名称选项，❷ 单击【确定】按钮，即可快速选择该名称指定的范围，如图 8-47 所示。

图 8-47

3. 修改名称的定义内容

在 Excel 中，如果需要重新编辑已定义名称的引用位置、适用范围和输入的注释等，就可以通过【名称管理器】对话框进行修改。例如，要通过修改名称中定义的公式，按照 2% 的比例重新计算销售表中的提成数据，具体操作步骤如下。

Step01 单击【公式】选项卡【定义的名称】组中的【名称管理器】按钮，如图 8-48 所示。

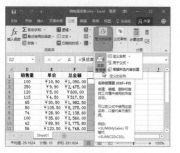

图 8-48

Step02 打开【名称管理器】对话框，❶ 在主窗口中选择需要修改的名称选项，这里选择【提成率】选项，❷ 单击【编辑】按钮，如图 8-49 所示。

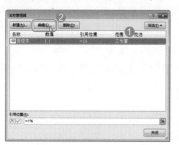

图 8-49

Step03 打开【编辑名称】对话框，❶ 修改【引用位置】文本框中的参数为【=2%】，❷ 单击【确定】按钮，❸ 返回【名称管理器】对话框，单击【关闭】按钮，如图 8-50 所示。

图 8-50

Step04 经过上步操作后，则所有引用了该名称的公式都将改变计算结果，效果如图 8-51 所示。

图 8-51

4. 删除名称

在名称的范围内插入行，或在其中删除了行或列时，名称的范围也会随之变化。因此，在使用过程中需要随时注意名称的变动，防止使用错误的名称。当建立的名称不再有效时，可以将其删除。

在【名称管理器】对话框的主窗口中选择需要删除的名称，单击【删除】按钮即可将其删除。如果一次性需要删除多个名称，只需在按住【Ctrl】键的同时在主窗口中依次选择这几个名称，再进行删除即可。

8.5 审核公式

公式不仅会导致错误值，而且还会产生某些意外结果。为确保计算的结果正确，减小公式出错的可能性，审核公式是非常重要的一项工作。下面介绍一些常用的审核技巧。

8.5.1 实战：显示水费收取表中应用的公式

实例门类	软件功能
教学视频	光盘\视频\第8章\8.5.1.mp4

默认情况下，在单元格中输入一个公式，按【Enter】键后，单元格中就不再显示公式了，而是直接显示出计算结果。只有在选择单元格后，在其公式编辑栏中才能看到公式的内容。可在一些特定的情况下，在单元格中显示公式比显示数值，具有更加有利于快速输入数据的实际应用价值。

例如，需要查看【水费收取表】工作簿中的公式是否引用出错，具体操作步骤如下。

Step01 打开光盘\素材文件\第8章\水费收取表.xlsx，单击【公式】选项卡【公式审核】组中的【显示公式】按钮图，如图8-52所示。

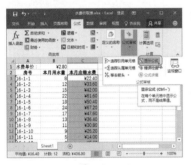

图 8-52

Step02 经过上步操作后，则工作表中所有的公式都会显示出来，同时，为了显示完整的公式，单元格的大小会自动调整，如图8-53所示。

图 8-53

技能拓展——取消持续显示公式

设置显示公式后，就会使公式继续保持原样，即使公式不处于编辑状态，也同样显示公式的内容。如果要恢复默认状态，显示出公式的计算结果，再次单击【显示公式】按钮即可。另外，按【Ctrl+~】组合键可以快速地在公式和计算结果之间进行切换。

★ 重点 8.5.2 实战：查看工资表中公式的求值过程

实例门类	软件功能
教学视频	光盘\视频\第8章\8.5.2.mp4

Excel 2016 中提供了分步查看公式计算结果的功能，当公式中的计算步骤比较多时，使用此功能可以在审核过程中按公式计算的顺序逐步查看公式的计算过程。这也符合人们日常计算的规律，更方便大家一步步了解公式的具体作用。

例如，要使用公式的分步计算功能查看工资表中所得税是如何计算的，具体操作步骤如下。

Step01 打开光盘\素材文件\第8章\工资发放明细表.xlsx，❶选择要查看求值过程公式所在的L3单元格，❷单击【公式】选项卡【公式审核】组中的【公式求值】按钮图，如图8-54所示。

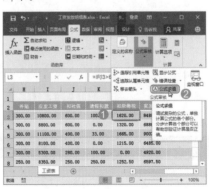

图 8-54

Step02 打开【公式求值】对话框，在【求值】列表框中显示出了该单元格中的公式，并用下画线标记出第一步要计算的内容，即引用I3单元格中的数值，单击【求值】按钮，如图8-55所示。

图 8-55

Step03 经过上步操作后，会计算出该公式第一步要计算的结果，同时用下画线标记出下一步要计算的内容，即判断I3单元格中的数值与6000的大小，单击【求值】按钮，如图8-56所示。

图 8-56

Step04 经过上步操作后，会计算出该公式第2步要计算的结果，由于10800大于6000，所以返回【TRUE】，调用IF函数中判断值为真的结果。同时用下画线标记出下一步要计算的内容，即引用I3单元格中的数值，单击【求值】按钮，如图8-57所示。

图 8-57

Step05 经过上步操作后，会计算出该公式第3步要计算的结果，同时用下画线标记出下一步要计算的内容，即用 I3 单元格中的数值乘以 0.15，单击【求值】按钮，如图 8-58 所示。

图 8-58

Step 06 经过上步操作后，会计算出该公式第 4 步要计算的结果，同时用下画线标记出下一步要计算的内容，即使用 IF 函数最终返回计算的结果，单击【求值】按钮，如图 8-59 所示。

图 8-59

Step 07 经过上步操作后，会计算出该公式的结果，单击【关闭】按钮关闭对话框，如图 8-60 所示。

图 8-60

8.5.3 公式错误检查

在 Excel 2016 中进行公式的输入时，有时可能由于用户的错误操作或公式函数应用不当，导致公式结果返回错误值，如【#NAME?】，同时会在单元格的左上角自动出现一个绿色小三角形，如 #VALUE! ，这是 Excel 的智能标记。其实，这是启用了公式

错误检查器的缘故。

启用公式错误检查器功能后，当单元格中的公式出错时，选择包含错误的单元格，将鼠标指针移动到左侧出现的 图标上，单击图标右侧出现的下拉按钮，在弹出的下拉菜单中包括了【值错误】【关于此错误的帮助】【显示计算步骤】【忽略错误】，以及【在编辑栏中编辑】等选项，如图 8-61 所示。这样，用户就可以方便地选择需要进行的下一步操作。

图 8-61

如果某台计算机中的 Excel 没有开启公式错误检查器功能，则不能快速检查错误的原因。用户只能通过下面的方法来进行检查，如要检查销售表中是否出现公式错误，具体操作步骤如下。

Step 01 打开光盘 \ 素材文件 \ 第 8 章 \ 销售表 .xlsx，单击【公式】选项卡【公式审核】组中的【错误检查】按钮 ，如图 8-62 所示。

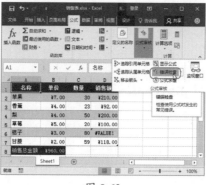

图 8-62

Step 02 打开【错误检查】对话框，在其中显示了检查到的第一处错误，单击【显示计算步骤】按钮，如图 8-63 所示。

图 8-63

技术看板

在【错误检查】对话框中也可以实现图 8-61 所示的下拉菜单中的相关操作，而且在该对话框中，还可以更正错误的公式，通过单击【上一个】和【下一个】按钮，可以逐个显示出错单元格，供用户检查。

Step 03 打开【公式求值】对话框，在【求值】列表框中查看该错误运用的计算公式及出错位置，单击【关闭】按钮，如图 8-64 所示。

图 8-64

Step 04 返回【错误检查】对话框，单击【在编辑栏中编辑】按钮，如图 8-65 所示。

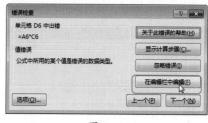

图 8-65

Step 05 经过上步操作，❶ 返回工作表中选择原公式中的【A6】，❷ 单击鼠标重新选择参与计算的 B6 单元格，如图 8-66 所示。

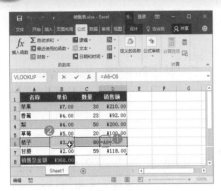

图 8-66

Step06 本例由于设置了表格样式，系统就自动为套用样式的区域定义了名称，所以公式中的【B6】显示为【[@单价]】。在【错误检查】对话框中单击【继续】按钮，如图8-67所示。

图 8-67

Step07 同时可以看到出错的单元格运用修改后的公式得出了新结果。并打开提示对话框，提示已经完成错误检查。单击【确定】按钮关闭对话框，如图8-68所示。

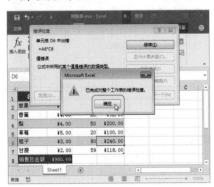

图 8-68

技术看板

Excel 默认是启用了公式错误检查器的，如果没有启用，可以在【Excel选项】对话框中选择【公式】选项卡，在【错误检查】栏中选中【允许后台错误检查】复选框进行启用，如图8-69所示。

图 8-69

★ 重点 8.5.4 实战：追踪销售表中的单元格引用情况

实例门类	软件功能
教学视频	光盘\视频\第8章\8.5.4.mp4

在检查公式是否正确时，通常需要查看公式中引用单元格的位置是否正确，使用 Excel 2016 中的【追踪引用单元格】和【追踪从属单元格】功能，就可以检查公式错误或分析公式中单元格的引用关系了。

1. 追踪引用单元格

【追踪引用单元格】功能可以用箭头的形式标记出所选单元格中公式引用的单元格，方便用户追踪检查引用来源数据。该功能尤其在分析使用了较复杂的公式时非常便利。例如，要查看【销售表】中计算销售总额的公式引用了哪些单元格，具体操作步骤如下。

Step01 ❶ 选择计算销售总额的B8单元格，❷ 单击【公式】选项卡【公式审核】组中的【追踪引用单元格】按钮，如图8-70所示。

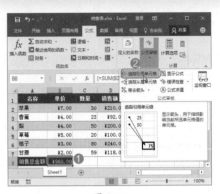

图 8-70

Step02 经过上步操作，即可以蓝色箭头符号标识出所选单元格中公式的引用源，如图8-71所示。

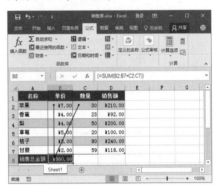

图 8-71

2. 追踪从属单元格

在检查公式时，如果要显示出某个单元格被引用于哪个公式单元格了，可以使用【追踪从属单元格】功能。例如，要用箭头符号标识出销售表中销售额被作为参数引用的公式所在的单元格，具体操作步骤如下。

技术看板

若所选单元格没有从属单元格可以显示，将打开对话框进行提示。

Step01 ❶ 选择B8单元格，❷ 修改其中的公式为【=SUM(表1[[销售额]])】，如图8-72所示。

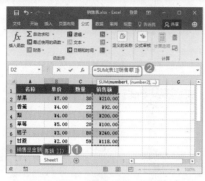

图 8-72

Step02 ❶ 选择 D5 单元格，❷ 单击【公式】选项卡【公式审核】组中的【追踪从属单元格】按钮 ❑，如图 8-73 所示。

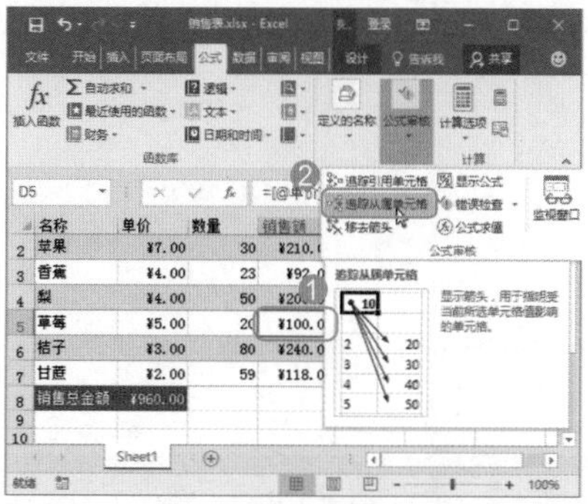

图 8-73

Step03 经过上步操作，即可以蓝色箭头符号标识出所选单元格数据被引用的公式所在单元格，如图 8-74 所示。

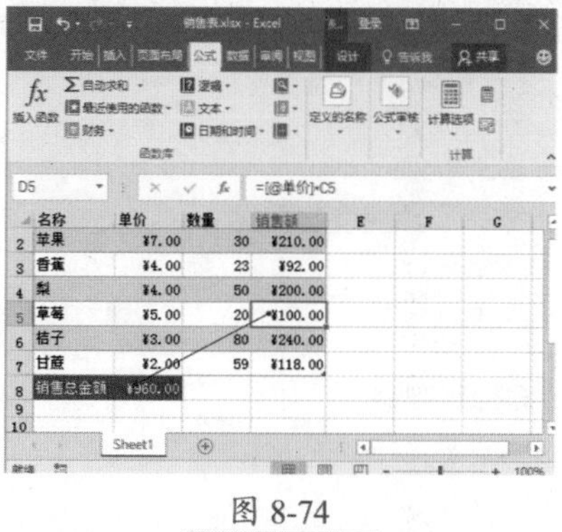

图 8-74

技能拓展——追踪公式错误

在单元格中输入错误的公式不仅会导致出现错误值，而且还有可能因

为引用了错误值产生错误的连锁反应。此时使用【追踪从属单元格】功能可以在很大程度上减轻连锁错误的发生，即使出现错误也可以快速得以修改。

当一个公式的错误是由它引用的单元格的错误所引起时，在【错误检查】对话框中就会出现【追踪错误】按钮。单击该按钮，可使 Excel 在工作表中标识出公式引用中包含错误的单元格及其引用的单元格。

3. 移除追踪箭头

使用了【追踪引用单元格】和【追踪从属单元格】功能后，在工作表中将显示出追踪箭头，如果不需要查看到公式与单元格之间的引用关系了，可以隐藏追踪箭头。清除追踪箭头的具体操作步骤如下。

Step01 单击【公式】选项卡【公式审核】组中的【移去箭头】按钮 ❑，如图 8-75 所示。

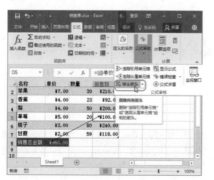

图 8-75

Step02 经过上步操作，清除追踪箭头效果后如图 8-76 所示。

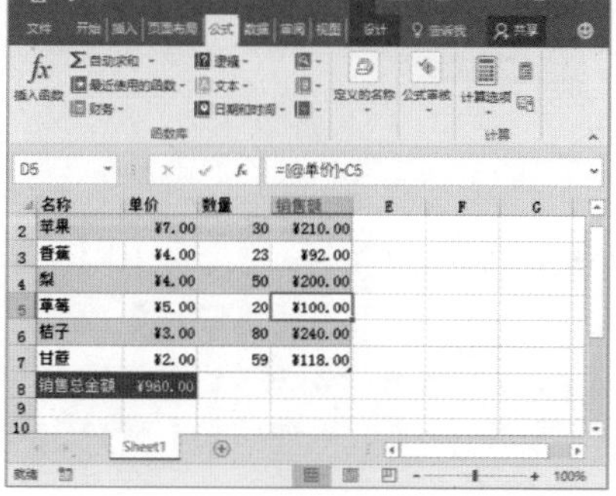

图 8-76

技能拓展——移去单元格的追踪箭头

单击【移去箭头】按钮会同时移去所有箭头，如果单击该按钮右侧的下拉按钮，在弹出的下拉列表中选择【移去引用单元格追踪箭头】选项，将移去工作表中所有引用单元格的追踪箭头；若选择【移去从属单元格追踪箭头】选项，则将移去工作表中所有从属单元格的追踪箭头。

在 Excel 2016 中，追踪引用和从属单元格，主要用于查看公式中所应用的单元格，但不能保存标记单元格的箭头，下次查看时需要重新单击【追踪引用单元格按钮】或【追踪从属单元格按钮】。

8.5.5 实战：使用【监视窗口】来监视销售总金额的变化

实例门类	软件功能
教学视频	光盘\视频\第8章\8.5.5.mp4

在 Excel 中，当单元格数据变化时，引用该单元格数据的单元格的值也会随之改变。在数据量较大的工作表中，要查看某个单元格数据的变化可能要花费一点时间来寻找到该单元格。Excel 2016 专门提供了一个监视窗口，方便用户随时查看单元格中公式数值的变化及单元格中使用的公式和地址。

例如，使用监视窗口来监视销售表中销售总金额单元格数据的变化，具体操作步骤如下。

Step01 单击【公式】选项卡【公式审核】组中的【监视窗口】按钮 ❑，如图 8-77 所示。

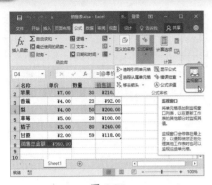

图 8-77

Step02 打开【监视窗口】对话框，单击【添加监视】按钮，如图 8-78 所示。

图 8-78

Step03 打开【添加监视点】对话框，❶ 在文本框中输入想要监视其值的单元格，这里选择工作表中的 B8 单元格，❷ 单击【添加】按钮，如图 8-79 所示。

图 8-79

Step04 更改工作表中 B3 单元格中的值，即可看到与该单元格数据有关联的 B8 单元格中的值发生了变化。同时，在【监视窗口】对话框中也记录了该单元格变化后的数据，如图 8-80 所示。

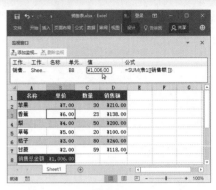

图 8-80

技术看板

监视窗口是一个浮动窗口，可以浮动在屏幕上的任何位置，不会对工作表的操作产生任何影响。将监视窗口拖动到工作簿窗口中时，它会自动固定嵌入到工作簿窗口中，效果如图 8-80 所示。

妙招技法

通过前面知识的学习，相信读者已经掌握了链接公式、数组公式、名称、公式审核等公式中相对高级的应用操作。下面结合本章内容，给大家介绍一些实用技巧。

技巧 01：如何同时对多个单元格执行相同计算

教学视频	光盘 \ 视频 \ 第 8 章 \ 技巧 01.mp4

在编辑工作表数据时，可以利用【选择性粘贴】命令在粘贴数据的同时对数据区域进行计算。例如，要将销售表中的各产品的销售单价快速乘以 2，具体操作步骤如下。

Step01 ❶ 选择一个空白单元格作为辅助单元格，这里选择 F2 单元格，并输入【2】，❷ 单击【开始】选项卡【剪贴板】组中的【复制】按钮，将单元格区域数据放入剪贴板中，如图 8-81 所示。

Step02 ❶ 选择要修改数据的 B2:B7 单元格区域，❷ 单击【剪贴板】组中的【粘贴】按钮，❸ 在弹出的下拉菜单中选择【选择性粘贴】命令，如图 8-82 所示。

图 8-81

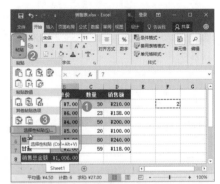

图 8-82

Step03 打开【选择性粘贴】对话框，❶ 在【运算】栏中选中【乘】单选按钮，❷ 单击【确定】按钮，如图 8-83 所示。

图 8-83

Step04 经过以上操作，表格中选择区域的数字都增加了 1 倍，效果如图 8-84 所示。

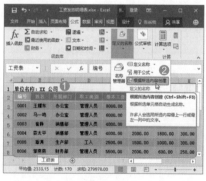

图 8-84

技术看板

【选择性粘贴】对话框的【粘贴】栏中可以通过设置更改粘贴的数据类型、格式等，在【运算】栏中除了可以选择运算方式为【乘】外，还可以选择【加】【减】【除】3 种运算方式。

技巧 02：快速指定单元格以列标题为名称

实例门类	软件功能
教学视频	光盘 \ 视频 \ 第 8 章 \ 技巧 02.mp4

日常工作中制作的表格都具有一定的格式，如工作表每一列上方的

单元格一般都有表示该列数据的标题（也称为【表头】），而公式和函数的计算通常也可以看作是某一列（或多列）与另一列（或多列）的运算。为了简化公式的制作，可以先将各列数据单元格区域以列标题命名。

在 Excel 中如果需要创建多个名称，而这些名称和单元格引用的位置有一定的规则，这时除了可以通过【新建名称】对话框依次创建名称外，还可使用【根据所选内容创建】功能自动创建名称，尤其在需要定义大批量名称时，该方法更能显示其优越性。

例如，在工资表中要指定每列单元格以列标题为名称，具体操作步骤如下。

Step01 打开光盘 \ 素材文件 \ 第 8 章 \ 工资发放明细表 .xlsx，❶ 选择需要定义名称的单元格区域（包含表头），这里选择 A2:N14 单元格区域，❷ 单击【公式】选项卡【定义的名称】组中的【根据所选内容创建】按钮，如图 8-85 所示。

图 8-86

技巧 03：通过粘贴名称快速完成公式的输入

实例门类	软件功能
教学视频	光盘 \ 视频 \ 第 8 章 \ 技巧 03.mp4

定义名称后，就可以在公式中使用名称来代替单元格的地址了，而使用输入名称的方法还不是最快捷的，在 Excel 中为了防止在引用名称时输入错误，可以直接粘贴名称在公式中。

例如，要在工资表中运用定义的名称计算应发工资项，具体操作步骤如下。

Step01 ❶ 选择 I3 单元格，❷ 在编辑栏中输入【=】，❸ 单击【公式】选项卡【定义的名称】组中的【用于公式】按钮，❹ 在弹出的下拉菜单中选择需要应用于公式中的名称，这里选择【基本工资】选项，如图 8-87 所示。

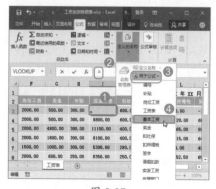

图 8-87

Step02 经过上步操作后即可将名称输入到公式中，使用相同的方法继续输入该公司中需要运用的名称，并计算出结果，完成后的效果如图 8-88 所示。

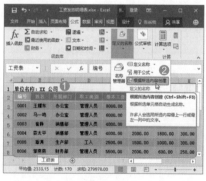

图 8-85

Step02 打开【以选定区域创建名称】对话框，❶ 选择要作为名称的单元格位置，这里选中【首行】复选框，即 A2:N2 单元格区域中的内容，❷ 单击【确定】按钮即可完成区域的名称设置，如图 8-86 所示。即将 A3:A14 单元格区域定义为【编号】，将 B3:B14 单元格区域定义为【姓名】，将 C3:C14 单元格区域定义为【所属部门】……

图 8-88

技能拓展
——快速输入名称的其他方法

构建公式时，输入一个字母后，Excel 会显示一列匹配的选项。这些选项中也包括有名称，选择需要的名称后按【Tab】键即可将该名称插入到公式中。

技巧 04：取消名称的自动引用

实例门类	软件功能
教学视频	光盘＼视频＼第8章＼技巧04.mp4

在公式中引用某个单元格或单元格区域时，若曾经为该部分单元格定义了名称，在编辑栏中即可查看在公式中自动以名称来代替单元格的地址。虽然这项功能可以使公式作用更明了，但在某些情况下，却并不希望采用名称代替单元格地址，此时可以进行一定的设置取消自动应用名称的功能。

Excel 中并没有提供直接的方法来实现不应用名称，也就是说使用名称代替单元格地址的操作是不可逆的。然而，可以通过设置【Excel 的转换公式输入】选项，使它模仿 1-2-3。具体操作步骤如下。

Step01 打开【Excel 选项】对话框，❶ 选择【高级】选项卡，❷ 在【Lotus 兼容性设置】栏右侧的下拉列表框中选择需要设置 Lotus 兼容性参数的工作表，❸ 选中【转换 Lotus1-2-3 表达式】和【转换 Lotus1-2-3 公式】复选框，❹ 单击【确定】按钮完成设置，如图 8-89 所示。

图 8-89

Step02 返回 Excel 表格中，再次选择公式所在的单元格或单元格区域并进行编辑，即可看到虽然在公式编辑栏中公式还是使用的名称，但是在单元格中则显示的是单元格地址。

技巧 05：使用快捷键查看公式的部分计算结果

实例门类	软件功能
教学视频	光盘＼视频＼第8章＼技巧05.mp4

逐步查看公式中的计算结果，有时非常浪费时间，在审核公式时，我们可以选择性地查看公式某些部分的计算结果，具体操作步骤如下。

Step01 ❶ 选择包含公式的单元格，这里选择 L3 单元格，❷ 在公式编辑栏中拖动鼠标指针，选择该公式中需要显示出计算结果的部分，如【I3*0.15】，如图 8-90 所示。

图 8-90

技术看板

在选择查看公式中的部分计算结果时，注意要选择包含整个运算对象的部分，如选择一个函数时，必须包含整个函数名称、左括号、参数和右括号。

Step02 按【F9】键即可显示出该部分的计算结果，整个公式显示为【=IF(I3>6000,1620,0)】，效果如图 8-91 所示。

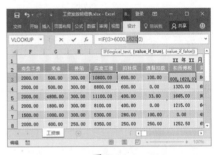

图 8-91

技术看板

按【F9】键之后，如果要用计算后的结果替换原公式选择的部分，按【Enter】键或【Ctrl+Shift+Enter】组合键即可。如果仅想查看某部分公式并不希望改变原公式，则按【Esc】键返回。

技巧 06：隐藏编辑栏中的公式

实例门类	软件功能
教学视频	光盘＼视频＼第8章＼技巧06.mp4

在制作某些表格时，如果不希望让其他人看见表格中包含的公式内容，可以直接将公式计算结果通过复制的方式粘贴为数字，但若还需要利用这些公式来进行计算，就需要对编辑栏中的公式进行隐藏操作了，即要求选择包含公式的单元格时，在公式编辑栏中不显示出公式。例如，要隐

藏工资表中所得税的计算公式，具体操作步骤如下。

Step01 ❶ 选择包含要隐藏公式的单元格区域，这里选择 L3:L14 单元格区域，❷ 单击【开始】选项卡【单元格】组中的【格式】按钮，❸ 在弹出的下拉菜单中选择【设置单元格格式】命令，如图 8-92 所示。

图 8-92

Step02 打开【设置单元格格式】对话框，❶ 选择【保护】选项卡，❷ 选中【隐藏】复选框，❸ 单击【确定】按钮，如图 8-93 所示。

图 8-93

Step03 返回 Excel 表格，❶ 单击【格式】按钮，❷ 在弹出的下拉菜单中选择【保护工作表】命令，如图 8-94 所示。

图 8-94

Step04 打开【保护工作表】对话框，❶ 选中【保护工作表及锁定的单元格内容】复选框，❷ 单击【确定】按钮对单元格进行保护，如图 8-95 所示。

图 8-95

Step05 返回工作表中，选择 L3:L14 单元格区域中的任意单元格，在公式编辑栏中没有显示内容，公式内容被隐藏了，效果如图 8-96 所示。

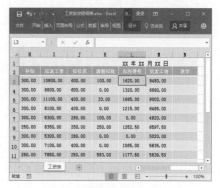

图 8-96

技术看板

只有设置了【隐藏】操作的单元格，在工作表内容被保护后其公式内容才会隐藏。为了更好地防止其他人查看未保护的工作表，应在【保护工作表】对话框中设置一个密码。如果要取消对公式的隐藏，只要取消选中【设置单元格格式】对话框【保护】选项卡中的【隐藏】复选框即可。

本章小结

通过本章知识的学习和案例练习，相信读者已经学会了更好更快速地运用公式的方法。本章首先介绍了链接公式的运用，通过它来计算多张表格中的数据；然后对数组和数组公式进行了说明，从而了解了如何快速提高某些具有相同属性公式的计算，到后面结合到函数的运用时，功能就更强大了；接着学习了名称的相关使用方法；最后介绍了审核公式的多种方法，读者主要应学会查看公式的分步计算，以便审核输入公式中的环节出现错误。

第9章 函数的基础应用

- ➤ 公式参数太多，还在逐个输入运算符，你会选择单元格吗？
- ➤ 函数太多，要怎样分类来学习？
- ➤ 函数名称记不住，那是你还没掌握好输入函数的方法。
- ➤ 你会编辑函数吗？
- ➤ 常用函数的用法，你记牢了吗？

本章将通过引入函数的概念，教会读者如何使用函数来完成复杂数据的计算，从而了解函数的基础应用，在学习中读者将获得以上问题的答案。

9.1 函数简介

Excel 深受用户青睐最主要的原因就是被 Excel 强大的计算功能所深深吸引，而数据计算的依据就是公式和函数。在 Excel 中运用函数可以摆脱老式的算法，简化和缩短工作表中的公式，轻松快速地计算数据。

9.1.1 使用函数有哪些优势

在 Excel 2016 中，函数与公式类似，用于对数据进行不同的运算，但函数是一些预先定义好的公式，是一种在需要时可直接调用的表达式。

在进一步了解函数的具体组成前，大家脑海里肯定有很多疑问，如函数相比公式到底有哪些优势，为什么要学习使用函数？接下来先来解答这些问题。

在进行数据统计和分析时，使用函数可以为用户带来极大的便利，其优势主要体现在以下几个方面。

（1）简化公式。

利用公式可以计算一些简单的数据，而利用函数则可以进行简单或复杂的计算，而且能很容易地完成各种复杂数据的处理工作，并能简化和缩短工作表中的公式，尤其在用公式执行很长或复杂的计算时，因此函数一般用于执行复杂的计算。

例如，要计算 25 个单元格（A1:E5）中数据的平均值，用常规公式需先将这些数相加，再除以参与计算的数值个数，即输入公式【=(A1+B1+C1+D1+E1+A2+B2+C2+D2+E2+A3+B3+C3+D3+E3+A4+B4+C4+D4+E4+A5+B5+C5+D5+E5)/25】，如图 9-1所示。

图 9-1

而用求平均值的函数 AVERAGE，只需编辑一个简单的公式【=AVERAGE(A1:E5)】便可计算出平均值，如图 9-2 所示。

图 9-2

（2）实现特殊的运算。

很多函数运算可以实现普通公式无法完成的功能。例如，对表格中某个单元格区域所占的单元格个数进行统计；求得某个单元格区域内的最大值；对计算结果进行四舍五入；将英文的大/小写字母进行相互转换；返回当前日期与时间……而使用函数，这些问题都可以快速得到解决。

（3）允许有条件地运行公式，实现智能判断。

通过某些函数可以进行自动判断，如需要根据销售额的大小设置提成比例，最终计算出提成金额。如设置当销售额超过 20000 元时，其提成比例为 5%；否则为 3%。如果不使用函数，按照常规创建公式的方法就需要创建两个不同的公式，并且需要针对每位销售员的销售额进行人工判断后，才能确定使用哪个公式进行计算。而如果使用函数，则只需一个 IF 函数便可以一次性进行智能判断并返回提成金额数据，具体操作步骤也将在后面的章节中详细讲解。

（4）可作为参数再参与运算。

函数通过对不同的参数进行特定的运算，并将计算出的结果返回到函数本身，因此在公式中，可以将函数作为一个值进行引用。

（5）减少工作量，提高工作效率。

由于函数是一种在需要时可以直接调用的表达式，加上前面介绍的函数具有的4种优点，因此使用函数可以大大简化公式的输入，从而提高工作效率。除此之外，许多函数在处理数据的功能上也能大大减少手工编辑量，将烦琐的工作变得简单化，提高工作效率。例如，需要将一个包含上千个名称的工作表打印出来，并在打印过程中将原来全部使用英文大写字母保存的名称打印为第一个字母大写，其他小写。如果使用手工编写，这将是一个庞大的工程，但直接使用PROPER函数即可立即转换为需要的格式，具体操作步骤将在后面章节详细讲解。

（6）其他函数功能。

Excel中提供了大量的内置函数，每个函数的功能都不相同，具体的功能可以参考后面章节中的讲解内容。如果现有函数还不能满足需要，用户还可以通过第三方提供商购买其他专业函数，甚至可以使用VBA创建自定义函数。

9.1.2 函数的结构

Excel中的函数实际上是一些预先编写好的公式，每一个函数就是一组特定的公式，代表着一个复杂的运算过程。不同的函数有着不同的功能，但不论函数有何功能及作用，所有函数均具有相同的特征及特定的格式。

函数作为公式的一种特殊形式存在，也是由【=】符号开始的，右侧也是表达式。不过函数是通过使用一些称为参数的数值以特定的顺序或结构进行计算，不涉及运算符的使用。在Excel中，所有函数的语法结构都是相同的，其基本结构为【=函数名

（参数1，参数2,…）】，如图9-3所示，其中各组成部分的含义如下。

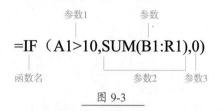

图 9-3

→ 【=】符号：函数的结构以【=】符号开始，后面是函数名称和参数。

→ 函数名：即函数的名称，代表了函数的计算功能，每个函数都有唯一的函数名，如SUM函数表示求和计算、MAX函数表示求最大值计算。因此要使用不同的方式进行计算应使用不同的函数名。函数名输入时不区分大小写，也就是说函数名中的大小写字母等效。

→ 【()】符号：所有函数都需要使用英文半角状态下的括号【()】，括号中的内容就是函数的参数。同公式一样，在创建函数时，所有左括号和右括号必须成对出现。括号的配对让一个函数成为完整的个体。

→ 函数参数：函数中用来执行操作或计算的值，可以是数字、文本、TRUE或FALSE等逻辑值、数组、错误值或单元格引用，还可以是公式或其他函数，但指定的参数都必须为有效参数值。

不同的函数，由于其计算方式不同，所需要参数的个数、类型也均有不同。有些可以不带参数，如NOW()、TODAY()、RAND()等，有些只有一个参数，有些有固定数量的参数，有些函数又有数量不确定的参数，还有些函数中的参数是可选的。如果函数需要的参数有多个，则各参数间使用英文字符逗号【,】进行分隔。因此，逗号是解读函数的关键。

学习函数的时候，可以将每个函数理解为一种封装定义好的系统，只要知道它需要输入些什么，根据哪种规律进行输入，最终可以得到什么结果就行。不必再像公式一样去分析是怎样的一个运算过程。

9.1.3 函数的分类

Excel 2016中提供了大量的内置函数，这些函数涉及财务、工程、统计、时间、数学等多个领域。要熟练地对这些函数进行运用，首先必须了解函数的总体情况。

根据函数的功能，主要可将函数划分为11个类型。函数在使用过程中，一般也是依据这个分类进行定位，然后再选择合适的函数。这11种函数分类的具体介绍如下。

（1）财务函数。

Excel中提供了非常丰富的财务函数，使用这些函数，可以完成大部分的财务统计和计算。如DB函数可返回固定资产的折旧值，IPMT可返回投资回报的利息部分等。财务人员如果能够正确、灵活地使用Excel进行财务函数的计算，则能大大减轻日常工作中有关指标计算的工作量。

（2）逻辑函数。

该类型的函数只有7个，用于测试某个条件，总是返回逻辑值TRUE或FALSE。它们与数值的关系为：①在数值运算中，TRUE=1，FALSE=0。②在逻辑判断中，0=FALSE，所有非0数值=TRUE。

（3）文本函数。

在公式中处理文本字符串的函数。主要功能包括截取、查找或所搜文本中的某个特殊字符，或提取某些字符，也可以改变文本的编写状态。如TEXT函数可将数值转换为文本，LOWER函数可将文本字符串的所有字母转换成小写形式等。

（4）日期和时间函数。

日期和时间函数用于分析或处理公式中的日期和时间值。例如，TODAY 函数可以返回当前日期。

（5）查找与引用函数。

查找与引用函数用于在数据清单或工作表中查询特定的数值，或某个单元格引用的函数。常见的示例是税率表。使用 VLOOKUP 函数可以确定某一收入水平的税率。

（6）数学和三角函数。

该类型函数包括很多，主要运用于各种数学计算和三角计算。如 RADIANS 函数可以把角度转换为弧度等。

（7）统计函数。

统计函数可以对一定范围内的数据进行统计学分析。例如，可以计算统计数据，如平均值、模数、标准偏差等。

（8）工程函数。

工程函数常用于工程应用中。它们可以处理复杂的数字，在不同的计数体系和测量体系之间转换。例如，可以将十进制数转换为二进制数。

（9）多维数据集函数。

多维数据集函数用于返回多维数据集中的相关信息，如返回多维数据集中成员属性的值。

（10）信息函数。

信息函数有助于确定单元格中数据的类型，还可以使单元格在满足一定的条件时返回逻辑值。

（11）数据库函数。

数据库函数用于对存储在数据清单或数据库中的数据进行分析，判断其是否符合某些特定的条件。这类函数在需要汇总符合某一条件的列表中的数据时十分有用。

> **技术看板**
>
> Excel 中还有一类函数是使用 VBA 创建的自定义工作表函数，称为【用户定义函数】。这些函数可以像 Excel 的内部函数一样运行，但不能在【插入函数】中显示每个参数的描述。

9.2 输入函数

了解函数的一些基本知识后，就可以在工作表中使用函数进行计算了。使用函数计算数据时，必须正确输入相关函数名及其参数，才能得到正确的运算结果。如果用户对所使用的函数很熟悉且对函数所使用的参数类型也比较了解，则可像输入公式一样直接输入函数；若不是特别熟悉，则可通过使用【函数库】组中的功能按钮，或使用 Excel 中的向导功能来创建函数。

★ 重点 9.2.1 使用【函数库】组中的功能按钮插入函数

在 Excel 2016 的【公式】选项卡【函数库】组中分类放置了一些常用函数类别的对应功能按钮，如图 9-4 所示。单击某个函数分类下拉按钮，在弹出的下拉菜单中可以选择相应类型的函数，即可快速插入函数后进行计算。

图 9-4

> **技能拓展——快速选择最近使用的函数**
>
> 如果要快速插入最近使用的函数，可单击【函数库】组中的【最近使用的函数】按钮，在弹出的下拉菜单中显示了最近使用过的函数，选择相应的函数即可。

下面在销售业绩表中，通过【函数库】组中的功能按钮输入函数并计算出第一位员工的年销售总额，具体操作步骤如下。

Step01 打开光盘\素材文件\第9章\销售业绩表.xlsx，❶ 选择 G2 单元格，❷ 单击【公式】选项卡【函数库】组中的【自动求和】按钮 Σ，❸ 在弹出的下拉菜单中选择【求和】命令，如图 9-5 所示。

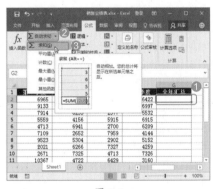

图 9-5

Step02 经过上步操作，系统会根据放置计算结果的单元格选择相邻有数值的单元格区域进行计算，这里系统自动选择了与 G2 单元格所在行并位于 G2 单元格之前的所有数值单元格，即 C2:F2 单元格区域，同时，在单元格和编辑栏中可看到插入的函数为【=SUM(C2:F2)】，如图 9-6 所示。

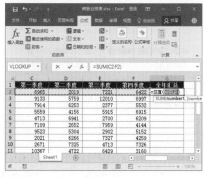

图 9-6

Step03 按【Enter】键确认函数的输入，即可在 G2 单元格中计算出函数的结果，如图 9-7 所示。

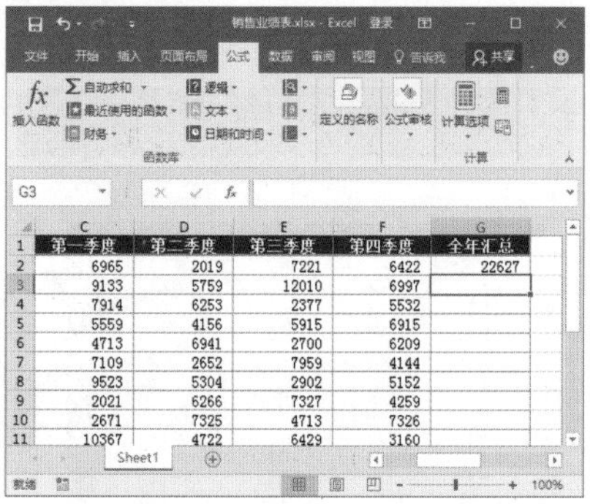

图 9-7

★ 重点 9.2.2 使用插入函数向导输入函数

Excel 2016 中提供了 400 多个函数，这些函数覆盖了许多应用领域，每个函数又允许使用多个参数。要记住所有函数的名称、参数及其用法是不太可能的。当用户对函数并不是很了解，如只知道函数的类别，或知道函数的名称，但不知道函数所需要的参数，甚至只知道大概要做的计算目的时，就可以通过【插入函数】对话框根据向导一步步输入需要的函数。

下面同样在销售业绩表中，通过使用插入函数向导输入函数并计算出第二位员工的年销售总额，具体操作步骤如下。

Step01 ❶ 选择 G3 单元格，❷ 单击【公式】选项卡【函数库】组中的【插入函数】按钮 *fx*，如图 9-8 所示。

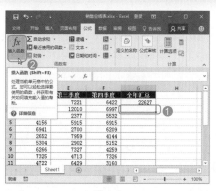

图 9-8

Step02 打开【插入函数】对话框，❶ 在【搜索函数】文本框中输入需要搜索的关键字，这里需要寻找求和函数，所以输入【求和】，❷ 单击【转到】按钮，即可搜索与关键字相符的函数。❸ 在【选择函数】列表框中选择这里需要使用的【SUM】选项，❹ 单击【确定】按钮，如图 9-9 所示。

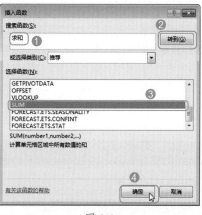

图 9-9

技能拓展——打开【插入函数】对话框

单击【编辑栏】中的【插入函数】按钮 *fx*，或在【函数库】组的函数类别下拉菜单中选择【其他函数】命令，也可打开【插入函数】对话框。在对话框的【或选择类别】下拉列表框中可以选择函数类别。

Step03 打开【函数参数】对话框，单击【Number1】文本框右侧的【折叠】按钮，如图 9-10 所示。

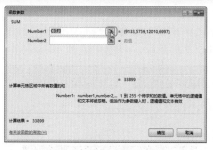

图 9-10

Step04 经过上步操作后，将折叠【函数参数】对话框，同时，鼠标指针变为✚形状。❶ 在工作簿中拖动鼠标指针选择需要作为函数参数的单元格即可引用这些单元格的地址，这里选择 C3:F3 单元格区域，❷ 单击折叠对话框右侧的【展开】按钮，如图 9-11 所示。

图 9-11

Step05 返回【函数参数】对话框，单击【确定】按钮，如图 9-12 所示。

图 9-12

技术看板

本案例系统自动引用的单元格区域与手动设置的区域相同，这里只是介绍一下手动设置的方法，后面的函数应用不会再详细讲解这些步骤。

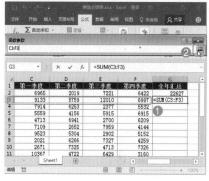

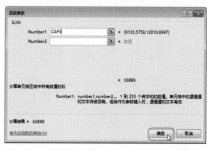

Step06 经过上步操作，即可在 G3 单元格中插入函数【=SUM(C3:F3)】并计算出结果，如图 9-13 所示。

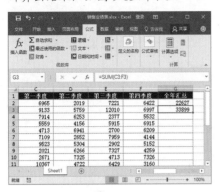

图 9-13

9.2.3 手动输入函数

熟悉函数后，尤其是对 Excel 中常用的函数熟悉后，在输入这些函数时便可以直接在单元格或编辑栏中手动输入函数，这是最常用的一种输入函数的方法，也是最快的输入方法。

手动输入函数的方法与输入公式的方法基本相同，输入相应的函数名和函数参数，完成后按【Enter】键即

可。由于 Excel 2016 具有输入记忆功能，当输入【=】和函数名称开头的几个字母后，Excel 会在单元格或编辑栏的下方出现一个下拉列表框，如图 9-14 所示，其中包含了与输入的几个字母相匹配的有效函数、参数和函数说明信息，双击需要的函数即可快速输入该函数，这样不仅可以节省时间，还可以避免因记错函数而出现的错误。

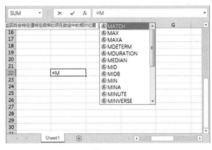

图 9-14

下面通过手动输入函数并填充的方法计算出其他员工的年销售总额。

Step01 ❶ 选择 G4 单元格，❷ 在编辑栏中输入公式【=SUM(C4:F4)】，如图 9-15 所示。

图 9-15

Step02 ❶ 按【Enter】键确认函数的输入，即可在 G4 单元格中计算出函数的结果，❷ 向下拖动控制柄至 G15 单元格，即可计算出其他员工的年总销售额，如图 9-16 所示。

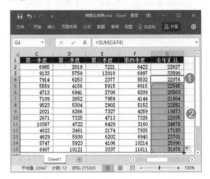

图 9-16

9.3 常用函数的使用

Excel 2016 中提供了很多函数，但常用的函数却只有几种。下面讲解几个日常使用比较频繁的函数，如 SUM 函数、AVERAGE 函数、COUNT 函数、MAX 函数、MIN 函数和 IF 函数等。

9.3.1 使用 SUM 函数求和

在进行数据计算处理中，经常会对一些数据进行求和汇总，此时就需要使用 SUM 函数来完成。

语法结构：
SUM(number1,[number2],…)
参数：
- number1 必需的参数，表示需要相加的第一个数值参数。
- number2 可选参数，表示需要相加的 2 到 255 个数值参数。

使用 SUM 函数可以对所选单元格或单元格区域进行求和计算。SUM 函数的参数可以是数值，如 SUM(18,20) 表示计算【18+20】，也可以是一个单元格的引用或一个单元格区域的引用，如 SUM(A1:A5) 表示将 A1 单元格至 A5 单元格中的所有数字相加；SUM(A1,A3,A5) 表示将 A1、A3 和 A5 单元格中的数字相加。

SUM 函数实际就是对多个参数求和，简化了大家使用【+】符号来完成求和的过程。SUM 函数在表格中的使用率极高，由于前面讲解输入

函数的具体操作时已经举例讲解了该函数的使用方法，这里就不再赘述。

★ 重点 9.3.2 实战：使用 AVERAGE 函数求取一组数字的平均值

实例门类	软件功能
教学视频	光盘\视频\第 9 章\9.3.2.mp4

在进行数据计算处理中，对一部分数据求平均值也是很常用的，此时就可以使用 AVERAGE 函数来完成。

语法结构：

AVERAGE (number1,[number2],...)

参数：

- number1 必需的参数，表示需要计算平均值的 1 到 255 个参数。
- number2 可选参数，表示需要计算平均值的 2 到 255 个参数。

AVERAGE 函数用于返回所选单元格或单元格区域中数据的平均值。

例如，在销售业绩表中要使用 AVERAGE 函数计算各员工的平均销售额，具体操作步骤如下。

Step 01 ❶ 在 H1 单元格中输入相应的文本，❷ 选择 H2 单元格，❸ 单击【公式】选项卡【函数库】组中的【插入函数】按钮 *fx*，如图 9-17 所示。

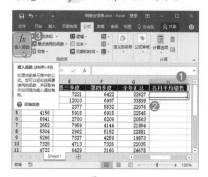

图 9-17

Step 02 打开【插入函数】对话框，❶ 在【搜索函数】文本框中输入需要搜索的关键字【求平均值】，❷ 单击【转到】按钮，即可搜索与关键字相符的函数。❸ 在【选择函数】列表框中选择这里需要使用的【AVERAGE】选项，❹ 单击【确定】按钮，如图 9-18 所示。

图 9-18

Step 03 打开【函数参数】对话框，❶ 在【Number1】文本框中选择要求和的 C2:F2 单元格区域，❷ 单击【确定】按钮，如图 9-19 所示。

图 9-19

Step 04 经过上步操作，即可在 H2 单元格中插入 AVERAGE 函数并计算出该员工当年的平均销售额，向下拖动控制柄至 H15 单元格，即可计算出其他员工的平均销售额，如图 9-20 所示。

图 9-20

★ 重点 9.3.3 实战：使用 COUNT 函数统计参数中包含数字的个数

实例门类	软件功能
教学视频	光盘\视频\第 9 章\9.3.3.mp4

在统计表格中的数据时，经常需要统计单元格区域或数字数组中包含某个数值数据的单元格，以及参数列表中数字的个数，此时就可以使用 COUNT 函数来完成。

语法结构：

COUNT(value1,[value2],…)

参数：

- value1 必需的参数。表示要计算其中数字的个数的第一个项、单元格引用或区域。
- value2 可选参数。表示要计算其中数字的个数的其他项、单元格引用或区域，最多可包含 255 个。

技术看板

COUNT 函数中的参数可以包含或引用各种类型的数据，但只有数字类型的数据（包括数字、日期、代表数字的文本，如用引号包含起来的数字 "1"、逻辑值、直接输入到参数列表中代表数字的文本）才会被计算在结果中。如果参数为数组或引用，则只计算数组或引用中数字的个数。不会计算数组或引用中的空单元格、逻辑值、文本或错误值。

例如，要在销售业绩表中使用 COUNT 函数统计出当前销售人员的数量，具体操作步骤如下。

Step 01 ❶ 在 A17 单元格中输入相应的文本，❷ 选择 B17 单元格，❸ 单击【函数库】组中的【自动求和】按钮 ∑，❹ 在弹出的下拉菜单中选择【计数】命令，如图 9-21 所示。

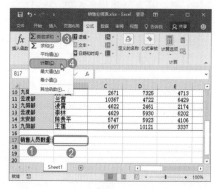

图 9-21

Step 02 经过上步操作，即可在单元格中插入 COUNT 函数，❶ 将文本插入点定位在公式的括号内，❷ 拖动鼠标指针选择 C2:C15 单元格区域作为函数参数引用位置，如图 9-22 所示。

图 9-22

Step 03 按【Enter】键确认函数的输入，即可在该单元格中计算出函数的结果，如图 9-23 所示。

图 9-23

技术看板

在表格中使用 COUNT 函数只能计算出含数据的单元格个数，如果需要计算出数据和文本的单元格，需要使用 COUNTA 函数。

★ 重点 9.3.4 实战：使用 MAX 函数返回一组数字中的最大值

实例门类	软件功能
教学视频	光盘\视频\第 9 章\9.3.4.mp4

在处理数据时若需要返回某一组数据中的最大值，如计算公司中最高的销量、班级中成绩最好的分数等，

就可以使用 MAX 函数来完成。

语法结构：
MAX(number1,[number2],...)
参数：

- number1 必需的参数，表示需要计算最大值的第 1 个参数。
- number2 可选参数，表示需要计算最大值的 2 到 255 个参数。

例如，要在销售业绩表中使用 MAX 函数计算出季度销售额的最大值，具体操作步骤如下。

Step 01 ❶ 在 A18 单元格中输入相应的文本，❷ 选择 B18 单元格，❸ 单击【函数库】组中的【自动求和】按钮 Σ，❹ 在弹出的下拉菜单中选择【最大值】命令，如图 9-24 所示。

图 9-24

Step 02 经过上步操作，即可在单元格中插入 MAX 函数，拖动鼠标指针重新选择 C2:F15 单元格区域作为函数参数引用位置，如图 9-25 所示。

图 9-25

Step 03 按【Enter】键确认函数的输入，

即可在该单元格中计算出函数的结果，如图 9-26 所示。

图 9-26

★ 重点 9.3.5 实战：使用 MIN 函数返回一组数字中的最小值

实例门类	软件功能
教学视频	光盘\视频\第 9 章\9.3.5.mp4

与 MAX 函数的功能相反，MIN 函数用于计算一组数值中的最小值。

语法结构：
MIN(Number1,[Number2],...)
参数：

- number1 必需的参数，表示需要计算最小值的第 1 个参数。
- number2 可选参数，表示需要计算最小值的 2 到 255 个参数。

MIN 函数的使用方法与 MAX 相同，函数参数为要求最小值的数值或单元格引用，多个参数间使用逗号分隔，如果是计算连续单元格区域之和，参数中可直接引用单元格区域。

例如，要在销售业绩表中统计出年度最低的销售额，具体操作步骤如下。

Step 01 ❶ 在 A19 单元格中输入相应的文本，❷ 选择 B19 单元格，❸ 在编辑栏中输入函数【=MIN(G2:G15)】，如图 9-27 所示。

图 9-27

Step 02 按【Enter】键确认函数的输入，即可在该单元格中计算出函数的结果，如图 9-28 所示。

图 9-28

★ 重点 9.3.6 实战：使用 IF 函数根据指定的条件返回不同的结果

实例门类	软件功能
教学视频	光盘\视频\第9章\9.3.6.mp4

在遇到因指定的条件不同而需要返回不同结果的计算处理时，可以使用 IF 函数来完成。

语法结构：
IF(logical_test,[value_if_true],
[value_if_false])
参数：
- logical_test 必需的参数，表示计算结果为 TRUE 或 FALSE 的任意值或表达式。

- value_if_true 可选参数，表示 logical_test 为 TRUE 时要返回的值，可以是任意数据。
- value_if_false 可选参数，表示 logical_test 为 FALSE 时要返回的值，也可以是任意数据。

IF 函数是一种常用的条件函数，它能对数值和公式执行条件检测，并根据逻辑计算的真假值返回不同结果。其语法结构可理解为【= IF（条件，真值，假值）】，当【条件】成立时，结果取【真值】，否则取【假值】。

技术看板

IF 函数的作用非常广泛，除了日常条件计算中经常使用，在检查数据方面也有特效，如可以使用 IF 函数核对输入的数据，清除 Excel 工作表中的 0 值等。

下面在【各产品销售情况分析】工作表中使用 IF 函数来排除公式中除数为 0 的情况，使公式编写更谨慎。
Step 01 打开光盘\素材文件\第9章\各产品销售情况分析.xlsx，❶ 选择 E2 单元格，❷ 单击编辑栏中的【插入函数】按钮 fx，如图 9-29 所示。

图 9-29

Step 02 打开【插入函数】对话框，❶ 在【选择函数】列表框中选择要使用的【IF】函数，❷ 单击【确定】按钮，如图 9-30 所示。

图 9-30

Step 03 打开【函数参数】对话框，❶ 在【Logical_test】文本框中输入【D2=0】，❷ 在【Value_if_true】文本框中输入【0】，❸ 在【Value_if_false】文本框中输入【B2/D2】，❹ 单击【确定】按钮，如图 9-31 所示。

图 9-31

Step 04 经过上步操作，即可计算出相应的结果。❶ 选择 F2 单元格，❷ 单击【函数库】组中的【最近使用的函数】按钮，❸ 在弹出的下拉菜单中选择最近使用的【IF】函数，如图 9-32 所示。

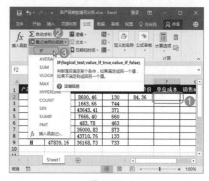

图 9-32

Step 05 打开【函数参数】对话框，❶ 在各文本框中输入如图 9-33 所示的值，❷ 单击【确定】按钮。

图 9-33

Step 06 经过上步操作，即可计算出相应的结果。❶选择 G2 单元格，❷在编辑栏中输入需要的公式【=IF(B2=0,0,C2/B2)】，如图 9-34 所示。

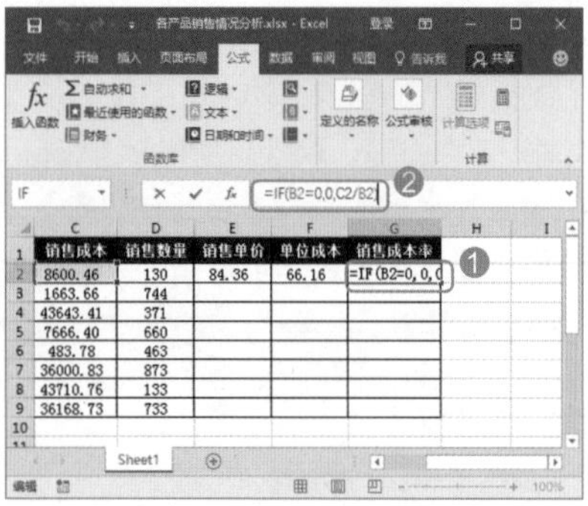

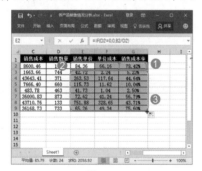

图 9-34

Step 07 ❶按【Enter】键确认函数的输入，即可在 G2 单元格中计算出函数的结果，❷选择 E2:G2 单元格区域，❸向下拖动控制柄至 G9 单元格，即可计算出其他数据，效果如图 9-35 所示。

图 9-35

★ 重点 9.3.7 实战：使用 SUMIF 函数按给定条件对指定单元格求和

实例门类	软件功能
教学视频	光盘\视频\第 9 章\9.3.7.mp4

如果需要对工作表中满足某一个条件的单元格数据求和，可以结合使用 SUM 函数和 IF 函数，但此时使用 SUMIF 函数可更快完成计算。

语法结构：
SUMIF (range,criteria,[sum_range])
参数：

- range 必需的参数，代表用于条件计算的单元格区域。每个区域中的单元格都必须是数字或名称、数组或包含数字的引用。空值和文本值将被忽略。
- criteria 必需的参数，代表用于确定对哪些单元格求和的条件，其形式可以为数字、表达式、单元格引用、文本或函数。
- sum_range 可选参数，代表要求和的实际单元格。当求和区域即为参数 range 所指定的区域时，可省略参数 sum_range。当参数指定的求和区域与条件判断区域不一致时，求和的实际单元格区域将以 sum_range 参数中左上角的单元格作为起始单元格进行扩展，最终成为包括与 range 参数大小和形状相对应的单元格区域，列举如下表所示。

如果区域是	并且 sum_range 是	则需要求和的实际单元格是
A1:A5	B1:B5	B1:B5
A1:A5	B1:B3	B1:B5
A1:B4	C1:D4	C1:D4
A1:B4	C1:C2	C1:D4

SUMIF 函数兼具了 SUM 函数的求和功能和 IF 函数的条件判断功能，该函数主要用于根据制定的单个条件对区域中符合该条件的值求和。

下面在【员工加班记录表】工作表中分别计算出各部门需要结算的加班费用总和。

Step 01 打开光盘\素材文件\第 9 章\员工加班记录表.xlsx，❶新建一个工作表并命名为【部门加班费统计】，❷在 A1:B7 单元格区域输入如图 9-36 所示的文本，并进行简单的表格设计，❸选择 B3 单元格，❹单击【公式】选项卡【函数库】组中的【数字和三角函数】按钮，❺在弹出的下拉列表中选择【SUMIF】选项。

图 9-36

Step 02 打开【函数参数】对话框，单击【Range】文本框右侧的【折叠】按钮，，如图 9-37 所示。

图 9-37

Step 03 返回工作簿中，❶单击【加班记录表】工作表标签，❷选择 D3:D28 单元格区域，❸单击折叠对话框右侧的【展开】按钮，如图 9-38 所示。

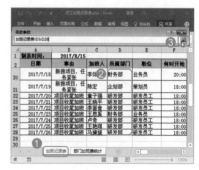

图 9-38

Step 04 返回【函数参数】对话框中，❶使用相同的方法继续设置【Criteria】文本框中的内容为【部门加班费统计 !A3】，【Sum_range】文本框中的内容为【加班记录表 !I3:I28】，❷单击【确定】按钮，如图 9-39 所示。

图 9-39

技术看板

SUMIF 函数参数 range 和参数 sum_range 必须为单元格引用，包括函数产生的多维引用，而不能为数组。当 SUMIF 函数需要匹配超过 255 个字符的字符串时，将返回错误值【#VALUE!】。

Step 05 返回工作簿中，在编辑栏中即可看到输入的公式【=SUMIF(加班记录表 !D3:D28, 部门加班费统计 !A3, 加班记录表 !I3:I28)】，❶修改公式中的部分单元格引用的引用方式为绝对引用，让公式最终显示为【=SUMIF(加班记录表 !$D$3:$D$28, 部门加班费统计 !A3, 加班记录表 !$I$3:$I$28)】，❷向下拖动控制柄至 B7 单元格，即可统计出各部门需要支付的加班费总和，如图 9-40 所示。

图 9-40

技能拓展——修改函数

在输入函数进行计算后，如果发现函数使用错误，我们可以将其删除，然后重新输入。但若函数中的参数输入错误时，则可以像修改普通数据一样修改函数中的常量参数，如果需要修改单元格引用参数，还可先选择包含错误函数参数的单元格，然后在编辑栏中选择函数参数部分，此时作为该函数参数的单元格引用将以彩色的边框显示，拖动鼠标指针在工作表中重新选择需要的单元格引用。

★ 重点 9.3.8 实战：使用 VLOOKUP 函数在区域或数组的列中查找数据

实例门类	软件功能
教学视频	光盘 \ 视频 \ 第 9 章 \9.3.8.mp4

VLOOKUP 函数可以在某个单元格区域的首列沿垂直方向查找指定的值，然后返回同一行中的其他值。

语法结构：
VLOOKUP(lookup_value,table_array,col_index_num,range_lookup)
参数：

- lookup_value 必需的参数，用于设定需要在表的第一行中进行查找的值，可以是数值，也可以是文本字符串或引用。
- table_array 必需的参数，用于设置要在其中查找数据的数据表，可以使用区域或区域名称的引用。
- col_index_num 必需的参数，在查找之后要返回的匹配值的列序号。
- range_lookup 可选参数，是一个逻辑值，用于指明函数在查找时是精确匹配，还是近似匹配。

如果为 TRUE 或被忽略，则返回一个近似的匹配值（如果没有找到精确匹配值，就返回一个小于查找值的最大值）。如果该参数是 FALSE，函数就查找精确的匹配值。如果这个函数没有找到精确的匹配值，就会返回错误值【#N/A】。

例如，要在销售业绩表中制作一个简单的查询系统，当输入某个员工姓名时，便能通过 VLOOKUP 函数自动获得相关的数据，具体操作步骤如下。

Step 01 打开光盘 \ 素材文件 \ 第 9 章 \ 销售业绩表 .xlsx，❶新建一个工作表并命名为【业绩查询表】，❷选择 Sheet1 工作表中的 B1:G1 单元格区域，❸单击【开始】选项卡【剪贴板】组中的【复制】按钮，如图 9-41 所示。

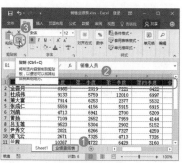

图 9-41

Step 02 ❶选择【业绩查询表】工作表中的 B3 单元格，❷单击【剪贴板】组中的【粘贴】按钮，❸在弹出的下拉列表中选择【转置】选项，如图 9-42 所示。

图 9-42

Step03 ❶ 适当调整 B3:C8 单元格区域的高度和宽度，并设置边框，❷ 选择 C4 单元格，❸ 单击【公式】选项卡【函数库】组中的【插入函数】按钮 fx，如图 9-43 所示。

图 9-43

Step04 打开【插入函数】对话框，❶ 在【或选择类别】下拉列表框中选择【查找与引用】选项，❷ 在【选择函数】列表框中选择【VLOOKUP】选项，❸ 单击【确定】按钮，如图 9-44 所示。

图 9-44

Step05 打开【函数参数】对话框，❶ 在【Lookup_value】文本框中输入

【C3】，在【Table_array】文本框中引用 Sheet1 工作表中的 B2:G15 单元格区域，在【Col_index_num】文本框中输入【2】，在【Range_lookup】文本框中输入【FALSE】，❷ 单击【确定】按钮，如图 9-45 所示。

图 9-45

Step06 返回工作簿中，即可看到创建的公式为【=VLOOKUP(C3,Sheet1!B2:G15,2,FALSE)】，即在 Sheet1 工作表中的 B2:G15 单元格区域中寻找与 C3 单元格数据相同的项，然后根据项所在的行返回与该单元格区域第 2 列相交单元格中的数据。❶ 选择 C4 单元格中的公式内容，❷ 单击【剪贴板】组中的【复制】按钮，如图 9-46 所示。

图 9-46

Step07 将复制的公式内容粘贴到 C5:C8 单元格区域中，并依次修改公式中 Col_index_num 参数的值，分别修改为如图 9-47 所示的值。

图 9-47

Step08 在 C3 单元格中输入任意员工的姓名，即可在下方的单元格中查看到相应的销售数据，如图 9-48 所示。

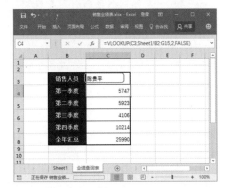

图 9-48

技术看板

如果 Col_index_num 大于 Table-array 中的列数，则会显示错误值【#REF!】；如果 Table_array 小于 1，则会显示错误值【#VALUE!】。

9.4 实现复杂数据的计算

在 Excel 中进行数据计算和统计时，使用一些简单的公式和函数常常无法得到需要的结果，还需要让公式和函数进一步参与到复杂的运算中。本节将介绍实现复杂数据运算的方法。

★ 重点 9.4.1 实战：让公式与函数实现混合运算

实例门类	软件功能
教学视频	光盘\视频\第9章\9.4.1.mp4

在 Excel 中进行较复杂的数据计算时，常常还需要同时应用公式和函数，此时则应在公式中直接输入函数及其参数，如果对函数不是很熟悉也可先在单元格中插入公式中要使用的函数，然后在该函数的基础上添加自定义公式中需要的一些运算符、单元格引用或具体的数值。例如，要计算出各销售员的销售总额与平均销售额之差，具体操作步骤如下。

Step01 ❶ 在 Sheet1 工作表的 I1 单元格中输入相应的文本，❷ 选择 I2 单元格，❸ 单击【公式】选项卡【函数库】组中的【自动求和】按钮∑，❹ 在弹出的下拉列表中选择【平均值】选项，如图 9-49 所示。

图 9-49

Step02 选择函数中自动引用的单元格区域，拖动鼠标指针重新选择表格中的 G2:G15 单元格区域作为函数的参数，如图 9-50 所示。

图 9-50

Step03 ❶ 选择函数中的参数，即单元格引用，按【F4】键让其变换为绝对引用，❷ 将文本插入点定位在公式的【=】符号后，并输入【G2-】，即修改公式为【=G2-AVERAGE($G$2:$G$15)】，如图 9-51 所示。

图 9-51

Step04 ❶ 按【Enter】键确认函数的输入，即可在 I2 单元格中计算出函数的结果，❷ 选择 I2 单元格，向下拖动控制柄至 I15 单元格，即可计算出其他数据，如图 9-52 所示。

图 9-52

★ 重点 9.4.2 实战：嵌套函数

实例门类	软件功能
教学视频	光盘\视频\第9章\9.4.2.mp4

9.4.1 小节中只是将函数作为一个参数运用到简单的公式计算中，当然，在实际运用中可以进行更为复杂的类似运算，但整体来说还是比较简单的。

在 Excel 中还可以使用函数作为另一个函数的参数来计算数据。当函数的参数也是函数时，称为函数的嵌套。输入和编辑嵌套函数的方法与使用普通函数的方法相同。

技术看板

当函数作为参数使用时，它返回的数字类型必须与参数使用的数字类型相同。否则 Excel 将显示【#VALUE!】错误值。

例如，要在销售业绩表中结合使用 IF 函数和 SUM 函数计算出绩效的【优】【良】和【差】3 个等级，具体操作步骤如下。

Step01 ❶ 在 J1 单元格中输入相应的文本，❷ 选择 J2 单元格，❸ 单击【公式】选项卡【函数库】组中的【逻辑】按钮，❹ 在弹出的下拉列表中选择【IF】选项，如图 9-53 所示。

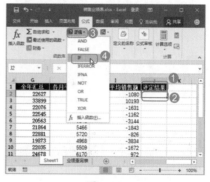

图 9-53

Step02 打开【函数参数】对话框，❶ 在【Logical_test】文本框中输入【SUM(C2:F2)>30000】，❷ 在【Value_if_true】文本框中输入【"优"】，❸ 在【Value_if_false】文本框中输入【IF(SUM(C2:F2)>20000,"良","差")】，❹ 单击【确定】按钮，如图 9-54 所示。

图 9-54

技术看板

在嵌套函数中，Excel 会先计算最深层的嵌套表达式，再逐步向外计算其他表达式。例如，本案例中的公式【=IF(SUM(C2:F2)>30000," 优 ",IF(SUM(C2:F2)>20000," 良 "," 差 "))】中包含两个 IF 和两个 SUM 函数，其计算过程为，①执行第一个 IF 函数；②收集判断条件，执行第一个 SUM 函数，计算 C2:F2 单元格区域数据的和；③将计算的结果与 30000 进行比较，如果计算结果大于 30000，就返回【优】，否则继续计算，即执行第二个 IF 函数；④执行第二个 SUM 函数，计算 C2:F2 单元格区域数据的和；⑤将计算的结果与 20000 进行比较，如果计算结果大于 20000，就返回【良】，否则返回【差】。该计算步骤中会视 J2 单元格中的数据而省略④⑤步骤。

Step03 返回工作簿中即可看到计算出的结果，按住左键不放拖动控制柄向下填充公式，完成计算后的效果如图 9-55 所示。

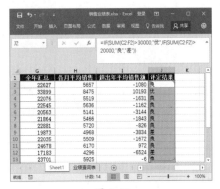

图 9-55

技术看板

熟悉嵌套函数的表达方式后，也可手动输入函数。在输入嵌套函数时，尤其是嵌套的层数比较多的嵌套函数，需要注意前后括号的完整性。

9.4.3 实战：自定义函数

实例门类	软件功能
教学视频	光盘 \ 视频 \ 第 9 章 \9.4.3.mp4

Excel 函数虽然丰富，但并不能满足实际工作中所有可能出现的情况。当不能使用 Excel 中自带函数进行计算时，可以自己创建函数来完成特定的功能。自定义函数需要使用 VBA 进行创建。例如，需要自定义一个计算梯形面积的函数，具体操作步骤如下。

Step01 ❶新建一个空白工作簿，在表格中输入如图 9-56 所示的文本，❷单击【开发工具】选项卡【代码】组中的【Visual Basic】按钮。

图 9-56

Step02 打开 Visual Basic 编辑窗口，选择【插入】→【模块】命令，如图 9-57 所示。

图 9-57

Step03 经过上步操作后，将在窗口中新建一个新模块——模块 1，❶在新建的【模块 1（代码）】窗口中输入【Function V(a,b,h)V=h*(a+b)/2End

Function】，如图 9-58 所示，❷单击【关闭】按钮关闭窗口，自定义函数完成。

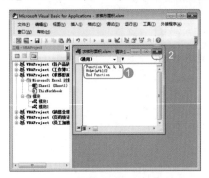

图 9-58

技术看板

这段代码非常简单，只有三行，先看第一行，其中 V 是自己取的函数名称，括号中的是参数，也就是变量，a 表示【上底边长】，b 表示【下底边长】，h 表示【高】，3 个参数用逗号隔开。

再看第二行，这是计算过程，将【h*(a+b)/2】这个公式赋值给 V，即自定义函数的名称。

再看第三行，它是与第一行成对出现的，当手工输入第一行的时候，第三行的 End Function 就会自动出现，表示自定义函数的结果。

Step04 返回工作簿中，即可像使用内置函数一样使用自定义的函数。❶在 D2 单元格中输入公式【=V(A2,B2,C2)】，即可计算出第一个梯形的面积，❷向下拖动控制柄至 D5 单元格，即可计算出其他梯形的面积，如图 9-59 所示。

图 9-59

9.5 函数须知

使用函数的时候，还可以掌握一些技巧方便读者理解和利用函数，当然也有一些函数的通用标准和规则，是需要注意的，本节将介绍几个函数的使用技巧。

9.5.1 使用函数提示工具

当公式编辑栏中的函数处于可编辑状态时，会在附近显示出一个浮动工具栏，即函数提示工具，如图 9-60 所示。

图 9-60

使用函数提示工具，可以在编辑公式时更方便地知道当前正在输入的是函数的哪个参数，以有效避免错漏。将鼠标指针移至函数提示工具中已输入参数值所对应的参数名称时，鼠标指针将变为 形状，此时单击该参数名称，则公式中对应的该参数的完整部分将呈选择状态，效果如图 9-61 所示。

图 9-61

技能拓展——显示函数屏幕提示工具

若 Excel 中没有启用函数提示工具，可以在【Excel 选项】对话框中选择【高级】选项卡，在【显示】栏中选中【显示函数屏幕提示】复选框，如图 9-62 所示。

图 9-62

9.5.2 使用快捷键在单元格中显示函数完整语法

在输入不太熟悉的函数时，经常需要了解参数的各种信息。通过【Excel 帮助】窗口进行查看，需要在各窗口之间进行切换，非常麻烦。此时，按【Ctrl+Shift+A】组合键即可在单元格和公式编辑栏中显示出包含该函数完整的语法公式。

例如，输入【=OFFSET】，然后按【Ctrl+Shift+A】组合键，则可以在单元格中看到【=OFFSET(reference, rows,cols,height,width)】，具体效果如图 9-63 所示。

图 9-63

如果输入的函数有多种语法，如 LOOKUP 函数，则会打开【选定参数】对话框，如图 9-64 所示，在其中需要选择一项参数组合后单击【确定】

按钮，这样 Excel 才会返回相应的完整语法。

图 9-64

9.5.3 使用与规避函数的易失性

易失性函数是指具有 Volatile 特性的函数，常见的有 NOW、TODAY、RAND、CELL、OFFSET、COUNTF、SUMIF、INDIRECT、INFO、RANDBETWEEN 等。使用这类函数后，会引发工作表的重新计算。因此对包含该类函数的工作表进行任何编辑，如激活一个单元格、输入数据，甚至只是打开工作簿，都会引发具有易失性的函数进行自动重新计算。这就是为什么在关闭某些没有进行任何编辑的工作簿时，Excel 也会提醒用户是否进行保存的原因。

虽然易失性函数在实际应用中非常有用，但如果在一个工作簿中使用大量易失性函数，则会因众多的重算操作而影响到表格的运行速度。所以应尽量避免使用易失性函数。

9.5.4 突破函数的 7 层嵌套限制

嵌套函数中，若函数 B 在函数 A 中作为参数，则函数 B 相当于第 2 级函数。如果在函数 B 中继续嵌套函数 C，则函数 C 相当于第 3 级函数，以此类推，一个 Excel 函数公式中可以包含多达 7 级的嵌套函数。

但在实际工作中，常常需要突破函数的 7 层嵌套限制才能编写出满足计算要求的公式。例如，要编写一个超过 7 层嵌套限制的 IF 函数，具体结构如下。

> =IF(AND(A1<60),"F","")&
> IF(AND(A1>=60,A1<=63),"D",
> "")&IF(AND(A1>=64,A1<=
> 67),"C-","")&IF(AND(A1>=68,A
> 1<=71),"C","")&IF(AND(A1>
> =72,A1<=74),"C+","")&IF(AN-
> D(A1>=75,A1<=77),"B-","")&IF(
> AND(A1>=78,A1<=81),"B","")&
> IF(AND(A1>=82,A1<=84),"B+",
> "")&IF(AND(A1>=85,A1<=89),"A-
> ","")&IF(AND(A1>=90),"A","")

从上面这个 IF 函数中可以看出，它使用了 10 个 IF 语句，是将多个 7 层 IF 语句用【&】符号连接起来突破 7 层限制的。当然如果是数值进行运算，则需要将连接符【&】改为【＋】，【""】改为【0】。

9.5.5 突破 30 个函数参数的限制

Excel 在公式计算方面有其自身的标准与规范，这些规范对公式的编写有一定的限制。除了限制函数的嵌套层数外，还规定函数的参数不能超过 30 个。一旦超过 30 个，又该如何处理呢？

为函数参数的两边添加一对括号，可以形成联合区域，使用联合区域作为参数时，相当于只使用了一个参数。因此，使用该方法可以突破 30 个函数参数的限制。如要计算图 9-65 中所选单元格（超过 30 个单元格）的平均值，可写作【=AVERAGE((A1,B3,C1,C3,D1…))】。

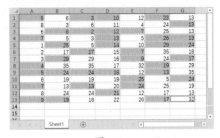

图 9-65

技术看板

使用定义名称的方法可以突破公司编写规范中的很多限制，如函数嵌套级数的限制、函数参数个数的限制、函数内容长度不超过 1024 个字符的限制。

妙招技法

通过前面知识的学习，相信读者已经掌握了输入与编辑函数的基本操作。下面结合本章内容，给大家介绍一些实用技巧。

技巧 01：将表达式作为参数使用

在 Excel 中也可以把表达式作为参数使用，表达式是公式中的公式。我们需要了解这种情况下函数的计算原理。

在遇到作为函数参数的表达式时，Excel 会先计算这个表达式，然后将结果作为函数的参数再进行计算。例如，公式【=SQRT(PI()*(2.6^2)+PI()*(3.2^2))】中使用了 SQRT 函数，它的参数是两个计算半径分别是 2.6 和 3.2 的圆面积的表达式【PI()*(2.6^2)】和【PI()*(3.2^2)】。Excel 在计算公式时，首先计算这两个圆的面积，然后计算该结果的平方根。

技巧 02：使用数组型函数参数

函数也可以使用数组作为参数，使用数组类型的参数一般可以简化公式。例如，要计算 208*1、1.2*2、3.06*3 的和，可以使用公式【=SUM(208*1,1.2*2,3.06*3)】，利用数组型参数，则可以写成【=SUM({208,1.2,3.06}*{1,2,3})】，它们的结果是相同的。

技巧 03：将整行或整列作为函数参数

一个随时增加记录的销售表格中，要随时计算总销售量，虽然使用函数还是能比较容易得到结果，但是需要不断更改销售参数仍然很麻烦。

遇到上述情况时，可以将这些作为函数参数，但汇总的范围又是变化的数据单独存储在一行或一列中，然后将存储数据的整行或整列作为函数的参数进行计算。例如，将销售量数据单独存储在 A 列中，再输入【=SUM(A:A)】，将整列作为参数计算总和。

技术看板

在使用整行或整列作为函数参数时，一定要确保该行或该列中的数据没有不符合参数要求的类型。有些人可能会认为，计算整行或整列这种大范围的数据需要很长时间，实际上并非如此，Excel 会跟踪上次使用的行和列，计算引用了整行或整列的公式时，不会计算范围以外的单元格。

技巧 04：使用名称作为函数参数

名称也可以作为函数的参数进行使用，使用方法与公式中的使用方法相同。

函数可以把单元格或单元格区域引用作为其参数，如果为这些范围定义了名称，则可直接使用名称作为参数。例如，要求 A1:D50 单元格区域中的最大值，则输入函数"=MAX(A1:D50)"。若为 A1:D50 单元格区域定义名称"cj"后，则可使用名称来替换引用，将函数简化为"=MAX(cj)"。

技能拓展——在函数中使用通配符

在使用查找与引用函数时，有时需要进行模糊查找，此时就需要使用到通配符。Excel 中主要包含 *、? 和 ~3 种通配符，可用于查找、统计等运算的比较条件中。第 3 章中已经详细讲解过通配符的使用，这里就不再赘述。

技巧 05：简写函数的逻辑值参数

由于逻辑值只存在 TRUE 或 FALSE，当遇到参数为逻辑值的函数时，这些参数即可简写。

函数中的参数为逻辑值时，当要指定为 FALSE 时，可以用 0 来替代，甚至连 0 也不写，而只用半角逗号占据参数位置。如 VLOOKUP 函数的参数 range_lookup 需要指定逻辑值，因此可以将公式进行简写，如函数【=VLOOKUP(A5,B5:C10,2,FALSE)】可简写为【=VLOOKUP(A5,B5:C10,2,0)】，也可简写为【=VLOOKUP(A5,B5:C10,2,)】。

技术看板

还有一些需要指定参数为 0 的时候，也可以只保留该参数位置前的半角逗号，如函数【=MAX(A1,0)】可以简写为【=MAX(A1,)】，函数【=IF（B2=A2,1,0)】可以简写为【=IF(B2=A2,1,)】。

技巧 06：省略函数参数

函数在使用过程中，并非所有参数都需要书写完整，可以根据实际需要省略某些参数，以达到缩短公式长度或减少计算步骤的目的。

从【Excel 帮助】窗口中，就可以看到有些函数的参数很多，但仔细看又会发现，在很多参数的描述中包括【忽略】【省略】【默认】等词语，而且会注明如果省略该参数则表示默认该参数为某个值。

在省略参数时，需要连同该参数存在所需的半角逗号间隔都省略。例如，判断 B5 是否与 A5 的值相等，如果是则返回 TRUE，否则返回 FALSE。函数【=IF(B5-A5,TRUE,FALSE)】可省略为【=IF(B5=A5,TRUE)】。

常见的省略参数还有以下几种情况。

（1）FIND 函数函数的 start_num 如果不指定，则默认为 1。

（2）INDIRECT 函数的 al 如果不指定，则默认为 A1 引用样式。

（3）LEFT 函数、RIGHT 函数的 num_chars 如果未指定，则默认为 1。

（4）SUMIF 函数的 sum_range 如果未指定，则默认对第 1 个参数 range 进行求和。

（5）OFFSET 函数的 height 和 width 如果不指定，则默认与 reference 的尺寸一致。

技巧 07：简写函数中的空文本

并非所有函数参数简写都表示该参数为 0，如函数【=IF(A1="","",A1*B1)】中简写了该参数的空文本，表达的意思是【若 A1 单元格为空，则显示为空，否则返回 A1 与 B1 的乘积】。在函数应用中，经常也会简写空文本参数。这里所谓的空文本，不是指单元格中不包含数据，而是指单元格中包含一对英文双引号，但是其中的文本没有，是一个空的字符串，其字符长度为 0。

技术看板

省略参数是根据函数的默认规则将整个参数（包括所需的逗号间隔）从函数公式中移除。而参数的简写则需要用半角逗号保留参数的对应位置，表示简写了该参数的常量 0、FALSE 或空文本等。

本章小结

在 Excel 2016 中，虽然公式也能够对数据进行计算，但却具有局限性，而函数分为几种不同的类型，能够实现不同的计算功能，给人们的工作带来了极大的便利。函数是 Excel 的精髓，对数据进行计算主要还是靠它们。本章一开始便对函数进行了系统化的介绍，然后举例说明了函数的多种输入方法，接着介绍了常用函数的使用方法，这些是学习函数的基础，掌握之后就能融会贯通使用各种函数，所以读者在学习时一定要去分析为什么函数公式是这样编写的。学公式和函数靠的是逻辑思维和思考问题的方法，不经过认真思考、举一反三是永远学不好的。初学函数的读者应先从常用的函数开始学习，逐个熟练。

第10章 文本函数应用技巧

➡ 文本之间也是可以合并、比较和统计的。

➡ 想知道要怎样快速提取某个文本字符串中的某些字符吗？

➡ 想要快速转换全角 / 半角符号、大写 / 小写字母吗？

➡ 通过函数也可以对文本进行查找和替换，是真的吗？

➡ 通过函数可以删除特殊字符吗？

　　本章将通过对文本函数应用的技巧来介绍如何使用 Excel 中的函数，以便实现查找、替换与转换等功能，并解答以上问题。

10.1 字符串编辑技巧

　　文本型数据是 Excel 的主要数据类型之一，在工作中需要大量使用。在 Excel 中，文本值也称为字符串，它通常由若干个子串构成。在日常工作中，有时需要将某几个单元格的内容合并起来，组成一个新的字符串表达完整的意思，或者需要对几个字符串进行比较。下面将介绍常用字符串编辑函数的使用技巧。

10.1.1 使用 CONCATENATE 函数将多个字符串合并到一处

　　Excel 中使用【&】符号作为连接符，可连接两个或多个单元格。例如，单元格 A1 中包含文本【你】，单元格 A2 中包含文本【好】，则输入公式【=" 你 "& 好 "】，会返回【你好】，如图 10-1 所示。

图 10-1

　　除此之外，使用 CONCATENATE 函数也能实现运算符【&】的功能。CONCATENATE 函数用于合并两个或多个字符串，最多可以将 255 个文本字符串连接成一个文本字符串。连接项可以是文本、数字、单元格引用或这些项的组合。

语法结构：
CONCATENATE (text1,[text2],...)
参数：

- text1：必需的参数，要连接的第一个文本项。
- text2：可选参数，其他文本项，最多为 255 项。项与项之间必须用逗号隔开。

　　如要连接上面情况中的 A1 和 A2 单元格数据，可输入公式【=CONCATENATE(" 你 "," 好 ")】，返回【你好】，如图 10-2 所示。

图 10-2

技术看板

　　注意本案例中两个字符串在连接时，中间没有空格。如果需要在两项

内容之间增加一个空格或标点符号，就必须在 CONCATENATE 函数中指定为使用半角双引号括起来的参数。如需要在连接 A1 和 A2 单元格内容时，中间添加空格，则输入公式【=CONCATENATE(A1," ",B1)】。

　　在使用文本值类型参数的函数时，需要用半角双引号括住文本，若要使用 CONCATENATE 函数连接文本【" 你 "】和【" 好 "】时，则必须将该文本的双引号改为两层双引号。函数【=CONCATENATE(""" 你 ""","" 好 """)】中，最外一层双引号表示括住的是文本，里面两层双引号表示查找的文本原来有一对双引号。

★ 重点 10.1.2 实战：使用 EXACT 函数比较两个字符串是否相同

实例门类	软件功能
教学视频	光盘 \ 视频 \ 第 10 章 \10.1.2.mp4

EXACT 函数用于比较两个字符串，如果它们完全相同，则返回 TRUE；否则，返回 FALSE。

语法结构：
EXACT (text1,text2)
参数：
- text1：必需的参数，第 1 个文本字符串。
- text2：必需的参数，第 2 个文本字符串。

利用 EXACT 函数可以测试在文档中输入的文本。例如，要比较 A 列和 B 列中的字符串是否完全相同，具体操作步骤如下。

Step01 打开光盘\素材文件\第 10 章\比较字符串.xlsx，❶ 选择 C2 单元格，❷ 输入公式【=EXACT(A2,B2)】，如图 10-3 所示。

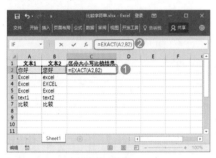

图 10-3

Step02 ❶ 按【Enter】键可判断出 A2 和 B2 单元格中的文本是否一致，❷ 使用 Excel 的自动填充功能判断出后续行中的两个单元格中内容是否相同，完成后的效果如图 10-4 所示。

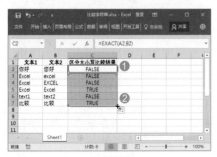

图 10-4

技术看板

函数 EXACT 在测试两个字符串是否相同时，能够区分大小写，但会忽略格式上的差异。

通过比较运算符【=】也可以判断两个相应单元格中包含的文本内容是否相同。但是这样的比较并不是十分准确，如在 A2 单元格中输入【Jan】，在 B2 单元格中输入【JAN】时，通过简单的逻辑公式【=A2=B2】会返回【TRUE】，即这种比较不能区分大小写。此时，就需要使用 EXACT 函数来精确比较两个字符串是否相同了。

★ 重点 10.1.3 实战：使用 LEN 函数计算文本中的字符个数

实例门类	软件功能
教学视频	光盘\视频\第 10 章\10.1.3.mp4

LEN 函数用于计算文本字符串中的字符数。

语法结构：
LEN(text)
参数：
text：必需的参数，要计算其长度的文本。空格作为字符进行计数。

例如，要设计一个文本发布窗口，要求用户只能在该窗口中输入不超过 60 个的字符，并在输入的同时，提示用户还可以输入的字符个数，具体操作步骤如下。

Step01 新建一个空白工作簿，并设置展示窗口的布局和格式，❶ 合并 A1:F1 单元格区域，输入【信息框】，❷ 合并 A2:F10 单元格区域，并填充为白色，❸ 合并 A11:F11 单元格区域，输入【=" 还可以输入 " & (60-LEN(A2)&" 个字符 ")】，如图 10-5 所示。

Step02 在 A2 单元格中输入需要发布的信息，即可在 A11 单元格中显示出还可以输入的字符个数，如图 10-6 所示。

图 10-5

图 10-6

技术看板

使用 LEN 函数时，空格字符不会忽略，也会包含在字符个数中，被当作 1 个字符计算。这便于区分带额外空格的字符串。

10.1.4 使用 LENB 函数计算文本中代表字符的字节数

对于双字节来说，一个字符包含两个字节。汉字就是双字节，即一个汉字以两个字节计算，如果上例需要计算还能输入的字节数量则需要将统计已经输入的字符数乘以 2 得到已经输入的字节数，然后再通过减法来计算还可以输入的字节数。若使用 Excel 中专门用于计算字节数个数的 LENB 函数将简便得多。

LENB 函数可返回文本中用于代表字符的字节数。也就是说，对于一个双字节的字符来说，使用 LEN 函数返回 1，使用 LENB 函数就返回 2。用法与 LEN 函数相同。

语法结构：

LENB (text)

参数：

text：必需的参数，要计算其长度的文本。空格作为字符进行计数。

如上例中要计算还能输入的字节数量，可输入公式【="还可以输入 " & (120-LENB(A2)&" 个字节 ")】。

技术看板

函数 LEN 面向使用单字节字符集（SBCS）的语言，而函数 LENB 面向使用双字节字符集（DBCS）的语言。使用函数所在计算机的默认语言设置会对返回值产生一定影响。当计算机的默认语言设置为 SBCS 语言时，函数 LEN 和 LENB 都将每个字符按 1 计数；当计算机的默认语言设置为 DBCS 语言时，函数 LEN 仍然将每个字符按 1 计数，函数 LENB 则会将每个双字节字符按 2 计数。支持 DBCS 的语言包括日语、中文（简体）、中文（繁体）和朝鲜语。

10.1.5 实战：使用 REPT 函数按给定次数重复文本

实例门类	软件功能
教学视频	光盘\视频\第 10 章\10.1.5.mp4

使用 REPT 函数可以按照指定的次数重复显示文本。

语法结构：

REPT (text,number_times)

参数：

- text：必需的参数，表示需要重复显示的文本。
- number_times：必需的参数，用于指定文本重复次数的正数。

REPT 函数常用于不断地重复显

示某一文本字符串，对单元格进行填充的情况。例如，在打印票据时，需要在数字的右侧用星号进行填充，通过 REPT 函数来实现的具体操作步骤如下。

Step 01 打开光盘\素材文件\第 10 章\报销单 .xlsx，❶ 复制【报销单】工作表，并重命名复制得到的工作表为【打印报销单】，❷ 选择 C7 单元格，输入公式【=(报销单 !C7&REPT("*",24-LEN(报销单 !C7)))】，如图 10-7 所示。

图 10-7

技术看板

本例首先设置需要打印的该值占用 24 个字符，然后通过 LEN 函数统计数据本身所占的字符，通过减法计算出星号需要占用的字符，即星号需要复制的次数。

Step 02 ❶ 按【Enter】键即可在 C7 单元格中的数字右侧添加星号，❷ 使用 Excel 的自动填充功能，为其他报销金额所在单元格中的数字右侧都添加上星号，完成后的效果如图 10-8 所示。

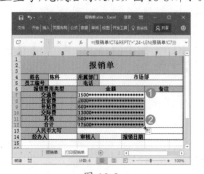

图 10-8

技术看板

在使用 REPT 函数的时候，需要注意：如果 number_times 参数为 0，则返回空文本；如果 number_times 参数不是整数，则将被截尾取整；REPT 函数的结果不能大于 32767 个字符，否则将返回错误值【#VALUE!】。

10.1.6 实战：使用 FIXED 函数将数字按指定的小数位数取整

实例门类	软件功能
教学视频	光盘\视频\第 10 章\10.1.6.mp4

FIXED 函数用于将数字按指定的小数位数进行取整，利用句号和逗号以十进制格式对该数进行格式设置，并以文本形式返回结果。

语法结构：

FIXED (number,[decimals],[no_commas])

参数：

- number：必需的参数，表示要进行舍入并转换为文本的数字。
- decimals：可选参数，用于指定小数点右侧的位数，即四舍五入的位数，如果该值为负数，则表示四舍五入到小数点左侧。
- no_commas：可选参数，是一个逻辑值，用于控制返回的文本是否用逗号分隔。如果为 TRUE，则会禁止 FIXED 函数在返回的文本中包含逗号。只有当 no_commas 为 FALSE 或被省略时，返回的文本才会包含逗号。

例如，某公司在统计员工当月的销售业绩后，需要制作一张红榜，红榜中要将销售业绩以万元为单位表示。使用 FIXED 函数来实现的具体操作步骤如下。

Step01 打开光盘\素材文件\第10章\销售业绩表.xlsx，❶新建一个工作表，并命名为【红榜】，❷制作整个表格的框架，并复制【业绩表】中前三名的相关数据，❸选择G5单元格，输入公式【=FIXED(业绩表!E2,-2)/10000&"万元"】，如图10-9所示。

图 10-9

Step02 ❶按【Enter】键输入公式，该员工的销售额数据即以万元为单位表示，并将数值精确到百元。❷使用Excel的自动填充功能，得到其他员工的销售额数据，如图10-10所示。

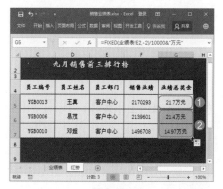

图 10-10

技术看板

本例中的公式是先将数据四舍五入到百位，即小数点左2位，然后将其转换为万元形式，最后利用运算符【&】得到相应的文本信息。

Step03 ❶在B9单元格中输入如图10-11所示的数据，❷选择D9单元格，输入公式【=FIXED(SUM(业绩表!D2:D15)/10000,2)&"万元"】。

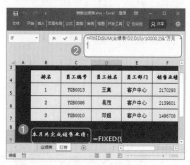

图 10-11

Step04 按【Enter】键即可计算出当月的销售总金额，并以千分号分隔得到的结果数据，如图10-12所示。

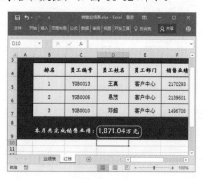

图 10-12

技术看板

本例中的第二个公式是先将数据除以10000，使其单位转换为万元，然后利用FIXED函数进行四舍五入，即将数值四舍五入到小数点后2位。最后利用运算符【&】输出相应的文本信息。

虽然本例中两次使用FIXED函数时都省略了no_commas参数，但通过第一种方法得到的结果中并没有以千分位形式表示数据。这是因为设置格式后的数值被除以10000，其千分位的设置已经无效了。

10.2 返回文本内容技巧

从原有文本中截取并返回一部分用于形成新的文本是常见的文本运算。在使用Excel处理数据时，经常会遇到含有汉字、字母、数字的混合型数据，有时需要单独提取出某类型的字符串，或者在同类型的数据中提取出某些子串，如截取身份证号中的出生日期、截取地址中的街道信息等。掌握返回文本内容函数的相关技能技巧，就可以快速完成这类工作。

★ 重点 10.2.1 实战: 使用 LEFT 函数从文本左侧起提取指定个数的字符

实例门类	软件功能
教学视频	光盘\视频\第 10 章\10.2.1.mp4

LEFT 函数能够从文本左侧起提取文本中的第一个或前几个字符。

语法结构:
LEFT (text,[num_chars])
参数:
- text: 必需的参数,包含要提取的字符的文本字符串。
- num_chars: 可选参数,用于指定要由 LEFT 提取的字符的数量。因此,该参数的值必须大于或等于零。当省略该参数时,则假设其值为 1。

例如,在员工档案表中包含了员工姓名和家庭住址信息,现在要把员工的姓氏和家庭地址的所属省份内容重新保存在一列单元格中。使用 LEFT 函数即可很快完成这项任务,具体操作步骤如下。

Step01 打开光盘\素材文件\第 10 章\员工档案表.xlsx,❶ 在 B 列单元格右侧插入一列空白单元格,并输入表头【姓氏】,❷ 选择 C2 单元格,输入公式【=LEFT(B2)】,如图 10-13 所示。

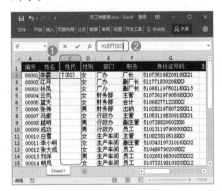

图 10-13

Step02 ❶ 按【Enter】键即可提取该员工的姓氏到单元格中,❷ 使用 Excel 的自动填充功能,提取其他员工的姓氏,如图 10-14 所示。

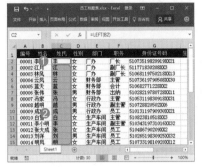

图 10-14

Step03 ❶ 在 J 列单元格左侧插入一列空白单元格,并输入表头【祖籍】,❷ 选择 J2 单元格,输入公式【=LEFT(K2,2)】,如图 10-15 所示。

图 10-15

Step04 ❶ 按【Enter】键即可提取该工家庭住址中的省份内容,❷ 使用 Excel 的自动填充功能,提取其他员工家庭住址的所属省份,如图 10-16 所示。

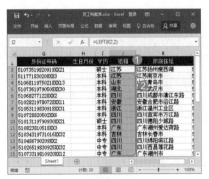

图 10-16

10.2.2 使用 LEFTB 函数从文本左侧起提取指定字节数字符

LEFTB 函数与 LEFT 函数的功能基本相同,都是用于返回文本中的第一个或前几个字符,只是 LEFT 函数是以字符为单位,LEFTB 函数则以字节为单位进行提取。

语法结构:
LEFTB (text,[num_bytes])
参数:
- text: 必需的参数,包含要提取的字符的文本字符串。
- num_bytes: 可选参数,代表按字节指定要由 LEFTB 函数提取的字符的数量,其值必须大于或等于 1,如果提取的个数超过了文本的长度,就提取整个文本内容;如果小于 1,则返回错误值【#VALUE!】;如果省略提取个数,则返回文本的第一个字节。

例如,在上例中的员工档案表中,使用 LEFTB 函数提取出姓氏,可输入【=LEFTB(B2,2)】,提取出省份,可输入【=LEFTB(K2,4)】。

★ 重点 10.2.3 实战: 使用 MID 函数从文本指定位置起提取指定个数的字符

实例门类	软件功能
教学视频	光盘\视频\第 10 章\10.2.3.mp4

MID 函数能够从文本指定位置起提取指定个数的字符。

语法结构:
MID (text,start_num,num_chars)
参数:
- text: 必需的参数,包含要提取字符的文本字符串。

- start_num：必需的参数，代表文本中要提取的第一个字符的位置。文本中第一个字符的start_num为1，依次类推。
- num_chars：必需的参数，用于指定希望MID函数从文本中返回字符的个数。

例如，在员工档案表中提供了身份证号，但没有生日信息，可以根据身份证号自行得到出生月份。如果身份证号码是15位数，则号码中的第9位和第10位代表公民的出生月，否则号码中的第11位和第12位代表公民的出生月。因此，在处理本例时，首先需要利用LEN函数求得身份证号码的位数，然后利用IF函数根据判断的编号位数，给出提取数据的不同方式。获得出生月的具体操作步骤如下。

Step01 选择H2单元格，输入公式【=IF(LEN(G2)=15,MID(G2,9,2),MID(G2,11,2))】，按【Enter】键即可提取该员工的出生月份，如图10-17所示。

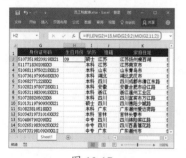

图 10-17

Step02 使用Excel的自动填充功能，提取其他员工的出生月份，如图10-18所示。

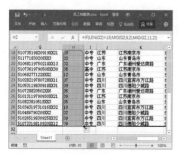

图 10-18

10.2.4 使用MIDB函数从文本指定位置起提取指定字节数的字符

MIDB函数与MID函数的功能基本相同，都是用于返回字符串中从指定位置开始的特定数目的字符，只是MID函数是以字符为单位，而MIDB函数则是以字节为单位。

语法结构：
MIDB (text,start_num,num_bytes)
参数：

- text：必需的参数，包含要提取的字符的文本字符串。
- start_num：必需的参数，文本中要提取的第一个字符的位置。文本中第一个字符的start_num为1，依次类推。
- num_bytes：可选参数，代表按字节指定要由MIDB函数提取的字符的数量（字节数）。

如果上例使用公式【=IF(LEN(G2)=15,MIDB(G2,9,2),MIDB(G2,11,2))】进行计算，也将得到相同的答案，因为数字属于单字节字符。

技术看板

在使用MID和MIDB函数的时候，需要注意：参数start_num的值如果超过了文本的长度，则返回空文本；如果start_num的值没有超过文本长度，但是start_num加上num_chars的值超过了文本长度，则返回从start_num开始，直到文本最后的字符；如果start_num小于1或者num_chars（num_bytes）为负数，都会返回错误值【#VALUE!】。

★ 重点10.2.5 实战：使用RIGHT函数从文本右侧起提取指定个数的字符

实例门类	软件功能
教学视频	光盘\视频\第10章\10.2.5.mp4

RIGHT函数能够从文本右侧起提取文本字符串中最后一个或多个字符。

语法结构：
RIGHT (text,[num_chars])
参数：

- text：必需的参数，包含要提取字符的文本字符串。
- num_chars：可选参数，指定要由RIGHT函数提取的字符的数量。

例如，在产品价目表中的产品型号数据中包含了产品规格大小的信息，而且这些信息位于产品型号数据的倒数4位，通过RIGHT函数进行提取的具体操作步骤如下。

Step01 打开光盘\素材文件\第10章\产品价目表.xlsx，❶ 在C列单元格右侧插入一列空白单元格，并输入表头【规格（g/ 支）】，❷ 在D2单元格中输入公式【=RIGHT(C2,4)】，按【Enter】键即可提取该产品的规格大小，如图10-19所示。

图 10-19

Step02 使用Excel的自动填充功能，继续提取其他产品的规格大小，如图10-20所示。

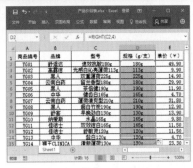

图 10-20

10.2.6 使用 RIGHTB 函数从文本右侧起提取指定字节数字符

RIGHTB 函数与 RIGHT 函数的功能基本相同，都是用于返回文本中最后一个或多个字符。只是 RIGHT 函数是以字符为单位，RIGHTB 函数则是以字节为单位。

语法结构：

RIGHTB (text,[num_bytes])

参数：

- text：必需的参数，包含要提取字符的文本字符串。
- num_bytes：可选参数，代表按字节指定要由 RIGHTB 函数提取的字符的数量。

例如，上例使用公式【=RIGHTB (C2,4)】进行计算，也将得到相同的答案，因为数字属于单字节字符。

技术看板

在使用 RIGHT 和 RIGHTB 函数的时候，需要注意：参数 num_chars 的值必须大于或等于零；如果 num_chars 的值超过了文本长度，则提取整个文本内容；如果 num_chars 的值小于 1，则返回错误值【#VALUE!】；如果省略 num_chars 参数，则假设其值为 1，返回文本的最后一个字符。

10.3 转换文本格式技巧

在 Excel 中处理文本时，有时需要将现有的文本转换为其他形式，如将字符串中的全 / 半角字符进行转换、大 / 小写字母进行转换、货币符号进行转换等。掌握转换文本格式函数的基本操作技巧，便可以快速修改表格中某种形式的文本格式了。

10.3.1 实战：使用 ASC 函数将全角字符转换为半角字符

实例门类	软件功能
教学视频	光盘 \ 视频 \ 第 10 章 \10.3.1.mp4

Excel 函数中的标点符号都是半角形式的（单字节），但正常情况下，中文输入法输入的符号都是全角符号（双字节）。如果需要快速修改表格中的全角标点符号为半角标点符号，可以使用 ASC 函数快速进行转换。

语法结构：

ASC (text)

参数：

text：必需的参数，表示文本或对包含要更改的文本的单元格的引用。

对于双字节字符集（DBCS）语言，使用 ASC 函数可快速将全角字符更改为半角字符，如输入公式【=ASC (", ")】，则返回【,】。再如，某产品明细表中包含很多英文字母，但这些字母的显示有点异常（全部为全角符号），感觉间隔很宽，不符合人们日常的阅读习惯。要使用 ASC 函数将全角的英文单词转换为半角状态时，具体操作步骤如下。

Step01 打开光盘 \ 素材文件 \ 第 10 章 \ 产品明细表 .xlsx，❶ 新建一张空白工作表，❷ 选择 A1:E20 单元格区域，❸ 在编辑栏中输入【=ASC( )】，并将文本插入点定位在括号中，如图 10-21 所示。

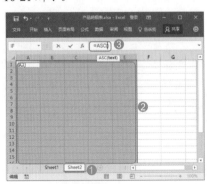

图 10-21

Step02 选择 Sheet1 工作表中的 A1:E20 单元格区域，如图 10-22 所示。按【Ctrl+Shift+Enter】组合键，返回数组公式的结果。

图 10-22

Step03 ❶ 对 A 列单元格中的数据设置加粗显示，❷ 选择后面 4 列单元格，调整到合适的列宽，❸ 单击【开始】选项卡【对齐方式】组中的【自动换行】按钮，如图 10-23 所示。

图 10-23

Step 04 经过上步操作后，即可清晰地看到已经将原工作表中的所有全角英文转换为半角状态了，效果如图10-24 所示。

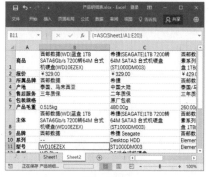

图 10-24

技术看板

如果 ASC 函数参数中文本中不包含任何全角字母时，则文本不会更改。

10.3.2 使用 WIDECHAR 函数将半角字符转换为全角字符

既然能使用函数快速将全角符号转换为半角符号，那么一定也有一种函数能够将半角符号快速转换为全角符号。是的，对于双字节字符集（DBCS）语言，WIDECHAR 函数就是 ASC 函数的逆向操作。使用WIDECHAR 函数就可以快速将半角字符转换为全角字符。

语法结构：
WIDECHAR (text)

参数：

text：必需的参数，表示半角字符或对包含要更改的半角字符的单元格的引用。

由于 WIDECHAR 和 ASC 函数的使用方法相同，这里就不再详细介绍了。如果 WIDECHAR 函数参数中不包含任何半角字符，则字符内容不会更改。

★ 重点 10.3.3 使用 CODE 函数将文本字符串中第一个字符转换为数字代码

学习过计算机原理的人都知道，计算机中的任何一个字符都有一个与之关联的代码编号。平时不需要了解这些复杂的编号，但在某些特殊情况下，却只能使用编号进行操作。因此了解一些常用编号有时能解燃眉之急。

在 Excel 中使用 CODE 函数可返回文本字符串中第一个字符的数字代码，返回的代码对应于计算机当前使用的字符集。

语法结构：
CODE (text)

参数：

text：必需的参数，表示需要得到其中第一个字符代码的文本。

如输入公式【=CODE("A")】，则返回【65】，即大写 A 的字符代码；输入公式【=CODE("TEXT")】，则返回【84】，与输入公式【=CODE("T")】得到的结果相同，因为当 CODE 函数的变量为多个字符时，该函数只使用第一个字符。

技术看板

在 Windows 系统中，Excel 使用标准的 ANSI 字符集。ANSI 字符集包括 255 个字符，编号为 1 ~ 255。图10-25 展示了使用 Calibri 字体的 ANSI字符集的一部分。

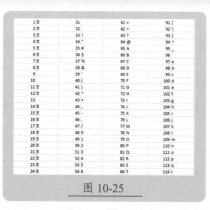

图 10-25

10.3.4 使用 CHAR 函数将数字代码转换为对应的字符

在知道某个字符的数字代码时，同样可以使用函数逆向操作，得到该字符。在 Excel 中使用 CHAR 函数即可实现将数字代码转换为字符的操作。

CHAR 函数与 CODE 函数的操作正好相反。CHAR 函数用于返回对应于数字代码的字符。

语法结构：
CHAR (number)

参数：

number：必需的参数，表示 1 ~ 255之间的用于指定所需字符的数字，字符是当前计算机所用字符集中的字符。

用户可以通过 CHAR 函数将其他类型计算机文件中的代码转换为字符，如输入公式【=CHAR(65)】，则可返回【A】。根据【字符集中的所有字母字符按字母顺序排列，每个小写字母跟在它对应的大写字母退后32 个字符位置】事实，可输入公式【=CHAR(CODE(A)+32)】将大写字母 A 转换为小写字母 a。

技术看板

CODE 和 CHAR 函数在 Windows系统中只能处理 ANSI 字符串，在Macintosh 系统中可以处理 Macintosh字符集的字符串，但不能处理双字节的 Unicode 字符串。

10.3.5 实战：使用RMB函数将数字转换为带人民币符号【¥】的文本

实例门类	软件功能
教学视频	光盘\视频\第10章\10.3.5.mp4

中国在表示货币的数据前一般会添加人民币符号【¥】，要为已经输入的数据前添加人民币符号¥，可以通过前面介绍的设置单元格格式的方法来添加，也可以使用RMB函数来实现。

RMB函数可依照货币格式将小数四舍五入到指定的位数并转换成文本格式，并应用货币符号¥，使用的格式为（¥#,##0.00_）;（¥#,##0.00）。

语法结构：
RMB (number,[decimals])
参数：

- number: 必需的参数，表示数字、对包含数字的单元格的引用或是计算结果为数字的公式。
- decimals: 可选参数，用于指定小数点右边的位数。如果decimals为负数，则number从小数点往左按相应位数四舍五入。如果省略decimals参数，则假设其值为2。

例如，需要为产品价目表中的单价数据前添加人民币符号¥，具体操作步骤如下。

Step01 ● 选择F2单元格，输入公式【=RMB(E2,2)】，按【Enter】键即可为该数据添加人民币符号¥，如图10-26所示。

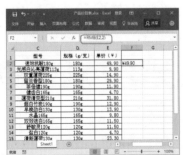

图 10-26

Step02 ● 使用Excel的自动填充功能，为该列中的其他数据添加人民币符号¥，❷ 保持单元格区域的选择状态，单击【剪贴板】组中的【复制】按钮，如图10-27所示。

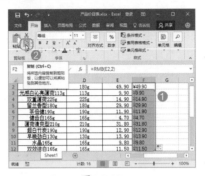

图 10-27

Step03 ● 选择G2单元格，❷ 单击【剪贴板】组中的【粘贴】按钮，❸ 在弹出的下拉菜单中选择【值】命令，如图10-28所示。

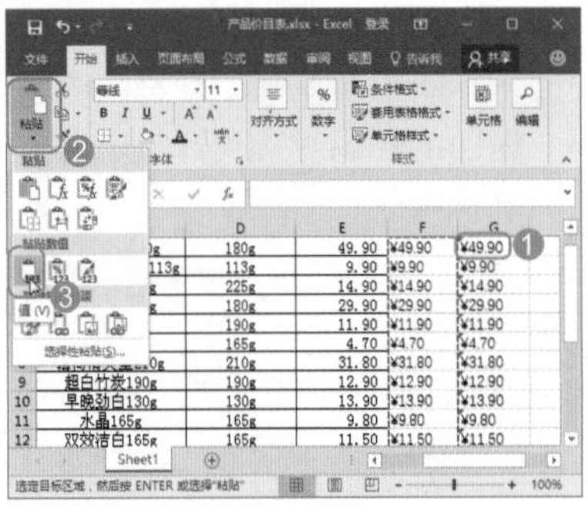

图 10-28

Step04 经过上步操作，即可将复制的数据以值的方式粘贴到G列中。● 选择E2:F17单元格区域，❷ 单击【单元格】组中的【删除】按钮，将辅助单元格删除，如图10-29所示。

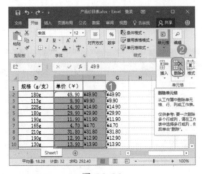

图 10-29

10.3.6 使用DOLLAR函数将数字转换为带美元符号$的文本

与中国货币数据前一般会添加人民币符号【¥】一样，在美国货币前一般也需要添加美元符号【$】，要为已经输入的数据前添加美元符号$，可以使用DOLLAR函数实现。

DOLLAR函数可以依照货币格式将小数四舍五入到指定的位数并转换成文本格式，并应用货币符号$，使用的格式为 ($#,##0.00_);($#,##0.00)。

语法结构：
DOLLAR (number,[decimals])
参数：

- number: 必需的参数，表示数字、对包含数字的单元格的引用或是计算结果为数字的公式。
- decimals: 可选参数，表示小数点右边的位数。如果decimals为负数，则number从小数点往左按相应位数四舍五入。如果省略decimals，则假设其值为2。

如需要使用DOLLAR函数在统计数据时，自动添加货币符号$，返回【Total: $1,287.37】，则可以输入公式【="Total: "&DOLLAR(1287.367,2)】。

技术看板

函数DOLLAR的名称及其应用的货币符号取决于当前计算机所设置的语言类型。

★ 重点 10.3.7 使用TEXT函数将数字转换为文本

货币格式有很多种，其小数位数也要根据需要而设定。如果能像在【设置单元格格式】对话框中自定义单元格格式那样，可以自定义各种货币的格式，将会方便很多。

Excel 的 TEXT 函数可以将数值转换为文本，并可使用户通过使用特殊格式字符串来指定显示格式。这个函数的价值比较含糊，但在需要以可读性更高的格式显示数字或需要合并数字、文本或符号时，此函数非常有用。

语法结构：
TEXT (value,format_text)
参数：

- value：必需的参数，表示数值、计算结果为数值的公式，或对包含数值的单元格的引用。
- format_text：必需的参数，表示使用半角双引号括起来作为文本字符串的数字格式。例如，"#,##0.00"。如果需要设置为分数或含有小数点的数字格式，就需要在 format_text 参数中包含位占位符、小数点和千位分隔符。

用 0（零）作为小数位数的占位符，如果数字的位数少于格式中零的数量，则显示非有效零；# 占位符与 0 占位符的作用基本相同，但是，如果输入的数字在小数点任一侧的位数均少于格式中 # 符号的数量时，Excel 不会显示多余的零。如格式仅在小数点左侧含有数字符号【#】，则小于 1 的数字会以小数点开头；? 占位符与 0 占位符的作用基本也相同，但是，对于小数点任一侧的非有效零，Excel 会加上空格，使得小数点在列中对齐；.（句点）占位符在数字中显示小数点；,（逗号）占位符在数字中显示代表千位分隔符。如在表格中输入公式【=TEXT(45.2345,"#.00")】，则可返回【45.23】。一些具体的数字格式准则使用示例，如表 10-1 所示。

表 10-1 数字格式准则使用示例

输入内容	显示内容	使用格式
1235.59	1235.6	####.#
8.5	8.50	#.00

续表

输入内容	显示内容	使用格式
0.531	0.5	0.#
1235.568	1235.57	#.0#
0.654	.65	#.0#
15	15.0	#.0#
8.5	8.5	#.##
45.398	45.398	???.??? （小数点对齐）
105.65	105.65	???.??? （小数点对齐）
2.5	2.5	???.??? （小数点对齐）
5.25	5 1/4	# ???/ （分数对齐）
5.5	5 5/10	# ???/ （分数对齐）
15000	15,000	#,###
15000	15	#,
15200000	15.2	0.0,,

如果数字的小数点右侧的位数大于格式中的占位符，该数字会四舍五入到与占位符具有相同小数点位的数字。如果小数点左侧的位数大于占位符数，Excel 会显示多余的位数。

技术看板

TEXT 函数的参数中如果包含有关于货币的符号时，即可替换 DOLLAR 函数。而且 TEXT 函数会更灵活，因为它不限制具体的数字格式。TEXT 函数还可以将数字转换为日期和时间数据类型的文本，如将 format_text 参数设置为 ""m/d/yyyy""，即输入公式 "=TEXT(NOW(),"m/d/yyyy")"，可返回 "1/24/2011"。

10.3.8 使用 BAHTTEXT 函数将数字转换为泰语文本

BAHTTEXT 函数可以将数字转换为泰语文本并添加后缀【泰铢】。

语法结构：
BAHTTEXT (number)
参数：
number：必需的参数，要转换成文本的数字、对包含数字的单元格的引用或结果为数字的公式。

如输入公式【=BAHTTEXT(1234)】，则可返回【หนึ่งพันสองร้อยสามสิบบาทถ้วน】。

10.3.9 实战：使用 T 函数将参数转换为文本

实例门类	软件功能
教学视频	光盘\视频\第 10 章\10.3.9.mp4

T 函数用于返回单元格内的值引用的文本。

语法结构：
T (value)
参数：
value：必需的参数，表示需要进行测试的数值。

T 函数常被用来判断某个值是否为文本值。例如，在某留言板中，只允许用户提交纯文本的留言内容。在验证用户提交的信息时，如果发现有文本以外的内容，就会提示用户【您只能输入文本信息】。在 Excel 中可以通过 T 函数进行判断，具体操作步骤如下。

Step 01 在单元格 A1 中输入公式【=IF(T(A2)="","您只能输入文本信息","正在提交你的留言")】，如图 10-30 所示。

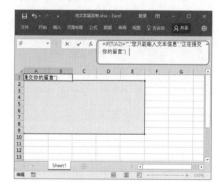

图 10-30

Step 02 经过上步操作后，在 A1 单元格中显示【您只能输入文本信息】的内容。在 A2 单元格中输入数字或逻辑值，这里输入【1234566】，则 A1 单元格中会提示用户【您只能输入文本信息】，如图 10-31 所示。

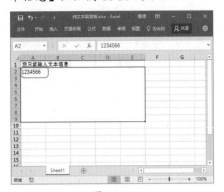

图 10-31

Step03 在 A2 单元格中输入纯文本，则 A1 单元格中会提示用户【正在提交你的留言】，如图 10-32 所示。

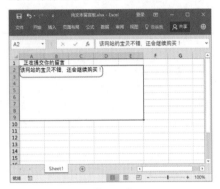

图 10-32

技术看板

如果 T 函数的参数中值是文本或引用了文本，将返回值。如果值未引用文本，将返回空文本。通常不需要在公式中使用 T 函数，因为 Excel 可以自动按需要转换数值的类型，该函数主要用于与其他电子表格程序兼容。

★ 重点 10.3.10 实战：使用 LOWER 函数将文本转换为小写

实例门类	软件功能
教学视频	光盘 \ 视频 \ 第 10 章 \10.3.10.mp4

LOWER 函数可以将一个文本字

符串中的所有大写字母转换为小写字母。

> **语法结构：**
> LOWER (text)
> **参数：**
> text：必需的参数，表示要转换为小写字母的文本。函数 LOWER 不改变文本中的非字母的字符。

例如，有一篇英文稿件，由于全部采用大写的形式编辑，很不利于阅读，需要将其全部转换为小写字母。使用 LOWER 函数快速将大写转换为小写的具体操作步骤如下。

Step01 打开光盘 \ 素材文件 \ 第 10 章 \ 英文歌词 .xlsx，在 B1 单元格中输入公式【=LOWER(A1)】，按【Enter】键即可将 A1 单元格中的英文转换为小写形式，如图 10-33 所示。

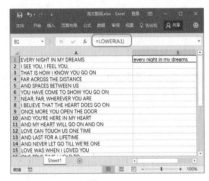

图 10-33

Step02 使用 Excel 的自动填充功能，继续将其他行的英文变为小写，完成后的效果如图 10-34 所示。

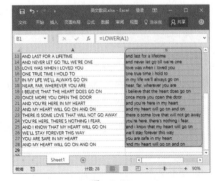

图 10-34

10.3.11 使用 UPPER 函数将文本转换为大写

UPPER 函数与 LOWER 函数的功能正好相反，主要用于将一个文本字符串中的所有小写字母转换为大写字母。

> **语法结构：**
> UPPER (text)
> **参数：**
> text：必需的参数，表示需要转换成大写形式的文本。Text 可以为引用或文本字符串。

例如，需要将上例中转换后的 B 列文本内容，再次转换为全部大写的形式，只需要输入公式【=UPPER(B1)】即可轻松解决。

★ 重点 10.3.12 实战：使用 PROPER 函数将文本中每个单词的首字母转换为大写

实例门类	软件功能
教学视频	光盘 \ 视频 \ 第 10 章 \10.3.12.mp4

如果在一个工作表中包含了上千个名称，这些名称都是使用英文大写字母编写的。而现在需要把这些名称全部以第一个字母大小，其他字母小写的形式打印出来，如将【JOHN F.CRILL】修改为【John F.Crill】。这项工作当然可以手工修改，重新输入名称，但很浪费时间，而且有些麻烦。

PROPER 函数可以将文本字符串的首字母及任何非字母字符之后的首字母转换成大写。将其余的字母转换成小写。

语法结构：

PROPER (text)

参数：

text：必需的参数，用引号括起来的文本、返回文本值的公式或是对包含文本（要进行部分大写转换）的单元格的引用。

　　例如，要将前面的英文歌词转换为首个字母大写，其他字母小写，具体操作步骤如下。

Step01 在 C1 单元格中输入公式【=PROPER(B1)】，按【Enter】键即可将 B1 单元格中每个英文的首个字母转换为大写形式，如图 10-35 所示。

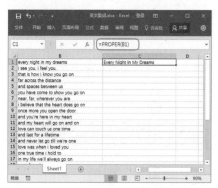

图 10-35

Step02 使用 Excel 的自动填充功能，继续将其他行的英文变为首个字母大写，完成后的效果如图 10-36 所示。

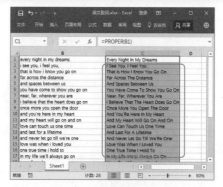

图 10-36

技术看板

　　PROPER 函数会使每个单词的首字母大写，因此，使用该函数转换后的英文内容常常让人觉得不理想。如将 PROPER 函数应用于 "a tale of two cities"，会得到 "A Tale Of Two Cities"。一般情况下，前置词是不应该大写的。另外，在转换名称时，如需要将 "ED MCMAHON" 转换为 "Ed McMahon"，使用 PROPER 函数是不能实现的。因此，在实际转换过程中，还需要结合其他函数进行操作。

10.3.13　使用 VALUE 函数将文本格式的数字转换为普通数字

　　在表示一些特殊的数字时，为了方便，可能在输入过程中将这些数字设置成了文本格式，但在一些计算中，文本格式的数字并不能参与运算。此时，可以使用 VALUE 函数快速将文本格式的数字转换为普通数字，再进行运算。

语法结构：

VALUE (text)

参数：

text：必需的参数，表示带引号的文本，或对包含要转换文本的单元格的引用。可以是 Excel 中可识别的任意常数、日期或时间格式。

　　如输入公式【=VALUE("$1,500")】，即可返回【1500】。输入公式【=VALUE("14:44:00")-VALUE("9:30:00")】，即会返回【0.218055556】。

技术看板

　　如果 text 参数不是 Excel 中可识别的常数、日期或时间格式，则函数 VALUE 将返回错误值【#VALUE!】。通常情况下，并不需要在公式中使用函数 VALUE，Excel 可以自动在需要时将文本转换为数字。提供此函数是为了与其他电子表格程序兼容。

10.4　查找与替换文本技巧

　　使用 Excel 处理文本字符串时，还经常需要对字符串中某个特定的字符或子串进行操作，在不知道其具体位置的情况下，就必须使用文本查找或替换函数来定位和转换了。下面就将介绍一些常用的查找与替换文本的知识。

★ 重点 10.4.1　实战：使用 FIND 函数以字符为单位并区分大小写查找指定字符的位置

实例门类	软件功能
教学视频	光盘\视频\第 10 章\10.4.1.mp4

　　FIND 函数可以在第二个文本串中定位第一个文本串，并返回第一个文本串的起始位置的值，该值从第二个文本串的第一个字符算起。

语法结构：

FIND (find_text,within_text,[start_num])

参数：

- find_text：必需的参数，表示要查找的文本。
- within_text：必需的参数，表示要在其中查找 fint_text 的文本。
- start_num：可选参数，表示在 within_text 中开始查找的字符位置，首字符的位置是 1。如果省略 start_num，默认其值为 1。

例如，某大型会议举办前，需要为每位邀请者发送邀请函，公司客服经理在给邀请者发出邀请函后，都会在工作表中做记录，方便后期核实邀请函是否都发送到了邀请者手中。现在需要通过使用 FIND 函数检查受邀请的人员名单是否都包含在统计的人员信息中了，具体操作步骤如下。

Step 01 打开光盘 \ 素材文件 \ 第 10 章 \ 会议邀请函发送记录 .xlsx，❶ 分别合并 G2:L2 和 G3:L20 单元格区域，并输入标题和已经发送邀请函的相关数据，❷ 在 F3 单元格中输入公式【=IF(ISERROR(FIND(B3,$G$3)),"未邀请","已经邀请")】，按【Enter】键即可判断是否已经为该邀请者发送了邀请函，如图 10-37 所示。

图 10-37

Step 02 使用 Excel 的自动填充功能，继续判断是否为其他邀请者发送了邀请函，如图 10-38 所示。

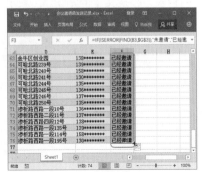

图 10-38

技术看板

本例的解题思路是：首先使用 FIND 函数判断 G3 单元格中是否包含有 B 列单元格中的人名字符串，如果存在则会返回相应的位置；如果错误则会返回错误值。然后根据上一步中返回的结果，使用 IF 函数进行判断，如果是错误值，则返回【未邀请】；反之则给出【已经邀请】的文字信息。

10.4.2 实战：使用 FINDB 函数以字节为单位并区分大小写查找指定字符的位置

实例门类	软件功能
教学视频	光盘 \ 视频 \ 第 10 章 \10.4.2.mp4

FINDB 函数与 FIND 函数的功能基本相同，都是用于在第二个文本串中定位第一个文本串，并返回第一个文本串的起始位置的值，只是 FIND 函数是面向单字节字符集的语言，而函数 FINDB 函数是面向使用双字节字符集的语言。

语法结构：

FINDB：(find_text,within_text,[start_num])

参数：

- find_text：必需的参数，表示要查找的文本。
- within_text：必需的参数，表示要在其中查找 fint_text 的文本。
- start_num：可选参数，表示在 within_text 中开始查找的字符位置，首字符的位置是 1。如果省略 start_num，默认其值为 1。

例如，要在英语歌词中提取某段落中的第一个词，方便记忆整首歌的脉络，可以使用 FINDB 函数查找到第一个空格符的位置，然后使用该信

息作为 LEFT 函数的参数进行提取，具体操作步骤如下。

Step 01 在 D1 单元格中输入公式【=IFERROR(LEFT(C1,FINDB(" ",C1)-1),C1)】，按【Enter】键即可提取出该段英文中的第一个词【Every】，如图 10-39 所示。

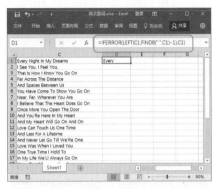

图 10-39

Step 02 使用 Excel 的自动填充功能，继续将其他行的英文中的第一个词提取出来，完成后的效果如图 10-40 所示。

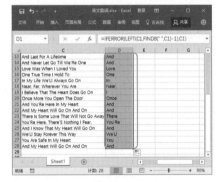

图 10-40

技术看板

在使用 FIND 与 FINDB 函数的时候，需要注意：FIND 与 FINDB 函数区分大小写并且不允许使用通配符；如果 find_text 参数为空文本，则 FIND 函数会匹配搜索字符串中的首字符，即返回的编号为 start_num 或 1；如果 within_text 中找不到相应的 find_text 文本，或者 start_num 小于等于 0 或大于 within_text 的长度，则 FIND 和 FINDB 函数会返回错误值【#VALUE!】。

★ 重点 10.4.3 实战：使用 SEARCH 函数以字符为单位查找指定字符的位置

实例门类	软件功能
教学视频	光盘\视频\第10章\10.4.3.mp4

SEARCH 函数可在第二个文本字符串中查找第一个文本字符串，并返回第一个文本字符串的起始位置的编号，该编号从第二个文本字符串的第一个字符算起。

语法结构：
SEARCH (find_text,within_text,[start_num])
参数：

- find_text：必需的参数，表示要查找的文本。
- within_text：必需的参数，表示要在其中查找 fint_text 的文本。
- start_num：可选参数，表示在 within_text 中开始查找的字符位置，首字符的位置是 1。如果省略 start_num，默认其值为 1。

与 FIND 函数相比，SEARCH 函数在比较文本时，不区分大小写，但是它可以进行通配符比较。在 find_text 参数中可以使用问号【?】和星号【*】。

例如，某个邀请者的姓名是 3 个字组成，并知道姓氏为【孙】，需要在会议邀请函发送记录表中找到该人的具体姓名，就可以使用 SEARCH 函数进行模糊查找，具体操作步骤如下。

Step01 在 G21 单元格中输入公式【=IF(ISERROR(SEARCH("孙??",$G$3)),"搜索完毕 ",SEARCH("孙??",$G$3))】，按【Enter】键即可查看搜索到的结果为【44】，表示找到了符合条件的字符串，并且该字符串位于文本 E3 中的第 44 位，如图10-41所示。

图 10-41

Step02 在 H21 单元格中输入公式【=IF(G21=" 搜索完毕 "," 未找到 ",MID($G$3,G21,3))】，按【Enter】键即可查看搜索到的名称为【孙晓斌】，如图 10-42 所示。

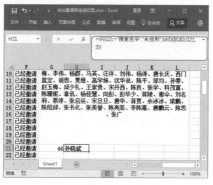

图 10-42

技术看板

本例首先使用 SEARCH 函数查找到指定字符的位置，然后使用 MID 函数根据查找到的位置提取字符，但需要明确单元格中是否还有符合查找条件的数据，所以需要在上次查找剩余的单元格中继续查找符合条件的数据，直到查找完所有符合条件的数据。

Step03 在 I21 单元格中输入公式【=IF(OR(G21+4>LEN($G$3),ISERROR(SEARCH(" 孙 ??",$G$3,G21+1)))," 搜索完毕 ",SEARCH(" 孙 ??",$G$3,G21+1))】，按【Enter】键即可查看搜索的结果为【128】，如图10-43所示。

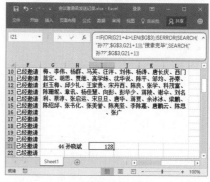

图 10-43

Step04 在 J21 单元格中输入公式【=IF(I21=" 搜索完毕 "," 未找到 ",MID(G3,I21,3))】，按【Enter】键即可查看搜索到的结果为【孙秦、】，如图10-44所示。

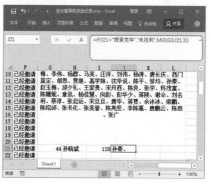

图 10-44

Step05 通过自动填充功能，将 I21:J21 单元格区域中的公式向右自动填充。在 K21:L21 单元格区域中即可查看结果为【搜索完毕】和【未找到】，如图10-45所示。

图 10-45

10.4.4 使用 SEARCHB 函数以字符为单位查找指定字符的位置

SEARCHB 函数与 SEARCH 函数的功能基本相同，都是用来在第二个文本中查找第一个文本，并返回第一个文本的起始位置，如果找不到相应的文本，则返回错误值【#VALUE!】。只是 SEARCH 函数是以字符为单位，SEARCHB 函数则以字节为单位进行提取。SEARCHB 函数在进行字符匹配的时候，不区分大小写，而且可以使用通配符。

语法结构：
SEARCHB (find_text,within_text,[start_num])
参数：

- find_text：必需的参数，表示要查找的文本。
- within_text：必需的参数，表示要在其中查找 fint_text 的文本。
- start_num：可选参数，表示在 within_text 中开始查找的字符位置，首字符的位置是 1。如果省略 start_num，默认其值为 1。

使用 start_num 可跳过指定的字符编号，如需要查找文本字符串【AYF0032.YoungMens】中第一个【Y】的位置，可设置 SEARCHB 函数的 start_num 参数为【8】，这样就不会搜索文本的序列号部分（即本例中的【AYF0032】），直接从第 8 个字节开始，在下一个字节处查找【Y】的位置，并返回数字【9】。

技术看板

SEARCH 函数的 start_num 参数也可以设置为跳过指定的字符编号。

10.4.5 实战：使用 REPLACE 函数以字符为单位根据指定位置进行替换

实例门类	软件功能
教学视频	光盘\视频\第 10 章\10.4.5.mp4

REPLACE 函数可以使用其他文本字符串并根据所指定的位置替换某文本字符串中的部分文本。如果知道替换文本的位置，但不知道该文本，就可以使用该函数。

语法结构：
REPLACE (old_text,start_num,num_chars,new_text)
参数：

- old_text：必需的参数，表示要替换其部分字符的文本。
- start_num：必需的参数，表示要用 new_text 替换的 old_text 中字符的位置。
- num_chars：必需的参数，表示希望 REPLACE 使用 new_text 替换 old_text 中字符的个数。
- new_text：必需的参数，表示将用于替换 old_text 中字符的文本。

例如，在【会议邀请函发送记录】工作表中，由于在判断时输入的是【已经邀请】文本，不便于阅读，可以通过替换的方法将其替换为容易识别的【√】符号，具体操作步骤如下。

Step01 在 G 列前插入一列新的单元格，在 G3 单元格中输入公式【=IF(EXACT(F3," 已经邀请 "),REPLACE(F3,1,4," √ "),F3)】，按【Enter】键即可将工作表中 F3 单元格中的【已经邀请】文本替换为【√】文本，如图 10-46 所示。

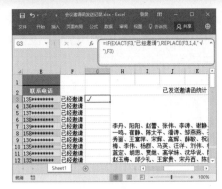

图 10-46

Step02 使用 Excel 的自动填充功能，继续替换 F 列中其他单元格中的【已经邀请】文本为【√】文本，如图 10-47 所示。

图 10-47

技术看板

在 Excel 中使用"查找和替换"对话框也可以进行替换操作。

10.4.6 使用 REPLACEB 函数以字节为单位根据指定位置进行替换

REPLACEB 函数与 REPLACE 函数的功能基本相同，都是根据所指定的字符数替换某文本字符串中的部分文本，常用于不清楚需要替换的字符的情况。只是 REPLACE 是以字符为单位，REPLACEB 函数则以字节为单位进行替换。

语法结构：

REPLACEB (old_text,start_num, num_bytes,new_text)

参数：

- old_text：必需的参数，表示要替换其部分字符的文本。
- start_num：必需的参数，表示要用 new_text 替换的 old_text 中字符的位置。
- num_bytes：必需的参数，表示希望 REPLACEB 使用 new_text 替换 old_text 中字节的个数。
- new_text：必需的参数，表示将用于替换 old_text 中字符的文本。

如输入公式【=REPLACEB("lan lan de tian",9,6,"da hai")】，即可从第 9 个字节开始替换 6 个字节，返回【lan lan da hain】文本。

10.4.7 使用 SUBSTITUTE 函数以指定文本进行替换

SUBSTITUTE 函数用于替换字符串中的指定文本。如果知道要替换的字符，但不知道其位置，就可以使用该函数。

语法结构：

SUBSTITUTE (text,old_text,new_text,[instance_num])

参数：

- text：必需的参数，表示需要替换其中字符的文本，或对含有文本（需要替换其中字符）的单元格的引用。
- old_text：必需的参数，表示需要替换的旧文本。
- new_text：必需的参数，表示用于替换 old_text 的文本。
- instance_num：可选参数，表示用来指定要以 new_text 替换第几次出现的 old_text。如果指定了 instance_num，则只有满足要求的 old_text 被替换；否则会将 Text 中出现的每一处 old_text 都更改为 new_text。

由此可见，使用 SUBSTITUTE 函数不仅可以将所有符合条件的内容替换，还可以替换其中的某一个符合条件的文本。

在上例中，将【已经邀请】文本替换为【√】符号，使用了比较复杂的查找过程，其实，可以直接输入公式【=SUBSTITUTE(F3," 已经邀请"," √ ")】进行替换。

> **技术看板**
>
> REPLACE 函数与 SUBSTITUTE 函数的主要区别在于它们所使用的替换方式不同，如果需要在某一文本字符串中替换指定的文本，请使用 SUBSTITUTE 函数；如果需要在某一文本字符串中替换指定位置处的任意文本，请使用 REPLACE 函数。

10.5 删除文本中的字符技巧

下面将介绍使用函数一次性删除同类型的字符技巧的知识。

10.5.1 使用 CLEAN 函数删除无法打印的字符

CLEAN 函数可以删除文本中的所有非打印字符。

语法结构：

CLEAN (text)

参数：

text：必需的参数，表示要从中删除非打印字符的任何工作表信息。

例如，在导入 Excel 工作表的数据时，经常会出现一些莫名其妙的"垃圾"字符，一般为非打印字符。此时就可以使用 CLEAN 函数来帮助规范数据格式。

如要删除图 10-48 中出现在数据文件头部或尾部和无法打印的低级计算机代码，可以在 C5 单元格中输入公式【=CLEAN(C3)】，即可删除 C3 单元格数据前后出现的无法打印的字符。

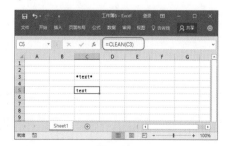

图 10-48

10.5.2 使用 TRIM 函数删除多余的空格

在导入 Excel 工作表的数据时，还经常会从其他应用程序中获取带有不规则空格的文本。此时就可以使用 TRIM 函数清除这些多余的空格。

语法结构：

TRIM (text)

参数：

text：必需的参数，表示需要删除其中空格的文本。除了直接使用文本外，也可以使用文本的单元格引用。

TRIM 函数可以删除除了单词之间的单个空格外，还可以删除文本中的所有空格。例如，要删除图 10-49 的 A 列中多余的空格，具体操作步骤如下。

Step01 在 B2 单元格中输入公式【=TRIM(A2)】，按【Enter】键即可将 A2 单元格中多余的空格删除，如图 10-49 所示。

图 10-49

Step02 使用 Excel 的自动填充功能，继续删除 A3、A4、A5 单元格中多余的空格，完成后的效果如图 10-50 所示。

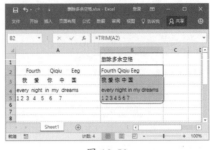

图 10-50

技术看板

从该案例的效果可以看出，虽然在中文内不需要空格，但是使用 TRIM 函数处理后还是会保留一个空格。因此常常利用该函数处理英文的文本，而不是中文文本。且 TRIM 函数能够清除的是文本中的 7 位 ASCII 空格字符（即值为 32 的空格）。不能清除 Unicode 字符集中的不间断空格字符的额外空格字符，即不能清除在网页中用作 HTML 实体 & nbsp; 的字符。

本章小结

Excel 在处理文本方面有很强的功能，Excel 函数中提供一些专门用于处理文本的函数。这些函数的主要功能包括截取、查找或搜索文本中的某个特殊字符，转换文本格式，也可以获取关于文本的其他信息。本章就分别介绍了 Excel 中各文本函数在处理文本方面的应用。

第 11 章 逻辑函数应用技巧

- ➡ 你知道怎样将【TRUE】【FALSE】运用到函数中吗？
- ➡ 在指定条件时如何同时设置多个条件？
- ➡ 当设置一个可以多选的条件时，只要符合其中一条就可以返回判断结果吗？
- ➡ 有些条件正向说起来太复杂，逆向思维一下，只要不符合某个条件就返回判断结果。
- ➡ 遇到公式计算出现错误值，还能返回预先指定的结果吗？

带着以上问题，来学习逻辑函数中的 AND、OR、NOT 及 IFERROR 函数，相信读者会有不小的收获。

11.1 逻辑值函数应用技巧

通过测试某个条件，直接返回逻辑值 TRUE 或 FALSE 的函数只有两个。掌握这两个函数的使用技巧，可以使一些计算变得更简便。下面就来介绍其具体的使用技巧。

11.1.1 实战：使用 TRUE 函数返回逻辑值 TRUE

在某些单元格中如果需要输入【TRUE】，不仅可以直接输入，还可以通过 True 函数返回逻辑值 TRUE。

语法结构：
TRUE ()
TRUE：函数是直接返回固定的值，因此不需要设置参数。用户可以直接在单元格或公式中输入值【TRUE】，Excel 会自动将它解释为逻辑值 TRUE，而该类函数的设立主要是为了方便地引入特殊值，也为了能与其他电子表格程序兼容，类似的函数还包括 PI、RAND 等。

11.1.2 实战：使用 FALSE 函数返回逻辑值 FALSE

实例门类	软件功能
教学视频	光盘\视频\第 11 章\11.1.2.mp4

FALSE 函数与 TRUE 函数的用途非常类似，不同的是该函数返回的是逻辑值 FALSE。

语法结构：
FALSE ()
FALSE：函数也不需要设置参数。用户可以直接在单元格或公式中输入值【FALSE】，Excel 会自动将它解释成逻辑值 FALSE。FALSE 函数主要用于检查与其他电子表格程序的兼容性。

例如，要检测某些产品的密度，要求小于 0.1368 的数据返回正确值，否则返回错误值，具体操作步骤如下。

Step01 打开光盘\素材文件\第 11 章\抽样检查 .xlsx，选择 D2 单元格，输入公式【=IF(B2>$C$2,FALSE(),TRUE())】，按【Enter】键计算出第一个产品的密度达标与否，如图 11-1 所示。

图 11-1

🔧 技术看板

本例中直接输入公式【=IF(B2>$C$2,FALSE,TRUE)】，也可以得到相同的结果。

Step02 使用 Excel 的自动填充功能，判断出其他产品密度是否达标，如图 11-2 所示。

图 11-2

11.2 交集、并集和求反函数应用技巧

逻辑函数的返回值不一定全部是逻辑值，有时还可以利用它实现逻辑判断。常用的逻辑关系有 3 种，即【与】【或】【非】。在 Excel 中可以理解为求取区域的交集、并集等。本章将介绍交集、并集和求反函数的使用，掌握这些函数后可以简化一些表达式。

★ 重点 11.2.1 实战：使用 AND 函数判断指定的多个条件是否同时成立

实例门类	软件功能
教学视频	光盘\视频\第 11 章\11.2.1.mp4

当两个或多个条件必须同时成立才判定为真时，称判定与条件的关系为逻辑与关系。AND 函数常用于逻辑与关系运算。

语法结构：
AND (logical1,[logical2],...)
参数：
● logical1：必需的参数，表示需要检验的第一个条件，是必需参数，其计算结果可以为 TRUE 或 FALSE。
● logical2：可选参数，表示需要检验的其他条件。

在 AND 函数中，只有当所有参数的计算结果为 TRUE 时，才返回 TRUE；只要有一个参数的计算结果为 FALSE，即返回 FALSE。例如，公式【=AND(A1>0,A1<1)】表示当 A1 单元格的值大于 0 且小于 1 的时候返回 TRUE。AND 函数最常见的用途就是扩大用于执行逻辑检验的其他函数的效用。

例如，某市规定市民家庭在同时满足下面 3 个条件的情况下，可以购买经济适用住房：（1）具有市区城市常住户口满 3 年；（2）无房户或人均住房面积低于 15 平米的住房困难户；（3）家庭收入低于当年市政府公布的家庭低收入标准（35200 元）。

现需要根据上述条件判断填写了申请表的用户中哪些是真正符合购买条件的，具体操作步骤如下。

Step 01 打开光盘\素材文件\第 11 章\审核购买资格.xlsx，选择 F2 单元格，输入公式【=IF(AND(C2>3,D2<15,E2<35200)," 可申请 ","")】，按【Enter】键判断第一个申请者是否符合购买条件，如图 11-3 所示。

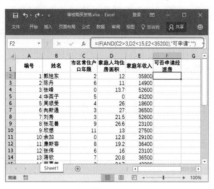

图 11-3

Step 02 使用 Excel 的自动填充功能，判断出其他申请者是否符合购买条件，如图 11-4 所示。

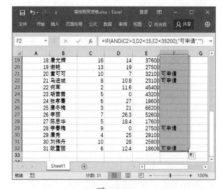

图 11-4

技术看板

在使用 AND 函数时，需要注意：参数（或作为参数的计算结果）

必须是逻辑值 TRUE 或 FALSE，或者是结果为包含逻辑值的数组或引用；如果数组或引用参数中包含文本或空白单元格，则这些值将被忽略；如果指定的单元格区域未包含逻辑值，则 AND 函数将返回错误值【#VALUE!】。

★ 重点 11.2.2 实战：使用 OR 函数判断指定的任一条件为真，即返回真

实例门类	软件功能
教学视频	光盘\视频\第 11 章\11.2.2.mp4

当两个或多个条件中只要有一个成立就判定为真时，称判定与条件的关系为逻辑或关系。OR 函数常用于逻辑或关系运算。

语法结构：
OR (logical1,[logical2],...)
参数：
● logical1：必需的参数，表示需要检验的第一个条件，其计算结果可以为 TRUE 或 FALSE。
● logical2：可选参数，表示需要检验的其他条件。

OR 函数用于对多个判断条件取并集，即只要参数中有任何一个值为真就返回 TRUE，如果都为假才返回 FALSE。例如，公式【=OR(A1<10,B1<10,C1<10)】表示当 A1、B1、C1 单元格中的任何一个值小于 10 的时候返回 TRUE。

在使用 OR 函数时，如果数组或引用参数中包含文本或空白单元格，则这些值将被忽略。

再如，某体育项目允许参与者有 3 次考试机会，并根据 3 次考试成绩的最高分进行分级记录，即只要有一次的考试及格就记录为【及格】；同样，只要有一次成绩达到优秀的标准，就记录为【优秀】；否则就记录为【不及格】。这次考试的成绩统计实现的操作步骤如下。

Step01 打开光盘 \ 素材文件 \ 第 11 章 \ 体育成绩登记 .xlsx，❶ 合并 H1:I1 单元格区域，并输入【记录标准】文本，❷ 在 H2、I2、H3、I3 单元格中分别输入【优秀】【85】【及格】和【60】文本，❸ 选择 F2 单元格，输入公式【=IF(OR(C2>=$I$2,D2>=$I$2,E2>=$I$2)," 优秀 ",IF(OR(C2>=$I$3,D2=$I$3,E2>=$I$3)," 及格 "," 不及格 "))】，按【Enter】键判断第一个参与者成绩的级别，如图 11-5 所示。

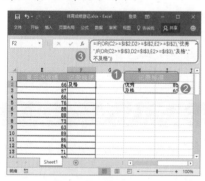

图 11-5

本例结合 OR 和 IF 函数解决了问题，首先判断参与者 3 次成绩中是否有一次达到优秀的标准，如果有，则返回【优秀】。如果没有任何一次达到优秀的标准，就继续判断 3 次成绩中是否有一次达到及格的标准，如果有，则返回【及格】，否则返回【不及格】。

Step02 使用 Excel 的自动填充功能，判断出其他参与者成绩对应的级别，如图 11-6 所示。

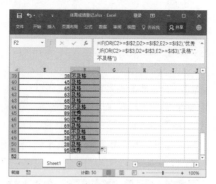

图 11-6

11.2.3　实战：使用 NOT 函数对逻辑值求反

实例门类	软件功能
教学视频	光盘\视频\第 11 章\11.2.3.mp4

当条件只要成立就判定为假时，称判定与条件的关系为逻辑非关系。NOT 函数常用于将逻辑值取反。

语法结构：
NOT (logical)
参数：
logical：必需的参数，一个计算结果可以为 TRUE 或 FALSE 的值或表达式。

NOT 函数用于对参数值求反，即如果参数为 TRUE，利用该函数则可以返回 FALSE。例如，公式【=NOT(A1="优秀")】与公式【=A1<>"优秀 "】所表达的含义相同。

NOT 函数常用于确保某一个值不等于另一个特定值的时候。例如，在解决上例时，有些人的解题思路可能会有所不同，如有的人是通过实际的最高成绩与各级别的要求进行判断的。当实际最高成绩不小于优秀标准时，就记录为【优秀】，否则再次判断最高成绩，如果不小于及格标准，

就记录为【及格】，否则记为【不及格】。即首先利用 MAX 函数取得最高成绩，再将最高成绩与优秀标准和及格标准进行比较判断，具体操作步骤如下。

Step01 选择 G2 单元格，输入公式【=IF(NOT(MAX(C2:E2)<$I$2)," 优秀 ",IF(NOT(MAX(C2:E2)<$I$3)," 及格 "," 不及格 "))】，按【Enter】键判断第一个参与者成绩的级别，如图 11-7 所示。

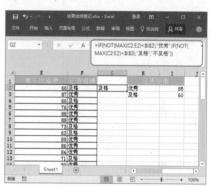

图 11-7

Step02 使用 Excel 的自动填充功能，判断出其他参与者成绩对应的级别，如图 11-8 所示。可以发现 F 列和 G 列中的计算结果是相同的。

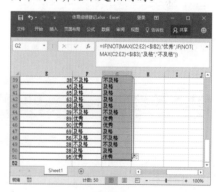

图 11-8

从上面的案例中可以发现，一个案例可以有多种解题思路。这主要取决于思考的方法有所不同，当问题分析之后，可以使用相应的函数根据解题思路解决实际问题即可。

11.3 使用 IFERROR 函数对错误结果进行处理

掌握 IFERROR 函数的基本操作技能，可以在遇到公式计算错误时，返回预先指定的结果。避免工作表中出现不必要的错误值。下面介绍该函数的应用技巧。

实例门类	软件功能
教学视频	光盘\视频\第 11 章\11.3.mp4

如果在使用工作表中的公式计算出现错误值时，使用指定的值替换错误值，就可以使用 IFERROR 函数预先进行指定。

语法结构：
IFERROR (value,value_if_error)
参数：
- value：必需的参数，用于进行检查是否存在错误的公式。
- value_if_error：必需的参数，用于设置公式的计算结果为错误时要返回的值。

IFERROR 函数常用于捕获和处理公式中的错误。如果判断的公式中没有错误，则会直接返回公式计算的结果。如在工作表中输入了一些公式，希望对这些公式进行判断，当公式出现错误值时，显示【公式出错】文本，

否则直接计算出结果，具体操作步骤如下。

Step01 打开光盘\素材文件\第 11 章\检查公式.xlsx，单击【公式】选项卡【公式审核】组的【显示公式】按钮，使得单元格中的公式直接显示出来，如图 11-9 所示。

图 11-9

Step02 ❶ 选择 B2 单元格，输入公式【=IFERROR(A2," 公式出错 ")】，按【Enter】键确认公式输入，❷ 使用 Excel 的自动填充功能，将公式填充到 B3:B7 单元格区域，如图 11-10 所示。

图 11-10

Step03 再次单击【显示公式】按钮，对单元格中的公式进行计算，并得到检查的结果，如图 11-11 所示。

图 11-11

本章小结

函数能够将原来使用烦琐公式才能完成的事件简单表示清楚，简化工作任务，与函数中逻辑关系的使用是分不开的。虽然 Excel 中的逻辑函数并不多，Excel 2016 中提供了 6 个用于进行逻辑判断的函数，但它在 Excel 中应用十分广泛。在实际应用中，逻辑关系也可以进行嵌套，逻辑值还可以直接参与函数公式的计算。逻辑关系的处理不仅影响到公式使用的正确与否，也关系到解题思路的简繁，需要用户勤加练习。

日期和时间函数应用技巧

- ➜ 想快速返回系统的当前日期和时间吗？
- ➜ 你能将单独的年、月、日数据合并为一个具体日期吗？
- ➜ 你能从给定的时间数据中提取年、月、日、星期、小时等数据吗？
- ➜ 时间也可以转换成具体的序列号吗？
- ➜ 你会计算两个时间段之间的具体天数、工作日数、小时数或推算时间吗？

时间的计算一般是 60 为一个单位，日期的计算标准不一，计算工作日时是 5 天为一个单位，计算周时是 7 天为一个单位，计算月时是 30 天或 31 天为一个单位，计算年时是 365 天为一个单位……用得着这么复杂，几个函数就能搞定。本章将介绍怎么用户函数进行计算。

12.1　返回当前日期、时间技巧

在制作表格过程中，有时需要插入当前日期或时间，如果总是通过手动输入，就会很麻烦。为此，Excel 提供了两个用于获取当前系统日期和时间的函数。下面介绍这两个函数的使用技巧。

★ 重点 12.1.1　实战：使用 TODAY 函数返回当前日期

实例门类	软件功能
教学视频	光盘\视频\第 12 章\12.1.1.mp4

Excel 中的日期就是一个数字，更准确地说，是以序列号进行存储的。默认情况下，1900 年 1 月 1 日的序列号是 1，而其他日期的序列号是通过计算自 1900 年 1 月 1 日以来的天数而得到的。如 2017 年 1 月 1 日距 1900 年 1 月 1 日有 42736 天，因此这一天的序列号是 42736。正因为 Excel 中采用了这个计算日期的系统，因此，要把日期序列号表示为日期，必须把单元格格式化为日期类型。也正因为这个系统，用户可以使用公式来处理日期。例如，可以很简单地通过 TODAY 函数返回当前日期的序列号（不包括具体的时间值）。

语法结构：

TODAY ()

TODAY 函数不需要设置参数。如当前是 2016 年 7 月 1 日，输入公式【=TODAY()】，即可返回【2016-7-1】，设置单元格的数字格式为【数值】，可得到数字【42552】，表示 2016 年 7 月 1 日距 1900 年 1 月 1 日有 42552 天。

🔖 技术看板

如果在输入 TODAY 或 NOW 函数前，单元格格式为【常规】，Excel 会将单元格格式更改为与【控制面板】的区域日期和时间设置中指定的日期和时间格式相同的格式。

例如，要制作一个项目进度跟踪表，其中需要计算各项目完成的倒计时天数，具体操作步骤如下。

Step01 打开光盘\素材文件\第 12 章\项目进度跟踪表 .xlsx，在 C2 单元格中输入公式【=B2-TODAY()】，计算出 A 项目距离计划完成项目的天数，默认情况下返回日期格式，如图 12-1 所示。

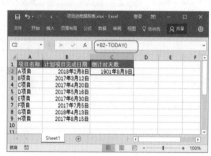

图 12-1

Step02 ❶ 使用 Excel 的自动填充功能判断出后续项目距离计划完成项目的天数，❷ 保持单元格区域的选择状态，在【开始】选项卡【数字】组中的列表框中选择【常规】命令，如图 12-2 所示。

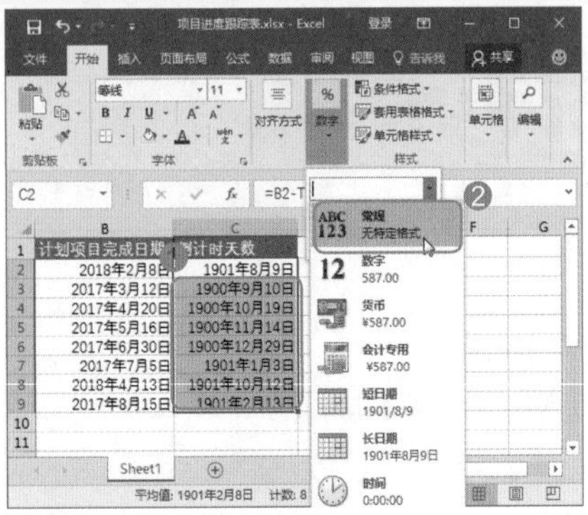

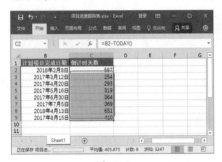

图 12-2

Step 03 经过上步操作后，即可看到公式计算后返回的日期格式更改为常规格式，显示为具体的天数了，如图 12-3 所示。

图 12-3

★ 重点 12.1.2 使用 NOW 函数返回当前的日期和时间

Excel 中的时间系统与日期系统类似，也是以序列号进行存储的。它是以午夜 12 点为 0，中午 12 点为 0.5 进行平均分配的。当需要在工作表中显示当前日期和时间的序列号，或者需要根据当前日期和时间计算一个值，并在每次打开工作表时更新该值时，使用 NOW 函数很有用。

语法结构：

NOW()

NOW 函数比较简单，也不需要设置任何参数。在返回的序列号中小数点右边的数字表示时间，左边的数字表示日期，如序列号【42552.7273】中的【42552】表示的是日期，即 2016 年 7 月 1 日，【7273】表示的是时间，即 17 点 27 分。

技术看板

NOW 函数的结果仅在计算工作表或运行含有该函数的宏时才会改变，它并不会持续更新。如果 NOW 函数或 TODAY 函数并未按预期更新值，则可能需要更改控制工作簿或工作表何时重新计算的设置。

12.2 返回特定日期、时间技巧

如果分别知道了日期的年、月、日数据，或者知道时间的小时、分钟数据，也可以将它们合并起来形成具体的时间，这在通过某些函数返回单个数据后合并具体日期、时间时非常好用。

12.2.1 使用 DATE 函数返回特定日期的年、月、日

如果已将日期中的年、月、日分别记录在不同的单元格中了，现在需要返回一个连续的日期格式，可使用 DATE 函数。

DATE 函数可以返回表示特定日期的连续序列号。

语法结构：

DATE (year,month,day)

参数：

- year：必需的参数，表示要返回日期的年份。year 参数的值可以包含 1~4 位数字（为避免出现意外结果，建议对 year 参数使用 4 位数字）。Excel 将根据计算机所使用的日期系统来解释 year 参数。如果 year 参数的值在 0~1899（含）之间，则 Excel 会将该值与 1900 相加来计算年份；如果值在 1900~9999（含）之间，则 Excel 会将该值直接作为年份返回；如果其值在这两个范围之外，则会返回错误值【#NUM!】。

- month：必需的参数，一个正整数或负整数，表示一年中从 1 月至 12 月的各个月份。如果 month 参数的值小于 1，则从指定年份的一月份开始递减该月份数，然后再加上 1 个月；如果大于 12，则从指定年份的一月份开始累加该月份数。

- day：必需的参数，就是要返回日期的天数，表示一月中从 1 日到 31 日的各天。day 参数与 month 参数类似，可以是一个正整数或负整数。

如在图 12-4 所示的工作表 A、B、C 列中输入各种间断的日期数据，再通过 DATE 函数在 D 列中返回连续的序列号，只需要在 D2 单元格中输入公式【=DATE(A2,B2,C2)】即可。

图 12-4

技术看板

在通过公式或单元格引用提供年月日时，该函数最为有用。例如，可能有一个工作表所包含的日期使用了 Excel 无法识别的格式（如 YYYYMMDD）。可以通过结合 DATE 函数和其他函数，将这些日期转换为 Excel 可识别的序列号。

★ 重点 12.2.2 实战：使用 TIME 函数返回某一特定时间的小数值

实例门类	软件功能
教学视频	光盘\视频\第 12 章\12.2.2.mp4

与 DATE 函数类似，TIME 函数用于返回某一特定时间的小数值。

语法结构：
TIME (hour,minute,second)
参数：

- hour：必需的参数，在 0~32767 之间的数值，代表小时。任何大于 23 的数值将除以 24，其余数将视为小时。例如，TIME(28,0,0)=TIME(4,0,0)=0.166667 或 4:00 AM。
- minute：必需的参数，在 0~32767 之间的数值，代表分钟。任何大于 59 的数值将被转换为小时和分钟。例如，TIME(0,780,0)=TIME(13,0,0)=0.541667 或 1:00PM。
- second：必需的参数，在 0~32767 之间的数值，代表秒数。任何大于 59 的数值将被转换为小时、分钟和秒。

函数 TIME 返回的小数值为 0 ~ 0.99999999 的数值，代表从 0:00:00 (12:00:00 AM) 到 23:59:59(11:59:59 P.M.) 之间的时间。

例如，某公司实行上下班刷卡制度，用于记录员工的考勤情况，但是规定各员工每天上班 8 小时，具体到公司上班的时间比较灵活，早到早离开，晚到晚离开。但是这就导致每天上班时间不固定，各员工为了达到上班时限，需要自己计算下班时间，避免不必要的扣款。某位员工便制作了一个时间计算表，专门使用 TIME 函数计算下班时间，具体操作步骤如下。

Step01 打开光盘\素材文件\第 12 章\自制上下班时间表 .xlsx，在 C2 单元格中输入公式【=B2+TIME(8,0,0)】，根据当天的上班时间推断出工作 8 小时后下班的具体时间，如图 12-5 所示。

图 12-5

Step02 使用 Excel 的自动填充功能填充 C3:C15 单元格区域的数据，推断出其他工作日工作 8 小时后下班的具体时间，如图 12-6 所示。

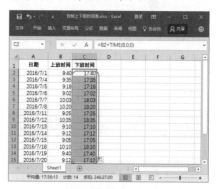

图 12-6

技术看板

时间有多种输入形式，如带引号的文本字符串（如 "6:45 PM"）、十进制数（如 0.78125 表示 6:45PM）或其他公式或函数的结果（如 TIMEVALUE("6:45 PM")）。

12.3 返回日期和时间的某个部分技巧

在日常业务处理中，经常需要了解的可能只是具体的年份、月份、日期或时间中的一部分内容，并不需要掌握其具体的全部信息。本节就来学习如何提取某个具体日期的年份、月份或某个时间的小时等。

★ 重点 12.3.1 实战：使用 YEAR 函数返回某日期对应的年份

实例门类	软件功能
教学视频	光盘\视频\第 12 章\12.3.1.mp4

YEAR 函数可以返回某日期对应的年份，返回值的范围为 1900 ~ 9999 的整数。

语法结构：
YEAR (serial_number)

参数：

serial_number：必需的参数，是一个包含要查找年份的日期值，这个日期应使用 DATE 函数或其他结果为日期的函数或公式来设置，而不能利用文本格式的日期。例如，使用函数 DATE(2010,5,23) 输入 2010 年 5 月 23 日。而形如 YEAR("2018-8-8") 的格式则是错误的，有可能返回错误结果。

例如，在员工档案表中记录了员工入职的日期数据，需要结合使用 YEAR 函数和 TODAY 函数，根据当前系统时间计算出各员工当前的工龄，具体操作步骤如下。

Step01 打开光盘 \ 素材文件 \ 第 12 章 \ 员工档案表 .xlsx，选择 K2 单元格，输入公式【=YEAR(TODAY())-YEAR(J2)】，按【Enter】键计算出结果，如图 12-7 所示。

图 12-7

Step02 ❶ 使用 Excel 的自动填充功能，将 K2 单元格中的公式填充到 K3:K31 单元格区域，❷ 保持单元格区域的选择状态，在【开始】选项卡【数字】组中的列表框中选择【常规】命令，如图 12-8 所示。

技术看板

在 Excel 中，不论提供的日期值以何种格式显示，YEAR、MONTH 和 DAY 函数返回的值都是 Gregorian 值。例如，如果提供日期的显示格式是回历

（回历：伊斯兰教国家 / 地区使用的农历。），则 YEAR、MONTH 和 DAY 函数返回的值将是与等价的 Gregorian 日期相关联的值。

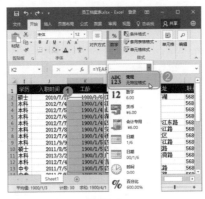

图 12-8

Step03 设置 K2:K31 单元格区域的单元格格式为【常规】后，即可得到各员工的当前工龄，如图 12-9 所示。

图 12-9

★ 重点 12.3.2 实战：使用 MONTH 函数返回某日期对应的月份

实例门类	软件功能
教学视频	光盘 \ 视频 \ 第 12 章 \12.3.2.mp4

MONTH 函数可以返回以序列号表示的日期中的月份，返回值的范围为 1（一月）～ 12（十二月）的整数。

语法结构：

MONTH (serial_number)

参数：

serial_number：必需的参数，表示要查找的月份的日期，与 YEAR 函数中的 serial_number 参数要求相同，只能使用 DATE 函数输入，或将日期作为其他公式或函数的结果输入，不能以文本形式输入。

例如，要判断某年是否为闰年，只要判断该年份中 2 月的最后一天是不是 29 日即可。因此，首先使用 DATE 函数获取该年份中 2 月第 29 天的日期值，然后使用 MONTH 函数进行判断，具体操作步骤如下。

Step01 打开光盘 \ 素材文件 \ 第 12 章 \ 判断闰年 .xlsx，❶ 选择 A2:A13 单元格区域，❷ 单击【公式】选项卡【定义的名称】组中的【根据所选内容创建】按钮，如图 12-10 所示。

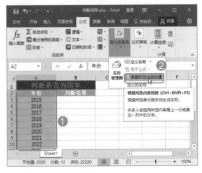

图 12-10

Step02 打开【以选定区域创建名称】对话框，❶ 选中【首行】复选框，❷ 单击【确定】按钮，如图 12-11 所示，即可定义 A3:A13 单元格区域的名称为【年份】。

图 12-11

Step 03 ❶ 选择 B3 单元格，输入公式【=IF(MONTH(DATE(年份 ,2,29))=2," 闰 年 "," 平 年 ")】，按【Enter】键判断出该年份是否为闰年，❷ 使用 Excel 的自动填充功能，判断出其他年份是否为闰年，如图 12-12 所示。

图 12-12

12.3.3　使用 DAY 函数返回某日期对应当月的天数

在 Excel 中，不仅能返回某日期对应的年份和月份，还能返回某日期对应的天数。

DAY 函数可以返回以序列号表示的某日期的天数，返回值的范围为 1 ～ 31 的整数。

语法结构：
DAY(serial_number)
参数：

serial_number：必需的参数，代表要查找的那一天的日期。应使用 DATE 函数输入日期，或者将日期作为其他公式或函数的结果输入。

例 如，A2 单元格中的数据为【2018-2-28】， 则 通 过 公 式【=DAY(A2)】，即可返回 A2 单元格中的天数【28】。

12.3.4　使用 WEEKDAY 函数返回当前日期是星期几

在日期和时间类函数中，除了可以求取具体的日期，还可以利用星期来确定日期。WEEKDAY 函数可以返回某日期为星期几。默认情况下，返回值为 1 ～ 7 的整数。

语法结构：
WEEKDAY (serial_number,[return_type])
参数：

- serial_number：必需的参数，一个序列号，代表尝试查找的那一天的日期。应使用 DATE 函数输入日期，或者将日期作为其他公式或函数的结果输入。

- return_type：可选参数，用于设定返回星期数的方式。在 Excel 中共有 10 种星期的表示法，如表 12-1 所示。

表 12-1　星期的返回值类型

参数 return_type 的取值范围	具体含义	应用示例
1 或省略	数字 1~7，表示星期日 ～ 星期六	返回值为 1 表示为星期日；返回值为 2 表示星期一
2	数字 1~7，表示星期一 ～ 星期日	返回值为 1 表示星期一；返回值为 2 表示星期二
3	数字 0~6，表示星期一 ～ 星期日	返回值为 0 表示星期一；返回值为 2 表示星期三
11	数字 1~7，表示星期一 ～ 星期日	返回值为 1 表示星期一；返回值为 2 表示星期二
12	数字 1~7，表示星期二 ～ 星期一	返回值为 7 表示星期一；返回值为 1 表示星期二
13	数字 1~7，表示星期三 ～ 星期二	返回值为 6 表示星期一；返回值为 1 表示星期三

续表

参数 return_type 的取值范围	具体含义	应用示例
14	数字 1~7，表示星期四 ～ 星期三	返回值为 5 表示星期一；返回值为 1 表示星期四
15	数字 1~7，表示星期五 ～ 星期四	返回值为 4 表示星期一；返回值为 1 表示星期五
16	数字 1~7，表示星期六 ～ 星期五	返回值为 3 表示星期一；返回值为 1 表示星期六
17	数字 1~7，表示星期日 ～ 星期六	返回值为 2 表示星期一；返回值为 1 表示星期日

例如，要使用 WEEKDAY 函数判断 2018 年的国庆节是否开始于周末，采用不同的星期返回值类型，将得到不同的返回值，但都指向了同一个结果——星期一，具体效果如图 12-13 所示。

图 12-13

🔧 技术看板

如果 serial_number 参数的取值不在当前日期基数值范围内，或 return_type 参数的取值不是上面表格中所列出的有效设置，将返回错误值【#NUM!】。

12.3.5 使用 HOUR 函数返回小时数

HOUR 函数可以提取时间值的小时数。该函数返回值的范围为 0(12:00A.M) ～ 23(11:00P.M) 的整数。

语法结构：
HOUR (serial_number)
参数：
serial_number：必需的参数，为一个时间值，其中包含要查找的小时。

如要返回当前时间的小时数，可输入公式【=HOUR(NOW())】；如要返回某个时间值（如 A2 单元格的值）的小时数，可输入公式【=HOUR(A2)】。

12.3.6 使用 MINUTE 函数返回分钟数

在 Excel 中使用 MINUTE 函数可以提取时间值的分钟数。该函数返回值的范围为 0 ～ 59 的整数。

语法结构：
MINUTE (serial_number)
参数：
serial_number：必需的参数，是一个包含要查找的分钟数的时间值。

如要返回当前时间的分钟数，可输入公式【=MINUTE (NOW())】；如要返回某个时间值（如 A2 单元格的值）的分钟数，可输入公式【=MINUTE(A2)】。

12.3.7 使用 SECOND 函数返回秒数

使用 SECOND 函数可以提取时间值的秒数。该函数返回值的范围为 0 ～ 59 的整数。

语法结构：
SECOND (serial_number)
参数：
serial_number：必需的参数，是一个包含要查找的秒数的时间值。

如要返回当前时间的秒数，可输入公式【=SECOND(NOW())】；如要返回某个时间值（如 A2 单元格的值）的秒数，可输入公式【=SECOND(A2)】。

12.4 文本与日期、时间格式间的转换技巧

掌握文本与日期、时间格式的基本转换技巧，可以更方便地进行日期、时间的计算。下面介绍一些常用的使用技巧。

12.4.1 使用 DATEVALUE 函数将文本格式的日期转换为序列号

DATEVALUE 函数与 DATE 函数的功能都是返回日期的序列号，只是 DATEVALUE 函数是将存储为文本的日期转换为 Excel 可以识别的日期序列号。

语法结构：
DATEVALUE (date_text)
参数：
date_text：必需的参数，表示可以被 Excel 识别为日期格式的日期的文本，或者是对表示 Excel 日期格式的日期的文本所在单元格的单元格引用。

例如，春节是全国人民一年一度的节日，因此很多地方都设置了倒计时装置。现在需要使用 DATEVALUE 函数在 Excel 中为农历

2017 年的春节（即 2017 年 1 月 28 日）设置一个倒计时效果，即可输入公式【=DATEVALUE("2017-1-28")-TODAY()】，并设置单元格格式为【常规】，返回的数字就是当前日期距离 2017 年春节的天数。

技术看板

在 DATEVALUE 函数中，如果参数 date_text 的日期省略了年份，则将使用当前计算机系统的年份，参数中的时间信息将被忽略。

12.4.2 使用 TIMEVALUE 函数将文本格式的时间转换为序列号

在 Excel 中，与 DATE 和 DATEVALUE 函数类似，TIME 和 TIMEVALUE 函数用于返回时间的序列号。同样地，TIME 函数包含 3 个参数，分别是小时、分钟和秒数；而 TIMEVALUE

函数只包含一个参数。

TIMEVALUE 函数会返回由文本字符串所代表的小数值，该小数值为 0 ～ 0.99999999 的数值。

语法结构：
TIMEVALUE (time_text)
参数：
time_text：必需的参数，是一个文本字符串，代表以任意一种 Microsoft Excel 时间格式表示的时间。

如要返回文本格式时间【2:30 AM】的序列号，可输入公式【=TIMEVALUE("2:30 AM")】，得到【0.104167】。

技术看板

在 TIMEVALUE 函数处理表示时间的文本时，会忽略文本中的日期。

12.5 其他日期函数应用技巧

由于 Excel 中的日期和时间是以序列号进行存储的，因此可通过计算序列号，来计算日期和时间的关系。例如，计算两个日期之间相差多少天、之间有多少个工作日等。在 Excel 中提供了用于计算这类时间段的函数，下面就来介绍一些常用的日期计算函数的使用。

★ 重点 12.5.1 实战：使用 DAYS360 函数以 360 天为准计算两个日期间天数

实例门类	软件功能
教学视频	光盘\视频\第 12 章\12.5.1.mp4

使用 DAYS360 函数可以按照一年 360 天的算法（每个月以 30 天计，一年共计 12 个月）计算出两个日期之间相差的天数。

语法结构：
DAYS360 (start_date,end_date,[method])
参数：

- start_date：必需的参数，表示时间段开始的日期。
- end_date：必需的参数，表示时间段结束的日期。
- method：可选参数，是一个逻辑值，用于设置采用哪一种计算方法。当其值为 TRUE 时，采用欧洲算法。当其值为 FALSE 或省略时，则采用美国算法。

技术看板

欧洲算法：如果起始日期或终止日期为某一个月的 31 号，都将认为其等于本月的 30 号。

美国算法：如果起始日期是某一个月的最后一天，则等于同月的 30 号。如果终止日期是某一个月的最后一天，并且起始日期早于 30 号，则终止日期等于下一个月的 1 号，否则，终止日期等于本月的 30 号。

DAYS360 函数的计算方式是一些借贷计算中常用的计算方式。如果会计系统是基于一年 12 个月，每月 30 天来建立的，则在会计计算中可用此函数帮助计算支付款项。

例如，小胡于 2016 年 8 月在银行存入了一笔活期存款，假设存款的年利息是 0.15%，在 2017 年 10 月 25 日将其取出，按照每年 360 天计算，要通过 DAYS360 函数计算存款时间和可获得的利息，具体操作步骤如下。

Step01 ❶ 新建一个空白工作簿，输入如图 12-14 所示的相关内容，❷ 在 C6 单元格中输入公式【=DAYS360(B3,C3)】，即可计算出存款时间。

图 12-14

Step02 在 D6 单元格中输入公式【=A3*(C6/360)*D3】，即可计算出小胡的存款 440 天后应获得的利息，如图 12-15 所示。

图 12-15

技术看板

如果 start_date 参数的值在 end_date 参数值之后，则 DAYS360 函数将返回一个负数。

12.5.2 使用 EDATE 函数计算从指定日期向前或向后几个月的日期

EDATE 函数用于返回表示某个日期的序列号，该日期与指定日期 (start_date) 相隔（之前或之后）指示的月份数。

语法结构：
EDATE (start_date,months)
参数：

- start_date：必需的参数，用于设置开始日期。
- months：必需的参数，用于设置与 start_date 间隔的月份数，如果取值为正数，则代表未来日期。否则代表过去的日期。

例如，某员工于 2018 年 9 月 20 日入职某公司，签订的合同为 3 年，需要推断出该员工的合同到期日。在 Excel 中输入公式【=EDATE(DATE(2018,9,20),36)-1】即可。

技术看板

在使用 EDATE 函数时，如果 start_date 参数不是有效日期，函数返回错误值【#VALUE!】。如果 months 参数不是整数，将截尾取整。

12.5.3 使用 EOMONTH 函数计算从指定日期向前或向后几个月后的那个月最后一天的日期

EOMONTH 函数用于计算特定月份的最后一天，即返回参数 start_date 之前或之后的某个月份最后一天的序列号。

语法结构：
EOMONTH (start_date,months)
参数：

- start_date：必需的参数，一个代表开始日期的日期。应使用 DATE 函数输入日期，或者将日期作为其他公式或函数的结果输入。
- months：必需的参数，start_date 之前或之后的月份数。months 为正值将生成未来日期；为负值将生成过去日期。

例如，某银行代理基金为了方便管理，每满 3 个月才在当月的月末从基金拥有者的账户上扣取下一次的基金费用。小陈于当年的 6 月 12 日购买基金，想知道第二次扣取基金费用的具体时间。此时，可使用函数 EOMONTH 计算正好在特定月份中最后一天到期的到期日，即输入公式【=EOMONTH(DATE(,6,12),3)】。

技术看板

EOMONTH 函数的返回值是日期的序列号，因此如果希望以日期格式的形式显示结果，则需要先设置相应的单元格格式。如果 start_date 参数值加 month 参数值产生了非法日期值，函数将返回错误值【#NUM!】。

★ 重点 12.5.4 实战：使用 NETWORKDAYS 函数计算日期间所有工作日数

实例门类	软件功能
教学视频	光盘\视频\第 12 章\12.5.4.mp4

NETWORKDAYS 函数用于返回参数 start_date 和 end_date 之间完整的工作日天数，工作日不包括周末和专门指定的假期。

语法结构：
NETWORKDAYS (start_date,end_date,[holidays])
参数：

- start_date：必需的参数，一个代表开始日期的日期。
- end_date：必需的参数，一个代表终止日期的日期。
- holidays：可选参数，代表不在工作日历中的一个或多个日期所构成的可选区域，一般用于设置这个时间段内的假期。该列表可以是包含日期的单元格区域，或是表示日期的序列号的数组常量。

例如，某公司接到一个项目，需要在短时间内完成，现在需要根据规定的截止日期和可以开始的日期，计算排除应有节假日外的总工作时间，然后展开工作计划，具体操作步骤如下。

Step 01 新建一个空白工作簿，输入如图 12-16 所示的相关内容，目的是为了要依次统计出该段日期间的法定放假日期。

Step 02 在 B9 单元格中输入公式【=NETWORKDAYS(A2,B2,C2:C6)】，即可计算出该项目总共可用的工作日时长，如图 12-17 所示。

图 12-16

图 12-17

技能拓展——NETWORKDAYS.INTL 函数

如果在统计工作日时，需要使用参数来指明周末的日期和天数，从而计算两个日期间的全部工作日数，请使用 NETWORKDAYS.INTL 函数。该函数的语法结构为：NETWORKDAYS.INTL(start_date,end_date, [weekend], [holidays])，其中的 weekend 参数用于表示在 start_date 和 end_date 之间但又不包括在所有工作日数中的周末日。

12.5.5 使用 WEEKNUM 函数返回日期在一年中是第几周

WEEKNUM 函数用于判断某个日期位于当年的第几周。

语法结构：
WEEKNUM (serial_number, [return_type])
参数：

- serial_number：必需的参数，代表一周中的日期。应使用 DATE 函数输入日期，或者将日期作为其他公式或函数的结果输入。

- return_type：必需的参数，用于确定星期从哪一天开始。如果 return_type 取值为 1，则一周从周日开始计算；如果取值为 2，则一周从周一开始计算。如果取值为其他内容，则函数将返回错误值【#NUM!】。默认值为 1。

例如，输入公式【=WEEKNUM (DATE(2018,6,25))】，即可返回该日期在当年的周数是第 26 周。

★ 重点 12.5.6 实战：使用 WORKDAY 函数计算指定日期向前或向后数个工作日后的日期

实例门类	软件功能
教学视频	光盘\视频\第 12 章\12.5.6.mp4

WORKDAY 函数用于返回在某日期（起始日期）之前或之后与该日期相隔指定工作日的某一日期的日期值。

语法结构：
WORKDAY (start_date,days, [holidays])
参数：

- start_date：必需的参数，一个代表开始日期的日期。
- days：必需的参数，用于指定相隔的工作日天数（不含周末及节假日）。days 为正值将生成未来日期；为负值将生成过去日期。
- holidays：可选参数，一个可选列表，其中包含需要从工作日历中排除的一个或多个日期。例如，各种省\市\自治区和国家\地区的法定假日及非法定假日。该列表可以是包含日期的单元格区域，也可以是由代表日期的序列号所构成的数组常量。

有些工作在开始工作时就根据工作日，给出了完成的时间。例如，某个项目从 2017 年 2 月 6 日正式启动，要求项目在 150 个工作日内完成，除去这期间的节假日，使用 WORKDAY 函数便可以计算出项目结束的具体日期，具体操作步骤如下。

Step01 新建一个空白工作簿，输入如图 12-18 所示的相关内容，主要是要依次输入可能完成任务的这段时间内法定放假的日期，可以尽量超出完成日期来统计放假日期。

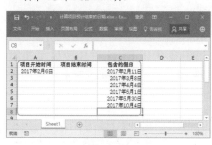

图 12-18

Step02 在 B2 单元格中输入公式【=WORKDAY(A2,150,C2:C7)】，如图 12-19 所示。

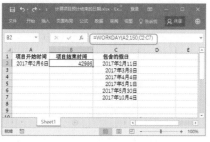

图 12-19

Step03 默认情况下，计算得到的结果显示为日期序列号。在【开始】选项卡【数字】组中的列表框中选择【日期】命令，如图 12-20 所示。

Step04 经过上步操作后，即可将计算出的结果转换为日期格式，得到该项目预计最终完成的日期，如图 12-21 所示。

图 12-20

图 12-21

★ 重点 12.5.7 实战：使用 YEARFRAC 函数计算从开始日期到结束日期所经历的天数占全年天数的百分比

实例门类	软件功能
教学视频	光盘\视频\第 12 章\12.5.7.mp4

YEARFRAC 函数用于计算 start_date 和 end_date 之间的天数占全年天数的百分比，使用 YEARFRAC 工作表函数可判别某一特定条件下全年效益或债务的比例。

语法结构：
YEARFRAC (start_date,end_date,[basis])
参数：

- start_date：必需的参数，一个代表开始日期的日期。
- end_date：必需的参数，一个代表终止日期的日期。
- basis：可选参数，用于设置日计数基准类型，该参数可以设置为 0、1、2、3、4。basis 参数的取值含义如表 12-2 所示。

表 12-2　basis 参数的取值含义

basis	日计数基准
0 或省略	US (NASD) 30/360
1	实际天数 / 实际天数
2	实际天数 /360
3	实际天数 /365
4	欧洲 30/360

例如，某人在一年中不定时买入和卖出股票，需要使用 YEARFRAC 函数计算出每一次股票交易时间长度占全年日期的百分比，具体操作步骤如下。

Step 01 打开光盘 \ 素材文件 \ 第 12 章 \ 股票交易信息统计 .xlsx，在 C2 单元格中输入公式【=YEARFRAC(A2, B2,3)】，计算出第一次购买和卖出股票的日期在全年所占的百分比数据，如图 12-22 所示。

图 12-22

Step 02 ❶ 使用 Excel 的自动填充功能判断出后续购买和卖出股票的日期在全年所占的百分比数据，❷ 保持单元格区域的选择状态，单击【开始】选项卡【数字】组中的【百分比】按钮 %，让得到的数据以百分比格式显示，如图 12-23 所示。

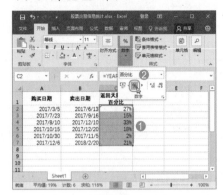

图 12-23

本章小结

　　在 Excel 中处理日期和时间时，初学者可能经常会遇到处理失败的情况。为了避免出现错误，除了需要掌握设置单元格格式为日期和时间格式外，还需要掌握日期和时间函数的应用技巧，通过使用函数完成关于日期和时间的一些计算和统计。通过本章知识的学习和案例练习，相信读者已经掌握了常用日期和时间函数的应用。

第13章　查找与引用函数应用技巧

> → 想提取某个列表、区域、数组或向量中的对应内容吗？
> → 想知道某个数据在列表、区域、数组或向量中的位置吗？
> → 想根据指定的偏移量返回新的引用区域吗？
> → 通过函数也可以让表格数据的行列位置进行转置吗？
> → 你知道怎样返回数据区域包含的行数或列数吗？

本章将通过对函数中查找与引用相关知识的讲解来介绍一些特殊函数的应用并解答以上问题。

13.1　查找表中数据技巧

在日常业务处理中，经常需要根据特定条件查询定位数据或按照特定条件筛选数据。例如，在一列数据中搜索某个特定值首次出现的位置、查找某个值并返回与这个值对应的另一个值、筛选满足条件的数据记录等。下面介绍一些常用的查找表中数据的技巧。

★ 重点 13.1.1　实战：使用 CHOOSE 函数根据序号从列表中选择对应的内容

实例门类	软件功能
教学视频	光盘\视频\第 13 章\13.1.1.mp4

CHOOSE 函数是一个特别的 Excel 内置函数，它可以根据用户指定的自然数序号返回与其对应的数据值、区域引用或者嵌套函数结果。使用该函数最多可以根据索引号从 254 个数值中选择一个。

语法结构：
CHOOSE(index_num,value1,value2…)
参数：

- index_num：必需的参数，用来指定返回的数值位于列表中的次序，该参数必须为 1 ～ 254 的数字，或者为公式或对包含 1 ～ 254 某个数字的

单元格的引用。如果 index_num 为小数，在使用前将自动截尾取整。

- value1,value2：value1 是必需的，后续值是可选的。value1、value2 等是要返回的数值所在的列表。这些值参数的个数在 1~254 之间，函数 CHOOSE 会基于 index_num，从这些值参数中选择一个数值或一项要执行的操作。如果 index_num 为 1，函数 CHOOSE 返回 value1；如果为 2，返回 value2，依次类推。如果 index_num 小于 1 或大于列表中最后一个值的序号，函数将返回错误值【#VALUE!】。参数可以为数字、单元格引用、已定义名称、公式、函数或文本。

根据 CHOOSE 函数的特性，用户可以在某些情况下用它代替 IF 条件判断函数。例如，要根据工资表生

成工资单，要求格式为每名员工一行数据，员工之间各间隔一空行，下面使用 CHOOSE 函数来实现，具体操作步骤如下。

> **技术看板**
>
> 虽然 CHOOSE 函数和 IF 函数相似，结果只返回一个选项值，但 IF 函数只计算满足条件所对应的参数表达式，而 CHOOSE 函数则会计算参数中的每一个选择项后再返回结果。

Step01 打开光盘\素材文件\第 13 章\工资表 .xlsx，❶ 修改 Sheet1 工作表的名称为【工资表】，❷ 新建一个工作表并命名为【工资条】，❸ 选择【工资条】工作表中的 A1 单元格，输入公式【=OFFSET(工资表 !$A$1,CHOOSE(MOD(ROW(工资表 !A1)-1,3)+1,0,(ROW(工资表 !A1)-1)/3+1,65535),COLUMN()-1)&""】，按【Enter】键返回第一个结果，如图 13-1 所示。

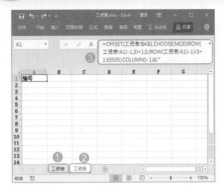

图 13-1

Step 02 ❶选择 A1 单元格，❷使用 Excel 的自动填充功能，横向拖动鼠标指针返回该行的其他数据，如图 13-2 所示。

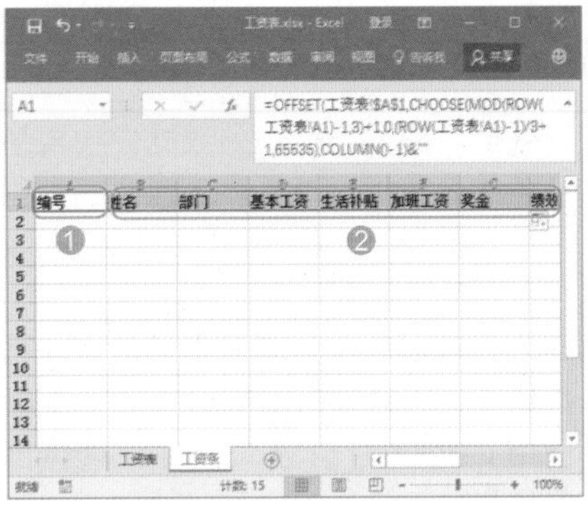

图 13-2

Step 03 保持单元格区域的选择状态，使用 Excel 的自动填充功能，纵向拖动鼠标指针返回其他行的数据，直到将【工资表】工作表中的数据都打印出来为止，效果如图 13-3 所示。

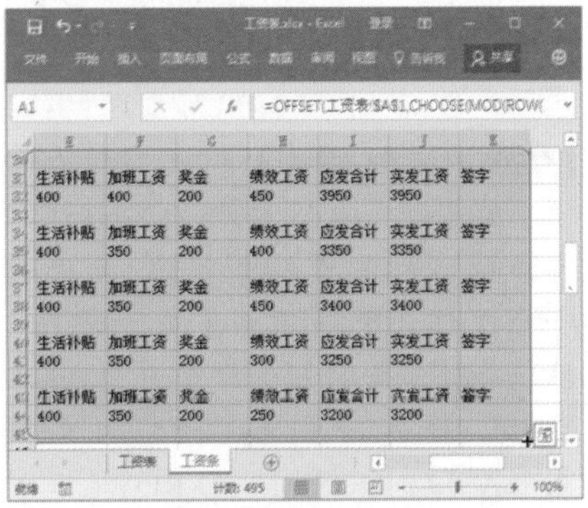

图 13-3

技术看板

本例中的公式主要利用 MOD 函数来生成循环序列，并结合 CHOOSE 函

数来隔行取出对应的工资表数据生成员工工资单。

本例中使用了几个还没有讲解的函数，关于 ROW 和 OFFSET 函数将在 13.2 节中详细讲解，MOD 函数将在后面的章节中讲解，有兴趣的读者也可以先跳至相关位置查看。

COLUMN 函数是用于返回 Text-Stream 文件中当前字符位置的列号，即查看所选择的单元格在第几列。其语法结构为：=COLUMN(reference)。如 COLUMN(D3) 即查看第 3 行 D 列这个单元格在第几列，因此结果为 4。注意，COLUMN() 函数括号里的内容只能是一个单元格的名称。

该公式的计算原理为：首先将参照点定在 A1 单元格，当向右和向下复制工作表时，分别提取当前单元格的行号和列号。

对提取的行号需要减 1，然后与 3 相除取余数，如果余数为 0，则加 1 用于返回该列第一行的表头内容；如果余数为 1，则用当前行号减 1 再除以 3，作为提取数据在表格中的行，即依次提取各行的数据；如果余数为 2，则返回表格第 65536 行的内容，即空单元格。（本例为了保证与 Excel 2003 兼容，所以指定了空白行为 65536。）

对提取的列号需要作减 1 处理，即求得相对 A1 单元格向右移动的距离，实际上就是对原表格数据在列方向上不产生变化。

如果还不理解，最好在本例的结果文件中多选几个单元格，用【公式求值】功能一步一步进行分析。

★ 重点 13.1.2 实战：使用 HLOOKUP 函数在区域或数组的行中查找数据

实例门类	软件功能
教学视频	光盘\视频\第 13 章\13.1.2.mp4

HLOOKUP 函数可以在表格或数值数组的首行沿水平方向查找指定的数值，并由此返回表格或数组中指定行的同一列中的其他数值。

语法结构：
HLOOKUP(lookup_value,table_array,row_index_num,[range_lookup])
参数：

- lookup_value：必需的参数，用于设定需要在表的第一行中进行查找的值，可以是数值，也可以是文本字符串或引用。
- table_array：必需的参数，用于设置要在其中查找数据的数据表，可以使用区域或区域名称的引用。
- row_index_num：必需的参数，在查找之后要返回的匹配值的行序号。
- range_lookup：可选参数，是一个逻辑值，用于指明函数在查找时是精确匹配，还是近似匹配。如果为 TRUE 或被忽略，则返回一个近似的匹配值（如果没有找到精确匹配值，就返回一个小于查找值的最大值）。如果该参数是 FALSE，函数就查找精确的匹配值。如果这个函数没有找到精确的匹配值，就会返回错误值【#N/A】。0 表示精确匹配值，1 表示近似匹配值。

例如，某公司的上班类型分为多种，不同的类型对应的工资标准也不同，所以在计算工资时，需要根据上班类型来统计，用户可以先使用 HLOOKUP 函数将员工的上班类型对应的工资标准查找出来，具体操作步骤如下。

Step 01 打开光盘\素材文件\第 13

章\工资计算表.xlsx，选择【8月】工作表中的 E2 单元格，输入公式【=HLOOKUP(C2,工资标准!$A$2:$E$3,2,0)*D2】，按【Enter】键计算出该员工当月的工资，如图 13-4 所示。

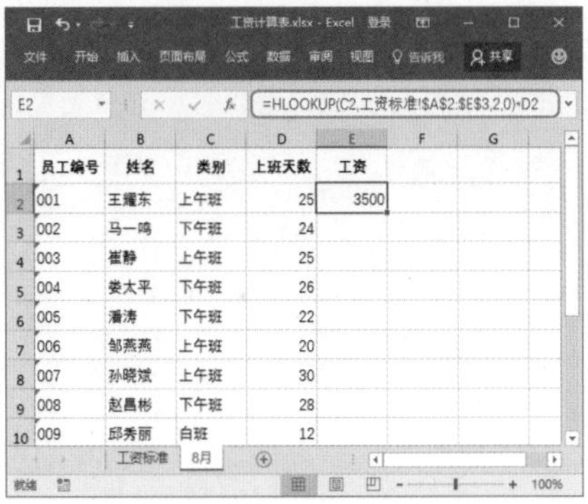

图 13-4

Step02 使用 Excel 的自动填充功能，计算出其他员工当月的工资，如图 13-5 所示。

图 13-5

技术看板

对于文本的查找，该函数不区分大小写。如果 lookup_value 参数是文本，它就可以包含通配符 * 和 ?，从而进行模糊查找。如果 row_index_num 参数值小于 1，则返回错误值【#VALUE!】；如果大于 table_array 的行数，则返回错误值【#REF!】。如果 range_lookup 的值为 TRUE，则 table_array 的第一行的数值必须按升序排列，即从左到右为：…–2、–1、0、1、2…A–Z、

FALSE、TRUE；否则，函数将无法给出正确的数值。如果 range_lookup 为 FALSE，则 table_array 不必进行排序。

★ 重点 13.1.3 实战：使用 LOOKUP 函数以向量形式在单行单列中查找

实例门类	软件功能
教学视频	光盘\视频\第 13 章\13.1.3.mp4

LOOKUP 函数可以从单行或单列区域（称为"向量"）中查找值，然后返回第二个单行区域或单列区域中相同位置的值。

语法结构：
LOOKUP(lookup_value,lookup_vector,[result_vector])
参数：

- lookup_value：必需的参数，用于设置要在第一个向量中查找的值。可以是数字、文本、逻辑值、名称或对值的引用。
- lookup_vector：必需的参数，只包含需要查找的值的单列或单行范围，其值可以是文本、数字或逻辑值。
- result_vector：可选参数，只包含要返回的值的单列或单行范围，它的大小必须与 lookup_vector 相同。

技术看板

在使用 LOOKUP 函数的向量形式时，lookup_vector 中的值必须以升序顺序放置，否则 LOOKUP 可能无法返回正确的值。在该函数中不区分大小写。如果在 lookup_vector 中找不到 lookup_value，则将匹配其中小于该值的最大值；如果 lookup_value 小于 lookup_vector 中的最小值，则返回错误值【#N/A】。

例如，在产品销量统计表中，记录了近年来各种产品的销量数据，现在需要根据产品编号查找相关产品 2017 年的销量，使用 LOOKUP 函数进行查找的具体操作步骤如下。

Step01 打开光盘\素材文件\第 13 章\产品销量统计表.xlsx，❶ 在 A14:B15 单元格区域中进行合适的格式设置，并输入相应文本，❷ 选择 B15 单元格，输入公式【=LOOKUP(A15,A2:A11,D2:D11)】，如图 13-6 所示。

图 13-6

Step02 在 A15 单元格中输入相应产品的编号，在 B15 单元格中即可查看到该产品在 2017 年的销量，如图 13-7 所示。

图 13-7

13.1.4 使用 LOOKUP 函数以数组形式在单行单列中查找

LOOKUP 函数还可以返回数组形式的数值。当要查询的值列表（即

查询区域）较大，或者查询的值可能会随时间而改变时，一般要使用LOOKUP函数的向量形式。当要查询的值列表较小或者值在一段时间内保持不变时，就需要使用LOOKUP函数的数组形式。

LOOKUP函数的数组形式是在数组的第一行或第一列中查找指定的值，然后返回数组的最后一行或最后一列中相同位置的值。当要匹配的值位于数组的第一行或第一列中时，请使用LOOKUP函数的数组形式。

语法结构：
LOOKUP(lookup_value, array)
参数：

- lookup_value：必需的参数，代表LOOKUP在数组中搜索的值，可以是数字、文本、逻辑值、名称或对值的引用。如果LOOKUP找不到lookup_value的值，它会使用数组中小于或等于lookup_value的最大值；如果lookup_value的值小于第一行或第一列中的最小值（取决于数组维度），LOOKUP会返回错误值【#N/A】。
- array：必需的参数，包含要与lookup_value进行比较的文本、数字或逻辑值的单元格区域。如果数组包含宽度比高度大的区域（列数多于行数）LOOKUP会在第一行中搜索lookup_value的值；如果数组是正方的或者高度大于宽度（行数多于列数），LOOKUP会在第一列中进行搜索。

例如，输入公式【=LOOKUP("C", {"a", "b", "c", "d";52,53,54,55})】，即可在数组的第一行中查找【C】，查找小于或等于它的最大值（【c】），然后返回最后一行中同一列内的值，即返回【54】。

技术看板

实际上，LOOKUP的数组形式与HLOOKUP和VLOOKUP函数非常相似。其区别在于，HLOOKUP在第一行中搜索lookup_value，VLOOKUP在第一列中搜索，而LOOKUP根据数组维度进行搜索。LOOKUP的数组形式是为了与其他电子表格程序兼容，这种形式的功能有限。一个重要的体现就是数组中的值必须按升序排列：...-2, -1,0,1,2...A-Z,FALSE,TRUE；否则，LOOKUP可能无法返回正确的值。

总之，建议可以使用HLOOKUP或VLOOKUP函数时，就不要使用数组语法。

★ 重点 13.1.5 使用 INDEX 函数以数组形式返回指定位置中的内容

如果已知一个数组 {1,2;3,4}，需要根据数组中的位置返回第一行第2列对应的数值，可使用INDEX函数。

INDEX函数的数组形式可以返回表格或数组中的元素值，此元素由行序号和列序号的索引值给定。一般情况下，当函数INDEX的第一个参数为数组常量时，就使用数组形式。

语法结构：
INDEX (array,row_num,[column_num]);(reference,row_num, column_num],[area_num])
参数：

- array：必需的参数，单元格区域或数组常量。
- row_num：必需的参数，代表数组中某行的行号，函数从该行返回数值。如果省略row_num，则必须有column_num。
- column_num：可选参数，代表数组中某列的列标，函数从该列返回数值。如果省略column_num，则必须有row_num。

- reference：必需的参数，为一个或多个单元格区域的引用，如果为引用输入一个不连续的区域，必须将其用括号括起来。
- area_num：可选参数，用于选择引用中的一个区域。以引用区域中返回row_num和column_num的交叉区域。选中或输入的第一个区域序号为1，第二个区域序号为2，依次类推。如果省略该参数，则函数INDEX使用区域1。

例如，要返回上述数组中第一行第2列的数值，可输入公式【=INDEX({1,2;3,4},0,2)】。

13.1.6 使用 INDEX 函数以引用形式返回指定位置中的内容

在某些情况下，需要查找工作表中部分单元格区域的某列与某行的交叉单元格数据，此时，就可以使用INDEX函数的引用形式获得需要的数据。

INDEX函数的引用形式还可以返回指定的行与列交叉处的单元格引用。如果引用由不连续的选定区域组成，可以选择某一选定区域。

语法结构：
INDEX(reference, row_num,[column_num], [area_num])
参数：

- reference：必需的参数，对一个或多个单元格区域的引用。如果为引用输入一个不连续的区域，必须将其用括号括起来。
- row_num：必需的参数。引用中某行的行号，函数从该行返回一个引用。
- column_num：可选参数。引用中某列的列标，函数从该列返回一个引用。

- area_num：可选参数。选择引用中的一个区域，以从中返回row_num 和 column_num 的交叉区域。选中或输入的第一个区域序号为 1，第二个区域序号为 2，依次类推。如果省略 area_num，则 INDEX 使用区域 1。

例如，输入公式【=INDEX((A1:C3,A5:C12),2,4,2)】，则表示从第二个区域【A5:C12】中选择第 4 行和第 2 列的交叉处，即 B8 单元格的内容。

技术看板

如果引用中的每个区域只包含一行或一列，则相应的参数 row_num 或 column_num 分别为可选项。例如，对于单行的引用，可以使用函数 INDEX(reference,,column_num)。

13.2 引用表中数据技巧

通过引用函数可以标识工作表中的单元格或单元格区域，指明公式中所使用的数据的位置。因此，掌握引用函数的相关技能技巧，可以返回引用单元格中的数值和其他属性。下面介绍一些常用的引用表中数据的使用技巧。

13.2.1 实战：使用 MATCH 函数返回指定内容所在的位置

实例门类	软件功能
教学视频	光盘\视频\第 13 章\13.2.1.mp4

MATCH 函数可在单元格区域中搜索指定项，然后返回该项在单元格区域中的相对位置。

语法结构：
MATCH (lookup_value,lookup_array,[match_type])
参数：

- lookup_value：必需的参数，需要在 lookup_array 中查找的值。
- lookup_array：必需的参数，函数要搜索的单元格区域。
- match_type：可选参数，用于指定匹配的类型，即指定 Excel 如何在 lookup_array 中查找 lookup_value 的值。其值可以是数字 -1、0 或 1。当值为 1 或省略该值时，则查找小于或等于 lookup_value 的最大值 (lookup_array 必须以升序排列)；当值为 0 时，则查找第一个完全等于 lookup_value 的值；当值为 -1 时，则查找大于或等于 lookup_value 的最小值 (lookup_array 必须以降序排列)。

例如，需要对一组员工的考评成绩排序，然后返回这些员工的排名次序，此时可以结合使用 MATCH 函数和 INDEX 函数来完成，具体操作步骤如下。

Step01 打开光盘 \ 素材文件 \ 第 13 章 \ 员工考评成绩 .xlsx，❶ 在 H1 单元格中输入文本【排序】，❷ 选择存放计算结果的 H2:H7 单元格区域，❸ 在编辑栏中输入公式【=INDEX($A$2:$A$7,MATCH(LARGE($G$2:$G$7,ROW()-1),$G$2:$G$7,0))】，如图 13-8 所示。

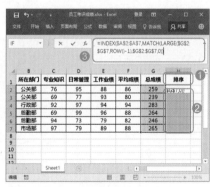

图 13-8

技术看板

LARGE 函数用于返回数据集中的第 k 个最大值。其语法结构为 LARGE(array,k)，其中参数 array 为需要找到第 k 个最大值的数组或数字型

数据区域；参数 k 为返回的数据在数组或数据区域里的位置 (从大到小)。LARGE 函数计算最大值时忽略逻辑值 TRUE 和 FALSE，以及文本型数字。

Step02 按【Ctrl+Shift+Enter】组合键确认数组公式的输入，即可根据总成绩从高到低的顺序对员工姓名进行排列，效果如图 13-9 所示。

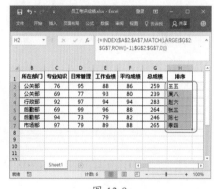

图 13-9

13.2.2 使用 ADDRESS 函数返回与指定行号和列号对应的单元格地址

单元格地址除了选择单元格插入和直接输入外，还可以通过 ADDRESS 函数输入。

在给出指定行数和列数的情况下，使用 ADDRESS 函数可以返回单元格的行号和列标，从而得到单元格

的确切地址。

语法结构：
ADDRESS (row_num,column_num,[abs_num],[a1],[sheet_text])
参数：

- row_num：必需的参数，一个数值，指定要在单元格引用中使用的行号。
- column_num：必需的参数，一个数值，指定要在单元格引用中使用的列号。
- abs_num：可选参数，用于指定返回的引用类型，可以取的值为 1 ~ 4。当参数 abs_num 取值为 1 或省略时，将返回绝对单元格引用，如 $A$1；取值为 2 时，将返回绝对行号，相对列标类型，如 A$1；取值为 3 时，将返回相对行号，绝对列标类型，如 $A1；取值为 4 时，将返回相对单元格引用，如 A1。
- a1：可选参数，用以指定 A1 或 RIC1 引用样式的逻辑值，如果 a1 为 TRUE 或省略，函数返回 A1 样式的引用，如果 a1 为 FALSE，返回 RIC1 样式的引用。
- sheet_text：可选参数，是一个文本，指定作为外部引用的工作表的名称，如果省略，则不使用任何工作表名。

例如，需要获得第 3 行第 2 列的绝对单元格地址，可输入公式【=ADDRESS(2,3,4)】。

13.2.3 使用 COLUMN 函数返回单元格或单元格区域首列的列号

Excel 中默认情况下以字母的形式表示列号，如果用户需要知道数据在具体的第几列时，可以使用 COLUMN 函数返回指定单元格引用

的列号。

语法结构：
COLUMN ([reference])
参数：

reference：为可选参数，表示要返回其列号的单元格或单元格区域。

例如，输入公式【=COLUMN (D3:G11)】，即可返回该单元格区域首列的列号，由于 D 列为第 4 列，所以该函数返回【4】。

★ 重点 13.2.4 使用 ROW 函数返回单元格或单元格区域首行的行号

既然能返回单元格引用地址中的列号，同样道理，也可以使用函数返回回单元格引用地址中的行号。

ROW 函数用于返回指定单元格引用的行号。

语法结构：
ROW ([reference])
参数：

reference：可选参数，表示需要得到其行号的单元格或单元格区域。

例如，输入公式【=ROW(C4:D6)】，即可返回该单元格区域首行的行号【4】。

★ 重点 13.2.5 使用 OFFSET 函数根据给定的偏移量返回新的引用区域

OFFSET 函数以指定的引用为参照系，通过给定偏移量得到新的引用，并可以指定返回的行数或列数。返回的引用可以为一个单元格或单元格区域。实际上，函数并不移动任何单元格或更改选定区域，而只是返回一个引用，可用于任何需要将引用作为参数的函数。

语法结构：
OFFSET (reference,rows,cols,[height],[width])
参数：

- reference：必需的参数，代表偏移量参照系的引用区域。reference 必须为对单元格或相连单元格区域的引用；否则，OFFSET 返回错误值【#VALUE!】。
- rows：必需的参数，相对于偏移量参照系的左上角单元格，上（下）偏移的行数。如果 rows 为 5，则说明目标引用区域的左上角单元格比 reference 低 5 行。行数可为正数（代表在起始引用的下方）或负数（代表在起始引用的上方）。
- cols：必需的参数，相对于偏移量参照系的左上角单元格，左（右）偏移的列数。如果 cols 为 5，则说明目标引用区域的左上角的单元格比 reference 靠右 5 列。列数可为正数（代表在起始引用的右边）或负数（代表在起始引用的左边）。
- height：可选参数，表示高度，即所要返回的引用区域的行数。height 必须为正数。
- width：可选参数，表示宽度，即所要返回的引用区域的列数。width 必须为正数。

在通过拖动填充控制柄复制公式时，如果采用了绝对单元格引用的形式，很多时候是需要偏移公式中的引用区域的，否则将出现错误。例如，公式【=SUM(OFFSET(C3:E5,-1,0,3,3))】的含义即是对 C2:E4 单元格区域求和。

技术看板

参数 reference 必须是单元格或相连单元格区域的引用，否则，将返回

错误值【#VALUE!】；参数 rows 取值为正，表示向下偏移，取值为负表示向上偏移；参数 cols 取值为正，表示向右偏移，反之，取值为负表示向左偏移；如果省略了 height 或 width，则假设其高度或宽度与 reference 相同。

13.2.6 实战：使用 TRANSPOSE 函数转置数据区域的行列位置

实例门类	软件功能
教学视频	光盘 \ 视频 \ 第 13 章 \13.2.6.mp4

TRANSPOSE 函数用于返回转置的单元格区域，即将行单元格区域转置成列单元格区域，或将列单元格区域转置成行单元格区域。

语法结构：
TRANSPOSE (array)
参数：
array：必需的参数，表示需要进行转置的数组或工作表上的单元格区域。所谓数组的转置就是将数组的第一行作为新数组的第一列，数组的第二行作为新数组的第二列，依次类推。

例如，输入公式【=TRANS-POSE({1,2,3;4,5,6})】，即可将原本为 2 行 3 列的数组 {1,2,3;4,5,6}，转置为 3 行 2 列的数组 {1,4;2,5;3,6}。

再如，假设需要使用 TRANSPOSE 函数对产品生产方案表中数据的行列进行转置，具体操作步骤如下。

Step 01 打开光盘 \ 素材文件 \ 第 13 章 \ 产品生产方案表 .xlsx，❶ 选择要存放转置后数据的 A8:E12 单元格区域，❷ 在编辑栏中输入公式【=TRANSPOSE(A1:E5)】，如图 13-10 所示。

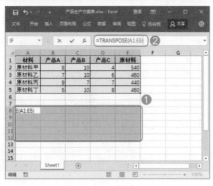

图 13-10

Step 02 按【Ctrl+Shift+Enter】组合键确认数组公式的输入，即可将产品名称和原材料进行转置，效果如图 13-11 所示。

图 13-11

★ 重点 13.2.7 实战：使用 INDIRECT 函数返回由文本值指定的引用

实例门类	软件功能
教学视频	光盘 \ 视频 \ 第 13 章 \13.2.7.mp4

在讲解 VLOOKUP 函数的应用时，处理了一个对美术系学生的考试成绩进行对应科目成绩查找的问题。期间输入了多个公式进行查找，其实，如果不希望细数科目的所在列数，使用 INDIRECT 函数就可以简化查找操作。

INDIRECT 函数用于返回由文本字符串指定的引用。此函数立即对引用进行计算，并显示其内容。

语法结构：
INDIRECT (ref_text,[a1])
参数：

● ref_text：必需的参数，代表对单元格的引用，此单元格包含 A1 样式的引用、R1C1 样式的引用、定义为引用的名称或对作为文本字符串的单元格的引用。

● a1：可选参数，一个逻辑值，用于指定包含在单元格 ref_text 中的引用的类型。如果 a1 为 TRUE 或省略，ref_text 被解释为 A1 样式的引用；a1 为 FALSE，则将 ref_text 解释为 R1C1 样式的引用。

例如，要在学生成绩表中查找某个学生对应科目的成绩，首先将成绩表中的科目分别以其名字定义名称，然后结合使用 VLOOKUP、COLUMN 和 INDIRECT 函数求得查询结果，具体操作步骤如下。

Step 01 打开光盘 \ 素材文件 \ 第 13 章 \ 学生成绩表 .xlsx，❶ 选择 A1:G11 单元格区域，❷ 单击【公式】选项卡【定义的名称】组中的【根据所选内容创建】按钮，如图 13-12 所示。

图 13-12

Step 02 打开【以选定区域创建名称】对话框，❶ 选中【首行】复选框，❷ 单击【确定】按钮，如图 13-13 所示。

图 13-13

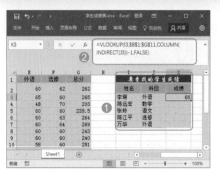

图 13-14

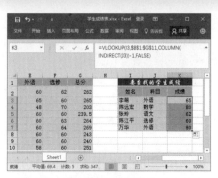

图 13-15

Step **03** 返回工作簿中，❶ 在 I1:K7 单元格区域中输入需要查询的相关数据，如图 13-14 所示，❷ 选择 K3 单元格，输入公式【=VLOOKUP(I3,$B$1:$G$11,COLUMN(INDIRECT(J3))-1,FALSE)】，按【Enter】键即可得到该名学生对应科目的成绩。

Step **04** 使用 Excel 的自动填充功能，计算出其他学生对应科目的成绩，效果如图 13-15 所示。

技术看板

上面的公式首先通过使用 INDIRECT 函数判断科目的名称，并定义了查询的区域，然后利用 COLUMN 函数返回科目在查询区域内所在的列，最后查询单元格的具体内容，并返回该科目的数据。

13.3 显示相关数量技巧

查找与引用函数除了能返回特定的值和引用位置外，还有一类函数能够返回与数量有关的数据。下面介绍这类函数的一些常用的使用技巧。

13.3.1 使用 AREAS 函数返回引用中包含的区域数量

AREAS 函数用于返回引用中包含的区域个数。区域表示连续的单元格区域或某个单元格。

语法结构：
AREAS (reference)
参数：
reference：必需的参数，代表要计算区域个数的单元格或单元格区域的引用。

例如，输入公式【=AREAS((B5:D11,E5,F2:G4))】，即可返回【3】，表示该引用中包含了 3 个区域。

技术看板

如果需要将几个引用指定为一个参数，则必须用括号括起来，以免 Excel 将逗号视为字段分隔符。

13.3.2 使用 COLUMNS 函数返回数据区域包含的列数

在 Excel 中不仅能通过函数返回数据区域首列的列号，还能知道数据区域中包含的列数。

COLUMNS 函数用于返回数组或引用的列数。

语法结构：
COLUMNS (array)
参数：
array：必需的参数，需要得到其列数的数组、数组公式。

例如，输入公式【=COLUMNS(F3:K16)】，即可返回【6】，表示该数据区域中包含 6 列数据。

★ 重点 13.3.3 使用 ROWS 函数返回数据区域包含的行数

在 Excel 中使用 ROWS 函数可以知道数据区域中包含的行数。

语法结构：
ROWS(array)
参数：
array：必需的参数，需要得到其行数的数组、数组公式。

例如，输入公式【=ROWS(D2:E57)】，即可返回【56】，表示该数据区域中包含 56 行数据。

本章小结

　　查找和引用是 Excel 提供的一项重要功能。Excel 的查找替换功能可以帮助用户进行数据整理，但如果要在计算过程中进行查找，或者引用某些符合要求的目标数据，则需要借助查找引用类函数。查找主要是使用 Excel 的查找函数查询一些特定数据。引用的作用在于表示工作表中的单元格或单元格区域，指明公式中所使用的数据位置。通过引用可以在公式中使用工作表不同部分的数据，或在多个公式中使用同一单元格区域的数据，甚至还可以引用不同工作表、不同工作簿的单元格数据。使用查找和引用函数，用户不必拘泥于数据的具体位置，只需要了解数据所在的区域，即可查询特定数据，并进行相应的操作，使得程序的可操作性和灵活性更强。所以读者若想提高工作效率，掌握常用的查找与引用函数是非常有必要的。

第14章 财务函数应用技巧

- ➡ 用函数分析常用的投资信息，现值、期值、利率、还款次数，手到擒来！
- ➡ 在不同财务分析中，本金和利息的计算如何实现？
- ➡ 投资预算的各个环节都需要考虑到，常用的 3 个函数帮你"搞定"。
- ➡ 不同情况下的收益率如何计算？
- ➡ 不同折旧法如何计算？

本章通过对财务函数应用技巧的讲解来为读者解答以上问题。

14.1 基本财务函数应用技巧

Excel 提供了丰富的财务函数，可以将原本复杂的计算过程变得简单，为财务分析提供极大的便利。本节首先介绍一些常用的基本财务函数的使用技巧。

★ 重点 14.1.1 实战：使用 FV 函数计算一笔投资的期值

实例门类	软件功能
教学视频	光盘\视频\第 14 章\14.1.1.mp4

FV 函数可以在基于固定利率及等额分期付款方式的情况下，计算某项投资的未来值。

语法结构：

FV (rate,nper,pmt,[pv],[type])

参数：

- rate：必需的参数，表示各期利率。通常用年利表示利率，如果是按月利率，则利率应为 11%/12，如果指定为负数，则返回错误值【#NUM!】。
- npcr：必需的参数，表示付款期总数。如果每月支付一次，则 30 年期为 30×12，如果按半年支付一次，则 30 年期为 30×2，如果指定为负数，则返回错误值【#NUM!】。

- pmt：必需的参数，各期所应支付的金额，其数值在整个年金期间保持不变。通常，pmt 包括本金和利息，但不包括其他费用或税款。如果省略 pmt，则必须包括 pv 参数。
- pv：可选参数，表示投资的现值（未来付款现值的累积和），如果省略 pv，则假设其值为 0（零），并且必须包括 pmt 参数。
- type：可选参数，表示期初或期末，0 为期末，1 为期初。

💿 技术看板

使用 FV 函数时，应确认 rate 和 nper 参数所指定的单位的一致性，若以月为单位则都以月为单位，若以年为单位则都以年为单位。

例如，A 公司将 50 万元投资于一个项目，年利率为 8%，投资 10 年后，该公司可获得的资金总额为多少？下面使用 FV 函数来计算这个普通复利下的终值，具体操作步骤如下。

打开光盘\素材文件\第 14 章\项目投资未来值计算 .xlsx，❶ 在 A5 单元格中输入如图 14-1 所示的文本，❷ 在 B5 单元格中输入公式【=FV(B3,B4,,-B2)】，即可计算出该项目投资 10 年后的未来值。

图 14-1

FV 函数不仅可以进行普通复利终值的计算，还可以用于年金终值的计算。例如，B 公司也投资了一个项目，需要在每年年末时投资 5 万元，年回报率为 8%，计算投资 10 年后得到的资金总额，具体操作步骤如下。

❶ 新建一张工作表，输入如图 14-2 所示的内容，❷ 在 B5 单元格中输入公式【=FV(B3,B4,-B2,,1)】，即可计算出该项目投资 10 年后的未来值。

图 14-2

★ 重点 14.1.2 实战：使用 PV 函数计算投资的现值

实例门类	软件功能
教学视频	光盘\视频\第 14 章\14.1.2.mp4

PV 函数用于计算投资项目的现值。在财务管理中，现值为一系列未来付款的当前值的累积和，在财务概念中，表示的是考虑风险特性后的投资价值。

语法结构：
PV (rate,nper,pmt,[fv],[type])
参数：

● rate: 必需的参数，表示投资各期的利率。做项目投资时，如果不确定利率，会假设一个值。

● nper: 必需的参数，表示投资的总期限，即该项投资的付款期总数。

● pmt: 必需的参数，表示投资期限内各期所应支付的金额，其数值在整个年金期间保持不变。如果忽略 pmt，则必须包含 fv 参数。

● fv: 可选参数，表示投资项目的未来值，或在最后一次支付后希望得到的现金余额，如果省略 fv，则假设其值为零。如果忽略 fv，则必须包含 pmt 参数。

● type: 可选参数，是数字 0 或 1，用以指定投资各期的付款时间是在期初还是期末。

在投资评价中，如果要计算一项

投资的现金，可以使用 PV 函数来计算。例如，小胡拟在 7 年后获得一笔 20000 元的资金，假设投资回报率为 3%，那他现在应该存入多少钱？下面使用 PV 函数来计算这个普通复利下的现值，具体操作步骤如下。

打开光盘\素材文件\第 14 章\预期未来值的现值计算.xlsx，❶ 在 A5 单元格中输入如图 14-3 所示的文本，❷ 在 B5 单元格中输入公式【=PV(B3,B4,,-B2)】，即可计算出要想达到预期的收益，目前需要存入的金额。

图 14-3

PV 函数还可以用于年金的现值计算。例如，小陈出国 3 年，请人代付房租，每年的租金为 10 万元，假设银行存款利率为 1.5%，他现在应该在银行存入多少钱？具体计算方法如下。

❶ 新建一张工作表，输入如图 14-4 所示的内容，❷ 在 B5 单元格中输入公式【=PV(B3,B4,-B2,,)】，即可计算出小陈在出国前应该存入银行的金额。

图 14-4

🔧 技术看板

由于未来资金与当前资金有不同的价值，使用 PV 函数即可指定未来资

金在当前的价值。在该案例中的结果本来为负值，表示这是一笔付款，即支出现金流。为了得到正数结果，所以在将公式中的付款数前方添加了【-】符号。

★ 重点 14.1.3 实战：使用 RATE 函数计算年金的各期利率

实例门类	软件功能
教学视频	光盘\视频\第 14 章\14.1.3.mp4

使用 RATE 函数可以计算出年金的各期利率，如未来现金流的利率或贴现率，在利率不明确的情况下可计算出隐含的利率。

语法结构：
RATE (nper,pmt,pv,[fv],[type],[guess])
参数：

● nper: 必需的参数，表示投资的付款期总数。通常用年利表示利率，如果是按月利率，则利率应为 11%/12，如果指定为负数，则返回错误值【#NUM!】。

● pmt: 必需的参数，表示各期所应支付的金额，其数值在整个年金期间保持不变。通常，pmt 包括本金和利息，但不包括其他费用或税款。如果省略 pmt，则必须包含 fv 参数。

● pv: 必需的参数，为投资的现值（未来付款现值的累积和）。

● fv: 可选参数，表示未来值，或在最后一次支付后希望得到的现金余额，如果省略 fv，则假设其值为零。如果忽略 fv，则必须包含 pmt 参数。

● type: 可选参数，表示期初或期末，0 为期末，1 为期初。

● guess: 可选参数，表示预期利率（估计值），如果省略预期利率，则假设该值为 10%。

函数 RATE 是通过迭代法计算得出结果，可能无解或有多个解。如果在进行 20 次迭代计算后，函数 RATE 的相邻两次结果没有收敛于 0.000 000 1，函数 RATE 就会返回错误值【#NUM!】。

例如，C 公司为某个项目投资了 80 000 元，按照每月支付 5000 元的方式，16 个月支付完，需要分别计算其中的月投资利率和年投资利率，具体操作步骤如下。

Step01 打开光盘\素材文件\第 14 章\项目投资的月利率和年利率计算.xlsx，❶ 在 A5、A6 单元格中输入如图 14-5 所示的文本，❷ 在 B5 单元格中输入公式【=RATE(B4*12,-B3,B2)】，即可计算出该项目的月投资利率。

图 14-5

Step02 在 B6 单元格中输入公式【=RATE(B4*12,-B3,B2)*12】，即可计算出该项目的年投资利率，如图 14-6 所示。

图 14-6

★ 重点 14.1.4 实战：使用 NPER 函数计算还款次数

实例门类	软件功能
教学视频	光盘\视频\第 14 章\14.1.4.mp4

NPER 函数可以基于固定利率及等额分期付款方式，返回某项投资的总期数。

语法结构：
NPER (rate,pmt,pv,[fv],[type])
参数：
- rate：必需的参数，表示各期利率。
- pmt：必需的参数，表示各期所应支付的金额，其数值在整个年金期间保持不变。通常，pmt 包括本金和利息，但不包括其他费用或税款。

- pv：必需的参数，表示投资的现值（未来付款现值的累积和）。
- fv：可选参数，表示未来值，或在最后一次支付后希望得到的现金余额，如果省略 fv，则假设其值为零。如果忽略 fv，则必须包含 pmt 参数。
- type：可选参数，表示期初或期末，0 为期末，1 为期初。

例如，小李需要积攒一笔存款，金额为 60 万元，如果他当前的存款为 30 万元，并计划以后每年存款 5 万元，银行利率为 1.5%，他需要存款多长时间，才能积攒到需要的金额，具体计算方法如下。

打开光盘\素材文件\第 14 章\计算积攒一笔存款需要的时间.xlsx，❶ 在 A6 单元格中输入如图 14-7 所示的文本，❷ 在 B6 单元格中输入公式【=INT(NPER(B2,-B3,-B4,B5,1))+1】，即可计算出小李积攒该笔存款需要的整数年时间。

图 14-7

14.2 计算本金和利息的技巧

本金和利息既是公司支付方法的重要手段，也是公司日常财务工作的重要部分。在财务管理中，本金和利息常常是十分重要的变量。为了能够方便、高效地管理这些变量，处理好财务问题，Excel 提供了计算各种本金和利息的函数，下面将介绍这些函数的应用方法。

★ 重点 14.2.1 实战：使用 PMT 函数计算贷款的每期付款额

实例门类	软件功能
教学视频	光盘\视频\第 14 章\14.2.1.mp4

PMT 函数用于计算基于固定利率及等额分期付款方式，返回贷款的每期付款额。

语法结构：
PMT(rate,nper,pv,[fv],[type])

参数：
- rate：必需的参数，代表投资或贷款的各期利率。通常用年利率表示利率，如果是按月利率，则利率应为 11%/12，如果指定为负数,则返回错误值【#NUM!】。

- nper: 必需的参数,代表总投资期或贷款期,即该项投资或贷款的付款期总数。
- pv: 必需的参数,代表从该项投资(或贷款)开始计算时已经入账的款项,或一系列未来付款当前值的累积和。
- fv: 可选参数,表示未来值,或在最后一次支付后希望得到的现金余额,如果省略 fv,则假设其值为零。如果忽略 fv,则必须包含 pmt 参数。
- type: 可选参数,是一个逻辑值 0 或 1,用以指定付款时间在期初还是期末,0 为期末,1 为期初。

技术看板

使用 PMT 函数返回的支付款项包括本金和利息,但不包括税款、保留支付或某些与贷款有关的费用。

在财务计算中,了解贷款项目的分期付款额,是计算公司项目是否盈利的重要手段。例如,D 公司投资某个项目,向银行贷款 60 万元,贷款年利率为 4.9%,考虑 20 年或 30 年还清,请分析两种还款期限中按月偿还和按年偿还的项目还款金额,具体操作步骤如下。

Step01 打开光盘 \ 素材文件 \ 第 14 章 \ 项目贷款不同年限的每期还款额 .xlsx,❶ 在 A8、A9 单元格中输入如图 14-8 所示的文本,❷ 在 B8 单元格中输入公式【=PMT(E3/12,C3*12,A3)】,即可计算出该项目贷款 20 年时每月应偿还的金额。

Step02 在 E8 单元格中输入公式【=PMT(E3,C3,A3)】,即可计算出该项目贷款 20 年时每年应偿还的金额,如图 14-9 所示。

Step03 在 B9 单元格中输入公式【=PMT(E3/12,C4*12,A3)】,即可计

算出该项目贷款 30 年时每月应偿还的金额,如图 14-10 所示。

图 14-8

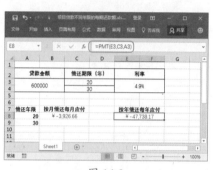

图 14-9

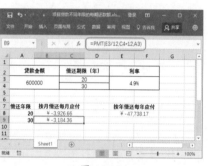

图 14-10

Step04 在 E9 单元格中输入公式【=PMT(E3,C4,A3)】,即可计算出该项目贷款 30 年时每年应偿还的金额,如图 14-11 所示。

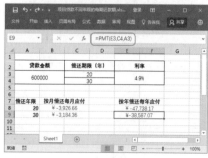

图 14-11

★ 重点 14.2.2 实战: 使用 IPMT 函数计算贷款在给定期间内支付的利息

实例门类	软件功能
教学视频	光盘 \ 视频 \ 第 14 章 \14.2.2.mp4

基于固定利率及等额分期付款方式的情况,使用 PMT 函数可以计算贷款的每期付款额。但有时需要知道在还贷过程中,利息部分占多少,本金部分占多少。如果需要计算该种贷款情况下支付的利息,就需要使用 IPMT 函数。

IPMT(偿还利息部分)函数用于计算在给定时间内对投资的利息偿还额,该投资采用等额分期付款方式,同时利率为固定值。

语法结构:
IPMT(rate,per,nper,pv,[fv],[type])
参数:

- rate: 必需的参数,表示各期利率。通常用年利表示利率,如果是按月利率,则利率应为 11%/12,如果指定为负数,则返回错误值【#NUM!】。
- per: 必需的参数,表示用于计算其利息的期次,求分几次支付利息,第一次支付为 1。per 必须介于 1~nper 之间。
- nper: 必需的参数,表示投资的付款期总数。如果要计算出各期的数据时,则付款年限×期数值。
- pv: 必需的参数,表示投资的现值(未来付款现值的累积和)。
- fv: 可选参数,表示未来值,或在最后一次支付后希望得到的现金余额,如果省略 fv,则假设其值为零。如果忽略 fv,则必须包含 pmt 参数。
- type: 可选参数,表示期初或期末,0 为期末,1 为期初。

例如,小陈以等额分期付款方式

贷款 30 万元购买了一套房子，贷款期限为 20 年，需要对各年的偿还贷款利息进行计算，具体操作步骤如下。

Step01 打开光盘\素材文件\第 14 章\房贷分析.xlsx，❶ 在 A8:B27 单元格区域输入如图 14-12 所示的文本，❷ 在 C8 单元格中输入公式【=IPMT($E$3,A8,$C$3,$A$3)】，即可计算出该项贷款在第一年需要偿还的利息金额。

图 14-12

Step02 使用 Excel 的自动填充功能，计算出各年应偿还的利息金额，如图 14-13 所示。

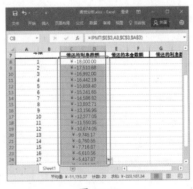

图 14-13

★ 重点 14.2.3 实战：使用 PPMT 函数计算贷款在给定期间内偿还的本金

实例门类	软件功能
教学视频	光盘\视频\第 14 章\14.2.3.mp4

基于固定利率及等额分期付款方式的情况，还能使用 PPMT 函数计算贷款在给定期间内投资本金的偿还额，从而更清楚确定某还贷的利息/本金是如何划分的。

语法结构：
PPMT(rate,per,nper,pv,[fv],[type])
参数：

- **rate：** 必需的参数，表示各期利率。通常用年利表示利率，如果是按月利率，则利率应为 11%/12，如果指定为负数，则返回错误值【#NUM!】。
- **per：** 必需的参数，表示用于计算其利息的期次，求分几次支付利息，第一次支付为 1。per 必须在 1~nper 之间。
- **nper：** 必需的参数，表示投资的付款期总数。如果要计算出各期的数据时，则付款年限×期数值。
- **pv：** 必需的参数，表示投资的现值（未来付款现值的累积和）。
- **fv：** 可选参数，表示未来值，或在最后一次支付后希望得到的现金余额，如果省略 fv，则假设其值为零。如果忽略 fv，则必须包含 pmt 参数。
- **type：** 可选参数，表示期初或期末，0 为期末，1 为期初。

例如，要分析上个案例中房贷每年偿还的本金数额，具体操作步骤如下。

Step01 在 E8 单元格中输入公式【=PPMT($E$3,A8,$C$3,$A$3)】，即可计算出该项贷款在第一年需要偿还的本金金额，如图 14-14 所示。

图 14-14

Step02 使用 Excel 的自动填充功能，计算出各年应偿还的本金金额，如图 14-15 所示。

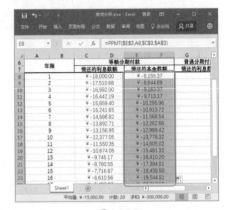

图 14-15

14.2.4 实战：使用 ISPMT 函数计算特定投资期内支付的利息

实例门类	软件功能
教学视频	光盘\视频\第 14 章\14.2.4.mp4

如果不采用等额分期付款方式，在无担保的普通贷款情况下，贷款的特定投资期内支付的利息可以使用 ISPMT 函数来进行计算。

语法结构：
ISPMT (rate,per,nper,pv)
参数：

- **rate：** 必需的参数，表示各期利率。通常用年利表示利率，如果是按月利率，则利率应为 11%/12，如果指定为负数，则返回错误值【#NUM!】。
- **per：** 必需的参数，表示用于计算其利息的期次，求分几次支付利息，第一次支付为 1。per 必须在 1~nper 之间。
- **nper：** 必需的参数，表示投资的付款期总数。如果要计算出各期的数据时，则付款年限×期数值。
- **pv：** 必需的参数，表示投资的现值（未来付款现值的累积和）。

例如，在上个房贷案例中如果要换成普通贷款形式，计算出每年偿还的利息数额，具体操作步骤如下。

Step 01 在 G8 单元格中输入公式【=ISPMT($E$3,A8,$C$3,$A$3)】，即可计算出该项贷款在第一年需要偿还的利息金额，如图 14-16 所示。

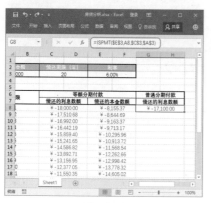

图 14-16

Step 02 使用 Excel 的自动填充功能，计算出各年应偿还的利息金额，如图 14-17 所示。

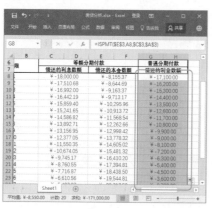

图 14-17

14.2.5　实战：使用 CUMIPMT 函数计算两个付款期之间累积支付的利息

实例门类	软件功能
教学视频	光盘\视频\第 14 章\14.2.5.mp4

使用前面的 3 个函数都只计算了某一个还款额的利息或本金，如果需要计算一笔贷款的某一个时间段内

（即两个付款期之间）的还款额的利息总数，就需要使用 CUMIPMT 函数。

语法结构：
CUMIPMT (rate,nper,pv,start_period,end_period,type)
参数：

- rate：必需的参数，表示各期利率。如果是按月利率，则利率应为 11%/12，如果指定为负数，则返回错误值【#NUM!】。
- nper：必需的参数，表示投资的付款期总数。如果要计算出各期的数据时，则付款年限 × 期数值。
- pv：必需的参数，表示投资的现值（未来付款现值的累积和）。
- start_period：必需的参数，表示计算中的首期，付款期数从 1 开始计数。
- end_period：必需的参数，表示计算中的末期。
- type：必需的参数，表示期初或期末，0 为期末，1 为期初。

例如，在上个房贷案例中，需要计算前 3 年累计支付的利息，具体操作步骤如下。

❶ 合并 A30 和 B30 单元格，并输入文本【前 3 年累计偿还的利息】，❷ 在 C30 单元格中输入公式【=CUMIPMT(E3/12,C3*12,A3,1,36,0)】，即可计算出该项贷款在前 3 年偿还的利息总和，如图 14-18 所示。

图 14-18

在本例中计算前 3 年累计偿还的利息结果值为负数，是因为这笔钱是属于支付，表示时即为负数。

14.2.6　实战：使用 CUMPRINC 函数计算两个付款期之间累积支付的本金

实例门类	软件功能
教学视频	光盘\视频\第 14 章\14.2.6.mp4

CUMPRINC 函数用于返回一笔贷款在给定的 start_period（首期）到 end_period（末期）期间累计偿还的本金数额。

语法结构：
CUMPRINC (rate, nper,pv,start_period,end_period,type)
参数：

- rate：必需的参数，表示各期利率。如果是按月利率，则利率应为 11%/12，如果指定为负数，则返回错误值【#NUM!】
- nper：必需的参数，表示投资的付款期总数。如果要计算出各期的数据时，则付款年限 × 期数值。
- pv：必需的参数，表示投资的现值（未来付款现值的累积和）。
- start_period：必需的参数，表示计算中的首期，付款期数从 1 开始计数。
- end_period：必需的参数，表示计算中的末期。
- type：必需的参数，表示期初或期末，0 为期末，1 为期初。

例如，要计算上个房贷案例中贷款在前 3 年时间段内的还款额的本金总数，就可以使用 CUMPRINC 函数来完成，具体操作步骤如下。

❶ 合并 A31 和 B31 单元格，并输入文本【前 3 年累计偿还的本金】，

❷ 在 C31 单元格中输入公式【=CUMPRINC(E3/12,C3*12,A3,1,36,0)】，即可计算出该项贷款在前 3 年偿还的本金总和，如图 14-19 所示。

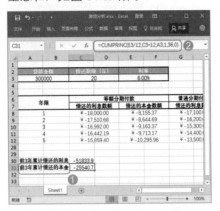

图 14-19

14.2.7 使用 EFFECT 函数将名义年利率转换为实际年利率

在经济分析中，复利计算通常以年为计息周期。但在实际经济活动中，计息周期有半年、季度、月、周、日等多种。当利率的时间单位与计息期不一致时，就出现了名义利率和实际利率的问题。

其中，名义利率是指表示出来的利率，它表示为年利率，每年计算一次复利，如每月 6% 的 APR 复利；实际利率是每年实际支付或赚取的费率。例如，名义利率为每月 6% 的 APR 复利，如果贷款 10000 美元，则利息为 616.8 美元，实际利率为 6.618%。

实际利率与名义利率之间的关系如下：

$$R=\left(1+\frac{i}{m}\right)^{m}-1$$

式中，R 为实际利率；i 为名义利率；m 为一年内计息的次数。

Excel 中提供了名义利率与实际利率相互转化的财务函数，其中 EFFECT 函数可以根据给定的名义年利率和每年的复利期数，计算出有效的年利率。

在前面的例子中使用了匹配还款期限的名义利率，或估计的利率，这都是转换利率的简化方法。但在处理一些特殊情况时，如名义利率与还款频率（如每月还一次）不相同，就需要转换为正确的利率。

例如，某人在银行存款 1 年，名义利率是 1.5%，使用 EFFECT 函数求实际月利率可输入公式【=EFFECT(1.5%,12)】，计算结果为 0.015 103 556 或 1.510 356%。

14.2.8 使用 NOMINAL 函数将实际年利率转换为名义年利率

Excel 还提供了 NOMINAL 函数，它可以基于给定的实际利率和年复利期数，返回名义年利率。

名义利率转为实际利率的公式可以转变为：

$$I=m\left((r+1)^{\frac{1}{m}}-1\right)$$

式中，I 为名义利率；r 为实际利率；m 为一年内计息的次数。

例如，知道对于 500 万美元的贷款，去年支付了 320 000.89 美元的利息，就可以计算出名义年利率。

只要输入公式【=NOMINAL(320000.89/5000000,12)】，即可得到 6.2% 的 APR 复利。

14.3 计算投资预算的技巧

在进行投资评价时，经常需要计算一笔投资在复利条件下的现值、未来值和投资回收期等，或是等额支付情况下的年金现值、未来值。最常用的投资评价方法包括净现值法、回收期法、内含报酬率法等。这些复杂的计算，可以使用财务函数中的投资评价函数轻松完成。本书因为篇幅有限，只抛砖引玉地讲解部分常用投资预算函数。

★ 重点 14.3.1 实战：通过 FVSCHEDULE 函数使用一系列复利率计算初始本金的未来值

实例门类	软件功能
教学视频	光盘\视频\第 14 章\14.3.1.mp4

FVSCHEDULE 函数可以基于一系列复利（利率数组）返回本金的未来值，主要用于计算某项投资在变动或可调利率下的未来值。

语法结构：
FVSCHEDULE (principal,schedule)
参数：
- principal：必需的参数，表示投资的现值。
- schedule：必需的参数，表示要应用的利率数组。

例如，小张今年年初在银行存款 10 万元，存款利率随时都可能变动，如果根据某投资机构预测的未来 4 年的利率，需要求解该存款在 4 年后的银行存款数额，可通过 FVSCHEDULE 函数进行计算，具体操作步骤如下。

打开光盘\素材文件\第 14 章\根据预测的变动利率计算存款的未来值 .xlsx，❶ 在 A8 单元格中输入如图 14-20 所示的文本，❷ 在 B8 单元格中输入公式【=FVSCHEDULE (B2,B3:B6)】，即可计算出在预测利率下该笔存款的未来值。

图 14-20

schedule 参数的值可以是数字或空白单元格，其他任何值都将在函数 FVSCHEDULE 的运算中产生错误值【#VALUE!】。空白单元格会被认为是 0（没有利息）。

14.3.2 实战：基于一系列定期的现金流和贴现率，使用 NPV 函数计算投资的净现值

实例门类	软件功能
教学视频	光盘\视频\第 14 章\14.3.2.mp4

NPV 函数可以根据投资项目的贴现率和一系列未来支出（负值）和收入（正值），计算投资的净现值，即计算一组定期现金流的净现值。

语法结构：
NPV (rate,value1,[value2],...)
参数：
- rate：必需的参数，表示投资项目在某期限内的贴现率。
- value1、value2：是必需的参数，后续值是可选的。这些是代表项目的支出及收入的 1~254 个参数。

例如，E 公司在期初投资金额为 30 000 元，同时根据市场预测投资回收现金流。第一年的收益额为 18 800 元，第二年的收益额为 26 800 元，第三年的收益额为 38 430 元，该项目的投资折现率为 6.8%，求解项目在第三年的净现值。此时，可通过 NPV 函数进行计算，具体操作步骤如下。

打开光盘\素材文件\第 14 章\计算投资项目的净现值 .xlsx，❶ 在 A8 单元格中输入如图 14-21 所示的文本，❷ 在 B8 单元格中输入公式【=NPV(B1,-B2,B4,B5,B6,)-B2】，即可返回该项目在第三年的净现值为 9930.53。

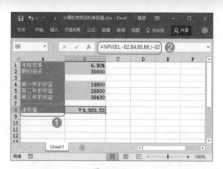

图 14-21

NPV 函数与 PV 函数相似，主要差别在于：PV 函数允许现金流在期初或期末开始。与可变的 NPV 的现金流数值不同，PV 的每一笔现金流在整个投资中必须是固定的。而 NPV 函数使用 value1,value2,... 的顺序来解释现金流的顺序。所以务必保证支出和收入的数额按正确的顺序输入。NPV 函数假定投资开始于 value1 现金流所在日期的前一期，并结束于最后一笔现金流的当期。该函数依据未来的现金流来进行计算。如果第一笔现金流发生在第一个周期的期初，则第一笔现金必须添加到函数 NPV 的结果中，而不应包含在 values 参数中。

14.3.3 实战：使用 XNPV 函数计算一组未必定期发生的现金流的净现值

实例门类	软件功能
教学视频	光盘\视频\第 14 章\14.3.3.mp4

在进行投资决策理论分析时，往往是假设现金流量是定期发生在期初或期末，而实际工作中现金流的发生往往是不定期的。计算现金流不定期条件下的净现金的数学计算公式如下：

$$XNPV = \sum_{j=1}^{N} \frac{P_j}{(1+rate)^{\frac{(d_j-d_1)}{365}}}$$

公式中，d_j 为第 j 个或最后一个支付日期；d_1 为第 0 个支付日期；P_j 为第 j 次或最后一次支付金额。

在 Excel 中，运用 XNPV 函数可以很方便地计算出现金流不定期发生条件下一组现金流的净现值，从而满足投资决策分析的需要。

语法结构：

XNPV (rate,values,dates)

参数：

- rate：必需的参数，表示用于计算现金流量的贴现率。如果指定负数，则返回错误值【#NUM!】。
- values：必需的参数，表示和 dates 中的支付时间对应的一系列现金流。首期支付是可选的，并与投资开始时的成本或支付有关。如果第一个值是成

本或支付，则它必须是负值。所有后续支付都基于 365 天 / 年贴现。数值系列必须至少要包含一个正数和一个负数。

- dates：必需的参数，表示现金流的支付日期表。

求不定期发生现金流量的净现值时，开始指定的日期和现金流量必须是发生在起始阶段。

例如，E 公司在期初投资金额为 15 万元，投资折现率为 7.2%，并知道该项目的资金支付日期和现金流数目，需要计算该项投资的净现值。此时，可通过 XNPV 函数进行计算，具体操作步骤如下。

❶ 新建一张工作表，输入如图 14-22 所示的内容，❷ 在 B11 单元格中输入公式【=XNPV(B1,B4:B9,A4:A9)】，即可计算出该投资项目的净

现值。

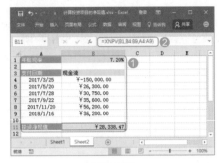

图 14-22

🔧 **技术看板**

在函数 XNPV 中，参数 dates 中的数值将被截尾取整；如果参数 dates 中包含不合法的日期，或先于开始日期，将返回错误值【#VAIUE】；如果参数 values 和 dates 中包含的参数数目不同，则函数返回错误值【#NUM!】。

14.4 计算收益率的技巧

在投资和财务管理领域，计算投资的收益率具有重要的意义。因此，为了方便用户分析各种收益率，Excel 提供了多种计算收益率的函数，下面，介绍一些常用的计算收益率函数的使用技巧。

★ 重点 14.4.1 实战：使用 IRR 函数计算一系列现金流的内部收益率

实例门类	软件功能
教学视频	光盘\视频\第 14 章\14.4.1.mp4

IRR 函数可以返回由数值代表的一组现金流的内部收益率。这些现金流不必是均衡的，但作为午金，它们必须按固定的间隔产生，如按月或按年。内部收益率为投资的回收利率，其中包含定期支付（负值）和定期收入（正值）。函数 IRR 与函数 NPV 的关系十分密切。函数 IRR 计算出的收益率即净现值为 0 时的利率。

语法结构：

IRR (values,[guess])

参数：

- values：必需的参数，表示用于指定计算的资金流量。
- guess：可选参数，表示函数计算结果的估计值。大多数情况下，并不需要设置该参数。省略 guess，则假设它为 0.1（10%）。

例如，F 公司在期初投资金额为 50 万元，投资回收期是 4 年。现在得知第一年的净收入为 30 800 元，第二年的净收入为 32 800 元，第三年的净收入为 38 430 元，第四年的净收入为 52 120 元，求解该项目的

内部收益率。此时，可通过 IRR 函数进行计算，具体操作步骤如下。

Step①打开光盘\素材文件\第 14 章\计算内部收益率 .xlsx，❶ 在 A7、A8 单元格中输入如图 14-23 所示的文本，❷ 在 B7 单元格中输入公式【=IRR(B1:B4)】，得到该项目在投资 3 年后的内部收益率为 44%。

图 14-23

Step02 在 B8 单元格中输入公式【=IRR(B1:B5)】，得到该项目在投资 4 年后的内部收益率为 59%，如图 14-24 所示。

图 14-24

> **技术看板**
>
> 在本例中，如果需要计算两年后的内部收益率，需要估计一个值，如输入公式【=IRR(B1:B3, 70%)】。Excel 使用迭代法计算函数 IRR。从 guess 开始，函数 IRR 进行循环计算，直至结果的精度达到 0.00001%。如果函数 IRR 经过 20 次迭代，仍未找到结果，则返回错误值【#NUM!】。此时，可用另一个 guess 值再试一次。

14.4.2 实战：使用 MIRR 函数计算正负现金流在不同利率下支付的内部收益率

实例门类	软件功能
教学视频	光盘\视频\第 14 章\14.4.2.mp4

MIRR 函数用于计算某一连续期间内现金流的修正内部收益率，该函数同时考虑了投资的成本和现金再投资的收益率。

语法结构：
MIRR (values,finance_rate,reinvest_rate)
参数：

- values：必需的参数，表示用于指定计算的资金流量。

- finance_rate：必需的参数，表示现金流中资金支付的利率。
- reinvest_rate：必需的参数，表示将现金流再投资的收益率。

例如，在求解上一个案例的过程中，实际上是认为投资的贷款利率和再投资收益率相等。这种情况在实际的财务管理中并不常见。例如，上一个案例中的投资项目经过分析后，若得出贷款利率为 6.8%，而再投资收益率为 8.42%。此时，可通过 MIRR 函数计算修正后的内部收益率，具体操作步骤如下。

Step01 ❶ 复制 Sheet1 工作表，并重命名为【修正后的内部收益率】，❷ 在中间插入几行单元格，并输入贷款利率和数据，❸ 在 B10 单元格中输入公式【=MIRR(B1:B4,B7,B8)】，得到该项目在投资 3 年后的内部收益率为 30%，如图 14-25 所示。

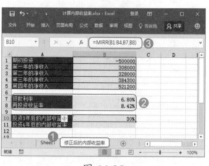

图 14-25

Step02 在 B11 单元格中输入公式【=MIRR(B1:B5,B7,B8)】，得到该项目在投资 4 年后的内部收益率为 36%，如图 14-26 所示。

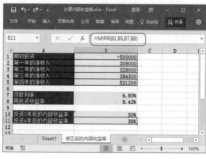

图 14-26

> **技术看板**
>
> values 参数值可以是一个数组或对包含数字的单元格的引用。这些数值代表各期的一系列支出（负值）及收入（正值）。其中必须至少包含一个正值和一个负值，才能计算修正后的内部收益率，否则函数 MIRR 会返回错误值【#DIV/0!】。如果数组或引用参数包含文本、逻辑值或空白单元格，则这些值将被忽略；但包含零值的单元格将计算在内。

14.4.3 实战：使用 XIRR 函数计算一组未必定期发生的现金流的内部收益率

实例门类	软件功能
教学视频	光盘\视频\第 14 章\14.4.3.mp4

投资评价中经常采用的另一种方法是内部收益率法。利用 XIRR 函数可以很方便地解决现金流不定期发生条件下的内部收益率的计算，从而满足投资决策分析的需要。

内部收益率是指净现金流为 0 时的利率，计算现金流不定期条件下的内部收益率的计算公式如下：

$$0=\sum_{j=1}^{N}\frac{P_j}{(1+rate)^{\frac{(d_j-d_1)}{365}}}$$

公式中，d_j 为第 j 个或最后一个支付日期；d_1 为第 0 个支付日期；P_j 为第 j 次或最后一次支付金额。

语法结构：
XIRR (values,dates,[guess])
参数：

- values：必需的参数，表示用于指定计算的资金流量。
- dates：必需的参数，表示现金流的支付日期表。
- guess：可选参数，表示函数计算结果的估计值。大多数情况下，并不需要设置该参数。省略 guess，则假设它为 0.1(10%)。

例如，G 公司有一个投资项目，在预计的现金流不变的条件下，公司具体预测到现金流的日期。但是这些资金回流日期都是不定期的，因此无法使用 IRR 函数进行计算。此时就需要使用 XIRR 函数进行计算，具体操作步骤如下。

打开光盘\素材文件\第 14 章\计算不定期现金流条件下的内部收益率 .xlsx，❶ 在 A8 单元格中输入如图 14-27 所示的文本，❷ 在 B8 单元格中输入公式【=XIRR(B2:B6,A2:A6)】，

计算出不定期现金流条件下的内部收益率为 4.43%。

图 14-27

14.5　计算折旧值的技巧

在公司财务管理中，折旧是固定资产管理的重要组成部分。不同的会计标准下需要使用不同的折旧方法。我国现行固定资产折旧计算方法中，以价值为计算依据的常用折旧方法包括直线法、年数总和法和双倍余额递减法等。运用 Excel 2016 提供的财务函数可以方便解决这 3 种折旧方法的通用计算问题。

★ 重点 14.5.1　实战：根据资产的耐用年限，使用 AMORDEGRC 函数计算每个结算期间的折旧值

实例门类	软件功能
教学视频	光盘\视频\第 14 章\14.5.1.mp4

AMORDEGRC 函数用于计算每个结算期间的折旧值，该函数主要由法国会计系统提供。

语法结构：
AMORDEGRC(cost,date_purchased, first_period,salvage, period,rate, [basis])
参数：

- cost：必需的参数，表示资产原值。
- date_purchased：必需的参数，表示购入资产的日期。
- first_period：必需的参数，表示第一个期间结束时的日期。

- salvage：必需的参数，表示资产在使用寿命结束时的残值。
- period：必需的参数，表示需要计算折旧值的期间。
- rate：必需的参数，表示折旧率。
- basis：可选参数，表示所使用的年基准。在基准中 0＝360 天（NASD 方法）；1＝实际；2＝实际天数 360；3＝一年中的 365 天；4＝一年中的 360 天（欧洲算法）。

例如，H 公司于 2016 年 3 月 15 日购买了一批价值为 10 万元的计算机，估计计算机停止使用的日期是 2019 年 3 月 15 日，计算机的残值为 1 万元，折旧率为 10%。同时，按照【实际天数/365】的方法作为日计数基准，使用 AMORDEGRC 函数即可计算出该批计算机的折旧值，具体操作步骤如下。

打开光盘\素材文件\第 14 章\计算电脑的折旧值 .xlsx，❶ 在 A8 单

元格中输入如图 14-28 所示的文本，❷ 在 B8 单元格中输入公式【=AMORDEGRC(B1,B2,B3,B4,B5,B6,3)】，计算出这批计算机的折旧值为 3516 元。

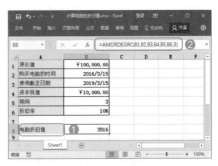

图 14-28

14.5.2 使用 AMORLINC 函数计算每个结算期间的折旧值

在 Excel 中，还可以使用 AMORLINC 函数计算每个结算期间的折旧值，该函数由法国会计系统提供。

语法结构：
AMORLINC (cost,date_purchased, first_period,salvage, period,rate, [basis])

参数：

● cost：必需的参数，表示资产原值。

● date_purchased：必需的参数，表示购入资产的日期。

● first_period：必需的参数，表示第一个期间结束时的日期。

● salvage：必需的参数，表示资产在使用寿命结束时的残值。

● period：必需的参数，表示需要计算折旧值的期间。

● rate 必需的参数，表示折旧率。

● basis：可选参数，表示所使用的年基准。在基准中 0 = 360 天（NASD 方法）；1 = 实际；2= 实际天数 360；3 = 一年中的 365 天；4 = 一年中的 360 天（欧洲算法）。

例如，使用 AMORLINC 函数计算上例的折旧值，可输入公式【=AMORLINC(B1,B2,B3,B4,B5,B6,3)】，得到计算机的折旧值为 10 000 元，如图 14-29 所示。

图 14-29

技术看板

函数 AMORLINC 和函数 AMORDE-GRC 的计算结果是不同的，主要原因是函数 AMORLINC 是按照线性计算折旧，而函数 AMORDEGRC 的折旧系数则是和资产寿命有关。如果某项资产是在结算期间的中期购入，则按线性折旧法计算。

★ 重点 14.5.3 实战：使用固定余额递减法，使用 DB 函数计算一笔资产在给定期间内的折旧值

实例门类	软件功能
教学视频	光盘\视频\第 14 章\14.5.3.mp4

DB 函数可以使用固定余额递减法，计算一笔资产在给定期间内的折旧值。

语法结构：
DB (cost,salvage,life,period,[month])

参数：

● cost：必需的参数，表示资产原值。

● salvage：必需的参数，表示资产在使用寿命结束时的残值。

● life：必需的参数，表示资产的折旧期限。

● period：必需的参数，表示需要计算折旧值的期间。

● month：可选参数，表示第一年的月份数，默认数值是 12。

例如，某工厂在今年 1 月购买了一批新设备，价值为 200 万元，使用年限为 10 年，设备的估计残值为 20 万元。如果对该设备采用【固定余额递减】的方法进行折旧，即可使用 DB 函数计算该设备的折旧值，具体操作步骤如下。

Step01 打开光盘\素材文件\第 14 章\

计算一批设备的折旧值 .xlsx，❶ 在 D2:D11 单元格区域中输入如图 14-30 所示的文本，❷ 在 E2 单元格中输入公式【=DB($B$1,$B$2,$B$3,D2,$B$4)】，计算出第一年设备的折旧值。

图 14-30

Step02 使用 Excel 的自动填充功能，计算出各年的折旧值，如图 14-31 所示。

图 14-31

技术看板

第一个周期和最后一个周期的折旧属于特例。对于第一个周期，函数 DB 的计算公式为：cost×rate×month÷12；对于最后一个周期，函数 DB 的计算公式为：[(cost—前期折旧总值)×rate×(12—month)]÷12。

14.5.4 实战：使用双倍余额递减法或其他指定方法，使用 DDB 函数计算一笔资产在给定期间内的折旧值

实例门类	软件功能
教学视频	光盘\视频\第 14 章\14.5.4.mp4

双倍余额递减法是在不考虑固定资产残值的情况下，根据每期期初固定资产账面净值和双倍的直线法折旧率计算固定资产折旧的一种加速折旧方法。在使用双倍余额递减法时应注意，按我国会计实务操作要求，在最后两年计提折旧时，要将固定资产账面净值扣除预计净残值后的净值在两年内平均摊销。

在 Excel 中，DDB 函数可以使用双倍（或其他倍数）余额递减法计算一笔资产在给定期间内的折旧值。如果不想使用双倍余额递减法，可以更改余额递减速率，即指定为其他倍数的余额递减。

语法结构：
DDB (cost,salvage,life,period,[factor])

参数：
- cost：必需的参数，且必须为正数。表示资产原值。
- salvage：必需的参数，且必须为正数。表示资产在使用寿命结束时的残值。
- life：必需的参数，且必须为正数。表示资产的折旧期限。如果按天计算则需要折旧期限 ×365；按月计算折旧期限 ×12。
- period：必需的参数，且必须为正数。表示需要计算折旧值的期间。
- factor：可选参数，且必须为正数。表示余额递减速率，默认值是 2（即双倍余额递减法）。

例如，同样要计算上例中设备的折旧值，如果采用【双倍余额递减】的方法进行折旧，即可使用 DDB 函数进行计算。下面使用 DDB 函数计算上述设备第一天、第一个月、第一年和第 10 年的折旧值，具体操作步骤如下。

Step01 ❶ 新建一个工作表，并命名为【DDB】，❷ 输入如图 14-32 所示的内容，❸ 在 B7 单元格中输入公式【=DDB(B1,B2,B3*365,1)】，计算出第一天设备的折旧值。

图 14-32

Step02 在 B8 单元格中输入公式【=DDB(B1,B2,B3*12,1,2)】，计算出第一个月设备的折旧值，如图 14-33 所示。

图 14-33

Step03 在 B9 单元格中输入公式【=DDB(B1,B2,B3,1,2)】，计算出第一年设备的折旧值，如图 14-34 所示。

图 14-34

Step04 在 B10 单元格中输入公式【=DDB(B1,B2,B3,10)】，计算出第10 年设备的折旧值，如图 14-35 所示。

图 14-35

技术看板

双倍余额递减法以加速的比率计算折旧。折旧在第一阶段是最高的，在后继阶段中会减少。DDB 函数使用下面的公式计算一个阶段的折旧值：

Min((cost-total depreciation from prior periods)*(factor/life),(cost - salvage - total depreciation from prior periods))

14.5.5 实战：使用余额递减法，使用 VDB 函数计算一笔资产在给定期间或部分期间内的折旧值

实例门类	软件功能
教学视频	光盘\视频\第 14 章\14.5.5.mp4

VDB 函数可以使用双倍余额递减法或其他指定的方法，返回指定期间内资产的折旧值。

语法结构：
VDB(cost,salvage,life,start_period, end_period,[factor],[no_switch])
参数：

- cost：必需的参数，表示资产原值。
- salvage：必需的参数，表示资产在使用寿命结束时的残值。
- life：必需的参数，表示资产的折旧期限。
- start_period：必需的参数，表示进行折旧计算的起始期间，start_period 必须与 life 的单位相同。
- end_period：必需的参数，表示进行折旧计算的截止期间，end_period 必须与 life 的单位相同。
- factor：可选参数，表示余额递减速率，默认值是 2（即双倍余额递减法）。
- no_switch：可选参数，是一个逻辑值，用于指定当折旧值大于余额递减计算值时，是否转用直线折旧法。

技术看板

　　VDB 函数的参数中除 no_switch 参数外，其余参数都必须为正数。如果 no_switch 参数值为 TRUE，即使折旧值大于余额递减计算值，Excel 也不会转用直线折旧法；如果 no_switch 参数值为 FALSE 或被忽略，且折旧值大于余额递减计算值时，Excel 将转用线性折旧法。

　　例如，同样计算上例中设备的折旧值，如果采用【余额递减】的方法进行折旧，折旧系数是 1.5，即可使用 VDB 函数计算该设备的折旧值，具体操作步骤如下。

Step01 ❶ 新建一个工作表，并命名为【VDB】，❷ 输入如图 14-36 所示的内容，❸ 在 E2 单元格中输入公式【=VDB($B$1,$B$2,$B$3,0,D2,$B$4,1)】，计算出第一年设备的折旧值。

图 14-36

Step02 使用 Excel 的自动填充功能，计算出各年的折旧值，如图 14-37 所示。

图 14-37

★ 重点 14.5.6　实战：使用 SLN 函数计算某项资产在一个期间内的线性折旧值

实例门类	软件功能
教学视频	光盘\视频\第 14 章\14.5.6.mp4

　　直线法又称平均年限法，是以固定资产的原价减去预计净残值除以预计使用年限，计算每年的折旧费用的折旧计算方法。

　　Excel 中，使用 SLN 函数可以计算某项资产在一定期间内的线性折旧值。

语法结构：
SLN (cost,salvage,life)
参数：

- cost：必需的参数，表示资产原值。
- salvage：必需的参数，表示资产在使用寿命结束时的残值。
- life：必需的参数，表示资产的折旧期限。

　　例如，同样计算上例中设备的折旧值，如果采用【线性折旧】的方法进行折旧，即可使用 SLN 函数计算该设备每年的折旧值，具体操作步骤如下。

❶ 新建一个工作表，并命名为【SLN】，❷ 输入如图 14-38 所示的内容，❸ 在 B4 单元格中输入公式【=SLN(B1,B2,B3)】，即可计算出该设备每年的折旧值。

图 14-38

14.5.7　实战：使用 SYD 函数计算某项资产按年限总和折旧法计算的指定期间的折旧值

实例门类	软件功能
教学视频	光盘\视频\第 14 章\14.5.7.mp4

　　年数总和法又称年限合计法，是快速折旧的一种方法，它将固定资产的原值减去预计净残值后的净额乘以

一个逐年递减的分数计算每年的折旧额，这个分数的分子代表固定资产尚可使用的年数，分母代表使用年限的逐年数字总和。

Excel 中，使用 SYD 函数可以计算某项资产按年限总和折旧法计算的指定期间的折旧值。

语法结构：

SYD (cost,salvage,life,per)

参数：

- cost：必需的参数，表示资产原值。
- salvage：必需的参数，表示资产在使用寿命结束时的残值。
- life：必需的参数，表示资产的折旧期限。
- per：必需的参数，表示期间，与 life 单位相同。

例如，同样计算上例中设备的折旧值，如果采用【年限总和】的方法进行折旧，即可使用 SYD 函数计算该设备各年的折旧值，具体操作步骤

如下。

Step01 ❶ 复制【DB】工作表，并重命名为【SYD】，❷ 删除 E2:E11 单元格区域中的内容，❸ 在 E2 单元格中输入公式【=SYD($B$1,$B$2,$B$3,D2)】，即可计算出该设备第一年的折旧值，如图 14-39 所示。

图 14-39

Step02 使用 Excel 中的自动填充功能，计算出各年的折旧值，如图 14-40 所示。

图 14-40

技术看板

本节介绍了 7 种折旧方法对应的折旧函数，读者不难发现，对于同样的资产状况，使用不同的折旧方法将会产生差异非常大的现金流，导致产生不同的财务效果。因此，在公司财务部门，需要针对不同的情况，采用不同的折旧方法。由于篇幅有限，这里不再详细介绍其过程，读者可查看其他有关选择折旧方式问题的方法。

14.6 转换美元价格格式的技巧

由于美元在世界的流通货币中的重要地位，在执行财务管理，尤其有外币的财务管理中，首先需要统一货币单位，一般以转换为美元价格的格式进行计算。掌握常见转换美元价格格式的相关技巧，可以提高工作的效率。下面介绍两个常用的转换美元价格格式的使用技巧。

14.6.1 使用 DOLLARDE 函数将以分数表示的美元价格转换为以小数表示的美元价格

DOLLARDE 函数可以将以整数部分和小数部分表示的价格（如 1.02）转换为以十进制数表示的小数价格。

语法结构：

DOLLARDE(fractional_dollar, fraction)

参数：

- fractional_dollar：必需的参数，以整数部分和分数部分表示的

数字，用小数点隔开。

- fraction：必需的参数，表示用作分数中的分母的整数。如果 fraction 不是整数，将被截尾取整；如果小于 0，则返回错误值【#NUM!】；如果大于等于 0 且小于 1，则返回错误值【#DIV/0!】。

使用 DOLLARDE 函数进行转换，实际就是将值的小数部分除以一个指定整数。

例如，在表示证券价格时需要以十六进制形式来表示，则将小数

部分除以 16。如要将十六进制计数中的 1.02（读作【一又十六分之二】）转换为十进制数，可输入公式【=DOLLARDE(1.02,16)】，得到转换后的十进制数为【1.125】。再如要将八进制计数中的 6.2（读作【六又八分之二】）转换为十进制数，可输入公式【=DOLLARDE(6.2,8)】，得到转换后的十进制数为【6.25】。

14.6.2 使用 DOLLARFR 函数将以小数表示的美元价格转换为以分数表示的美元价格

在 Excel 中除了能将以整数部分

和小数部分表示的价格转换为以十进制数表示的小数价格外，还能使用DOLLARFR函数进行逆向转换，即将按小数表示的价格转换为按分数表示的价格。

语法结构：
DOLLARFR(decimal_dollar, fraction)
参数：

- decimal_dollar：必需的参数，表示一个小数。

- fraction：必需的参数，表示用作分数中的分母的整数。如果fraction不是整数，将被截尾取整；如果小于 0，则返回错误值【#NUM!】；如果大于等于 0 且小于 1，则返回错误值【#DIV/0!】。

使用 DOLLARFR 函数可以将小数表示的金额数字，如证券价格，转换为分数型数字。例如，输入公式【=DOLLARFR(1.125,16)】，即可将十进制计数中的【1.125】转换为十六进制中的【1.02】；再如输入公式【=DOLLARFR(1.125,8)】，即可将十进制计数中的【1.125】转换为八进制中的【1.1】。

本章小结

　　Excel 最常见的用途就是执行与货币相关的金融财务计算。每天，人们都会做出无数项财务决策，在这个过程中使用 Excel 财务函数可能会使用户的决策更理性、准确。根据函数用途的不同，又可以将财务函数划分为投资决策函数、收益率计算函数、资产折旧函数、本利计算函数和转换美元价格格式函数等。由于财务函数本身的计算公式比较复杂，又涉及很多金融知识，对于财务不太了解的用户学习起来难度就加大了。但用户会发现，其实财务函数的有些参数是通用的，读者在学习这类函数时，可以先将常用的财务函数参数的作用和可取值进行统一学习，然后再投入各函数的具体应用中。在实际财务工作中，可能会遇到多种复杂的问题，需要借助多种复杂函数和工具来完成。具体的应用还需要读者在熟练各个函数的具体求值内容后才能准确运用。

第15章 数学和三角函数应用技巧

➥ 常规的数学计算都按照它们的实际计算规律已被定义成函数了。

➥ 舍入取整的方法很多，每种都有相应的函数来对应。

➥ 怎样用 Excel 计算一个数据的指数或对数？

➥ 你想知道怎样快速在弧度和角度之间转换吗？

➥ 常见三角函数也可以用 Excel 函数计算吗？

Excel 中的每一个数学和三角函数都是根据其对应的数学公式来设计的，学好本章内容，读者将不再需要推演每个公式的由来，而轻松得到答案了。

15.1 常规数学计算

在处理实际业务时，经常需要进行各种常规的数学计算，如取绝对值、求和、乘幂、取余等。Excel 中提供了相应的函数，下面就介绍这些常用的数学计算函数的使用技巧，帮助读者在工作表中完成那些熟悉的数学计算过程。

★ 重点 15.1.1 使用 ABS 函数计算数字的绝对值

在日常数学计算中，需要将计算的结果始终取正值，即求数字的绝对值时，可以使用 ABS 函数来完成。绝对值没有符号。

语法结构：
ABS (number)
参数：
number：必需的参数，表示计算绝对值的参数。

例如，要计算两棵树相差的高度，将一棵树的高度值存放在 A1 单元格中，另一棵树的高度值存放在 A2 单元格中，可输入公式【=ABS(A1-A2)】，即可取得两棵树相差的高度。

📚 技术看板

使用 ABS 函数计算的数值始终为正值，该函数常用于需要求解差值的大小，但对差值的方向并不在意的情况。

★ 重点 15.1.2 实战：使用 SIGN 函数获取数值的符号

实例门类	软件功能
教学视频	光盘\视频\第15章\15.1.2.mp4

SIGN 函数用于返回数值的符号。当数值为正数时返回 1，为零时返回 0，为负数时返回 -1。

语法结构：
SIGN (number)
参数：
number：必需的参数，可以是任意实数。

例如，要根据员工月初时定的销售任务量，在月底统计时进行对比，刚好完成和超出任务量的表示完成任务，否则未完成任务。继而对未完成任务的人员进行分析，具体还差多少，其操作步骤如下。

Step01 打开光盘\素材文件\第15章\销售情况统计表.xlsx，在 D2 单元格中输入公式【=IF(SIGN(B2-C2)>=0," 完成任

务 "," 未完成任务 ")】，判断出该员工是否完成任务，如图 15-1 所示。

图 15-1

Step02 在 E2 单元格中输入公式【=IF(D2=" 未完成任务 ",C2-B2,"")】，判断出该员工与既定的目标任务还相差多少，如图 15-2 所示。

图 15-2

Step03 ❶ 选择 D2:E2 单元格区域，❷ 使用 Excel 的自动填充功能，判断出其他员工是否完成任务，若没有完成任务，那么继续计算出他实际完成的量与既定的目标任务还相差多少，最终效果如图 15-3 所示。

图 15-3

技术看板

使用 SIGN 函数可以通过判断两数相减的差的符号，从而判断出减数和被减数的大小关系。例如，本例中在判断员工是否完成任务时，首先需要计算出数值的符号，然后根据数值结果进行判断。

15.1.3 使用 PRODUCT 函数计算乘积

在 Excel 中，如果需要计算两个数的乘积，可以使用乘法数学运算符（*）来进行。例如，单元格 A1 和 A2 中含有数字，需要计算这两个数的乘积，输入公式【=A1*A2】即可。如果需要计算许多单元格数据的乘积，使用乘法数学运算符就显得有些麻烦，此时，如果使用 PRODUCT 函数来计算函数所有参数的乘积，结果就会简便很多。

语法结构：
PRODUCT (number1,[number2],...)
参数：
● number1：必需的参数，要相乘的第一个数字或区域（工作表上的两个或多个单元格，区域中

的单元格可以相邻或不相邻）。
● number2：可选参数，要相乘的其他数字或单元格区域，最多可以使用 255 个参数。

例如，需要计算 A1 和 A2 单元格中数字的乘积，可输入公式【=PRODUCT(A1,A2)】，该公式等同于【=A1*A2】。如果要计算多个单元格区域中数字的乘积，则可输入【=PRODUCT(A1:A5,C1:C3)】类型的公式，该公式等同于【=A1*A2*A3*A4*A5*C1*C2*C3】。

技术看板

如果 PRODUCT 函数的参数为数组或引用，则只有其中的数字将被计算乘积。数组或引用中的空白单元格、逻辑值和文本将被忽略；如果参数为文本和用单元格引用指定文本时，将得到不同的结果。

15.1.4 使用 PI 函数返回 pi 值

PI 函数的功能是在系统中返回常数 pi，即 3.14159265358979，精确的小数位数是 14 位。

语法结构：
PI ()
参数：
● PI 函数没有参数。在计算圆周长和圆面积时，都需要使用圆周率，计算公式分别为【$2\pi r$】和【πr^2】。在 Excel 中使用系数 PI 代表圆周率，因此 PI 函数经常被使用。如输入公式【=PI()*(13^2)】，就可以计算出半径为 13 的圆面积。

15.1.5 实战：使用 SQRT 函数计算正平方根

实例门类	软件功能
教学视频	光盘\视频\第 15 章\15.1.5.mp4

SQRT 函数用于计算数值的正平方根。

语法结构：
SQRT (number)
参数：
number：必需的参数，要计算平方根的数。

例如，根据圆面积的相关知识，某圆面积 S 和其半径 r 满足下面的关系式 $S=\pi r^2$。已知某圆面积为 220，求该圆的半径值，就可以通过 SQRT 函数求得，具体操作步骤如下。

❶ 新建一个空白工作簿，输入如图 15-4 所示的内容，❷ 在 B2 单元格中输入公式【=SQRT(A2/PI())】，即可计算出该圆的半径值为 8.368 283 872。

图 15-4

15.1.6 使用 SQRTPI 函数计算 pi 乘积的平方根

SQRTPI 函数用于计算某数与 pi 的乘积的平方根。

语法结构：
SQRTPI (number)
参数：
number：必需的参数，表示与 pi 相乘的数。

在圆面积计算过程中，由于参数比较多，有可能会使用到 SQRTPI 函数。例如，输入公式【=SQRTPI(1)】，即可计算出 pi 的平方根为【1.772454】。如果输入公式【=SQRTPI(6)】，则表示

对【6* pi】的乘积开平方，得到【4.341607527】。

> **技术看板**
>
> 如果 SQRT 或 SQRTPI 函数的参数 number 为负值，则会返回错误值【#NUM!】。如果在 Excel 中，SQRTPI 函数不能得到结果，并返回错误值【#NAME?】，则需要安装并加载【分析工具库】加载宏。

★ 重点 15.1.7 实战：使用 MOD 函数计算两数相除的余数

实例门类	软件功能
教学视频	光盘\视频\第 15 章\15.1.7.mp4

在数学运算中，计算两个数相除是很常见的运算，此时使用运算符【/】即可，但有时还需要计算两数相除后的余数。

在数学概念中，被除数与除数进行整除运算后的剩余的数值被称为余数，其特征为：如果取绝对值进行比较，余数必定小于除数。在 Excel 中，使用 MOD 函数可以返回两个数相除后的余数，其结果的正负号与除数相同。

> 语法结构：
> MOD (number,divisor)
> 参数：
> - number：必需的参数，表示被除数。
> - divisor：必需的参数，表示除数。如果 divisor 为零，则会返回错误值【#DIV/0!】。

例如，常见的数学题——A 运输公司需要搬运一堆重达 70 吨的沙石，而公司调派的运输车每辆只能够装载的重量为 8 吨，还剩多少沙石没有搬运？下面使用 MOD 函数来运算，具体操作步骤如下。

❶ 新建一个空白工作簿，输入如

图 15-5 所示的内容，❷ 在 C2 单元格中输入公式【=MOD(A2,B2)】，即可计算出还剩余 6 吨沙石没有搬运。

图 15-5

> **技能拓展——利用 MOD 函数判断一个数的奇偶性**
>
> 利用余数必定小于除数的原理，当用一个数值对 2 进行取余操作时，结果就只能得到 0 或 1。在实际工作中，可以利用此原理来判断数值的奇偶性。

★ 重点 15.1.8 实战：使用 QUOTIENT 函数返回商的整数部分

实例门类	软件功能
教学视频	光盘\视频\第 15 章\15.1.8.mp4

QUOTIENT 函数用于返回商的整数部分，该函数可用于舍掉商的小数部分。

> 语法结构：
> QUOTIENT (numerator,denominator)
> 参数：
> - numerator：必需的参数，表示被除数。
> - denominator：必需的参数，表示除数。

例如，B 公司专门加工牛奶，每天向外输出牛奶成品为 800 00L，新设计的包装每个容量为 2.4L，公司领导要了解每天需要这种包装的大概数量。使用 QUOTIENT 函数计算的步骤如下。

❶ 新建一个空白工作簿，输入如图 15-6 所示的内容，❷ 在 C2 单元格中输入公式【=QUOTIENT(A2,B2)】，即可计算出包装盒的大概需求量。

图 15-6

> **技术看板**
>
> 如果函数 QUOTIENT 中有某个参数为非数值型，则会返回错误值【#VALUE!】。

15.1.9 使用 GCD 函数计算最大公约数

在数学运算中，计算两个或多个正数的最大公约数是很有用的。最大公约数是指能分别整除参与运算的两个或多个数的最大整数。在 Excel 中，GCD 函数用于计算两个或多个整数的最大公约数。

> 语法结构：
> GCD (number1,[number2],…)
> 参数：
> - number1：必需的参数，表示数值的个数可以为 1~255 个，如果任意数值为非整数，则会被强行截尾取整。
> - number2：可选参数，表示数值的个数可以为 1~255 个，如果任意数值为非整数，则会被强行截尾取整。

例如，需要计算数值 341、27、102 和 7 的最大公约数，则可输入公式【=GCD(341,27,102,7)】，得到这一组数据的最大公约数为 1。

15.1.10 使用 LCM 函数计算最小公倍数

计算两个或多个整数的最小公倍数，在数学运算中的应用也比较广泛。最小公倍数是所有需要求解的整数的最小正整数倍数。在 Excel 中需要使用 LCM 函数来求解数字的最小公倍数。

语法结构：
LCM (number1,[number2],...)
参数：

- number1：必需的参数，表示数值的个数可以为 1~255 个，如果任意数值为非整数，则会被强行截尾取整。
- number2：可选参数，表示数值的个数可以为 1~255 个，如果任意数值为非整数，则会被强行截尾取整。

例如，需要计算数值 341、27、102 和 7 的最小公倍数，则可输入公式【=LCM(341,27,102,7)】，得到这一组数据的最小公倍数为 2191266。

技术看板

任何数都能被 1 整除，素数只能被其本身和 1 整除。在 GCD 函数中，如果参数为非数值型，则返回错误值【#VALUE!】；如果参数小于零，则返回错误值【#NUM!】。如果参数大于或等于 2^{53}，则返回错误值【#NUM!】。

15.1.11 实战：使用 SUMPRODUCT 函数计算数组元素的乘积之和

实例门类	软件功能
教学视频	光盘\视频\第 15 章\15.1.11.mp4

SUMPRODUCT 函数可以在给定的几组数组中，将数组间对应的元素相乘，并返回乘积之和。

语法结构：
SUMPRODUCT(array1, [array2], [array3], ...)
参数：

- array1：必需的参数，代表其中相应元素需要进行相乘并求和的第一个数组。
- array2, array3：可选的参数，代表 2~255 个数组参数，其中相应元素需要进行相乘并求和。

例如，C 公司共有 3 个分店，每天都会记录各店的日销售数据，包括销售的产品名称、单价和销售量。如果需要计算每个店当日的总销售额，就可以使用 SUMPRODUCT 函数来完成，具体操作步骤如下。

Step01 打开光盘\素材文件\第 15 章\日销售记录表 .xlsx，在 B23 单元格中输入公式【=SUMPRODUCT(($C$2:$C$19=A23)*($F$2:$F$19)*($G$2:$G$19))】，计算出秦隆店当日的销售额，如图 15-7 所示。

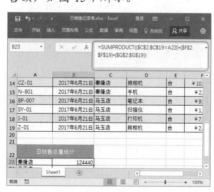

图 15-7

技术看板

在本例的解题过程中，使用了【C2:C19=A23】表达式进行判断分店的类别，该表达式得到的是一个逻辑数组，即由 TRUE 和 FALSE 组成的结果。

当销售数据属于秦隆店时，返回逻辑值 TRUE，相当于 1；否则返回 FALSE，相当于 0。函数 SUMPRODUCT 将非数值型的数组元素作为 0 处理。如果数组参数具有不同的维数，则会返回错误值【#VALUE!】。

Step02 使用 Excel 的自动填充功能，计算出其他店当日的销售额，如图 15-8 所示。

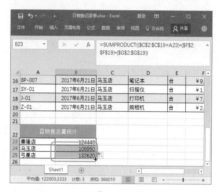

图 15-8

15.1.12 实战：使用 SUMSQ 函数计算参数的平方和

实例门类	软件功能
教学视频	光盘\视频\第 15 章\15.1.12.mp4

SUMSQ 函数用于计算数值的平方和。

语法结构：
SUMSQ(number1, [number2], ...)
参数：
number1, number2：number1 是必需的参数，后续数字是可选的。代表要对其求平方和的 1~255 个参数。也可以用单一数组或对某个数组的引用来代替用逗号分隔的参数。

例如，另一类常见的数学题——已知 $a^2+b^2=c^2$，$a=27$，$b=8$，求 c 的值。此时，可以先使用 SUMSQ 函数计算出 c^2 的值，然后使用 SQRT 函数计

算出 c 的值，具体操作步骤如下。

Step01 ❶ 新建一个空白工作簿，输入如图 15-9 所示的内容，❷ 在 A6 单元格中输入公式【=SUMSQ(A3,B3)】，即可计算出 c^2 的值。

图 15-9

Step02 在 C3 单元格中输入公式【=SQRT(A6)】，即可计算出 c 的值，如图 15-10 所示。

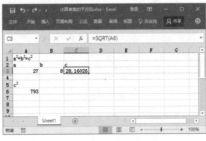

图 15-10

> **技术看板**
>
> SUMSQ 函数的参数可以是数字或者是包含数字的名称、数组或引用。逻辑值和直接输入参数列表中代表数字的文本也会参与运算。如果参数是一个数组或引用，则只计算其中的数字。数组或引用中的空白单元格、逻辑值、文本或错误值将被忽略。

15.2 舍入与取整计算

在实际工作中，经常会遇到各种各样的数值取舍问题，若将某数值去掉小数部分、将某数值按 2 位小数四舍五入，或者将某个整数保留 3 位有效数字等应用。为了能够满足用户对数值的各种取舍要求，Excel 提供了多种取舍函数。灵活运用这些函数，可以很方便地完成各种数值的取舍问题。下面介绍一些常用取舍函数的使用技巧。

★ 重点 15.2.1 使用 TRUNC 函数返回数值的整数部分

TRUNC 函数可以直接去除数值的小数部分，返回整数。

语法结构：
TRUNC (number,[num_digits])
参数：
- number：必需的参数，需要截尾取整的数值。
- num_digits：可选参数，用于指定取整精度的数值。num_digits 的默认值为 0（零）。

根据实际需要，或为了简化公式的计算，有时只需要计算某个大概的数据，此时就可以将参与运算的所有小数取整数位进行计算。例如，使用 TRUNC 函数返回 8.965 的整数部分，输入公式【=TRUNC(8.965)】即可，返回【8】。如果需要返回该数的两位小数，可输入公式【=TRUNC(8.965,2)】，返回【8.96】。

> **技术看板**
>
> 使用 TRUNC 函数返回负数的整数部分，默认情况下以红色带括号（）显示，如果用户需要返回的数据格式仍然是负数时，可以在【设置单元格格式】对话框的【数字】选项卡中设置负数格式。

15.2.2 使用 INT 函数返回永远小于原数值的最接近的整数

在 Excel 中，INT 函数与 TRUNC 函数类似，都可以用来返回整数。但是，INT 函数可以依照给定数的小数部分的值，将其向下舍入到最接近的整数。

语法结构：
INT (number)
参数：
number：必需的参数，需要进行向下舍入取整的实数。

在实际运算中，在对有些数据取整时，不仅是截取小数位后的整数，而且需要将数值进行向下舍入计算，即返回永远小于原数值的最接近的整数。INT 函数与 TRUNC 函数在处理正数时结果是相同的，但在处理负数时就明显不同了。

如果使用 INT 函数返回 8.965 的整数部分，输入公式【=INT(8.965)】即可，返回【8】。如果使用 INT 函数返回 -8.965 的整数部分，输入公式【=INT(-8.965)】即可，返回【-9】，因为 -9 是较小的数。而使用 TRUNC 函数返回 -8.965 的整数部分，将返回【-8】。

15.2.3 实战：使用 CEILING 函数按条件向上舍入

实例门类	软件功能
教学视频	光盘\视频\第 15 章\15.2.3.mp4

CEILING 函数用于将数值按条件（significance 的倍数）进行向上（沿

绝对值增大的方向）舍入计算。

语法结构：

CEILING (number,significance)

参数：

- number：必需的参数，要舍入的值。
- significance：必需的参数，代表要舍入到的倍数，是进行舍入的基准条件。

技术看板

如果 CEILING 函数中的参数为非数值型，将返回错误值【#VALUE!】；无论数字符号如何，都按远离 0 的方向向上舍入。如果数值是参数 significance 的倍数，将不进行舍入。

例如，D 公司举办一场活动，需要购买一批饮料和酒水，按照公司的人数，统计出所需要的数量，去批发商那里整箱购买，由于每种饮料和酒水所装瓶数不同，现需要使用 CEILING 函数计算装整箱的数量，然后再计算出要购买的具体箱数，其操作步骤如下。

Step01 ❶ 新建一个空白工作簿，输入如图 15-11 所示的内容，❷ 在 D2 单元格中输入公式【=CEILING(B2,C2)】，即可计算出百事可乐实际需要订购的瓶数。

Step02 在 E2 单元格中输入公式【=D2/C2】，即可计算出百事可乐实际需要订购的箱数，如图 15-12 所示。

=CEILING(B2,C2)

	A	B	C	D	E
1	名称	订货数量	装箱单位	数量	箱数
2	百事可乐	58	6	60	
3	鲜橙多	46	6		
4	维维豆奶	82	6		
5	长城干红	52	12		
6	哈尔滨啤酒	380	12		
7	茅台飞天酒	26	8		

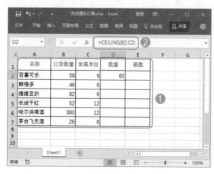

图 15-11

技术看板

本例中的公式表示将 B2 单元格中的 58 向上舍入到 6 的倍数，得到的结果为【60】。

=D2/C2

	A	B	C	D	E
1	名称	订货数量	装箱单位	数量	箱数
2	百事可乐	58	6	60	10
3	鲜橙多	46	6		
4	维维豆奶	82	6		
5	长城干红	52	12		
6	哈尔滨啤酒	380	12		
7	茅台飞天酒	26	8		

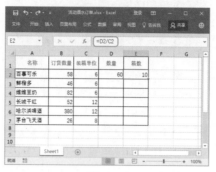

图 15-12

Step03 ❶ 选择 D2:E2 单元格区域，❷ 使用 Excel 的自动填充功能，计算出其他酒水需要订购的瓶数和箱数，完成后的效果如图 15-13 所示。

=CEILING(B2,C2)

	A	B	C	D	E
1	名称	订货数量	装箱单位	数量	箱数
2	百事可乐	58	6	60	10
3	鲜橙多	46	6	48	8
4	维维豆奶	82	6	84	14
5	长城干红	52	12	60	5
6	哈尔滨啤酒	380	12	384	32
7	茅台飞天酒	26	8	32	4

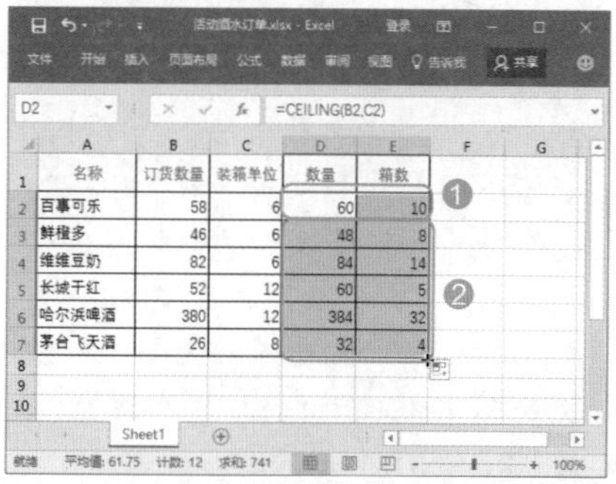

图 15-13

15.2.4 使用 EVEN 函数沿绝对值增大的方向舍入到最接近的偶数

EVEN 函数可以将数值按照绝对值增大的方向取整，得到最接近的偶数。该函数常用于处理那些成对出现的对象。

语法结构：

EVEN (number)

参数：

number：必需的参数，要舍入的值。

在 Excel 中，如果需要判断一个数值的奇偶性，就要使用 EVEN 函数来进行判断。例如，要判断 B5 单元格中数值的奇偶性，可输入公式【=IF(B5<EVEN(B5),"奇数","偶数")】，当 B5 单元格中数值为奇数时，使用【=EVEN(B5)】公式将向上返回大于 B5 单元格中数值的数，最终返回【奇数】，否则返回等于 B5 单元格中数值的数，最终返回【偶数】。

15.2.5 实战：使用 FLOOR 函数按条件向下舍入

实例门类	软件功能
教学视频	光盘\视频\第 15 章\15.2.5.mp4

FLOOR 函数与 CEILING 函数的功能相反，用于将数值按条件（significance 的倍数）进行向下（沿绝对值减小的方向）舍入计算。

语法结构：

FLOOR (number,significance)

参数：

- number：必需的参数，要舍入的数值。
- significance：必需的参数，要舍入到的倍数。

例如，重新计算 D 公司举办活动需要购买饮料和酒水的数量，按照向下舍入的方法进行统计，其具体操作步骤如下。

Step01 ❶ 重命名 Sheet1 工作表为【方案一】，❷ 复制【方案一】工作表，并重命名为【方案二】，删除多余数据，❸ 在 D2 单元格中输入公式【=FLOOR(B2,C2)】，即可计算出百事可乐实际需要订购的瓶数，同时可以查看计算出的箱数，如图 15-14 所示。

Step02 使用 Excel 的自动填充功能，计算出其他酒水需要订购的瓶数和箱数，如图 15-15 所示。

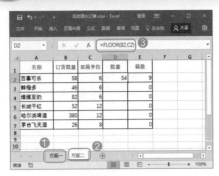

图 15-14

图 15-15

★ 重点 15.2.6 使用 ROUND 函数按指定位数对数值进行四舍五入

在日常使用中，四舍五入的取整方法是最常用的，该方法也相对公平、合理。在 Excel 中，要将某个数值四舍五入为指定的位数，可使用 ROUND 函数。

语法结构：

ROUND (number,num_digits)

参数：

- number：必需的参数，要四舍五入的数值。
- num_digits：必需的参数，代表位数，按此位数对 number 参数进行四舍五入。

例如，使用 ROUND 函数对 18.163 进行四舍五入为两位小数，则输入公式【=ROUND(18.163,2)】，返回【18.16】。如果使用 ROUND 函数对 18.163 进行四舍五入为一位小数，则输入公式【=ROUND (18.163,1)】，返回【18.2】。如果使用 ROUND 函数对 18.163 四舍五入到小数点左侧一位，则输入公式【=ROUND(18.163,-1)】，返回【20】。

技术看板

ROUND 函数的 num_digits 参数如果大于 0，则将数值四舍五入到指定的小数位；如果等于 0，则将数值四舍五入到最接近的整数；如果小于 0，则在小数点左侧进行四舍五入。若要始终进行向上舍入，应使用 ROUNDUP 函数，其语法结构为：ROUNDUP(number,num_digits)。若要始终进行向下舍入，应使用

ROUNDDOWN 函数，其语法结构为：ROUNDDOWN(number,num_digits)。若要将某个数值四舍五入为指定的位数，应使用 MROUND 函数，其语法结构为：MROUND(number,multiple)。

15.2.7 使用 ODD 函数沿绝对值增大的方向舍入到最接近的奇数

在 Excel 中，要判断一个数值的奇偶性，除了可以使用 EVEN 函数进行判断外，还可以通过 ODD 函数进行判断。

ODD 函数可以将指定数值进行向上舍入为奇数。由于将数值的绝对值向上舍入到最接近奇数的整数值，因此，小数向上舍入到最接近奇数的整数。如果数值为负数时，则返回值是向下舍入到最接近的奇数。

语法结构：

ODD (number)

参数：

number：必需的参数，要舍入的值。

例如，输入公式【=IF(A3<ODD (A3)," 偶数 "," 奇数 "）】，即可判断 A3 单元格中数值的奇偶性。

15.3 指数与对数计算

在 Excel 中，还专门提供进行指数与对数计算的函数，掌握这些函数的相关技巧，可以提高指数与对数运算的速度。下面介绍一些常用的使用技巧。

★ 重点 15.3.1 使用 POWER 函数计算数字的乘幂

在 Excel 中，除了可以使用【^】运算符表示对底数乘方的幂次（如 5^2），还可以使用 POWER 函数代替【^】运算符，来表示对底数乘方的幂次。

语法结构：

POWER (number,power)

参数：

- number: 必需的参数，表示底数，可以是任意实数。
- power: 必需的参数，表示指数，底数将按该指数次幂乘方。

例如，要计算 6 的平方，可输入公式【=POWER(6,2)】；要计算 4 的 6 次方，可输入公式【=POWER(4,6)】。

15.3.2 使用 EXP 函数计算 e 的 n 次方

在指数与对数运算中，经常需要

使用到常数 e（常数 e 等于 2.7182818，是自然对数的底数）。如计算 e 的 n 次幂等。而在 Excel 中，就需要使用相应的函数来进行计算。其中，EXP 函数用于计算 e 的 n 次幂。

语法结构：

EXP (number)

参数：

number：必需的参数，应用于底数 e 的指数。

例如，要计算-5 的指数数值，可输入公式【=EXP(-5)】；计算 2 的指数数值，可输入公式【=EXP(2)】。

15.3.3　使用 LN 函数计算自然对数

LN 函数是 EXP 函数的反函数，用于计算一个数的自然对数，自然对数以常数项 e(2.718 281 828 459 04) 为底。

语法结构：

LN (number)

参数：

number：必需的参数，要计算其自然对数的正实数。

例如，输入公式【=LN(25)】，即可计算 25 的自然对数（3.218875825）。

> **技术看板**
>
> 指数函数的公式为：$y=ex=EXP(x)$；指数函数的反函数的公式为：$x=ey$　$y=logex=LN(x)$。

15.3.4　使用 LOG 函数计算以指定数字为底数的对数

常见求解对数的底数很多情况下都是指定的其他数据，此时可以使用 LOG 函数进行求解。

语法结构：

LOG (number,[base])

参数：

● number：必需的参数，用于计算对数的正实数。

● base：可选参数，指代对数的底数。如果省略底数，则假定其值为 10。如果底数为负数或 0 值时，则返回错误值【#NUM!】；如果底数为文本值，则返回错误值【#VALUE!】。

LOG 函数可以按所指定的底数，返回一个数的对数。例如，输入公式【=LOG(8,2)】，即可计算以 2 为底时，8 的对数（3）；输入公式【=LOG(8,3)】，即可计算以 3 为底时，8 的对数（1.892789261）。

> **技术看板**
>
> 在 Excel 中，还提供了一个用于计算对数的函数——LOG10，该函数可以计算以 10 为底数的对数。其语法结构为：LOG10(number)。如输入公式【=LOG10(46)】，即可计算以 10 为底时，46 的对数。

15.4　三角函数计算

在 Ecxel 中提供了一些平时常用的三角函数和反三角函数，使用这些函数可计算出对应的三角函数和反三角函数的数值，包括计算角度或弧度的正弦值、反正弦值、余弦值等。下面介绍一些常用的使用技巧。

★ 重点 15.4.1　使用 DEGREES 函数将弧度转换为角度

在计算三角形、四边形、圆等几何体的各种问题中，经常需要将用弧度表示的参数转换为角度，此时就需要使用 DEGREES 函数进行转换。

语法结构：

DEGREES (angle)

参数：

angle：必需的参数，表示待转换的弧度。

例如，输入公式【=DEGREES(PI()/3)】，即可计算 pi/3 弧度对应的角度（60°）。

★ 重点 15.4.2 使用 RADIANS 函数将角度转换为弧度

RADIANS 函数是 DEGREES 函数的逆运算，可将用角度表示的参数转换为弧度。

语法结构：

RADIANS (angle)

参数：

angle：必需的参数，表示待转换的角度。

在 Excel 中，三角函数都采用弧度作为角的单位（而不是角度）。经常需要使用 RADIANS 函数把角度转换成弧度。例如，输入公式【=RADIANS(240)】，即可将角度 240° 转换为弧度（4.188 79）。

★ 重点 15.4.3 使用 SIN 函数计算给定角度的正弦值

在进行三角函数计算时，经常需要根据某个给定的角度求正弦值，此时就可以使用 SIN 函数来完成。

语法结构：

SIN (number)

参数：

- number：必需的参数，代表要求正弦的角度，以弧度表示。正弦值的取值范围在-1~1 之间。

例如，需要求 45°的正弦值，则可输入公式【=SIN(PI()/4)】，返回 0.707106781。

技能拓展——在 SIN 函数中使用角度参数

如果 SIN 函数参数的单位是度，则可以乘以 PI()/180 或使用 RADIANS 函数将其转换为弧度。如需要求 45°的正弦值，也可输入公式【=SIN(45*PI()/180)】，或输入公式【=SIN(RADIANS(45))】。

15.4.4 使用 ASIN 函数计算数字的反正弦值

ASIN 函数用于返回参数的反正弦值。反正弦值为一个角度，该角度的正弦值即等于此函数的 number 参数。返回的角度值将以弧度表示，范围为 –pi/2~pi/2。

语法结构：

ASIN (number)

参数：

number：必需的参数，所需的角度正弦值，必须介于 –1~1 之间。

例如，输入公式【=ASIN(-0.8)】，即可计算以弧度表示 –0.8 的反正弦值，即 –0.927295218。

技能拓展——在 ASIN 函数中使用角度参数

在 Excel 中，若要用度表示反正弦值，需要将结果再乘以 180/PI() 或用 DEGREES 函数表示。若要以度表示 –0.9 的反正弦值 (–64.1581)，可输入公式【=ASIN(-0.9)*180/PI()】或【=DEGREES (ASIN(-0.9))】。

15.4.5 使用 COS 函数计算给定角度的余弦值

在 Excel 中如果需要求解给定角度的余弦值，可以使用 COS 函数。

语法结构：

COS (number)

参数：

number：必需的参数，表示想要求余弦的角度，以弧度表示，数值必须在-1 ～ 1 之间。

例如，需要求解 1.5824 弧度的余弦值 (–0.01160341)，可输入公式【=COS(1.5824)】。

15.4.6 使用 ACOS 函数计算反余弦值

ACOS 函数用于返回数字的反余弦值。反余弦值是角度，它的余弦值为数字。返回的角度值以弧度表示，范围为 0~pi。

语法结构：

ACOS (number)

参数：

- number：必需的参数，表示所需的角度余弦值，必须介于-1~1 之间。

例如，需要求解-1 弧度的余弦值 (3.141592654)，可输入公式【=ACOS(-1)】。

技术看板

在函数 COS 中，如果参数 number 是用度来表示的，在计算余弦值的时候，需要将参数乘以 PI()/180，转换为弧度，或者使用 RADIANS 函数将其转换为弧度。如求解 48°的余弦值，还可输入公式【=COS(48*PI()/180)】或【=COS(RADIANS(48))】。

本章小结

Excel 2016 中提供的数学和三角函数基本上包含了平时经常使用的各种数学公式和三角函数，使用这些函数，可以完成求和、开方、乘幂、三角函数、角度、弧度、进制转换等各种常见的数学运算和数据舍入功能。同时，在 Excel 的综合应用中，掌握常用的数学函数的应用技巧，对构造数组序列、单元格引用位置变换、日期函数综合应用及文本函数的提取等都起着重要作用。用户在学习本章知识时不应死记硬背，多结合相应的数学公式和其计算原理来学习，才能在日后的工作中运用得得心应手。

第16章　其他函数应用技巧

- ➤ 想要统计某些特殊内容的个数，怎么办？
- ➤ 当一组数据中包含空值时，如何求非空的平均值、最大值、最小值呢？
- ➤ 你会用函数对一组数据排序吗？
- ➤ 二进制、八进制、十进制、十六进制之间如何转换？
- ➤ 使用函数也可以对数据类型进行转换吗？

函数的种类有很多，有些特殊的函数虽然数量少，但它们的功能却很有用。本章将学习一些小分类的函数。

16.1　统计函数

统计类函数是 Excel 中使用频率最高的一类函数，绝大多数报表都离不开它们，从简单的计数与求和，到多区域中多种条件下的计数与求和，此类函数总是能帮助用户解决问题。根据函数的功能，主要可将统计函数分为数理统计函数、分布趋势函数、线性拟合和预测函数、假设检验函数和排位函数。本节主要介绍其中最常用和有代表性的一些函数。

★ 重点 16.1.1　实战：使用 COUNTA 函数计算参数中包含非空值的个数

实例门类	软件功能
教学视频	光盘\视频\第 16 章\16.1.1.mp4

COUNTA 函数用于计算区域中所有不为空的单元格的个数。

语法结构：
COUNTA (value1,[value2],...)
参数：
- value1：必需的参数，表示要计数的值的第一个参数。
- value2：可选参数，表示要计数的值的其他参数，最多可包含 255 个参数。

例如，要在员工奖金表中统计出获奖人数，因为没有奖金的人员对应的单元格为空，有奖金人员对应的单元格为获得的具体奖金额，所以可以通过 COUNTA 函数统计相应列中的非空单元格个数来得到获奖人数，具体操作步骤如下。

技术看板

单元格统计函数的功能是统计满足某些条件的单元格的个数。由于在 Excel 中单元格是存储数据和信息的基本单元，因此统计单元格的个数，实质上就是统计满足某些信息条件的单元格数量。从本例中可以发现 COUNTA 函数可以对包含任何类型信息的单元格进行计数，包括错误值和空文本。如果不需要对逻辑值、文本或错误值进行计数，只希望对包含数字的单元格进行计数，就需要使用 COUNT 函数。

打开光盘\素材文件\第 16 章\员工奖金表 .xlsx，❶ 在 A21 单元格中输入相应的文本，❷ 在 B21 单元格中输入公式【=COUNTA(D2:D19)】，返回结果为【14】，如图 16-1 所示，即统计到该单元格区域中有 14 个单元格非空，也就是说有 14 人获奖。

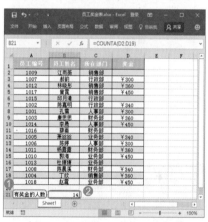

图 16-1

★ 重点 16.1.2　实战：使用 COUNTBLANK 函数计算区域中空白单元格的个数

实例门类	软件功能
教学视频	光盘\视频\第 16 章\16.1.2.mp4

COUNTBLANK 函数用于计算指

定单元格区域中空白单元格的个数。

语法结构：

COUNTBLANK(range)

参数：

range：必需的参数，表示需要计算其中空白单元格个数的区域。

例如，要在上例中统计出没有获奖的人数，除了可以使用减法从总人数中减去获奖人数，还可以使用 COUNTBLANK 函数进行统计，具体操作步骤如下。

❶ 在 A22 单元格中输入相应的文本，❷ 在 B22 单元格中输入公式【=COUNTBLANK(D2:D19))】，返回结果为【4】，如图 16-2 所示，即统计到该单元格区域中有 4 个空单元格，也就是说有 4 人没有奖金。

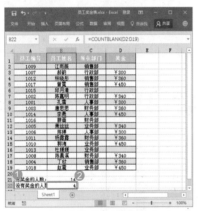

图 16-2

技术看板

即使单元格中含有返回值为空文本的公式，COUNTBLANK 函数也会将这个单元格统计在内，但包含零值的单元格将不被计算在内。

★ 重点 16.1.3 实战：使用 COUNTIF 函数计算满足给定条件的单元格的个数

实例门类	软件功能
教学视频	光盘\视频\第 16 章\16.1.3.mp4

COUNTIF 函数用于对单元格区域中满足单个指定条件的单元格进行计数。

语法结构：

COUNTIF (range,criteria)

参数：

● range：必需的参数，要对其进行计数的一个或多个单元格，其中包括数字或名称、数组或包含数字的引用。空值和文本值将被忽略。

● criteria：必需的参数，表示统计的条件，可以是数字、表达式、单元格引用或文本字符串。

例如，要在员工奖金表中为行政部的每位人员补发奖金，首先要统计出该部门的员工数，进行统一规划。此时，就需要使用 COUNTIF 函数进行统计，具体操作步骤如下。

❶ 在 A23 单元格中输入相应文本，❷ 在 B23 单元格中输入公式【=COUNTIF(C2:C19," 行政部 ")】，按【Enter】键，Excel 将自动统计出 C2:C19 单元格区域中所有符合条件的数据个数，并将最后结果显示出来，如图 16-3 所示。

图 16-3

16.1.4 实战：使用 COUNTIFS 函数计算满足多个给定条件的单元格的个数

实例门类	软件功能
教学视频	光盘\视频\第 16 章\16.1.4.mp4

COUNTIFS 函数用于计算单元格区域中满足多个条件的单元格数目。

语法结构：

COUNTIFS (criteria_range1,criteria1, [criteria_range2,criteria2]...)

参数：

● criteria_range1：必需的参数，在其中计算关联条件的第一个区域。

● criteria1：必需的参数，条件的形式为数字、表达式、单元格引用或文本，可用来定义将对哪些单元格进行计数。

● criteria_range2：可选参数，附加的区域及其关联条件。最多允许 127 个区域 / 条件对。

例如，需要统计某公司入职日期在 2009 年 1 月 1 日前，且籍贯为四川的男员工人数，使用 COUNTIFS 函数进行统计的具体操作步骤如下。

打开光盘\素材文件\第 16 章\员工档案表 .xlsx，❶ 合并 A18:D18 单元格区域，并输入相应文本，❷ 在 E18 单元格中输入公式【=COUNTIFS(B2:B16,"<2009-1-1",D2:D16,"= 男 ",J2:J16,"= 四川 ")】，按【Enter】键，Excel 自动统计出满足上述 3 个条件的员工人数，如图 16-4 所示。

图 16-4

技术看板

COUTIFS 函数中的每一个附加的区域都必须与参数 criteria_range1 具有相同的行数和列数。这些区域无须彼此相邻。只有在单元格区域中的每一单元格满足对应的条件时，COUTIFS 函数才对其进行计算。在条件中还可以使用通配符。

16.1.5 实战：使用 SUMIFS 函数计算多重条件的和

实例门类	软件功能
教学视频	光盘\视频\第 16 章\16.1.5.mp4

SUMIFS 函数用于对区域中满足多个条件的单元格求和。

语法结构：

SUMIFS (sum_range,criteria_range1, criteria1,[criteria_range2,criteria2],...)

参数：

- sum_range：必需的参数，对一个或多个单元格求和，包括数字或包含数字的名称、区域或单元格引用。忽略空值和文本值。

- criteria_range1：必需的参数，在其中计算关联条件的第一个区域。

- criteria1：必需的参数，条件的形式为数字、表达式、单元格引用或文本，可用来定义将对 criteria_range1 参数中的哪些单元格求和。

- criteria_range2，criteria2：可选参数，附加的区域及其关联条件。最多允许 127 个区域／条件对。

例如，要在电器销售表中统计出大小为 6L 的商用型洗衣机的当月销量，具体操作步骤如下。

打开光盘\素材文件\第 16 章\电器销售表 .xlsx，① 在 A42 单元格中输入相应文本，② 在 B42 单元格中输入公式【=SUMIFS(D2:D40,A2:A40,"=*商用型 ",B2:B40,"6")】，按【Enter】键，Excel 自动统计出满足上述两个条件的机型销量总和，如图 16-5 所示。

图 16-5

★ 重点 16.1.6　实战：使用 AVERAGEA 函数计算参数中非空值的平均值

实例门类	软件功能
教学视频	光盘\视频\第 16 章\16.1.6.mp4

AVERAGEA 函数与 AVERAGE 函数的功能都是计算数值的平均值，只是 AVERAGE 函数是计算包含数值单元格的平均值，而 AVERAGEA 函数则是用于计算参数列表中所有非空单元格的平均值（即算术平均值）。

语法结构：

AVERAGEA (value1,[value2],...)

参数：

- value1：必需的参数，需要计算平均值的 1~255 个单元格、单元格区域或值。

- value2：可选参数，表示计算平均值的 1~255 个单元格、单元格区域或值。

例如，要在员工奖金表中统计出该公司员工领取奖金的平均值，可以使用 AVERAGE 和 AVERAGEA 函数进行两种不同方式的计算，具体操作步骤如下。

Step 01 打开光盘\素材文件\第 16 章\员工奖金表 .xlsx，① 复制 Sheet1 工作表，② 在 D 列中数据区域部分的空白单元格中输入非数值型数据，这里输入文本型数据【无】，③ 在 A21 单元格中输入文本【所有员工的奖金平均值:】，④ 在 C21 单元格中输入公式【=AVERAGEA(D2:D19)】，计算出所有员工的奖金平均值约为 287，如图 16-6 所示。

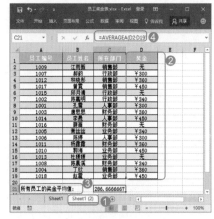

图 16-6

Step02 ① 在 A22 单元格中输入文本【所有获奖员工的奖金平均值：】，② 在 C22 单元格中输入公式【=AVERAGE(D2:D19)】，计算出所有获奖员工的奖金平均值为 369，如图 16-7 所示。

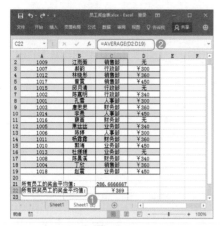

图 16-7

技术看板

从上面的例子中可以发现，针对不是数值类型的单元格，AVERAGE 函数会将其忽略，不参与计算；而 AVERAGEA 函数则将其处理为数值 0，然后参与计算。

★ **重点 16.1.7 实战：使用 AVERAGEIF 函数计算满足给定条件的单元格的平均值**

实例门类	软件功能
教学视频	光盘\视频\第 16 章\16.1.7.mp4

AVERAGEIF 函数返回某个区域内满足给定条件的所有单元格的平均值（算术平均值）。

语法结构：
AVERAGEIF(range,criteria,[average_range])
参数：

● range：必需的参数，要计算平均值的一个或多个单元格，其中包括数字或包含数字的名称、数组或引用。

● criteria：必需的参数，数字、表达式、单元格引用或文本形式的条件，用于定义要对哪些单元格计算平均值。

● average_range：可选参数，表示要计算平均值的实际单元格集。如果忽略，则使用 range。

例如，要在员工奖金表中计算出各部门获奖人数的平均金额，使用 AVERAGEIF 函数进行计算的具体操作步骤如下。

Step01 ① 选择【Sheet1 (2)】工作表，② 在 F1:G6 单元格区域中输入统计数据相关的内容，并进行简单的格式设置，③ 在 G2 单元格中输入公式【=AVERAGEIF(C2:C19,F2,D2:D19)】，计算出销售部的平均获奖金额，如图 16-8 所示。

图 16-8

Step02 ① 选择 G2 单元格，并向下拖动填充控制柄，计算出其他部门的平均获奖金额，② 单击出现的【自动填充选项】按钮，③ 在弹出的下拉列表中选择【不带格式填充】选项，如图 16-9 所示。

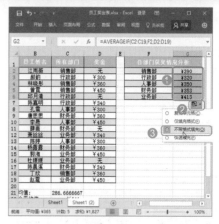

图 16-9

技术看板

如果参数 average_range 中的单元格为空单元格，AVERAGEIF 将忽略它。参数 range 为空值或文本值，则 AVERAGEIF 会返回【#DIV0!】错误值。当条件中的单元格为空单元格，AVERAGEIF 就会将其视为零值。如果区域中没有满足条件的单元格，则 AVERAGEIF 会返回【#DIV/0!】错误值。

16.1.8 使用 AVEDEV 函数计算一组数据与其平均值的绝对偏差的平均值

AVEDEV 函数用于计算一组数据与其算术平均值的绝对偏差的平均值。AVEDEV 是对这组数据中变化性的度量，主要用于评测这组数据的离散度。

语法结构：
AVEDEV(number1, [number2], ...)
参数：

● number1：必需的参数，代表要计算其绝对偏差平均值的第一个数值参数。

● number2：可选参数，代表要计算其绝对偏差平均值的 2~255 个参数。也可以用单一数组或对某个数组的引用来代替用逗号分隔的参数。

在函数 AVEDEV 中，参数必须是数值或包含数字的名称、数组或引用。如果参数中包含逻辑值和直接输入到参数列表中代表数字的文本，则将被计算在内。如果数组或引用参数包含文本、逻辑值或空白单元格，则这些值将被忽略。但包含零值的单元格将计算在内。输入数据所使用的计量单位将会影响函数 AVEDEV 的计算结果。

例如，某员工的工资与工作量成正比，他统计了某个星期自己完成的工作量。为了分析自己完成工作量的波动性，需要计算工作量的平均绝对偏差。使用 AVEDEV 函数进行计算的具体操作步骤如下。

打开光盘\素材文件\第 16 章\一周工作量统计 .xlsx，❶ 合并 A8:C8 单元格区域，并输入相应文本，❷ 在 D8 单元格中输入公式【=AVEDEV(B2:B6)】，计算出该员工完成工作量的平均绝对偏差为 31.92，如图 16-10 所示。

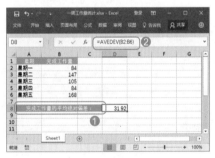

图 16-10

16.1.9 使用 MAXA 函数返回一组非空值中的最大值

如果要返回一个数组中的最大值，可以使用 MAX 函数和 MAXA 函数进行计算。MAX 函数统计的是所有数值数据的最大值，而 MAXA 函数统计的则是所有非空单元格的最大值。

语法结构：
MAXA(value1,[value2],...)
参数：
- value1：必需的参数，需要从中找出最大值的第一个数值参数。
- value2：可选参数，需要从中找出最大值的 2~255 个数值参数。

例如，在一组包含有文本、逻辑值和空值的数据中，分别使用 MAX 函数和 MAXA 函数计算出最大值，具体操作步骤如下。

Step01 ❶ 新建一个空白工作簿，并在工作表中输入如图 16-11 所示的一组数据，❷ 合并 A13:D13 单元格区域，并输入相应的文本，❸ 在 E13 单元格中输入公式【=MAX(A1:A12)】，即可计算出该单元格区域所有数值的最大值为 0。

图 16-11

Step02 输入公式【=MAXA(A1:A12)】，即可计算出该单元格区域中所有非空单元格的最大值为 1，如图 16-12 所示。

图 16-12

使用 MAXA 函数时，包含 TRUE 的参数将作为 1 进行计算；包含文本或 FALSE 的参数将作为 0 进行计算。如果参数不包含任何值，将返回 0。

16.1.10 用 MINA 函数返回一组非空值中的最小值

Excel 中除了 MIN 函数可以计算最小值以外，MINA 函数也可以计算最小值。MINA 函数用于计算所有非空单元格的最小值。

语法结构：
MINA(value1,[value2],...)
参数：
- value1：必需的参数，需要从中找出最小值的第一个数值参数。
- value2：可选参数，需要从中找出最小值的 2~255 个数值参数。

例如，在员工奖金表中奖金列包含文本数据，要使用 MINA 函数计算出最小值，具体操作步骤如下。

打开光盘\素材文件\第 16 章\员工奖金表 .xlsx，❶ 合并 A23:B23 单元格区域，并输入相应文本，❷ 在 C23 单元格中输入公式【=MINA(D2:D19)】，计算出所有员工中获奖最少的，但是输入函数的计算结果为【0】，如图 16-13 所示。虽然，计算的结果可能不是所需要的结果，但从某种意义上说，该结果又是正确的，毕竟有员工没有领取到奖金，因此对于他们来说，奖金就是 0。

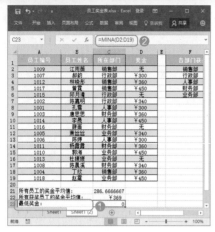

图 16-13

★ 新功能 16.1.11 实战：使用 RANK.EQ 函数返回一个数字在一组数字中的排位

实例门类	软件功能
教学视频	光盘\视频\第 16 章\16.1.11.mp4

　　RANK.EQ 函数用于返回一个数字在数字列表中的排位，数字的排位是其大小与列表中其他值的比较（如果列表已排过序，则数字的排位就是它当前的位置）。如果多个值具有相同的排位，则返回该组数值的最高排位。如果要对列表进行排序，则数字排位可作为其位置。

语法结构：

RANK.EQ (number,ref,[order])

参数：

● number：必需的参数，表示需要找到排位的数字。

● ref：必需的参数，数字列表数组或对数字列表的引用。ref 中的非数值型值将被忽略。

● order：可选参数，用于指明排位的方式。如果 order 为 0 或省略，Excel 对数字的排位是基于 ref 按照降序排列的列表，否则 Excel 对数字的排位是基于 ref 按照升序排列的列表。

　　例如，在成绩表中记录了各同学的成绩，需要判断出各同学的总成绩在全班的排名。使用 RANK.EQ 函数进行计算的具体操作步骤如下。

Step01 打开光盘\素材文件\第 16 章\16 级月考成绩统计表.xlsx，❶ 在 K1 单元格中输入【排序】文本，❷ 在 K2 单元格中输入公式【=RANK.EQ(J2,$J$2:$J$31)】，判断出该同学的总成绩在全班成绩的排位为 1，如图 16-14 所示。

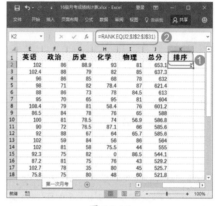

图 16-14

Step02 选择 K2 单元格，并通过拖动填充控制柄自动填充公式，计算出各同学成绩在全班成绩的排名，如图 16-15 所示。

图 16-15

★ 新功能 16.1.12 实战：使用 RANK.AVG 函数返回一个数字在一组数字中的排位

实例门类	软件功能
教学视频	光盘\视频\第 16 章\16.1.12.mp4

　　从上例中，可以看出 RANK.EQ 函数对重复数的排位相同，但重复数的存在将影响后续数据的排位。如果希望在遇到重复数时，采用平均排位方式排位，可使用 RANK.AVG 函数进行排位。

语法结构：

RANK.AVG (number,ref,[order])

参数：

● number：必需的参数，需要找到排位的数据。

● ref：必需的参数，数字列表数组或对数字列表的引用。ref 中的非数值型值将被忽略。

● order：可选参数，一数字，指明数字排位的方式。如果 order 为 0 或省略，Excel 对数字的排位是基于 ref 按照降序排列的列表，否则 Excel 对数字的排位是基于 ref 按照升序排列的列表。

　　例如，要使用 RANK.AVG 函数对上例重新进行排位，具体操作步骤如下。

Step01 在 L2 单元格中输入公式【=RANK.AVG(J2,$J$2:$J$31)】，判断出该同学的总成绩在全班成绩的排位为 1，如图 16-16 所示。可以看到当排位数据相同时，排位根据求平均值的方式进行显示。

Step02 选择 L2 单元格，并通过拖动填充控制柄自动填充公式，计算出各同学成绩在全班成绩的排名，如图 16-17 所示。

图 16-16

图 16-17

16.2 工程函数

在进行编程时，经常会遇到一些工程计算方面的问题。掌握工程函数的相关应用技巧，可以极大地简化程序，解决一些数学问题。工程函数是属于专业领域计算分析用的函数，本节将介绍一些常用工程函数的使用技巧，包括数制转换类函数和复数运算类函数的使用技巧。

★ 重点 16.2.1 实战：使用 DELTA 函数测试两个值是否相等

实例门类	软件功能
教学视频	光盘\视频\第 16 章\16.2.1.mp4

DELTA 函数用于测试两个数值是否相等。如果 number1=number2，则返回 1，否则返回 0。

语法结构：
DELTA (number1,[number2])
参数：
- number1：必需的参数，代表要进行比较的第一个数字。
- number2：可选参数，代表要进行比较的第二个数字。如果省略 number2，则假设该参数值为 0。

DELTA 函数常用于筛选一组数据。例如，在统计学生的数学运算成绩时，每得到一个正确计算结果就得一分，要统计某学生成绩时可以先使用 DELTA 函数判断出结果是否正确，然后再计算总得分，具体操作步骤如下。

Step01 打开光盘\素材文件\第 16 章\简单数学计算得分统计 .xlsx，在 C2 单元格中输入公式【=DELTA(A2,B2)】，判断出该题的答案是否正确，正确使得到一分，否则为零，如图 16-18 所示。

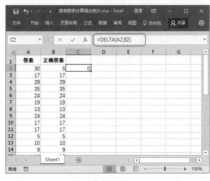

图 16-18

Step02 ❶ 选择 C2 单元格，并拖动填充控制柄填充公式，❷ 在 A33 单元格中输入相应文本，❸ 在 B33 单元格中输入公式【=SUM(C2:C31)】，计算出该同学的最终得分，如图 16-19 所示。

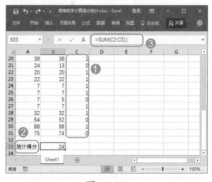

图 16-19

★ 重点 16.2.2 实战：使用 GESTEP 函数测试某值是否大于阈值

实例门类	软件功能
教学视频	光盘\视频\第 16 章\16.2.2.mp4

GESTEP 函数用于检验数字是否大于等于特定的值（阈值），如果大于等于阈值，返回 1，否则返回 0。

语法结构：
GESTEP (number,[step])
参数：

● number: 必需的参数，表示要针对 step 进行测试的值。
● step: 可选参数，代表作为参照的数值（阈值）。如果省略 step 的值，则函数 GESTEP 假设其为零。

例如，某员工每天完成 100 份才算达标，要在【一周工作量统计】工作表中将每天实际完成任务与 100 进行比较，判断出当天是否达标，并对记录周数据中达标的天数进行统计，具体操作步骤如下。

打开光盘\素材文件\第 16 章\一周工作量统计 .xlsx，❶ 合并 A9:C9 单元格区域，并输入相应文本，❷ 在 D9 单元格中输入公式【=SUM(GESTEP(B2,100),GESTEP(B3,100),GESTEP(B4,100),GESTEP(B5,100),GESTEP(B6,100))】，计算出实际达标的天数为 3 天，如图 16-20 所示。

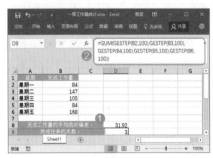

图 16-20

技术看板

从上例中可以看出，通过计算多个函数 GESTEP 的返回值，可以检测出数据集中超过某个临界值的数据个数。

16.2.3 使用 BIN2OCT 函数将二进制数转换为八进制数

在编写工程程序时，经常会遇到数制转换的问题，如果需要将二进制数转换为八进制数，即可使用 BIN2OCT 函数进行转换。

语法结构：
BIN2OCT (number,[places])
参数：

● number: 必需的参数，表示希望转换的二进制数。number 的位数不能多于 10 位（二进制位），最高位为符号位，其余 9 位为数字位。负数用二进制数的补码表示。
● places: 可选参数，代表要使用的字符数。如果省略 places，BIN2OCT 将使用尽可能少的字符数。当需要在返回的值前置 0 时，places 尤其有用。

例如，需要将二进制计数中的 1111111111 转换为八进制，可输入公式【=BIN2OCT(1111111111)】，返回【7777777777】。

若需要将二进制数 1011 转换为 4 个字符的八进制数，即可输入公式【=BIN2OCT(1011,4)】，返回【0013】。

技术看板

在使用 BIN2OCT 函数时，需要注意以下几点。

（1）如果数字为非法二进制数或位数多于 10 位，将返回错误值【#NUM!】。

（2）如果数字为负数，函数将忽略 places，返回以 10 个字符表示的八进制数。

（3）如果 BIN2OCT 需要比 places 指定的更多的位数，将返回错误值【#NUM!】。

（4）如果 places 不是整数，将被截尾取整。

（5）如果 places 为非数值型，将返回错误值【#VALUE!】。

（6）如果 places 为负值，将返回错误值【#NUM!】。

16.2.4 使用 BIN2DEC 函数将二进制数转换为十进制数

BIN2DEC 函数用于将二进制数转换为十进制数。

语法结构：
BIN2DEC(number)
参数：

number: 必需的参数，希望转换的二进制数。number 的位数不能多于 10 位（二进制位），最高位为符号位，其余 9 位为数字位。负数用二进制数的补码表示。

例如，需要将二进制数 1100101 转换为十进制数，即可输入公式【=BIN2DEC(1100101)】，返回【101】。

16.2.5 使用 BIN2HEX 函数将二进制数转换为十六进制数

如果需要将二进制数转换为十六进制数，可使用 BIN2HEX 函数进行转换。

语法结构：
BIN2HEX(number, [places])
参数：

● number: 必需的参数，希望转换的二进制数。number 包含的字符不能多于10位（二进制位），最高位为符号位，其余9位为数字位。负数用二进制补码记数法表示。

- places：可选参数。表示要使用的字符数。 如果省略 places，BIN2HEX 将使用必需的最小字符数。places 可用于在返回的值前置 0。

例如，需要将二进数 11001011 转换为 4 个字符的十六进制数，即可输入公式【=BIN2HEX(11001011,4)】，返回【00CB】。

技术看板

Excel 中专门提供有转换十六进制数的函数，HEX2BIN、HEX2OCT、HEX2DEC 函数分别用于将十六进制数转换为二进制、八进制数和十进制数。这几个函数的语法结构分别为：HEX2BIN(number,[places])、HEX2OCT(number,[places]) 和 HEX2DEC(number)。其中，参数 number 是要转换的十六进制数，其位数不能多于10位（40位二进制位），最高位为符号位，后39位为数字位，负数用二进制数的补码表示；参数 places 用于设置所要使用的字符数。

16.2.6 使用 DEC2BIN 函数将十进制数转换为二进制数

Excel 中专门提供有转换十进制数的函数。如果需要将十进制数转换为二进制数，可使用 DEC2BIN 函数进行转换。

语法结构：
DEC2BIN(number, [places])
参数：

- number：必需的参数，希望转换的十进制数。如果 number 参数值为负数，则省略有效位值并且返回10个字符的二进制数（10

位二进制数），该数最高位为符号位，其余9位是数字位。

- places：可选参数。表示要使用的字符数。 如果省略 places，DEC2BIN 将使用必要的最小字符数。places 可用于在返回的值前置 0。

例如，需要将十进制数 16 转换为 6 个字符的二进制数，即可输入公式【=DEC2BIN(16,6)】，返回【010000】。

技术看板

在使用 DEC2BIN 函数时，需要注意以下几点。

（1）如果 number<-512 或 number>511，将返回错误值【#NUM!】。

（2）如果参数 number 为非数值型，将返回错误值【#VALUE!】。

（3）如果函数 DEC2BIN 需要比 places 指定的更多的位数，将返回错误值【#NUM!】。

（4）如果 places 不是整数，将截尾取整。

（5）如果 places 为非数值型，将返回错误值【#VALUE!】。

（6）如果 places 为零或负值，将返回错误值【#NUM!】。

16.2.7 使用 DEC2OCT 函数将十进制数转换为八进制数

如果需要将十进制数转换为八进制数，可使用 DEC2OCT 函数进行转换。

语法结构：
DEC2OCT(number, [places])
参数：

- number： 必需的参数，希望转换的十进制整数。如果数字为负数，则忽略 places，且 DEC2OCT 返回10个字符的（30位）八进制数，其中最高位为

符号位。其余29位是数字位。负数由二进制补码记数法表示。

- places：可选参数。表示要使用的字符数。 如果省略 places，DEC2OCT 将使用必要的最小字符数。places 可用于在返回的值前置 0。

例如，需要将十进制数 -104 转换为八进制数，即可输入公式【=DEC2OCT(-104)】，返回【7777777630】。

技术看板

Excel 中专门提供有转换八进制数的函数，OCT2BIN、OCT2DEC、OCT2HEX 函数分别用于将八进制数转换为二进制、十进制和十六进制数。这几个函数的表达式分别为：OCT2BIN(number,[places])、OCT2DEC(number) 和 OCT2HEX(number,[places])。其中，number 是要转换的八进制数，其位数不能多于10位（30个二进制位），最高位为符号位，后29位为数字位，负数用二进制数的补码表示。

16.2.8 使用 DEC2HEX 函数将十进制数转换为十六进制数

如果需要将十进制数转换为十六进制数，可使用 DEC2HEX 函数进行转换。

语法结构：
DEC2HEX(number, [places])
参数：

- number：必需的参数，希望转换的十进制整数。如果数字为负数，则忽略 places，且 DEC2HEX 返回10个字符的（40位）十六进制数，其中最高位为符号位。其余39位是数字位。负数由二进制补码记数法表示。

- places：可选参数。表示要使用的字符数。如果省略 places，DEC2HEX 将使用必要的最小字符数。places 可用于在返回的值前置 0。

例如，需要将十进制数-54 转换为十六进制数，即可输入公式【=DEC2HEX(-54)】，返回【FFFFFFFFCA】。

16.2.9 使用 COMPLEX 函数将实系数和虚系数转换为复数

在 Excel 中，可以利用一些函数对复数进行转换，如将实系数和虚系数转换为复数表示。

COMPLEX 函数用于将实系数及虚系数转换为 $x+yi$ 或 $x+yj$ 形式的复数。

语法结构：
COMPLEX(real_num, i_num, [suffix])
参数：
- real_num：必需的参数，代表复数的实系数。
- i_num：必需的参数，代表复数的虚系数。
- suffix：可选参数，代表复数中虚系数的后缀，如果省略，则默认为【i】。

例如，需要将实部为 3、虚部为 4、后缀为 j 的数转换为复数，可输入公式【=COMPLEX(3,4,"j")】，返回【3 + 4j】。

技术看板

在使用 COMPLEX 函数的时候，需要注意以下几点。

（1）所有复数函数均接受 i 和 j 作为后缀，但不接受 I 和 J 作为后缀。如果复数的后缀不是 i 或 j，函数将返回错误值【#VALUE!】。使用两个或多个复数的函数要求所有复数的后缀一致。

（2）如果参数 real_num 或 i_num 为非数值型，函数将返回错误值【#VALUE!】。

16.2.10 使用 IMREAL 函数返回复数的实系数

IMREAL 函数用于返回以 $x+yi$ 或 $x+yj$ 文本格式表示的复数的实系数。

语法结构：
IMREAL (inumber)
参数：
inumber：必需的参数，表示需要计算其实系数的复数。

在编写某些工程程序时，可能需要将复数的实系数提取出来。例如，要提取 6+5i 的实系数，可输入公式【=IMREAL("6+5i")】，返回实系数为【6】。

16.2.11 使用 IMAGINARY 函数返回复数的虚系数

IMAGINARY 函数用于返回以 $x+yi$ 或 $x+yj$ 文本格式表示的复数的虚系数。

语法结构：
IMAGINARY (inumber)
参数：
inumber：必需的参数，表示需要计算其虚系数的复数。

在编写某些工程程序时，如果需要将复数的虚系数提取出来，此时可使用 IMAGINARY 函数进行提取。例如，要提取 6+5i 的虚系数，可输入公式【=IMAGINARY("6+5i")】，返回虚系数为【5】。

16.2.12 使用 IMCONJUGATE 函数返回复数的共轭复数

IMCONJUGATE 函数用于返回以 $x+yi$ 或 $x+yj$ 文本格式表示的共轭复数。

语法结构：
IMCONJUGATE (inumber)
参数：
inumber：必需的参数，表示需要返回其共轭数的复数。

例如，需要求复数 6+5i 的共轭复数，可输入公式【=IMCONJUGATE("6+5i")】，返回复数【6-5i】。

技术看板

在处理复数的函数中，如果使用了两个或多个复数，则要求所有复数的后缀一致。

★ 重点 16.2.13 使用 ERF 函数返回误差函数

ERF 函数用于返回误差函数在上下限之间的积分。

语法结构：
ERF (lower_limit,[upper_limit])
参数：
- lower_limit：必需的参数，表示 ERF 函数的积分下限。
- upper_limit：可选参数，表示 ERF 函数的积分上限。如果省略 upper_limit，ERF 将在 0 到 lower_limit 之间进行积分。

有些工程程序在编写时，需要计算误差函数在上下限之间的积分，此时即可使用 ERF 函数进行计算。例如，需要计算误差函数在 0~0.55 之间的积分值，即可输入公式【=ERF(0.55)】，返回【0.563323】。

技术看板

在使用 ERF 函数时，需要注意以下几点。

（1）如果上限或下限是非数值型，将返回错误值【#VALUE!】。

（2）如果上限或下限是负值，将返回错误值【#NUM!】。

16.2.14 使用 ERFC 函数返回补余误差函数

ERFC 函数用于返回从 x 到 ∞（无穷）积分的 ERF 函数的补余误差函数。

语法结构：
ERFC (x)
参数：

x：必需的参数，表示 ERFC 函数的积分下限。如果 x 是非数值型，则函数 ERFC 返回错误值【#VALUE!】。

例如，输入公式【=ERFC(1)】，即可计算 1 的 ERF 函数的补余误差函数，返回【0.1573】。

16.3　信息函数

在 Excel 函数中有一类函数，它们专门用来返回某些指定单元格或区域的信息，如获取文件路径、单元格格式信息或操作环境信息等。本节将简单介绍部分信息函数是如何获取信息的。

16.3.1　使用 CELL 函数返回引用单元格信息

工作表中的每一个单元格都有对应的单元格格式、位置和内容等信息，在 Excel 中可以使用函数返回这些信息，方便查看和管理。

CELL 函数用于返回某一引用区域的左上角单元格的格式、位置或内容等信息。

语法结构：
CELL (info_type,[reference])
参数：

- info_type：必需的参数，表示一个文本值，用于指定所需的单元格信息的类型。
- reference：可选参数，表示需要获取相关信息的单元格。如果忽略该参数，Excel 将自动将 info_type 参数中指定的信息返回给最后更改的单元格。如果参数 reference 值是某一单元格区域，则函数 CELL 只将该信息返回给该单元格区域左上角的单元格。

info_type 参数的可能值及相应的结果如表 16-1 所示。

表 16-1　info_type 参数的可能值

续表

info_type	返回
"address"	引用中第一个单元格的引用，文本类型
"col"	引用中单元格的列标
"color"	如果单元格中的负值以不同颜色显示，则为值 1；否则，返回 0
"contents"	引用中左上角单元格的值：不是公式
"filename"	包含引用的文件名（包括全部路径），文本类型。如果包含目标引用的工作表尚未保存，则返回空文本
"format"	与单元格中不同的数字格式相对应的文本值。在【多学一点】小栏目中列出不同格式的文本值。如果单元格中负值以不同颜色显示，则在返回的文本值的结尾处加【-】；如果单元格中为正值或所有单元格均加括号，则在文本值的结尾处返回【()】
"parentheses"	如果单元格中为正值或所有单元格均加括号，则为值 1；否则返回 0

info_type	返回
"prefix"	与单元格中不同的【标志前缀】相对应的文本值。如果单元格文本左对齐，则返回单引号（'）；如果单元格文本右对齐，则返回双引号（"）；如果单元格文本居中，则返回插入字符（^）；如果单元格文本两端对齐，则返回反斜线（\）；如果是其他情况，则返回空文本
"protect"	如果单元格没有锁定，则为值 0；如果单元格锁定，则返回 1
"row"	引用中单元格的行号
"type"	与单元格中的数据类型相对应的文本值。如果单元格为空，则返回【b】。如果单元格包含文本常量，则返回【l】；如果单元格包含其他内容，则返回【v】
"width"	取整后的单元格的列宽。列宽以默认字号的一个字符的宽度为单位

根据表 16-1，套用 CELL 函数即可获取需要的单元格信息。如果需要返回单元格 A2 中的行号，即可输入公式【=CELL("row",A2)】，返回【2】。

如要返回单元格 A2 中的内容，即可输入公式【=CELL("contents",A2)】。如果需要返回单元格 A2 中的数据类型，输入公式【=CELL("type",A2)】即可。

技术看板

当参数 info_type 为【format】时，根据单元格中不同的数字格式，将返回不同的文本值，表 16-2 所示的是数字格式与对应的函数 CELL 的返回值。

表 16-2 数字格式与对应的函数 CELL 的返回值

Excel 的格式	CELL 函数返回值
常规	"G"
0	"F0"
0.00	"F2"
0%	"P0"
0.00%	"P2"
0.00E+00	"S2"
#,##0	",0"
#,##0.00	",2"
# ?/? 或 # ??/??	"G"
$#,##0_);($#,##0)	"C0"
$#,##0_);[Red]($#,##0)	"C0-"
$#,##0.00_);($#,##0.00)	"C2"
$#,##0.00_);[Red]($#,##0.00)	"C2-"
d-mmm-yy 或 dd-mmm-yy	"D1"
mmm-yy	"D2"
d-mmm 或 dd-mmm	"D3"
yy-m-d 或 yy-m-d h:mm 或 dd-mm-yy	"D4"
dd-mm	"D5"
h:mm:ss AM/PM	"D6"
h:mm AM/PM	"D7"
h:mm:ss	"D8"
h:mm	"D9"

技术看板

使用 CELL 函数时，如果列宽的数值不是整数，结果值会根据四舍五入的方式返回整数值。

16.3.2 使用 ERROR.TYPE 函数返回对应错误类型数值

ERROR.TYPE 函数用于返回对应于 Excel 中某一错误值的数字，如果没有错误则返回【#N/A】。

语法结构：
ERROR.TYPE (error_val)
参数：
error_val：必需的参数，用于指定需要查找其标号的一个错误值。

表 16-3 所示的是错误值与函数 ERROR.TYPE 对应的返回值。

表 16-3 错误值与函数 ERROR.TYPE 对应的返回值

error_val	函数 ERROR.TYPE 的返回值
#NULL!	1
#DIV/0!	2
#VALUE!	3
#REF!	4
#NAME?	5
#NUM!	6
#N/A	7
#GETTING_DATA	8
其他值	#N/A

虽然该参数值可以为实际的错误值，但通常为一个包含需要检测的公式的单元格引用。在函数 IF 中可以使用 ERROR.TYPE 函数检测错误值，并返回文本字符串来取代错误值。例如，输入公式【=IF(ERROR.TYPE(A3)<3,CHOOSE(ERROR.TYPE(A3),"区域没有交叉","除数为零"))】，即可检查 A3 单元格以查看是否包含【#NULL!】错误值或【#DIV/0!】错误值。如果有，则在工作表函数 CHOOSE 中使用错误值的数字来显示两条消息之一；否则将返回【#N/A】错误值（除数为零）。

16.3.3 使用 INFO 函数返回与当前操作环境有关的信息

在对工作簿进行操作时，Excel 窗口下方的状态栏左侧会显示出当前操作环境所处的状态，如【就绪】【输入】等。除此之外，还可以通过 INFO 函数返回有关当前操作环境的信息。

语法结构：
INFO (type_text)
参数：
type_text：必需的参数，用于指定所要返回的信息类型的文本。

表 16-4 展示 type_text 参数值与 INFO 函数对应的返回值。

表 16-4 type_text 参数值与 INFO 函数对应的返回值

type_text	函数 INFO 的返回值
"directory"	当前目录或文件夹的路径
"numfile"	打开的工作簿中活动工作表的数目
"origin"	以当前滚动位置为基准，返回窗口中可见的左上角单元格的绝对单元格引用，如带前缀【$A:】的文本。此值与 Lotus 1-2-3 3.x 版兼容。返回的实际值取决于当前的引用样式设置。以 D9 为例，当采用 A1 引用样式，则返回值为 "$A:$D$9"；当采用 R1C1 引用样式，则返回值为 "$A:R9C4"
"osversion"	当前操作系统的版本号，文本值
"recalc"	当前的重新计算模式，返回【自动】或【手动】
"release"	Excel 的版本号，文本值
"system"	操作系统名称：Macintosh =【mac】；Windows =【pcdos】

例如，要在当前工作簿中返回活

动工作表的个数，输入公式【=INFO ("numfile")】即可。

16.3.4　使用 N 函数返回转换为数字后的值

N 函数可以将其他类型的变量转换为数值。

语法结构：
N (value)
参数：
value：必需的参数，表示要转换的值。

下面以列表的形式展示其他类型的数值或变量与对应的 N 函数返回值，表 16-5 所示的是 value 参数值与 N 函数对应的返回值。

表 16-5　value 参数值与 N 函数对应的返回值

数值或引用	函数 N 的返回值
数字	该数字
日期（Excel 的一种内部日期格式）	该日期的序列号
TRUE	1
FALSE	0
错误值，如 #DIV/0!	错误值
其他值	0

例如，要将日期格式的【2017/6/1】数据转换为数值，可输入公式【=N(2017/6/1)】，返回【336.1666667】。又如，要将文本数据【Hello】转换为数值，可输入公式【=N("Hello")】，返回【0】。

16.3.5　使用 TYPE 函数返回表示值的数据类型的数字

TYPE 函数用于返回数值的类型。在 Excel 中，用户可以使用 TYPE 函数来确定单元格中是否含有公式。TYPE 仅确定结果、显示或值的类型。如果某个值是单元格引用，它所引用的另一个单元格中含有公式，则 TYPE 函数将返回此公式结果值的类型。

语法结构：
TYPE (value)
参数：
value：必需的参数，表示任意 Excel 数值。当 value 为数字时，TYPE 函数将返回 1；当 value 为文本时，TYPE 函数将返回 2；当 value 为逻辑值时，TYPE 函数将返回 4；当 value 为误差值时，TYPE 函数将返回 16；当 value 为数组时，TYPE 函数将返回 64。

例如，输入公式【=TYPE("Hello")】，将返回【2】，输入公式【=TYPE(8)】，将返回【1】。

16.3.6　实战：使用 IS 类函数检验指定值

实例门类	软件功能
教学视频	光盘\视频\第 16 章\16.3.6.mp4

IS 类函数又被称为检测类函数，这类函数可检验指定值，并根据参数取值返回对应的逻辑值。

在对某一值执行计算或执行其他操作之前，可以使用 IS 函数获取该值的相关信息。IS 类函数有相同的参数 value，表示用于检验的数值，可以是空白（空单元格）、错误值、逻辑值、文本、数字、引用值，或者引用要检验的以上任意值的名称。表 16-6 所示的是 IS 类函数的语法结构和返回值。

表 16-6　IS 类函数的语法结构和返回值

函数名称	语法结构	如果为下面的内容，则返回 TRUE
ISBLANK	ISBLANK (value)	值为空白单元格
ISERR	ISERR (value)	值为任意错误值（除去 #N/A）
ISERROR	ISERROR (value)	值为任意错误值（#N/A、#VALUE!、#REF!、#DIV/0!、#NUM!、#NAME? 或 #NULL!）
ISLOGICAL	ISLOGICAL (value)	值为逻辑值
ISNA	ISNA (value)	值为错误值 #N/A（值不存在）
ISNONTEXT	ISNONTEXT (value)	值为不是文本的任意项（请注意，此函数在值为空单元格时返回 TRUE）
ISNUMBER	ISNUMBER (value)	值为数字
ISREF	ISREF (value)	值为引用
ISTEXT	ISTEXT (value)	值为文本

例如，某公司在统计职业技能培训成绩，统计原则是【如果三次考试都有成绩，取三次成绩中的最大值作为统计成绩；如果三次考试中有缺考记录，则标记为 " 不及格 "】。

要使用 Excel 统计上述要求下的成绩，首先可使用 ISBLANK 函数检查成绩表中是否存在空白单元格，其次使用 OR 函数来判断是否三次考试中有缺考情况，最后使用 IF 函数根据结果返回不同的计算值。

语法结构：

ISBLANK (value)

参数：

value：必需的参数，表示要检验的值。参数 value 可以是空白（空单元格）、错误值、逻辑值、文本、数字、引用值，或者引用要检验的以上任意值的名称。

针对上述案例，结合 3 个函数检验成绩是否合格的具体操作步骤如下。

Step01 打开光盘 \ 素材文件 \ 第 16 章 \ 培训成绩登记表 .xlsx，在 F2 单元格

中输入公式【=IF(OR(ISBLANK(C2),ISBLANK(D2),ISBLANK(E2)),"不及格",MAX((C2:E2))】，统计出第一名员工的成绩，如图 16-21 所示。

图 16-21

Step02 使用 Excel 的自动填充功能将 F2 单元格中的公式填充到 F3:F24 单元格区域，统计出其他员工的成绩，如图 16-22 所示。

图 16-22

本章小结

Excel 中的函数还有很多，前面章节中已经讲解了几大类比较常见的函数。本章主要介绍了统计类、工程类、信息类函数的常用函数。统计类的函数用得比较多，掌握这些函数的相关技能技巧，可以方便地处理各种统计、概率或预测问题；工程类的函数基本上是专门为工程师准备的，如果用户没有这方面的需求，则使用该类函数的概率比较小；信息类的函数就是对 Excel 进行信息处理和检测，便捷地分析单元格的数据类型，在具体应用中通常需要结合其他函数来使用。

3

图表与图形篇

面对大量的数据和计算公式，会让查看表格的人头痛。在分析数据或展示数据时，如果可以将数据表现得更直观形象，不用查看密密麻麻的文字和数字，那么分析数据或查看数据一定会更轻松。所以有了另外一种展示数据的方式，那就是图表。此外，图形可以增强工作表或图表的视觉效果，创建出引人注目的报表。

第 17 章　图表的应用

➡ 表格数据太多，难于理解，如何做成图表？

➡ 图表类型太多，不会选择，怎么办？

➡ 默认图表元素过多或不够，需要再加工吗？

➡ 图表效果太 low，不会美化，怎么办？

➡ 你会使用辅助线分析图表数据吗？

本章将介绍图表的创建、编辑与修改的基本操作，教会读者如何制作出美观的图表，并带读者领略专业级别图表的风采。

17.1　图表简介

在 Excel 2016 中，使用统计图表不仅可以对数据间那些细微的、不易阅读的内容进行区分，而且还可以采用不同的图表类型加以突出，分析数据间一些不容易识别的对比或联系，从而提高使用者对数据的使用率。下面将介绍图表的基本知识。

17.1.1　图表的特点及使用分析

在现代办公应用中，人们需要记录和存储各种数据，而这些数据记录和存储的目的是日后数据的查询或分析。

Excel 对数据实现查询和分析的重要手段除了前面介绍的公式和函数外，还提供了丰富实用的图表功能。Excel 2016 图表具有美化表格、直观形象、实时更新和二维坐标等特点。

1. 美化表格

在工作表中，如果仅有数据看起来会十分枯燥，运用 Excel 2016 的图表功能，可以帮助用户迅速创建各种各样的商业图表。

图表是图形化的数据，整个图表由点、线、面与数据匹配组合而成，具有良好的视觉效果。

2. 直观形象

图表应用不同色彩、不同大小或不同形状来表现不同的数据，所以，图表最大的特点就是直观形象，能使用户一目了然地看清数据的大小、差异、构成比例和变化趋势。

如图 17-1 所示，数据表中的数据已经是经过处理和分析的一组数据，但如果只是阅读这些数字，可能无法得到整组数据所包含的更有价值的信息。

产品接受程度对比图		
群体	女性	男性
10～20岁	21%	−18%
21～30岁	68%	−58%
31～40岁	45%	−46%
41～50岁	36%	−34%
50岁以上	28%	−30%

图 17-1

如果将图 17-1 中所展示的数据制作成图 17-2 所示的图表，则图表中至少反映了以下三方面信息。

（1）该产品的用户主要集中在 21 ～ 40 岁。

（2）10 ～ 20 岁的用户基本上对该产品没有兴趣。

（3）整体上来讲，男性比女性更喜欢这个产品。

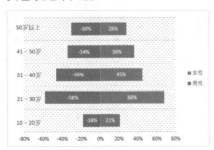

图 17-2

3. 实时更新

一般情况下，用户使用 Excel 工作簿内的数据制作图表，生成的图表也存放在工作簿中。

Excel 2016 中的图表具有实时更新功能，即图表中的数据可以随着数据表中的数据变化而自动更新。

图表实时更新的前提是，已经设置了表格数据自动进行重算。用户可以在【Excel 选项】对话框中选择【公式】选项卡，然后在【计算选项】栏中选中【自动重算】单选按钮来设置，如图 17-3 所示。

图 17-3

4. 二维坐标

Excel 中虽然也提供了一些三维图表类型，但从实际运用的角度来看，其实质还是二维的平面坐标系下建立的图表。如图 17-4 所示的三维气泡图只有两个数值坐标轴。而如图 17-5～ 图 17-8 所示的三维柱形图、三维折线图、三维面积图、三维曲面图中，虽然显示了 3 个坐标轴，但是 X 轴为分类轴，Y 轴为系列轴，只有 Z 轴为数值轴，其实使用平面坐标的图表也能完全的表现出来。

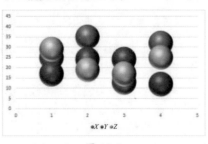

图 17-4

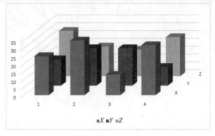

图 17-5

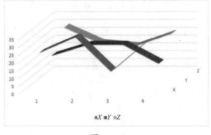

图 17-6

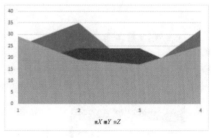

图 17-7

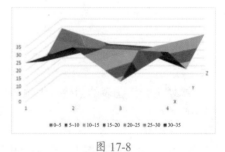

图 17-8

17.1.2 图表的构成元素

Excel 2016 提供了 14 种标准的图表类型，每一种图表类型都分为几种子类型，其中包括二维图表和三维图表。虽然图表的种类不同，但每一种图表的绝大部分组件是相同的，一个完整的图表主要由图表区、图表标题、坐标轴、绘图区、数据系列、网格线和图例等部分组成。下面以柱形图的图表为例讲解图表的组成，如图 17-9 和表 17-1 所示。

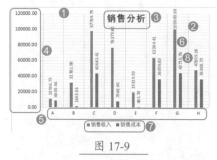

图 17-9

表 17-1 图表的组成

序号	名称	作用
①	图表区	在 Excel 中，图表是以一个整体的形式插入表格中的，它类似于一个图片区域，这就是图表区。图表及图表相关的元素均存在于图表区中。在 Excel 中可以为图表区设置不同的背景颜色或背景图像
②	绘图区	在图表区中，通过横坐标轴和纵坐标轴界定的矩形区域，用于绘制图表序列和网格线，图表中用于表示数据的图形元素也将出现在绘图区中。标签、刻度线和轴标题在绘图区外、图表区内的位置绘制
③	图表标题	图表上显示的名称，用于简要概述该图表的作用或目的。图表标题在图表区中以一个文本框的形式呈现，可以对其进行各种调整或修饰
④	垂直轴	即图表中的纵（Y）坐标轴。通常为数值轴，用于确定图表中垂直坐标轴的最小和最大刻度值
⑤	水平轴	即图表中的横（X）坐标轴。通常为分类轴，主要用于显示文本标签。不同数据值的大小会依据垂直轴和水平轴上标定的数据值（刻度）在绘图区中绘制产生。不同坐标轴表示的数值或分类的含义可以使用坐标标题进行标识和说明

（续表）

序号	名称	作用
⑥	数据系列	在数据区域中，同一列（或同一行）数值数据的集合构成一组数据系列，也就是图表中相关数据点的集合，这些数据源自数据表的行或列。它是根据用户指定的图表类型以系列的方式显示在图表中的可视化数据。图表中可以有一组到多组数据系列，多组数据系列之间通常采用不同的图案、颜色或符号来区分。在图 17-9 中，不同产品的销售收入和销售成本形成了两个数据系列，它们分别以不同的颜色来加以区分。在各数据系列数据点上还可以标注出该系列数据的具体值，即数据标签
⑦	图例	列举各系列表示方式的方框图，用于指出图表中不同的数据系列采用的标识方式，通常列举不同系列在图表中应用的颜色。图例由两部分构成：（1）图例标识，代表数据系列的图案，即不同颜色的小方块；（2）图例项，与图例标识对应的数据系列名称，一种图例标识只能对应一种图例项
⑧	网格线	贯穿绘图区的线条，用于作为估算数据系列所示值的标准

★ 新功能 17.1.3 Excel 2016 图表类型

Excel 2016 内置的图表包括 14 大类图表类型：柱形图、折线图、饼图、条形图、面积图、XY（散点图）、股价图、曲面图、雷达图、树状图、旭日图和组合图等，每种图表类型下还包括多种子图表类型，如图 17-10 所示。

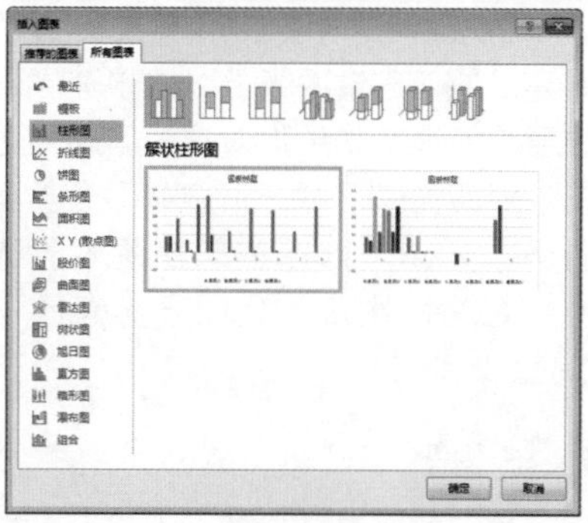

图 17-10

不同类型的图表表现数据的意义和作用是不同的。如下面的几种图表类型，它们展示的数据是相同的，但表达的含义可能截然不同。

从图 17-11 所示的图表中主要看到的是一个趋势和过程。

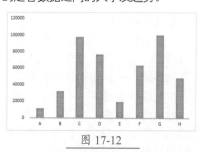

图 17-11

从图 17-12 所示的图表中主要看到的是各数据之间的大小及趋势。

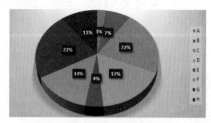

图 17-12

从图 17-13 所示的图表中几乎看不出趋势，只能看到各组数据的占比情况。

图 17-13

到底什么时候该用什么类型的图呢，如何通过图表的方式快速展现想要的内容？如果你对这些问题很迷茫，那就先来了解一下各种图表类型的基本知识，以便在创建图表时选择最合适的图表，让图表具有阅读价值。

1. 柱形图

柱形图是最常见的图表类型，它的适用场合是二维数据集（每个数据点包括两个值 X 和 Y），但只有一个维度需要比较的情况，如图 17-14 所示的柱形图就表示了一组二维数据，【年份】和【销售额】就是它的两个维度，但只需要比较【销售额】这一个维度。

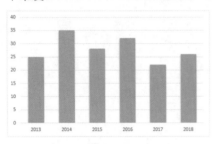
图 17-14

柱形图通常沿水平轴组织类别，而沿垂直轴组织数值，利用柱子的高度，反映数据的差异。肉眼对高度差异很敏感，辨识效果非常好，所以非常容易解读。柱形图的局限在于只适用中小规模的数据集。

通常来说，柱形图用于显示一段时间内的数据的变化，即柱状图的 X 轴是时间维的，用户习惯性认为存在时间趋势（但表现趋势并不是柱形图的重点）。如果遇到 X 轴不是时间维的情况，如需要用柱形图来描述各项之间的比较情况，建议用颜色区分每根柱子，改变用户对时间趋势的关注。图 17-15 所示为 6 个不同类别数据的展示。

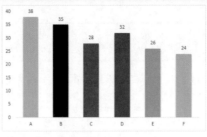
图 17-15

2. 折线图

折线图也是常见的图表类型，它是将同一数据系列的数据点在图上用直线连接起来，以等间隔显示数据的变化趋势，如图 17-16 所示。折线图适合二维的大数据集，尤其是那些趋势比单个数据点更重要的场合。

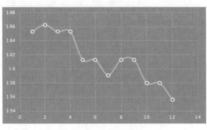
图 17-16

折线图可以显示随时间而变化的连续数据（根据常用比例设置），它强调的是数据的时间性和变动率，因此非常适用于显示在相等时间间隔下数据的变化趋势。在折线图中，类别数据沿水平轴均匀分布，所有的值数据沿垂直轴均匀分布。

折线图也适合多个二维数据集的比较，图 17-17 所示为两个产品在同一时间内的销售情况比较。

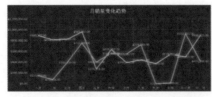
图 17-17

不管是用于表现一组或多组数据的大小变化趋势，在折线图中数据的顺序都非常重要，通常数据之间有时间变化关系才会使用折线图。

3. 饼图

饼图虽然也是常用的图表类型，但在实际应用中应尽量避免使用饼图，因为肉眼对面积的大小不敏感。如对同一组数据使用饼图和柱形图来显示，效果如图 17-18 所示。

图 17-18

在图 17-18 中，显然左侧饼图的 5 个色块的面积排序不容易看出来。换成右侧柱状图后，各数据的大小就容易看出来了。

一般情况下，总是应该用柱状图替代饼图。但有一个例外，就是要反映某个部分占整体的比重，如果要了解各产品的销售比重，可以使用饼图，如图 17-19 所示。

图 17-19

这种情况下，饼图会先将某个数据系列中的单独数据转为数据系列总和的百分比，然后按照百分比绘制在一个圆形上，数据点之间用不同的图案填充。但它只能显示一个数据系列，如果有几个数据系列同时被选中，将只显示其中的一个系列。

技术看板

一般在仅有一个要绘制的数据系列（即仅排列在工作表的一列或一行中的数据），且要绘制的数值中不包含负值，也几乎没有零值时，才使用饼图图表。由于各类别分别代表整个饼图的一部分，因此，饼图中最好不要超过7个类别，否则就会显得杂乱，也不好识别其大小。

饼图中包含了圆环图，圆环图类似于饼图，它是使用环形的一部分来表现一个数据在整体数据中的大小比例。圆环图也用来显示单独的数据点相对于整个数据系列的关系或比例，同时圆环图还可以含有多个数据系列，如图 17-20 所示。圆环图中的每个环代表一个数据系列。

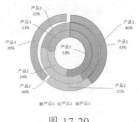

图 17-20

4. 条形图

条形图用于显示各项目之间数据的差异，它与柱形图具有相同的表现目的，不同的是，柱形图是在水平方向上依次展示数据，条形图是在垂直方向上依次展示数据，如图 17-21 所示。

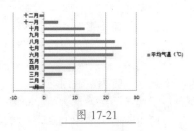

图 17-21

条形图描述了各个项之间的差别

情况。分类项垂直表示，数值水平表示。这样可以突出数值的比较，而淡化随时间的变化。

条形图常应用于轴标签过长的图表的绘制中，以免出现柱形图中对长分类标签省略的情况，如图 17-22 所示。条形图中显示的数值是持续型的。

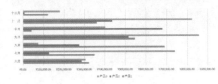

图 17-22

5. 面积图

面积图与折线图类似，也可以显示多组数据系列，只是将连线与分类轴之间用图案填充，主要用于表现数据的趋势。但不同的是，折线图只能单纯地反映每个样本的变化趋势，如某产品每个月的变化趋势；而面积图除了可以反映每个样本的变化趋势外，还可以显示总体数据的变化趋势，即面积，如图 17-23 所示。

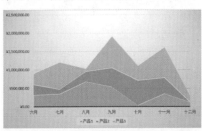

图 17-23

面积图可用于绘制随时间发生的变化量，常用于引起人们对总值趋势的关注。通过显示所绘制的值的总和，面积图还可以显示部分与整体的关系。面积图强调的是数据的变动量，而不是时间的变动率。

技术看板

折线图，一般在日期力度比较大时，或者日期力度比较小时，不太好表示，这时比较适合使用面积图来反映数据的变化。但当某组数据变化特别小时，使用面积图就不太合适，会被遮挡。

6. XY（散点图）

XY 散点图主要用来显示单个或多个数据系列中各数值之间的相互关系，或者将两组数字绘制为 XY 坐标的一个系列。

散点图有两个数值轴，沿横坐标轴（X 轴）方向显示一组数值数据，沿纵坐标轴（Y 轴）方向显示另一组数值数据。一般情况下，散点图用这些数值构成多个坐标点，通过观察坐标点的分布，即可判断变量间是否存在关联关系，以及相关关系的强度。

技术看板

相关关系表示两个变量同时变化。进行相关关系分析时，应使用连续数据，一般在 X 轴（横轴）上放置自变量，Y 轴（纵轴）上放置因变量，在坐标系上绘制出相应的点。

相关关系共有 3 种情况，导致散点图的形状也可大致分为 3 种。

● 无明显关系：即点的分布比较乱。

● 正相关：自变量 X 增大时，因变量 Y 随之增大。

● 负相关：随着自变量 X 增大，因变量 Y 反而减小。

所以散点图是回归分析非常重要的图形展示。

散点图适用于三维数据集，但其中只有两维需要比较的情况（为了识别第三维，可以为每个点加上文字标示，或者不同颜色）。常用于显示和比较成对的数据，如科学数据、统计数据和工程数据，如图 17-24 所示。

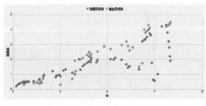

图 17-24

此外，如果不存在相关关系，

可以使用散点图总结特征点的分布模式，即矩阵图（象限图），如图17-25所示。

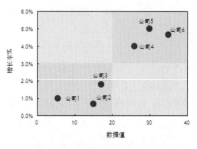

图 17-25

技术看板

散点图只是一种数据的初步分析工具，能够直观地观察两组数据可能存在什么关系，在分析时如果找到变量间存在可能的关系，则需要进一步确认是否存在因果关系，使用更多的统计分析工具进行分析。

气泡图是散点图的一种变体，它可以反映3个变量 X、Y、Z 的关系，反映到气泡图中就是气泡的面积大小。这样就解决了在二维图中比较难以表达三维关系的问题。

在气泡图中可以通过气泡的大小来表现数据大小或其他数据关系，图17-26所示为卡特里娜飓风的路径，3个维度分别为经度、纬度、强度。点的面积越大，就代表强度越大。因为用户不善于判断面积大小，所以气泡图只适用不要求精确辨识第三维的场合。

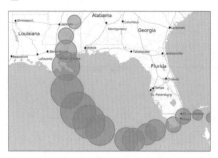

图 17-26

如果为气泡加上不同颜色（或文字标签），气泡图就可用来表达四维数据。如图17-27所示的是通过颜色表示每个点的风力等级。

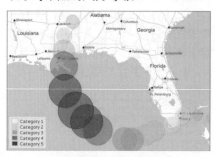

图 17-27

技术看板

如果分类标签是文本并且表示均匀分布的数值（如月份、季度或财政年度），则应使用折线图。当有多个数据系列时，尤其适合使用折线图；对于一个数据系列，则应考虑使用散点图。如果有几个均匀分布的数值标签（如年份），就应该使用折线图。如果拥有的数值标签多于10个，则需要改用散点图。

7. 股价图

股价图经常用来描绘股票价格走势，如图17-28所示。不过，这种图表也可用于科学数据。例如，可以使用股价图来显示每天或每年温度的波动。

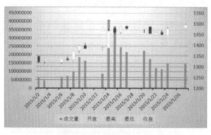

图 17-28

股价图数据在工作表中的组织方式非常重要，必须按正确的顺序组织数据才能创建股价图。例如，若要创建一个简单的盘高—盘低—收盘股价图，应根据按盘高、盘低和收盘次序输入的列标题来排列数据。

8. 曲面图

曲面图显示的是连接一组数据点的三维曲面。当需要寻找两组数据之间的最优组合时，可以使用曲面图进行分析，如图17-29所示。

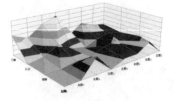

图 17-29

曲面图好像一张地质学的地图，曲面图中的不同颜色和图案表明具有相同范围的值的区域。与其他图表类型不同，曲面图中的颜色不用于区别【数据系列】。在曲面图中，颜色是用来区别值的。

9. 雷达图

雷达图，又称为戴布拉图、蜘蛛网图。它用于显示独立数据系列之间以及某个特定系列与其他系列的整体关系。每个分类都拥有自己的数值坐标轴，这些坐标轴同中心点向外辐射，并由折线将同一系列中的值连接起来，如图17-30所示。

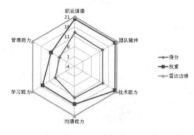

图 17-30

雷达图中，面积越大的数据点，就表示越重要。

雷达图适用于多维数据（四维以上），且每个维度必须可以排序。但是，它有一个局限，就是数据点最多6个，否则无法辨别，因此适用场合有限。而且很多用户不熟悉雷达图，阅读有困难。使用时应尽量加上说明，减轻阅读负担。

10. 树状图

树状图本名为矩形式树状结构图，它是 Excel 2016 的新功能，可以实现层次结构可视化的图表结构，方便用户轻松地发现不同系列之间、不同数据之间的大小关系。图 17-31 所示的图表中，可以清晰看到该酸奶在 10 月份的销量最高，其他月份的销量按照方块的大小排列。

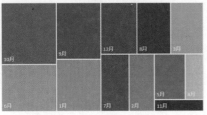

图 17-31

11. 旭日图

树状图在显示超过两个层级的数据时，基本没有太大的优势。这时就可以使用 Excel 2016 中提供的另一种新图表——旭日图。

旭日图主要用于展示数据之间的层级和占比关系，从环形内向外，层级逐渐细分，如图 17-32 所示。它的好处就是想分多少层都可以。其实，旭日图的功能有些像旧版 Excel 中制作的复合环形图，即将几个环形套在一起，只是旭日图简化了制作过程。

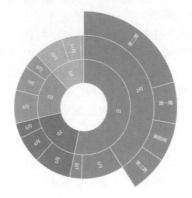

图 17-32

> **技术看板**
>
> Excel 中还提供了直方图、箱形图和瀑布图，这些图形一般在专业领域或特殊场合中使用。

12. 组合图表

组合图表是在一个图表中应用了多种图表类型的元素来同时展示多组数据。组合图可以使得图表类型更加丰富，还可以更好地区别不同的数据，并强调不同数据关注的侧重点。图 17-33 所示的是应用柱形图和折线图构成的组合图表。

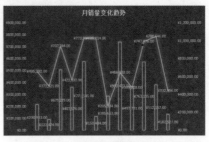

图 17-33

> **技术看板**
>
> Excel 中的每种图表表达的数据效果是不相同的，用户需要多练习才能掌握各类图表的使用场合。

17.2　创建图表

图表是在数据的基础上制作出来的，一般数据表中的数据很详细，但是不利于直观地分析问题。所以，如果要针对某一问题进行研究，就要在数据表的基础上做相应的图表。通过 17.1 节的介绍，大家对图表有了一定的认识后，即可尝试为表格数据创建图表了。在 Excel 2016 中可以很轻松地创建具有专业水准的图表。

★ 新功能 17.2.1　实战：使用推荐功能为销售数据创建图表

实例门类	软件功能
教学视频	光盘＼视频＼第 17 章＼17.2.1.mp4

图表设计是为了实施各种管理、配合生产经营的需要而进行的。但只有将数据信息以最合适的图表类型进行显示时，才会让图表更具有阅读价值，否则再漂亮的图表也是无效的。

如果不知道创建数据时该使用什么样的图表，可以使用 Excel 推荐的图表进行创建。例如，要为销售表中的数据创建推荐的图表，具体操作步骤如下。

Step01 打开光盘＼素材文件＼第 17 章＼销售表 .xlsx，❶ 选择 A1:A7 和 C1:C7 单元格区域，❷ 单击【插入】选项卡【图表】组中的【推荐的图表】按钮，如图 17-34 所示。

图 17-34

创建图表时，如果只选择一个单元格，Excel 2016 会自动将紧邻当前单元格的包含数据的所有单元格添加在图表中。此外，如果有不想显示在图表中的数据，用户可以在创建图表之前将包含这些数据的单元格隐藏起来。

Step 02 打开【插入图表】对话框，❶ 在【推荐的图表】选项卡左侧显示了系统根据所选数据推荐的图表类型，选择需要的图表类型，这里选择【饼图】选项，❷ 在右侧即可预览图表效果，对效果满意后单击【确定】按钮，如图 17-35 所示。

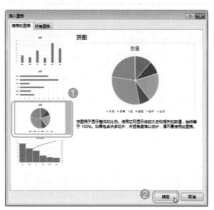

图 17-35

Step 03 经过上步操作，即可在工作表中看到根据选择的数据源和图表样式生成的对应图表，如图 17-36 所示。

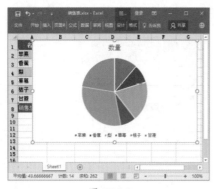

图 17-36

★ 重点 17.2.2 实战：使用功能区为成绩数据创建普通图表

实例门类	软件功能
教学视频	光盘\视频\第 17 章 \17.2.2.mp4

当知道要对哪些数据使用什么类型的图表时，可以直接选择相应的图表类型进行创建。在 Excel 中【插入】选项卡的【图表】组中提供了几种常用的图表类型，用户只需要选择图表类型就可以完成创建。例如，要对某些学生的第一次月考成绩进行图表分析，具体操作步骤如下。

Step 01 打开光盘\素材文件\第 17 章\月考平均分统计 .xlsx，❶ 选择 A2:D8 单元格区域，❷ 单击【插入】选项卡【图表】组中的【插入柱形图】按钮，❸ 在弹出的下拉菜单中选择需要的柱形图子类型，这里选择【堆积柱形图】选项，如图 17-37 所示。

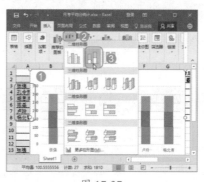

图 17-37

Step 02 经过上步操作，即可查看根据选择的数据源和图表样式生成的对应图表，如图 17-38 所示。

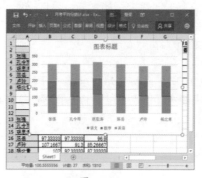

图 17-38

★ 新功能 17.2.3 实战：通过对话框为销售汇总数据创建组合图表

实例门类	软件功能
教学视频	光盘\视频\第 17 章 \17.2.3.mp4

如果要插入样式更加丰富的图表类型及更标准的图表，可以通过【插入图表】对话框来插入。

Excel 中默认制作的图表中的数据系列都只包含了一种图表类型。事实上，在 Excel 2016 中可以非常便捷地自由组合图表类型，使不同的数据系列按照最合适的图表类型，放置在同一张图表中，即所谓的组合图表，这样能够更加准确地传递图表信息。

在制作组合图表时，不能组合二维和三维图表类型，只能组合同维数的图表类型。否则，系统会打开提示对话框，提示用户是否更改三维图表的数据类型，以将两个图表组合为一个二维图表。

下面为销售汇总数据创建自定义组合图表，将图表中的【产品 4】数据系列设置为折线图表类型，其余的数据系列采用柱形图，具体操作步骤如下。

Step 01 打开光盘\素材文件\第 17 章\半年销售额汇总 .xlsx，❶ 选择 A1:E8 单元格区域，❷ 单击【插入】选项卡【图表】组右下角的【对话框启动器】按钮，如图 17-39 所示。

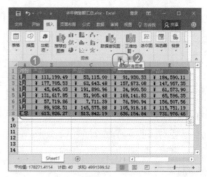

图 17-39

Step02 打开【插入图表】对话框，❶ 选择【所有图表】选项卡，❷ 在左侧列表框中选择【组合】选项，❸ 在右侧上方单击【自定义组合】按钮🖳，❹ 在下方的列表框中设置【产品3】数据系列的图表类型为【簇状柱形图】，❺ 设置【产品4】数据系列的图表类型为【折线图】，❻ 选中【产品4】数据系列后的复选框，为该数据系列添加次坐标轴，❼ 单击【确定】按钮，如图 17-40 所示。

图 17-40

Step03 经过上步操作，即可在工作表中看到根据选择的数据源和自定义的图表样式生成的对应图表，效果如图 17-41 所示。

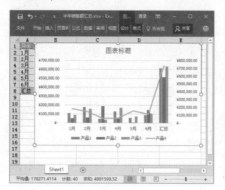

图 17-41

技能拓展——保存图表模板

Excel 允许用户创建自定义图表类型为图表模板，以方便后期调用常用的图表格式。

选择需要保存为图表模板的图表，并在其上右击，在弹出的快捷菜单中选择【保存为模板】命令即可。当下一次需要根据模板建立图表时，可在【插入图表】对话框中选择【所有图表】选项卡，然后在左侧的列表框中选择【模板】选项，在右侧即可显示出保存的图表模板，根据需要选择相应的图表模板即可快速生成应用该图表样式的新图表。

17.3　编辑图表

Excel 2016 图表以其丰富的图表类型、色彩样式和三维格式成为最常用的图表工具。Excel 默认的布局具有逻辑性强、清晰度高的特点，但是它的形式过于简单，色彩单一，视觉冲击力差。通常，在插入图表后，还需要对图表进行编辑和美化操作。创建图表后便会激活编辑图表的工具选项卡，包括【图表工具 设计】和【图表工具 格式】两个选项卡。在这两个选项卡中便可完成对图表的进一步设置，包括对图表的大小、位置、数据源、布局、图表样式和图表类型等进行编辑，以满足不同的需要。

17.3.1　实战：调整成绩统计表中图表的大小

实例门类	软件功能
教学视频	光盘 \ 视频 \ 第 17 章 \17.3.1.mp4

有时因为图表中的内容较多，会导致图表中的内容不能完全显示或显示不清楚所要表达的意义，此时可适当地调整图表的大小，具体操作步骤如下。

Step01 打开光盘 \ 素材文件 \ 第 17 章 \ 月考平均分统计 .xlsx，❶ 选择要调整大小的图表，❷ 将鼠标指针移动到图表右下角，按住鼠标左键不放并拖动，即可缩放图表大小，如图 17-42 所示。

技能拓展——精确调整图表大小

在【图表工具 格式】选项卡【大小】组中的【形状高度】或【形状宽度】数值框中输入数值，可以精确设置图表的大小。

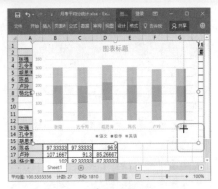

图 17-42

技术看板

在调整图表大小时，图表的各组成部分也会随之调整大小。若不满意图表中某个组成部分的大小，也可以选择对应的图表对象，用相同的方法对其大小进行单独调整。

Step02 将图表调整到合适大小后释放鼠标左键即可，本例改变图表大小后的效果如图 17-43 所示。

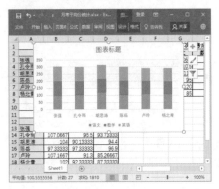

图 17-43

★ **重点 17.3.2 实战：移动成绩统计表中的图表位置**

实例门类	软件功能
教学视频	光盘\视频\第 17 章\17.3.2.mp4

默认情况下创建的图表会显示在其数据源的附近，然而这样的设置通常会遮挡工作表中的数据。这时可以将图表移动到工作表中的空白位置。

在同一张工作表中移动图表位置可先选择要移动的图表，然后直接按住鼠标左键进行拖动。

某些时候，为了表达图表数据的重要性，或为了能清楚分析图表中的数据，需要将图表放大并单独制作为一张工作表。针对这个需求，Excel 2016 提供了【移动图表】功能。

下面调整成绩统计表中的图表位置，并最终将图表单独制作成一张工作表，具体操作步骤如下。

Step01 选择要在同一工作表中移动位置的图表，并将鼠标指针移动到图表的边框上，当其变为形状时，按住鼠标左键不放并拖动即可改变图表在工作簿中的位置，如图 17-44 所示。

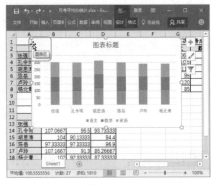

图 17-44

Step02 将图表移动到适当位置后释放鼠标左键即可，本例中的图表移动位置后的效果如图 17-45 所示。

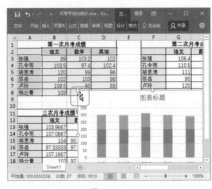

图 17-45

技术看板

图表中的各组成部分的位置并不是固定不变的，可以单独对图表标题、绘图区和图例等图表组成元素的位置进行移动，其方法与移动图表区的方法一样，只是图表组成部分的移动范围始终在图表区范围内。有时，通过对图表元素位置的调整，可在一定程度上使工作表更美观、排版更合理。

Step03 ❶ 选择图表，❷ 单击【图表工具设计】选项卡【位置】组中的【移动图表】按钮，如图 17-46 所示。

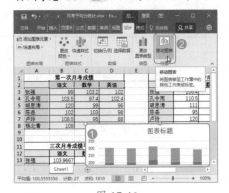

图 17-46

Step04 打开【移动图表】对话框，❶ 选中【新工作表】单选按钮，❷ 在其后的文本框中输入移动图表后新建的工作表名称，这里输入【第一次月考成绩图表】，❸ 单击【确定】按钮，如图 17-47 所示。

图 17-47

Step05 经过上步操作，返回工作簿中即可看到新建的【第一次月考成绩图表】工作表，而且该图表的大小会根据当前窗口中编辑区的大小自动以全屏显示进行调节，如图 17-48 所示。

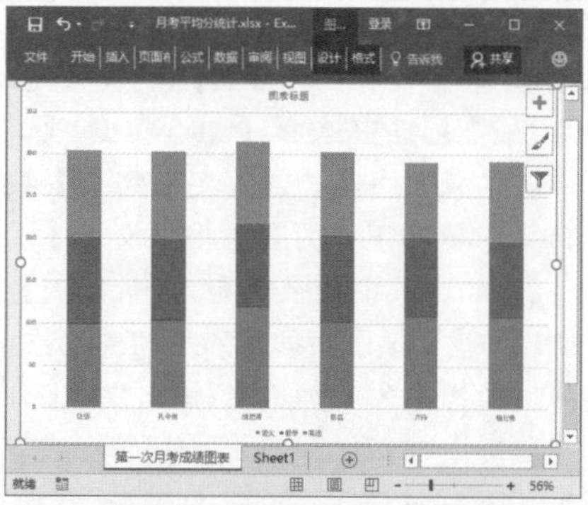

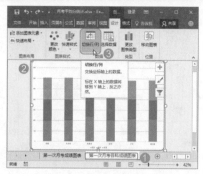

图 17-48

技术看板

当再次通过【移动图表】功能将图表移动到其他普通工作表中时，图表将还原为最初的大小。

★ 重点 17.3.3　实战：更改成绩统计表中图表的数据源

实例门类	软件功能
教学视频	光盘\视频\第 17 章\17.3.3.mp4

在创建了图表的表格中，图表中的数据与工作表中的数据源是保持动态联系的。当修改工作表中的数据源时，图表中的相关数据系列也会发生相应的变化。如果要像转置表格数据一样交换图表中的纵横坐标，可以使用【切换行 / 列】命令；如果需要重新选择作为图表数据源的表格数据，可通过【选择数据源】对话框进行修改。

例如，要通过复制工作表并修改图表数据源的方法来制作其他成绩统计图表效果，具体操作步骤如下。

Step01 ❶ 复制【第一次月考成绩图表】工作表，并重命名为【第一次月考各科成绩图表】，❷ 选择复制得到的图表，❸ 单击【图表工具 设计】选项卡【数据】组中的【切换行 / 列】按钮，如图 17-49 所示。

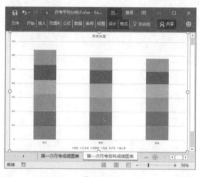

图 17-49

Step02 经过上步操作，即可改变图表中数据分类和系列的方向，如图 17-50 所示。

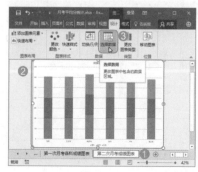

图 17-50

技术看板

默认情况下创建的图表，Excel 会自动以每一行作为一个分类，以每一列作为一个系列。

Step03 ❶ 复制【第一次月考成绩图表】工作表，并重命名为【第二次月考成绩图表】，❷ 选择复制得到的图表，❸ 单击【数据】组中的【选择数据】按钮，如图 17-51 所示。

图 17-51

Step04 打开【选择数据源】对话框，单击【图表数据区域】文本框后的【折叠】按钮，如图 17-52 所示。

图 17-52

Step05 返回工作簿中，❶ 选择 Sheet1 工作表中的 F2:I8 单元格区域，❷ 单击折叠对话框中的【展开】按钮，如图 17-53 所示。

图 17-53

Step06 返回【选择数据源】对话框，单击【确定】按钮，如图 17-54 所示。

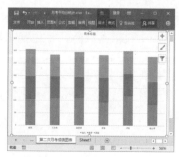

图 17-54

Step07 经过上步操作，即可在工作簿中查看修改数据源后的图表效果，如图 17-55 所示，注意观察图表中数据的变化。

图 17-55

286

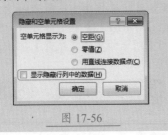

技能拓展——设置图表中要不要显示源数据中的隐藏数据

单击【选择数据源】对话框中的【隐藏的单元格和空单元格】按钮，打开如图 17-56 所示的【隐藏和空单元格设置】对话框，在其中选中或取消选中【显示隐藏行列中的数据】复选框，即可在图表中显示或隐藏工作表中隐藏行列中的数据。

图 17-56

★ **重点 17.3.4 实战：更改销售汇总表中的图表类型**

实例门类	软件功能
教学视频	光盘\视频\第 17 章\17.3.4.mp4

如果对图表各类型的使用情况不是很清楚，有可能创建的图表不能够表达出数据的含义。不用担心，创建好的图表仍然可以方便地更改图表类型。

当然，用户也可以只修改图表中某个或某些数据系列的图表类型，从而自定义出组合图表。

例如，要通过更改图表类型让销售汇总表中的各产品数据用柱形图表示，将汇总数据用折线图表示，具体操作步骤如下。

Step01 打开光盘\素材文件\第 17 章\半年销售额汇总 .xlsx，❶选择需要更改图表类型的图表，❷单击【图表工具 设计】选项卡【类型】组中的【更改图表类型】按钮 ，如图 17-57 所示。

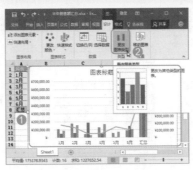

图 17-57

Step02 打开【更改图表类型】对话框，❶选择【所有图表】选项卡，❷在左侧列表框中选择【柱形图】选项，❸在右侧选择合适的柱形图样式，❹单击【确定】按钮，如图 17-58 所示。

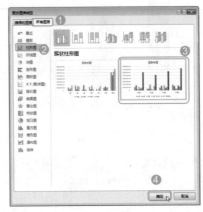

图 17-58

Step03 经过上步操作，即可将原来的组合图表更改为柱形图表。❶选择图表中的【汇总】数据系列，并在其上右击，❷在弹出的快捷菜单中选择【更改系列图表类型】命令，如图 17-59 所示。

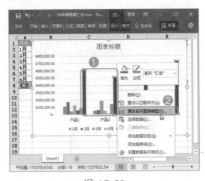

图 17-59

Step04 打开【更改图表类型】对话框，❶选择【所有图表】选项卡，❷在左侧列表框中选择【组合】选项，❸在右侧上方单击【自定义组合】按钮，❹在下方的列表框中设置【汇总】数据系列的图表类型为【折线图】，❺选中【汇总】数据系列后的复选框，为该数据系列添加次坐标轴，❻单击【确定】按钮，如图 17-60 所示。

图 17-60

Step05 返回工作表，即可看到已经将【汇总】数据系列从原来的柱形图更改为折线图，效果如图 17-61 所示。

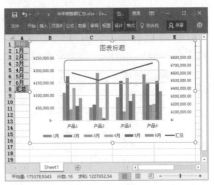

图 17-61

★ **新功能 17.3.5 实战：设置销售汇总表中的图表样式**

实例门类	软件功能
教学视频	光盘\视频\第 17 章\17.3.5.mp4

创建图表后，可以快速将一个预

定义的图表样式应用到图表中，让图表外观更加专业；还可以更改图表的颜色方案，快速更改数据系列采用的颜色；如果需要设置图表中各组成元素的样式，则可以在【图表工具 格式】选项卡中进行自定义设置，包括对图表区中文字的格式、填充颜色、边框颜色、边框样式、阴影及三维格式等进行设置。

　　例如，要为销售汇总表中的图表设置样式，具体操作步骤如下。

Step01 ❶ 选择图表，❷ 单击【图表工具 设计】选项卡【图表样式】组中的【快速样式】按钮 ，❸ 在弹出的下拉列表中选择需要应用的图表样式，即可为图表应用所选图表样式，如图 17-62 所示。

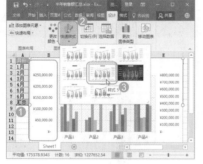

图 17-62

Step02 ❶ 单击【图表样式】组中的【更改颜色】按钮 ，❷ 在弹出的下拉列表中选择要应用的色彩方案，即可改变图表中数据系列的配色，如图 17-63 所示。

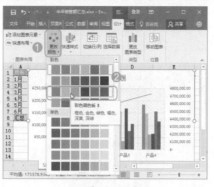

图 17-63

★ 新功能 17.3.6　实战：快速为销售汇总表中的图表布局

实例门类	软件功能
教学视频	光盘\视频\第 17 章\17.3.6.mp4

　　对创建的图表进行合理的布局可以使图表效果更加美观。在 Excel 中创建的图表会采用系统默认的图表布局，Excel 2016 中提供了 11 种预定义布局样式，使用这些预定义的布局样式可以快速更改图表的布局效果。

　　例如，要使用预定义的布局样式快速改变销售汇总表中图表的布局效果，具体操作步骤如下。

Step01 ❶ 选择图表，❷ 单击【图表工具 设计】选项卡【图表布局】组中的【快速布局】按钮 ，❸ 在弹出的下拉列表中选择需要的布局样式，这

里选择【布局 11】选项，如图 17-64 所示。

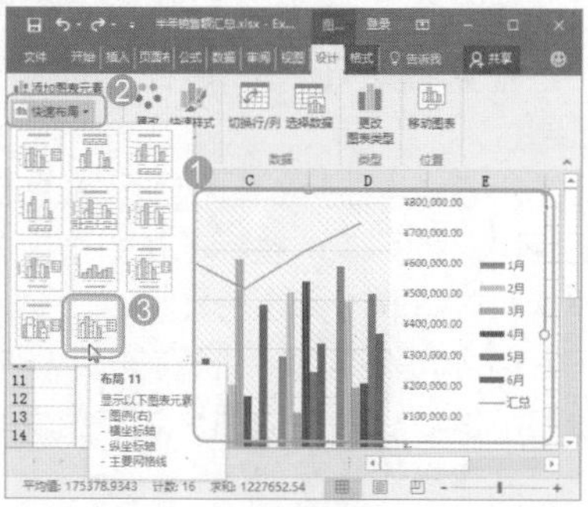

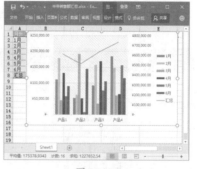

图 17-64

Step02 经过上步操作，即可看到应用新布局样式后的图表效果，如图 17-65 所示。

图 17-65

💡 技术看板

　　自定义的图表布局和图表格式是不能保存的，但可以通过将图表另存为图表模板，这样就可以再次使用自定义布局或图表格式。

17.4　修改图表布局

　　图表制作需要有创意，展现出不同的风格，才能吸引更多人的注意。在 Excel 2016 中，图表中可以显示和隐藏一些图表元素，同时可对图表中的元素位置进行调整，以使图表内容结构更加合理、美观。本节介绍修改图表布局的方法，包括为图表添加标题、设置坐标轴格式、添加坐标轴标题、设置数据标签格式、添加数据表、设置网格线、添加趋势线、添加误差线等。

★ 新功能 17.4.1　实战：设置销售汇总图表的标题

实例门类	软件功能
教学视频	光盘\视频\第 17 章\17.4.1.mp4

　　在创建图表时，默认会添加一个图表标题，标题的内容是系统根据图表数据源进行自动添加的，或者为数据源所在的工作表标题，或者为数据源对应

的表头名称，如果系统没有识别到合适的名称，就会显示为【图表标题】字样。

　　设置合适的图表标题，有利于说明整个图表的主要内容。如果系统

默认的图表标题不合适，用户也可以通过自定义为图表添加适当的图表标题，使其他用户在只看到图表标题时就能掌握该图表所要表达的大致信息。

当然，根据图表的显示效果需要，用户也可以调整标题在图表中的位置，或者取消标题的显示。

例如，要为使用快速布局样式后的销售汇总表中的图表添加图表标题，具体操作步骤如下。

Step01 ❶ 选择图表，❷ 单击【图表工具 设计】选项卡【图表布局】组中的【添加图表元素】按钮，❸ 在弹出的下拉菜单中选择【图表标题】命令，❹ 在弹出的下级子菜单中选择【居中覆盖】命令，即可在图表中的上部显示出图表标题，如图 17-66 所示。

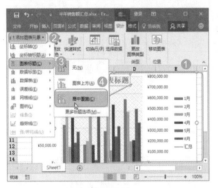

图 17-66

Step02 选择图表标题文本框中出现的默认内容，重新输入合适的图表标题文本，如图 17-67 所示。

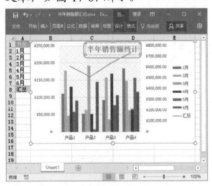

图 17-67

Step03 选择图表标题文本框，将鼠标指针移动到图表标题文本框上，当其

变为十形状时，按住鼠标左键不放并拖动即可调整标题在图表中的位置，如图 17-68 所示。

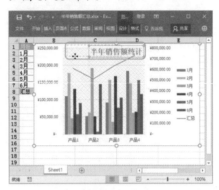

图 17-68

技术看板

在【图表标题】下拉菜单中选择【无】命令，将隐藏图表标题；选择【图表上方】命令，将在图表区的顶部显示图表标题，并调整图表大小；选择【居中覆盖标题】命令，将居中标题覆盖在图表上方，但不调整图表的大小；选择【更多标题选项】命令，将显示出【设置图表标题格式】任务窗格，在其中可以设置图表标题的填充、边框颜色、边框样式、阴影和三维格式等。

★ 新功能 17.4.2 实战：**设置销售统计图表的坐标轴**

实例门类	软件功能
教学视频	光盘\视频\第 17 章\17.4.2.mp4

除饼状图和圆环图外，其他图表中还可以显示坐标轴，它是图表中用于对数据进行度量和分类的轴线。通常在图表中会有横坐标轴（水平坐标轴）和纵坐标轴（垂直坐标轴），在坐标轴上需要用数值或文字数据作为刻度和标签。在组合图表中可以存在两个横坐标轴或纵坐标轴，分别称为主要横坐标轴、次要横坐标轴、主要纵坐标轴和次要纵坐标轴。主要横坐

标轴在图表下方，次要横坐标轴在图表上方，主要纵坐标轴在图表左侧，次要纵坐标轴在图表右侧。

有时会因为个人喜好和用途不同，需要对这两类坐标轴进行设置。例如，在【饮料销售统计表】工作簿的图表中，为了区别销售额和销售量数据，要将销售额的数据值用次要纵坐标轴表示，并修改其中的刻度值到合适的程度，具体操作步骤如下。

Step01 打开光盘\素材文件\第 17 章\饮料销售统计表 .xlsx，❶ 选择图表中需要添加坐标轴的【销售量】数据系列，❷ 单击【图表工具 格式】选项卡【当前所选内容】组中的【设置所选内容格式】按钮，如图 17-69 所示。

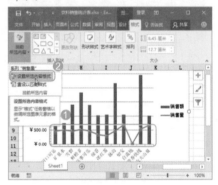

图 17-69

Step02 显示出【设置数据系列格式】任务窗格，选中【次坐标轴】单选按钮，即可在图表右侧显示出相应的次坐标轴，如图 17-70 所示。

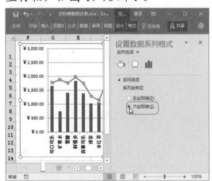

图 17-70

Step03 ❶ 选择图表，❷ 单击【图表工

具设计】选项卡【图表布局】组中的【添加图表元素】按钮，❸ 在弹出的下拉菜单中选择【坐标轴】命令，❹ 在弹出的级联菜单中选择【更多轴选项】命令，如图 17-71 所示。

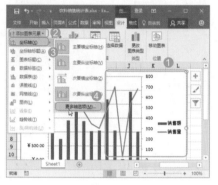

图 17-71

Step04 显示出【设置坐标轴格式】任务窗格，❶ 选择图表中左侧的垂直坐标轴，❷ 选择任务窗格上方的【坐标轴选项】选项卡，❸ 单击下方的【坐标轴选项】按钮，❹ 在【坐标轴选项】栏中的各数值框中输入相应的数值，从而设置该坐标轴的刻度显示，如图 17-72 所示。

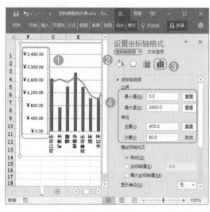

图 17-72

Step05 ❶ 选择图表中右侧的垂直坐标轴，❷ 选择任务窗格上方的【坐标轴选项】选项卡，❸ 单击下方的【坐标轴选项】按钮，❹ 在【坐标轴选项】栏中的各数值框中输入相应的数值，从而设置该坐标轴的刻度显示，如图 17-73 所示。

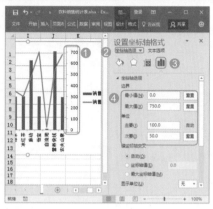

图 17-73

Step06 ❶ 选择图表中的水平坐标轴，❷ 选择任务窗格上方的【坐标轴选项】选项卡，❸ 单击下方的【坐标轴选项】按钮，❹ 在【标签】栏中的【与坐标轴的距离】文本框中输入【50】，设置该坐标轴与图表绘图区的距离，如图 17-74 所示。

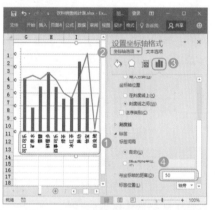

图 17-74

技术看板

在【坐标轴】下拉菜单中选择【主要横坐标轴】命令，可以控制主要横坐标轴的显示与否；选择【主要纵坐标轴】命令，可以控制主要纵坐标轴的显示与否；同理，选择【次要横坐标轴】或【次要纵坐标轴】命令，可以控制次要横坐标轴和次要纵坐标轴的显示与否。若要设置坐标轴的详细参数，则需要在【设置坐标轴格式】任务窗格中完成。

★ 新功能 17.4.3 实战：设置市场占有率图表的坐标轴标题

实例门类	软件功能
教学视频	光盘\视频\第 17 章\17.4.3.mp4

在 Excel 中，为了更好地说明图表中坐标轴所代表的内容，可以为每个坐标轴添加相应的坐标轴标题，具体操作步骤如下。

Step01 ❶ 选择图表，❷ 单击【添加图表元素】按钮，❸ 在弹出的下拉菜单中选择【坐标轴标题】命令，❹ 在弹出的下级子菜单中选择【主要纵坐标轴】命令，如图 17-75 所示。

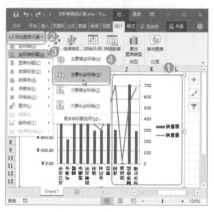

图 17-75

Step02 经过上步操作，将在图表中主要纵坐标轴的左侧显示坐标轴标题文本框，输入相应的内容，如【销售额】，如图 17-76 所示。

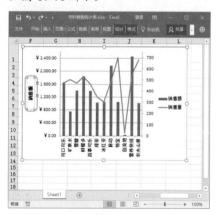

图 17-76

Step03 ❶ 单击【添加图表元素】按钮，❷ 在弹出的下拉菜单中选择【坐标轴标题】命令，❸ 在弹出的下级子菜单中选择【更多轴标题选项】命令，如图 17-77 所示。

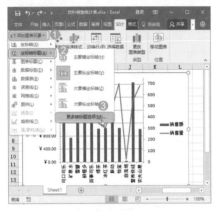

图 17-77

Step04 显示出【设置坐标轴标题格式】任务窗格，❶ 选择【文本选项】选项卡，❷ 单击【文本框】按钮，❸ 在【文本框】栏中单击【文字方向】列表框右侧的下拉按钮，❹ 在弹出的下拉列表中选择【竖排】选项，如图 17-78 所示。

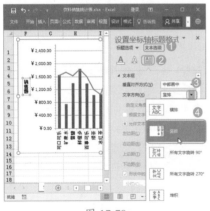

图 17-78

Step05 经过上步操作，将改变坐标轴标题文字的排版方向。❶ 单击【添加图表元素】按钮，❷ 在弹出的下拉菜单中选择【坐标轴标题】命令，❸ 在弹出的下级子菜单中选择【次要纵坐标轴】命令，即可在图表中次要纵坐标轴的右侧显示坐标轴标题文本框，如图 17-79 所示。

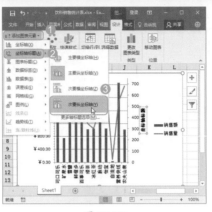

图 17-79

Step06 ❶ 在坐标轴标题文本框中输入需要的标题文本，如【销量】，❷ 单击【图表工具 格式】选项卡【当前所选内容】组中的【设置所选内容格式】按钮，如图 17-80 所示。

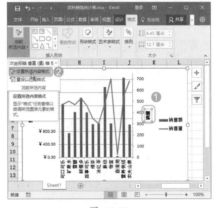

图 17-80

Step07 显示出【设置坐标轴标题格式】任务窗格，❶ 选择【文本选项】选项卡，❷ 单击【文本框】按钮，❸ 在【文本框】栏中的【文字方向】下拉列表框中选择【竖排】选项，如图 17-81 所示。

> **技能拓展——快速隐藏图表中的坐标轴标题**
>
> 选择图表中的坐标轴标题，按【Delete】键可以快速将其删除。

图 17-81

★ 新功能 17.4.4 实战：设置销售图表的数据标签

实例门类	软件功能
教学视频	光盘\视频\第17章\17.4.4.mp4

数据标签是图表中用于显示数据点中具体数值的元素，添加数据标签后可以使图表更清楚地表现数据的含义。在图表中可以为一个或多个数据系列进行数据标签的设置。例如，要为销售图表添加数据标签，并设置数据格式为百分比类型，具体操作步骤如下。

Step01 打开光盘\素材文件\第17章\销售表.xlsx，❶ 选择图表，❷ 单击【添加图表元素】按钮，❸ 在弹出的下拉菜单中选择【数据标签】命令，❹ 在弹出的下级子菜单中选择【最佳匹配】命令，即可在各数据系列的内侧显示出数据标签，如图 17-82 所示。

图 17-82

技术看板

在【数据标签】下拉菜单中可以选择数据标签在图表数据系列中显示的位置。如果选择【无】命令，将隐藏所选数据系列或所有数据系列的数据标签；如果选择【其他数据标签选项】命令，将显示出【设置数据标签格式】任务窗格，在其中可以设置数据标签的数字格式、填充颜色、边框颜色和样式、阴影、三维格式和对齐方式等样式。

Step02 ❶ 单击图表右侧的【图表元素】按钮➕，❷ 在弹出的下拉菜单中单击【数据标签】右侧的下拉按钮，❸ 在弹出的下级子菜单中选择【更多选项】命令，如图 17-83 所示。

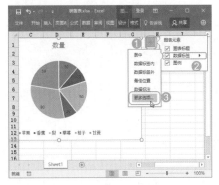

图 17-83

技能拓展——快速添加和隐藏图表中的数据标签

选择图表中的数据系列后，在其上右击，在弹出的快捷菜单中选择【添加数据标签】命令，也可为图表添加数据标签。若要删除添加的数据标签，可以先选中数据标签，然后按【Delete】键进行删除。

Step03 显示出【设置数据标签格式】任务窗格，❶ 选择上方的【文本选项】选项卡，❷ 单击下方的【标签选项】按钮📊，❸ 在【标签选项】栏中选中【类别名称】【百分比】【显示引导线】复选框，即可改变图表中数据标签的格式，如图 17-84 所示。

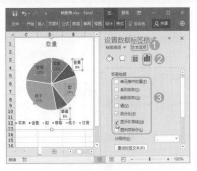

图 17-84

★ 新功能 17.4.5 实战：设置销售统计图表的图例

实例门类	软件功能
教学视频	光盘\视频\第 17 章\17.4.5.mp4

创建一个统计图表后，图表中的图例都会根据该图表模板自动地放置在图表的右侧或上端。当然，图例在图表中的位置也可根据需要随时进行调整。例如，要将销售统计图表中原来位于右侧的图例放置到图表的顶部，具体操作步骤如下。

打开光盘\素材文件\第 17 章\饮料销售统计表 .xlsx，❶ 选择图表，❷ 单击【添加图表元素】按钮📊，❸ 在弹出的下拉菜单中选择【图例】命令，❹ 在弹出的下级子菜单中选择【顶部】命令，即可看到将图例移动到图表顶部的效果，同时图表中的其他组成部分也会重新进行排列，效果如图 17-85 所示。

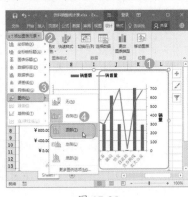

图 17-85

技术看板

在【图例】下拉菜单中可以选择图例在图表中的显示位置，如果选择【无】命令，将隐藏图例，如果选择【更多图例选项】命令，将显示出【设置图例格式】任务窗格，在其中可以设置图例的位置、填充样式、边框颜色、边框样式、阴影效果、发光和柔化边缘效果。

★ 新功能 17.4.6 实战：设置成绩统计图表的网格线

实例门类	软件功能
教学视频	光盘\视频\第 17 章\17.4.6.mp4

为了便于查看图表中的数据，可以在图表的绘图区中显示水平轴和垂直轴延伸出的水平网格线和垂直网格线。例如，要为成绩统计图表设置次要的细小网格线，便于数据识读，具体操作步骤如下。

Step01 打开光盘\素材文件\第 17 章\月考平均分统计 .xlsx，❶ 选择【第一次月考成绩图表】工作表中的图表，❷ 单击【添加图表元素】按钮📊，❸ 在弹出的下拉菜单中选择【网格线】命令，❹ 在弹出的下级子菜单中选择【主轴次要水平网格线】命令，即可显示出次要水平网格线，如图 17-86 所示。

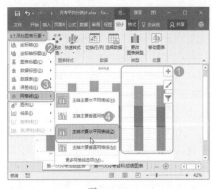

图 17-86

Step02 ❶ 单击【添加图表元素】按

钮 ，❷ 在弹出的下拉菜单中选择【网格线】命令，❸ 在弹出的下级子菜单中选择【主轴次要垂直网格线】命令，即可显示出次要垂直网格线，如图 17-87 所示。

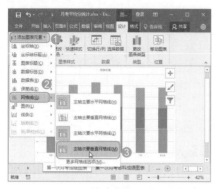

图 17-87

技能拓展——显示或隐藏图表中的网格线

在【网格线】下拉菜单中选择相应的网格线类型命令，可以设置显示或隐藏相应的网格线。

17.4.7 实战：显示成绩统计图表的数据表

实例门类	软件功能
教学视频	光盘\视频\第 17 章\17.4.7.mp4

当图表单独置于一张工作表中时，若将图表打印出来，将只会得到图表区域，而没有具体的数据源。若在图表中显示数据表格，则可以在查看图表的同时查看详细的表格数据。例如，要在成绩统计图表中添加数据表，具体操作步骤如下。

Step01 ❶ 选择图表，❷ 单击【添加图表元素】按钮 ，❷ 在弹出的下拉菜单中选择【数据表】命令，❸ 在弹出的下级子菜单中选择【显示图例项标示】命令，即可在图表的下方显示出带图例项标示的数据表效果，如图 17-88 所示。

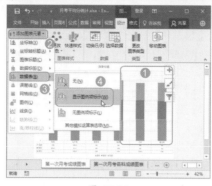

图 17-88

Step02 ❶ 选择【第二次月考成绩图表】工作表，❷ 选择工作表中的图表，❸ 单击图表右侧的【图表元素】按钮 ，❹ 在弹出的下拉菜单中选中【数据表】复选框，即可在图表的下方显示出带图例项标示的数据表效果，如图 17-89 所示。

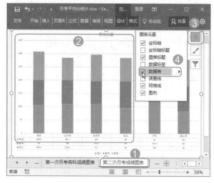

图 17-89

★ 新功能 17.4.8 实战：为销售汇总图表添加趋势线

实例门类	软件功能
教学视频	光盘\视频\第 17 章\17.4.8.mp4

趋势线用于问题预测研究，又称为回归分析。在图表中，趋势线是以图形的方式表示数据系列的趋势。Excel 中趋势线的类型有线性、指数、对数、多项式、乘幂和移动平均 6 种，用户可以根据需要选择趋势线，从而查看数据的动向。各类趋势线的功能如下。

→ 线性趋势线：适用于简单线性数据集的最佳拟合直线。如果数据点构成的图案类似于一条直线，则表明数据是线性的。

→ 指数趋势线：一种曲线，它适用于速度增减越来越快的数据值。如果数据值中含有零或负值，就不能使用指数趋势线。

→ 对数趋势线：如果数据的增加或减小速度很快，但又迅速趋近于平稳，那么对数趋势线是最佳的拟合曲线。对数趋势线可以使用正值和负值。

→ 多项式趋势线：数据波动较大时适用的曲线。它可用于分析大量数据的偏差。多项式的阶数可由数据波动的次数或曲线中拐点（峰和谷）的个数确定。二阶多项式趋势线通常仅有一个峰或谷。三阶多项式趋势线通常有一个或两个峰或谷。四阶通常多达 3 个。

→ 乘幂趋势线：一种适用于以特定速度增加的数据集的曲线。如果数据中含有零或负数值，就不能创建乘幂趋势线。

→ 移动平均趋势线：平滑处理了数据中的微小波动，从而更清晰地显示了图案和趋势。移动平均使用特定数目的数据点（由【周期】选项设置），取其平均值，然后将该平均值作为趋势线中的一个点。

例如，为了更加明确产品的销售情况，需要为销售汇总图表中的产品 1 数据系列添加趋势线，以便能够直观地观察到该系列前 6 个月销售数据的变化趋势，对未来工作的开展进行分析和预测。添加趋势线的具体操作步骤如下。

Step01 打开光盘\素材文件\第 17 章\半年销售额汇总 .xlsx，❶ 选择表格中的 A1:D7 单元格区域，❷ 单击【插入】选项卡【图表】组中的【推荐的图表】按钮 ，如图 17-90 所示。

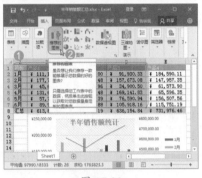

图 17-90

Step02 打开【插入图表】对话框，❶ 在【推荐的图表】选项卡左侧选择需要的图表类型，这里选择【簇状柱形图】选项，❷ 单击【确定】按钮，如图 17-91 所示。

图 17-91

Step03 经过上步操作，即可根据选择的数据重新创建一个图表。单击【图表工具设计】选项卡【位置】组中的【移动图表】按钮 🖽，如图 17-92 所示。

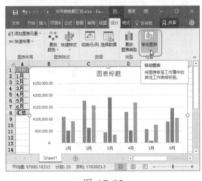

图 17-92

Step04 打开【移动图表】对话框，❶ 选

中【新工作表】单选按钮，❷ 在其后的文本框中输入移动图表后新建的工作表名称，这里输入【销售总体趋势】，❸ 单击【确定】按钮，如图 17-93 所示。

图 17-93

Step05 ❶ 选择图表中需要添加趋势线的产品 1 数据系列，❷ 单击【添加图表元素】按钮 🖽，❸ 在弹出的下拉菜单中选择【趋势线】命令，❹ 在弹出的级联菜单中选择【移动平均】命令，如图 17-94 所示。

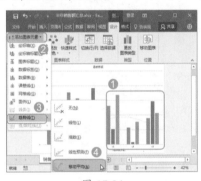

图 17-94

Step06 经过上步操作，即可为产品 1 数据系列添加默认的移动平均趋势线效果。❶ 再次单击【添加图表元素】按钮 🖽，❷ 在弹出的下拉菜单中选择【趋势线】命令，❸ 在弹出的级联菜单中选择【其他趋势线选项】命令，如图 17-95 所示。

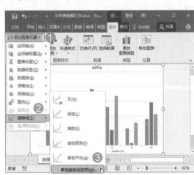

图 17-95

Step07 显示出【设置趋势线格式】任务窗格，选中【趋势线选项】栏中【移动平均】单选按钮，在其后的【周期】数值框中设置数值为【3】，即调整为使用 3 个数据点进行数据的平均计算，然后将该平均值作为趋势线中的一个点进行标记，如图 17-96 所示。

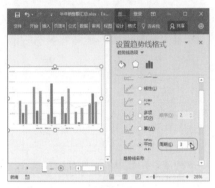

图 17-96

Step08 经过以上操作，即可改变图表的趋势线效果，选择【图表标题】文本框，按【Delete】键将其删除，如图 17-97 所示。

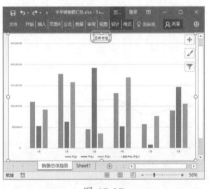

图 17-97

技术看板

为图表添加趋势线必须是基于某个数据系列来完成的。如果在没有选择数据系列的情况下直接执行添加趋势线的操作，系统将打开【添加趋势线】对话框，在其中的【添加基于系列的趋势线】列表框中可以选择要添加趋势线基于的数据系列。

17.4.9 实战：为销售汇总图表添加误差线

实例门类	软件功能
教学视频	光盘\视频\第17章\17.4.9.mp4

误差线通常运用在统计或科学记数法数据中，误差线显示了相对序列中的每个数据标记的潜在误差或不确定度。

通过误差线来表达数据的有效区域是非常直观的。在 Excel 图表中，误差线可形象地表现所观察数据的随机波动。任何抽样数据的观察值都具有偶然性，误差线是代表数据系列中每一组数据标记中潜在误差的图形线条。

Excel 中误差线的类型有标准误差、百分比误差、标准偏差 3 种。

➡ 标准误差：是各测量值误差平方和的平均值的平方根。标准误差用于估计参数的可信区间，进行假设检验等。

➡ 百分比误差：与标准误差基本相同，也用于估计参数的可信区间，进行假设检验等，只是百分比误差中使用百分比的方式来估算参数的可信范围。

➡ 标准偏差：标准偏差可以与均数结合估计参考值范围，计算变异系数，计算标准误差等。

技术看板

标准误差和标准偏差的计算方式有本质上的不同，具体计算公式如图 17-98 所示。

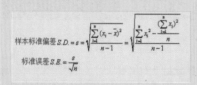

$$样本标准偏差 S.D.=s=\sqrt{\frac{\sum\limits_{i}^{k}(x_i-\bar{x})^2}{n-1}}=\sqrt{\frac{\sum\limits_{i}^{k}x_i^2-\frac{(\sum x_i)^2}{n}}{n-1}}$$

$$标准误差 S.E.=\frac{s}{\sqrt{n}}$$

图 17-98

与样本含量的关系不同：当样本含量 n 足够大时，标准偏差趋向稳定；而标准误差会随 n 的增大而减小，甚至趋于 0。

例如，要为销售汇总图表中的数据系列添加百分比误差线，具体操作步骤如下。

Step01 ❶ 选择图表，❷ 单击【添加图表元素】按钮，❸ 在弹出的下拉菜单中选择【误差线】命令，❹ 在弹出的级联菜单中选择【百分比】命令，即可看到为图表中的数据系列添加该类误差线的效果，如图 17-99 所示。

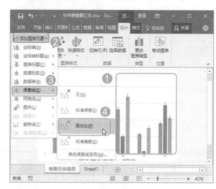

图 17-99

Step02 ❶ 选择图表中的产品 2 数据系列，❷ 单击图表右侧的【图表元素】按钮，❸ 在弹出的下拉菜单中单击【误差线】右侧的下拉按钮，❹ 在弹出的下级子菜单中选择【更多选项】命令，如图 17-100 所示。

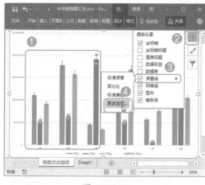

图 17-100

Step03 显示出【设置误差线格式】任务窗格，选中【误差量】栏中【百分比】单选按钮，在其后的文本框中输入【3.0】，即可调整误差线的百分比，如图 17-101 所示。

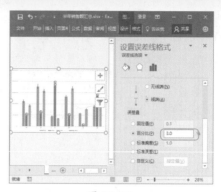

图 17-101

17.4.10 实战：为成绩统计图表添加系列线

实例门类	软件功能
教学视频	光盘\视频\第17章\17.4.10.mp4

为了帮助用户分析图表中显示的数据，Excel 2016 中还为某些图表类型提供了添加系列线的功能。例如，要为堆积柱形图的成绩统计图表添加系列线，以方便分析各系列的数据，具体操作步骤如下。

打开光盘\素材文件\第17章\月考平均分统计 .xlsx，❶ 选择图表，❷ 单击【添加图表元素】按钮，❸ 在弹出的下拉菜单中选择【线条】命令，❹ 在弹出的下级子菜单中选择【系列线】命令，即可看到为图表中的数据系列添加系列线的效果，如图 17-102 所示。

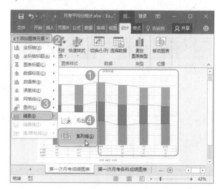

图 17-102

17.5 设置图表格式

将数据创建为需要的图表后，为使图表更美观、数据更清晰，还可以对图表进行适当的美化，即为图表的相应部分设置适当的格式，如更改图表样式、形状样式、形状填充、形状轮廓、形状效果等。在图表中，用户可以设置图表区格式、绘图区格式、图例格式、标题等多种对象的格式。每种对象的格式设置方法基本上大同小异，本节将介绍部分图表元素的格式设置方法。

17.5.1 实战：更改图表区的形状样式

实例门类	软件功能
教学视频	光盘\视频\第17章\17.5.1.mp4

通过前面的方法使用系统预设的图表样式快速设置图表样式，主要设置了图表区和数据系列的样式。如果需要单独设置图表中各组成元素的样式，则必须通过自定义的方法进行，即在【图表工具 格式】选项卡中进行设置。

例如，要更改销售汇总图表的图表区样式，具体操作步骤如下。

Step01 打开光盘\素材文件\第17章\半年销售额汇总.xlsx，❶选择图表，❷在【图表工具 格式】选项卡【形状样式】组中的列表框中选择需要的预定义形状样式，这里选择【细微效果-蓝色，强调颜色1】样式，如图17-103所示。

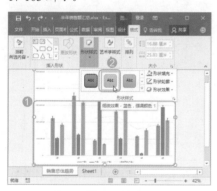
图 17-103

Step02 经过以上操作，即可更改图表形状样式的效果，如图17-104所示。

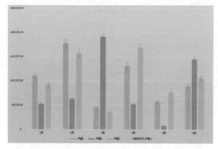
图 17-104

17.5.2 实战：更改数据系列的形状填充

实例门类	软件功能
教学视频	光盘\视频\第17章\17.5.2.mp4

如果对图表中形状的颜色不满意，可以在【图表工具 格式】选项卡中重新进行填充。例如，要更改销售汇总图表中数据系列的形状填充颜色，具体操作步骤如下。

Step01 ❶选择需要修改填充颜色的产品3数据系列，❷单击【图表工具 格式】选项卡【形状样式】组中的【形状填充】按钮，❸在弹出的下拉列表中选择【绿色】选项，如图17-105所示。

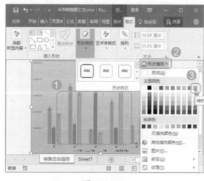
图 17-105

Step02 经过上步操作，即可更改产品3数据系列形状的填充色为绿色。❶选择需要修改填充颜色的产品2数据系列，❷单击【形状填充】按钮，❸在弹出的下拉列表中选择【橙色】选项，即可更改产品2数据系列形状的填充色为橙色，如图17-106所示。

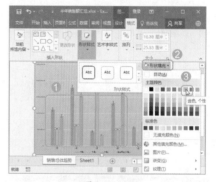
图 17-106

技术看板

在【形状填充】下拉菜单中选择【无填充颜色】命令，将让选择的形状保持透明色；选择【其他填充颜色】命令，可以在打开的对话框中自定义各种颜色；选择【图片】命令，可以设置形状填充为图片；选择【渐变】命令，可以设置形状填充为渐变色，渐变色也可以自定义设置；选择【纹理】命令，可以为形状填充纹理效果。

17.5.3 实战：更改图例的形状轮廓

实例门类	软件功能
教学视频	光盘\视频\第17章\17.5.3.mp4

在图表中大量使用线条元素和形状元素，各部分线条和形状轮廓的样式均可自行进行设置和调整，以美化或个性化图表外观。例如，要让销售汇总图表中的图例部分凸显出来，更改其轮廓效果是个不错的选择，具体操作步骤如下。

Step01 ❶选择图表中的图例，❷单击【图表工具 格式】选项卡【形状样式】组中的【形状轮廓】按钮 📷，❸在弹出的下拉列表中选择【金色】选项，如图 17-107 所示。

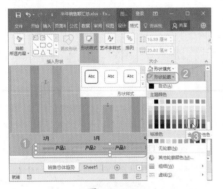

图 17-107

> **技能拓展——准确选择图表元素**
>
> 如果需要选择的图表元素通过鼠标直接选择的方法不容易实现，可以在【图表工具 格式】选项卡【当前所选内容】组中的列表框中选择需要的图表组成名称，来快速选择对应的图表元素。

Step02 经过上步操作，即可更改图表中图例形状的外边框为金色。❶再次单击【形状轮廓】按钮 📷，❷在弹出的下拉菜单中选择【粗细】命令，❸在弹出的下级子菜单中选择需要的轮廓粗细，这里选择【1磅】命令，即可更改边框的粗细，如图 17-108 所示。

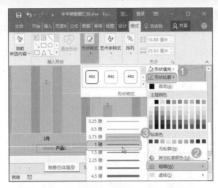

图 17-108

> **技术看板**
>
> 在【形状轮廓】下拉菜单中选择【无轮廓】命令，将不设置所选线条或形状的轮廓色，即保持透明状态；选择【其他轮廓颜色】命令，可以在打开的对话框中自定义各种颜色；选择【粗细】命令，可以调整线条或形状的轮廓线粗细；选择【虚线】命令，可以设置线条或形状轮廓线的样式；选择【箭头】命令，可以改变线条的箭头样式。

★ 新功能 17.5.4 实战：更改趋势线的形状效果

实例门类	软件功能
教学视频	光盘\视频\第 17 章\17.5.4.mp4

在 Excel 2016 中为了加强图表中各部分的修饰效果，可以使用【形状效果】命令为图表加上特殊效果。例如，要突出显示销售汇总图表中的趋势线，为其设置发光效果的具体操作步骤如下。

Step01 ❶选择图表中的趋势线，❷单击【图表工具 格式】选项卡【形状样式】组中的【形状效果】按钮 📷，❸在弹出的下拉菜单中单击【发光】复选框右侧的下拉按钮，❹在弹出的下级子菜单中选择需要的发光效果，如图 17-109 所示。

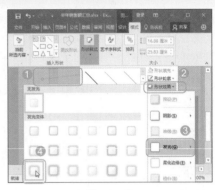

图 17-109

> **技术看板**
>
> 在【形状效果】下拉菜单【预设】命令中提供了一些预设好的三维形状样式，选择即可快速应用到所选形状上；在【阴影】命令中提供了常见的阴影效果；在【映像】命令中提供了常见的映像效果，选择后可以为形状设置水中倒影一般的效果；【发光】命令主要用于设置霓虹一样的自发光效果；【柔化边缘】命令用于柔化（模糊）形状边缘，使其看起来边缘像被虚化了，不再清晰；【棱台】命令提供了简单的形状棱角处理效果。如果插入的图表为三维类型的图表，还可以选择【三维旋转】命令，对图表中除图表标题和图例外的其他组成部分进行三维旋转。
>
> 若想设置详细的形状参数，可以单击【形状样式】组右下角的【对话框启动器】按钮，在显示出的相应任务窗格中进行设置。如在【旋转】栏中可以分别设置图表（除图表标题和图例）在 X 轴和 Y 轴上的旋转角度，还可以设置透视的角度值，从而模拟图表在三维空间中旋转的效果。

Step02 经过上步操作，即可看到为趋势线应用设置的发光效果后的效果，如图 17-110 所示。

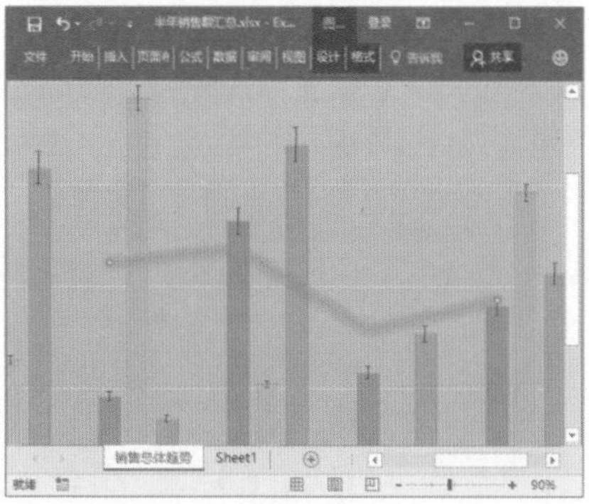

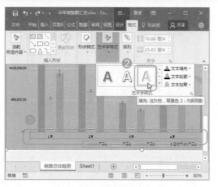

图 17-110

17.5.5　实战：为坐标轴文字和数据进行修饰

实例门类	软件功能
教学视频	光盘\视频\第 17 章\17.5.5.mp4

　　图表区域中的文字和数据与普通的文本和数据相同，均可为其设置各种文字修饰效果，使图表更加美观。例如，需要修饰销售汇总图表中坐标轴的文字和数据效果，具体操作步骤如下。

Step01 ❶ 选择水平坐标轴，❷ 在【图表工具 格式】选项卡【艺术字样式】组中的列表框中选择需要的艺术字样式，如图 17-111 所示。

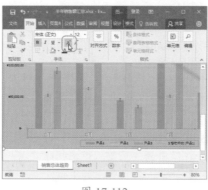

图 17-111

Step02 经过上步操作，即可为水平坐标轴中的文字应用设置的预定义艺术字效果。单击【开始】选项卡【字体】组中的【增大字号】按钮，直到将其大小设置为合适，如图 17-112 所示。

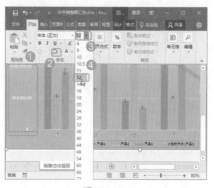

图 17-112

Step03 ❶ 选择垂直坐标轴，❷ 在【字体】组中设置字体颜色为【白色】，❸ 单击【字号】列表框右侧的下拉按钮，❹ 在弹出的下拉列表中选择【12】选项，如图 17-113 所示。

图 17-113

技术看板

　　单击【艺术字样式】组中的【文本填充】按钮，可以为所选文字设置填充颜色；单击【文本轮廓】按钮，可以为所选文字设置轮廓效果；单击【文本效果】按钮，可以自定义设置文本的各种效果，如阴影、映像、发光、棱台、三维旋转和转换等，其中转换是通过设置文本框的整体形状效果来改变文本框中文字的显示效果。

妙招技法

　　通过前面知识的学习，相信读者已经掌握了用图表展示表格数据的相关操作。下面结合本章内容，给读者介绍一些实用技巧。

技巧 01：隐藏靠近零值的数据标签

教学视频	光盘\视频\第 17 章\技巧 01.mp4

　　制作饼图时，有时会因为数据百分比相差悬殊，或者某个数据本身靠近零值，而不能显示出相应的色块，只在图表中显示一个【0%】的数据标签，非常难看。且即使将其删除后，一旦更改表格中的数据，这个【0%】数据标签又会显示出来。此时可以通过设置数字格式的方法对其进行隐藏。

　　例如，要将文具销量图表中靠近零值的数据标签隐藏起来，具体操作步骤如下。

Step01 打开光盘\素材文件\第 17 章\文具销量.xlsx，❶ 选择图表，❷ 单击【图表工具 设计】选项卡【图表布局】组中的【添加图表元素】按钮，❸ 在弹出的下拉菜单中选择【数据标签】命令，❹ 在弹出的下级子菜单中选择【其他数据标签选项】命令，如图 17-114 所示。

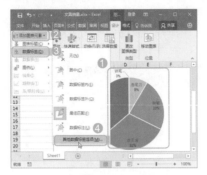

图 17-114

Step02 显示出【设置数据标签格式】任务窗格，❶选择【标签选项】选项卡，❷在下方单击【标签选项】按钮 📊，❸在【数字】栏中的【类型】下拉列表框中选择【自定义】选项，❹在【格式代码】文本框中输入【[<0.01]"";0%】，❺单击【添加】按钮，如图 17-115 所示。

图 17-115

Step03 经过上步操作，将把自定义的格式添加到【类别】列表框中，同时可看到图表中的【0%】数据标签已经消失了，如图 17-116 所示。

图 17-116

📽 **技术看板**

【[<0.01]"";0%】自定义格式代码的含义是，当数值小于 0.01 时则不显示。

技巧 02：在图表中处理负值

教学视频	光盘＼视频＼第 17 章＼技巧 02.mp4

既然在图表中能处理靠近零值的数据标签，同样，也可以对数据标签中的任意数据进行设置，如使用不同颜色或不同数据格式来显示某个数据。

例如，要将资产统计图表中的负值数据标签设置为红色，值大于 1000 的数据标签设置为绿色，其余数值的数据标签保持默认颜色，具体操作步骤如下。

Step01 打开光盘＼素材文件＼第 17 章＼资产统计表 .xlsx，❶选择图表，❷单击【图表工具设计】选项卡【图表布局】组中的【添加图表元素】按钮 📊，❸在弹出的下拉菜单中选择【数据标签】命令，❹在弹出的下级子菜单中选择【其他数据标签选项】命令，如图 17-117 所示。

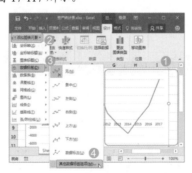

图 17-117

Step02 经过上步操作，将在图表上以默认方式显示出数据标签。❶选择【设置数据标签格式】任务窗格中的【标签选项】选项卡，❷在下方单击【标签选项】按钮 📊，❸在【数字】栏中的【类型】下拉列表框中选择【自定义】选项，❹在【格式代码】

文本框中输入【[红色][<0]-0;[绿色][>1000]0;0】，❺单击【添加】按钮，如图 17-118 所示。

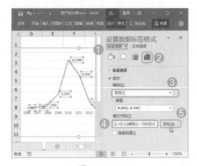

图 17-118

Step03 经过上步操作，即可看到图表中负值的数据标签显示为红色，值大于 1000 的数据标签显示为绿色，其余数值的数据标签仍然为黑色。在图表中与水平坐标轴重合的数据标签上单击两次（单击第一次会选择整个数据标签，单击第二次即可选择其中的单个数据标签）选择该数据标签，通过拖动鼠标指针将其移动到图表的空白处，如图 17-119 所示。

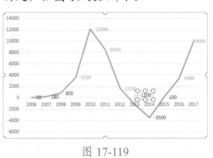

图 17-119

技巧 03：在图表中插入图片

教学视频	光盘＼视频＼第 17 章＼技巧 03.mp4

在图表中不但可以为数据点设置颜色和形状样式，还可以为其使用特定的图片。为数据点自定义图片，可以使图表效果更加丰富。

例如，要为资产统计图表中的关键数据点自定义图片显示，从而制作一个卡通风格的图表，具体操作步骤如下。

Step01 打开光盘\素材文件\第 17 章\资产统计表（可爱风）.xlsx，❶ 选择工作表中准备好的【脚板】图片，并按【Ctrl+C】组合键进行复制，❷ 在图表中第 1 个数据点上单击两次（单击第一次会选择整个数据系列，单击第二次即可选择其中的单个数据点），如图 17-120 所示。

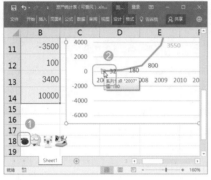

图 17-120

Step02 ❶ 按【Ctrl+V】组合键即可将复制的图片粘贴到数据点中，❷ 用相同的方法将其他图片粘贴到折线图的其他数据点中，完成后的效果如图 17-121 所示。

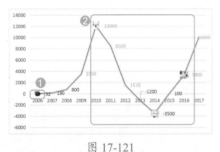

图 17-121

技术看板

将迷你图转换为图片效果后，再通过自定义图片的方法也可以插入图表中。

技巧 04：为纵坐标数值添加单位

教学视频	光盘\视频\第 17 章\技巧 04.mp4

前面在讲解专业图表布局时留了一个悬念，就是为纵坐标数值添加单位的方法没有具体说明。下面以图 17-135 中的图表进行设置为例，实现图 17-136 的效果，具体操作步骤如下。

Step01 打开光盘\素材文件\第 17 章\半年销售额汇总.xlsx，❶ 选择图表中的垂直坐标轴，❷ 单击图表右侧的【图表元素】按钮➕，❸ 在弹出的下拉菜单中单击【坐标轴】右侧的下拉按钮，❹ 在弹出的下级子菜单中选择【更多选项】命令，如图 17-122 所示。

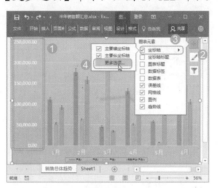

图 17-122

Step02 显示出【设置坐标轴格式】任务窗格，❶ 选择【坐标轴选项】选项卡，❷ 单击下方的【坐标轴选项】按钮 📊，❸ 在【数字】栏中的【类别】下拉列表框中选择【数字】选项，❹ 在下方的【小数位数】文本框中输入【0】，如图 17-123 所示。

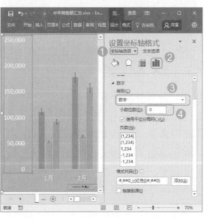

图 17-123

Step03 经过上步操作，即可让坐标轴

中的数字不显示小数位数。❶ 单击【坐标轴选项】栏中的【显示单位】列表框右侧的下拉按钮，❷ 在弹出的下拉列表中选择【千】选项，即可让坐标轴中的刻度数据以千为单位进行缩写，如图 17-124 所示。

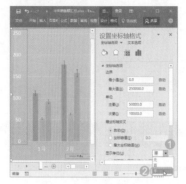

图 17-124

Step04 选中【坐标轴选项】栏中的【在图表上显示刻度单位标签】复选框，即可在坐标轴顶端左侧显示出单位标签，如图 17-125 所示。

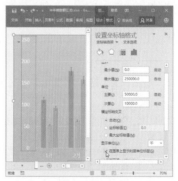

图 17-125

Step05 ❶ 将文本插入点定位在单位标签文本框中，修改单位内容至如图 17-126 所示，❷ 在【设置显示刻度单位标签格式】任务窗格中选择【标签选项】选项卡，❸ 单击下方的【大小与属性】按钮 📐，❹ 在【对齐方式】栏中的【文字方向】下拉列表框中选择【横排】选项。

Step06 经过上步操作，即可让竖向的单位标签横向显示。通过拖动鼠标指针调整图表中绘图区的大小和位置，然后将单位标签移动到坐标轴的上方，完成后的效果如图 17-127 所示。

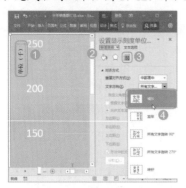

图 17-126

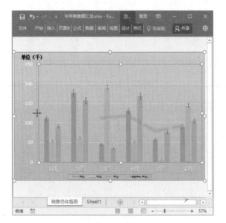

图 17-127

技巧 05：使用【预测工作表】功能预测数据

教学视频	光盘\视频\第 17 章\技巧 05.mp4

预测工作表是 Excel 2016 新增的一项功能，根据前面提供的数据，可以预测出后面一段时间的数据。例如，根据近期的一个温度，预测出未来十天的温度，具体操作步骤如下。

Step01 打开光盘\素材文件\第 17 章\气象预测.xlsx，❶选择 A1:B11 单元格区域，❷单击【数据】选项卡【预测】组中的【预测工作表】按钮，如图 17-128 所示。

图 17-128

Step02 打开【创建预测工作表】对话框，❶单击【选项】按钮，显示出整个对话框内容，❷在【预测结束】参数框中输入要预测的结束日期，❸在【使用以下方式聚合重复项】下拉列表框中选择【AVERAGE】选项，❹单击【创建】按钮，如图 17-129 所示。

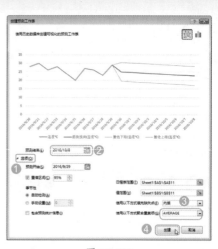

图 17-129

Step03 经过以上操作，即可制作出预测图表，同时会自动在 Excel 原表格中将预测的数据填充出来，效果如图 17-130 所示。

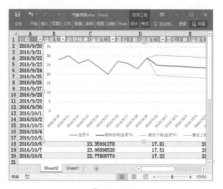

图 17-130

本章小结

图表是 Excel 重要的数据分析工具之一。工作中，不管是做销售业绩报表，还是进行年度工作汇总，抑或制作研究报告，都会用到 Excel 图表，一张漂亮的 Excel 图表往往会为报告增色不少。本章首先介绍了图表的相关基础知识，包括图表的组成，各部分的作用；常见图表的分类，让读者知道什么样的数据需要用什么样的图表类型来展示；创建图表的几种方法；编辑图表的常用操作。但是通过系统默认制作的图表还是不近完美，其次讲解了图表布局的一些方法，让读者掌握了对图表中各组成部分进行设置，并选择性进行布局的操作。最后将当前制作的比较优秀的图表展示给大家欣赏，并重点从图表布局和配色方面分析了优秀商业图表的一些共性。希望读者在学习本章知识后，能够突破常规的制图思路，制作出专业的图表。

第18章 迷你图的使用

- ➡ 你知道单元格中的微型图表如何制作吗？
- ➡ 迷你图的图表类型是可以改变的吗？
- ➡ 需要调整创建迷你图的原始数据吗？
- ➡ 迷你图中的数据点也有多种表现形式吗？
- ➡ 想让你的迷你图更出彩吗？为其设置样式和颜色吧！

本章将介绍一种简单方便的图表形式——迷你图，通过对迷你图的创建与运用的讲解，让读者快速学会用它来美化表格并解决以上问题。

18.1 迷你图简介

迷你图是以单元格为绘图区域制作的一个微型图表，可提供数据的直观表示。迷你图通常用在数据表内对一系列数值的变化趋势进行标识，如季节性增加或减少、经济周期，或者可以突出显示最大值和最小值。

18.1.1 迷你图的特点

迷你图是创建在工作表单元格中的一个微型图表，是从 Excel 2010 版本后就一直带有的一个功能。迷你图与第 17 章中讲解的 Excel 传统图表相比，具有以下特点。

- ➡ 与 Excel 工作表中的传统图表最大的不同，传统图表是嵌入在工作表中的一个图形对象，而迷你图并非对象，它实际上是在单元格背景中显示的微型图表。
- ➡ 由于迷你图是一个嵌入在单元格中的微型图表，因此，可以在使用迷你图的单元格中输入文字，让迷你图作为其背景，如图 18-1 所示，或者为该单元格设置填充颜色。

图 18-1

- ➡ 迷你图相比于传统图表最大的优势是可以像填充公式一样方便地创建一组相似的图表。
- ➡ 迷你图的整个图形比较简洁，没有纵坐标轴、图表标题、图例、数据标签、网格线等图表元素，主要用数据系列体现数据的变化趋势或数据对比。
- ➡ Excel 中的迷你图图表类型有限，不像传统图表那样分为很多种图表类型，每种类型下又可以划分出多种子类型，还可以制作组合图表。迷你图仅提供了 3 种常用图表类型：折线迷你图、柱形迷你图和盈亏迷你图，并且不能够制作两种以上图表类型的组合图。
- ➡ 迷你图可以根据需要突出显示最大值、最小值和一些特殊数据点，而且操作非常方便。
- ➡ 迷你图占用的空间较小，可以方便地进行页面设置和打印。

18.1.2 什么情况下使用迷你图

虽然工作表中以行和列单元格来呈现数据很有用，但很难一眼看出数据的分布形态、发现各数据的上下关系。通过在数据旁边插入迷你图可以实现数据的直观表示，一目了然地反映一系列数据的变化趋势，或者突出显示数据中的最大值和最小值。

因此，迷你图主要用于在数据表内对数据变化趋势进行标识。尽管 Excel 并没有强制性要求将迷你图单元格直接置于其基础数据紧邻的单元格中，但这样做能达到最佳效果，方便用户快速查看迷你图与其数据源之间的关系。而且，当源数据发生更改时，也方便用户查看迷你图中做出的相应变化。

18.2 创建迷你图

Excel 2016 中可以快速制作折线迷你图、柱形迷你图和盈亏迷你图，每种类型迷你图的创建方法都相同。下面根据创建迷你图的多少（一个或一组）讲解迷你图的具体创建方法。

18.2.1 实战：为销售表创建一个迷你图

实例门类	软件功能
教学视频	光盘\视频\第 18 章\18.2.1.mp4

迷你图只需占用少量空间就可以通过清晰简明的图形显示一系列数值的趋势。所以，在只需要对数据进行简单分析时，插入迷你图非常好用。

在工作表中插入迷你图的方法与插入图表的方法基本相似，下面为【产品销售表】工作簿中的第一季度数据创建一个迷你图，具体操作步骤如下。

Step01 打开光盘\素材文件\第 18 章\产品销售表.xlsx，选择需要存放迷你图的 G2 单元格，❶ 在【插入】选项卡【迷你图】组中选择需要的迷你图类型，❷ 这里单击【柱形图】按钮，如图 18-2 所示。

图 18-2

Step02 打开【创建迷你图】对话框，❶ 在【数据范围】文本框中引用需要创建迷你图的源数据区域，即 B2:F2 单元格区域，❷ 单击【确定】按钮，如图 18-3 所示。

Step03 经过上步操作，即可为所选单元格区域创建对应的迷你图，如图 18-4 所示。

图 18-3

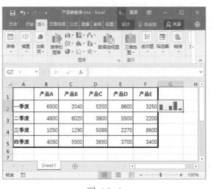

图 18-4

技术看板

单个迷你图只能使用一行或一列数据作为源数据，如果使用多行或多列数据创建单个迷你图，则 Excel 会打开提示对话框提示数据引用出错。

★ 重点 18.2.2 实战：为销售表创建一组迷你图

实例门类	软件功能
教学视频	光盘\视频\第 18 章\18.2.2.mp4

Excel 中除了可以为一行或一列数据创建一个或多个迷你图外，还可以为多行或多列数据创建一组迷你图。一组迷你图具有相同的图表特征。创建一组迷你图的方法有以下 3 种。

1. 插入法

与创建单个迷你图的方法相同，如果选择了与基本数据相对应的多个单元格，则可以同时创建若干个迷你图，让它们形成一组迷你图。

例如，要为【产品销售表】工作簿中各产品的销售数据创建迷你图，具体操作步骤如下。

Step01 ❶ 选择需要存放迷你图的 B6:F6 单元格区域，❷ 在【插入】选项卡【迷你图】组中选择需要的迷你图类型，这里单击【折线图】按钮，如图 18-5 所示。

图 18-5

Step02 打开【创建迷你图】对话框，❶ 在【数据范围】文本框中引用需要创建迷你图的源数据区域，即 B2:F5 单元格区域，❷ 单击【确定】按钮，如图 18-6 所示。

图 18-6

Step 03 经过上步操作，即可为所选单元格区域按照列为标准分别创建对应的迷你图，如图 18-7 所示。

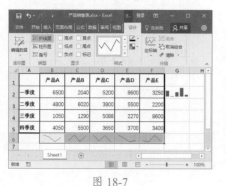

图 18-7

2. 填充法

我们也可以像填充公式一样，为包含迷你图的相邻单元格填充相同图表特征的迷你图。通过该方法复制创建的迷你图，会将"位置范围"设置成单格单元格区域，即转换为一组迷你图。

例如，要通过拖动控制柄的方法为【产品销售表】工作簿中各季度数据创建迷你图，具体操作步骤如下。

Step 01 ❶ 选择要创建一组迷你图时已经创建好的单个迷你图，这里选择 G2 单元格，❷ 将鼠标指针移动到该单元格的右下角，直到显示出控制柄（鼠标指针变为+形状），如图 18-8 所示。

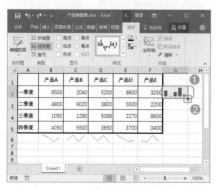

图 18-8

Step 02 拖动控制柄至 G5 单元格，如图 18-9 所示，即可为该列数据都复制相应的迷你图，但引用的数据源会自动发生改变，就像复制公式时单元格的相对引用会发生改变一样。

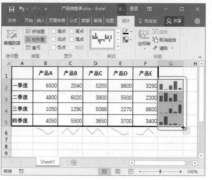

图 18-9

> **技能拓展——填充迷你图的其他方法**
>
> 选择需要创建为一组迷你图的单元格区域（包括已经创建好的单个迷你图和后续要创建迷你图放置的单元格区域），然后单击【开始】选项卡【编辑】组中的【填充】按钮，在弹出的下拉列表中选择需要填充的方向，也可以快速为相邻单元格填充迷你图。

3. 组合法

利用迷你图的组合功能，可以将原本不同的迷你图组合成一组迷你图。例如，要将【产品销售表】工作簿中根据各产品的销售数据和各季度数据创建的两组迷你图组合为一组迷你图，具体操作步骤如下。

Step 01 ❶ 按住【Ctrl】键的同时依次选择已经创建好的两组迷你图，即 G2:G5 和 B6:F6 单元格区域，❷ 单击【迷你图工具 设计】选项卡【分组】组中的【组合】按钮，如图 18-10 所示。

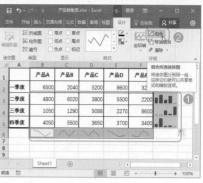

图 18-10

Step 02 经过上步操作，即可完成两组迷你图的组合操作，使其变为一组迷你图。而且，组合后的迷你图的图表类型由最后选中的单元格中的迷你图类型决定。本例最后选择的迷你图是 F6 单元格，所以组合后的迷你图均显示为折线迷你图。后期只要选择该组迷你图中的任意一个迷你图，Excel 便会选择整组迷你图，同时会显示出整组迷你图所在的单元格区域的蓝色外边框线，如图 18-11 所示。

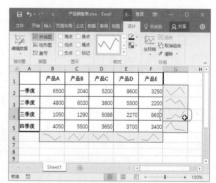

图 18-11

> **技术看板**
>
> 如果只是用拖动鼠标指针框选多个迷你图，那么组合迷你图的图表类型会由框选单元格区域中的第一个迷你图类型决定。

18.3 改变迷你图类型

如果创建的迷你图类型不能体现数据的走势，可以更改现有迷你图的类型。根据要改变图表类型的迷你图多少，可以分为改变一组和一个迷你图两种方式。

18.3.1 实战：改变销售表中一组迷你图的类型

实例门类	软件功能
教学视频	光盘\视频\第18章\18.3.1.mp4

如果要统一将某组迷你图的图表类型更改为其他图表类型，操作很简单。例如，要将【产品销售表】工作簿中的迷你图更改为柱形迷你图，具体操作步骤如下。

Step01 ❶ 选择迷你图所在的任意单元格，此时相同组的迷你图会被关联选择，❷ 单击【迷你图工具 设计】选项卡【类型】组中的【柱形图】按钮，如图 18-12 所示。

技术看板

迷你图和图表的很多操作还是相似的，而且迷你图的相关操作比图表的相关操作更简单。

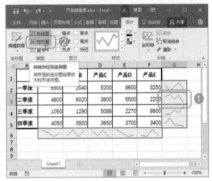

图 18-12

Step02 经过上步操作，即可将该组迷你图全部更换为柱形图类型的迷你图，效果如图 18-13 所示。

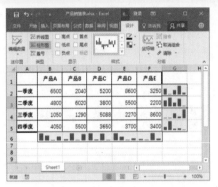

图 18-13

★ 重点 18.3.2 实战：改变销售表中单个迷你图的类型

实例门类	软件功能
教学视频	光盘\视频\第18章\18.3.2.mp4

当对一组迷你图中的某个迷你图进行设置时，改变其他迷你图也会进行相同的设置。若要单独设置某个迷你图效果，必须先取消该迷你图与原有迷你图组的关联关系。

例如，当只需要更改一组迷你图中某个迷你图的图表类型时，应该先将该迷你图独立出来，再修改图表类型。若要将【产品销售表】工作簿中的某个迷你图更改为折线迷你图，具体操作步骤如下。

Step01 ❶ 选择需要单独修改的迷你图所在的单元格，这里选择 B6 单元格，❷ 单击【迷你图工具 设计】选项卡【分组】组中的【取消组合】按钮，如图 18-14 所示。

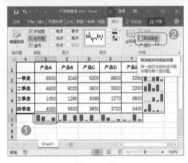

图 18-14

Step02 经过上步操作，即可将选择的迷你图与原有迷你图组的关系断开，变成单个迷你图。保存单元格的选择状态，单击【类型】组中的【折线图】按钮，如图 18-15 所示。

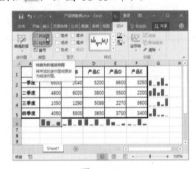

图 18-15

Step03 经过上步操作，即可将选择的单个迷你图更换为折线图类的迷你图，效果如图 18-16 所示。

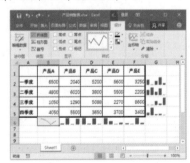

图 18-16

18.4 突出显示数据点

创建迷你图之后，可以使用提供的【高点】【低点】【首点】【尾点】【负点】和【标记】等功能，快速控制显示迷你图上的数据值点，如高值、低值、第一个值、最后一个值或任何负值。而且可以通过设置来使一些或所有标记可见来突出显示迷你图中需要强调的数据标记（值）。

18.4.1 实战：为销售迷你图标记数据点

实例门类	软件功能
教学视频	光盘\视频\第18章\18.4.1.mp4

如果创建了一个折线迷你图，则可以通过设置标记出迷你图中的所有数据点，具体操作步骤如下。

❶ 选择 B6 单元格中的迷你图，❷ 选中【迷你图工具 设计】选项卡【显示】组中的【标记】复选框，同时可以看到迷你图中的数据点都显示出来了，如图 18-17 所示。

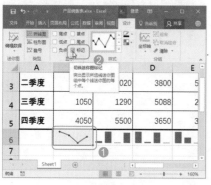

图 18-17

📎 技术看板

只有折线迷你图具有数据点标记功能，柱形迷你图和盈亏迷你图都没有标记功能。

18.4.2 实战：突出显示销量的高点和低点

实例门类	软件功能
教学视频	光盘\视频\第18章\18.4.2.mp4

在各类型的迷你图中都提供了标记高点和低点的功能。例如，要为刚刚制作的一组柱形迷你图标记高点和低点，具体操作步骤如下。

Step01 ❶ 选择工作表中的一组迷你图，❷ 选中【迷你图工具 设计】选项卡【显示】组中的【高点】复选框，即可改变每个迷你图中最高柱形图的颜色，如图 18-18 所示。

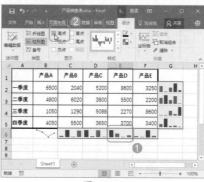

图 18-18

Step02 选中【显示】组中的【低点】复选框，即可改变每个迷你图中最低柱形图的颜色，如图 18-19 所示。

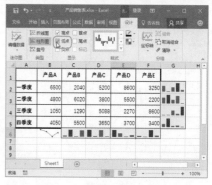

图 18-19

📎 技术看板

在 3 种迷你图类型中都提供了标记特殊数据点的功能。只要在【显示】组中选中【负点】【首点】和【尾点】复选框，即可在迷你图中标记出负数值、第一个值和最后一个值。

18.5 迷你图样式和颜色设置

在工作表中插入的迷你图样式并不是一成不变的，可以快速将一个预定义的迷你图样式应用到迷你图上。此外，还可以单独修改迷你图中的线条和各种数据点的样式，让迷你图效果更美观。

18.5.1 实战：为销售迷你图设置样式

实例门类	软件功能
教学视频	光盘\视频\第18章\18.5.1.mp4

迷你图提供了多种常用的预定

义样式，在库中选择相应选项即可使迷你图快速应用选择的预定义样式。例如，要为销售表中的折线迷你图设置预定义的样式，具体操作步骤如下。

Step01 ❶ 选择 B6 单元格中的迷你图，❷ 在【迷你图工具 设计】选项卡【样

式】组中的列表框中选择需要的迷你图样式，如图 18-20 所示。

Step02 经过上步操作，即可为所选迷你图应用选择的样式，效果如图18-21 所示。

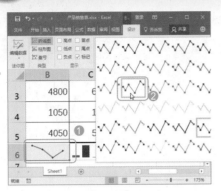

图 18-20

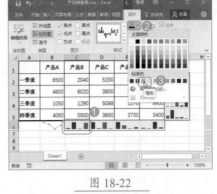

图 18-22

菜单中选择低点需要设置的颜色，这里选择【黑色】选项，如图 18-25 所示。

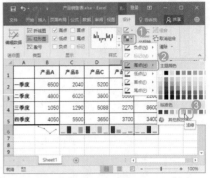

图 18-24

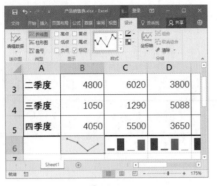

图 18-21

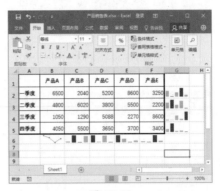

图 18-23

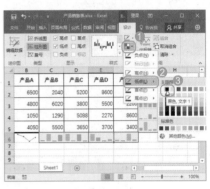

图 18-25

Step 03 经过上步操作，即可改变低点的颜色为黑色，如图 18-26 所示。

18.5.2 实战：为销售迷你图设置颜色

实例门类	软件功能
教学视频	光盘\视频\第 18 章\18.5.2.mp4

如果对预设的迷你图样式不满意，用户也可以根据需要自定义迷你图颜色。例如，要将销售表中的柱形迷你图的线条颜色设置为橙色，具体操作步骤如下。

Step 01 ❶ 选择工作表中的一组迷你图，❷ 单击【样式】组中的【迷你图颜色】按钮 ，❸ 在弹出的下拉菜单中选择【橙色】命令，如图 18-22 所示。

Step 02 经过上步操作，即可修改该组迷你图的线条颜色为橙色，如图 18-23 所示。

18.5.3 实战：设置销量迷你图的标记颜色

实例门类	软件功能
教学视频	光盘\视频\第 18 章\18.5.3.mp4

除了可以设置迷你图线条颜色外，用户还可以为迷你图的各种数据点自定义配色方案。例如，要为销售表中的柱形迷你图设置高点为浅绿色，低点为黑色，具体操作步骤如下。

Step 01 ❶ 单击【样式】组中的【标记颜色】按钮 ，❷ 在弹出的下拉菜单中选择【高点】命令，❸ 在弹出的子菜单中选择高点需要设置的颜色，这里选择【浅绿】选项，如图 18-24 所示。

Step 02 经过上步操作，即可改变高点的颜色为浅绿色。❶ 单击【标记颜色】按钮 ，❷ 在弹出的下拉菜单中选择【低点】命令，❸ 在弹出的下级子

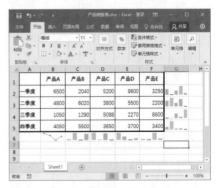

图 18-26

技术看板

在【标记颜色】下拉菜单中还可以设置迷你图中各种数据点的颜色，操作方法与高点和低点颜色的设置方法相同。

妙招技法

通过前面知识的学习，相信读者已经掌握了迷你图的创建与编辑方法。下面结合本章内容，给大家介绍一些实用技巧。

技巧 01：设置迷你图纵坐标

教学视频	光盘＼视频＼第 18 章＼技巧 01.mp4

迷你图中也包含横坐标轴和纵坐标轴，在单元格中添加迷你图后，可以根据需要设置迷你图的坐标轴选项。

例如，由于迷你图数据点之间的差异各不相同，默认设置的迷你图并不能真实体现数据点之间的差异量。所以，有时需要手动设置迷你图纵坐标轴的最小值和最大值，使迷你图真实反映数据的差异量和趋势。

下面就来定义纵坐标轴的最小值和最大值，让销售表中的迷你图显示值之间的关系，具体操作步骤如下。

Step01 ❶选择工作表中的一组迷你图，❷单击【迷你图工具 设计】选项卡【分组】组中的【坐标轴】按钮，❸在弹出的下拉菜单的【纵坐标轴的最小值选项】栏中选择【自定义值】命令，如图 18-27 所示。

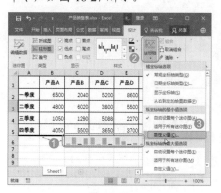

图 18-27

Step02 打开【迷你图垂直轴设置】对话框，❶在文本框中输入能最好地强调迷你图中数值的最小值，这里设置垂直轴的最小值为【1000】，❷单击【确定】按钮，如

图 18-28 所示。

图 18-28

Step03 经过上步操作，即完成了垂直轴最小值的设置，同时可以看到工作表中该组迷你图形状也发生了相应改变。❶单击【分组】组中的【坐标轴】按钮，❷在弹出的下拉菜单的【纵坐标轴的最大值选项】栏中选择【自定义值】命令，如图 18-29 所示。

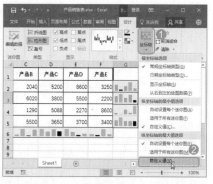

图 18-29

Step04 打开【迷你图垂直轴设置】对话框，❶在文本框中输入能最好地强调迷你图中数值的最大值，这里设置垂直轴的最大值为【9000】，❷单击【确定】按钮，如图 18-30 所示。

图 18-30

Step05 经过上步操作，即完成了垂直

轴最大值的设置，同时可以看到工作表中该组迷你图形状也发生了相应改变，效果如图 18-31 所示。对比迷你图纵坐标轴自定义设置前后的图形效果，可以发现自定义后的图形比较客观地反映了数据的差异量状况，而设置前的图形则只有高低的差别，没有差异量的体现。

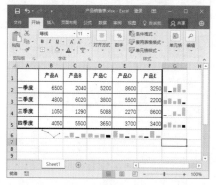

图 18-31

技术看板

如果迷你图中存在非常小和非常大的值，为了更加突出地强调数据值的差异，可以增加包含迷你图的行的高度。

技巧 02：显示横坐标轴

教学视频	光盘＼视频＼第 18 章＼技巧 02.mp4

迷你图中的横坐标轴实际是在值为 0 处显示一条横线，简易地代表横坐标轴。默认创建的迷你图是不显示横坐标轴的。如果想要显示出迷你图的横坐标轴，可以按照下面的步骤进行操作。

设置显示横坐标轴后，盈亏迷你图不管包含什么数据，都可以显示横坐标轴。但折线迷你图和柱形迷你图只有当其中的数据包含负值数据点时，才会显示出横坐标轴。因为只有数据中有负值时，才需要通过在迷你图中显示横坐标轴来强调。

Step01 ❶ 选择C6单元格，❷ 单击【迷你图工具 设计】选项卡【分组】组中的【取消组合】按钮，取消该迷你图与其他迷你图的组合关系，如图 18-32 所示。

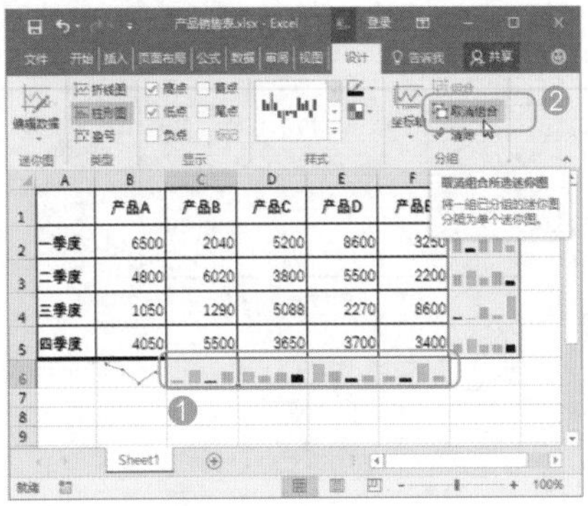

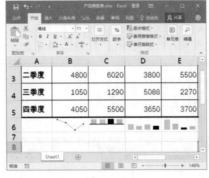

图 18-32

Step02 单击【类型】组中的【盈亏】按钮，将该迷你图显示为盈亏迷你图效果，如图 18-33 所示。

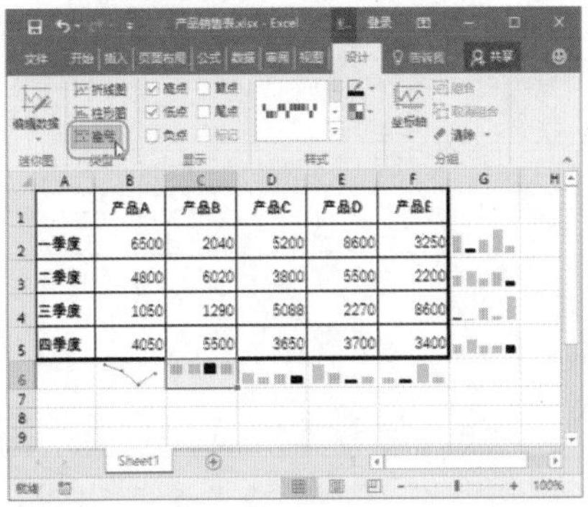

图 18-33

Step03 ❶ 单击【分组】组中的【坐标轴】按钮，❷ 在弹出的下拉菜单的【横坐标轴选项】栏中选择【显示坐标轴】命令，如图 18-34 所示。

图 18-34

Step04 经过上步操作，将在迷你图中显示横坐标轴，效果如图 18-35 所示。

图 18-35

技巧03： 使用日期坐标轴

教学视频	光盘 \ 视频 \ 第 18 章 \ 技巧 03.mp4

日期坐标轴的优点在于可以根据日期系列显示数据，当缺少某些日期对应的数据时，在迷你图中依然会保留对应的日期位置，显示为空位。因此，设置日期坐标轴，可以很好地反映基础数据中任何不规则的时间段。

在折线迷你图中，应用日期坐标轴类型可以更改绘制折线的斜率及其数据点的彼此相对位置。

在柱形迷你图中，应用数据轴类型可以更改宽度和增加或减小列之间的距离。

例如，要使用日期坐标轴显示加工日记录中的生产数据迷你图，具体操作步骤如下。

Step01 打开光盘 \ 素材文件 \ 第 18 章 \

生产厂加工日记录 .xlsx，❶ 选择G6单元格，❷ 单击【迷你图工具 设计】选项卡【分组】组中的【取消组合】按钮，取消该迷你图与其他迷你图的组合关系，如图 18-36 所示。

图 18-36

Step02 ❶ 单击【分组】组中的【坐标轴】按钮，❷ 在弹出的下拉菜单的【横坐标轴选项】栏中选择【日期坐标轴类型】命令，如图 18-37 所示。

图 18-37

Step03 打开【迷你图日期范围】对话框，❶ 在参数框中引用工作表中的 B1:F1 单元格区域，❷ 单击【确定】按钮，如图 18-38 所示。

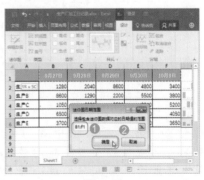

图 18-38

Step04 经过上步操作，即完成了日期坐标轴的设置，同时可以看到迷你图使用日期坐标轴格式后的效果，如图18-39所示。

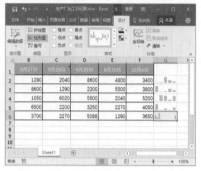

图 18-39

⚙ 技能拓展——从右到左的绘制迷你图数据

在【坐标轴】下拉菜单【横坐标轴选项】栏中选择【从右到左的绘图数据】命令，可以将迷你图表的横坐标轴选项设置为从右到左的绘图数据的效果，即改变迷你图的效果为以前效果的镜像后效果。如图18-39所示的迷你图设置【从右到左的绘图数据】后的效果，如图18-40所示。

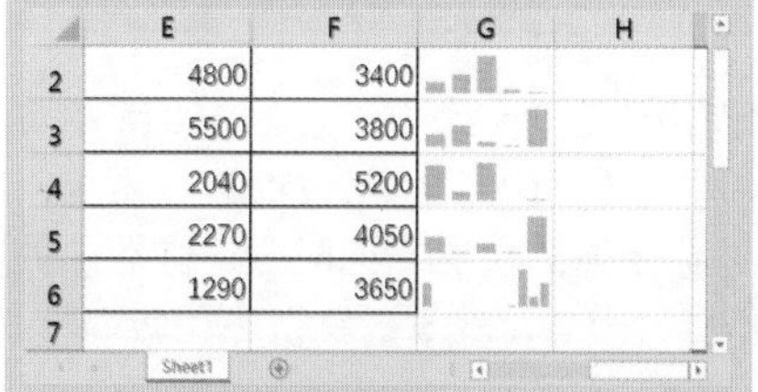

	E	F	G	H
2	4800	3400		
3	5500	3800		
4	2040	5200		
5	2270	4050		
6	1290	3650		
7				

图 18-40

技巧04: 处理空单元格

教学视频	光盘\视频\第18章\技巧04.mp4

创建迷你图后，可以使用【隐藏和空单元格设置】对话框来控制迷你图处理区域中显示的空值或零值，从而控制如何显示迷你图，尤其折线图中对空值和零值的处理，对折线图的效果影响很大。

例如，删除了生产表中的某数据，要让迷你图用零值替代空值来显示，具体操作步骤如下。

Step01 选择 C4 单元格，并按【Delete】键删除单元格中的数据，可以看到 G4 单元格中的迷你图相对应的柱形消失了，如图 18-41 所示。

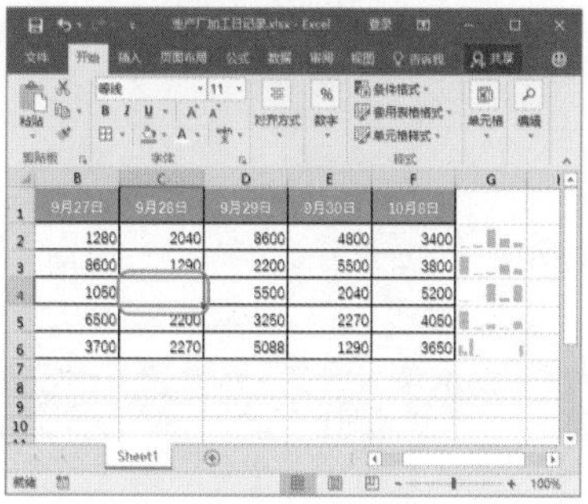

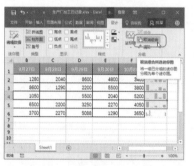

图 18-41

Step02 单击【迷你图工具 设计】选项卡【分组】组中的【取消组合】按钮，取消该迷你图与其他迷你图的组合关系，如图 18-42 所示。

图 18-42

Step03 单击【类型】组中的【折线图】按钮，将该迷你图显示为折线图效果，发现折线显示只有后面部分的效果，如图 18-43 所示。

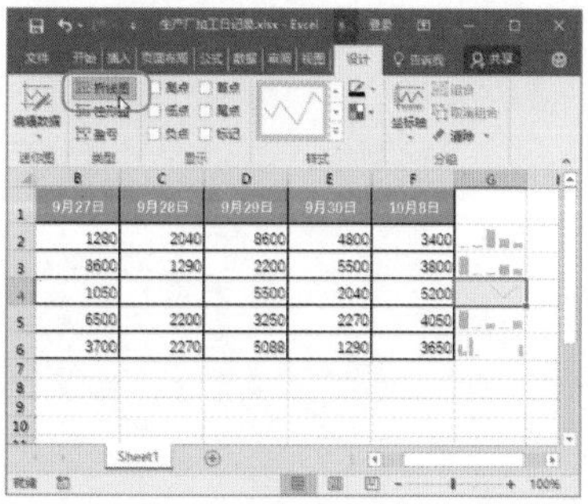

图 18-43

Step04 ❶ 单击【迷你图】组中的【编辑数据】按钮，❷ 在弹出的下拉菜单中选择【隐藏和清空单元格】命令，如图 18-44 所示。

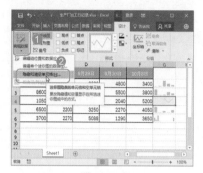

图 18-44

Step05 打开【隐藏和空单元格设置】对话框，❶ 选中【零值】单选按钮，❷ 单击【确定】按钮，如图 18-45 所示。

图 18-45

Step06 经过上步操作，可以在折线迷你图中用零值代替空值，完成折线迷你图的绘制，效果如图 18-46 所示。

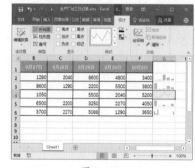

图 18-46

⚙ 技能拓展——编辑迷你图源数据

选择制作好的迷你图后，单击【迷你图工具 设计】选项卡【迷你图】组中的【编辑数据】按钮，在弹出的下拉菜单中选择【编辑组位置和数据】命令，可以更改创建迷你图的源数据。如果需要修改某组迷你图中的其中一个迷你图的源数据，可以在弹出的下拉菜单中选择【编辑单个迷你图的数据】命令。具体修改方法与修改图表数据源的方法相同，这里不再赘述。

技巧 05：清除迷你图

教学视频	光盘\视频\第 18 章\技巧 05.mp4

在 Excel 2016 中，删除迷你图与删除创建的传统图表不同，不能通过按【Backspace】和【Delete】键进行删除，删除迷你图的具体操作步骤如下。

Step01 选择需要删除的迷你图，❶ 单击【迷你图工具 设计】选项卡【分组】组中的【清除】按钮 ，❷ 在弹出的下拉列表中选择【清除所选的迷你图】命令，如图 18-47 所示。

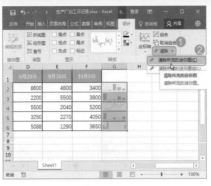

图 18-47

Step02 经过上步操作后，将删除单元格中的迷你图效果，如图 18-48 所示。

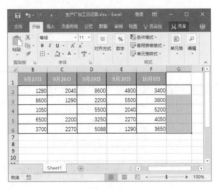

图 18-48

技能拓展——清除迷你图的其他方法

选择需要删除的迷你图后，单击【开始】选项卡【编辑】组中的【清除】按钮，然后在弹出的下拉列表中选择【全部清除】命令，也可以清除选择的迷你图。

本章小结

使用迷你图只需占用少量空间就可以让用户看出数据的分布形态，所以它的使用也是很频繁的。Excel 2016 中可以快速制作折线迷你图、柱形迷你图和盈亏迷你图 3 种类型。创建迷你图后，将激活【迷你图工具 设计】选项卡，对迷你图的所有编辑操作都在该选项卡中进行，具体包括更改迷你图类型、设置迷你图格式、显示或隐藏迷你图上的数据点、设置迷你图组中的坐标轴格式。由于其操作方法与图表的操作方法大同小异，因此，本章讲解得也比较简单。

第19章 使用图形和图片增强工作表效果

- ➥ 图片是最直接表达信息的对象，你知道怎么快速插入表格中吗？
- ➥ 花点小心思，也可以利用普通的形状制作意想不到的效果图。
- ➥ 想让表格中的内容脱离单元格这个容器，以便实现更独特的版式效果吗？
- ➥ Excel 中有一个强大的 SmartArt 图形工具，你会用吗？
- ➥ 表格中需要输入公式吗？

本章将通过在表格中插入图片、图形、自由文本、SmartArt，以及公式来美化图表，并逐一为读者解答以上问题。

19.1 插入图片

在制作那些用于输出的表格中，为了让表格更加丰富，还可以利用对象，制作图文并茂的表格。首先想到的可能就是插图，Excel 虽然不是专业的图像处理软件，但它提供了一些基础的图像编辑功能，可以对图片进行一些简单的编辑，利用这些功能，读者可以非常轻松地在文档中应用图片，甚至可以将一张普通的照片变得具有艺术感。

★ 新功能 19.1.1 实战：在个人简历表中插入本地图片

实例门类	软件功能
教学视频	光盘\视频\第 19 章\19.1.1.mp4

在制作某些表格时，为了让数据更有说服力，需要在表格中插入与数据内容相关的图片。有时为了减少原本表格内容全部为数据的单调感，使内容更丰富，增加表格的观赏性，也需要在表格中插入图片。

插入表格中的图片如果事先已经保存到计算机中，则可以通过下面的操作步骤插入表格中。

Step01 打开光盘\素材文件\第 19 章\个人简历 .xlsx，❶ 选择 H3 单元格，❷ 单击【插入】选项卡【插图】组中的【图片】按钮 🖼，如图 19-1 所示。

Step02 打开【插入图片】对话框，❶ 在上方的下拉列表框中选择要插入图片所在的文件夹，❷ 在下面的列表框中

选择要插入的【照片】图片，❸ 单击【插入】按钮，如图 19-2 所示。

图 19-1

图 19-2

Step03 返回工作簿中即可看到已经将【照片】图片插入表格中 H3 单元格附近了，并激活了【图片工具格式】选项卡，如图 19-3 所示。

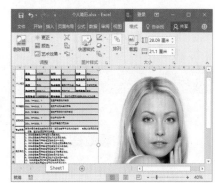

图 19-3

技能拓展——插入图片的其他方法

通过复制粘贴的方法也可以为表格添加图片。将需要插入的图片用看图软件打开后，在其上右击，在弹出的快捷菜单中选择【复制】命令，然后返回工作簿中进行粘贴即可。

该方法尤其适合将网上搜索的图片直接插入到表格中，免去了将其以图片格式保存到计算机中再进行插入的烦琐步骤。

★ 新功能 19.1.2 实战：在销售表中插入联机图片

实例门类	软件功能
教学视频	光盘\视频\第 19 章\19.1.2.mp4

Office 2016 提供了联机服务，我们可以在登录 Microsoft 账户的情况下通过该功能访问互联网，搜索并下载 Office 免版税的剪贴画或网络图片。

例如，销售表中需要插入的图片都很常见，要求也不高，现在通过关键词来搜索下载需要的 Office 免版税图片到表格中，具体操作步骤如下。

Step01 打开光盘\素材文件\第 19 章\销售表.xlsx，❶ 在第一列单元格的前面插入一列空单元格，❷ 选择 A2 单元格，❸ 单击【插入】选项卡【插图】组中的【联机图片】按钮，如图 19-4 所示。

图 19-4

Step02 打开【插入图片】界面，❶ 在【搜索】文本框中输入要搜索图片的关键字，这里输入文本【苹果】，❷ 单击其后的【搜索】按钮，如图 19-5 所示。

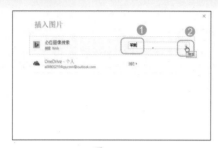

图 19-5

Step03 系统便根据关键字将搜索到的图片展示出来，❶ 选中需要插入文档中图片的复选框，❷ 单击【插入】按钮，如图 19-6 所示。

图 19-6

技术看板

为表格配图，就是要让图片和表格内容相契合，最怕使用与主题完全不相关的图片，这会将观众的注意力转移到无关的方面，让人觉得文档徒有其表而没有内容。

Step04 经过上步操作，即可将选择的图片插入到表格中。使用相同的方法在表格中插入其他需要的图片，完成后的效果如图 19-7 所示。

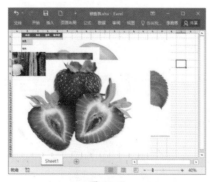

图 19-7

技能拓展——如何选择图片

图片与图形最主要的区别在于，图片是以点构成的，图形是由线条和形状构成的。所以，图形随意的调整变化后都是保持清晰的效果，而图片放大后就可以看到明显的方格子，也就是构成图像的点，如图 19-8 所示。图 19-8 中的图形被放大后将如图 19-9 所示，人们把构成图像的点称为"像素"。

图 19-8

图 19-9

由于图片是由一个个像素点构成的，在表现内容的真实性和细节方面就比图形更到位。在选择图片时尽量选择高清的图片，若是在表格中放入了低质量的图片（如连锯齿都能看到的粗糙图片），它会降低文件的专业度和精致感。

此外，在选择图片时还应注意图片上是否带有水印。若总是有第三方水印浮在那里，不仅图片的美感会大打折扣，还会让观众对表格内容的原创性和真实性产生怀疑。如果实在要用这类图片，建议处理后再用。

★ 重点 19.1.3　实战：在房地产销售管理表中插入屏幕截图

实例门类	软件功能
教学视频	光盘\视频\第19章\19.1.3.mp4

在 Excel 表格制作过程中，如果需要在表格中插入另一个软件的操作界面，或者是某个网页的局部效果图。此时，就可以使用【屏幕截图】功能来实现。例如，要在房地产销售管理表格中自定义抓取部分屏幕效果，具体操作步骤如下。

Step01 打开光盘\素材文件\第19章\房地产销售管理表格.xlsx，❶选择【户型图】工作表，❷单击【插入】选项卡【插图】组中的【屏幕截图】按钮，❸在弹出的下拉菜单中选择【屏幕剪辑】命令，如图19-10所示。

图 19-10

Step02 在浏览器中搜索的网页上按住鼠标左键不放并拖动鼠标指针选择需要截取的屏幕界面范围，如图19-11所示。

图 19-11

Step03 当释放鼠标左键后即可将截取

的屏幕效果部分以图片的形式插入工作表中，如图19-12所示。

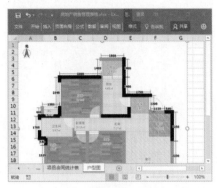

图 19-12

Step04 使用相同的方法，将搜索到的其他户型图效果截取到工作表中，完成后的效果如图19-13所示。

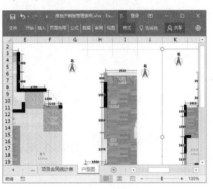

图 19-13

技能拓展——插入屏幕中的窗口图像

在【屏幕截图】下拉菜单中还显示了当前屏幕中打开的窗口图像，选择截图窗口屏幕后，程序就会执行截图的操作，并且将截图的窗口自动插入工作表中。

19.1.4　实战：在个人简历表中调整图片的大小和位置

实例门类	软件功能
教学视频	光盘\视频\第19章\19.1.4.mp4

从前面制作的案例可以发现，在

Excel 中插入图片后，其无论是大小，还是放置位置都有可能不能满足实际要求，这时就需要对图片的大小和位置进行调整。

1．调整图片大小

在工作表中插入的图片默认以原始的大小显示，如果插入的图片太大，不仅影响工作表的美观，还不能充分发挥图解数据的效果，因此需要改变其大小。在 Excel 2016 中调整图片大小的方法主要有以下两种。

技术看板

不同大小的图片在表格中可表现出不同的层次和主次性。在 Excel 中插入图片后可以随意放大或缩小，只要保证图片是清晰的就行，让它保持与表格内容相匹配的尺寸。但如果图片中包含有文字，就要保证能看清楚图中有用的文字信息。

在 Excel 中放大图像后，Excel 软件会自动优化图像效果，会通过复杂的运算增加像素点，使图像放大后不会看到清晰的像素点，只会让图像变得有些模糊。当然目前没有任何软件可以做到，在图像放大后不失真，因为原图中所包含的像素点是固定的。

（1）拖动鼠标指针调整图片大小

选择插入的图片后，在图片四周将显示8个圆形控制点，如图19-14所示。

图 19-14

移动鼠标指针拖动控制点即可快速调整图片的大小，其中，拖动任意线段中部的控制点，可在一个方向上增加或减小图片大小。但通过这种方式调整图片大小后，图片比例会发生改变，影响图片的效果；拖动任意角上的控制点，可在保证图片长宽比例不变的前提下，将图片按原始比例进行整体放大或缩小，通过这种方式调整后的图片效果将和原始图片保持一致。

在图片大小要求不精确的情况下，一般使用拖动鼠标指针的方法调整图片大小。例如，要将个人简历表中的图片先缩小到与表格内容匹配的合适大小，具体操作步骤如下。

Step01 打开光盘\素材文件\第 19 章\个人简历 .xlsx，❶ 选择需要调整大小的图片，❷ 适当缩小视图的显示比例，以便查看整个图片的效果，❸ 将鼠标指针移动到图片右下角的控制点上，当指针变为 ⬉ 形状时，按住鼠标左键不放，如图 19-15 所示。

图 19-15

Step02 在按住鼠标左键不放的同时，拖动鼠标指针即可调整图片的大小，如图 19-16 所示。

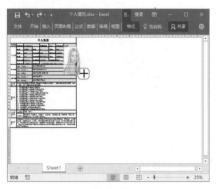

图 19-16

按住【Ctrl】键的同时，拖动任意线段中部控制点，可在该控制点所在方向的两条边上同时增加或减小相等的图片大小。按住【Ctrl】键的同时，拖动任意角上的控制点，可以以图片中心点为轴点，等比例缩放图片大小。

（2）精确设置图片大小

对于制作要求比较高的表格，常常需要精确设置插入表格中图片的大小，这时可以直接在【图片工具 格式】选项卡【大小】组中的【形状高度】或【形状宽度】数值框中输入需要调整图片高度或宽度的数值。

例如，要将个人简历表格中的照片通过精确其宽度，放置在相应的单元格中，具体操作步骤如下。

Step01 ❶ 选择需要调整大小的图片，❷ 在【图片工具 格式】选项卡【大小】组中的【形状宽度】数值框中输入数值【3.7】，如图 19-17 所示。

图 19-17

Step02 按【Enter】键确认输入的数值，系统即可根据输入的宽度值自动调整图片的大小，如图 19-18 所示。

图 19-18

由于默认情况下插入的图片都锁定了纵横比，因此，在单独调整其高度或宽度时，图片的高度和宽度都会进行调整。

若要取消这种关联，单独调整其宽度和高度，可以单击【图片工具 格式】选项卡【大小】组右下角的【对话框启动器】按钮 ，在显示出的【设置图片格式】任务窗格中单击【大小与属性】按钮 ，在【大小】栏中取消选中【锁定纵横比】复选框，如图 19-19 所示。

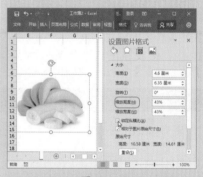

图 19-19

但在这种非等比例情况下单独设置图片的高度和宽度，会导致图像比例失衡。

2. 调整图片位置

在工作表中插入图片后，一般还需要将其调整到合适的位置。由于 Excel 中的图片是以浮于文字上方的方式插入工作表中的，因此，通过拖动鼠标指针即可移动图片的位置，具体操作步骤如下。

将鼠标指针移动到需要移动的图片上，当其变为 ⬉ 形状时，按住鼠标左键不放，如图 19-20 所示。直到将图片移动到合适的位置时释放鼠标左键，即可移动到目标位置。

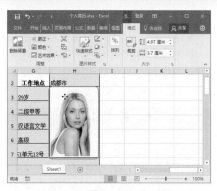

图 19-20

★ 重点 19.1.5 实战：调整销售表中图片的色彩

实例门类	软件功能
教学视频	光盘\视频\第 19 章\19.1.5.mp4

不同的色彩会带给人不同的心理感受，一幅图像应用不同的色彩效果，也会让图像拥有不同的意义。

准确的明度和对比度可以让图片有精神，适当的调高图片色温可以给人温暖的感觉，调低色温给人时尚金属感。图 19-21 所示为同一图片设置不同色彩时的效果。

图 19-21

Excel 2016 中加强了对图片的处理能力，应用这些基本的图像色彩调整功能，就可以轻松将表格中的图片制作出达到专业图像处理软件处理过的图片效果。

1. 更正图片亮度.对比度或模糊度

当表格中插入图片的颜色无法达到预期效果时，可以使用 Excel 2016 提供的图像颜色更正功能，调整图片的亮度、对比度（图片最暗区域与最亮区域间的差别）及图片的模糊度。

单击【图片工具 格式】选项卡【调整】组中的【更正】按钮，弹出的下拉菜单中包含两栏，其中，【锐化/柔化】栏用于锐化图片或删除可柔化图片上的多余斑点，从而增强照片细节；【亮度/对比度】栏用于调整图片的亮度和对比度。通过调整图片亮度，可以使曝光不足或曝光过度图片的细节得以充分表现。通过提高或降低对比度，可以更改明暗区域分界的定义。

下面，通过调整图片的亮度、对比度和模糊度让销售表中的橘子图片看起来更鲜艳一些，具体操作步骤如下。

Step 01 打开光盘\素材文件\第 19 章\销售表 .xlsx，对其中插入的图片进行大小和位置的适当调整，完成后的效果大致如图 19-22 所示。

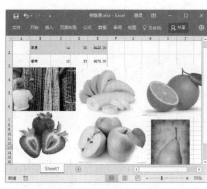

图 19-22

Step 02 ❶ 选择插入的橘子图片，❷ 单击【图片工具 格式】选项卡【调整】组中的【更正】按钮，❸ 在弹出的下拉菜单的【锐化/柔化】栏中选择需要的细节处理效果，这里选择【锐化：25%】选项，即可让橘子的细节得到更明显的显示，如图 19-23 所示。

图 19-23

Step 03 ❶ 再次单击【更正】按钮，❷ 在弹出下拉菜单中选择【图片更正选项】命令，如图 19-24 所示。

图 19-24

技术看板

在【更正】下拉菜单中列出的颜色更正选项是有限的，如果需要微调图片更正参数，可在该下拉菜单中选择【图片更正选项】命令，在显示出的【设置图片格式】任务窗格中输入各项的具体数值即可。

Step 04 显示出【设置图片格式】任务窗格，❶ 单击【图片】按钮，❷ 在【图片更正】栏中通过拖动滑块分别设置亮度为【13%】，对比度为【17%】，如图 19-25 所示，即可看到修正颜色后的橘子图片效果变得非常鲜艳，又不失细节。

图 19-25

2. 更改图片颜色

Excel 2016 还能对插入图片的颜色进行修改,如调整图片的颜色饱和度和色调、对图片重新着色或更改图片中某一种颜色的透明度,还可以为图片应用多个颜色效果。

技术看板

当相机未正确测量色温时,拍出的图片就会出现偏色现象,即有一种颜色支配图片过多,一般会使得图片看上去偏蓝或偏橙。

单击【图片工具 格式】选项卡【调整】组中的【颜色】按钮 颜色,弹出的下拉菜单中包含 3 栏,其中,【颜色饱和度】栏用于调整图片颜色的浓度。饱和度越高,图片色彩越鲜艳,反之图片越黯淡;【色调】栏用于提高或降低图片的色温,从而增强图片的细节,一般在图片出现偏色的情况下使用;【重新着色】栏用于将一种内置的着色模式快速应用于图片,即为图片重新上色。

在【颜色】下拉菜单中选择【其他变体】命令,可以通过弹出的颜色下拉菜单中为图片设置更多的重新着色的颜色;选择【设置透明色】命令,可以使图片的一部分变得透明,以便显示出层叠在图片下方的表格内容;选择【图片颜色选项】命令,将显示出【设置图片格式】任务窗格,在其中可以微调颜色的各种参数。

技术看板

透明度用于定义能够穿过对象像素的光线数量。如果对象是百分之百透明的,光线将能够完全穿过它,造成无法看见对象。通过计算机显示器观看,图片中透明区域的颜色与背景色相同。在打印输出时,透明区域的颜色与打印图片使用的纸张颜色相同。

下面,将销售表中的青苹果调整为红苹果,具体操作步骤如下。

Step01 ❶ 选择插入的苹果图片,❷ 单击【图片工具 格式】选项卡【调整】组中的【颜色】按钮 颜色,❸ 在弹出的下拉菜单的【颜色饱和度】栏中选择合适的饱和度设置,这里选择【饱和度:0%】选项,如图 19-26 所示,即可让图片显示为灰度效果。

图 19-26

Step02 ❶ 单击【颜色】按钮 颜色,❷ 在弹出的下拉菜单的【色调】栏中选择合适的色温,这里选择【色温:5900K】选项,如图 19-27 所示,即可让图片色彩显得温和一些。

图 19-27

Step03 ❶ 单击【颜色】按钮 颜色,❷ 在弹出的下拉菜单的【重新着色】栏中选择需要重新着色的颜色,这里选择【红色,个性色 2 浅色】选项,如图 19-28 所示。

图 19-28

Step04 返回工作簿中即可看到更改后图片的饱和度、色调和重新着浅红色的效果,如图 19-29 所示。

图 19-29

★ 新功能 19.1.6 实战:为销售表中的图片设置艺术效果

实例门类	软件功能
教学视频	光盘\视频\第 19 章\19.1.6.mp4

在 Excel 2016 中,还可以为图像添加一些与专业图像软件中相似的滤镜效果,可以对图像进行艺术化的调整和修改,让图片看上去更有范儿。图 19-30 所示为同一图片设置不同艺术效果时的效果。

图 19-30

单击【图片工具 格式】选项卡【调整】组中的【艺术效果】按钮，弹出的下拉菜单中列举了【标记】【铅笔灰度】【线条图】【粉笔素描】和【胶片颗粒】等 22 种预设的艺术效果，可以让图片看上去更像草图、绘图或油画等效果。Excel 中的艺术效果不能像专业图像处理软件中的艺术效果，能进行叠加。在 Excel 2016 中，一次只能将一种艺术效果应用于图片，再为该图片应用其他艺术效果时将删除以前应用的艺术效果。

如果需要为已经设置的艺术效果进行调整，可在【艺术效果】下拉菜单中选择【艺术效果选项】命令，在显示出的【设置图片格式】任务窗格中设置各项的具体值即可进行调整。

🔋 技术看板

在【设置图片格式】任务窗格中，每种艺术效果都有两个可调选项，一般为【透明度】选项和一个附加选项。其中，【透明度】选项，用于指定艺术效果的透明度。有的艺术效果中有【画笔大小】选项，用于指定要创建效果的画笔大小。值越高，则画笔越宽；【裂缝间距】选项，在应用【混凝土】艺术效果时可用，用于指定裂缝的亮度和深度。值越高，则图片越亮，裂缝越大；【详细信息】选项，在应用【影印】艺术效果时可用，用于控制图片

细节。值越高，则图片细节越明显；【强度】选项，用于指定图片区域使用的对比度或脆度。值越高，对比度越低。

下面让销售表中的香蕉图片变为油画效果，具体操作步骤如下。

Step01 ❶ 选择插入的香蕉图片，❷ 单击【图片工具 格式】选项卡【调整】组中的【艺术效果】按钮🖼，❸ 在弹出的下拉列表中选择需要将图片设置的艺术样式，这里选择【画图刷】选项，如图 19-31 所示。

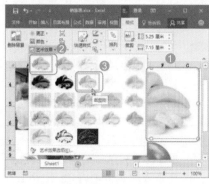

图 19-31

Step02 放大图片后即可更清晰地看到为香蕉图片设置为油画的效果了，如图 19-32 所示。

图 19-32

⚙️ 技能拓展——撤销为图片添加的艺术效果

如果对图片设置的艺术效果不满意，可以将其删除。首先选择要删除艺术效果的图片，其次单击【艺术效果】按钮，在弹出的下拉菜单中选择【无】选项。

19.1.7　实战：抠出销售表图片中的重要部分

实例门类	软件功能
教学视频	光盘\视频\第 19 章\19.1.7.mp4

在 Excel 早期版本中，如果插入的图片背景太复杂，需要删除部分图像时，还必须在专门的图像处理软件中进行操作才行，非常不方便。Excel 2016 的图片工具中包含了【删除背景】功能这一项，使用该功能可以精准地去除图片中的背景，保留图片主体，起到强调或突出图片主题的作用。例如，图 19-33 所示的右侧图为将左侧图多余的花朵删除，只保留其中一朵的效果。

图 19-33

Excel 2016 的抠图效果可以与专业的图像处理软件相媲美，操作过程甚至更简便，因为在 Excel 2016 中抠图，不需要对对象进行精确描绘就可以智能地识别出需要删除的背景。

在 Excel 2016 中选择图片后，单击【图片工具 格式】选项卡【调整】组中的【删除背景】按钮🖼，将自动激活【背景消除】选项卡，如图 19-34 所示。如果图片处于去除图片背景状态时，系统会自动对图像背景进行选择并用颜色标示出来。其中，洋红色区域为要删除的部分，原色区域是要保留的部分。如果对系统自动抠图的效果不满意，还可以使用线条手动绘制出图片背景中需要保留的区域和需要删除的区域。

图 19-34

【背景消除】选项卡的各功能按钮介绍如下。

➡ 【标记要保留的区域】按钮➕：该按钮用于指定额外的要保留下来的图片区域，单击该按钮后，依次在图片中单击需要额外保留的区域，即可在这些区域中添加保留标记。

➡ 【标记要删除的区域】按钮➖：该按钮用于指定额外的要删除的图片区域，单击该按钮后，依次在图片中单击需要额外保留的区域，即可在这些区域中添加删除标记。

➡ 【删除标记】按钮➕：单击该按钮后，删除通过单击【标记要保留的区域】按钮和【标记要删除的区域】按钮标记的标记点，即可取消对该标记的删除操作。

技能拓展——撤销标记的快捷方法

在添加删除标记或保留标记的过程中如果出现失误，不仅可以通过单击【删除标记】按钮删除标记，还可以通过【Ctrl+Z】组合键快速撤销操作。

➡ 【放弃所有更改】按钮▣：单击该按钮，即可将删除图片背景的图返回图片原始状态。

➡ 【保留更改】按钮✓：单击该按钮，将保存对图片所做的修改。

在销售表中，梨子图片与其他产品的图片截然不同，为了使其看起来和其他图片更协调，需要将其背景删除，具体操作步骤如下。

Step01 ❶ 选择插入的梨子图片，❷ 单击【图片工具 格式】选项卡【调整】组中的【删除背景】按钮🖼，如图19-35所示。

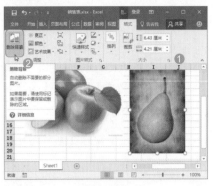

图 19-35

Step02 经过上步操作，将激活【背景消除】选项卡，进入去除图片背景状态。❶ 拖动矩形边框四周的控制点，以便让所有要保留的图片区域都包括在选择范围内，❷ 由于本图系统自动分析的背景比较到位，不需要再手动设置需要删除和保留的部分，因此，直接单击【背景消除】选项卡【关闭】组中的【保留更改】按钮✓，如图19-36所示，完成对背景的删除操作。

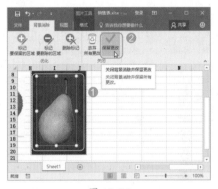

图 19-36

Step03 经过上步操作，可以看到图片原来的背景都没有了，为了方便查看，可以将该图片移动到另一个图片的上方，发现只有梨子主体被保留下来了，原来的背景设置为透明色了，如图19-37所示。

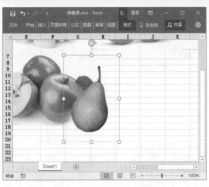

图 19-37

技术看板

一般情况下，如果要改变系统自动抠图的区域，只需在去除图片背景状态下通过调整矩形框的大小来包围要保留的图片部分，即可得到满意的去除图片背景效果。只有在希望可以更灵活地控制要去除背景的区域，才会使用到【背景消除】选项卡【优化】组中的工具。

★ 新功能 19.1.8 实战：裁剪产品图片的多余部分

实例门类	软件功能
教学视频	光盘\视频\第19章\19.1.8.mp4

四处收集来的图片有大有小，可以根据页面的需要调整图像的大小，还可以根据需要裁剪图片大小，将图片中需要的部分保留，而将不需要的部分隐藏。

应用到表格中的图片，如果其画面边缘处包含了没有用的东西，这时就需要通过裁剪功能去除图像中的无用内容，只保留图像中所需要的区域。

Excel 2016中的裁剪功能很强大，不仅可以剪裁对象的垂直或水平边缘，还可以轻松裁剪为特定形状、经过裁剪来适应或填充形状，或者裁剪为通用图片纵横比。

因此，当实在没有找到合适的图片时，也可以对某些可用画面版式的图片进行再加工，如可以裁剪其中的一部分内容对画面重新构图。如图 19-38 ～图 19-40 所示为同一图像，只因裁剪的区域不同，便给观众带来了不同的感受。

图 19-38

图 19-39

图 19-40

1. 拖动鼠标指针裁剪图片

拖动鼠标指针裁剪图片，可以通过减少垂直或水平边缘来删除或屏蔽不希望显示的图片区域，从而将注意力集中于图片中需要强调的主体。选择要裁剪的图片，然后单击【图片工具 格式】选项卡【大小】组中的【裁剪】按钮。此时被选择的图片四周将出现裁剪边框，如图 19-41 所示。拖动鼠标指针移动需要裁剪图片的裁剪边框上的裁剪控制点即可对图片进行裁剪，完成裁剪后按【Esc】键退出裁剪状态。

图 19-41

在图片裁剪状态中可进行以下几种裁剪方式。

➡ 裁剪图片某一边：将鼠标指针移动到该条边的中心裁剪控制点上，按住鼠标左键不放并向图片中心拖动即可，具体裁剪过程可以参考本节案例部分内容。

➡ 裁剪图片的相邻边：将鼠标指针移动到相邻两条边的角部裁剪控制点上，按住鼠标左键不放并向图片中心拖动即可，裁剪过程如图 19-42 所示。

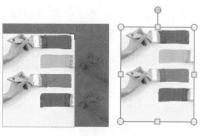

图 19-42

➡ 均匀裁剪图片的两侧：按住【Ctrl】键的同时，按住鼠标左键将需要裁剪的某一侧的中心裁剪控制点向图片中心拖动即可，裁剪过程如图 19-43 所示。

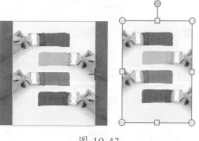

图 19-43

➡ 均匀裁剪图片的四周：按住【Ctrl】键的同时，按住鼠标左键将相邻两

条边的角部裁剪控制点向图片中心拖动即可，裁剪过程如图 19-44 所示。

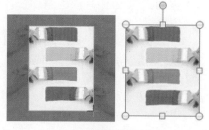

图 19-44

➡ 等比例裁剪图片的四周：按住【Ctrl+Shift】组合键的同时，按住鼠标左键将相邻两条边的角部裁剪控制点向图片中心拖动即可，裁剪过程如图 19-45 所示。

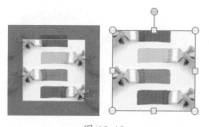

图 19-45

➡ 放置裁剪图片：裁剪图片后，移动图片即可通过改变图片相对裁剪边框的位置，从而改变裁剪后显示的效果，裁剪过程如图 19-46 所示。

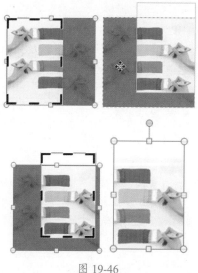

图 19-46

➜ 向外裁剪图片：使用前面介绍的4种裁剪方法将裁剪控制点向远离图片中心的方向拖动即可。向外裁剪图片可为图片周围添加白色的边框。

在销售表中，有两张图片的底部显示有水印，需要通过裁剪将这些多余内容删除，具体操作步骤如下。

Step01 ❶ 选择插入的橘子图片，❷ 单击【图片工具 格式】选项卡【大小】组中的【裁剪】按钮，如图19-47所示。

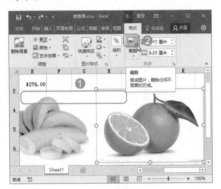

图 19-47

Step02 拖动鼠标指针调整图片底部的裁剪控制点的位置到合适，将图片下方的水印裁剪掉，如图19-48所示。

图 19-48

Step03 在图片外任意位置单击，即可完成裁剪操作，同时可看到裁剪后的效果。使用相同的方法将苹果图片下方的水印裁剪掉，完成后的效果如19-49图所示。

图 19-49

2. 精确裁剪图片

若要将图片裁剪为精确的尺寸，可在【设置图片格式】任务窗格中进行设置。

在需要裁剪的图片上右击，然后在弹出的快捷菜单中选择【设置图片格式】命令，或者直接单击【图片工具 格式】选项卡【大小】组右下角的【对话框启动器】按钮，即可显示出【设置图片格式】任务窗格。单击【图片】按钮，在【裁剪】栏中的【图片位置】区域的数值框中输入具体数值，从而指定图片的高度和宽度及偏移量；在【裁剪位置】区域中输入数值指定裁剪边框的宽度和高度，以及裁剪的对齐方式，如图19-50所示。

图 19-50

3. 裁剪图片为特定的形状

在 Excel 2016 中可以将图片裁剪为特定的形状，使用该功能可以快速将图片外观修整为需要的形状，让表格更美观。例如，要将销售表中的甘蔗图片裁剪为云形状，具体操作步骤如下。

Step01 ❶ 选择插入的甘蔗图片，❷ 单击【图片工具 格式】选项卡【大小】组中的【裁剪】按钮，❸ 在弹出的下拉菜单中选择【裁剪为形状】命令，❹ 在弹出的下级菜单中选择需要裁剪的形状，这里选择【标注】栏中的【思想气泡：云】选项，如图19-51所示。

图 19-51

Step02 可看到将甘蔗图片裁剪为【思想气泡：云】形状后的效果，如图19-52所示。将鼠标指针移动到该图形上可调整气泡开始处的控制点。

图 19-52

Step03 拖动鼠标指针调整该控制点的位置，即可更改【思想气泡：云】形状的效果，如图19-53所示。

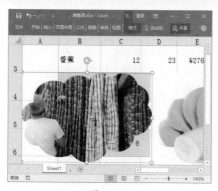

图 19-53

图 19-55

图 19-58

4. 裁剪图片为通用纵横比

表格中插入的图片有时是具有特殊作用的，如插入免冠照片，而这些照片的宽度与高度遵循一定的比例。在Excel中，可以快速将图片裁剪为常用的纵横比效果。

例如，要将裁剪为形状后的甘蔗图片按照纵向 4:5 的比例进行裁剪，具体操作步骤如下。

Step01 ❶ 选择修剪为形状后的甘蔗图片，❷ 单击【图片工具 格式】选项卡【大小】组中的【裁剪】按钮，❸ 在弹出的下拉菜单中选择【纵横比】命令，❹ 在弹出的下级菜单中选择需要裁剪的具体纵横比例，这里在【纵向】栏中选择【4:5】选项，如图 19-54 所示。

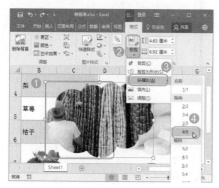

图 19-54

Step02 可看到将甘蔗图片按照纵向 4:5 比例进行裁剪后的效果，如图 19-55 所示。

Step03 将鼠标指针移动到被裁剪的甘蔗底图上，通过拖动鼠标指针移动裁剪形状在底图上的位置，如图 19-56 所示。

图 19-56

Step04 裁剪效果满意后，单击图片外任意位置，完成图片的裁剪操作，效果如图 19-57 所示。

图 19-57

Step05 拖动鼠标指针调整该图片右侧中心的控制点，改变图片的宽度，如图 19-58 所示。

Step06 通过调整各图片的大小和位置，完成本案例的制作，最终效果如图 19-59 所示。

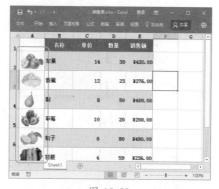

图 19-59

5. 通过裁剪来适应或填充形状

如果要删除图片的某个部分，又希望尽可能用原始图片来填充形状，可在【裁剪】下拉菜单中选择【填充】命令。选择该命令后，可能不会显示图片的某些边缘，但可以在调整图片尺寸时仍保留原始图片的纵横比。如对裁剪后的图 19-60 再执行【填充】命令，将得到如图 19-61 所示的效果。

如果要使整个图片都适合形状，可在【裁剪】下拉菜单中选择【调整】命令，选择该命令后，将在保留原始图片的纵横比的基础上裁剪图片。如图 19-61 所示的裁剪效果再执行【调整】命令，将得到如图 19-62 所示的效果。

图 19-60

图 19-61

图 19-62

技术看板

裁剪图片后，被裁剪的部分并没有被删除，只是被隐藏了，还可以通过向外裁剪图片将其显示出来。要删除图片中被裁剪的部分只能通过【压缩图片】功能删除。

19.1.9 实战：在房地产销售管理表中设置图片样式

实例门类	软件功能
教学视频	光盘\视频\第19章\19.1.9.mp4

插入图片后，不仅可以对图片本身效果进行调整，还可以设置图片的外观样式，如为其添加阴影、发光、映像、柔化边缘、凹凸和三维旋转等效果，从而增强图片的美观性，提高表格的整体效果。

1. 套用图片样式

为了方便用户使用，Excel 2016中预定义了一些图片样式，选择这些样式可以为图像添加一系列的修饰内容，如为图片添加边框、裁剪图像、增加投影、增加立像效果等。

例如，要为房地产销售管理表中的图片应用图片样式，具体操作步骤如下。

Step 01 打开光盘\素材文件\第19章\房地产销售管理表格.xlsx，❶选择【户型图】工作表中的第一张图片，❷单击【图片工具 格式】选项卡【图片样式】组中的【快速样式】按钮，❸在弹出的下拉列表中选择需要的样式，这里选择【旋转，白色】选项，如图19-63所示。

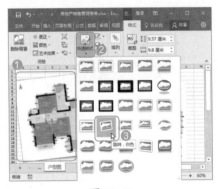

图 19-63

Step 02 经过上步操作，即可为所选图片添加类似照片反倒的效果。使用相同的方法快速为本工作表中的其他图片设置合适的样式，完成后的效果如图19-64所示。

图 19-64

技术看板

当图片缩放大小不一样时，为图片添加相同的图片样式，其整体效果也不一样。

2. 设置图片边框

为图片套用图片样式后，如果对预设图片样式中的图片边框样式不满意，用户还可以自定义图片边框，包括设置边框颜色、边框线粗细和边框线样式等。

例如，要改变房地产销售管理表中类似画框的图片的边框颜色，具体操作步骤如下。

❶选择需要重新设置边框样式的图片，❷单击【图片工具 格式】选项卡【图片样式】组中的【图片边框】按钮，❸在弹出下拉菜单的【主题颜色】栏中选择【金色，个性色4，深色50%】选项，同时可看到将图片边框更改为金色的效果，如图19-65所示。

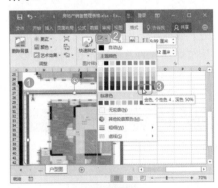

图 19-65

技术看板

【图片边框】下拉菜单中各命令的具体用法与【图表工具 格式】选项卡【形状样式】组中的【形状轮廓】命令用法相同，这里不再赘述，读者可以参考本书17.5.3小节的内容。

3. 设置图片效果

用户还可以自定义图片效果，包括为图片添加阴影、映像、发光效果、柔化边缘效果、棱台效果和三维旋转效果。在【图片工具 格式】选项卡【图片样式】组中单击【图片效果】按钮，在弹出的下拉菜单中根据需要选择相应的命令，并在其下级子菜单中选择需要的效果选项即可快速为图片应用该效果。其中【预设】命令的下级子菜单中列举了比较常用的图片效果。其他命令则根据图片效果的作用，将同类型的图片效果归类在同一个子菜单中，方便用户查找和使用。

下面为图 19-66 中的图片设置不同类型图片效果的最终效果，如图 19-67~ 图 19-76 所示。

图 19-66

图 19-67

图 19-68

图 19-69

图 19-70

图 19-71

图 19-72

图 19-73

图 19-74

图 19-75

图 19-76

4. 将图片转换为 SmartArt 图形

如果需要插入具有一定逻辑关系，并要求将它们按照这种逻辑关系进行排列的图片，可以使用 Excel 2016 中提供的图片版式功能迅速对这些图片进行排列。

例如，要在房地产销售管理表中的图片下方标注面积数据，具体操作步骤如下。

Step 01 ❶ 在工作簿最前方新建一个工作表，并命名为【158 平米】，❷ 将【户型图】工作表中的一张图片复制到【158 平米】工作表中，并选择刚插入的图片，❸ 单击【图片工具 格式】选项卡【图片样式】组中的【图片版式】按钮，❹ 在弹出的下拉列表中选择需要的图形样式，这里选择【蛇形图片题注列表】选项，同时可看到为图片应用该图形版式后的效果，如图 19-77 所示。

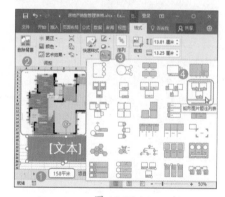

图 19-77

Step 02 ❶ 在【文本】窗格中输入要作为该图片题注的文本，❷ 拖动鼠标指针调整题注文本框的大小，完成后的效果如图 19-78 所示。

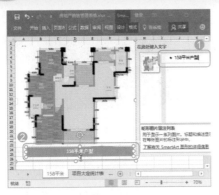

图 19-78

19.1.10 实战：调整房地产销售管理表中图片的层次

实例门类	软件功能
教学视频	光盘\视频\第 19 章\19.1.10.mp4

如果在表格中插入了多张图片，这些图片有可能会重叠在一处。或许需要的正是图片叠放的效果，但不同的叠放顺序会导致完全不同的效果。因为叠放位置重合时，就会存在上一个图层中的图片内容遮挡了下一个图层中的图片内容的情况。如果需要改变已经插入图片的叠放顺序，可以通过下面的操作步骤来实现。

技术看板

Excel 表格是分层显示的，而其中的主层为文本层，它始终位于 Excel 表格的最底层。插入表格中的对象存在于不同的对象层中，它们独立于文本层中的内容。但因为它们始终位于文本层的上方，因此对象层中的内容可以影响文本层的内容。我们可以简单地将 Excel 表格想象成一个二维空间，其中的文本内容和对象分别存在不同的透明胶片上。因此，可以根据编排要求对这些透明胶片的位置和顺序进行调整，得到不同的叠加效果。而对图片对象进行的这个操作过程，就称为设置图片排列层次。

Step01 ❶ 选择【户型图】工作表，

❷ 将工作表中的图片位置进行调整，得到如图 19-79 所示的排列效果。

图 19-79

Step02 ❶ 选择需要调整叠放次序的右下角图片，❷ 单击【图片工具 格式】选项卡【排列】组中的【上移一层】按钮，如图 19-80 所示。

图 19-80

Step03 经过上步操作，即可将所选图片位置向上移动一层，放置在所有图片的最上层。❶ 选择需要调整叠放次序的左上角图片，❷ 单击【图片工具 格式】选项卡【排列】组中的【上移一层】按钮下方的下拉按钮，❸ 在弹出的下拉列表中选择【置于顶层】选项，如图 19-81 所示。

图 19-81

Step04 经过上步操作，即可将所选图片放置在所有图片的最上层，如图 19-82 所示。

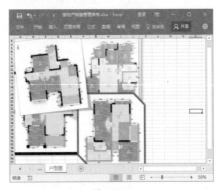

图 19-82

技术看板

单击【下移一层】按钮，可以设置当前所选图片在表格中的叠放位置相对当前层向下移动一层。单击【下移一层】按钮下面的下拉按钮，在弹出的下拉列表中选择【置于底层】选项，可设置当前所选图片仅位于文本层的上方、其他所有对象层的下方。

19.1.11 实战：调整房地产销售管理表中的图片方向

实例门类	软件功能
教学视频	光盘\视频\第 19 章\19.1.11.mp4

同一张图片，观众从不同角度观看可能会有不同的感受，所以有时会刻意地调整图片的方向。例如，图 19-83 和图 19-84 实际上是同一幅图片，只是旋转了图片的方向，表达的效果就千差万别了。

图 19-83

图 19-84

下面为房地产销售管理表中的图片设置合适的旋转角度，使其看起来更自然，具体操作步骤如下。

Step01 ❶ 选择需要旋转的右上角图片，❷ 单击【图片工具 格式】选项卡【排列】组中的【旋转】按钮，❸ 在弹出的下拉菜单中选择【其他旋转选项】命令，如图 19-85 所示。

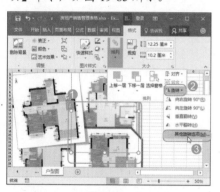

图 19-85

Step02 显示出【设置图片格式】任务窗格，❶ 单击【大小与属性】按钮，❷ 在【大小】组的【旋转】数值框中设置需要旋转的角度值，即可看到图片旋转相应角度的效果，如图 19-86 所示。

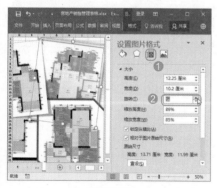

图 19-86

Step03 使用相同的方法为工作表中的其他两张图片实现微量的旋转，完成后的效果如图 19-87 所示。

图 19-87

技能拓展——旋转图片的其他方法

选择插入的图片后，在图片上方会出现一个圆形控制点。拖动该圆形控制点，可任意旋转图片的方向。

19.1.12　压缩图片

图片会显著增大 Excel 表格的大小，因此，控制图片文件存储的大小可以有效节省硬盘驱动器上的空间，减少网站上的下载时间或加载时间。

改变图片大小可以通过设置其分辨率和质量进行，也可以应用压缩，以及丢弃不需要的信息（如图片的裁剪部分）。分辨率用于衡量监视器或打印机所产生图像或文字的精细程度。降低或更改分辨率对于要缩小显示的图片很有效，在并不需要图片中的每个像素即可获得适用的图片版本，则可以降低或更改分辨率。

技术看板

更改分辨率会影响图像质量，但降低或更改分辨率时，图片每英寸的点数 (dpi) 反而会增加。压缩图片是否会损失图片质量，具体还取决于图片的文件格式。

在 Excel 2016 中，选择插入的图片后，单击【图片工具 格式】选项卡【调整】组中的【压缩图片】按钮，将打开如图 19-88 所示的【压缩图片】对话框。

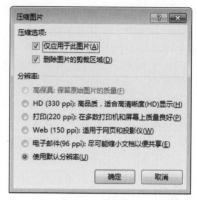

图 19-88

【压缩选项】栏用于设置压缩的方式，其中包含的两个复选框作用如下。

➡ 【仅应用于此图片】复选框：选中该复选框，将仅对选择的图片而非所有图片，进行压缩图片操作。

➡ 【删除图片的裁剪区域】复选框：如果选择的图片已经裁剪过，选中该复选框则可通过删除图片的裁剪区域来减小文件大小。

技术看板

删除图片的裁剪区域能有效防止其他人查看已经删除的图片部分，但是该操作不可撤销。因此，需在确定已对图片进行所需的全部编辑后才执行该操作。

在【分辨率】栏中可以根据图片输出的用途来设置相应的图片分辨率，一般用于减小图片大小，但在图片质量比文件大小重要的情况下，也可指定不压缩图片。【分辨率】栏中包含的各单选按钮作用如下。

➡ 【HD（330ppi）】单选按钮：如果图片需要在高清显示器上显示时，选中该单选按钮，可通过为图片使用系统默认设置的高清放映分辨率（默认为330ppi）来改变文件大小。

→ 【打印（220ppi）】单选按钮：在需要将图片打印输出时，选中该单选按钮，可通过为图片使用系统默认设置的打印输出分辨率（默认为220ppi）来改变文件大小。

→ 【Web（150ppi）】单选按钮：一般只是需要在计算机屏幕上查看图片时，才会选中该单选按钮。该单选按钮可以通过为图片使用系统默认设置的屏幕分辨率（默认为150ppi）来改变文件大小。

→ 【电子邮件（96ppi）】单选按钮：在需要通过电子邮件发送图片时，选中该单选按钮，可通过为图片指定系统默认设置的电子邮件分辨率（默认为96ppi）来改变文件大小。

→ 【使用默认分辨率】单选按钮：选中该单选按钮，将根据此时文件中的图片大小对有关图片的信息重新取样。当插入的图片已缩放到当前大小时，图片质量并不会改变。但是，将图片再放大到原始大小时将

会降低图片质量。系统默认选中了该单选按钮，即是说在表格中插入图片后，保存文件时便已经自动进行了基本压缩。

对图片的压缩设置是在关闭【压缩图片】对话框时进行的，在返回工作簿的同时即可看到这些更改。如果图片压缩结果与预期不符，可以撤销更改。

19.1.13 更改图片

如果对插入的图片感到不满意，

需要更换图片，可单击【图片工具 格式】选项卡【调整】组中的【更改图片】按钮，在打开的【插入图片】对话框中重新选择替换图片。重新选择的图片，会根据被替换图片的高度，根据适应比例缩放到相同的高度，还会继续采用被替换图片的图片样式。因此，使用该按钮更改图片比直接重新添加图片更方便，尤其是在已经对原始图片进行了一些样式设置，只需要更改图片但需要保留图片样式的情况下使用。

19.1.14 重设图片

如果对图片编辑的效果感到不满意，想要重新编辑时，可单击【图片工具 格式】选项卡【调整】组中的【重设图片】按钮，把当前所选图片恢复到初始插入时的状态，取消插入图片后对其进行的一切调整，即可重新设置。

19.2 绘制图形

在 Excel 2016 中可以轻松插入各种形状，自行绘制出需要的形状组合。下面就来学习 Excel 中使用绘图工具进行图形制作的相关知识。

19.2.1 实战：在加班记录表中使用形状工具绘制简单图形

实例门类	软件功能
教学视频	光盘\视频\第 19 章\19.2.1.mp4

Excel 2016 中提供了多种自选图形，使用线条、矩形、基本形状和箭头形状可以构造简单的几何图形；使用公式形状和流程图、旗帜和星形形状可以构造相对复杂的图形；使用标注形状可以添加标注，在表格中针对具体情况添加信息。用户可根据需要选择图形选项。例如，要绘制一个对

角圆角矩形，具体操作步骤如下。

Step01 打开光盘 \ 素材文件 \ 第 19 章 \ 员工加班记录表 .xlsx，❶单击【插入】选项卡【插图】组中的【形状】按钮，❷在弹出的下拉列表中选择需要插入的形状样式，这里选择【矩形】栏中的【矩形：对角圆角】形状，如图 19-89 所示。

Step02 此时鼠标指针变成➕形状，将其移动到表格数据最下方，并单击确定形状的开始位置，然后拖动鼠标指针设置形状的大小，如图 19-90 所示。

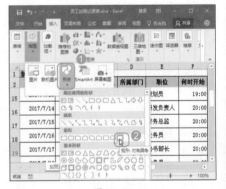

图 19-89

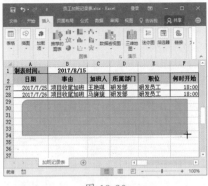

图 19-90

Step03 释放鼠标左键后，即可看到绘制的形状效果，如图 19-91 所示。

图 19-91

技能拓展——绘制特殊形状

在使用形状工具绘制图形时，配合使用【Ctrl】或【Shift】键可以绘制出特殊的形状。如在绘制线条类型的形状时，同时按住【Shift】键进行绘制，可绘制出水平、垂直或按15°角递增与递减的效果。在绘制矩形、基本形状等其他类型的形状时，同时按住【Shift】键进行绘制，则可绘制出正方形、正圆形等高度与宽度相等的对应图形；同时按住【Ctrl】键，则将以当前绘制位置为中心点向四周绘制。

19.2.2 调整加班记录表中的形状

实例门类	软件功能
教学视频	光盘\视频\第 19 章\19.2.2.mp4

插入表格中的形状很多时候并不是一次成功的，还需要调整其大小和位置，方法与图片的相关操作相同。

选择形状后，形状四周就会出现控制点，拖动白色圆形控制点可以调整形状的宽度和高度。此外，部分形状还具有黄色控制点，用于调整形状特有的属性。例如，箭头形状可通过拖动黄色控制点调整箭头三角形部分的宽度及矩形部分的高度和宽度。

下面对刚刚插入的对角圆角矩形进行调整，具体操作步骤如下。

Step01 将鼠标指针移动到对角圆角矩形左上角的黄色控制点上，如图 19-92 所示。

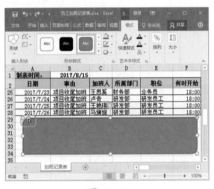

图 19-92

Step02 此时鼠标指针变成 ◢ 形状，按住鼠标左键并拖动，即可调整形状的外观效果，如图 19-93 所示。

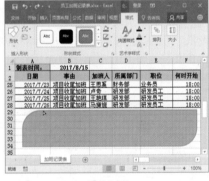

图 19-93

Step03 释放鼠标左键后，即可完成形状的调整，效果如图 19-94 所示。

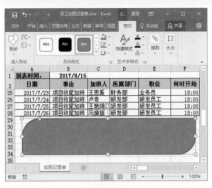

图 19-94

技术看板

由于 Excel 2016 中整合了一套分类的应用软件，它帮助用户创建、插入、编辑和管理图形和文本，这些工具可以直接在 Excel 中进行设置，主要体现在插入对象以后，出现的对应选项卡中。因此，编辑对象的很多操作方法基本相同。例如，【绘图工具 格式】选项卡的功能就与【图片工具 格式】选项卡基本相同。

19.2.3 实战：更换加班记录表中的自选图形

实例门类	软件功能
教学视频	光盘\视频\第 19 章\19.2.3.mp4

如果要将已绘制好的形状更改为其他形状，可以使用【更改形状】命令快速进行替换。例如，我们需要将先前绘制的对角圆角矩形更改为折角矩形，具体操作步骤如下。

Step01 ❶ 选择调整后的对角圆角矩形形状，❷ 单击【绘图工具 格式】选项卡【插入形状】组中的【编辑形状】按钮，❸ 在弹出的下拉菜单中选择【更改形状】命令，❹ 在弹出的下级子菜单中选择需要更换的形状，这里选择【矩形：折角】形状，如图 19-95 所示。

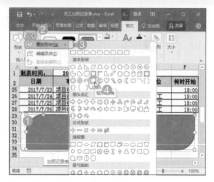

图 19-95

Step02 经过上步操作，将用选择的【矩形：折角】形状替换原有的对角圆角矩形，但形状的整体大小和各种设置保持不变，拖动黄色控制点微调形状效果如图 19-96 所示。

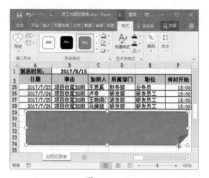

图 19-96

技能拓展——快速插入多个形状

单击【绘图工具 格式】选项卡【插入形状】组中的【形状】按钮，在弹出的下拉列表中也可以选择需要的形状选项，这样就为制作由多个形状组合的复杂图形带来了便捷。

★ **新功能 19.2.4 实战：编辑顶点创建任意形状**

实例门类	软件功能
教学视频	光盘\视频\第 19 章\19.2.4.mp4

在 Excel 2016 中，插入提供的基本形状后都是默认的样式，为了让制作的形状更加形象化，可以使用编辑

顶点的方式让形状外观发生改变。例如，要通过编辑顶点让折角矩形变得更独特，具体操作步骤如下。

Step01 ❶ 选择折角矩形，❷ 单击【编辑形状】按钮，❸ 在弹出的下拉菜单中选择【编辑顶点】命令，如图 19-97 所示。

图 19-97

Step02 此时将看到所选图形的点线构造，按住鼠标左键拖动形状左上方顶点的控制柄，改变形状的顶部效果，如图 19-98 所示。

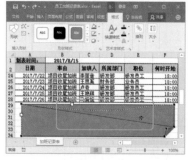

图 19-98

Step03 由于该形状还包含一个加粗边效果，因此，也需要对边线进行编辑。按住鼠标左键拖动形状上方的边线，调整其效果，如图 19-99 所示。

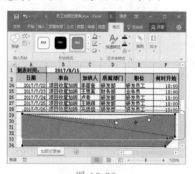

图 19-99

Step04 按住鼠标左键拖动加粗边效果上的控制柄，改变该边的效果，如图 19-100 所示。

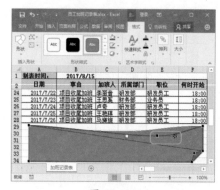

图 19-100

技能拓展——绘制和编辑曲线

在【形状】下拉列表的【线条】栏中提供了【任意多边形】选项和【自由曲线】选项，因此用户可以根据需要绘制任意形状。

当使用编辑顶点功能改变形状时，与形状相连的连接符会自动调整两个形状之间的连接方式。

单击【编辑形状】按钮，在弹出的下拉菜单中选择【重排连接符】命令，可以自动对连接多个形状的连接线重新进行排列，使连接线都连接在各形状的最近顶点。

Step05 完成形状顶点的编辑后，单击任意单元格，即可退出形状编辑效果，如图 19-101 所示。

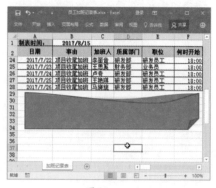

图 19-101

★ 重点 19.2.5　实战：为加班记录表中的图形加入文本

实例门类	软件功能
教学视频	光盘\视频\第 19 章\19.2.5.mp4

在应用形状时，有时需要在形状内添加文字内容。大多数自选图形允许用户在其内部添加文字。有的图形则自带了文字编辑功能，用户只需选择图形就可以直接在其中输入文字。若不能直接在自选图形中输入文字时，可通过下面的方法进行添加，具体操作步骤如下。

Step 01 ❶ 选择编辑后的形状，❷ 单击【绘图工具 格式】选项卡【插入形状】组中的【文本框】按钮，如图 19-102 所示。

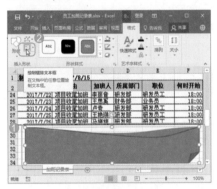

图 19-102

Step 02 此时鼠标指针变为↓形状，在椭圆图形中拖动鼠标指针绘制合适的文本框大小，如图 19-103 所示。

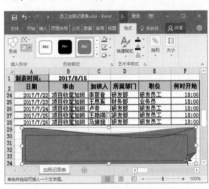

图 19-103

技能拓展——为形状添加竖排文字

如果需要在形状中添加竖排文本，可单击【文本框】按钮右侧的下拉按钮，在弹出的下拉列表中选择【竖排文本框】选项。

Step 03 ❶ 在绘制的文本框中输入需要的文本，并选择这些文本，❷ 在【开始】选项卡的【字体】组中单击【字体颜色】按钮，❸ 在弹出的下拉列表中选择需要设置的字体颜色，这里选择【蓝色】选项，如图 19-104 所示。

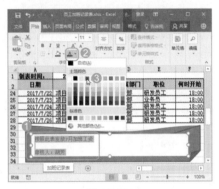

图 19-104

★ 重点 19.2.6　实战：对齐和分布流程表中的对象

实例门类	软件功能
教学视频	光盘\视频\第 19 章\19.2.6.mp4

表格中需要使用形状来美化文档效果的情况比较少，最常用的是用来制作一些复杂的流程图。而这里图形是由单个图形组合而成的，为了让整体效果更美观，就需要调整形状与形状之间的位置。Excel 2016 中要对齐或平均分布多个形状的位置非常方便，具体操作步骤如下。

Step 01 打开光盘\素材文件\第 19 章\生产流程表 .xlsx，❶ 选择如图 19-105 所示的一列形状，❷ 单击【绘图工具 格式】选项卡【排列】组中的【对齐】按钮，❸ 在弹出的

下拉菜单中选择【左对齐】命令，让这些形状沿着左侧最前面形状的边线对齐。

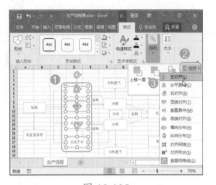

图 19-105

Step 02 ❶ 选择如图 19-106 所示的一行形状，❷ 单击【对齐】按钮，❸ 在弹出的下拉菜单中选择【顶端对齐】命令，让这些形状沿着顶部最上方形状的边线对齐。

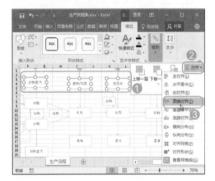

图 19-106

Step 03 ❶ 选择如图 19-107 所示的一行形状，❷ 单击【对齐】按钮，❸ 在弹出的下拉菜单中选择【横向分布】命令，让这些形状根据最左和最右形状的距离平均排列各形状的位置。

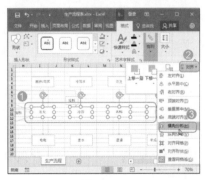

图 19-107

Step❹ ❶ 选择如图 19-108 所示的一列形状，❷ 单击【对齐】按钮 对齐，❸ 在弹出的下拉菜单中选择【纵向分布】命令，让这些形状沿着最上和最下形状的距离平均排列各形状的位置。

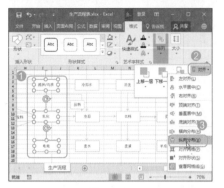

图 19-108

Step❺ ❶ 选择如图 19-109 所示的一列形状，❷ 单击【对齐】按钮 对齐，❸ 在弹出的下拉菜单中选择【水平居中】命令，让这些形状沿着中线对齐。

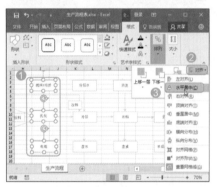

图 19-109

19.2.7 实战：组合流程表中的多个对象

实例门类	软件功能
教学视频	光盘\视频\第 19 章\19.2.7.mp4

绘制的多个图形如果经常需要同时编辑，或者为了固定各图形的相对位置，可以进行组合。例如，流程表中的折线箭头都是通过一根直线和一个箭头拼接而成，下面要对这些箭头进行组合，具体操作步骤如下。

Step❶ ❶ 单击【开始】选项卡【编辑】组中的【查找和选择】按钮 ，❷ 在弹出的下拉菜单中选择【选择对象】命令，如图 19-110 所示。

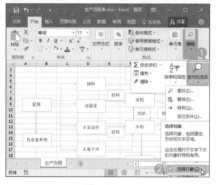

图 19-110

Step❷ 拖动鼠标指针选中所有需要选择的线条和箭头形状，如图 19-111 所示。

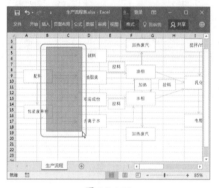

图 19-111

Step❸ ❶ 单击【绘图工具 格式】选项卡【排列】组中的【组合】按钮 组合，❷ 在弹出的下拉列表中选择【组合】选项，如图 19-112 所示。

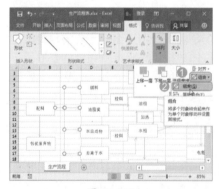

图 19-112

Step❹ 经过上步操作，即可将选择的形状组合成一个形状。❶ 使用相同的方法继续将其他需要组合的转折线条进行组合，❷ 选择形状所在的单元格区域，❸ 单击【开始】选项卡【字体】组中的【填充颜色】按钮 ，❹ 在弹出的下拉列表中选择【白色，背景 1】选项，为流程图填充白色背景，方便查看绘制的图形效果，如图 19-113 所示。

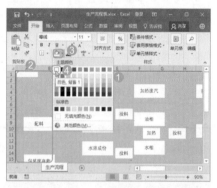

图 19-113

技术看板

在【组合】下拉菜单中选择【重新组合】命令可重新组合新的图形；选择【取消组合】命令，将使这个组合的图形分散为组合前的多个图形。

★ 新功能 19.2.8 实战：设置流程表中形状的格式

实例门类	软件功能
教学视频	光盘\视频\第 19 章\19.2.8.mp4

在 Excel 中也提供了许多针对形状进行修饰的样式，其设置方法与图片的相关操作相同，这里根据案例制作需要进行讲解，具体操作步骤如下。

Step❶ ❶ 选择流程图中的主体流程的形状，❷ 在【绘图工具 格式】选项卡【形状样式】组中的列表框中选择需要的形状样式，如图 19-114 所示。

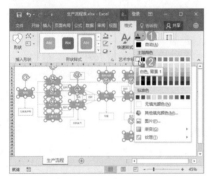

图 19-114

Step02 保持形状的选择状态，❶ 单击【艺术字样式】组中的【文本填充】按钮 A，❷ 在弹出的下拉列表中选择需要设置的字体颜色，这里选择白色，如图 19-115 所示。

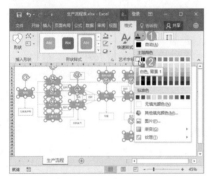

图 19-115

Step03 ❶ 选择流程图中的辅助形状，❷ 单击【形状样式】组中的【形状轮廓】按钮，❸ 在弹出的下拉菜单中选择需要的形状轮廓颜色，这里选择绿色，如图 19-116 所示。

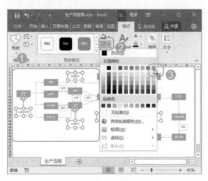

图 19-116

Step04 保持形状的选择状态，❶ 单击【形状轮廓】按钮，❷ 在弹出的下拉菜单中选择【粗细】命令，

❸ 在弹出的下级子菜单中选择需要的轮廓线粗细，这里选择【1.5磅】选项，如图 19-117 所示。

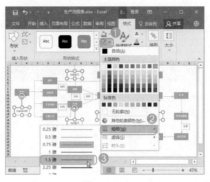

图 19-117

Step05 ❶ 选择绘制的线条和箭头形状，❷ 设置形状轮廓颜色为绿色，❸ 设置轮廓线的粗细为【1磅】，如图 19-118 所示。

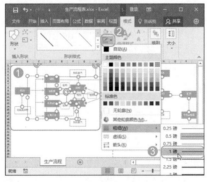

图 19-118

Step06 ❶ 选择流程中用于添加说明内容的文本框，❷ 单击【形状样式】组中的【形状填充】按钮，❸ 在弹出的下拉菜单中选择【无填充颜色】命令，如图 19-119 所示。

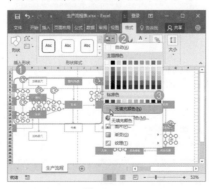

图 19-119

Step07 保持形状的选择状态，❶ 单击【形状样式】组中的【形状轮廓】按钮，❷ 在弹出的下拉菜单中选择【无轮廓】命令，如图 19-120 所示。

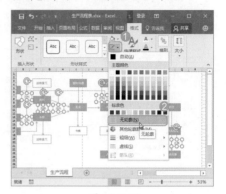

图 19-120

Step08 为防止制作好的图形随意移动位置，从而影响效果，完成这类复杂图形的制作后，一般需要将其组合为一个图形。❶ 使用选择工具全选流程图中的所有形状，❷ 单击【排列】组中的【组合】按钮组合，❸ 在弹出的下拉列表中选择【组合】选项，如图 19-121 所示。

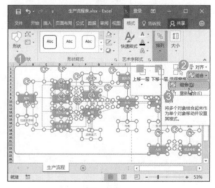

图 19-121

19.3 插入自由文本

这里所说的自由文本，不是普通存在于文本层的文本数据，而是指存在于对象层中的文本内容，它们一般需要通过特殊的方式才能输入，就像前面讲解的添加到形状中的文本。在 Excel 中插入自由文本有两种方式可以实现，一种是通过插入文本框，另一种是插入艺术字，下面分别进行讲解。

19.3.1 实战：在销售报表中插入文本框

实例门类	软件功能
教学视频	光盘\视频\第 19 章\19.3.1.mp4

文本框是一种特殊的图形对象，它相当于是文本与图形之间联系的桥梁，可以被置于表格中的任何位置。因此，利用文本框可以设计出较为特殊的表格版式、活跃文档气氛。

在文本框中输入文本，就可以让文本随文本框在表格中自由移动位置了。前面讲解的为图形添加文本，实际上也是在图形层的上方新建了文本框。此外，还可以将某些文字排列在其他文字或图形周围，或者在文档的边缘打印侧标题和附注。

在 Excel 表格中可以插入横排或竖排文本框，二者插入的方法是相同的，只是输入的文字在文本框中的排列顺序不同。下面以插入横排文本框为例进行介绍。要在销售统计报表中插入文本框，具体操作步骤如下。

Step01 打开光盘\素材文件\第 19 章\销售统计报表 .xlsx，❶ 单击【插入】选项卡【文本】组中的【文本框】按钮，❷ 在弹出的下拉列表中选择【横排文本框】选项，如图 19-122 所示。

Step02 当鼠标指针变成↓形状时，按住鼠标左键不放并拖动鼠标指针在表格内容的下方绘制文本框，如图 19-123 所示。

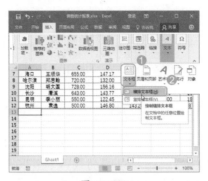

图 19-122

图 19-123

Step03 释放鼠标左键后，文本插入点会自动定位在刚创建的文本框中，输入如图 19-124 所示的文本。

图 19-124

19.3.2 实战：在销售报表中插入艺术字

实例门类	软件功能
教学视频	光盘\视频\第 19 章\19.3.2.mp4

艺术字，即具有特殊艺术效果的文字，是将普通文字以图形的方式表现出来。因此，可以将艺术字看作是一种特殊的图形，也可以看作是一种特殊的文本。它同时具有普通文本的内容输入特性和图形的拖动变形特性。用户可以将艺术字添加到表格中，从而制作出装饰性较强的文字效果，如带阴影的文字、镜像文字或旋转成一定效果的文字。

Excel 2016 中提供了简单易用的艺术字设置工具，只需简单的输入、选择等操作，即可轻松地在表格中插入艺术字。例如，要在销售统计报表中插入艺术字标题，具体操作步骤如下。

Step01 ❶ 单击【插入】选项卡【文本】组中的【艺术字】按钮 A，❷ 在弹出的下拉列表中选择需要的艺术字样式，这里选择如图 19-125 所示的选项。

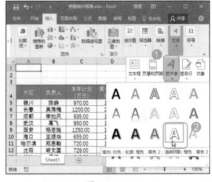

图 19-125

Step02 经过上步操作，将在表格中插入艺术字文本框，其中显示【请在此处放置您的文字】文本。修改文本框中的文本内容为【2016年销售报表】，如图 19-126 所示。

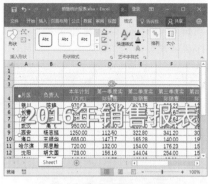

图 19-126

技术看板

艺术字虽然看起来非常漂亮，但是它的颜色一般比较鲜艳，而表格通常追求的是一种简约美，所以大多数表格中都不适合使用艺术字。

19.3.3 实战：设置报表中的自由文本样式

实例门类	软件功能
教学视频	光盘\视频\第19章\19.3.3.mp4

自由文本与普通文本的区别在于自由文本的形态是可以修改和调整的。插入文本框或艺术字后都将激活【绘图工具 格式】选项卡，其用法与图形工具的编辑方法相同。

下面通过设置销售统计报表中的文本框和艺术字效果进行说明，具体操作步骤如下。

Step01 ❶ 在表格最上方插入三行空白单元格，❷ 将艺术字文本框移至表格内容的正上方，❸ 在【开始】选项卡【字体】组中设置文本框中的文本字体为【等线，28号】，如图 19-127 所示。

Step02 保持艺术字文本框的选择状态，❶ 单击【绘图工具 格式】选项卡【艺术字样式】组中的【文本效果】按钮，❷ 在弹出的下拉列表中选择【转换】命令，❸ 在弹出的下级子菜单中选择需要的转换效果，这里选

择【朝鲜鼓】选项，如图 19-128 所示。

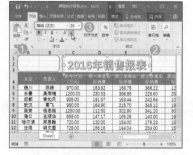

图 19-127

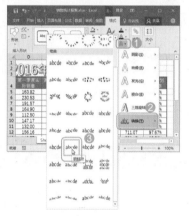

图 19-128

Step03 即可看到艺术字文本框的整体效果转换为朝鲜鼓形状，并影响其中的艺术字效果。此时艺术字四周多了一个黄色的控制点，按住鼠标左键并拖动该控制点，调节朝鲜鼓形的弧度，如图 19-129 所示。

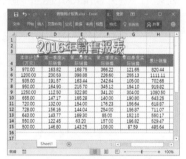

图 19-129

技术看板

单击【艺术字样式】组右下角的【对话框启动器】按钮，在显示出的【设置形状格式】任务窗格中可以设置更多的形状效果和文本效果。

Step04 ❶ 选择表格下方的文本框，❷ 在【绘图工具 格式】选项卡【形状样式】组中的列表框中选择需要的形状样式，即可为文本框套用该形状样式，效果如图 19-130 所示。

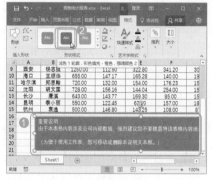

图 19-130

Step05 ❶ 选择文本框中的第一行文字，❷ 单击【艺术字样式】组中的【快速样式】按钮，❸ 在弹出的下拉列表中选择需要的艺术字样式，即可为所选文字应用该艺术字效果，如图19-131 所示。

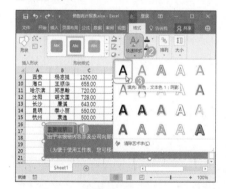

图 19-131

Step06 ❶ 选择文本框中的最后一行文本，并缩小字号，❷ 单击【艺术字样式】组中的【文本填充】按钮，❸ 在弹出的下拉菜单中选择需要填充的颜色，如图 19-132 所示。

Step07 ❶ 选择文本框，❷ 单击【插入形状】组中的【编辑形状】按钮，❸ 在弹出的下拉菜单中选择【更改形状】命令，❹ 在弹出的下级子菜单中选择【流程图】栏中的【流程图：可选过程】选项，如图 19-133 所示。

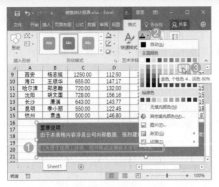

图 19-132

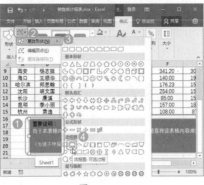

图 19-133

单击【文本填充与轮廓】按钮，在其中的【文本选项】栏中选中【渐变】单选按钮，可以设置填充颜色的透明度，以及渐变颜色的渐变类型、方向和角度等。

技能拓展——巧用填充法制作特效艺术字

在【设置形状格式】任务窗格中选择【文本选项】选项卡，并在下方

Step08 经过上步操作，即可更改文本框的形状效果为圆角矩形，如图19-134 所示。

图 19-134

19.4 插入 SmartArt 图形

与文字相比，插图和图形更有助于读者理解和记住信息，但是大多数人仍然习惯使用文字创建图示说明。因为创建优秀的插图很困难，尤其是对于一个非专业设计人员来说，制作出优秀的插图将花费太多的时间和精力，反而导致无法专注于内容，因为需要进行以下操作：使各个形状大小相同并且适当对齐；使文字正确显示；手动设置形状的格式以符合文档的总体样式。Excel 2016 中提供的 SmartArt 图形工具可以帮助用户从多种不同布局中进行选择，从而快速轻松地创建具有设计师水准的示意图、组织结构图、流程图等。本节讲解有关 SmartArt 图形的知识。

★ 新功能 19.4.1 SmartArt 图形简介

为了使文字之间的关联显得更加清晰，我们经常使用配有文字的图形进行说明。对于普通内容，只需绘制形状后在其中输入文字即可，如果要表达的内容具有某种关系，则可以借助 SmartArt 图形功能来制作具有专业设计师水准的插图。

SmartArt 可以翻译为"精美艺术"，SmartArt 图形是信息和观点的可视表示形式，常用于演示流程、层次结构或循环关系。相对于 Excel 中提供的普通图形功能，SmartArt 图形功能更强大、种类更丰富、效果更生动。

在 Excel 2016 中预设了流程、循环、关系等多种不同布局的 SmartArt 图形图示模板，不同类型的图形各自

的作用也不相同。常见 SmartArt 图形类型如表 19-1 所示。

表 19-1 常见 SmartArt 图形类型

类型	功能作用
列表型	一般用来显示无序信息块或分组的多个信息块或列表的内容，主要用于强调信息的重要性
流程型	一般用来表示过程或工作流中的各个步骤或阶段
循环型	一般用来表示阶段、任务或事件的连续序列，主要用于显示循环信息或强调重复过程
层次结构型	一般用于显示组织中的分层信息或上下级关系，最广泛地应用于创建组织结构图、显示决策树

续表

类型	功能作用
关系型	用于比较或显示若干个观点或项目之间的关系，有对立关系、延伸关系、促进关系等
矩阵型	用于以象限的方式显示部分与整体的关系
棱锥图	用于显示比例关系、互连关系或层次关系，按照从高到低或从低到高的顺序进行排列，一般是将最大的部分置于底部，向上渐窄，或者置于顶部，向下渐窄
图片型	使用图片传达或强调内容。包括一些可以插入图片的 SmartArt 图形

技术看板

SmartArt 图形和图表都是信息和观点的可视表示形式。一般来说，SmartArt 图形是为文本设计的，而图表是为数字设计的，即图表是数字值或数据的可视图示。

19.4.2　实战：制作游戏开发流程图

实例门类	软件功能
教学视频	光盘\视频\第 19 章\19.4.2.mp4

插入 SmartArt 图形的方法与插入普通图形的方法相似，在插入之前需要选择 SmartArt 图形的布局。

为 SmartArt 图形选择布局时，首先需要考虑要传达什么信息，以及适合传达该信息的最佳布局方式。由于在 Excel 2016 中可以快速轻松地切换 SmartArt 图形的布局或类型，因此，用户可以尝试不同类型的不同布局效果，直至找到一个最适合要传达信息的图解布局为止。

技术看板

在【选择 SmartArt 图形】对话框的左侧列出了【列表】【流程】【循环】【层次结构】【关系】【矩阵】【棱锥图】和【图片】8 个类型的 SmartArt 图形布局样式。选择其中一个选项，在对话框右侧的列表框中将显示该类型包含的 SmartArt 图形布局样式。如果选择【全部】选项，将显示系统提供的 80 多种内置 SmartArt 图形布局样式。在对话框最右侧会显示出所选SmartArt 图形布局样式的效果缩略图和功能。

此外，在设置 SmartArt 布局时还要考虑要传达信息的文字量和形状个数，因为文字量和形状个数通常决定了外观最佳的布局。通常，在形状个

数和文字量仅限于表示要点时，使用 SmartArt 图形进行表述最有效。如果文字量较大，则会分散 SmartArt 图形的视觉吸引力，使这种图形难以直观地传达用户的信息。当然，SmartArt 图形的某些布局也适用于文字量较大的情况，如【梯形列表】布局。

下面新建一个空白工作簿，在其中插入一个流程型的 SmartArt 图形，具体操作步骤如下。

Step01 ❶ 新建一个空白文档，并以【游戏开发流程】为名称进行保存，❷ 单击【插入】选项卡【插图】组中的【SmartArt】按钮，如图 19-135 所示。

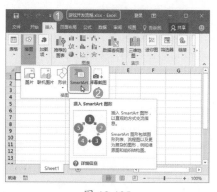

图 19-135

Step02 打开【选择 SmartArt 图形】对话框，❶ 在左边列表框中选择【流程】选项，❷ 在中间的列表框中选择需要的流程样式，这里选择【圆箭头流程】选项，❸ 单击【确定】按钮，如图 19-136 所示。

图 19-136

Step03 经过上步操作，即可在表格中插入相应的流程图，并显示出【在此处输入文字】任务窗格，如图 19-137 所示。

图 19-137

19.4.3　实战：为游戏开发流程图输入并编辑文本

实例门类	软件功能
教学视频	光盘\视频\第 19 章\19.4.3.mp4

在【选择 SmartArt 图形】对话框中选择 SmartArt 图形类型和布局样式并插入 SmartArt 图形后，即可在表格中看到插入的 SmartArt 图形中由占位符文本填充了。这时，用户只需要将要显示的文本内容输入到形状中，即可替换占位符文本。

用户还可以通过【在此处键入文字】任务窗格输入和编辑要在 SmartArt 图形中显示的文本。在插入的 SmartArt 图形左侧边框上有一个折叠按钮，单击该按钮即可显示或隐藏【在此处键入文字】任务窗格。通过【在此处键入文字】任务窗格可以清晰地查看 SmartArt 图形中各数据的关系。创建 SmartArt 图形时，【在此处键入文字】任务窗格也由占位符文本填充，当用户在【在此处键入文字】任务窗格中添加和编辑内容时，SmartArt 图形会自动更新，即根据需要添加或删除形状。

下面为插入的 SmartArt 图形编辑文本，具体操作步骤如下。

Step01 在【在此处键入文字】任务窗格的项目文本框中依次输入流程的各环节名称，同时会显示在 SmartArt 图形的各形状中，如图 19-138 所示。

图 19-138

Step 02 ❶ 将文本插入点定位在【在此
处键入文字】任务窗格中最后一个项
目文本框的文本内容后，❷ 按【Enter】
键可以添加同级的形状，在添加的形
状中输入文本，❸ 使用相同的方法继
续添加其他形状和文本内容，❹ 完成
后单击右上角的【关闭】按钮，如图
19-139 所示。

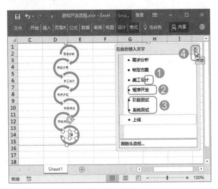

图 19-139

技术看板

有些 SmartArt 图形布局样式（如
【图形图片层次结构】），还预留有【插
图】占位符，单击该占位符即可打开【插
入图片】对话框，选择需要插入的图
片即可快速插入图片填充在占位符中。

占位符文本只是起到方便用户查
看 SmartArt 图形外观的作用，在打印
时，系统不会打印占位符文本。只有
形状是始终显示的才会打印出来，除
非将形状删除。

★ 重点 19.4.4 实战：在公司组织结构图中调整图形

实例门类	软件功能
教学视频	光盘\视频\第 19 章\19.4.4.mp4

在表格中插入 SmartArt 图形后
将激活【SmartArt 工具 设计】选项卡，
其中，【创建图形】组中的按钮可以
对 SmartArt 图形布局进行一系列的
调整，包括添加和删除形状、添加项
目符号、调整级别、调整排列位置、
更改局部图形布局和整体图形的排列
方向，下面分别进行讲解。

1. 添加和删除形状

默认情况下，每种 SmartArt 图
形布局都包含有固定数量的形状。如
果形状数量不能满足需要，用户可以
根据实际工作需要删除或添加形状以
调整布局结构。

为 SmartArt 图形添加形状有两
种方法，一种方法是上例中已经使用
的，在【在此处键入文字】任务窗格
中添加形状，首先将文本插入点移至
文本之前或之后要添加分支形状的位
置，其次按【Enter】键添加相应的分
支形状；另一种方法是先选择最接近
新形状的添加位置的现有形状，然后
单击【SmartArt 工具 设计】选项卡【创
建图形】组中的【添加形状】按钮，
在弹出的下拉列表中根据需要添加形
状的位置选择相应选项。

如果需要删除 SmartArt 图形中
的形状，可先选择要删除的形状，然
后按【Delete】键或【Backspace】键
即可。如果需要删除整个 SmartArt 图
形，可单击 SmartArt 图形的边框位
置，选择整个 SmartArt 图形，然后按
【Delete】键或【Backspace】键进行删除。

下面，为公司组织结构图工作表
中的 SmartArt 图形添加形状，具体
操作步骤如下。

Step 01 打开光盘\素材文件\第 19 章\公
司组织结构图 .xlsx，❶ 选择 SmartArt

图形中的最后一个形状，❷ 单击
【SmartArt 工具 设计】选项卡【创建
图形】组中的【添加形状】按钮，
❸ 在弹出的下拉列表中选择【在后面
添加形状】选项，如图 19-140 所示。

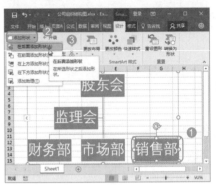

图 19-140

Step 02 经过上步操作，即可在所选形
状后面添加新的形状，SmartArt 图形
中的形状和文本也变得小一些了。
❶ 在添加的形状中输入【招投标
组】文本，❷ 使用相同的方法继续
在 SmartArt 图形中添加其他形状，
并输入文本内容，完成后的效果如图
19-141 所示。

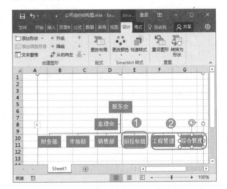

图 19-141

技术看板

为 SmartArt 图形添加或删除形状
及编辑文字时，SmartArt 图形中形状
的排列和这些形状内的文字量会自动
更新，从而保持 SmartArt 图形布局的
原始设计和边框。

Step 03 ❶ 选择 SmartArt 图形中的【市

场部】形状，❷单击【创建图形】组中的【添加形状】按钮⬚，❸在弹出的下拉列表中选择【在下方添加形状】选项，如图 19-142 所示。

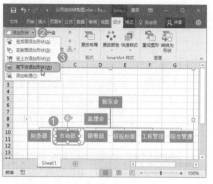

图 19-142

Step 04 经过上步操作，即可在所选形状的下面添加新的形状，❶输入形状中的文本内容，❷单击【创建图形】组中的【添加形状】按钮⬚，❸在弹出的下拉列表中选择【在后面添加形状】选项，如图 19-143 所示。

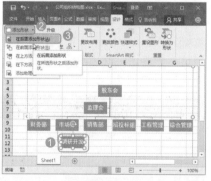

图 19-143

技术看板

在【添加形状】下拉列表中选择【在前面添加形状】选项，可在选中形状的左边或上方添加级别相同的形状；选择【在上方添加形状】选项，可在选中形状的左边或上方添加更高级别的形状。

Step 05 经过上步操作，即可在所选形状的后面添加新的形状，❶输入形状中的文本内容，❷使用相同的方法继

续在 SmartArt 图形中添加其他形状，并输入文本内容，完成后的效果如图 19-144 所示。

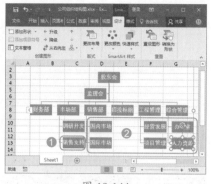

图 19-144

2. 添加项目符号

在部分布局样式的 SmartArt 图形中选择某个形状后，单击【SmartArt 工具 设计】选项卡【创建图形】组中的【添加项目符号】按钮▤，可以为所选的形状中当前文本的下一行添加项目符号。输入相应的文本后，按【Enter】键换行，可以插入新的项目符号。这样就可以在一个形状中输入多个并列关系的文本了，如图 19-145 所示。

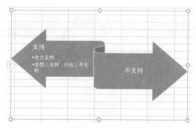

图 19-145

技术看板

为部分布局样式的 SmartArt 图形添加形状时，会自动以项目符号的样式添加新形状内容，而不是直接添加形状。

3. 调整级别

如果在制作 SmartArt 图形的过程中，出现了形状级别排列的错误，可以单击【SmartArt 工具 设计】选

项卡【创建图形】组中的【升级】按钮←，快速提升一个等级，或者单击【降级】按钮→，快速降低一个等级。

下面通过调整公司组织结构图中的【办公室】形状的等级来查看升级和降级的效果，具体操作步骤如下。

Step 01 ❶选择 SmartArt 图形中文本为【办公室】的形状，❷单击【SmartArt 工具 设计】选项卡【创建图形】组中的【升级】按钮←，如图 19-146 所示。

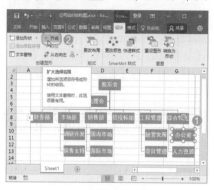

图 19-146

Step 02 经过上步操作，即可看到【办公室】形状提升一个等级后的效果，如图 19-147 所示。单击【创建图形】组中的【降级】按钮→，又可以让【办公室】形状降级到下一个等级，整个 SmartArt 图形变回原来的效果。

图 19-147

技术看板

如果需要连续升级或降级，可以多次单击【升级】按钮或【降级】按钮，直到得到满意的等级效果。

4. 调整排列位置

在【SmartArt 工具 设计】选项卡的【创建图形】组中还包含两个上下方向的绿色箭头按钮，分别为【上移】按钮↑和【下移】按钮↓，单击这两个按钮，可在 SmartArt 图形的同一等级中向左或向右调整所选形状的排列位置。

下面对公司组织结构图中的部分形状位置进行调整，具体操作步骤如下。

Step01 ❶选择 SmartArt 图形中文本为【招投标组】的形状，❷单击【创建图形】组中的【上移】按钮↑，如图19-148 所示。

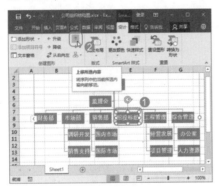

图 19-148

Step02 经过上步操作，即可将【招投标组】形状移动到同等级的前一个位置，即调整至原来位于左侧的【销售部】形状的前面。❶选择 SmartArt 图形中文本为【综合管理】的形状，❷连续 5 次单击【创建图形】组中的【上移】按钮↑，如图 19-149 所示。

技术看板

在为 SmartArt 图形形状调整级别和排列位置时，被调整形状的下级形状会随着被调整形状发生变化。

Step03 经过上步操作，即可将【综合管理】形状移动到同等级最左侧的位置。❶选择 SmartArt 图形中文本为【财务部】的形状，❷连续 4 次单击【创建图形】组中的【下移】按钮↓，

如图 19-150 所示。

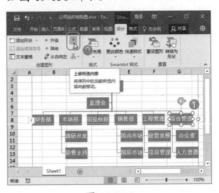

图 19-149

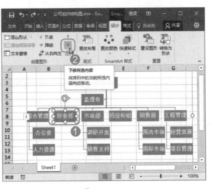

图 19-150

Step04 经过上步操作，即可将【财务部】形状移动到同等级最右侧的位置，效果如图 19-151 所示。

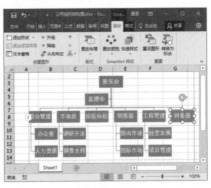

图 19-151

5. 更改局部图形布局

SmartArt 图形的分支结构布局分为【标准】【两者】【左悬挂】和【右悬挂】4 种。一般情况下，SmartArt 图形会根据包含的形状和显示的内容自动对各分支结构进行布局。如果对

SmartArt 图形中某个分支的结构图布局效果不满意，用户也可以手动进行设置。

例如，要将公司组织结构图中的【销售部】形状下方的分支结构布局设置为【标准】类型，具体操作步骤如下。

Step01 ❶选择 SmartArt 图形中的【销售部】形状，❷单击【创建图形】组中的【布局】按钮品，❸在弹出的下拉列表中选择【标准】选项，如图19-152 所示。

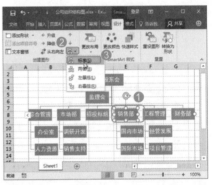

图 19-152

Step02 经过上步操作，即可更改当前所选图形下方图形的布局方式，效果如图 19-153 所示。

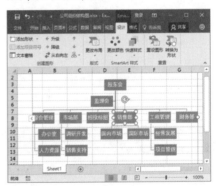

图 19-153

6. 调整整个 SmartArt 图形的排列方向

默认情况下，SmartArt 图形中的形状都是按照从左到右排列的，用户也可以逆向调整形状的排列顺序，即按照从右到左的顺序排列形状，具体

操作步骤如下。

Step01 ❶ 选择整个 SmartArt 图形或其中的某个形状，❷ 单击【创建图形】组中的【从右向左】按钮，如图 19-154 所示。

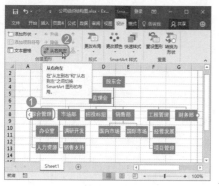

图 19-154

Step02 经过上步操作，即可看到将整个 SmartArt 图形按照从右到左的顺序排列形状后的效果，如图 19-155 所示。

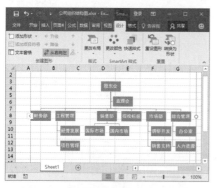

图 19-155

技术看板

采用的 SmartArt 图形布局不同，更改方向后的效果也不同。还有一部分 SmartArt 图形布局是居中的，因而无法更改形状方向。

19.4.5 实战：更改游戏开发流程图的布局

实例门类	软件功能
教学视频	光盘\视频\第 19 章\19.4.5.mp4

如果对制作的 SmartArt 图形整体布局不满意，还可以更换其他布局。Excel 2016 中更改 SmartArt 图形布局的方法非常便捷，选择 SmartArt 图形后重新选择布局样式即可，系统会在尽量不变动内容的情况下变换为其他布局效果。

例如，要为游戏开发流程图更换 SmartArt 图形布局样式，具体操作步骤如下。

Step01 打开光盘\素材文件\第 19 章\游戏开发流程.xlsx，❶ 选择整个 SmartArt 图形，❷ 单击【版式】组中的【更改布局】按钮，❸ 在弹出的下拉列表中选择新的 SmartArt 图形类型，这里选择【步骤上移流程】选项，如图 19-156 所示。

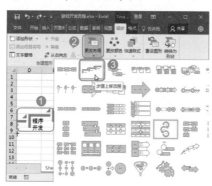

图 19-156

技能拓展——更改为其他类型的布局样式

【更改布局】下拉菜单中可以快速选择同类型的其他 SmartArt 图形布局样式。若需要更改为其他类型的 SmartArt 图形布局样式，可在该下拉菜单中选择【其他布局】命令，在打开的【选择 SmartArt 图形】对话框中进行设置。

Step02 经过上步操作，即可更改 SmartArt 图形的类型，效果如图 19-157 所示。

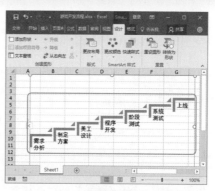

图 19-157

技术看板

在为 SmartArt 图形切换布局时，大部分文字和其他内容、颜色、样式、效果和文本格式等会自动带入新的布局中，但每种 SmartArt 图形布局所表示的含义有所区别，因此需谨慎选择。

某些 SmartArt 图形布局样式包含的形状个数是固定的。如【关系】类型中的【带形箭头】布局用于显示两个具有某些联系的相关概念或对比概念。只有两个形状可以包含文字，并且不能将该布局改为显示多个观点或概念。如果所选 SmartArt 图形布局的形状个数有限，又添加了超过限制数目的形状，则在【在此处键入文字】任务窗格中只显示部分文字，未显示的文字、图片或其他内容在【在此处键入文字】任务窗格中用 ✕ 符号来标识，如图 19-158 所示。若切换到其他符合需要的布局，则未显示的内容仍然可用，但如果保持并关闭当前的同一个布局，则不保存未显示的内容。

图 19-158

19.4.6 实战：设置游戏开发流程图的 SmartArt 样式

实例门类	软件功能
教学视频	光盘\视频\第 19 章\19.4.6.mp4

要使插入的 SmartArt 图形快速具有设计师水准的美观程度，还需要设置其样式。在【SmartArt 工具 设计】选项卡【SmartArt 样式】组中提供了两种用于快速更改 SmartArt 图形外观的方式，即【SmartArt 样式】和【更改颜色】。SmartArt 样式包括形状填充、边距、阴影、线条样式、渐变和三维透视，可应用于整个 SmartArt 图形。【更改颜色】功能中为 SmartArt 图形提供了各种不同的颜色选项，每个选项可以用不同方式将一种或多种主题颜色应用于 SmartArt 图形中的形状。SmartArt 样式和颜色组合适合用于强调内容。

例如，要美化游戏开发流程图效果，具体操作步骤如下。

Step01 ❶ 选择整个 SmartArt 图形，❷ 单击【SmartArt 样式】组中的【快速样式】按钮，❸ 在弹出的下拉列表中选择需要的效果选项，这里选择【三维】栏中的【卡通】选项，如图 19-159 所示。

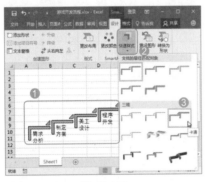

图 19-159

Step02 ❶ 单击【SmartArt 样式】组中的【更改颜色】按钮，❷ 在弹出的下拉列表中选择需要的 SmartArt 图形颜色，如图 19-160 所示。

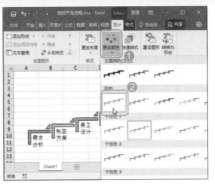

图 19-160

19.4.7 实战：设置游戏开发流程图的 SmartArt 图形格式

实例门类	软件功能
教学视频	光盘\视频\第 19 章\19.4.7.mp4

如果对系统预定义的 SmartArt 图形样式感到不满足，用户还可以自定义 SmartArt 图形各个组成部分的样式。即针对 SmartArt 图形中的一个或多个形状应用单独的形状样式，甚至可以自定义形状，改变形状的大小和位置。这些自定义选项均可在插入 SmartArt 图形后同时激活的【SmartArt 工具 格式】选项卡中找到。

【SmartArt 工具 格式】选项卡的设置方法与设置形状格式的方法基本相同，只是在【形状】组中多了【增大】按钮和【减小】按钮，分别用于放大或缩小当前所选 SmartArt 图形中的形状，同时也将影响该 SmartArt 图形中其他形状和文本的大小。

下面对游戏开发流程图中最后一个环节的形状进行个性化设置，突出其在整个流程中的感觉，具体操作步骤如下。

Step01 ❶ 选择需要修改效果的【上线】图形，❷ 在【SmartArt 工具 格式】选项卡【形状样式】组中的列表框中选择需要的形状样式，如图 19-161 所示。

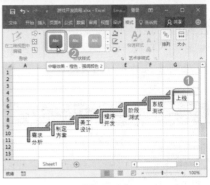

图 19-161

Step02 在【大小】组中的【高度】数值框中设置形状高度为【1.66 厘米】，即可改变该形状在整个流程图中的占比大小，显得更突出，如图 19-162 所示。

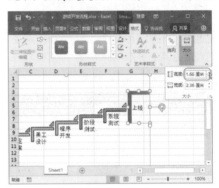

图 19-162

19.4.8 实战：重置游戏开发流程图的 SmartArt 图形

实例门类	软件功能
教学视频	光盘\视频\第 19 章\19.4.8.mp4

在为 SmartArt 图形自定义样式后，更改 SmartArt 图形布局仍然将保留多数自定义设置。如果需要取消对 SmartArt 图形进行过的所有设置，还原刚插入时的效果，然后进行重置操作。

例如，要重置游戏开发流程图的 SmartArt 图形效果，具体操作步骤如下。

Step01 ❶ 选择整个 SmartArt 图形，❷ 单击【SmartArt 工具 设计】选项卡【重置】组中的【重设图形】按

钮 🔲 ，如图 19-163 所示。

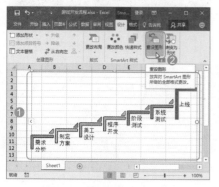

图 19-163

Step02 经过上步操作，将删除对
SmartArt 图形进行的所有格式设置，
让其显示为当前主题效果，如图 19-164
所示。

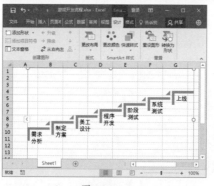

图 19-164

技能拓展——将 SmartArt
图形转换为形状

　　在【重置】组中单击【转换为形状】
按钮，可以把当前选择的 SmartArt 图

形转换为一个形状。但是仍然可以对
原有 SmartArt 图形形状设置样式。如
将本案例的 SmartArt 图形转换为形状，
将得到如图 19-165 所示的效果。

图 19-165

19.5　插入公式

　　在编辑一些专业的文档时，可能需要插入公式。这时可以使用 Excel 2016 中提供的【公式】命令来快速插入所需
的公式。根据实现方法的不同可以分为 3 种方法，本节详细讲解公式的相关操作。

19.5.1　在表格中使用预置公式

　　Excel 中内置了一些常用的公式
样式，用户直接选择所需要的公式
样式即可快速插入相应的公式，再进
行相应的修改即可变为自己需要的公
式。例如，要在表格中插入一个表达
式，具体操作步骤如下。

Step01 ❶ 新建一个空白工作簿，并将
其保存为【公式】，❷ 单击【插入】
选项卡【符号】组中的【公式】按
钮 π，❸ 在弹出的下拉菜单中选择
与所要插入公式结构相似的内置公式
样式，这里选择【和的展开式】选项，
如图 19-166 所示。

Step02 此时，在表格中即可出现占位
符并按照默认的参数创建一个公式。
选择公式对象中的内容，按【Delete】
键将原来的内容删除，再输入新的内
容，即可修改公式，完成后的效果如
图 19-167 所示。

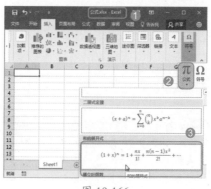

图 19-166

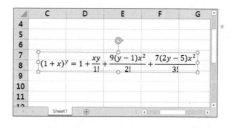

图 19-167

技能拓展——修改公式

　　若要编辑已经创建好的公式，只
需双击该公式，就可再次进入【公式
编辑器】窗口进行修改了。

★ 重点 19.5.2 在表格中输入自定义公式

　　Excel 中还提供了一个实用的公
式编辑工具。如果内置公式中没有提
供需要的公式样式，用户就可以通过
公式编辑器自行创建公式了。

　　由于公式往往都有各自独特的形
式，因此编辑过程比普通的文字要复
杂得多。使用公式编辑器创建公式，
首先需要在【公式工具 设计】选项
卡中选择所需公式符号，在插入对应
的公式符号模板后分别在相应的位置
输入数字、文本即可。

创建自定义公式的具体操作步骤如下。

Step01 单击【插入】选项卡【符号】组中的【公式】按钮π，如图19-168所示。

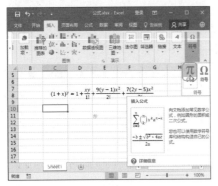

图 19-168

Step02 文档中会插入一个文本框，显示【在此处键入公式】。根据公式内容，首先需要插入一个分数符号，❶ 单击【公式工具 设计】选项卡【结构】组中的【分数】按钮，❷ 在弹出的下拉列表中选择【分数（竖式）】选项，如图19-169所示。

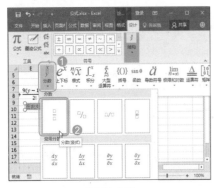

图 19-169

Step03 公式编辑器中会插入一个空白的分数模板。❶ 分别在分数模板的上下位置输入需要的数字，将文本插入点移动到分数模板右侧，并输入符号【+】，❷ 单击【结构】组中的【根式】按钮，❸ 在弹出的下拉列表中选择【平方根】选项，如图19-170所示。

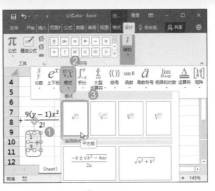

图 19-170

Step04 公式编辑器中会插入一个空白的平方根模板。❶ 在平方根模板中依次输入需要的数字和文本，并保持文本插入点在平方根模板内的最右侧，❷ 单击【结构】组中的【上下标】按钮，❸ 在弹出的下拉列表中选择【上标】选项，如图19-171所示。

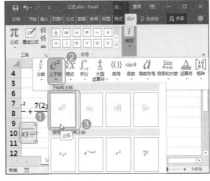

图 19-171

Step05 公式编辑器中会插入一个空白的上标模板。❶ 在上标模板中的相应位置输入需要的数字和文本，❷ 将文本插入点移动到上标模板外，并继续输入其他数字和文本，❸ 在【符号】组的列表框中选择需要插入的数学符号，如图19-172所示。

技术看板

实际输入公式时，可以先在预定义的公式样式中找个相似的公式插入，然后通过自定义的方式来修改公式。

Step06 ❶ 继续输入公式中的其他内容，完成公式的创建，❷ 单击公式编辑区之外的区域，即可将公式插入文档中，完成后的效果如图19-173所示。

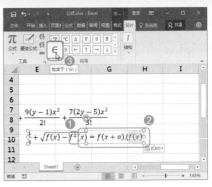

图 19-172

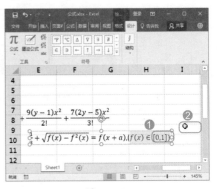

图 19-173

★ 新功能 19.5.3 在表格中手写输入公式

Excel 2016 中，还新增了手写输入公式的功能——墨迹公式，该功能可以识别手写的数学公式，并将其转换成标准形式插入文档。这对于手持设备的用户来说非常人性化，因为Windows 10 平板在这一块会有很大的需求。尤其对于教育、科研业者来说，这可真是个非常棒的功能。使用【墨迹公式】功能创建公式的具体操作步骤如下。

Step01 ❶ 单击【插入】选项卡【符号】组中的【公式】按钮π，❷ 在弹出的下拉菜单中选择【墨迹公式】命令，如图19-174所示。

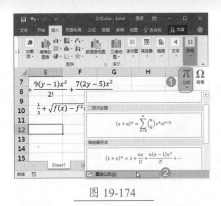

图 19-174

Step02 打开【数学输入控件】对话框，① 通过触摸屏开始公式的手写输入，在上方的列表框中可以看到系统识别出的公式内容，② 书写的过程中，如果出现了识别错误，可以单击下方的【选择和更正】按钮，如图 19-175 所示。

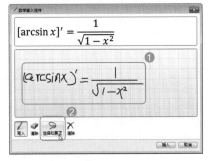

图 19-175

Step03 ① 单击公式中需要更正的字迹，②Excel 将在弹出的下拉菜单中提供与字迹接近的其他候选符号，供选择修正，用户只需选择合适的修正方案即可进行修改，这里选择【左圆括号】命令，如图 19-176 所示。

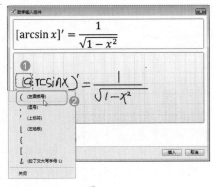

图 19-176

Step04 经过上步操作，即可将左侧的圆括号修改正确。① 单击下方的【清除】按钮，② 此时，鼠标指针将变为橡皮擦形状，对准要擦除的右侧圆括号字迹单击、拖动，即可擦除相应的字迹，如图 19-177 所示。

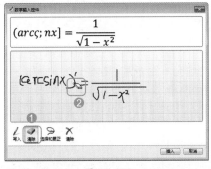

图 19-177

Step05 ① 单击下方的【写入】按钮，② 重新输入右侧圆括号，③ 输入完成并确认无误后单击右下角的【插入】按钮，如图 19-178 所示。

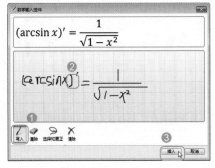

图 19-178

Step06 经过上步操作，即可将制作的公式插入表格中。拖动鼠标指针将其移动到合适位置，如图 19-179 所示。

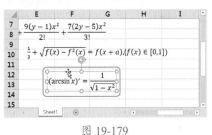

图 19-179

妙招技法

通过前面知识的学习，相信读者已经掌握了表格中各种对象的插入与编辑操作。下面结合本章内容，给大家介绍一些实用技巧。

技巧 01：设置图片背景为透明色

教学视频	光盘 \ 视频 \ 第 19 章 \ 技巧 01.mp4

在抠图时，如果需要处理图片的背景为纯色，可以使用设置图片背景颜色为透明的方法将纯色背景去除。

例如，商品信息表中的单元格填充了淡绿色的背景，所以图片中的纯白色背景不能让产品与内容更和谐，所以需要将白色设置为透明色，具体操作步骤如下。

Step01 打开光盘 \ 素材文件 \ 第 19 章 \ 商品信息表.xlsx，① 选择第一张图片，② 单击【图片工具格式】选项卡【调整】组中的【颜色】按钮 颜色，③ 在弹出的下拉菜单中选择【设置透明色】命令，如图 19-180 所示。

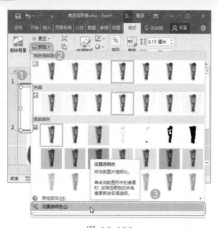

图 19-180

Step02 此时，鼠标指针变为 ✎ 形状，在该图片上需要设置透明色的白色背景区域单击，如图 19-181 所示。

图 19-181

Step03 经过上步操作，即可拾取所选位置的颜色，并将图片中的所有该颜色设置为透明色。使用相同的方法将其他图片的背景设置为透明色，完成后的效果如图 19-182 所示。

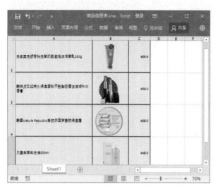

图 19-182

技巧 02：为图片重新填充背景

教学视频	光盘 \ 视频 \ 第 19 章 \ 技巧 02.mp4

　　有时找不到合适的图片，也可以在 Excel 中通过设置将多张图片合成到一张图片中，只是效果可能比专业的图像处理软件要差一些，一般用于精度要求不高的图片合成。

　　合成图片的方法如下：首先需要利用上面的方法将图片中不需要的部分删除，抠出需要的部分，然后通过填充的方法将其他图片作为背景填充到该图片中的透明区域。

📋 技术看板

　　通过删除图片背景效果，并重新合成背景，再结合 Excel 2016 图片工具的其他功能，可以轻松而快速地制作出具有专业水准的图片。

　　例如，需要为上例中的第一张图片填充水纹背景，具体操作步骤如下。
Step01 ❶ 选择删除背景色的第一张图片，❷ 单击【图片工具 格式】选项卡【图片样式】组右角的【对话框启动器】按钮，如图 19-183 所示。

图 19-183

Step02 显示出【设置图片格式】任务窗格，❶ 单击【填充与线条】按钮，❷ 在【填充】栏中选中【图片或纹理填充】单选按钮，❸ 单击下方的【文件】按钮，如图 19-184 所示。

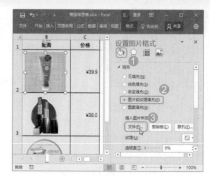

图 19-184

Step03 打开【插入图片】对话框，❶ 在上方的下拉列表框中选择要插入图片所在的文件夹，❷ 在下面的列表框中选择事先准备好的要插入的【水纹】图片，如图 19-185 所示，❸ 单击【插入】按钮。

图 19-185

Step04 返回工作簿中即可查看到为洗面奶图片更换的背景效果，如图 19-186 所示。

图 19-186

技巧 03：在单元格中固定图片大小及位置

教学视频	光盘 \ 视频 \ 第 19 章 \ 技巧 03.mp4

当需要在一个工作表中插入大量相同尺寸的图片时（如在表格中插入每个成员的身份证件照），若在每次插入图片后都一一调整图片大小，工作量相当大。有没有什么方法可以解决这个问题呢？

答案是有的，可以先按【F5】键打开【定位条件】对话框，在其中设置定位条件为【对象】，或照片，再在其中一个图片上右击，在弹出的快捷菜单中选择【大小和属性】命令，在打开的【设置图片格式】对话框的【大小】选项卡中修改需要的尺寸。

在工作表中插入图片，默认情况是原图，如果需要将图片大小缩放至单元格内，需要调整图片大小，如果不想让图片随单元格大小发生改变，可以将图片大小和位置设置为固定。

对插入的图片，首先需要调整图片大小，然后设置大小和位置是否随单元格的变化而变化，固定图片大小和位置，具体操作步骤如下。

Step01 ❶ 选择表格中的任意一张图片，❷ 按【Ctrl+Shift+空格】组合键，可快速选择所有图片，❸ 在【图片工具格式】选项卡【大小】组中的【高度】数值框中输入【3.1】，统一修改所有图片的大小，如图 19-187 所示。

图 19-187

Step02 保持图片的选择状态，❶ 单击【排列】组中的【对齐】按钮，❷ 在弹出的下拉列表中选择【水平居中】选项，如图 19-188 所示。

Step03 保持图片的选择状态，单击【大小】组右下角的【对话框启动器】按

钮，如图 19-189 所示。

图 19-188

图 19-189

Step04 显示出【设置图片格式】对话框，❶ 单击【大小与属性】按钮，❷ 在【属性】栏中选中【大小和位置均固定】单选按钮，如图 19-190 所示。

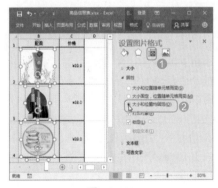

图 19-190

Step05 拖动鼠标指针调整 A 列单元格的列宽，可以发现图片的大小和位置都不会发生更改，如图 19-191 所示。

Step06 按住鼠标左键拖动调整某行的行高，图片也不会随单元格大小的变化而变化，效果如图 19-192 所示。

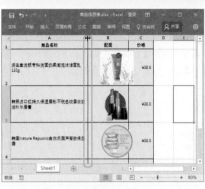

图 19-191

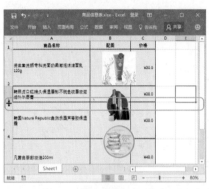

图 19-192

【属性】栏中还提供了两个单选按钮，其中，【大小和位置随单元格而变】单选按钮，适用于在移动或调整基础单元格或图表的大小时使形状或对象时，形状不能高于或宽于要排序的行或列。

【大小固定，位置随单元格而变】单选按钮主要指在移动或调整基础单元格时，图片随之移动，但不调整大小。

技巧 04：为工作簿中的所有图片设置默认图片分辨率

教学视频	光盘\视频\第 19 章\技巧04.mp4

在表格中插入图片时，由于图片或数字图像可能很大，并且设置的分辨率高于标准打印机、投影仪或监视器可以显示的分辨率，因此插入图片时会自动将图片取样缩小到更合理的

大小。默认情况下，会将图片取样缩小到分辨率为220ppi，但是这个设置值可以在【Excel 选项】对话框中进行更改，具体操作步骤如下。

打开【Excel 选项】对话框，❶选择【高级】选项卡，❷在右侧的【图像大小和质量】栏中的下拉列表框中选择需要为其设置图片分辨率的工作簿，❸在【默认分辨率】下拉列表框中选择需要更改的默认图片分辨率，❹单击【确定】按钮，如图 19-193 所示，即可在为该工作簿中添加图片时，自动使用特定的分辨率来压缩图片大小。

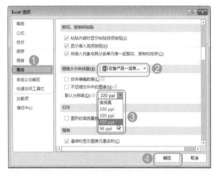

图 19-193

> **技术看板**
>
> 通过将文件压缩为较小的 JPG 格式，可以同时更改文件大小和图片尺寸，但图片的纵横比将始终保持不变。如果图片已经比选择的压缩选项对应的压缩结果小，则不会调整尺寸或进行压缩。

技巧 05：设置艺术字方向

教学视频	光盘 \ 视频 \ 第 19 章 \ 技巧 05.mp4

选择插入艺术字时，只能选择艺术字的样式，不能选择艺术字的方向，如果用户需要更改文字方向，可以设置文本效果。在 Excel 中艺术字文本提供的方向有横排、竖排、所有文字旋转90°、所有文字旋转270°和堆积 5 种类型。

例如，要更改在售产品一览表中艺术字标题文本的方向，具体操作步骤如下。

Step① 打开光盘 \ 素材文件 \ 第 19 章 \ 在售产品一览表 .xlsx，❶选择艺术字标题，❷单击【绘图工具 格式】选项卡【艺术字样式】组右下角的【对话框启动器】按钮，如图 19-194 所示。

图 19-194

Step② 显示出【设置形状格式】任务窗格，❶选择【文本选项】选项卡，❷单击【文本框】按钮，❸在【文本框】栏中的【文字方向】下拉列表框中选择【堆积】选项，如图 19-195 所示。

Step③ 经过上步操作，将更改标题文本的排列方向。❶在【设置形状格式】任务窗格的【左边距】【右边距】【上边距】和【下边距】数值

框中均输入【0】，❷将艺术字移动到表格内容的左侧，并调整单元格的高度和宽度到合适，完成后的效果如图 19-196 所示。

图 19-195

图 19-196

> **技术看板**
>
> 在【文字方向】下拉列表框中选择【竖排】选项，也可以让艺术字显示为竖排效果，只是文字之间间隔会根据文字本身的大小进行调节。而【堆积】模式下，文字之间的间隔是一致的。

本章小结

Excel 的主要功能虽然是用来处理数据，但在表格中合理使用图片、图形、自由文本、SmartArt 图形等对象，不仅能使制作的表格内容更丰富、直观形象，而且还能通过图形图片表达数据，让数据更生动、更具有说服力。本章主要对图片和图形的插入与编辑方法进行了详细讲解，其实，它们之间的很多操作都是通用的，尤其是艺术字、文本框与图形的操作方法基本相同。

第4篇 数据分析篇

在现代办公应用中，人们需要记录和存储各种数据，而这些数据记录和存储无非是为了日后的查询或分析。当人们面对海量的数据时，也许并没有那么多的时间和精力去仔细查看每一条数据，甚至很多时候，只是需要从这些数据中找到一些想要的信息。如何从中获取最有价值的信息，不仅需要选对数据分析的方法，还必须掌握数据分析的工具。

第20章 数据的简单分析

➜ 想让数据按照某列值的大小从大到小进行排序吗？

➜ 数据很复杂，怎样根据多个条件进行排序？

➜ 为什么你花了很多时间筛选数据，每次都一目十行像个扫描机高速运转那样还是有错漏的地方？

➜ 一个表格中的数据可以分为几大类，需要对每个类别数据进行相同的计算，才能统计出大类的数据吗？

➜ 怎样将数据放在不同的单元格区域或不同的工作表中？怎样合并这些数据？

本章将通过对数据的排列、汇总及筛选等知识的讲解来介绍简单数据分析的知识，在学习过程中，读者将得到以上问题的答案。

20.1 数据排序

在表格中，人们常常需要展示大量的数据和信息，这些信息通常是按照一定的顺序排列的，按照人们习惯的阅读方式，在查看表格数据的时候，一般都是按从左至右、从上到下的顺序来查阅内容的。所以，在排列数据时，从字段顺序来讲，都应该按照先主后次的顺序来排列；在安排各行数据的顺序时，也应该根据不同的数据查阅需要来排列。

此外，如果输入数据的顺序是随机的，人们也可以通过【排序】功能，针对数值大小或数据分类来进行排序。例如，根据年龄从大到小进行排序，让产品名称按字母顺序排列，或者对性别字段进行排序，排序后性别为男的数据和性别为女的数据就自然分隔开了。

20.1.1 了解数据的排序规则

对数据进行排序是指根据数据表格中的相关字段名，将数据表格中的记录按升序或降序的方式进行排列。在使用排序功能之前，首先需要了解排序的规则，然后再根据需要选择排序的方式。

Excel 2016 在对数字、日期、文本、逻辑值、错误值和空白单元格进行排序时会使用一定的排序次序。在按升序排序时，Excel 使用如表 20-1 所示的规则排序。在按降序排列时，则使用相反的次序。

表 20-1　Excel 排序规则（升序）

排序内容	排序规则（升序）
数字	按从最小的负数到最大的正数进行排序
日期	按从最早的日期到最近的日期进行排序
字母	按字母从 A 到 Z 的先后顺序排序，在按字母先后顺序对文本项进行排序时，Excel 会从左到右一个字符接一个字符地进行排序
字母数字文本	按从左到右的顺序逐字符进行排序。例如，如果一个单元格中含有文本【A100】，Excel 会将这个单元格放在含有【A1】的单元格的后面、含有【A11】的单元格的前面
文本及包含数字的文本	按以下次序排序：0 1 2 3 4 5 6 7 8 9（空格）！ " # $ % & ( ) * , . / : ; ? @ [\ ] ^ _ ` {	} ~ + < = > A B C D E F G H I J K L M N O P Q R S T U V W X Y Z
逻辑值	在逻辑值中，FALSE 排在 TRUE 之前
错误值	所有错误值的优先级相同
空格	空格始终排在最后

20.1.2 实战：对员工业绩数据进行简单排序

实例门类	软件功能
教学视频	光盘\视频\第20章\20.1.2.mp4

Excel 中最简单的排序就是按一个条件将数据进行升序或降序的排列，即让工作表中的各项数据根据某一列单元格中的数据大小进行排列。例如，要让员工业绩表中的数据按当年累计销售总额从高到低的顺序排列，具体操作步骤如下。

Step01 打开光盘\素材文件\第 20 章\员工业绩管理表.xlsx，❶ 将 Sheet1 工作表重命名为【数据表】，❷ 复制工作表，并重命名为【累计业绩排名】，❸ 选择要进行排序的列（D 列）中的任意单元格，❹ 单击【数据】选项卡【排序和筛选】组中的【降序】按钮，如图 20-1 所示。

图 20-1

技能拓展——让数据升序排列

单击【数据】选项卡【排序和筛选】组中的【升序】按钮，可以让数据以升序排列。

Step02 经过上步操作，D 列单元格区域中的数据便按照从大到小的顺序进行排列了。并且，在排序后会保持同一记录的完整性，如图 20-2 所示。

图 20-2

技术看板

在使用排序命令时，应针对整个数据表格进行排序，如果选择的排序区域不是完整的数据表格区域（即表格中存在无行标题的整行空白或无列标题的整列空白区域），则无法进行排序或导致排序后数据出现错误。

在本案例中如果只选择了 D2:D22 单元格区域作为排序的单元格区域，则在执行排序命令后，会打开【排序提醒】对话框，提示需要扩展单元格的选择或只对当前选择的单元格进行排序。如果只对当前单元格区域排序，则会打乱原来每行数据的关联性。这样的排序基本上毫无意义！

★ 重点 20.1.3 实战：让员工业绩数据根据多个条件进行排序

实例门类	软件功能
教学视频	光盘\视频\第20章\20.1.3.mp4

按一个排序条件对数据进行简单排序时，经常会遇到多条数据的值相同的情况，此时可以为表格设置多个排序条件作为次要排序条件，这样就可以在排序过程中，让在主要排序条件下数据相同的值再次根据次要排序条件进行排序。

例如，要在"员工业绩管理表"工作簿中，以累计业绩额大小为主要关键字，以员工编号大小为次要关键字，对业绩数据进行排列，具体操作步骤如下。

技术看板

排序时需要以某个数据进行排列，该数据称为关键字。以关键字进行排序时，其他列单元格中的数据将随之发生变化。

Step01 ❶ 复制【数据表】，并重命名为【累计业绩排名 (2)】，❷ 选择要进行排序的 A1:H22 单元格区域中任意单元格，❸ 单击【数据】选项卡【排序和筛选】组中的【排序】按钮，如图 20-3 所示。

图 20-3

Step02 打开【排序】对话框，❶ 在【主要关键字】栏中设置主要关键字为【累计业绩】，排序方式为【降序】，❷ 单击【添加条件】按钮，❸ 在【次要关键字】栏中设置次要关键字为【员工编号】，排序方式为【降序】，❹ 单击【确定】按钮，如图 20-4 所示。

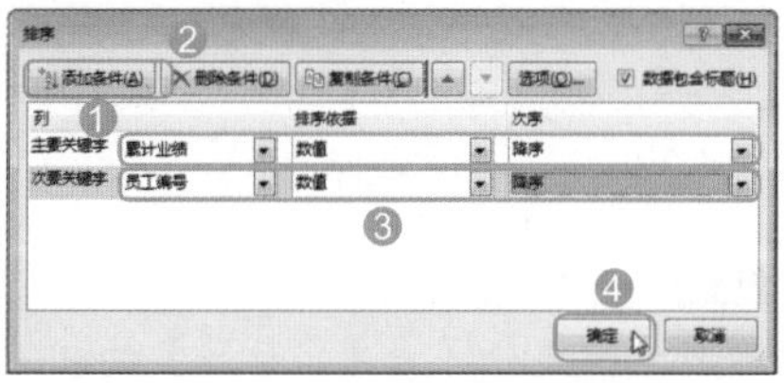

图 20-4

技术看板

在【排序】对话框中默认只有一个主要关键字，单击【添加条件】按钮，可依次添加次要关键字；在【排序依据】栏的下拉列表框中可以选择数值、单元格颜色、字体颜色和单元格图标等作为对数据进行排序的依据；单击【删除条件】按钮，可删除添加的关键字；单击【复制条件】按钮，可复制在【排序】对话框下部列表框中选择的已经设置的排序条件，只是通过复制产生的条件都隶属于次要关键字。

Step03 经过上步操作，表格中的数据会根据累计业绩额从大到小进行排列，并且在遇到累计业绩额为相同值时再次根据员工编号从高到低进行排列，排序后的效果如图 20-5 所示。

图 20-5

★ 重点 20.1.4 实战：对员工业绩数据进行自定义排序

实例门类	软件功能
教学视频	光盘\视频\第20章\20.1.4.mp4

除了在表格中根据内置的一些条件对数据进行排序外，用户还可以自定义排序条件，使用自定义排序让表格的内容以自定义序列的先后顺序进行排列。例如，要在员工业绩表中自定义分区顺序，并根据自定义的顺序排列表格数据，具体操作步骤如下。

技能拓展——实现数据排序和筛选的其他方法

单击【开始】选项卡【编辑】组中的【排序和筛选】按钮，在弹出的下拉菜单中选择【升序】【降序】或【自定义排序】命令，也可进行数据排序；选择【筛选】命令，也可以在字段旁显示出下拉按钮。

Step01 ❶ 复制【数据表】，并重命名为【各分区排序】，❷ 选择要进行排序的 A1:H22 单元格区域中任意单元格，❸ 单击【数据】选项卡【排序和筛选】组中的【排序】按钮，如图 20-6 所示。

图 20-6

Step02 打开【排序】对话框，❶ 在【主要关键字】栏中设置主要关键字为【所属分区】，❷ 在其后的【次序】下拉列表框中选择【自定义序列】选项，如图 20-7 所示。

图 20-7

Step03 打开【自定义序列】对话框，❶ 在右侧的【输入序列】文本框中输入需要定义的序列，这里输入文本【一分区,二分区,三分区,四分区】，❷ 单击【添加】按钮，将新序列添加到【自定义序列】列表框中，❸单击【确定】按钮，如图 20-8 所示。

图 20-8

Step04 返回【排序】对话框，即可看到【次序】下拉列表框中自动选择了刚刚自定义的排序序列顺序，❶单击

【添加条件】按钮，❷在【次要关键字】栏中设置次要关键字为【累计业绩】，排序方式为【降序】，❸单击【确定】按钮，如图 20-9 所示。

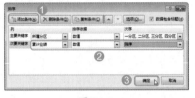

图 20-9

Step05 经过以上操作，即可让表格中的数据以所属分区为主要关键字，以自定义的【一分区，二分区，三分区，四分区】顺序进行排列，并且该列中相同分区的单元格数据会再次根据累

计业绩额从大到小进行排列，排序后的效果如图 20-10 所示。

图 20-10

20.2 筛选数据

在大量数据中，有时只有一部分数据可以分析和参考，此时可以利用数据筛选功能筛选出有用的数据，然后在这些数据范围内进行进一步的统计和分析。Excel 提供了【自动筛选】【自定义筛选】和【高级筛选】3 种筛选方式，本节介绍各功能的具体实现方法。

20.2.1 实战：对员工业绩数据进行简单筛选

实例门类	软件功能
教学视频	光盘\视频\第 20 章\20.2.1.mp4

要快速在众多数据中查找某一个或某一组符合指定条件的数据，并隐藏其他不符合条件的数据，可以使用 Excel 2016 中的数据筛选功能。

对数据进行筛选是分析数据时常用的操作之一。一般情况下，在一个数据列表的一个列中含有多个相同的值。使用【自动筛选】功能会在数据表中各列的标题行中出现筛选下拉列表框，其中的列表框中会将该列中的值（不重复的值）——列举出来，用户通过选择即可筛选出符合条件的相应记录。可见，使用自动筛选功能，可以非常方便地筛选出符合简单条件的记录。

例如，要在"员工业绩表"中筛选出二分区的相关记录，具体操作步骤如下。

Step01 ❶复制【数据表】工作表，并重命名为【二分区数据】，❷选择要进行筛选的 A1:H22 单元格区域中的任意单元格，❸单击【数据】选项卡【排序和筛选】组中的【筛选】按钮，如图 20-11 所示。

图 20-11

Step02 经过上步操作，工作表表头字段名的右侧会出现一个下拉按钮。

❶单击【员工姓名】字段右侧的下拉按钮，❷在弹出的下拉菜单中选中【二分区】复选框，❸单击【确定】按钮，如图 20-12 所示。

图 20-12

Step03 经过上步操作，在工作表中将只显示所属分区为【二分区】的相关记录，且【所属分区】字段名右侧的下拉按钮将变成形状，如图 20-13 所示。

图 20-13

20.2.2 实战：筛选出符合多个条件的员工业绩数据

实例门类	软件功能
教学视频	光盘\视频\第20章\20.2.2.mp4

利用自动筛选功能不仅可以根据单个条件进行自动筛选，还可以设置多个条件进行筛选。例如，要在前面筛选结果的基础上再筛选出某些员工的数据，具体操作步骤如下。

Step01 ❶ 复制【二分区数据】工作表，并重命名为【二分区部分数据】，❷ 单击【员工姓名】字段右侧的下拉按钮，❸ 在弹出的下拉菜单中选中【陈永】【刘健】和【周波】复选框，❹ 单击【确定】按钮，如图 20-14 所示。

图 20-14

Step02 经过上步操作，将在刚刚筛选后的数据上再筛选出陈永、刘健和周波 3 个人的相关记录，且【员工姓名】

字段名右侧的下拉按钮也变成 形状，如图 20-15 所示。

图 20-15

★ 重点 20.2.3 实战：自定义筛选员工业绩数据

实例门类	软件功能
教学视频	光盘\视频\第20章\20.2.3.mp4

简单筛选数据具有一定的局限性，只能满足简单的数据筛选操作，所以，很多时候还是需要自定义筛选条件的。相比简单筛选，自定义筛选更灵活，自主性也更强。

在 Excel 2016 中，可以对文本、数字、颜色、日期或时间等数据进行自定义筛选。在【筛选】下拉菜单中会根据所选择的需要筛选的单元格数据显示出相应的自定义筛选命令。下面分别讲解对文本、数字和颜色进行自定义筛选的方法。

1. 对文本进行筛选

在将文本数据类型的列单元格作为筛选条件进行筛选时，可以筛选出与设置文本相同、不同或是否包含相应文本的数据。

对文本数据进行自定义筛选，只需单击包含文本数据类型的列单元格表头字段名右侧的下拉按钮，在弹出的下拉菜单中选择【文本筛选】命令，并在其级联菜单中选择相应的命令即可。

【文本筛选】下拉菜单中各命令的含义如下。

➥ 等于：筛选出等于设置的文本的数据。

➥ 不等于：筛选出不等于设置的文本的数据。

➥ 开头是：筛选出文本开头符合设置文本的数据。

➥ 结尾是：筛选出文本结尾符合设置文本的数据。

➥ 包含：筛选出文本包含有设置文本的数据。

➥ 不包含：筛选出文本没有包含设置文本的数据。

例如，要在"员工业绩表"中进行自定义筛选，仅显示姓刘销售员的记录，具体操作步骤如下。

Step01 ❶ 复制【数据表】工作表，并重命名为【刘氏销售数据】，❷ 选择要进行筛选的 A1:H22 单元格区域中的任意单元格，❸ 单击【数据】选项卡【排序和筛选】组中的【筛选】按钮 ，❹ 单击【员工姓名】字段右侧的下拉按钮，❺ 在弹出的下拉菜单中选择【文本筛选】命令，❻ 在弹出的级联菜单中选择【开头是】命令，如图 20-16 所示。

图 20-16

Step02 打开【自定义自动筛选方式】对话框，❶ 在【开头是】右侧的下拉列表框中根据需要输入筛选条件，这里输入文本【刘】，❷ 单击【确定】

按钮，如图 20-17 所示。

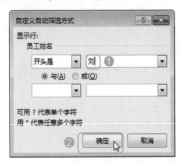

图 20-17

技术看板

【自定义自动筛选方式】对话框中的左侧两个下拉列表框用于选择赋值运算符，右侧两个下拉列表框用于对筛选范围进行约束，选择或输入具体的数值。【与】和【或】单选按钮用于设置相应的运算公式，其中，选中【与】单选按钮后，必须同时满足第一个和第二个条件才能在筛选数据后被保留；选中【或】单选按钮，表示满足第一个条件和第二个条件中任意一个就可以在筛选数据后被保留。

在【自定义自动筛选方式】对话框中输入筛选条件时，可以使用通配符代替字符或字符串，如可以用【?】符号代表任意单个字符，用【*】符号代表任意多个字符。

Step03 经过上步操作，在工作表中将只显示姓名中由【刘】开头的所有记录，如图 20-18 所示。

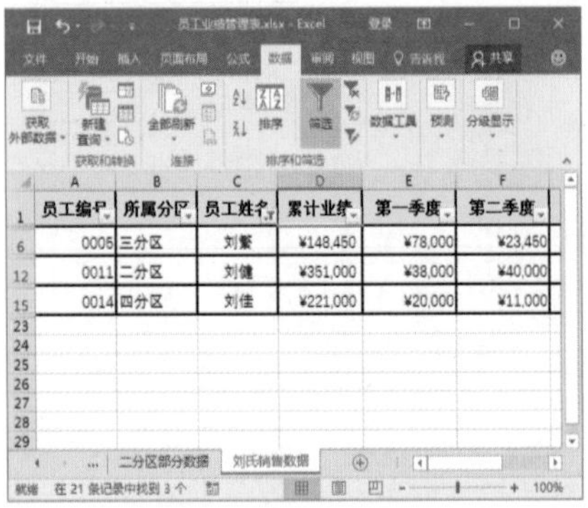

图 20-18

2. 对数字进行筛选

在将数字数据类型的列单元格作为筛选条件进行筛选时，可以筛选出与设置数字相等、大于或小于设置数字的数据。

对数字数据进行自定义筛选的方法与对文本数据进行自定义筛选的方法基本类似。选择【数字筛选】命令后，在弹出的级联菜单中包含了多种对数字数据进行自定义筛选的依据。其中，部分特殊命令的含义如下。

- 高于平均值：可用于筛选出该列单元格中值大于这一列所有值的平均值的数据。
- 低于平均值：可用于筛选出该列单元格中值小于这一列所有值的平均值的数据。
- 前 10 项：选择该命令后将打开【自动筛选前 10 个】对话框，如图 20-19 所示。在左侧下拉列表框中选择【最大】选项，可以筛选出最大的多个数据；在中间的数值框中可以输入需要筛选出的记录数；在右侧的下拉列表框中还可以设置筛选结果显示个数的计数方式，若选择【项】选项，则中间数值框中设置的值为多少，筛选结果就为多少条记录。若选择【百分比】选项，则筛选结果的记录数将根据整体数据表中的总数进行百分比计算。

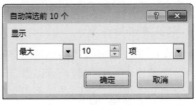

图 20-19

例如，要在员工业绩表中进行自定义筛选，仅显示累计业绩额大于 300 000 的记录，具体操作步骤如下。

Step01 ❶ 复制【刘氏销售数据】工作表，并重命名为【销售较高数据分析】，❷ 单击【员工姓名】字段右侧的下拉按钮，❸ 在弹出的下拉菜单中选择【从"员工姓名"中清除筛选】命令，如图 20-20 所示。

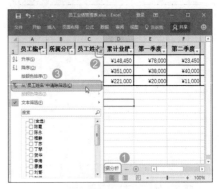

图 20-20

技能拓展——取消筛选的其他方法

对工作表中的数据进行筛选后，如果需要恢复到未筛选之前的状态，可再次单击【数据】选项卡【排序和筛选】组中的【筛选】按钮。

Step02 经过上步操作，即可取消上一次的筛选效果，表格中的数据恢复到未筛选之前的状态。❶ 单击【累计业绩】字段右侧的下拉按钮，❷ 在弹出的下拉菜单中选择【数字筛选】命令，❸ 在弹出的级联菜单中选择【大于】命令，如图 20-21 所示。

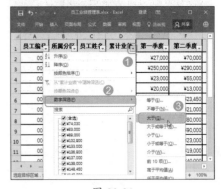

图 20-21

Step03 打开【自定义自动筛选方式】对话框，❶ 在【大于】右侧的下拉列表框中输入【300000】，❷ 单击【确定】按钮，如图 20-22 所示。

图 20-22

Step 04 返回工作表，可看到只显示当年累计业绩额大于 300 000 的记录，如图 20-23 所示。

图 20-23

3. 对颜色进行筛选

在将填充了不同颜色的列单元格作为筛选条件进行筛选时，还可以通过颜色来进行筛选，将具有某一种颜色的单元格筛选出来。

对颜色进行自定义筛选的方法与对文本数据进行自定义筛选的方法基本类似。例如，要在"员工业绩表"中进行自定义筛选，仅显示新员工的记录，具体操作步骤如下。

Step 01 ❶ 复制【数据表】工作表，并重命名为【新员工成绩】，❷ 选择新员工姓名所在的单元格，❸ 单击【开始】选项卡【字体】组中的【填充颜色】按钮 ◌·，❹ 在弹出的下拉菜单中选择需要填充的单元格颜色，这里选择【橙色】选项，如图 20-24 所示。

图 20-24

Step 02 ❶ 选择 A1:H22 单元格区域中的任意单元格，❷ 单击【数据】选项卡【排序和筛选】组中的【筛选】按钮 ▼，❸ 单击【员工姓名】字段右侧的下拉按钮，❹ 在弹出的下拉菜单中选择【按颜色筛选】命令，❺ 在弹出的级联菜单中选择需要筛选出的颜色效果，如图 20-25 所示。

图 20-25

Step 03 经过上步操作，即可筛选出员工姓名列中填充了橙色的新员工记录，如图 20-26 所示。

图 20-26

单击列单元格表头字段名右侧的下拉按钮后，在弹出的下拉菜单中选择【升序】或【降序】命令，可以对筛选后的数据再进行升序或降序排列。

★ 重点 20.2.4 实战：对员工业绩数据进行高级筛选

实例门类	软件功能
教学视频	光盘\视频\第 20 章\20.2.4.mp4

虽然前面讲解的自定义筛选具有一定的灵活性，但是仍然是针对单列单元格数据进行的筛选。如果需要对多列单元格数据进行筛选，则需要分别单击这些列单元格表头字段名右侧的下拉按钮，在弹出的下拉菜单中进行设置。

当需要进行筛选的数据列表中的字段比较多，筛选条件比较复杂时，使用高级筛选功能在工作表的空白单元格中输入自定义筛选条件，就可以扩展筛选方式和筛选功能。

例如，要在"员工业绩表"中筛选出累计业绩额超过 200 000，且各季度业绩额超过 20 000 的记录，具体操作步骤如下。

Step 01 ❶ 复制【数据表】工作表，并重命名为【稳定表现者】，❷ 在 K1:O2 单元格区域中输入高级筛选的条件，❸ 单击【数据】选项卡【排序和筛选】组中的【高级】按钮 ▼，如图 20-27 所示。

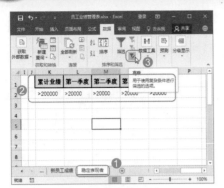

图 20-27

技术看板

进行高级筛选时，作为条件筛选的列标题文本必须放在同一行中，且其中的数据与数据表格中的列标题文本应完全相同。在列标题下方列举条件文本，有多个条件时，各条件为"与"关系的将条件文本并排放在同一行中，为"或"关系的要放在不同行中。

Step **02** 打开【高级筛选】对话框，❶ 在【列表区域】文本框中引用数据筛选的 A1:H22 单元格区域，❷ 在【条件区域】文本框中引用筛选条件所在的 K1:O2 单元格区域，❸ 单击【确定】按钮，如图 20-28 所示。

图 20-28

技术看板

在【高级筛选】对话框中选中【在

原有区域显示筛选结果】单选按钮，可以在数据原有区域中显示筛选结果；选中【将筛选结果复制到其他位置】单选按钮，可以在出现的【复制到】文本框中设置准备存放筛选结果的单元格区域。

Step **03** 经过上步操作，即可筛选出符合条件的数据，如图 20-29 所示。

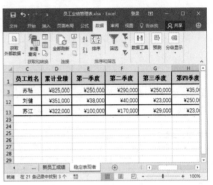

图 20-29

20.3 数据的分类汇总

在查看数据时，很多时候不是关注数据本身的信息，而是关注数据的一些结果，也就是数据的汇总信息。使用分类汇总功能可以在分类的基础上进行汇总操作。例如，前面已经利用排序功能将【性别】字段中相同数据集中在一起，然后利用【分类汇总】命令按照【性别】字段进行分类，再汇总工龄和年龄项，就可分别得到男性员工和女性员工的平均年龄。

20.3.1 分类汇总简介

在对数据进行查看和分析时，有时需要对数据按照某一字段（即某列）中的数据进行分类排列，并分别统计出不同类别数据的汇总结果。

1. 走出分类汇总误区

初学 Excel 的部分用户习惯手工制作分类汇总表，这是很浪费时间的。手工制作分类汇总表的情况主要分为以下两类。

（1）只有分类汇总表，没有源数据表。

此类汇总表的制作工艺 100% 靠手工，有的用计算器算，有的直接在汇总表里或纸上算。总而言之，每一个汇总数据都是通过键盘输进去的。

（2）有源数据表，并经过多次重复操作做出汇总表。

此类汇总表的制作步骤：按字段筛选，选中筛选出的数据；目视状态栏的汇总数；切换到汇总表；在相应单元格填写汇总数；然后重复以上所有操作多次。这期间可能在选择数据时有遗漏，填写时忘记了汇总数，切换时无法准确定位汇总表。

2. 分类汇总的几个层次

分类汇总是一个比较有技术含量的工作，根据所掌握的技术大致可分为以下几个层次。

➡ 初级分类汇总：指制作好的分类汇总表是一维的，即仅对一个字段进行汇总。例如，求每个月的请假总天数。

➡ 中级分类汇总：指制作好的分类汇总表是二维一级的，即对两个字段进行汇总。这也是最常见的分类汇总表。此类汇总表既有标题行，也有标题列，在横纵坐标的交集处显示汇总数据。例如，求每个月每个员工的请假总天数，月份为标题列，员工姓名为标题行，在交叉单元格处得到某员工某月的请假总天数。

➡ 高级分类汇总：指制作好的分类汇总表是二维多级汇总表，即对两个字段以上进行汇总。

3. 了解分类汇总要素

当表格中的记录越来越多，且出现相同类别的记录时，使用分类汇总功能可以将性质相同的数据集合到一起，分门别类后再进行汇总运算。这样就能更直观地显示出表格中的数据信息，方便用户查看。

在使用 Excel 2016 中的【分类汇总】功能时，表格区域中需要有分类字段和汇总字段。其中，分类字段是指对数据类型进行区分的列单元格，该列单元格中的数据包含多个值，且数据中具有重复值，如性别、学历、职位等；汇总字段是指对不同类别的数据进行汇总计算的列，汇总方式可以为计算、求和、求平均等。例如，要在工资表中统计出不同部门的工资总和，则将部门数据所在的列单元格作为分类字段，将工资作为汇总项，汇总方式则采用求和的方式。

在汇总结果中将出现分类汇总和总计的结果值。其中，分类汇总结果值是对同一类别的数据进行相应的汇总计算后得到的结果；总计结果值则是对所有数据进行相应的汇总计算后得到的结果。使用分类汇总命令后，数据区域将应用分级显示，不同的分类作为第一级，每一级中的内容即为原数据表中该类别的明细数据。例如，将【所属部门】作为分类字段，对【基本工资】【岗位工资】和【实发工资】项的总值进行汇总，得到如图 20-30 所示的汇总结果。

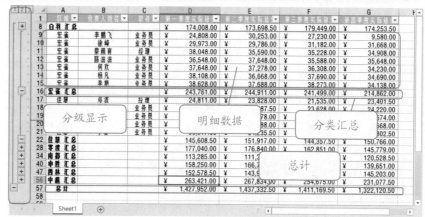

图 20-30

20.3.2　实战：在销售表中创建简单分类汇总

实例门类	软件功能
教学视频	光盘\视频\第20章\20.3.2.mp4

单项分类汇总只是对数据表格中的字段进行一种计算方式的汇总。在 Excel 中创建分类汇总之前，首先应对表格中需要进行分类汇总的数据以汇总选项进行排序，其作用是将具有相同关键字的记录表集中在一起，然后再设置分类汇总的分类字段、汇总字段、汇总方式和汇总后数据的显示位置即可。

技术看板

要进行分类汇总的工作表必须具备表头名称，因为 Excel 2016 是使用表头名称来决定如何创建数据组及如何进行汇总的。

例如，要在"销售情况分析表"工作簿中统计出不同部门的总销售额，具体操作步骤如下。

Step01 打开光盘\素材文件\第20章\销售情况分析表.xlsx，❶复制【数据表】工作表，并重命名为【部门汇总】，❷选择作为分类字段【部门】列中的任意单元格，❸单击【数据】

选项卡【排序和筛选】组中的【升序】按钮，如图 20-31 所示。

图 20-31

Step02 经过上步操作，即可将不同部门的数据排列在一起。单击【分级显示】组中的【分类汇总】按钮，如图 20-32 所示。

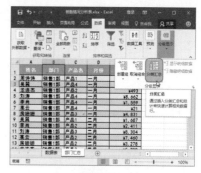

图 20-32

Step03 打开【分类汇总】对话框，❶在【分类字段】下拉列表框中选择要进行分类汇总的字段名称，这里选择【部门】选项，❷在【汇总方式】

下拉列表框中选择计算分类汇总的汇总方式，这里选择【求和】选项，❸在【选定汇总项】列表框中选择要进行汇总计算的列，这里选中【销售额】复选框，❹选中【替换当前分类汇总】和【汇总结果显示在数据下方】复选框，❺单击【确定】按钮，如图20-33所示。

图 20-33

技术看板

如果要使每个分类汇总自动分页，可在【分类汇总】对话框中选中【每组数据分页】复选框；若要指定汇总行位于明细行的下方，可选中【汇总结果显示在数据下方】复选框。

Step04 经过上步操作，即可创建分类汇总，如图20-34所示。可以看到表格中相同部门的销售额总和汇总结果将显示在相应的名称下方，最后还将所有部门的销售额总和进行统计并显示在工作表的最后一行。

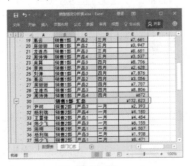

图 20-34

★ 重点 20.3.3　实战：在销售表中创建多重分类汇总

实例门类	软件功能
教学视频	光盘\视频\第20章\20.3.3.mp4

进行简单分类汇总之后，若需要对数据进一步的细化分析，可以在原有汇总结果的基础上，再次进行分类汇总，形成多重分类汇总。

多重分类汇总可以对同一字段进行多种方式的汇总，也可以对不同字段（两列或两列以上的数据信息）进行汇总。需要注意的是，在分类汇总之前，仍然需要对分类的字段进行排序，否则分类将毫无意义。而且，排序的字段（包括字段的主次顺序）与后面分类汇总的字段必须一致。

例如，要在"销售情况分析表"工作簿中统计出每个月不同部门的总销售额，具体操作步骤如下。

Step01 ❶复制【数据表】工作表，并重命名为【每月各部门汇总】，❷选择包含数据的任意单元格，❸单击【数据】选项卡【排序和筛选】组中的【排序】按钮，如图20-35所示。

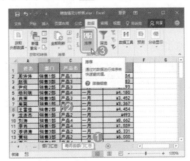

图 20-35

Step02 打开【排序】对话框，❶在【主要关键字】栏中设置分类汇总的主要关键字为【月份】，排序方式为【升序】，❷单击【添加条件】按钮，❸在【次要关键字】栏中设置分类汇总的次要关键字为【部门】，排序方式为【升序】，❹单击【确定】按钮，如图20-36所示。

图 20-36

Step03 经过上步操作，即可根据要创建分类汇总的主要关键字和次要关键字进行排序。单击【分级显示】组中的【分类汇总】按钮，如图20-37所示。

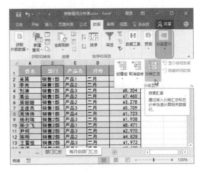

图 20-37

Step04 打开【分类汇总】对话框，❶在【分类字段】下拉列表框中选择要进行分类汇总的主要关键字段名称【月份】，❷在【汇总方式】下拉列表框中选择【求和】选项，❸在【选定汇总项】列表框中选中【销售额】复选框，❹选中【替换当前分类汇总】和【汇总结果显示在数据下方】复选框，❺单击【确定】按钮，如图20-38所示。

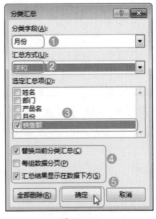

图 20-38

Step**05** 经过上步操作，即可创建一级分类汇总。单击【分级显示】组中的【分类汇总】按钮，如图 20-39 所示。

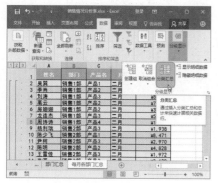

图 20-39

Step**06** 打开【分类汇总】对话框，❶ 在【分类字段】下拉列表框中选择要进行分类汇总的次要关键字段名称【部门】，❷ 在【汇总方式】下拉列表框中选择【求和】选项，❸ 在【选定汇总项】列表框中选中【销售额】复选框，❹ 取消选中【替换当前分类汇总】复选框，❺ 单击【确定】按钮，如图 20-40 所示。

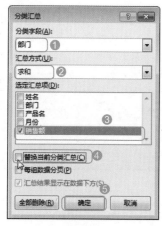

图 20-40

Step**07** 经过上步操作，即可创建二级分类汇总。可以看到表格中相同级别的相应汇总项的结果将显示在相应的级别后方，同时隶属一级分类汇总的内部，效果如图 20-41 所示。

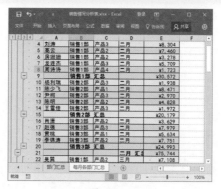

图 20-41

★ 重点 20.3.4 实战：分级显示销售表中的分类汇总数据

实例门类	软件功能
教学视频	光盘\视频\第 20 章\20.3.4.mp4

进行分类汇总后，工作表中的数据将以分级方式显示汇总数据和明细数据，并在工作表的左侧出现①、②、③……用于显示不同级别分类汇总的按钮，单击它们可以显示不同级别的分类汇总。要更详细地查看分类汇总数据，还可以单击工作表左侧的 ➕ 按钮。例如，要查看刚刚分类汇总的数据，具体操作步骤如下。

Step**01** 单击窗口左侧分级显示栏中的②按钮，如图 20-42 所示。

图 20-42

Step**02** 经过上步操作，将折叠 2 级分类下的所有分类明细数据。单击工作表左侧需要查看明细数据对应分类的 ➕ 按钮，如图 20-43 所示。

图 20-43

Step**03** 经过上步操作，即可展开该分类下的明细数据，同时该按钮变为 ➖ 形状，如图 20-44 所示。

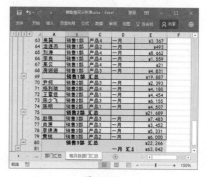

图 20-44

> **技能拓展——查看明细数据的其他方法**
>
> 单击 ➖ 按钮可隐藏不需要的单个分类汇总项目的明细行。此外，在工作表中选择需要隐藏的分类汇总数据项中的任一单元格，单击【分级显示】组中的【隐藏明细数据】按钮 ➖，可以隐藏该分类汇总数据项，再次单击【隐藏明细数据】按钮 ➖，可以隐藏该汇总数据项上一级的分类汇总数据项。单击【显示明细数据】按钮 ➕，则可以依次显示各级别的分类汇总数据项。

20.3.5 实战：清除销售表中的分类汇总

实例门类	软件功能
教学视频	光盘\视频\第 20 章\20.3.5.mp4

分类汇总查看完毕后，有时还需要删除分类汇总，使数据恢复到分类汇总前的状态。此时可以使用下面的方法来完成，具体操作步骤如下。

Step01 ❶复制【每月各部门汇总】工作表，❷单击【数据】选项卡中【分级显示】组中的【分类汇总】按钮，如图 20-45 所示。

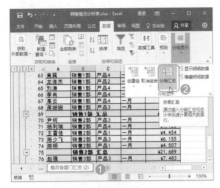

图 20-45

Step02 打开【分类汇总】对话框，单击【全部删除】按钮，如图 20-46 所示。

图 20-46

Step03 返回工作表，即可看到已经删除表格中曾创建的分类汇总了，效果如图 20-47 所示，修改工作表名称为【清除汇总】。

图 20-47

妙招技法

下面结合本章内容，给大家介绍一些实用技巧。

技巧 01：按笔画排序

教学视频	光盘\视频\第 20 章\技巧 01.mp4

默认情况下，Excel 对中文文字的排序方法是按照字母顺序进行排序的，即按照提供的文字的拼音的首字母在 26 个英文字母中出现的顺序进行排列。然而，中国人习惯按照文字的笔画顺序来进行排列，尤其是在对姓名进行排列时。根据笔画进行排序就是按照文字笔画数的多少进行排序，先左右，再上下，最后整体字。

Excel 已经提供了按照笔画进行排序的功能，只需稍微进行设置即可。例如，要让"中小学图书配备目录"工作簿中的书名根据其名称的笔画从少到多进行排序，具体操作步骤如下。

Step01 打开光盘\素材文件\第 20 章\中小学图书配备目录.xlsx，❶复制 Sheet1 工作表，并重命名为【按笔画排序】，❷选择任意包含数据的单元格，❸单击【数据】选项卡【排序和筛选】组中的【排序】按钮，如图 20-48 所示。

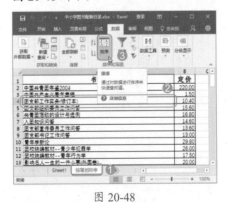

图 20-48

Step02 打开【排序】对话框，❶在【主要关键字】栏中设置主要关键字为【书名】，❷单击【选项】按钮，如图 20-49 所示。

图 20-49

Step03 打开【排序选项】对话框，❶在【方法】栏中选中【笔画排序】单选按钮，❷单击【确定】按钮，如图 20-50 所示。

图 20-50

Step04 返回【排序】对话框，单击【确定】按钮关闭该对话框，如图 20-51 所示。

图 20-51

Step05 返回工作表，即可看到 A 列中的数据按照书名笔画数从少到多进行了排列，并且其他与这些数据有对应关系的单元格数据将自动进行排列，效果如图 20-52 所示。

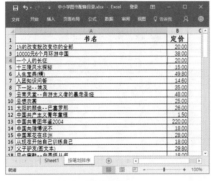

图 20-52

技术看板

在日常生活中，人们对书名、员工姓名这种包含多个汉字的一组汉字进行笔画排序时，首先会对第一个字的笔画多少进行排序，如果第一个汉字的笔画数相同，则依次根据第二个、第三个字的笔画数来进行排列。

但由于 Excel 中的按笔画排序规则定义为对于相同笔画数的汉字，Excel 按照其内码顺序进行排列，而不是按照笔画顺序进行排列。因此，本案例中的按笔画排序仍然与人们习惯的笔画排序效果有出入。

技巧 02：按字符数量排序

教学视频	光盘 \ 视频 \ 第 20 章 \ 技巧 02.mp4

在实际工作中，用户有时需要根据字符的数量进行排序。但是，Excel 并没有提供直接根据字符数量进行排序的功能。要完成该任务，可以结合函数进行操作。首先使用统计函数统计出每个单元格中包含的字符量，然后根据统计结果进行排序。

例如，要让"中小学图书配备目录"工作簿中的书名按照其名称包含的字符数量从少到多的顺序进行排序，具体操作步骤如下。

Step01 ❶ 复制 Sheet1 工作表，并重命名为【按字符数量排序】，❷ 在 C1 单元格中输入文本【统计字符量】，作为 C 列单元格的列标题，❸ 在 C2 单元格中输入公式【=LEN(A2)】，统计出 A2 单元格中的字符数量，❹ 拖动填充控制柄，复制 C2 单元格中的公式到该列其他单元格中，分别统计出其对应行 A 列单元格中数据的字符数量，如图 20-53 所示。

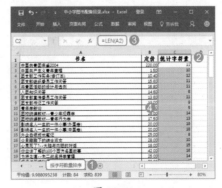

图 20-53

Step02 ❶ 选择 C 列中的任意单元格，❷ 单击【数据】选项卡【排序和筛选】组中的【升序】按钮，如图 20-54 所示。

图 20-54

Step03 经过上步操作后，工作表中的数据即可根据 A 列单元格中书名包含的字符数量从少到多的顺序进行排列，效果如图 20-55 所示。❶ 选择 C 列单元格，❷ 单击【开始】选项卡【单元格】组中的【删除】按钮。

图 20-55

技术看板

本技巧介绍了利用辅助列统计数据多少，再根据辅助列的值进行排序的方法。在实际应用中，用户还可以结合 Excel 中提供的其他功能对数据进行排序。例如，要让排序结果返回至初始顺序，可在对表格数据进行排序前，在表格空白列中填充一组连续的数字作为辅助列。

技巧 03：组合显示数据

教学视频	光盘\视频\第 20 章\技巧 03.mp4

在 Excel 2016 中浏览大量数据时，为了方便查看数据，可以使用分组的方法将数据进行分组，从而简化显示表格数据。

组合显示数据功能中提供了数据的分级显示，它可以实现对某个范围内的单元格进行关联，从而可对其进行折叠或展开。它与分类汇总的区别在于，分类汇总是将相同数据类型的记录集合在一起进行汇总，而组合只是将某个范围内的记录集合在一起，它们之间可以没有任何关系且并不进行汇总。

在拥有数据的大型表格中，如果用户在数据表中设置了汇总行或列，并对数据应用了求和或其他汇总方式，那么 Excel 可以自动判断分级的位置，从而自动分级显示数据表。例如，要自动在"汽车销售表"中创建组分析显示时，具体操作步骤如下。

技能拓展——手动分组数据

在 Excel 表格中，还可以选择多行或多列后按照自己的意愿手动创建分组。首先，选择需要进行组合的数据所在的单元格区域，然后单击【创建组】按钮，在打开的【创建组】对话框中选择以行或列的方式创建组即可。

Step01 打开光盘\素材文件\第 20 章\汽车销售表.xlsx，❶选择第 7 行单元格，❷单击【开始】选项卡【单元格】组中的【插入】按钮，如图 20-56 所示。

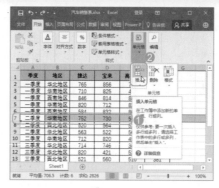

图 20-56

Step02 ❶在 A7 单元格中输入相应的文本，❷在 C7 单元格中输入公式【=SUM(C2:C6)】，计算出捷达汽车一季度的销售总和，❸向右拖动填充控制柄至 F7 单元格，计算出其他产品的一季度销售总和，如图 20-57 所示。

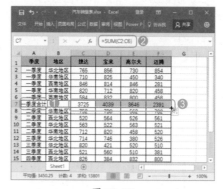

图 20-57

Step03 使用相同的方法，分别插入第 12、16、19 行单元格，并在相应的 C、D、E、F 列中使用自动求和的方式计算出各季度各产品的合计值，完成后的效果如图 20-58 所示。

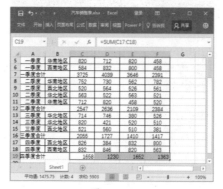

图 20-58

技术看板

对组合后的数据进行编辑的方法与编辑分类汇总的方法基本相同。分组也是可以进行嵌套的。

Step04 ❶选择表格中的任意单元格，❷单击【数据】选项卡【分级显示】组中的【创建组】按钮，❸在弹出的下拉列表中选择【自动建立分级显示】选项，如图 20-59 所示。

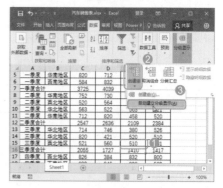

图 20-59

Step05 经过以上操作，即可自动建立分级显示，效果如图 20-60 所示，单击左侧的 1 按钮。

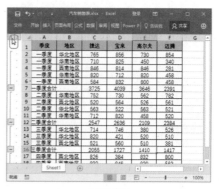

图 20-60

Step06 经过以上操作，将隐藏所有明细数据，只显示一级汇总数据，效果如图 20-61 所示。

图 20-61

技巧 04：让数据分组后返回至分组前的初始效果

教学视频	光盘\视频\第20章\技巧04.mp4

创建分组后，如果对组合的数据效果不满意，还可以取消表格中的分组。在取消分组时，可以一次性取消所有分组或是只取消某一级的分组。例如，要取消"汽车销售表"中的所有分组，具体操作步骤如下。

Step 01 ❶ 复制 Sheet1 工作表，并重命名为【原始数据】，❷ 单击【数据】选项卡【分级显示】组中的【取消组合】按钮，❸ 在弹出的下拉列表中选择【清除分级显示】选项，如图20-62所示。

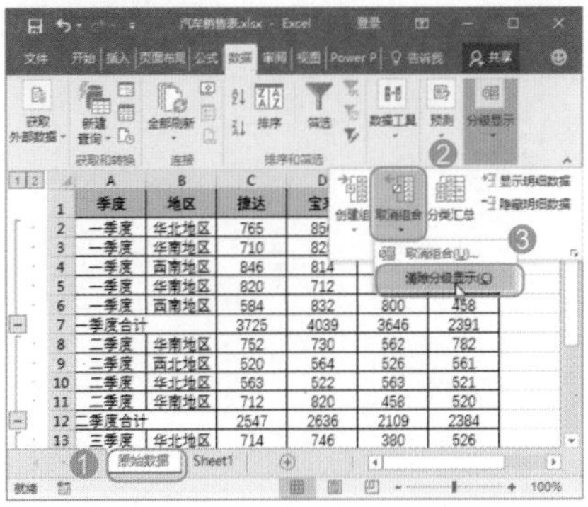

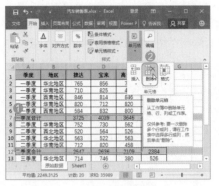

始】选项卡【单元格】组中的【删除】按钮，即可让表格数据恢复到最初的效果。

图 20-63

技术看板

如果创建的数据分组有多层嵌套，则在选择表格中的任意单元格后，单击【取消组合】按钮，在弹出的下拉列表中选择【清除分级显示】命令，可取消最后一次分组操作。

在清除分组时，如果要取消某一级的分组，需要选择当前分组所在的行或列，再单击【取消组合】按钮即可。

技巧 05：合并工作表中的数据

教学视频	光盘\视频\第20章\技巧05.mp4

在 Excel 中，合并计算就是把两个或两个以上的表格中具有相同区域或相同类型的数据运用相关函数（求和、计算平均值等）进行运算后，再将结果存放到另一个区域中。

在合并计算时，如果所有数据在同一张工作表中，那么可以在同一张工作表中进行合并计算。例如，要将汽车销售表中的数据根据地区和品牌合并各季度的销量总和，具体操作步骤如下。

Step 01 ❶ 在表格空白位置选择一处作为存放汇总结果的单元格区域，并输入相应的表头名称，选择该单元格区

域，❷ 单击【数据】选项卡【数据工具】组中的【合并计算】按钮，如图 20-64 所示。

图 20-62

Step 02 经过以上操作，即可删除表格中的所有分组，效果如图20-63所示。❶ 选择表格中进行自动求和计算的第7、12、16、19行单元格，❷ 单击【开

图 20-64

Step 02 打开【合并计算】对话框，❶ 在【引用位置】参数框中引用原数据表中需要求和的区域，这里选择B1:F15 单元格区域，❷ 单击【添加】按钮，添加到下方的【所有引用位置】列表框中，❸ 选中【首行】和【最左列】复选框，❹ 单击【确定】按钮，如图 20-65 所示。

图 20-65

技能拓展——更改合并计算的汇总方式

在对数据进行合并计算时，除了可以用默认的【求和】汇总方式外，还可以将汇总方式更改为其他汇总方式，如【平均值】【计数】等。只需要在【合并计算】对话框的【函数】下拉列表框中选择汇总方式即可。

Step03 经过以上操作，即可计算出不同地区各产品的汇总结果，如图20-66所示。

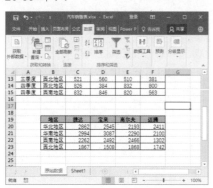

图 20-66

除了可以对一张工作表进行合并计算外，还可以对多张工作表进行合并计算。参与合并计算的多张工作表可以在同一张工作簿中，也可以在多张工作簿的相同位置。操作方法与对一张工作表进行合并计算的方法基本相同，主要是在选择引用位置时选择的是不同工作簿中的不同的工作表而已。

如果有多个表格区域需要进行合并计算，那就需要多次引用并依次添加到【所有引用位置】列表框中。

在对多张表格进行合并计算时，要注意每张表格中的数据必须在相同位置，并且每张表格行标题和列标题必须一致，否则会导致在汇总时因位置不对和行列标题不符而汇总结果不正确。

在使用合并计算汇总时，需要注意的是，一但所使用的数据表中的数据发生变动后，通过合并计算所得到的数据汇总并不会自动更新，如果要使数据更新，可以选中【合并计算】对话框中的【创建指向源数据的链接】复选框，但此项功能对同一张工作表中的合并计算无效。

本章小结

人们收集和存储数据的目的不仅只是为了备案，更多是为了从中获取更多有价值的信息。而很多时候只看数据的明细并不能看出什么，更不能指导人们做什么决策，通常都需要对数据进行理解和分析后才能得出一定的结论，为下一步的工作做准备。本章介绍了几种数据分析的常用方法，包括对表格中的数据进行排序、筛选符合条件的数据、分类汇总数据，虽然这些操作很简单，但在实际应用中结合公式、函数、图表等功能，就足以让制作的表格分析得很专业、很到位了。希望本章学到的知识，能够帮助读者在表格中提炼出所需要的数据。

第21章 条件格式与数据验证

➜ 不进行排序、筛选等复杂分析，只是想简单标示出大于某个值的数据的时候，应该怎么操作？

➜ 不改变数据位置，也能知道哪些数据的排名靠前吗？

➜ 想用最简单的符号图示化各单元格的值吗？

➜ 单元格数据输入需要规范处理吗？

➜ 怎样通过提示告诉用户单元格中需要输入何种数据来提升用户体验度？

通过本章的学习，读者将了解到如何使用条件格式和设置数据的有效性来对数据进行分类、排序及设限等功能。学习的过程中，读者也将收获以上问题的答案。

21.1 使用条件格式

在编辑表格时，可以为单元格区域、表格或数据透视表设置条件格式。Excel 2016 中提供了非常丰富的条件格式，该功能可以基于设置的条件，并根据单元格内容有选择地自动应用格式，它在为 Excel 增色不少的同时，还为人们带来很多方便。下面将详细讲解条件格式的使用方法。

21.1.1 条件格式综述

在分析表格数据时，经常会遇到一些问题，如在利润统计表中汇总过去几年企业的利润时，都出现了哪些异常情况？过去两年的营销调查反映出未来产品购买趋势是什么？某个月哪些员工的销售额超过了 10 万元？企业员工的总体年龄分布情况如何？哪些产品的年收入增长幅度大于 15%？某个月哪个型号的产品卖出最多，哪个型号的产品卖出最少等问题。

在分析这类数据时，常常需要根据一些特定的规则找出一些数据，然后再根据这些数据进行进一步的分析，而这些数据很有可能不是应用简单的排序就能发现的，或者已经利用排序展示了一些数据关系不能再重新排序了。这种情况下，就需要从数据的显示效果上去突出数据了，如设置不同的单元格字体、字号、文字颜色、单元格背景等。

在 Excel 中使用条件格式有助于

解答以上的问题，因为使用条件格式可以在工作表中基于设置的条件更改单元格区域的外观。如果单元格中的数据符合条件，则会基于该条件设置单元格区域的格式；否则，将保持原来的格式。因此，使用 Excel 条件格式可以帮助用户直观地查看和分析数据、解答有关数据的特定问题，以及识别模式和趋势。

Excel 2016 提供的条件格式非常丰富，如可以使用填充颜色、采用数据柱线、颜色刻度和图标集来直观地显示所关注的数据。

> **技术看板**
>
> 如果将条件格式功能和公式结合使用，则可以制作出功能强大的表格。

★ 重点 21.1.2 实战：突出显示超过某个值的销售额数据

实例门类	软件功能
教学视频	光盘\视频\第21章\21.1.2.mp4

在对数据表进行统计分析时，如果要突出显示表格中的一些数据，如大于某个值的数据、小于某个值的数据、等于某个值的数据等，可以使用【条件格式】中的【突出显示单元格规则】选项，基于比较运算符设置这些特定单元格的格式。

在【突出显示单元格规则】命令的级联菜单中选择不同的命令，可以实现不同的突出效果，具体介绍如下。

➜ 【大于】命令：表示将大于某个值的单元格突出显示。

➜ 【小于】命令：表示将小于某个值的单元格突出显示。

➜ 【介于】命令：表示将单元格中数据在某个数值范围内的突出显示。

➜ 【等于】命令：表示将等于某个值的单元格突出显示。

➜ 【文本包含】命令：可以将单元格中符合设置的文本信息突出显示。

➜ 【发生日期】命令：可以将单元格中符合设置的日期信息突出显示。

➜ 【重复值】命令：可以将单元格中重复出现的数据突出显示。

下面，在"员工业绩管理表"工作簿的"累计业绩排名"工作表中，在累计业绩排序基础上，对各季度销售额超过 200 000 的单元格进行突出显示，具体操作步骤如下。

Step01 打开光盘\素材文件\第21章\员工业绩管理表.xlsx，❶ 选择【累计业绩排名】工作表，❷ 选择 E2:H22 单元格区域，❸ 单击【开始】选项卡【样式】组中的【条件格式】按钮，❹ 在弹出的下拉菜单中选择【突出显示单元格规则】命令，❺ 在弹出的级联菜单中选择【大于】命令，如图 21-1 所示。

图 21-1

Step02 打开【大于】对话框，❶ 在参数框中输入要作为判断条件的最小数值【￥200000】，❷ 在【设置为】下拉列表框中选择要为符合条件的单元格设置的格式样式，这里选择【浅红填充色深红色文本】选项，❸ 单击【确定】按钮，如图 21-2 所示。

图 21-2

技能拓展——通过引用单元格数据快速设置条件

在创建条件格式时，也可以通过引用单元格来设置条件。但是只能引用同一工作表中的其他单元格，有些

情况下也可以引用当前打开的同一工作簿中其他工作表上的单元格。但不能对其他工作簿的外部引用使用条件格式。

Step03 经过上步操作，即可看到所选单元格区域中值大于 200 000 的单元格格式发生了变化，如图 21-3 所示。

累计业绩	第一季度	第二季度	第三季度	第四季度
￥825,000	￥250,000	￥290,000	￥250,000	￥35,000
￥389,000	￥100,000	￥12,000	￥27,000	￥250,000
￥355,900	￥209,000	￥118,000	￥20,000	￥8,900
￥351,000	￥38,000	￥40,000	￥23,000	￥250,000
￥322,000	￥100,000	￥170,000	￥29,000	￥23,000
￥222,000	￥19,000	￥20,000	￥250,000	￥29,000
￥296,000	￥5,000	￥21,000	￥250,000	￥20,000
￥221,000	￥20,000	￥11,000	￥170,000	￥20,000
￥202,000	￥87,000	￥90,000	￥21,000	￥4,000
￥171,000	￥35,000	￥19,000	￥90,000	￥27,000

图 21-3

★ 重点 21.1.3 实战：对排名前三的累计销售额设置单元格格式

实例门类	软件功能
教学视频	光盘\视频\第21章\21.1.3.mp4

项目选取规则允许用户识别项目中最大或最小的百分数或数字所指定的项，或者指定大于或小于平均值的单元格。例如，要在表格中查找最畅销的3种产品，在客户调查表中查找最不受欢迎的10%产品等，都可以在表格中使用项目选取规则。

使用项目选取规则的方法与使用突出显示单元格规则的方法基本相同，在【条件格式】下拉菜单中选择【项目选取规则】命令后，在其级联菜单中选择不同的命令，可以实现不同的项目选取目的。

→ 【前 10 项】命令：表示将突出显示所选单元格区域中值最大的前10（实际上，具体个数还需要在选择该命令后打开的对话框中进行设置）个单元格。

→ 【前 10%】命令：表示将突出显示所选单元格区域中值最大的前10%（相对于所选单元格总数的百分比）个单元格。

→ 【最后 10 项】命令：表示将突出显示所选单元格区域中值最小的后 10 个单元格。

→ 【最后 10%】命令：表示将突出显示所选单元格区域中值最小的后 10% 个单元格。

→ 【高于平均值】命令：表示将突出显示所选单元格区域中值高于平均值的单元格。

→ 【低于平均值】命令：表示将突出显示所选单元格区域中值低于平均值的单元格。

下面，在"员工业绩管理表"工作簿的"各分区排序"工作表中，在各分区的累计业绩排序基础上，对累积销售额最高的 3 项单元格进行突出显示，具体操作步骤如下。

Step01 ❶ 选择【各分区排序】工作表，❷ 选择 D2:D22 单元格区域，❸ 单击【开始】选项卡【样式】组中的【条件格式】按钮，❹ 在弹出的下拉菜单中选择【项目选取规则】命令，❺ 在弹出的级联菜单中选择【前 10 项】命令，如图 21-4 所示。

图 21-4

技术看板

如果设置条件格式的单元格区域中有一个或多个单元格包含的公式返回错误，则条件格式就不会应用到整

个区域。若要确保条件格式应用到整个区域，用户可使用 IS 或 IFERROR 函数来返回正确值（如 0 或【N/A】）。

Step02 打开【前 10 项】对话框，❶ 在数值框中输入需要查看的最大项数，这里输入【3】，❷ 在【设置为】下拉列表框中选择【自定义格式】选项，如图 21-5 所示。

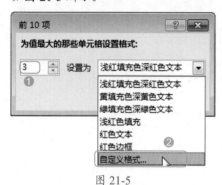

图 21-5

Step03 打开【设置单元格格式】对话框，❶ 选择【字体】选项卡，❷ 在【字形】列表框中选择【加粗】选项，❸ 在【颜色】下拉列表框中选择需要设置的字体颜色，这里选择【橙色，个性色 2】选项，如图 21-6 所示。

图 21-6

Step04 ❶ 选择【边框】选项卡，❷ 在【样式】列表框中选择需要的边框线型，❸ 在【颜色】下拉列表框中选择需要的边框颜色，❹ 单击【外边框】按钮，如图 21-7 所示。

图 21-7

Step05 ❶ 选择【填充】选项卡，❷ 在【背景色】栏中选择需要填充的单元格颜色，这里选择【黄色】，❸ 单击【确定】按钮，如图 21-8 所示。

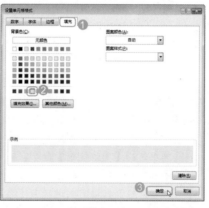

图 21-8

Step06 返回【前 10 项】对话框，单击【确定】按钮，如图 21-9 所示。

图 21-9

Step07 返回工作表中，即可看到所选单元格区域中值最大的前 3 个单元格应用了自定义的单元格格式，效果如图 21-10 所示。

图 21-10

21.1.4 实战：使用数据条显示二分区的各季度销售额

实例门类	软件功能
教学视频	光盘\视频\第 21 章\21.1.4.mp4

使用数据条可以查看某个单元格相对于其他单元格的值。数据条的长度代表单元格中的值，数据条越长，表示值越高，反之，则表示值越低。若要在大量数据中分析较高值和较低值时，使用数据条尤为有用。

下面，在"员工业绩管理表"工作簿的"二分区数据"工作表中，使用数据条来显示二分区各季度的销售额数据，具体操作步骤如下。

Step01 ❶ 选择【二分区数据】工作表，❷ 选择 E3:H18 单元格区域，❸ 单击【开始】选项卡【样式】组中的【条件格式】按钮，❹ 在弹出的下拉菜单中选择【数据条】命令，❺ 在弹出的级联菜单【渐变填充】栏中选择【橙色数据条】命令，如图 21-11 所示。

图 21-11

Step 02 返回工作簿中即可看到在 E3:H18 单元格区域中根据数值大小填充了不同长短的橙色渐变数据条，如图 21-12 所示。

图 21-12

21.1.5 实战：使用色阶显示成绩较好的销售人员各季度的销售额数据

实例门类	软件功能
教学视频	光盘\视频\第 21 章\21.1.5.mp4

对数据进行直观分析时，除了使用数据条外，还可以使用色阶按阈值将单元格数据分为多个类别，其中每种颜色代表一个数值范围。

色阶作为一种直观的指示，可以帮助用户了解数据的分布和变化。Excel 中默认使用双色刻度和三色刻度两种色阶方式来设置条件格式。

双色刻度使用两种颜色的渐变来比较某个区域的单元格，颜色的深浅表示值的高低。例如，在绿色和红色的双色刻度中，可以指定较高值单元格的颜色更绿，而较低值单元格的颜色更红。三色刻度使用 3 种颜色的渐变来比较某个区域的单元格。颜色的深浅表示值的高、中、低。例如，在绿色、黄色和红色的三色刻度中，可以指定较高值单元格的颜色为绿色，中间值单元格的颜色为黄色，而较低值单元格的颜色为红色。

下面在"员工业绩管理表"工作簿的"销售较高数据分析"工作表中，

使用一种三色刻度颜色来显示累计销售额较高员工的各季度销售额数据，具体操作步骤如下。

Step 01 ❶ 选择【销售较高数据分析】工作表，❷ 选择 E3:H22 单元格区域，❸ 单击【开始】选项卡【样式】组中的【条件格式】按钮，❹ 在弹出的下拉菜单中选择【色阶】命令，❺ 在弹出的级联菜单中选择【绿-黄-红色阶】命令，如图 21-13 所示。

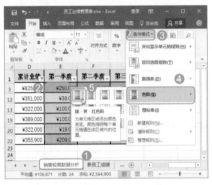

图 21-13

技术看板

在【条件格式】下拉菜单的各级联菜单中选择【其他规则】命令，将打开【新建格式规则】对话框，在其中用户可以根据数据需要进行条件格式的自定义设置。

Step 02 返回工作簿中即可看到在 E3:H22 单元格区域中根据数值大小填充了不同深浅度的红、黄、绿颜色，如图 21-14 所示。

图 21-14

★ 新功能 21.1.6 实战：使用图标集显示销售数据稳定者的各季度销售额

实例门类	软件功能
教学视频	光盘\视频\第 21 章\21.1.6.mp4

Excel 2016 对数据进行格式设置和美化时，为了表现出一组数据中的等级范围，还可以使用图标集对数据进行标识。

图标集中的图标是以不同的形状或颜色来表示数据的大小。使用图标集可以按阈值将数据分为 3 ～ 5 个类别，每个图标代表一个数值范围。例如，在【三向箭头】图标集中，绿色的上箭头代表较高值，黄色的横向箭头代表中间值，红色的下箭头代表较低值。

下面在"员工业绩管理表"工作簿的"稳定表现者"工作表中，使用图标集中的【四等级】来标识相应员工的各季度销售额数据的大小，具体操作步骤如下。

Step 01 ❶ 选择【稳定表现者】工作表，❷ 选择 E3:H13 单元格区域，❸ 单击【开始】选项卡【样式】组中的【条件格式】按钮，❹ 在弹出的下拉菜单中选择【图标集】命令，❺ 在弹出的级联菜单【等级】栏中选择【四等级】命令，如图 21-15 所示。

图 21-15

Step02 经过上步操作，即可看到 E3:H13 单元格区域中根据数值大小分为了 4 个等级，并为不同等级的单元格数据前添加了不同等级的图标，效果如图 21-16 所示。

图 21-16

★ 重点 21.1.7　实战：管理业绩表中的条件格式

实例门类	软件功能
教学视频	光盘\视频\第 21 章\21.1.7.mp4

Excel 2016 表格中可以设置的条件格式数量没有限制，可以指定的条件格式数量只受到计算机内存的限制。为了帮助追踪和管理拥有大量条件格式规则的表格，Excel 2016 提供了【条件格式规则管理器】功能，使用该功能可以创建、编辑、删除规则，以及控制规则的优先级。

1. 新建规则

Excel 2016 中的条件格式功能允许用户定制条件格式，定义自己的规则或格式。新建条件格式规则需要在【新建格式规则】对话框中进行。

在【新建格式规则】对话框的【选择规则类型】列表框中，用户可选择基于不同的筛选条件设置新的规则，打开的【新建格式规则】对话框内的设置参数也会随之发生改变。

（1）基于值设置单元格格式。

默认打开的【新建格式规则】对话框的【选择规则类型】列表框中选择的是【基于各自值设置所有单元格的格式】选项。选择该选项可以根据所选单元格区域中的具体值设置单元格格式，要设置何种单元格格式，还需要在【格式样式】下拉列表框中进行选择。

➡ 设置色阶：如果需要设置个性的双色或三色刻度的色阶条件格式，可在【格式样式】下拉列表框中选择【双色刻度】或【三色刻度】选项，如图 21-17 所示，然后在下方的【最小值】【最大值】和【中间值】栏中分别设置数据划分的类型、具体值或占比份额、填充颜色。

图 21-17

技术看板

在图 21-17 所示的【类型】下拉列表框中提供了 4 种数据划分方式。

● 【数字】：要设置数字、日期或时间值的格式，就需要选择该选项。

● 【百分比】：如果要按比例直观显示所有值，则使用百分比，因为值分布是成比例的。有效值为 0~100。请不要输入百分号。

● 【公式】：如果要设置公式结果的格式，就选择该选项。公式必须返回数字、日期或时间值。若公式无效将使所有格式设置都不被应用，所以，最好在工作表中测试公式，以确保公式不会返回错误值。

● 【百分点值】：如果要用一种颜色比例直观显示一组上限值（如前 20 个百分点值），用另一种颜色比例直观显示一组下限值（如后 20 个百分点值），就选择该选项。这两种比例所表示的极值有可能会使数据的显示失真。有效的百分点值为 0 到 100。如果单元格区域包含的数据点超过 8191 个，则不能使用百分点值。

此外，还可以在【最小值】和【最大值】栏中直接设置最低值和最高值的格式，此时就不需要输入具体的最大和最小值了。

➡ 设置数据条：在基于值设置单元格格式时，如果需要设置个性的数据条，可以在【格式样式】下拉列表框中选择【数据条】选项，如图 21-18 所示。该对话框的具体设置和图 21-17 的方法相同，只是在【条形图外观】栏中需要设置条形图的填充效果和颜色、边框的填充效果和颜色，以及条形图的方向。

图 21-18

➡ 设置图标集：如果需要设置个性的图标形状和颜色，可以在【格式样式】下拉列表框中选择【图标集】选项，然后在【图标样式】下拉列表框中选择需要的图标集样式，并在下方分别设置各图标代表的数据范围，如图 21-19 所示。

图 21-19

技术看板

基于图标集新建规则，可以选择只对符合条件的单元格显示图标，如对低于临界值的那些单元格显示一个警告图标，对超过临界值的单元格不显示图标。为此，只需在设置条件时，单击【图标】右侧的下拉按钮，在弹出的下拉列表中选择【无单元格图标】命令即可隐藏图标。

（2）对包含相应内容的单元格设置单元格格式。

如果是要为文本数据的单元格区域设置条件格式，可在【新建格式规则】对话框的【选择规则类型】列表框中选择【只为包含以下内容的单元格设置格式】选项，如图 21-20 所示。

图 21-20

在【编辑规则说明】栏的左侧下拉列表框中可选择按单元格值、特定文本、发生日期、空值、无空值、错误和无错误来设置格式。选择不同选项的具体设置说明如下。

➡ 【单元格值】：选择该选项，表示要按数字、日期或时间设置格式，然后在中间的下拉列表框中选择比较运算符，在右侧的下拉列表框中输入数字、日期或时间。例如，依次在后面 3 个下拉列表框中设置【介于】【10】和【200】。

➡ 【特定文本】：选择该选项，表示要按文本设置格式，然后在中间的卜拉列表框中选择比较运算符，在右侧的下拉列表框中输入文本。例如，依次在后面两个下拉列表框中设置【包含】和【Sil】。

➡ 【发生日期】：选择该选项，表示要按日期设置格式，然后在后面的下拉列表框中选择比较的日期，如【昨天】或【下周】。

➡ 【空值】和【无空值】：空值即单元格中不包含任何数据，选择这两个选项，表示要为空值或无空值单元格设置格式。

➡ 【错误】和【无错误】：错误值包括【#####】【#VALUE!】【#DIV/0!】【#NAME?】【#N/A】【#REF!】【#NUM!】和【#NULL!】。选择这两个选项，表示要为包含错误值或无错误值的单元格设置格式。

（3）根据单元格内容排序位置设置单元格格式。

想要扩展项目选取规则，对单元格区域中的数据按照排序方式设置条件格式，可以在【新建格式规则】对话框的【选择规则类型】列表框中选择【仅对排名靠前或靠后的数值设置格式】选项，如图 21-21 所示。

图 21-21

在【编辑规则说明】栏左侧的下拉列表框中可以设置排名靠前或靠后的单元格，而具体的单元格数量则需要在其后的文本框中输入，若选中【所选范围的百分比】复选框，则会根据所选择的单元格总数的百分比进行单元格数量的选择。

（4）根据单元格数据相对于平均值的大小设置单元格格式。

如果需要根据所选单元格区域的平均值来设置条件格式，可以在【新建格式规则】对话框的【选择规则类型】列表框中选择【仅对高于或低于平均值的数值设置格式】选项，如图 21-22 所示。

图 21-22

在【编辑规则说明】栏的下拉列表框中可以设置相对于平均值的具体条件是高于、低于、等于或高于、等于或低于，以及各种常见标准偏差。

（5）根据单元格数据是否唯一设置单元格格式。

如果需要根据数据在所选单元格区域中是否唯一来设置条件格式，可以在【新建格式规则】对话框的【选择规则类型】列表框中选择【仅对唯一值或重复值设置格式】选项，如图21-23 所示。

图 21-23

在【编辑规则说明】栏的下拉列表框中可以设置具体是对唯一值还是对重复值进行格式设置。

（6）通过公式完成较复杂条件格式的设置。

其实前面的这些选项都是对Excel 提供的条件格式进行扩充设置，如果这些自定义条件格式都不能满足需要，那么就需要在【新建格式规则】对话框的【选择规则类型】列表框中选择【使用公式确定要设置格式的单元格】选项，来完成较复杂的条件设置了，如图21-24 所示。

图 21-24

在【编辑规则说明】栏的参数框中输入需要的公式即可。值得注意的是，①与普通公式一样，以等于号开始输入公式。②系统默认是以选择单元格区域的第一个单元格进行相对引用计算的，也就是说只需要设置好所选单元格区域的第一个单元格的条件，其后的其他单元格系统会自动计算。

通过公式来扩展条件格式的功能很强大，也比较复杂，下面举例说明。例如，在"员工业绩管理表"工作簿的"累计业绩排名 (2)"工作表中，需要为属于二分区的数据行填充颜色，具体操作步骤如下。

Step01 ❶ 选择【累计业绩排名 (2)】工作表，❷ 选择 A2:H22 单元格区域，❸ 单击【开始】选项卡【样式】组中的【条件格式】按钮，❹ 在弹出的下拉菜单中选择【新建规则】命令，如图 21-25 所示。

图 21-25

Step02 打开【新建格式规则】对话框，❶ 在【选择规则类型】列表框中选择【使用公式确定要设置格式的单元格】选项，❷ 在【编辑规则说明】栏中的【为符合此公式的值设置格式】文本框中输入公式【=$B2=" 二分区 "】，❸ 单击【格式】按钮，如图 21-26 所示。

图 21-26

【条件格式规则管理器】功能综合体现在【条件格式规则管理器】对话框中。在【条件格式】下拉菜单中选择【管理规则】命令即可打开【条件格式规则管理器】对话框。单击其中的【新建规则】按钮，即可打开【新建格式规则】对话框。

Step03 打开【设置单元格格式】对话框，❶ 选择【填充】选项卡，❷ 在【背景色】栏中选择需要填充的单元格颜色，这里选择【浅黄色】，❸ 单击【确定】按钮，如图 21-27 所示。

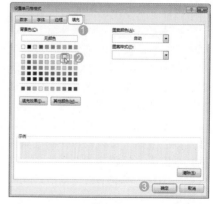

图 21-27

Step04 返回【新建格式规则】对话框，在【预览】栏中可以查看设置的单元格格式，单击【确定】按钮，如图 21-28 所示。

图 21-28

Step 05 经过上步操作，A2:H22 单元格区域中属于二分区的数据行将会以设置的格式突出显示，如图 21-29 所示。

图 21-29

2. 编辑规则

为单元格应用条件格式后，如果感觉不满意，还可以在【条件格式规则管理器】对话框中对其进行编辑。

在【条件格式规则管理器】对话框中可以查看当前所选单元格或当前工作表中应用的条件规则。在【显示其格式规则】下拉列表框中可以选择相应的工作表或数据透视表，以显示出需要进行编辑的条件格式。单击【编辑规则】按钮，可以在打开的【编辑格式规则】对话框中对选择的条件格式进行编辑，编辑方法与新建规则的方法相同。

下面为"新员工成绩"工作表中的数据添加图标集格式，并通过编辑让格式更贴合这里的数据显示，具体操作步骤如下。

Step 01 ❶ 选择【新员工成绩】工作表

中的 E4:H21 单元格区域，❷ 单击【开始】选项卡【样式】组中的【条件格式】按钮，❸ 在弹出的下拉菜单中选择【图标集】命令，❹ 在弹出的级联菜单的【等级】栏中选择【五象限图】命令，如图 21-30 所示。

图 21-30

Step 02 经过上步操作，即可根据数值大小在所选单元格区域的数值前添加不同等级的图标，但是由于该区域的数值非常接近，默认的等级区分效果并不明显，所以需要编辑等级的划分。❶ 再次单击【条件格式】按钮，❷ 在弹出的下拉菜单中选择【管理规则】命令，如图 21-31 所示。

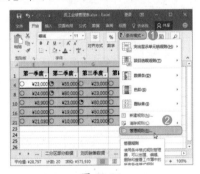

图 21-31

Step 03 打开【条件格式规则管理器】对话框，由于设置条件格式前没有取消单元格区域的选择状态，因此，这里在【显示其格式规则】下拉列表框中自动显示为【当前选择】选项，❶ 在下方的列表框中选择需要编辑的条件格式选项，❷ 单击【编辑规则】按钮，如图 21-32 所示。

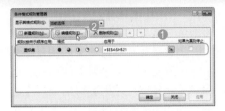

图 21-32

技术看板

如果要更改某个条件格式应用的单元格区域，可以先在【条件格式规则管理器】对话框的列表框中选择该条件格式选项，然后在【应用于】文本框中输入新的单元格区域地址，或者单击其后的折叠按钮，返回工作簿中选择新的单元格区域。

Step 04 打开【编辑格式规则】对话框，❶ 在【编辑规则说明】栏中的各图标后设置类型为【数字】，❷ 在各图标后对应的【值】参数框中输入需要作为等级划分界限的数值，❸ 单击【确定】按钮，如图 21-33 所示。

图 21-33

Step 05 返回【条件格式规则管理器】对话框，单击【确定】按钮，如图 21-34 所示。

图 21-34

Step06 经过上步操作，返回工作表中即可看到 E4:H21 单元格区域中的图标根据新定义的等级划分区间进行了重新显示，效果如图 21-35 所示。

图 21-35

3. 清除规则

如果不需要用条件格式显示数据值，用户还可以清除格式。单击【开始】选项卡【样式】组中的【条件格式】按钮，在弹出的下拉菜单中选择【清除规则】命令，然后在弹出的级联菜单中选择【清除所选单元格的规则】命令，清除所选单元格区域中包含的所有条件规则；或者选择【清除整个工作表的规则】命令，清除该工作表中的所有条件规则；或者选择【清除此数据透视表的规则】命令，清除该数据透视表中设置的条件规则。

也可以在【条件格式规则管理器】对话框的【显示其格式规则】下拉列表框中设置需要清除条件格式的范围，然后单击【删除规则】按钮，清除相应的条件规则。

清除条件规则后，原来设置了对应条件格式的单元格都会显示为默认单元格设置。

21.2 设置数据有效性

一般工作表中的表头就能确定某列单元格的数据内容大致有哪些，或者数值限定在哪个范围内，为了保证表格中输入的数据都是有效的，可以提前设置单元格的数据验证功能。设置数据有效性后，不仅可以减少输入错误的概率，保证数据的准确性，提高工作效率，还可以圈释无效数据。

★ 新功能 21.2.1 实战：为考核表和申请表设置数据有效性的条件

实例门类	软件功能
教学视频	光盘\视频\第 21 章\21.2.1.mp4

在编辑工作表时，通过数据验证功能，可以建立一定的规则来限制向单元格中输入的内容，从而避免输入的数据是无效的。这在一些有特殊要求的表格中非常有用，如在共享工作簿中设置数据有效性时，可以确保所有人员输入的数据都准确无误且保持一致。通过设置，不仅可以将输入的数字限制在指定范围内，也可以限制文本的字符数，还可以将日期或时间限制在某一时间范围之外，甚至可以将数据限制在列表中的预定义项范围

内，对于复杂的设置也可以通过自定义完成。

1. 设置单元格数值（小数）输入范围

在 Excel 工作表中编辑内容时，为了确保数值输入的准确性，可以设置单元格中数字值的输入范围。

例如，在卫生工作考核表中需要设置各项评判标准的分数取值范围，要求只能输入-5 ～ 5 的数值，总得分为小于 100 的数值，具体操作步骤如下。

Step01 打开光盘\素材文件\第 21 章\卫生工作考核表 .xlsx，❶ 选择要设置数值输入范围的 C3:C26 单元格区域，❷ 单击【数据】选项卡【数据工具】组中的【数据验证】按钮，如图 21-36 所示。

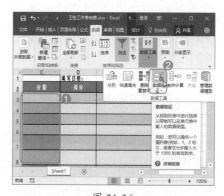

图 21-36

Step02 打开【数据验证】对话框，❶ 在【允许】下拉列表框中选择【小数】选项，❷ 在【数据】下拉列表框中选择【介于】选项，❸ 在【最小值】参数框中输入单元格中允许输入的最小限度值【-5】，❹ 在【最大值】参数框中输入单元格中允许输入的最大限度值【5】，❺ 单击【确定】按钮，如图 21-37 所示。

图 21-37

技术看板

如果在【数据】下拉列表框中选择【等于】选项，表示输入的内容必须为设置的数据。在列表中同样可以选择【不等于】【大于】【小于】【大于或等于】【小于或等于】等选项，再设置数值的输入范围。

Step03 经过上步操作，就完成了对所选区域的数据输入范围的设置。在该区域输入范围外的数据时，将打开提示对话框，如图 21-38 所示，单击【取消】按钮或【关闭】按钮后，输入的不符合范围的数据会自动消失。

图 21-38

Step04 ❶ 选择要设置数值输入范围的 D3:D26 单元格区域，❷ 单击【数据】选项卡【数据工具】组中的【数据验证】按钮，如图 21-39 所示。

Step05 打开【数据验证】对话框，❶ 在【允许】下拉列表框中选择【小数】选项，❷ 在【数据】下拉列表框

中选择【小于或等于】选项，❸ 在【最大值】参数框中输入单元格中允许输入的最大限度值【100】，❹ 单击【确定】按钮，如图 21-40 所示。

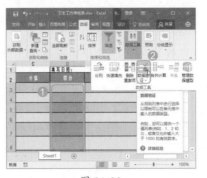

图 21-39

图 21-40

2. 设置单元格数值（整数）输入范围

在 Excel 中编辑表格内容时，某些情况下（如在设置年龄数据时）还需要设置整数的取值范围。其设置方法与小数取值范围的设置方法基本相同。

例如，在实习申请表中需要设置输入年龄为整数，且始终大于 1，具体操作步骤如下。

Step01 打开光盘＼素材文件＼第 21 章＼实习申请表 .xlsx，❶ 选择要设置数值输入范围的 C25:C27 单元格区域，❷ 单击【数据】选项卡【数据工具】组中的【数据验证】按钮，如图 21-41 所示。

Step02 打开【数据验证】对话框，❶ 在【允许】下拉列表框中选择【整

数】选项，❷ 在【数据】下拉列表框中选择【大于或等于】选项，❸ 在【最小值】参数框中输入单元格中允许输入的最小限度值【1】，❹ 单击【确定】按钮，如图 21-42 所示。

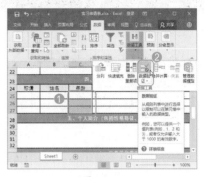

图 21-41

图 21-42

3. 设置单元格文本的输入长度

在工作表中编辑数据时，为了增强数据输入的准确性，可以限制单元格文本输入的长度，当输入文本超过或低于设置的长度时，系统将提示无法输入。

例如，要限制实习申请表中身份证号码的输入长度为 18 个字节，电话号码的输入长度为 8 个字节，手机号码的输入长度为 11 个字节，进行个人介绍的文本不得超过 200 个字节，具体操作步骤如下。

Step01 ❶ 选择要设置文本长度的 D4 单元格，❷ 单击【数据】选项卡【数据工具】组中的【数据验证】按钮，如图 21-43 所示。

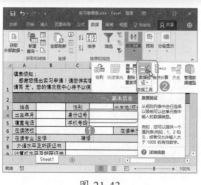

图 21-43

Step02 打开【数据验证】对话框，① 在【允许】下拉列表框中选择【文本长度】选项，② 在【数据】下拉列表框中选择【等于】选项，③ 在【长度】参数框中输入单元格中允许输入的文本长度值【18】，④ 单击【确定】按钮，如图 21-44 所示。

图 21-44

技术看板

在设置单元格输入的文本长度时，是以字节为单位统计的。如果需要对文字进行统计，则每个文字要算两个字节。如果在【数据】下拉列表框中选择【等于】选项，表示输入的内容必须和设置的文本长度相等。还可以在列表框中选择【介于】【不等于】【大于】【小于】【大于或等于】【小于或等于】等选项后，再设置长度值。

Step03 此时如果在 D4 单元格中输入了低于或超出限制范围长度的文本，再按【Enter】键时，将打开提示对话框提示输入错误，如图 21-45 所示。

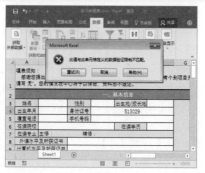

图 21-45

Step04 ① 选择要设置文本长度的 B5 单元格，② 单击【数据】选项卡【数据工具】组中的【数据验证】按钮，如图 21-46 所示。

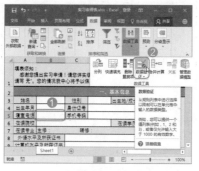

图 21-46

Step05 打开【数据验证】对话框，① 在【允许】下拉列表框中选择【文本长度】选项，② 在【数据】下拉列表框中选择【等于】选项，③ 在【长度】参数框中输入单元格中允许输入的文本长度值【8】，④ 单击【确定】按钮，如图 21-47 所示，即可限制该单元格中只能输入 8 个字节。

图 21-47

Step06 ① 选择要设置文本长度的 D5 单

元格，② 单击【数据】选项卡【数据工具】组中的【数据验证】按钮，如图 21-48 所示。

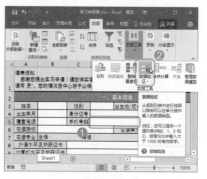

图 21-48

Step07 打开【数据验证】对话框，① 在【允许】下拉列表框中选择【文本长度】选项，② 在【数据】下拉列表框中选择【等于】选项，③ 在【长度】参数框中输入单元格中允许输入的文本长度值【11】，④ 单击【确定】按钮，如图 21-49 所示，即可限制该单元格中只能输入 11 个字节。

图 21-49

Step08 ① 选择要设置文本长度的 A29 单元格，② 单击【数据】选项卡【数据工具】组中的【数据验证】按钮，如图 21-50 所示。

Step09 打开【数据验证】对话框，① 在【允许】下拉列表框中选择【文本长度】选项，② 在【数据】下拉列表框中选择【小于】选项，③ 在【最大值】参数框中输入单元格中允许输入的最大文本长度值【200】，④ 单击【确定】按钮，如图 21-51 所示，即可限制该单元格中最多只能输入 200 个字节。

图 21-50

图 21-51

4. 设置单元格中准确的日期范围

在工作表中输入日期时，为了保证输入的日期是合法且有效的，可以通过设置数据验证的方法对日期的有效性条件进行设置。

例如，要通过限制"实习申请表"中填写的出生日期输入范围，来确定申请人员的年龄为 20~35 岁，具体操作步骤如下。

Step01 ❶选择要设置日期范围的 B4 单元格，❷单击【数据】选项卡【数据工具】组中的【数据验证】按钮，如图 21-52 所示。

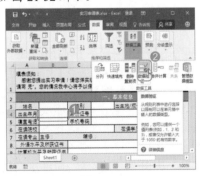

图 21-52

Step02 打开【数据验证】对话框，❶在【允许】下拉列表框中选择【日期】选项，❷在【数据】下拉列表框中选择【介于】选项，❸在【开始日期】参数框中输入单元格中允许输入的最早日期【1982-1-1】，❹在【结束日期】参数框中输入单元格中允许输入的最晚日期【1997-1-1】，❺单击【确定】按钮，如图 21-53 所示，即可限制该单元格中只能输入 1982-1-1 到 1997-1-1 之间的日期数据。

图 21-53

5. 制作单元格选择序列

在 Excel 中，可以通过设置数据有效性的方法为单元格设置选择序列，这样在输入数据时就无须手动输入了，只需单击单元格右侧的下拉按钮，从弹出的下拉列表中选择所需的内容即可快速完成输入。

例如，要为"实习申请表"中的多处设置单元格选择序列，具体操作步骤如下。

Step01 ❶选择要设置输入序列的 D3 单元格，❷单击【数据】选项卡【数据工具】组中的【数据验证】按钮，如图 21-54 所示。

Step02 打开【数据验证】对话框，❶在【允许】下拉列表框中选择【序列】选项，❷在【来源】参数框中输入该单元格中允许输入的各种数据，且各数据之间用半角的逗号隔开，这里输入【男,女】，❸单击【确定】按钮，如图 21-55 所示。

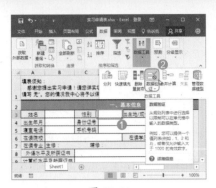

图 21-54

图 21-55

技术看板

设置序列的数据有效性时，可以先在表格空白单元格中输入要引用的序列，然后在【数据验证】对话框的【来源】参数框中通过引用单元格来设置序列。

Step03 经过以上操作，单击工作表中设置了序列的单元格时，单元格右侧将显示一个下拉按钮，单击该按钮，在弹出的下拉列表中提供了该单元格允许输入的序列，如图 21-56 所示，用户从中选择所需的内容即可快速填充数据。

Step04 ❶选择要设置输入序列的 F6 单元格，❷单击【数据】选项卡【数据工具】组中的【数据验证】按钮，如图 21-57 所示。

Step05 打开【数据验证】对话框，❶在【允许】下拉列表框中选择【序列】选项，❷在【来源】参数框中输入【专科,本科,硕士研究生,博士研

究生】，❸ 单击【确定】按钮，如图
21-58 所示。

图 21-56

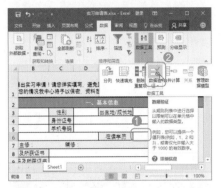

图 21-57

图 21-58

6. 设置只能在单元格中输入数字

遇到复杂的数据有效性设置时，就需要结合公式来进行设置了。例如，在"实习申请表"中输入数据时，为了避免输入错误，要限制在班级成绩排名部分的单元格中只能输入数字而不能输入其他内容，具体操作步骤如下。

Step01 ❶ 选择要设置自定义数据验证的 G12:G15 单元格区域，❷ 单击【数据】选项卡【数据工具】组中的【数

据验证】按钮，如图 21-59 所示。

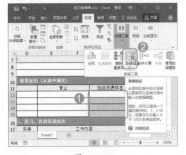

图 21-59

Step02 打开【数据验证】对话框，❶ 在【允许】下拉列表框中选择【自定义】选项，❷ 在【公式】参数框中输入公式【=ISNUMBER(G12)】，❸ 单击【确定】按钮，如图 21-60 所示。

图 21-60

技术看板

本例在【公式】参数框中输入 ISNUMBER 函数的目是用于测试输入的内容是否为数值，G12 是指选择单元格区域的第一个活动单元格。

Step03 经过以上操作，在设置了数据有效性的区域内如果输入除数字以外的其他内容时，就会出现错误提示的警告，如图 21-61 所示。

技术看板

当在设置了数据有效性的单元格中输入无效数据时，在打开的提示对话框中，单击【重试】按钮可返回工作表中重新输入，单击【取消】按钮将取消输入内容的操作，单击【帮助】按钮可打开【Excel 帮助】窗口。

图 21-61

★ 新功能 21.2.2 实战：为申请表设置数据输入提示信息

实例门类	软件功能
教学视频	光盘\视频\第21章\21.2.2.mp4

在工作表中编辑数据时，使用数据验证功能还可以为单元格设置输入提示信息，提醒在输入单元格信息时应该输入的内容，提高数据输入的准确性。

例如，要为"实习申请表"设置部分单元格的提示信息，具体操作步骤如下。

Step01 ❶ 选择要设置数据输入提示信息的 D5 单元格，❷ 单击【数据】选项卡【数据工具】组中的【数据验证】按钮，如图 21-62 所示。

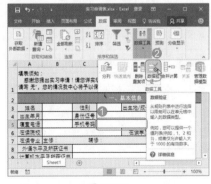

图 21-62

Step02 打开【数据验证】对话框，❶ 选择【输入信息】选项卡，❷ 在【标题】文本框中输入提示信息的标题，❸ 在【输入信息】文本框中输入具体的提示信息，❹ 单击【确定】按钮，如图 21-63 所示。

图 21-63

Step03 返回工作表，当选择设置了提示信息的 D5 单元格时，将在单元格旁显示设置的文字提示信息，效果如图 21-64 所示。

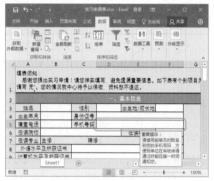

图 21-64

★ 新功能 21.2.3 实战：为申请表设置出错警告信息

实例门类	软件功能
教学视频	光盘\视频\第21章\21.2.3.mp4

当在设置了数据有效性的单元格中输入了错误的数据时，系统将提示警告信息。除了系统默认的系统警告信息之外，用户还可以自定义警告信息的内容。

例如，要自定义在"实习申请表"中输入允许范围外的出生日期数据时给出的警告信息，具体操作步骤如下。

Step01 ❶ 选择要设置数据输入出错警告信息的 B4 单元格，❷ 单击【数据】选项卡【数据工具】组中的【数据验证】按钮，如图 21-65 所示。

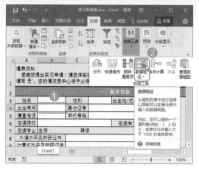

图 21-65

Step02 打开【数据验证】对话框，❶ 选择【出错警告】选项卡，❷ 在【样式】下拉列表框中选择当单元格数据输入错误时要显示的警告样式，这里选择【停止】选项，❸ 在【标题】文本框中输入警告信息的标题，❹ 在【错误信息】文本框中输入具体的错误原因以作提示，❺ 单击【确定】按钮，如图 21-66 所示。

图 21-66

Step03 设置完成后，返回工作表，当在 B4 单元格中输入了允许范围外的时间数据时，系统将打开提示对话框，其中提示的出错信息即是自定义的警告信息，如图 21-67 所示。

图 21-67

21.2.4 实战：圈释服务登记表中无效的数据

实例门类	软件功能
教学视频	光盘\视频\第21章\21.2.4.mp4

在包含大量数据的工作表中，可以通过设置数据有效性区分有效数据和无效数据，对于无效数据还可以通过设置数据验证的方法将其圈释出来。

例如，要将"康复训练服务登记表"中时间较早的那些记录标记出来，具体操作步骤如下。

Step01 打开光盘\素材文件\第21章\康复训练服务登记表.xlsx，❶ 选择要设置数据有效性的 A2:A37 单元格区域，❷ 单击【数据】选项卡【数据工具】组中的【数据验证】按钮，如图 21-68 所示。

图 21-68

Step02 打开【数据验证】对话框，❶ 选择【设置】选项卡，❷ 在【允许】下拉列表框中选择【日期】选项，❸ 在【数据】下拉列表框中选择【介于】选项，❹ 在【开始日期】和【结束日期】参数框中分别输入单元格区域中允许输入的最早日期【2017/6/1】和允许输入的最晚日期【2017/12/31】，❺ 单击【确定】按钮，如图 21-69 所示。

图 21-69

Step03 ❶ 单击【数据验证】按钮📑下方的下拉按钮，❷ 在弹出的下拉列表中选择【圈释无效数据】选项，如图 21-70 所示。

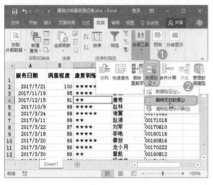

图 21-70

Step04 经过上步操作，将用红色标记圈释出表格中的无效数据，效果如图 21-71 所示。

图 21-71

技术看板

要圈释工作表中的无效数据，需要先在单元格区域中输入数据，再设置数据验证。

21.2.5 清除圈释数据

虽然圈释无效数据的结果只能在当前显示，结果不会被保存下来。但若是要在圈释无效数据后，继续对表格内容进行其他操作，就需要手动清除圈释标记了。

例如，需要清除刚刚在"康复训练服务登记表"中添加的无效数据圈释标记，具体操作步骤如下。

Step01 ❶ 单击【数据验证】按钮📑下方的下拉按钮，❷ 在弹出的下拉列表

中选择【清除验证标识圈】选项，如图 21-72 所示。

图 21-72

Step02 经过上步操作，表格中原来用于圈释无效数据的红色标记就清除了，如图 21-73 所示。

图 21-73

妙招技法

下面结合本章内容，给大家介绍一些实用技巧。

技巧 01：自定义条件格式添加奇数行的底纹

教学视频	光盘\视频\第 21 章\技巧 01.mp4

若用户需要快速对某区域中的奇数行添加底纹，可以通过条件格式的方法进行操作。其中会使用 MOD 函

数和 ROW 函数，具体操作步骤如下。

Step01 打开光盘\素材文件\第 21 章\16 级月考成绩统计表.xlsx，❶选择【第一次月考】工作表，❷ 选择 A2:K31 单元格区域，❸ 单击【开始】选项卡中的【条件格式】按钮📑，❹ 在弹出的下拉菜单中选择【新建规则】命令，如图 21-74 所示。

图 21-74

Step02 打开【新建格式规则】对话框，❶ 在【选择规则类型】列表框中选择【使用公式确定要设置格式的单元格】选项，❷ 在【编辑规则说明】栏中的【为符合此公式的值设置格式】文本框中输入公式【=MOD(ROW(),2)=1】，❸ 单击【格式】按钮，如图 21-75 所示。

图 21-75

技能拓展——添加偶数行的底纹

如果用户需要为选择的单元格区域偶数行添加底纹，则在【新建规则】对话框中需要输入的公式为【=MOD(ROW(),2)=0】。

Step03 打开【设置单元格格式】对话框，❶ 选择【填充】选项卡，❷ 在【背景色】栏中选择需要填充的单元格颜色，这里选择【浅黄色】，❸ 单击【确定】按钮，如图 21-76 所示。

图 21-76

Step04 返回【新建格式规则】对话框，在【预览】栏中可以查看设置的单元格格式，单击【确定】按钮，如图 21-77 所示。

图 21-77

Step05 经过上步操作后，A2:K31 单元格区域中的奇数行便添加了设置的底纹，效果如图 21-78 所示。

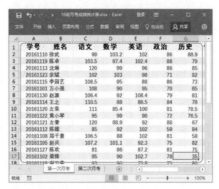

图 21-78

技巧 02：调整条件格式的优先级

Excel 允许对同一个单元格区域设置多个条件格式。当两个或更多条件格式规则同时作用于一个单元格区域时，如果规则之间没有冲突，则会全部规则都得到应用。例如，一个规则将单元格字体设置为【微软雅黑】，另一个规则将同一个单元格的底纹设置为【橙色】，则在满足条件的情况

下会将单元格的字体设置为【微软雅黑】，底纹设置为【橙色】。

如果为同一个单元格区域设置的两个或多个规则之间存在冲突，则只执行优先级较高的规则。例如，一个规则将单元格字体设置为【微软雅黑】，另一个规则将单元格的字体设置为【宋体】，因为这两个规则存在冲突，所以只应用其中一个规则，且执行的是优先级较高的规则。

在 Excel 中，将按照创建的条件规则在【条件格式规则管理器】对话框中列出的优先级顺序执行这些规则。在该对话框的列表框中，位于上方的规则，其优先级高于位于下方的规则。而在默认情况下，新规则总是添加到列表框中最上方的位置，因此具有最高的优先级。

可以先在【条件格式规则管理器】对话框的列表框中选择需要调整优先级的规则，然后通过该对话框中的【上移】按钮▲和【下移】按钮▼来更改其优先级顺序。

例如，要调整"第二次月考"工作表中条件规则的优先级顺序，具体操作如下。

Step01 ❶ 选择【第二次月考】工作表，❷ 单击【开始】选项卡中的【条件格式】按钮，❸ 在弹出的下拉菜单中选择【管理规则】命令，如图 21-79 所示。

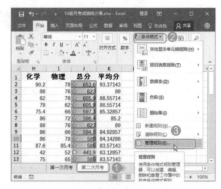

图 21-79

Step02 打开【条件格式规则管理器】对话框，❶ 在【显示其格式规则】下拉列表框中选择【当前工作表】选项，

❷ 在下方的列表框中选择需要编辑的条件格式选项，这里选择【数据条】规则，❸ 单击【上移】按钮 ▲，如图 21-80 所示。

图 21-80

Step❸ 经过上步操作，可以在【条件格式规则管理器】对话框的列表框中看到所选的【数据条】规则向上移动一个位置后的效果，如图 21-81 所示。同时也调整了该表格中【数据条】规则的优先级。❶ 在列表框中选择需要删除的条件格式选项，这里选择【渐变颜色刻度】规则，❷ 单击【删除规则】按钮。

图 21-81

Step❹ 经过上步操作，在【条件格式规则管理器】对话框中将不再显示【渐变颜色刻度】规则，如图 21-82 所示，单击【确定】按钮。

图 21-82

Step❺ 同时表格中原来应用了【渐变颜色刻度】规则的单元格区域也会取消对该条规则样式的显示，如图 21-83 所示。

图 21-83

Step❻ 使用相同的方法，继续删除本工作表中的【单元格值 >600】规则，观察表格中相应单元格区域的效果发生了什么变化。

技巧 03：应用【如果为真则停止】规则

教学视频	光盘 \ 视频 \ 第 21 章 \ 技巧 03.mp4

在默认情况下，一个单元格区域中如果存在多个条件格式规则，则优先级高的规则先执行，然后依次执行下一级规则，直到将所有规则执行完毕。在这一过程中，还可以启用【如果为真则停止】功能，让优先级较高的规则条件在满足后，继续执行后续级别的规则时，不再对满足了较高规则条件的单元格执行后续规则。这样，就可以实现对数据的有条件筛选。

例如，要让"第二次月考"工作表中总分成绩倒数三名的数据不显示数据条，具体操作步骤如下。
Step❶ 打开【条件格式规则管理器】对话框，❶ 在下方的列表框中将【数据条】规则移动到最下方，❷ 选中【后3 个】规则后的【如果为真则停止】复选框，❸ 单击【确定】按钮，如图21-84 所示。

图 21-84

Step❷ 经过上步操作，可以看到表格中其他数据中都显示有数据条，唯独总分成绩倒数三名的数据不再显示数据条了，如图 21-85 所示。

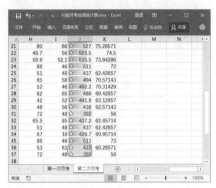

图 21-85

技巧 04：快速删除重复项

教学视频	光盘 \ 视频 \ 第 21 章 \ 技巧 04.mp4

数据的准确性和唯一性是数据处理中基本的原则，但是，在输入数据或编辑修改数据时，可能因为某些环节的疏忽大意让数据出现错误或重复的情况，这对于后期数据的应用或分析，可能会造成很大的影响。例如，在工资表中，如果某一员工的工资数据出现了重复，那后果可想而知。所以，在录入和编辑数据时，一定要注意数据的准确性和唯一性。

为提高数据的准确性，可以为单元格设置相应的数据有效性进行验证。但要保证数据的唯一性，就需要借助Excel 提供的【删除重复项】功能了。

例如，要删除"第二次月考"工作表中的重复数据，具体操作步骤如下。

Step01 ❶ 选择【第二次月考】工作表，❷ 选择 A1:K32 单元格区域，❸ 单击【数据】选项卡【数据工具】组中的【删除重复项】按钮，如图 21-86 所示。

图 21-86

技术看板

执行【删除重复项】功能的过程中，在选择数据区域时最好附带选择一些空白区域，避免系统判断失误。

Step02 打开【删除重复项】对话框，❶ 在列表框中选择需要作为重复项判断依据的字段，这里选中所有字段名对应的复选框，❷ 单击【确定】按钮，如图 21-87 所示。

图 21-87

Step03 经过上步操作，系统会自动判断所设置的字段中数据完全相同的数据项，然后打开提示对话框提示找到的相同项，如图 21-88 所示，单击【确定】按钮，即可将这些重复项删除。

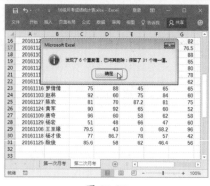

图 21-88

技巧 05：复制数据有效性属性

教学视频	光盘\视频\第 21 章\技巧 05.mp4

为工作表中的某些数据设置了数据有效性后，如果其他位置的数据也需要设置相同的有效性，那么可以将当前位置的有效性设置复制到另外的单元格区域中，使两个区域的有效性限制相同。

例如，要为"第一次月考"工作表中的语数外三科成绩设置有效性为 80 分以上，然后圈释出不合格的成绩，通过复制数据有效性的方法来完成设置，具体操作步骤如下。

Step01 ❶ 选择【第一次月考】工作表，❷ 选择语文科目成绩所在的 C2:C31 单元格区域，❸ 单击【数据】选项卡【数据工具】组中的【数据验证】按钮，如图 21-89 所示。

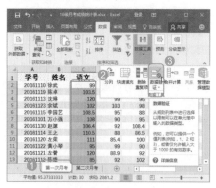

图 21-89

Step02 打开【数据验证】对话框，❶ 在【允许】下拉列表框中选择【小数】选项，❷ 在【数据】下拉列表框中选择【大于或等于】选项，❸ 在【最小值】参数框中输入单元格中允许输入的最小限度值【80】，❹ 单击【确定】按钮，如图 21-90 所示。

图 21-90

Step03 返回工作表，保持单元格区域的选择状态，单击【开始】选项卡【剪贴板】组中的【复制】按钮，如图 21-91 所示。

图 21-91

Step04 ❶ 选择需要复制相同数据有效性的数学和英语科目成绩所在的 D2:E31 单元格区域，❷ 单击【剪贴板】组中的【粘贴】按钮，❸ 在弹出的下拉菜单中选择【选择性粘贴】命令，如图 21-92 所示。

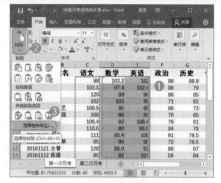

图 21-92

Step05 打开【选择性粘贴】对话框，❶ 在【粘贴】栏中选中【验证】单选按钮，❷ 单击【确定】按钮，如图 21-93 所示。

图 21-93

Step06 经过以上操作，即可将 C2:C31 单元格区域中设置的有效性复制到 D2:E31 单元格区域中。❶ 单击【数据验证】按钮下方的下拉按钮，❷ 在弹出的下拉列表中选择【圈释无效数据】选项，如图 21-94 所示。

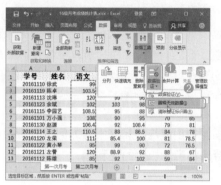

图 21-94

Step07 经过上步操作，将用红色标记圈释出表格中的无效数据，效果如图 21-95 所示。可以更明显地看到在 D2:E31 单元格区域中的数据被设置了有效性为 80 分以上。

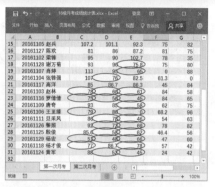

图 21-95

技能拓展——清除设置的数据有效性

如果要清除某个单元格的数据有效性，可以在选择该单元格后，单击【数据有效性】按钮，在【数据验证】对话框中单击【全部清除】按钮。

如果要清除多个单元格区域内包含的多个数据有效性，可以在选择这些单元格区域后，单击【数据有效性】按钮，此时打开的【数据验证】对话框会默认显示【设置】选项卡，其中的【允许】下拉列表框中自动显示为【任何值】，直接单击【确定】按钮，即可清除所选单元格区域内的所有数据有效性。

本章小结

　　学完本章知识后可知，突出显示单元格规则就是自定义一个条件，当单元格数据满足某个条件时，就可以设置相应的单元格格式。如果没有满足，则不设置单元格区域的格式。在对大型数据表进行统计分析时，为了便于区别和查看，可以使用条件格式对满足或不满足条件的数据进行突出显示。为了保证数据的准确性和唯一性，本章在第二部分主要讲解了数据有效性的内容，对各种数据的有效输入范围进行设定后，可以避免数据输入错误，还可以快速查看无效的数据，对数据也能起到筛选作用。

第22章 数据透视表与透视图

➡ 一个表格中的数据可以分为几大类，如果要对每种分法下各类别的数据进行计算，使用分类汇总要制作多少表格？

➡ 通过设置字段，就可以在一个表格中查看多种透视结果吗？

➡ 透视数据的同时，也可以选择查看汇总结果或明细吗？

➡ 透视过程中还可以实现排序和筛选吗？

➡ 透视数据还能实现图示化演示吗？

本章将通过数据透视表和数据透视图的创建与编辑来学习如何深入对图标中的数据进行分析，当需要对大量数据进行汇总与统计时，本章所学知识会给你带来极大的便利。

22.1 数据透视表介绍

前面学习了使用图表形象地表现数据，但图表只能算是 Excel 中对数据的一种图形显示方式，并不能深入对数据进行分析。Excel 2016 还提供了功能更强大的数据透视图，它兼具数据透视分析和图表的功能。数据透视表和数据透视图在数据透视方面的基本操作是相同的，本节介绍数据透视表的基本知识。

22.1.1 认识数据透视表

数据透视表，顾名思义是将数据看透了。

在学习数据透视表的其他知识之前，先来学习数据透视表的基本术语，也是它的关键功能——"透视"，指通过重新排列或定位一个或多个字段的位置来重新安排数据透视表。

之所以称为数据透视表，是因为可以动态地改变数据间的版面布置，以便按照不同方式分析数据，也可以重新安排行号、列标和页字段。每一次改变版面布置时，数据透视表会立即按照新的布置重新计算数据。另外，如果原始数据发生更改，则可以更新数据透视表。

简而言之，数据透视表是一种可以对大量数据进行快速汇总和建立交叉列表的交互式表格，也就是一个产生于数据库的动态报告，可以驻留在工作表中或一个外部文件中。

数据透视表是 Excel 中具有强大分析能力的工具，可以帮助用户将行或列中的数字转变为有意义的数据表示。

22.1.2 数据透视表的组成

一个完整的数据透视表主要由数据库、行字段、列字段、求值项和汇总项等部分组成。而对数据透视表的透视方式进行控制需要在【数据透视表字段】任务窗格中来完成。

图 22-1 所示为某订购记录制作的数据透视表。

图 22-1

在 Excel 2016 中创建数据透视表后，会显示【数据透视表字段】任务窗格，对数据透视表的透视方式进行设置的所有操作都需要在该任务窗格中完成。【数据透视表字段】任务窗格分为两部分，下部分是用于重新排列和定位字段的 4 个列表框。为了在设置数据透视表布局时能够获得所需结果，用户需要深入了解并掌握【数据透视表字段】任务窗格的工作方式及排列不同类型字段的方法。表 22-1 结合数据透视表中的显示效果来介绍一个完整数据透视表的各组成部分的作用。

表 22-1 数据透视表各组成部分及作用

序号	名称	作 用
①	数据库	也称为数据源，是从中创建数据透视表的数据清单、多维数据集。数据透视表的数据库可以驻留在工作表中或一个外部文件中

续表

序号	名称	作　用
②	【字段列表】列表框	字段列表中包含了数据透视表中所需要的数据的字段（也称为列）。在该列表框中选中或取消选中字段标题对应的复选框，可以对数据透视表进行透视
③	报表筛选字段	又称为页字段，用于筛选表格中需要保留的项，项是组成字段的成员
④	【筛选器】列表框	移动到该列表框中的字段即为报表筛选字段，将在数据透视表的报表筛选区域显示
⑤	列字段	信息的种类，等价于数据清单中的列
⑥	【列】列表框	移动到该列表框中的字段即为列字段，将在数据透视表的列字段区域显示
⑦	行字段	信息的种类，等价于数据清单中的行
⑧	【行】列表框	移动到该列表框中的字段即为行字段，将在数据透视表的行字段区域显示

续表

序号	名称	作　用
⑨	值字段	根据设置的求值函数对选择的字段项进行求值。数值和文本的默认汇总函数分别是 SUM（求和）和 COUNT（计数）
⑩	【值】列表框	移动到该列表框中的字段即为值字段，将在数据透视表的求值项区域显示

22.1.3　数据透视表的作用

数据透视表是对数据源进行透视，并进行分类、汇总、比较和进行大量数据的筛选，可以达到快速查看源数据不同方面的统计结果的目的。

数据透视表综合了数据的排序、筛选、分类、汇总等常用的数据分析方法，并且可以方便地调整分类、汇总方式，灵活地以不同的方式展示数据的特征。

数据透视表最大的优势在于，它可以根据数据源的变化进行变动，而且非常快速和方便，这也是函数公式计算无可比拟的。

归纳总结后，数据透视表的主要用途有以下几种。

➡ 以多种方式查询大量数据。通过对数据透视表中各个字段的行列进行交换，能够快速得到用户需要的数据。

➡ 可以对数值数据进行分类汇总和聚合。按分类和子分类对数据进行汇总，还可以创建自定义计算和公式。

➡ 展开或折叠要关注结果的数据级别，可以选择性查看感兴趣区域摘要数据的明细。

➡ 将行移动到列或将列移动到行，以查看源数据的不同汇总。

➡ 对最有用和最关注的数据子集进行筛选、排序、分组和有条件地设置格式，让用户能够关注和重点分析所需的信息。

➡ 提供简明、有吸引力并且带有批注的联机报表或打印报表。

22.2　创建数据透视表

数据透视表可以深入分析数据并了解一些预计不到的数据问题，使用数据透视表之前首先要创建数据透视表，再对其进行设置。在 Excel 2016 中，可以通过【推荐的数据透视表】功能快速创建相应的数据透视表，也可以根据需要手动创建数据透视表。

★ 新功能 22.2.1　实战：使用推荐功能创建销售数据透视表

实例门类	软件功能
教学视频	光盘\视频\第 22 章\22.2.1.mp4

Excel 2016 提供的【推荐的数据透视表】功能，会汇总选择的数据并提供各种数据透视表选项的预览，让用户直接选择某种最能体现其观点的数据透视表效果，即可生成相应的数据透视表，不必重新编辑字段列表，非常方便。

例如，要在销售表中为某个品牌的销售数据创建推荐的数据透视表，具体操作步骤如下。

Step01 打开光盘\素材文件\第 22 章\汽车销售表.xlsx，❶选择任意包含数据的单元格，❷单击【插入】选项卡【表格】组中的【推荐的数据透视表】按钮，如图 22-2 所示。

图 22-2

要创建数据透视表的数据必须以数据库的形式存在，数据库可以存储在工作表中，也可以存储在外部数据库中。一个数据库表可以包含任意数量的数据字段和分类字段，但在分类字段中的数值应以行、列或页的形式出现在数据透视表中。除了含有分类别数据的数据库可以创建数据透视表以外，一些不含有数值的数据库也可创建数据透视表，只是它所统计的内容并不是数值而是个数。

Step02 打开【推荐的数据透视表】对话框，❶ 在左侧选择需要的数据透视表效果，❷ 在右侧预览相应的透视表字段数据，满意后单击【确定】按钮，如图 22-3 所示。

图 22-3

Step03 经过上步操作，即可在新工作表中创建对应的数据透视表，同时可以在右侧显示出的【数据透视表字段】任务窗格中查看到当前数据透视表的透视设置参数，如图 22-4 所示，修改该工作表的名称为【宝来】。

图 22-4

★ 重点 22.2.2 实战：手动创建库存数据透视表

实例门类	软件功能
教学视频	光盘\视频\第 22 章\22.2.2.mp4

由于数据透视表的创建本身是要根据用户想查看数据的某个方面的信息而存在的，这要求用户的主观能动性很强，能根据需要作出恰当的字段形式判断，从而得到一堆数据关联后在某方面的关系。因此，掌握手动创建数据透视表的方法是学习数据透视表的最基本操作。

通过前面的介绍，数据透视表包括 4 类字段，分别为报表筛选字段、列字段、行字段和值字段。手动创建数据透视表就是要连接到数据源，在指定位置创建一个空白数据透视表，然后在【数据透视表字段】任务窗格中的【字段列表】列表框中添加数据透视表中需要的数据字段。此时，系统会将这些字段放置在数据透视表的默认区域中，用户还需要手动调整字段在数据透视表中的区域。

例如，要创建数据透视表分析"产品库存表"中的数据，具体操作步骤如下。

Step01 打开光盘\素材文件\第 22 章\产品库存表 .xlsx，❶ 选择任意包含数据的单元格，❷ 单击【插入】选项卡【表格】组中的【数据透视表】按钮，如图 22-5 所示。

图 22-5

Step02 打开【创建数据透视表】对话框，❶ 选中【选择一个表或区域】单选按钮，在【表/区域】参数框中会自动引用表格中所有包含数据的单元格区域（本例因为数据源设置了表格样式，自动定义样式所在区域的名称为【表1】），❷ 在【选择放置数据透视表的位置】栏中选中【新工作表】单选按钮，❸ 单击【确定】按钮，如图 22-6 所示。

图 22-6

如果要将创建的数据透视表存放到源数据所在的工作表中，可以在【创建数据透视表】对话框的【选择放置数据透视表的位置】栏中选中【现有工作表】单选按钮，并在下方的【位置】文本框中选择要以哪个单元格作为起始位置存放数据透视表。

Step03 经过上步操作，即可在新工作表中创建一个空白数据透视表，并显示出【数据透视表字段】任务窗格。在任务窗格中的【字段列表】列表框中选中需要添加到数据透视表中的字段对应的复选框，这里选中所有复选框，系统会根据默认规则，自动将选择的字段显示在数据透视表的各区域中，效果如图 22-7 所示。

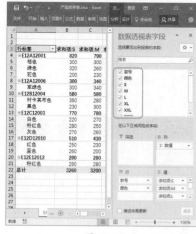

图 22-7

技能拓展——为外部数据源创建数据透视表

在【创建数据透视表】对话框中选中【使用外部数据源】单选按钮，然后单击【选择连接】按钮可选择外部数据源。

22.3 编辑数据透视表

创建数据透视表之后，在显示出的【数据透视表字段】任务窗格中可以编辑数据透视表中的各字段，以便对源数据中的行或列数据进行分析，以查看数据表的不同汇总结果。同时，数据透视表作为 Excel 中的对象，与创建其他 Excel 对象后一样，会激活编辑对象的工具选项卡——【数据透视表工具 分析】和【数据透视表工具 设计】选项卡，通过这两个选项卡可以对创建的数据透视表进行更多编辑，如更改汇总计算方式、筛选数据透视表中的数据、设置数据透视表样式等。

22.3.1 实战：改变库存数据透视表的透视方式

实例门类	软件功能
教学视频	光盘\视频\第22章\22.3.1.mp4

创建数据透视表时只是将相应的数据字段添加到数据透视表的默认区域中，进行具体数据分析时，还需要调整字段在数据透视表的区域，主要可以通过以下3种方法进行调整。

→ 通过拖动鼠标指针进行调整：在【数据透视表字段】任务窗格中通过拖动鼠标指针将需要调整的字段名称拖动到相应的列表框中，即可更改数据透视表的布局。

→ 通过菜单进行调整：在【数据透视表字段】任务窗格下方的4个列表框中选择并单击需要调整的字段名称按钮，在弹出的下拉菜单中选择需要移动到其他区域的命令，如【移动到行标签】【移动到列标签】等命令，即可在不同的区域之间移动字段。

→ 通过快捷菜单进行调整：在【数据透视表字段】任务窗格的【字段列表】列表框中需要调整的字段名称上右击，在弹出的快捷菜单中选择【添加到报表筛选】【添加到列标签】【添加到行标签】或【添加到值】命令，即可将该字段放置在数据透视表中的某个特定区域中。

此外，在同一个字段属性中，还可以调整各数据项的顺序。此时，可以在【数据透视表字段】任务窗格下方的【报表筛选】【列标签】【行标签】或【数值】列表框中，通过拖动鼠标指针的方式，或者单击需要进行调整的字段名称按钮，在弹出的下拉菜单中选择【上移】【下移】【移至开头】或【移至末尾】命令来完成。

下面为刚刚手动创建的库存数据透视表进行透视设置，使其符合实际分析需要，具体操作步骤如下。

Step 01 ❶ 在【行】列表框中选择【款号】字段名称，❷ 按住鼠标左键不放并将其拖动到【筛选】列表框中，如图 22-8 所示。

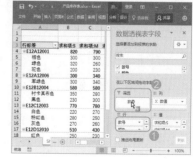

图 22-8

Step 02 经过上步操作，可将【款号】字段移动到【筛选】列表框中，作为整个数据透视表的筛选项目，当然数据透视表的透视方式也发生了改变。

❶单击【值】列表框中【求和项：M】字段名称右侧的下拉按钮，❷在弹出的下拉菜单中选择【移至开头】命令，如图 22-9 所示。

图 22-9

Step❸ 经过上步操作，即可将【求和项：M】字段移动到值字段的最顶层，同时数据透视表的透视方式又发生了改变，完成后的效果如图 22-10 所示。

图 22-10

★ 重点 22.3.2 实战：设置库存数据透视表中的值字段

实例门类	软件功能
教学视频	光盘\视频\第 22 章\22.3.2.mp4

默认情况下，数据透视表中的值字段数据按照数据源中的方式进行显示，且汇总方式为求和。实际上，可以根据需要修改数据的汇总方式和显示方式。

1. 更改值字段的汇总方式

在 Excel 2016 中，数据透视表的汇总数据默认按照"求和"的方式进行运算。如果用户不想使用这样的方式，也可以对汇总方式进行更改，如可以设置为计数、平均值、最大值、最小值、乘积、偏差和方差等，不同的汇总方式会使创建的数据透视表的汇总方式显示出不同的数据结果。

例如，要更改库存数据透视表中【XXXL】字段的汇总方式为计数，【XXL】字段的汇总方式为求最大值，具体操作步骤如下。

Step❶ ❶单击【数据透视表字段】任务窗格【值】列表框中【求和项：XXXL】字段名称右侧的下拉按钮，❷在弹出的下拉菜单中选择【值字段设置】命令，如图 22-11 所示。

图 22-11

Step❷ 打开【值字段设置】对话框，❶选择【值汇总方式】选项卡，❷在【计算类型】列表框中选择需要的汇总方式，这里选择【计数】选项，❸单击【确定】按钮，如图 22-12 所示。

图 22-12

Step❸ 经过上步操作，在工作表中即可看到【求和项：XXXL】字段的汇

总方式修改为计数了，统计出 XXXL 型号的衣服有 12 款。❶选择需要修改汇总方式的【XXL】字段中的任意单元格，❷单击【数据透视表工具分析】选项卡【活动字段】组中的【字段设置】按钮，如图 22-13 所示。

图 22-13

Step❹ 打开【值字段设置】对话框，❶选择【值汇总方式】选项卡，❷在【计算类型】列表框中选择【最大值】选项，❸单击【确定】按钮，如图 22-14 所示。

图 22-14

技能拓展——打开【值字段设置】对话框的其他方法

直接在数据透视表中值字段的字段名称单元格上双击，也可以打开【值字段设置】对话框。在【值字段设置】对话框的【自定义名称】文本框中可以对字段的名称进行重命名。

Step❺ 经过上步操作，在工作表中即可看到【求和项：XXL】字段的汇总方式修改为求最大值了，统计出 XXL 型号的衣服中有一款剩余 320 件，是库存最多的一款，如图 22-15 所示。

图 22-15

2. 更改值字段的显示方式

数据透视表中数据字段值的显示方式也是可以改变的，如可以设置数据值显示的方式为普通、差异和百分比等。具体操作也需要通过【值字段设置】对话框来完成。

下面，就在库存数据透视表中设置【XL】字段以百分比进行显示，具体操作步骤如下。

Step01 ❶ 选择需要修改值显示方式的【XL】字段，❷ 单击【数据透视表工具 分析】选项卡【活动字段】组中的【字段设置】按钮，如图 22-16 所示。

图 22-16

Step02 打开【值字段设置】对话框，❶ 选择【值显示方式】选项卡，❷ 在【值显示方式】下拉列表框中选择需要的显示方式，这里选择【列汇总的百分比】选项，❸ 单击【数字格式】

按钮，如图 22-17 所示。

图 22-17

Step03 打开【设置单元格格式】对话框，❶ 在【分类】列表框中选择【百分比】选项，❷ 在【小数位数】数值框中设置小数位数为【1】，❸ 单击【确定】按钮，如图 22-18 所示。

图 22-18

Step04 返回【值字段设置】对话框，单击【确定】按钮，如图 22-19 所示。

图 22-19

Step05 返回工作表中即可看到【XL】字段的数据均显示为一位数的百分比数据效果，如图 22-20 所示。

图 22-20

技术看板

Excel 中提供的数据透视表工具中的字段设置功能，除了能对数据透视表【数值】区域中的数据进行设置外，还可以对【报表筛选】【列标签】和【行标签】区域中的数据进行设置。只是在选择这些数据字段后，打开的不是【值字段设置】对话框，而是【字段设置】对话框，如图 22-21 所示。在其中可以设置字段的分类汇总和筛选方式，以及布局和打印方式。

图 22-21

★ 重点 22.3.3 实战：筛选库存数据透视表中的字段

实例门类	软件功能
教学视频	光盘\视频\第22章\22.3.3.mp4

应用数据透视表透视数据时，有时还需要对字段进行筛选，从而得

到更符合要求的数据透视效果。在数据透视表中筛选数据的效果是叠加式的，也就是说，每次增加筛选条件都是基于当前已经筛选过的数据的基础上进一步减小数据子集。

在 Excel 2016 数据透视表中，筛选字段数据主要通过在相应字段的下拉菜单中选择，以及插入切片器的方法来完成，下面分别进行讲解。

1. 通过下拉菜单进行筛选

在 Excel 2016 中创建的数据透视表，其报表筛选字段、行字段和列字段、值字段会提供相应的下拉按钮，单击相应的按钮，在弹出的下拉菜单中，用户可以同时创建多达 4 种类型的筛选：手动筛选、标签筛选、值筛选和复选框设置。

例如，要根据库存表原始数据重新创建一个数据透视表，并对其中的报表筛选字段、行字段进行数据筛选，具体操作步骤如下。

Step01 ❶ 选 择【Sheet1】工 作 表，❷ 选择任意包含数据的单元格，❸ 单击【插入】选项卡【表格】组中的【推荐的数据透视表】按钮，如图 22-22 所示。

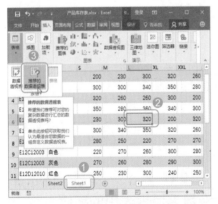

图 22-22

技术看板

并不是所有创建的数据透视表中的报表筛选字段、行字段和列字段、值字段都会提供相应的下拉按钮用于

筛选字段，系统会根据相应字段的内容判断出是否需要进行筛选，只有可用于筛选的数据时才会在字段旁显示出下拉按钮。

Step02 打开【推荐的数据透视表】对话框，❶ 在左侧选择需要的数据透视表效果，❷ 在右侧预览相应的透视表字段数据，满意后单击【确定】按钮，如图 22-23 所示。

图 22-23

Step03 经过上步操作，即可在新工作表中创建对应的数据透视表。在【数据透视表字段】任务窗格的【字段列表】列表框中选中所有复选框，改变数据透视表的透视效果，如图 22-24 所示。

图 22-24

Step04 ❶ 单击【款号（全部）】字段右侧的下拉按钮，❷ 在弹出的下拉菜单中选中【选择多项】复选框，❸ 在上方的列表框中仅选中前两项对应的复选框，❹ 单击【确定】按钮，如图 22-25 所示。

图 22-25

Step05 经过以上操作，将筛选出数据透视表中相应款号的数据内容，效果如图 22-26 所示，修改工作表名称为【E12A 系列】。

图 22-26

Step06 ❶ 单击【行标签】字段右侧的下拉按钮，❷ 在弹出的下拉菜单的列表框中选中要筛选字段对应的复选框，这里选中【军绿色】和【绿色】复选框，❸ 单击【确定】按钮，如图 22-27 所示。

图 22-27

Step**07** 经过上步操作后，即可在上次筛选的结果中继续筛选颜色为军绿色或绿色的数据，效果如图 22-28 所示。

图 22-28

技能拓展——在数据透视表中筛选数据的其他方法

上面的案例介绍了筛选报表字段、行字段的方法，它们都会弹出一个下拉菜单，在这个下拉菜单的【搜索】文本框中可以手动输入要筛选的条件，还可以在【标签筛选】和【值筛选】级联菜单中选择相应的命令来进行筛选。

2. 插入切片器筛选

前面讲解了通过筛选器筛选数据透视表中数据的方法，可以发现在对多个字段进行筛选时，很难看到当前的筛选状态，必须打开一个下拉菜单才能找到有关筛选的详细信息，而且有些筛选方式还不能实现。更多的时候，可以使用切片器来对数据透视表中的数据进行筛选。

切片器提供了一种可视性极强的筛选方法来筛选数据透视表中的数据。它包含一组易于使用的筛选组件，一旦插入切片器，用户就可以使用多个按钮对数据进行快速分段和筛选，仅显示所需数据。此外，切片器还会清晰地标记已应用的筛选器，提供详细信息指示当前筛选状态，从而便于其他用户能够轻松、准确地了解已筛选的数据透视表中所显示的内容。

要在 Excel 2016 中使用切片器对数据透视表中的数据进行筛选，首先需要插入用于筛选的字段的切片器，然后根据需要筛选的数据依据在切片器中选择要筛选出的数据选项即可。

例如，在库存数据透视表中要撤销上次的筛选效果，并根据款号和颜色重新进行筛选，具体操作步骤如下。

Step**01** ❶ 复制【E12A 系列】工作表，❷ 选择数据透视表中的任意单元格，❸ 单击【数据透视表工具 分析】选项卡【操作】组中的【清除】按钮，❹ 在弹出的下拉列表中选择【清除筛选】选项，如图 22-29 所示。

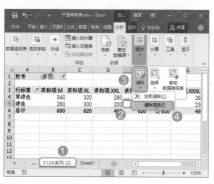

图 22-29

Step**02** 经过上步操作，将清除对数据透视表中数据进行筛选的操作，显示出所有透视数据。❶ 选择数据透视表中的任意单元格，❷ 单击【数据透视表工具 分析】选项卡【筛选】组中的【插入切片器】按钮，如图 22-30 所示。

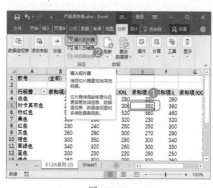

图 22-30

Step**03** 打开【插入切片器】对话框，❶ 在列表框中选中需要插入切片器的字段，这里选中【款号】和【颜色】复选框，❷ 单击【确定】按钮，如图 22-31 所示。

图 22-31

Step**04** 经过上步操作，将插入【款号】和【颜色】两个切片器，且每个切片器中的数据都以升序自动进行了排列。❶ 按住【Ctrl】键的同时，选择所有插入的切片器，并将它们移动到合适位置，❷ 在【款号】切片器中按住【Ctrl】键同时选择需要筛选出的数据，即可在数据透视表中筛选出相关的数据，如图 22-32 所示。

图 22-32

Step**05** 使用相同的方法，在【颜色】切片器中选择需要的字段选项，即可在数据透视表中上次筛选结果的基础上，继续筛选出符合本次设置条件的相关数据，如图 22-33 所示。

图 22-33

在 Excel 2016 中，可以管理切片
器连接到哪里。如果需要切断切片器
与数据透视表的链接，选择切片器，
单击【切片器工具 选项】选项卡【切
片器】组中的【报表连接】按钮。
打开【数据透视表连接（颜色）】对
话框，取消选中【数据透视表9】复选
框，单击【确定】按钮即可，如图
22-34 所示。

图 22-34

★ 新功能 22.3.4 实战：对库
存数据进行排序

实例门类	软件功能
教学视频	光盘\视频\第 22 章\22.3.4.mp4

数据透视表中的数据已经进行了
一些处理，因此，即使需要对表格中
的数据进行排序，也不会像在普通数
据表中进行排序那么复杂。数据透视
表中的排序都比较简单，通常进行升
序或降序排列即可。

例如，要让库存数据透视表中
的数据按照销量最好的码数的具体销
量从大到小进行排列，具体操作步骤
如下。

Step01 ❶ 重命名【E12A 系列（2）】
工作表的名称为【畅销款】，❷ 选择
数据透视表中总计行的任意单元格，
❸ 单击【数据】选项卡【排序和筛选】
组中的【降序】按钮，如图 22-35 所示。

图 22-35

Step02 经过上步操作，数据透视表中
的数据会根据【总计】数据从大到小
进行排列，且所有与这些数据有对应
关系的单元格数据都自动进行了排
列，效果如图 22-36 所示。❶ 选择数
据透视表中总计排在第一列的【XL】
字段列中的任意单元格，❷ 单击【数
据】选项卡【排序和筛选】组中的【降
序】按钮。

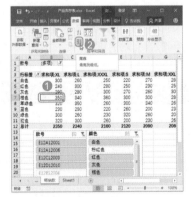

图 22-36

Step03 经过上步操作，可以看到数据
透视表中的数据在上次排序结果的基
础上，再次根据【XL】字段列从大

到小进行排列，且所有与这些数据有
对应关系的单元格数据都自动进行了
排列，效果如图 22-37 所示。

图 22-37

22.3.5 实战：设置库存数据透视表布局样式

实例门类	软件功能
教学视频	光盘\视频\第 22 章\22.3.5.mp4

在 Excel 2016 中，默认情况下，
创建的数据透视表都压缩在左边，不
方便数据的查看。利用数据透视表布
局功能可以更改数据透视表原有的布
局效果。

例如，要为刚刚创建的数据透视
表设置布局样式，具体操作步骤如下。
Step01 ❶ 选择数据透视表中的任意单
元格，❷ 单击【数据透视表工具 设
计】选项卡【布局】组中的【报表布
局】按钮，❸ 在弹出的下拉列表中
选择【以表格形式显示】选项，如图
22-38 所示。

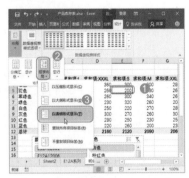

图 22-38

技术看板

单击【布局】组中的【空行】按钮，在弹出的下拉列表中可以选择是否在每个汇总项后插入空行。在【布局】组中还可以设置数据透视表的汇总形式、总计形式。

Step02 经过上步操作，即可更改数据透视表布局为表格格式，最明显的是行字段的名称改变为表格中相应的字段名称了，效果如图22-39所示。

图 22-39

22.3.6 实战：设置库存数据透视表样式

实例门类	软件功能
教学视频	光盘\视频\第22章\22.3.6.mp4

Excel中为数据透视表预定义了多种样式，用户可以使用样式库轻松更改数据透视表内容和切片器的样式，达到美化数据透视表的效果。

1. 设置数据透视表内容样式

默认情况下创建的数据透视表都是白底黑字蓝边框样式，让人感觉很枯燥。其实，Excel中为数据透视表预定义了多种样式，用户只需在【数据透视表工具 设计】选项卡的【数据透视表样式】列表框中进行选择，即可为数据透视表快速应用这些

样式。还可以在【数据透视表样式选项】组中选择数据透视表样式应用的范围，如列标题、行标题、镶边行和镶边列等。

下面为刚刚创建的数据透视表设置一种样式，并将样式应用到列标题、行标题和镶边行上，具体操作步骤如下。

Step01 ❶ 选择数据透视表中的任意单元格，❷ 在【数据透视表工具 设计】选项卡【数据透视表样式】组中的列表框中选择需要的数据透视表样式，即可为数据透视表应用选择的样式，效果如图22-40所示。

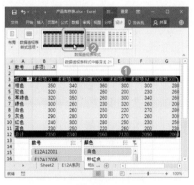

图 22-40

Step02 在【数据透视表样式选项】组中选中【镶边行】复选框，即可看到为数据透视表应用相应镶边行样式后的效果，如图22-41所示。

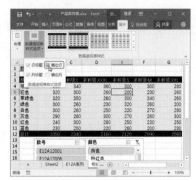

图 22-41

2. 设置切片器样式

Excel 2016还为切片器提供了预设的切片器样式，使用切片器样式可以快速更改切片器的外观，从而使切

片器更突出、更美观。美化切片器的具体操作步骤如下。

Step01 ❶ 选择工作表中的【款号】切片器，❷ 单击【切片工具 选项】选项卡【切片器样式】组中的【快速样式】按钮，❸ 在弹出的下拉列表中选择需要的切片器样式，如图22-42所示。

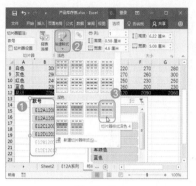

图 22-42

Step02 经过上步操作，即可为选择的切片器应用设置的样式。❶ 选择插入的【颜色】切片器，❷ 使用相同的方法在【切片器样式】组中单击【快速样式】按钮，❸ 在弹出的下拉列表中选择需要的切片器样式，如图22-43所示。

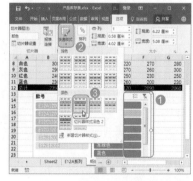

图 22-43

技术看板

在【切片器工具 选项】选项卡中还可以对切片器的排列方式、按钮样式和大小等进行设置，设置方法比较简单，与设置图片的方法基本相同，这里不再赘述。

22.4 了解并创建数据透视图

数据透视图是数据的另一种表现形式，与数据透视表的不同在于它可以选择适当的图表，并使用多种颜色来描述数据的特性，它能够更加直观地分析数据。

22.4.1 数据透视图与数据透视表、普通图表的区别

数据透视图与数据透视表类似，用于透视数据并汇总结果，不同的是数据透视图以图表的形式来展示数据源中的各种信息。总的来说，数据透视图结合了数据透视表和图表的功能，可以更清楚地显示数据透视表中的数据信息。

因此，数据透视图综合了数据透视表和普通图表的功能与作用，下面主要从数据透视图和一般图表的对比上进行区分。数据透视图和一般的图表类似，具有标准图表的系列、分类、数据标记和坐标轴，但在交互性、源数据、图表元素、图表类型等方面还是存在区别的，因为数据透视图还有一些与数据透视表对应的特殊功能，区别主要表现在以下几个方面。

→ 交互：对于标准图表，您需要为每一种数据分析角度创建一张图表，而且它们不交互，有些错综复杂的数据关系还不容易分析。而对于数据透视图，只要创建单张图表就可以通过更改报表的透视方式或显示的明细数据以不同的方式交互查看数据。

→ 源数据：标准图表可直接链接到工作表单元格中。而数据透视图则需要基于相关联的数据透视表的数据源。在 Excel 中创建数据透视图时，将自动创建一个与之相关联的数据透视表，两者之间的字段、透视方式、布局都是相互对应的。如果更改了其中一个报表的布局，另外一个报表也随之发生变化。

→ 图表元素：在 Excel 2016 中，数据透视图中的元素，除了包含与标准图表相同的元素外，还包括字段和项。用户可以通过添加、删除字段和项来显示数据的不同视图。标准图表中的分类、系列和数据分别对应于数据透视图中的分类字段、系列字段和值字段，数据透视图中还可包含报表筛选字段。而这些字段中都包含项，这些项在标准图表中显示为图例中的分类标签或系列名称。

→ 图表类型：数据透视图的图表类型没有普通图表的类型丰富，可以更改为除 XY 散点图、股价图、树状图、旭日图、箱形图或瀑布图之外的其他图表类型。

→ 刷新格式：刷新数据透视图时，大部分格式（包括图表元素、布局和样式）将得到保留。但是，不会保留趋势线、数据标签、误差线和对数据集所做的其他更改。标准图表在刷新数据时并不会失去相应格式。

22.4.2 实战：基于销售表数据创建数据透视图

实例门类	软件功能
教学视频	光盘\视频\第 22 章\22.4.2.mp4

在 Excel 2016 中，可以使用【数据透视图】功能一次性创建数据的透视表和数据透视图。而且，基于数据源创建数据透视图的方法与手动创建数据透视表的方法相似，都需要选择数据表中的字段作数据透视数据图表中的行字段、列字段及值字段。

例如，要用数据透视图展示"汽车销售表"中的销售数据，具体操作步骤如下。

Step01 打开光盘\素材文件\第 22 章\汽车销售表.xlsx，❶选择 Sheet1 工作表，❷选择包含数据的任意单元格，❸单击【插入】选项卡【图表】组中的【数据透视图】按钮 ，❹在弹出的下拉列表中选择【数据透视图】选项，如图 22-44 所示。

图 22-44

Step02 打开【创建数据透视图】对话框，❶在【表/区域】参数框中自动引用了该工作表中的 A1:F15 单元格区域，❷选中【新工作表】单选按钮，❸单击【确定】按钮，如图 22-45 所示。

图 22-45

🎬 **技术看板**

若需要将数据透视图创建在源数据透视表中，可以在打开的【创建数据透视图】对话框中，选中【现有工作表】单选按钮，在【位置】文本框中输入单元格地址。

Step 03 经过上步操作，即可在新工作表中创建一个空白数据透视图。❶ 按照前面介绍的方法，在【数据透视图字段】任务窗格的【字段列表】列表框中，选中需要添加到数据透视图中的字段对应的复选框，❷ 将合适的字段移动到下方的 4 个列表框中，即可根据设置的透视方式显示数据透视表和透视图，如图 22-46 所示。

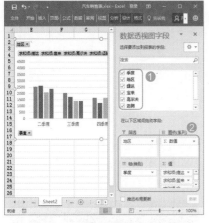

图 22-46

技术看板

数据透视表与数据透视图都是利用数据库进行创建的，但它们是两个不同的概念。数据透视表对于汇总、分析、浏览和呈现汇总数据非常有用。而数据透视图则有助于形象地呈现数据透视表中的汇总数据，以便用户能够轻松查看比较其中的模式和趋势。

22.4.3 实战：根据已有的销售数据透视表创建数据透视图

实例门类	软件功能
教学视频	光盘\视频\第 22 章\22.4.3.mp4

如果在工作表中已经创建了数据透视表，并添加了可用字段，可以直接根据数据透视表中的内容快速创建相应的数据透视图。根据已有的数据透视表创建出的数据透视图两者之间的字段是相互对应的，如果更改了某一报表的某个字段，这时另一个报表的相应字段也会随之发生变化。

例如，要根据之前在产品库存表中创建的畅销款数据透视表创建数据透视图，具体操作步骤如下。

Step 01 打开光盘 \ 素材文件 \ 第 22 章 \ 产品库存表 .xlsx，❶ 选择【畅销款】工作表，❷ 选择数据透视表中的任意单元格，❸ 单击【数据透视表工具 分析】选项卡【工具】组中的【数据透视图】按钮，如图 22-47 所示。

图 22-47

技术看板

选择数据透视表中的任意单元格后，单击【插入】选项卡【图表】组中的【数据透视图】按钮，也可以创建相应的数据透视图。

Step 02 打开【插入图表】对话框，

❶ 在左侧选择需要展示的图表类型，这里选择【柱形图】选项，❷ 在右侧上方选择具体的图表分类，这里选择【堆积柱形图】，❸ 单击【确定】按钮，如图 22-48 所示。

图 22-48

Step 03 经过以上操作，将在工作表中根据数据透视表创建一个堆积柱形图的数据透视图，效果如图 22-49 所示。

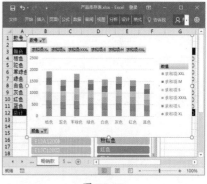

图 22-49

22.5 编辑数据透视图

数据透视图的编辑方法同样综合了数据透视表和普通图表的编辑方法。在工作表中创建数据透视图后，会激活【数据透视图工具 分析】【数据透视图工具 设计】和【数据透视图工具 格式】3 个选项卡。其中，【数据透视图工具 分析】选项卡中的工具和数据透视表中的相同，而【数据透视图工具 设计】和【数据透视图工具 格式】选项卡的操作方法与普通图表的编辑操作基本相同。本节简单对数据透视图的部分编辑操作进行讲解。

22.5.1 移动数据透视图的位置

如果对已经制作好的数据透视图的位置不满意，可以通过复制或移动操作将其移动到同一工作簿或不同工作簿中，但是通过这种方法得到的数据透视图有可能会改变原有的性质，丢失某些组成部分。

为了保证移动前后的数据透视图中的所有信息都不发生改变，可以使用 Excel 2016 中提供的移动功能对其进行移动。即先选择需要移动的数据透视图，然后单击【数据透视图工具分析】选项卡【操作】组中的【移动图表】按钮，在打开的【移动图表】对话框中设置要移动的位置即可，如图 22-50 所示。

图 22-50

技能拓展——将数据透视图移动到其他工作簿中

使用移动功能只能在同一工作簿中移动数据透视表和数据透视图，如果需要移动到其他工作簿中，可以在进行该操作后，再对工作表进行复制或移动。

技能拓展——移动数据透视表的位置

如果需要移动数据透视表，可以先选择该数据透视表，然后单击【数据透视表工具 分析】选项卡的【操作】组中的【移动数据透视表】按钮，在打开的【移动数据透视表】对话框中设置要移动的位置即可，如图 22-51 所示。

图 22-51

★ 新功能 22.5.2 实战：更改数据透视图的图表类型

实例门类	软件功能
教学视频	光盘\视频\第 22 章\22.5.2.mp4

如果当前所创建的数据透视图不能更加直观、清晰地表达数据所反映的信息，用户还可以根据需要对当前的数据透视图类型进行设计，以方便数据的查看和统计。尤其是在基于数据直接创建数据透视图时，因为系统首先要提供相应功能让用户设计透视方式，所以图表类型都是采用的默认柱形图，很可能不符合数据的实际分析需要。例如，前面在汽车销售表中直接通过数据创建的数据透视图类型就不太理想，要更改图表类型为折线图，具体操作步骤如下。

Step01 打开光盘\素材文件\第 22 章\汽车销售表 .xlsx，❶ 选择 Sheet2 工作表中的数据透视图，❷ 单击【数据透视图工具 设计】选项卡【类型】组中的【更改图表类型】按钮，如图 22-52 所示。

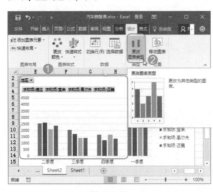

图 22-52

Step02 打开【更改图表类型】对话框，❶ 在左侧重新选择图表类型，这里选择【折线图】选项，❷ 在右侧选择需要更改的折线图样式，❸ 单击【确定】按钮，如图 22-53 所示。

图 22-53

Step03 经过上步操作，即可看到更改数据透视图类型为折线图，效果如图 22-54 所示。

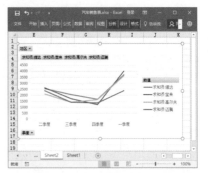

图 22-54

技能拓展——更改数据透视图类型的其他方法

在数据透视图上右击，在弹出的快捷菜单中选择【更改图表类型】命令，也可更改数据透视图的图表类型。

★ 新功能 22.5.3 实战：编辑数据透视图的布局样式

实例门类	软件功能
教学视频	光盘\视频\第 22 章\22.5.3.mp4

数据透视图图表和普通图表的组

成部分基本相同，也由图表区、图表标题、坐标轴、绘图区、数据系列、网格线和图例等部分组成。但默认情况下创建的数据透视图图表中只包含图表区、坐标轴、绘图区、数据系列和图例元素，可以通过设置数据透视图的布局来添加图表标题等元素，还可以更改各组成部分的位置。

布局数据透视图样式的方法也与在普通图表中进行布局的方法相同，既可以单击【数据透视图工具 设计】选项卡【图表布局】组中的【快速布局】按钮，在弹出的下拉列表中选择预定义的图表布局样式，对数据透视图进行快速布局；也可以通过单击【图表布局】组中的【添加图表元素】按钮，分别对数据透视图的图表标题、坐标轴、图例、数据标签和绘图区等元素进行设置。

例如，要为更改图表类型后的折线图数据透视图进行布局设置，使创建的数据透视图布局更加符合要求，具体操作步骤如下。

Step01 ❶选择数据透视图，❷单击【数据透视图工具 设计】选项卡【图表布局】组中的【快速布局】按钮 ，❸在弹出的下拉列表中选择需要的图表布局效果，这里选择【布局2】选项，如图22-55所示。

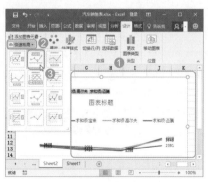

图 22-55

Step02 经过上步操作，即可重新布局数据透视图。❶单击【图表布局】组中的【添加图表元素】按钮 ，❷在弹出的下拉菜单中选择【图表标题】命令，❸在弹出的级联菜单中选

择【无】命令，如图22-56所示。

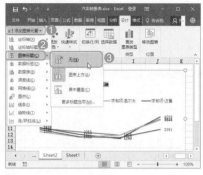

图 22-56

Step03 即可取消图表标题。拖动鼠标指针调整图表的高度，如图22-57所示。

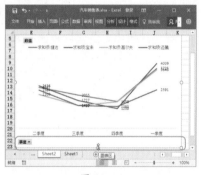

图 22-57

Step04 ❶单击【图表布局】组中的【添加图表元素】按钮 ，❷在弹出的下拉菜单中选择【坐标轴】命令，❸在弹出的级联菜单中选择【主要纵坐标轴】命令，如图22-58所示。

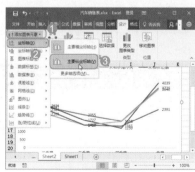

图 22-58

Step05 ❶单击【图表布局】组中的【添加图表元素】按钮 ，❷在弹出的下拉菜单中选择【线条】命令，❸在弹出的级联菜单中选择【垂直线】命

令，如图22-59所示。

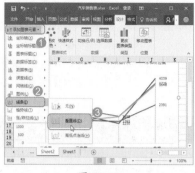

图 22-59

Step06 ❶单击【图表布局】组中的【添加图表元素】按钮 ，❷在弹出的下拉菜单中选择【数据标签】命令，❸在弹出的级联菜单中选择【数据标注】命令，如图22-60所示。

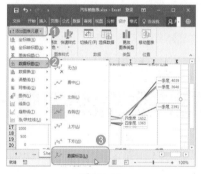

图 22-60

Step07 ❶单击【图表布局】组中的【添加图表元素】按钮 ，❷在弹出的下拉菜单中再次选择【数据标签】命令，❸在弹出的级联菜单中选择【其他数据标签选项】命令，如图22-61所示。

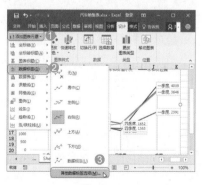

图 22-61

Step⑧ 显示【设置数据标签格式】任务窗格，❶选择【标签选项】选项卡，❷单击【标签选项】按钮 📊，❸依次选择透视图表中的各数据标签，❹在【标签选项】栏中的【标签包括】区域取消选中【类别名称】复选框，如图 22-62 所示。

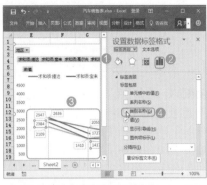

图 22-62

Step⑨ 拖动鼠标指针依次调整各数据标签的位置，使其不遮挡折线的显示效果，如图 22-63 所示。

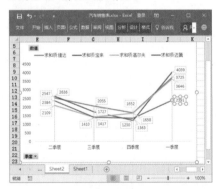

图 22-63

技能拓展——更改数据透视图中的汇总计算方式

创建数据透视表/图后，更改数据透视表的汇总计算方式，既可以在数据透视图上进行更改，也可以在数据透视表中更改，其方法相同。但无论是在数据透视表/图中选择哪种汇总方式，显示的效果只有在数据透视表中才能看得到，不能在数据透视图中显示值的结果。

★ 新功能 22.5.4　实战：通过数据透视图分析数据

实例门类	软件功能
教学视频	光盘\视频\第 22 章\22.5.4.mp4

默认情况下创建的数据透视图，会根据数据字段的类别，显示出相应的【报表筛选字段按钮】【图例字段按钮】【坐标轴字段按钮】和【值字段按钮】，单击这些按钮中带 ▼ 图标的按钮时，在弹出的下拉菜单中可以对该字段数据进行排序和筛选，从而有利于对数据进行直观的分析。

此外，也可以为数据透视图插入切片器，其使用方法与数据透视表中的切片器使用方法相同，主要用于对数据进行筛选和排序。在【数据透视图工具 分析】选项卡的【筛选】组中单击【插入切片器】按钮 📊，即可插入切片器，这里就不再赘述其使用方法了。

下面通过使用数据透视图中的筛选按钮为产品库存表中的数据进行分析，具体操作步骤如下。

Step① 打开光盘\素材文件\第 22 章\产品库存表.xlsx，❶复制【畅销款】工作表，并重命名为【新款】，❷单击图表中的【款号】按钮，❸在弹出的下拉菜单中选中最后两项对应的复选框，❹单击【确定】按钮，如图22-64 所示。

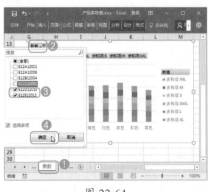

图 22-64

Step② 经过上步操作，即可筛选出相应款号的产品数据。❶单击图表左下角的【颜色】按钮，❷在弹出的下拉菜单中选中【粉红色】和【红色】复选框，❸单击【确定】按钮，如图22-65 所示。

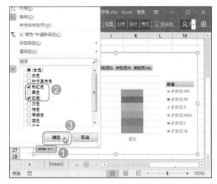

图 22-65

Step③ 经过上步操作，即可筛选出这两款产品中的红色和粉红色数据，如图 22-66 所示。

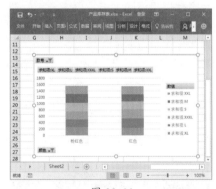

图 22-66

Step④ ❶单击图表中的【颜色】按钮，❷在弹出的下拉菜单中选择【升序】命令，如图 22-67 所示。

图 22-67

Step 05 即可对筛选后的数据进行升序排列，效果如图 22-68 所示。

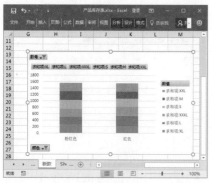

图 22-68

技术看板

在数据透视表中，可以很容易地改变数据透视图的布局，调整字段按钮显示不同的数据，同时在数据透视图中也可以实现，且只需改变数据透视图中的字段即可。

★ 新功能 22.5.5 实战：美化数据透视图

实例门类	软件功能

| 教学视频 | 光盘\视频\第22章\22.5.5.mp4 |

在数据透视图中也可以像普通图表一样为其设置图表样式，让数据透视图看起来更加美观。用户可以为数据透视图快速应用不同的 Excel 预定义图表样式，也可以自定义数据透视图样式。快速美化数据透视图的具体操作步骤如下。

技术看板

如果需要分别设置数据透视图中各个元素的样式，可以在数据透视图中选择需要设置的图表元素，然后在【数据透视图工具 格式】选项卡中进行设置，包括设置数据透视图的填充效果、轮廓效果、形状样式、艺术字样式、排列方式及大小等。

Step 01 ❶ 选择【新款】工作表中的数据透视图，❷ 单击【数据透视图工具 设计】选项卡【图表样式】组中的【快速样式】按钮，❸ 在弹出的下拉列表中选择需要应用的图表样式，即可为数据透视图应用所选图表样式效果，如图 22-69 所示。

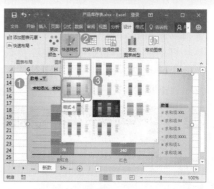

图 22-69

Step 02 ❶ 单击【图表样式】组中的【更改颜色】按钮，❷ 在弹出的下拉列表中选择要应用的色彩方案，即可为数据透视图中的数据系列应用所选配色方案，如图 22-70 所示。

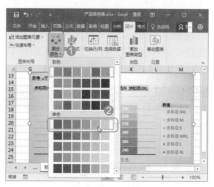

图 22-70

妙招技法

通过前面知识的学习，相信读者已经掌握了数据透视表和数据透视图的基本操作了。下面结合本章内容，给大家介绍一些实用技巧。

技巧 01：更改数据透视表的数据源

| 教学视频 | 光盘\视频\第22章\技巧01.mp4 |

如果需要分析的数据透视表中的源数据选择出错，可以像更改图表的源数据一样进行更改，具体操作步骤如下。

Step 01 打开光盘\素材文件\第22章\订单统计.xlsx，❶ 选择数据透视表中的任意单元格，❷ 单击【数据透视表工具 分析】选项卡【数据】组中的【更改数据源】按钮，如图 22-71 所示。

技术看板

数据透视表和数据透视图中的数据也可以像设置单元格数据一样设置各种格式，如颜色和字体格式等。

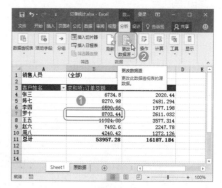

图 22-71

Step02 打开【移动数据透视表】对话框，❶ 拖动鼠标指针重新选择【表/区域】参数框中的单元格区域为需要进行数据透视的数据区域，❷ 单击【确定】按钮，如图22-72所示。

图 22-72

Step03 经过上步操作，数据透视表中的透视区域会更改为设置后的数据源区域，同时可能改变汇总的结果，如图22-73所示。

图 22-73

技巧02：手动刷新数据透视表的数据

教学视频	光盘\视频\第22章\技巧02.mp4

在默认状态下，Excel 不会自动刷新数据透视表和数据透视图中的数据。即当更改了数据源中的数据时，数据透视表和数据透视图不会随之发生改变。此时必须对数据透视表和数据透视图中的数据进行刷新操作，以保证这两个报表中显示的数据与源数据同步。

如果需要手动刷新数据透视表中的数据源，可以在【数据透视表工具选项】选项卡的【数据】组中单击【刷新】按钮，具体操作步骤如下。

Step01 ❶ 选择数据透视表源数据所在的工作表，这里选择【原数据】工作表，❷ 修改作为数据透视表源数据区域中的任意单元格数据，这里将I9单元格中的数据修改为【2500】，如图22-74所示。

图 22-74

Step02 ❶ 选择数据透视表所在工作表，可以看到其中的数据并没有根据源数据的变化而发生改变。❷ 单击【数据透视表工具 分析】选项卡【数据】组中的【刷新】按钮，❸ 在弹出的下拉列表中选择【全部刷新】选项，如图22-75所示。

图 22-75

Step03 经过上步操作，即可刷新数据透视表中的数据，同时可以看到相应单元格的数据变化，如图22-76所示。

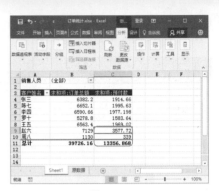

图 22-76

技巧03：设置数据透视表选项

教学视频	光盘\视频\第22章\技巧03.mp4

技巧02中讲解了手动刷新数据的方法，实际上，还可以指定在打开包含数据透视表的工作簿时自动刷新数据透视表。该项设置需要在【数据透视表选项】对话框中完成。

【数据透视表选项】对话框是专门用于设置数据透视表的布局和格式、汇总和筛选、显示、打印和数据等。

下面为"订单统计"工作簿中的数据透视表进行选项设置，具体操作步骤如下。

Step01 ❶ 选择数据透视表中的任意单元格，❷ 单击【数据透视表工具 选项】选项卡【数据透视表】组中的【选项】按钮，❸ 在弹出的下拉列表中选择【选项】选项，如图22-77所示。

图 22-77

Step02 打开【数据透视表选项】对

话框，❶选择【布局和格式】选项卡，❷在【格式】栏中取消选中【对于空单元格，显示】复选框，如图22-78所示。

图 22-78

Step03 ❶选择【数据】选项卡，❷在【数据透视表数据】栏中选中【打开文件时刷新数据】复选框，如图22-79所示。

图 22-79

Step04 ❶选择【显示】选项卡，❷在【显

示】栏中选中【经典数据透视表布局（启用网格中的字段拖放）】复选框，如图22-80所示。

图 22-80

Step05 ❶选择【汇总和筛选】选项卡，❷在【筛选】栏中选中【每个字段允许多个筛选】复选框，如图22-81所示，❸单击【确定】按钮关闭该对话框。

图 22-81

Step06 返回工作表，可以看到数据透视表按照经典数据透视表进行了布局，效果如图22-82所示，还有一些设置的参数看不到明显的效果，只是在操作过程中都应用了这些设置，用户可以感受到。

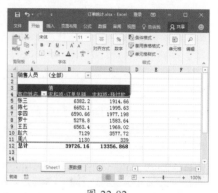

图 22-82

技巧04：显示或隐藏数据表中的明细数据

教学视频	光盘\视频\第22章\技巧04.mp4

数据透视表中的数据一般通过分类汇总后就能比较直观地看到需要的结果了，但也难免存在有些复杂数据的分析，即使改变了透视，其显示结果中仍然有多层数据汇总。

在查看这类数据透视表时，为避免看错或看漏数据，可以隐藏不需要查看的数据项中的明细数据，只显示当前需要查看的汇总数据，直到需要查看每一项中的明细数据时，在将其显示出来。在数据透视表中隐藏或显示明细数据的具体操作步骤如下。

Step01 打开光盘\素材文件\第22章\销售表.xlsx，单击数据透视表中【白露】数据项前面的⊞按钮，如图22-83所示。

图 22-83

Step02 经过上步操作，即可展开【白露】数据项下的明细数据，同时按钮变成▣形状。❶选择数据透视表中的其他数据项，❷单击【数据透视表工具 分析】选项卡【活动字段】组中的【展开字段】按钮⁺≡，如图22-84所示。

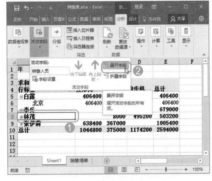

图 22-84

技术看板

单击▬按钮可暂时隐藏所选数据项下的明细数据，同时▬按钮变成⊞形状，再次单击⊞按钮又可显示出被隐藏的明细数据。

Step03 经过上步操作，即可快速展开数据透视表中所有数据项的明细数据，效果如图22-85所示。

图 22-85

技能拓展——快速隐藏数据透视表的所有明细数据

单击【活动字段】组中的【折叠字段】按钮⁻≡，可快速隐藏数据透视表中所有数据项的明细数据。

Step04 查看数据透视图中的数据时，图表中的相应数据项也展开了，可以看到明细数据，本例中的数据透视图是展开了所有分类数据项的明细数据。单击数据透视图右下角的【折叠整个字段】按钮▬，如图22-86所示。

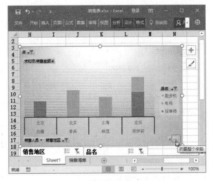

图 22-86

技能拓展——展开数据透视图中的明细数据

单击数据透视图右下角的【展开整个字段】按钮⁺，可以显示出字段下的明细数据。

Step05 经过上步操作，即可快速隐藏数据透视图中所有数据项的明细数据，同时可以看到数据透视表中的所

有数据项的明细数据也被暂时隐藏起来了，效果如图22-87所示。

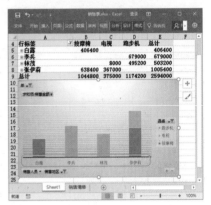

图 22-87

技巧05：隐藏数据透视图中的按钮

教学视频	光盘\视频\第22章\技巧05.mp4

创建的数据透视图中有时会包含很多按钮，而有些按钮又是没有具体操作的，此时可以根据需要对数据透视图中不需要显示的按钮进行隐藏，空出更多的空间显示数据。隐藏数据透视图中的按钮的具体操作步骤如下。

Step01 ❶单击【数据透视图工具 分析】选项卡【显示/隐藏】组中的【字段按钮】按钮⁺，❷在弹出的下拉菜单中取消选中需要隐藏字段按钮类型命令前的复选框，这里选择【显示值字段按钮】选项，如图22-88所示。

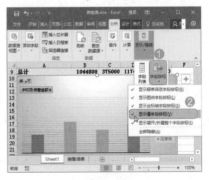

图 22-88

Step 02 经过上步操作，即可隐藏数据透视图中的【求和项：销售金额￥】按钮，效果如图 22-89 所示。

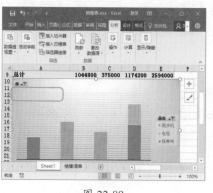

图 22-89

技巧 06：删除数据透视表

创建数据透视表后，如果对其不满意，可以删除原有数据透视表后再创建新的数据透视表，如果只是对其中添加的字段不满意，可以单独进行删除。下面分别讲解删除的方法。

1. 删除数据表透视表中的字段

要删除数据透视表中的某个字段，可以通过以下几种方法实现。

➥ 通过快捷菜单删除：在数据透视表中选择需要删除的字段名称，并在其上右击，在弹出的快捷菜单中选择【删除字段】命令。

➥ 通过字段列表删除：在【数据透视表字段】任务窗格中的【字段列表】列表框中取消选中需要删除的字段名称对应的复选框。

➥ 通过菜单删除：在【数据透视表字段】任务窗格下方的各列表框中单击需要删除的字段名称按钮，在弹出的下拉菜单中选择【删除字段】命令。

2. 删除整个数据透视表

如果需要删除整个数据透视表，可先选择整个数据透视表，然后按【Delete】键进行删除。如果只想删除数据透视表中的数据，则可单击【数据透视表工具 分析】选项卡的【操作】组中的【清除】按钮，在弹出的下拉菜单中选择【全部清除】命令，即可将数据透视表中的数据全部删除。

> **技能拓展——快速选择整个数据透视表**
>
> 单击【数据透视表工具 分析】选项卡【操作】组中的【选择】按钮，在弹出的下拉菜单中选择【整个数据透视表】命令，即可快速选择整个数据透视表。

本章小结

当表格中拥有大量数据时，如果需要对这些数据进行多维分析，单纯使用前面介绍的数据分析方法和图表展示将会变得非常繁杂，使用数据透视表和数据透视图才是最合适的选择。本章主要介绍了 Excel 2016 中如何使用数据透视表可以对表格中的数据进行汇总、分析、浏览和提供摘要数据。数据透视图和数据透视表一样具有数据透视能力，可以灵活选择数据透视方式，帮助用户从多个角度审视数据。只是数据透视图还具有图表的图形展示功能，其在这方面的操作与图表的相关操作一致。因此，读者在学习本章知识时，完全可以融会贯通来使用，重点就是要掌握如何透视数据。使用数据透视表 / 图时，只有在清楚地知道最终要实现的效果并找出分析数据的角度时，再结合数据透视表 / 图的应用，才能对同一组数据进行各种交互显示效果，从而发现不同的规律。在达到透视效果后，再结合排序、筛选等功能找到关键数据也就不难了。切片器是数据透视表和数据透视图中特有的高效数据筛选利器，操作也很简单，读者应该可以轻松掌握。

没有实战的学习只是纸上谈兵，为了更好地理解和掌握学习到的知识和技巧，大家拿出一点时间来练习本篇中的具体案例制作。

第23章 制作企业员工考勤记录、统计表

➥ 考勤记录表中需要记录的数据很多，应该如何规划表格框架？

➥ 考勤记录表每个月都需要使用，应该有一个模板，模板中需要统一哪些内容？

➥ 考勤表模板中那些不能统一，但又存在一定规律的数据可以不手动输入吗？

➥ 如何美化工作表，使其更符合需要？

➥ 如何使用公式和函数统计考勤数据？

本章将通过前面所学习的表格知识来完成实例考勤记录表的制作，学习过程中，读者将得到以上问题的答案。

23.1 创建考勤记录表模板

实例门类	设置单元格格式＋函数＋设置条件格式＋设置数据有效性＋冻结窗格类
教学视频	光盘\视频\第23章\23.1.mp4

为了保障企业的正常运转，行政部门必须对员工进行日常考勤管理，这不仅是对员工正常工作时间的一个保证，也是公司进行奖惩的依据之一。

因此，考勤记录表在公司的日常办公中使用非常频繁，而且该表格每个月都需要制作一次，所以可以事先制作好模板，方便后期调用。本节就来创建一个常见的考勤记录表模板，并简单进行美化，完成后的效果如图23-1所示。

图 23-1

23.1.1 创建表格框架

由于本例中创建的考勤表需要记录多位员工在当月的考勤结果，横向和纵向的数据都比较多，因此事先规划的时候可以挑重要的数据进行展示，那些不太重要的数据就尽量不提供了。同时适当调整单元格的宽度，有利于查阅者查看每一条数据。根据构思好的框架，将其呈现在 Excel 工作表中即可，具体操作步骤如下。

Step01 ❶ 新建一个空白工作簿，并命名为【考勤管理表】，❷ 在 A4:C4 和 D3 单元格中输入相应的文本内容，❸ 选择 D1:AH60 单元格区域，❹ 单击【开始】选项卡【单元格】组中的【格式】按钮，❺ 在弹出的下拉菜单中选择【列宽】命令，如图 23-2 所示。

图 23-2

> **技术看板**
>
> 考勤表可以为具体记录考勤情况的 31 列单元格（因为一个月中最多有 31 天）设置列宽。选择列时，列标附近会显示【mRXnC】字样，其中 C 前面的 n 即代表当前所选列的数量。

Step02 打开【列宽】对话框，❶ 在文本框中输入【2】，❷ 单击【确定】按钮，如图 23-3 所示。

图 23-3

Step03 经过上步操作，即可精确调整所选列的列宽为 2 磅。❶ 选择 D3:AH3 单元格区域，❷ 单击【对齐方式】组中的【合并后居中】按钮，如图 23-4 所示。

图 23-4

Step04 ❶ 使用相同的方法合并表格中的其他单元格区域，❷ 在第一行中输入相应的文本，❸ 在【字体】组中为当前所有输入的单元格内容依次设置字体格式，效果如图 23-5 所示。

图 23-5

Step05 在当前工作表中不会用到的空白区域中输入多个年份（本例中输入年份为 2010 ～ 2030）及月份数据作为辅助列，方便后面调用，如图 23-6 所示。

图 23-6

> **技术看板**
>
> 本例中为年份和月份单元格设置数据有效性是为了后期方便输入，通过选择选项即可生成新的考勤表。

Step06 ❶ 选择 C1 单元格，❷ 单击【数据】选项卡【数据工具】组中的【数据验证】按钮，如图 23-7 所示。

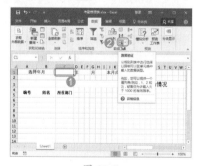

图 23-7

Step07 打开【数据验证】对话框，❶ 在【设置】选项卡的【允许】下拉列表框中选择【序列】选项，❷ 在【来源】参数框中通过引用设置该单元格数据允许输入的序列，这里引用表格中输入年份的单元格区域，❸ 单击【确定】按钮，如图 23-8 所示。

图 23-8

Step08 ❶选择 E1 单元格，❷单击【数据】选项卡【数据工具】组中的【数据验证】按钮，如图 23-9 所示。

图 23-9

Step09 打开【数据验证】对话框，❶在【设置】选项卡的【允许】下拉列表框中选择【序列】选项，❷在【来源】参数框中通过引用设置该单元格数据允许输入的序列，这里引用表格中输入月份的单元格区域，❸单击【确定】按钮，如图 23-10 所示。

图 23-10

23.1.2 创建可选择年、月并动态显示数据的考勤表

在 Excel 中制作考勤表模板的目的就是达到一劳永逸的效果，因此，在制作过程中应尽量寻找同一系列中不同考勤表之间相同的部分，并将其加入到模板中。对于存在差异的部分也要思考它们之间是否存在某些关联，能不能通过某种方式让它们能够自动更改。例如，本例中就可以在表头部分设置年份和月份的可选区域，然后再通过公式自动创建不同年份、月份的考勤表框架。具体操作步骤如下。

Step01 ❶选择 P1 单元格，❷输入公式【=NETWORKDAYS(DATE($C$1,$E$1,1),EOMONTH(DATE($C$1,$E$1,1),0))】，计算出所选月份应该出勤的总天数，如图 23-11 所示。

图 23-11

技术看板

本例中采用 NETWORKDAYS 函数计算所选月份应该出勤的总天数时，用了 DATE 函数将 C1、E1 单元格和数字 1 转换为日期数据，作为统计工作日的开始日期；用 EOMONTH 函数让转换为日期的 DATE($C$1,$E$1,1) 数据返回当月的最后一天，作为统计工作日的结束日期。

Step02 ❶在 C1 和 E1 单元格中分别选择一个年份和月份，即可在 P1 单元格中查看到根据刚刚输入的公式计算出当月的考勤天数，❷选择 A2:AH2 单元格区域，❸单击【开始】选项卡【对齐方式】组中的【合并后居中】按钮，❹在【字体】组中设置合适的字体格式，如图 23-12 所示。

图 23-12

Step03 ❶选择 A2 单元格，❷输入公式【=TEXT(DATE(C1,E1,1),"e 年 M

月份考勤表")】，即可在 A2 单元格中根据 C1、E1 单元格中选择的年份和月份自动显示当前工作表的名称，如图 23-13 所示。

图 23-13

Step04 ❶选择 D4 单元格，❷输入公式【=IF(MONTH(DATE($C$1,$E$1,COLUMN(A1)))=$E$1,DATE($C$1,$E$1,COLUMN(A1)),"")】，返回当前选择的年份和月份的第一天对应的日期序号，❸单击【数字】组右下角的【对话框启动器】按钮，如图 23-14 所示。

图 23-14

技术看板

本例在根据指定的年份和月份返回对应月的具体日期数时，巧妙结合单元格的引用并提取相应的列号，制作出需要的效果。

下面就来分析一下该公式，首先，用 DATE 函数将 C1、E1 单元格和通过 COLUMN(A1) 提取的 A1 单元格的列号，转换为日期数据，然后用 MONTH 函数提取这个组合日期的月份数，让得到的结果与 E1 单元格的月份数进行比较，如果等于，就返回

DATE($C$1,$E$1,COLUMN(A1))，否则返回空值。

　　这样，后面通过复制公式，公式中的 COLUMN(A1) 就会自动进行相对位置的改变，依次引用 A2、A3、A4、A5、A6……单元格，从而实现依次返回指定月份的日期数。当公式复制的位置超过当月的天数时，通过公式中的 MONTH(DATE($C$1,$E$1,COLUMN(A1)))，将得到指定月下一个月的月份数，即不等于 E1 单元格的月份数，整个公式返回空值。

Step 05 打开【设置单元格格式】对话框，❶ 在【数字】选项卡的【分类】列表框中选择【自定义】选项，❷ 在【类型】列表框中输入【d】，❸ 单击【确定】按钮，如图 23-15 所示。

图 23-15

Step 06 经过上步操作，即可让 D4 单元格中的日期数据仅显示为日。向右拖动填充控制柄，复制公式到 E4:AH4 单元格区域，返回当前选择的年份和月份的其他天对应的日期序号，如图 23-16 所示。

图 23-16

Step 07 ❶ 选择 D5 单元格，❷ 输入与 D4 单元格中相同的公式【=IF(MONTH(DATE($C$1,$E$1,COLUMN(A1)))=$E$1,DATE($C$1,$E$1,COLUMN(A1)),"")】，❸ 单击【数字】组右下角的【对话框启动器】按钮，如图 23-17 所示。

图 23-17

Step 08 打开【设置单元格格式】对话框，❶ 在【数字】选项卡的【分类】列表框中选择【自定义】选项，❷ 在【类型】列表框中输入【aaa】，❸ 单击【确定】按钮，如图 23-18 所示。

图 23-18

Step 09 经过上步操作，即可让 D5 单元格中的日期数据仅显示为星期中的序号。向右拖动填充控制柄，复制公式到 E5:AH5 单元格区域，即可返回当前选择的年份和月份的其他天对应的星期序号，如图 23-19 所示。

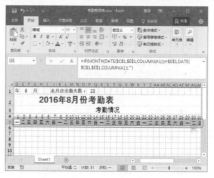

图 23-19

23.1.3　美化考勤表

　　完成考勤记录表的基本制作后，还可以适当美化表格。例如，表格中每个月的记录数据密密麻麻，不便查看，加上该公司的星期六和星期日都不上班，所以，可以对表格中的星期六和星期日数据突出显示，以区分出不同星期的数据。另外，为表格添加边框线也可以更好的区分每个单元格的数据。具体操作步骤如下。

Step 01 ❶ 选择 D4:AH5 单元格区域，❷ 单击【样式】组中的【条件格式】按钮，❸ 在弹出的下拉菜单中选择【新建规则】命令，如图 23-20 所示。

图 23-20

Step 02 打开【新建格式规则】对话框，❶ 在【选择规则类型】列表框中选择【使用公式确定要设置格式的单元格】选项，❷ 在【为符合此公式的值设置格式】参数框中输入公式【WEEKDAY(D5,2)=6】，❸ 单击【格式】按钮，如图 23-21 所示。

图 23-21

Step 03 打开【设置单元格格式】对话框，❶ 选择【填充】选项卡，❷ 在列表框中选择需要填充的颜色，如图 23-22 所示。

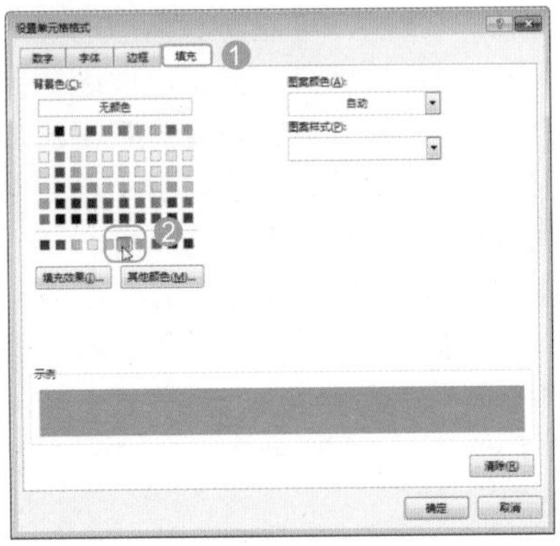

图 23-22

Step 04 ❶ 选择【字体】选项卡，❷ 在【字形】列表框中选择【加粗】选项，❸ 单击【颜色】下拉按钮，❹ 在弹出的下拉列表中选择【白色】选项，❺ 单击【确定】按钮，如图 23-23 所示。

图 23-23

Step 05 返回【新建格式规则】对话框，在【预览】框中可以查看到设置的单元格格式效果，单击【确定】按钮，如图 23-24 所示。

图 23-24

Step 06 返回工作表，即可看到已经为所选区域中的星期六数据设置了绿色填充色。保持单元格区域的选择状态，❶ 再次单击【条件格式】按钮，❷ 在弹出的下拉菜单中选择【新建规则】命令，如图 23-25 所示。

图 23-25

Step 07 打开【新建格式规则】对话框，❶ 在【选择规则类型】列表框中选择【使用公式确定要设置格式的单元格】选项，❷ 在【为符合此公式的值设置格式】参数框中输入公式【WEEKDAY(D5,2)=7】，❸ 单击【格式】按钮，使用前面的方法设置满足该类条件的单元格的格式，这里设置为橙色填充，❹ 单击【确定】按钮，

如图 23-26 所示。

图 23-26

Step 08 返回工作表，即可看到已经为所选区域中的星期日数据设置了橙色填充色。为保证表格中的自动数据无误，可以重新设置 C1、E1 单元格中的年份和月份，并验证指定年月应出勤天数、表格标题、当月所有日期以及对应的星期数是否出错，如图 23-27 所示。

图 23-27

Step 09 ❶ 选择 A4:AH60 单元格区域，❷ 单击【开始】选项卡【字体】组中的【边框】按钮，❸ 在弹出的下拉菜单中选择【所有框线】命令，如图 23-28 所示。

图 23-28

Step⑩ ❶ 选择 A4:AH5 单元格区域，❷ 单击【开始】选项卡【字体】组中的【边框】按钮 ⊞·，❸ 在弹出的下拉菜单中选择【粗外侧框线】命令，如图 23-29 所示。

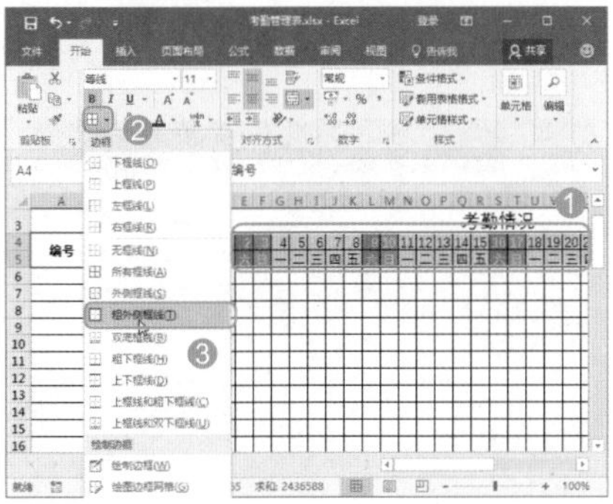

图 23-29

23.1.4 设置规范的考勤数据

考勤数据有多种表达形式，为规范输入的考勤数据，本例中假定一些规矩，并通过设置考勤数据区的数据有效性使考勤表的制作更加便利。同时设置了冻结窗格，方便后期填写和查阅数据明细，最后将作为辅助列的数据进行了隐藏，让整个表格更加规范。具体操作步骤如下。

Step⓪① ❶ 重命名工作表名称为【考勤表模板】，❷ 选择 D6:AH60 单元格区域，❸ 单击【数据】选项卡【数据工具】组中的【数据验证】按

钮 ，如图 23-30 所示。

图 23-30

Step⓪② 打开【数据验证】对话框，❶ 在【设置】选项卡的【允许】下拉列表框中选择【序列】选项，❷ 在【来源】参数框中输入【√，事，病，差，年，婚，迟1，迟2，迟3，旷】，❸ 单击【确定】按钮，如图 23-31 所示。

图 23-31

技术看板

本例假定全勤用【√】作为标记，事假用【事】作为标记，病假用【病】作为标记，出差用【差】作为标记，年假用【年】作为标记，婚假用【婚】作为标记，迟到 10 分钟以内用【迟1】作为标记，迟到半小时以内用【迟2】作为标记，迟到 1 小时以内用【迟3】作为标记，旷工用【旷】作为标记。

Step⓪③ 考勤表中的数据很多，为便于查看，可以将有用信息固定在窗口中，当窗口大小不变时，让不必要的细节数据可以随着拖动滚动条来选择显示的部分。本例需要固定表格的上面 5 行和左侧 3 列数据，❶ 选择 D6 单元格，❷ 单击【视图】选项卡【窗口】组中的【冻结窗格】按钮 ，❸ 在弹出的下拉列表中选择【冻结拆分窗格】选项，如图 23-32 所示。

图 23-32

Step⓪④ ❶ 选择 AK 和 AL 两列单元格，❷ 单击【开始】选项卡【单元格】组中的【格式】按钮 ，❸ 在弹出的下拉菜单中选择【隐藏和取消隐藏】命令，❹ 在弹出的下级子菜单中选择【隐藏列】命令，如图 23-33 所示。

图 23-33

23.2 编制考勤记录表并完善模板

实例门类	多表操作＋编辑单元格＋函数＋设置单元格格式类
教学视频	光盘\视频\第23章\23.2.mp4

考勤表模板创建好以后，就可以根据公司员工每天的上班情况记录具体的考勤基础数据了，等到需要统计当月考勤情况时，再进行统计和分析即可。本节将在模板基础上编制某月的考勤记录表，并通过对该表格的具体考勤情况进行统计的过程完善模板文件。本例中完成的某月考勤记录表效果如图 23-34 所示。

图 23-34

23.2.1 按实际情况记录考勤数据

在使用 Excel 制作考勤表时，首先需要记录考勤的基础数据，如某天某员工是什么时间上班的，什么时间下班的，当然，现在很多公司都配备了打卡机或指纹机，可直接从设备中导出相应的数据，避免手动输入的烦琐。有了基础数据后，再根据具体的制度通过函数判断出考勤结果。然后通过对照各种假条凭证、出差记录等修正特殊情况的考勤记录。这个过程很烦琐，本书页码有限，就直接手动输入了一份考勤记录作为基础数据，感兴趣的用户可以继续深入制作考勤时间记录表，并通过函数判断考勤结果，再引用到该表格中来。本例制作的具体操作步骤如下。

❶ 复制工作表，并重命名为【1月考勤】，❷ 在 C1 单元格中选择【2017】

选项，❸ 在 E1 单元格中选择【1】选项，❹ 在 A6:C43 单元格区域中输入相应的员工基础数据，在实际工作中用户也可以从档案表等现有表格中复制得到，❺ 在 D6:AH43 单元格区域中输入相应员工的考勤数据，输入时可以先全部输入出现概率最多的【√】，然后再根据具体情况进行修改，完成后的效果如图 23-35 所示。

图 23-35

23.2.2 制作考勤数据统计区域

考勤记录表是员工每天上班的凭证，也是员工领工资的部分凭证，公司的相关人员每个月基本上都需要对考勤数据做最后总结，以便合理计算工资。完成考勤基础数据的输入后，就可以对考勤数据进行统计了，具体操作步骤如下。

Step01 本例需要紧接着考勤基础数据后面制作考勤统计区域，但由于前面制作的辅助列位置没有摆放合适，移动位置可能会导致部分公式的结果出错，最好在其前面插入单元格使其向后移动。❶ 同时选择【考勤表模板】和【1月考勤】工作表，❷ 选择 AJ 列单元格，❸ 单击【开始】选项卡【单元格】组中的【插入】按钮，插入多列空白单元格，如图 23-36 所示。

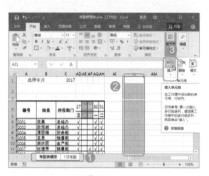

图 23-36

Step02 ❶ 在 AJ4:AU5 单元格区域中依次输入需要统计的列标题，并选择这些单元格区域，❷ 单击【对齐方式】组中的【自动换行】按钮，如图 23-37 所示。

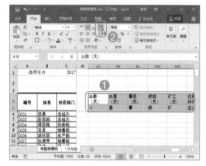

图 23-37

Step03 ❶ 调整 AJ~AU 列的列宽至合适，❷ 选择 AJ4:AU60 单元格区域，单击【对齐方式】组中的【居中】按钮，❸ 合并 AJ3:AU3 单元格区域，并输入文本【统计分析区】，❹ 在【字体】组中设置合适的字体格式，如图 23-38 所示。

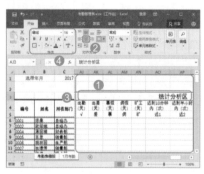

图 23-38

23.2.3 输入公式统计具体考勤项目

要统计考勤明细数据，就需要用到函数，下面分别对各员工当月的各项考勤项目进行统计，具体操作步骤如下。

Step01 ❶ 为 AI4:AU60 单元格区域设置与前面区域相同的边框，❷ 选择 AJ6 单元格，❸ 输入公式【=COUNTIF($D6:$AH6,AJ$5)】，计算出该员工该月的全勤天数，如图 23-39 所示。

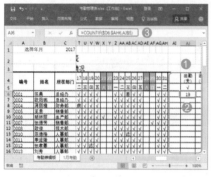

图 23-39

Step02 选择 AJ6 单元格，向右拖动填充控制柄，复制公式到 AK6:AS6 单元格区域，计算出该员工其他考勤项目的数据，如图 23-40 所示。

图 23-40

Step03 ❶ 选择 AT6 单元格，❷ 输入公式【=AJ6+AK6】，计算出该员工当月实际工作的天数，如图 23-41 所示。

图 23-41

Step04 ❶ 选择 AU6 单元格，❷ 输入公式【=AT6/$P$1】，计算出该员工当月的出勤率，如图 23-42 所示。

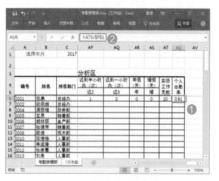

图 23-42

Step05 ❶ 选择 AJ6:AU6 单元格区域，❷ 向下拖动填充控制柄，复制公式到 AJ7:AU43 单元格区域，计算出其他员工的各考勤项目的数据，如图 23-43 所示。

Step06 ❶ 选择 AU 列单元格，❷ 在【开始】选项卡【数字】组中选择【百分比】选项，调整该列的列宽以显示出完整的数据，如图 23-44 所示。

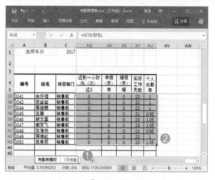

图 23-43

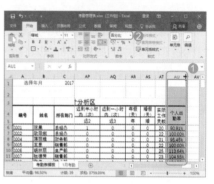

图 23-44

Step07 退出工作表编辑状态，仅选择【考勤表模板】工作表，可以看到该工作表中的 AI4:AU60 单元格区域中的数据和公式也得到了完善，如图 23-45 所示。

图 23-45

本章小结

本章模拟了常见考勤记录表的制作过程，并最终制作好了考勤表模板，方便用户直接调用模板建立自己的考勤表。在制作过程中，读者主要应参与到案例制作的大背景中来，思考工作表框架和每一个公式为什么要这样设置，又如何将这些思路运用到要创建的那些表格中去。当然，本例还可以继续向后拓展，如果对员工的考勤情况进行分析，本书因为页码有限就没有再做详细的分析，读者可以在案例效果中自行设定目标，继续进行数据分析。

第24章 制作企业员工档案管理、分析、查询表

➡ 一份档案表格的基础数据输入时需要注意哪些地方？

➡ 有哪些数据是可以避免手动输入的？

➡ 规范表格时设置数据有效性的好处是什么？

➡ 如何使用公式和函数分析具体的数据？

➡ 如何通过数据透视图表多角度分析数据从而得到有效信息？

本章将运用前面所学的创建表格，分析表格数据以及通过函数来处理复杂数据的知识完成创建员工档案记录表的构建和对其中的数据分析以及保护工作。

24.1 创建员工档案记录表

实例门类	输入表格内容＋设置单元格格式＋设置数据有效性＋函数＋冻结窗格类
教学视频	光盘\视频\第24章\24.1.mp4

员工档案是用人单位了解员工情况的非常重要的资料，也是单位或企业了解一个员工的重要手段。企业员工档案表中包含的数据大同小异，主要记录了员工的基本情况和其在用人单位中被招用、调配、培训、考核、奖惩和异动等项中形成的有关员工个人经历、政治思想、业务技术水平等情况。因此，一个企业在进行人事管理时，首先需要制作员工档案表，这样才能提供人员调动和分配的基本参考资料，使企业人员得到合理分配。本节先制作一个员工档案记录的基础数据表格，首先罗列出需要填写的基础数据，然后通过公式和函数计算相关数据，并对表格格式进行完善，完成后的效果如图24-1所示。

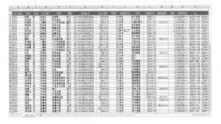

图 24-1

24.1.1 规划表格框架

在制作员工档案表时，首先需要创建档案数据的记录表格，即基础数据表，制作的时候要注意不要合并数据单元格。下面先将表格框架制作好，具体操作步骤如下。

Step 01 ❶ 新建一个空白工作簿，并命名为【员工档案管理表】，❷ 重命名Sheet1工作表的名称为【档案记录表】，❸ 在第一行中输入制表时间和制表人内容，在第二行中输入表格各列标题，❹ 选择A1:R1单元格区域，❺ 单击【开始】选项卡【对齐方式】组中的【合并后居中】按钮，❻ 在弹出的下拉列表中选择【合并单元格】选项，如图24-2所示。

图 24-2

Step 02 ❶ 选择A1单元格，❷ 在【开始】选项卡的【字体】组中设置字号大小为【10】磅，❸ 单击【加粗】按钮B，❹ 单击【字体颜色】按钮A，❺ 在弹出的下拉列表中选择【淡蓝色】选项，如图24-3所示。

图 24-3

Step03 ① 选择 A2:R2 单元格区域，② 在【字体】组中设置字号大小为【12】磅，③ 单击【加粗】按钮，④ 设置字体颜色为【白色】，⑤ 单击【填充颜色】按钮，⑥ 在弹出的下拉列表中选择【蓝色】选项，⑦ 单击【对齐方式】组中的【居中】按钮，如图 24-4 所示。

图 24-4

Step04 调整第二行单元格的高度至合适，完成后的效果如图 24-5 所示。

图 24-5

Step05 ① 选择可能输入员工档案数据的单元格区域，这里选择 A1:R100 单元格区域，② 单击【开始】选项卡【字体】组右下角的【对话框启动器】按钮，如图 24-6 所示。

图 24-6

Step06 打开【设置单元格格式】对话框，① 选择【边框】选项卡，② 在【颜色】下拉列表框中选择【蓝色】选项，③ 在【样式】列表框中选择【粗线】，④ 单击【预置】栏中的【外边框】按钮，⑤ 在【样式】列表框中选择【细线】，⑥ 单击【预置】栏中的【内部】按钮，⑦ 单击【确定】按钮，如图 24-7 所示。

图 24-7

24.1.2 设置数据有效性

完成表格框架的制作后，就需要输入记录了。因为基础数据表格中的数据只作为记录用，不进行任何加工处理，所以某些数据具有一定规律。为了保证表格中输入记录的准确性和统一性，可以为这些有规律的数据分类设置单元格的数据有效性，具体操作步骤如下。

Step01 在 A3 单元格中输入文本数据类型的第一个员工的编号【'0001】，如图 24-8 所示。

图 24-8

Step02 ① 向下拖动填充控制柄填充其他员工的编号数据，② 单击出现的【自动填充选项】按钮，③ 在弹出的下拉列表中选择【不带格式填充】选项，如图 24-9 所示。

图 24-9

Step03 ① 选择【所在部门】列中的 D3:D100 单元格区域，② 单击【数据】选项卡【数据工具】组中的【数据验证】按钮，如图 24-10 所示。

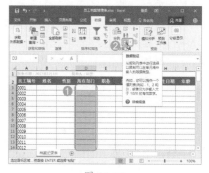

图 24-10

Step04 打开【数据验证】对话框，① 在【设置】选项卡的【允许】下拉列表框中选择【序列】选项，② 在【来源】参数框中输入该列数据允许输入的序列，这里输入【总经办,人事部,财务部,销售部,生产部,技术部,行政办,市场部】，如图 24-11 所示。

图 24-11

Step 05 ❶ 选择【输入信息】选项卡，❷ 在【输入信息】列表框中输入用作提示的信息，如图 24-12 所示。

图 24-12

Step 06 ❶ 选择【出错警告】选项卡，❷ 在【样式】下拉列表框中选择【警告】选项，❸ 在【错误信息】列表框中输入当单元格内容输入不符合规范时用作提示的信息，❹ 单击【确定】按钮，如图 24-13 所示。

图 24-13

Step 07 ❶ 选择【身份证号】列中的 G3:G100 单元格区域，❷ 单击【数据验证】按钮 ，如图 24-14 所示。

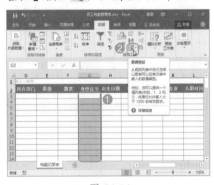

图 24-14

Step 08 打开【数据验证】对话框，❶ 选择【设置】选项卡，❷ 在【允许】下拉列表框中选择【自定义】选项，❸ 在【公式】参数框中输入【=OR(LEN(G3)=15,LEN(G3)=18)】，如图 24-15 所示。

图 24-15

Step 09 ❶ 选择【输入信息】选项卡，❷ 在【输入信息】列表框中输入用作提示的信息，如图 24-16 所示。

图 24-16

Step 10 ❶ 选择【出错警告】选项卡，❷ 在【样式】下拉列表框中选择【停止】选项，❸ 在【标题】文本框中输入错误提示信息的标题，❹ 在【错误信息】列表框中输入具体的提示信息，❺ 单击【确定】按钮，如图 24-17 所示。

图 24-17

Step 11 ❶ 选择【最高学历】列中的 J3:J100 单元格区域，❷ 单击【数据验证】按钮 ，如图 24-18 所示。

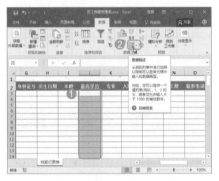

图 24-18

Step 12 打开【数据验证】对话框，❶ 在【设置】选项卡的【允许】下拉列表框中选择【序列】选项，❷ 在【来源】参数框中输入该列数据允许输入的序列，这里输入【中专,大专,本科,硕士,硕士以上,高中及以下】，❸ 单击【确定】按钮，如图 24-19 所示。

图 24-19

Step13 ❶ 选择H、L、M三列单元格，❷ 在【开始】选项卡【数字】组的下拉列表框中选择【短日期】选项，如图 24-20 所示。

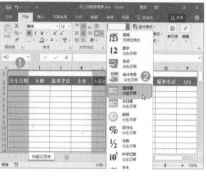

图 24-20

Step14 ❶ 选择G列单元格，❷ 在【开始】选项卡【数字】组的下拉列表框中选择【文本】选项，如图 24-21 所示。

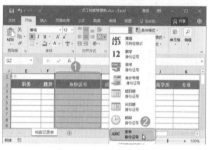

图 24-21

Step15 ❶ 选择所有包含数据的列，❷ 单击【开始】选项卡【单元格】组中的【格式】按钮，❸ 在弹出的下拉菜单中选择【自动调整列宽】命令，如图 24-22 所示。

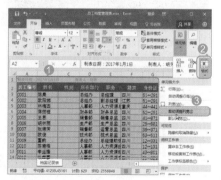

图 24-22

24.1.3　使用公式返回相关信息

员工档案表中的部分基础数据之间也存在一定的联系，当某一信息已填入后，与之有关联的信息即可通过特定的计算方式将其计算出。例如，已知身份证号码时，就可以通过函数提取身份证号中的部分数据得到此人的性别、生日、年龄等信息，具体操作步骤如下。

Step01 ❶ 选择C3单元格，❷ 输入公式【=IF(MOD(MID(G3,17,1),2)=0," 女 "," 男 ")】，判断出员工的性别，如图 24-23 所示。

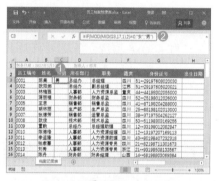

图 24-23

技术看板

身份证号可能由 15 或 18 位数构成。若由 15 位数构成，则其最后一位数为性别编码；若由 18 位数构成，则其倒数第二位数为性别编码。当性别编码为奇数时，代表是一位男性，为偶数时则代表是一名女性。

本例中只涉及 18 位数的身份证号，所以直接使用 MID 函数截取号码中的相应位数，再使用 MOD 函数来判断所截取的数值的奇偶性。

虽然 15 位数的身份证在很多场合已经不能正常使用了，但如果你的档案表中仍然存在这样的数据，那在通过身份证号判断性别时，首先需要用 LEN 函数判断身份证号码由多少位数组成，再结合 IF 函数对两种情况进行不同位数的截取。如本例中若同时包含 15 位和 18 位的身份证号，

则公式应修改为【=IF(LEN(G3)=15,IF(MOD(MID(G2,15,1),2)=0," 女 "," 男 "),IF(MOD(MID(G3,17,1),2)=0," 女 "," 男 "))】。

Step02 ❶ 选择H3单元格，❷ 输入公式【=DATE(MID(G3,7,4),MID(G3,11,2),MID(G3,13,2))】，提取员工的出生日期，如图 24-24 所示。

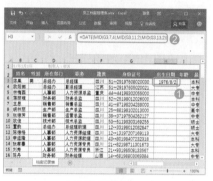

图 24-24

技术看板

在由 18 位数构成的身份证号中，其第 7~14 位为出生年月日信息，故可以利用 Excel 中的 MID 函数截取出身份证号码中的出生日期信息，再通过 DATE 函数将这些信息转变为日期数据填入表格中。

Step03 ❶ 选择I3单元格，❷ 输入公式【=INT((NOW()-H3)/365)】，计算出员工的当前年龄，如图 24-25 所示。

图 24-25

> **技术看板**
>
> 　　根据档案记录表中的出生日期数据与当前日期进行计算可得到员工的当前年龄。本例中使用 NOW 函数返回系统的当前日期，然后使用 INT 函数对计算后的数据取整处理，不过该函数是将数值向下取整为最接近的整数。

Step 04 ❶ 选择 N3 单元格，❷ 输入公式【=IF(M3<>"",YEAR(M3)-YEAR(L3),(INT((NOW()-L3)/365)))】，计算出员工的工龄，如图 24-26 所示。

图 24-26

> **技术看板**
>
> 　　通过当前日期或离职时间与入职时间进行计算可以快速得到各员工的工龄数据。如果该员工离职，则工龄为离职时间减去入职时间；如果该员工仍在职，则其工龄为当前时间减去入职时间。
>
> 　　本例中首先使用 IF 函数判断员工是否离职，即 M3 单元格中是否填入了离职时间，然后根据不同的判断执行后续两种不同的计算方式。
>
> 　　在计算工龄时采用了两种函数编写方式，一种是通过 YEAR 函数直接相减，另一种是先用 NOW 函数返回系统的当前日期，然后使用 INT 函数对计算后的数据向下取整处理。

Step 05 一般情况下，QQ 号加上【@qq.com】就是 QQ 邮箱的地址，所以在得知 QQ 号时，可以很方便的知道

QQ 邮箱地址。❶ 选择 Q3 单元格，❷ 输入公式【=P3&"@qq.com"】，得到员工的 QQ 邮箱地址，如图 24-27 所示。

图 24-27

Step 06 依次选择前面通过公式计算出相应内容的单元格，并通过拖动鼠标的方法填充公式，得到其他员工的性别、出生日期、年龄、工龄和邮箱地址，完成后的效果如图 24-28 所示。

图 24-28

24.1.4　设置表格样式

　　由于本例工作表中的数据比较多，考虑到可能会遇到表格数据查看不方便的情况，因此，使用冻结窗格命令将表格的前两行和前两列数据进行冻结，以方便用户查看工作表中距离表头较远的数据与表头的对应关系。然后对表格进行简单的格式设置，完成本表格的制作，具体操作步骤如下。

Step 01 ❶ 选择 C3 单元格，❷ 单击【视图】选项卡【窗口】组中的【拆分】按钮，如图 24-29 所示。

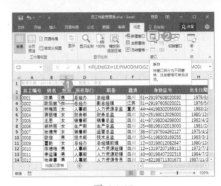

图 24-29

Step 02 ❶ 单击【视图】选项卡【窗口】组中的【冻结窗格】按钮，❷ 在弹出的下拉列表中选择【冻结拆分窗格】选项，如图 24-30 所示。

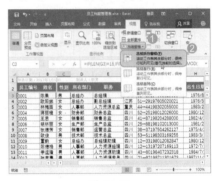

图 24-30

Step 03 ❶ 选择包含具体数据的 A2:R100 单元格区域，❷ 单击【开始】选项卡【样式】组中的【套用表格格式】按钮，❸ 在弹出的下拉列表中选择需要的表格样式，这里选择【中等深浅】栏中的【表样式中等深浅2】选项，如图 24-31 所示。

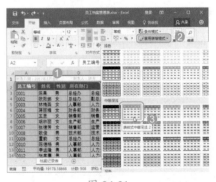

图 24-31

Step 04 打开【套用表格式】对话框，单击【确定】按钮，如图 24-32 所示。

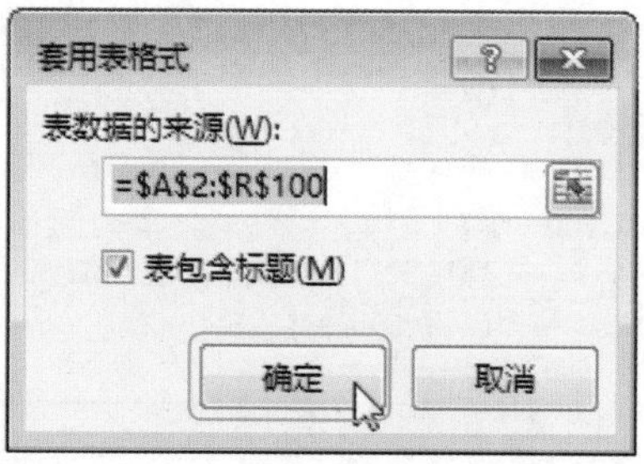

图 24-32

Step05 在【表格工具 设计】选项卡的【表格样式选项】组中取消选中【筛选按钮】复选框，如图 24-33 所示，完成本表格的制作。

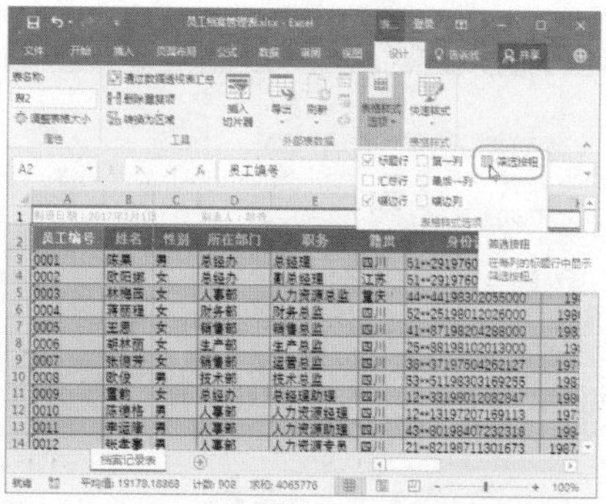

图 24-33

24.2 分析企业的人员结构

实例门类	函数 + 数据透视表 + 数据透视图 + 超链接类
教学视频	光盘 \ 视频 \ 第 24 章 \24.2.mp4

对员工档案表中的数据进行管理时，常常需要对员工的信息进行一些统计和分析，如各部门人数统计、男女比例分析、学历分布情况等，本节将对员工档案表中的数据进行此类分析和统计，分析过程的效果如图 24-34 所示。

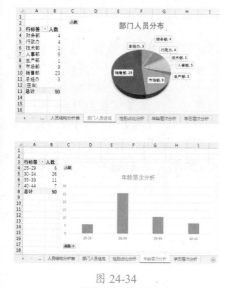

图 24-34

员工数据统计表			
员工总数：	50		
部门人数统计			
总经办	3	占总人数的：	6%
人事部	5	占总人数的：	10%
财务部	4	占总人数的：	8%
销售部	23	占总人数的：	46%
生产部	1	占总人数的：	2%
技术部	1	占总人数的：	2%
行政办	4	占总人数的：	8%
市场部	9	占总人数的：	18%
详细数据分析请单击此处			
性别比例统计			
男员工数：	16	占总人数的：	32%
女员工数：	34	占总人数的：	68%
清晰图表分析请单击此处			
年龄大小统计			
平均年龄：			34
年龄最大：			44
年龄最小：			28
详细年龄段分析请单击此处			
学历统计			
本科及以上学历：	37	占总人数的：	74%
详细学历层次分布情况请单击此处			

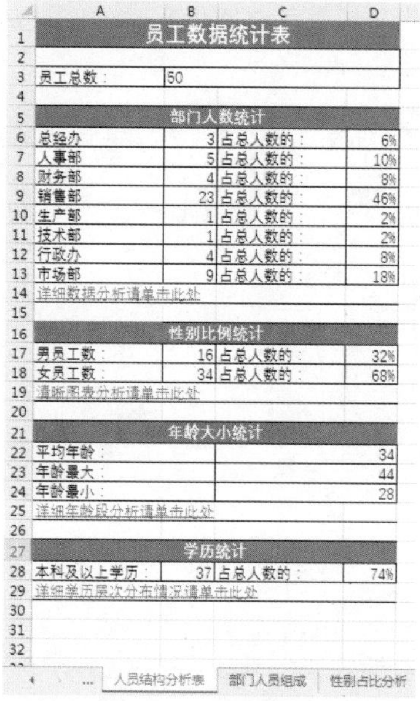

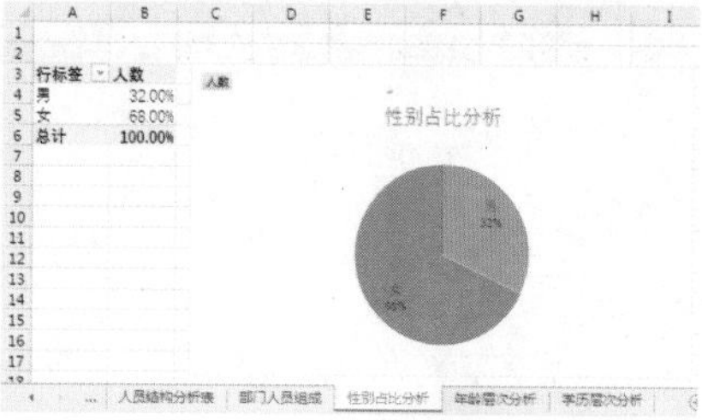

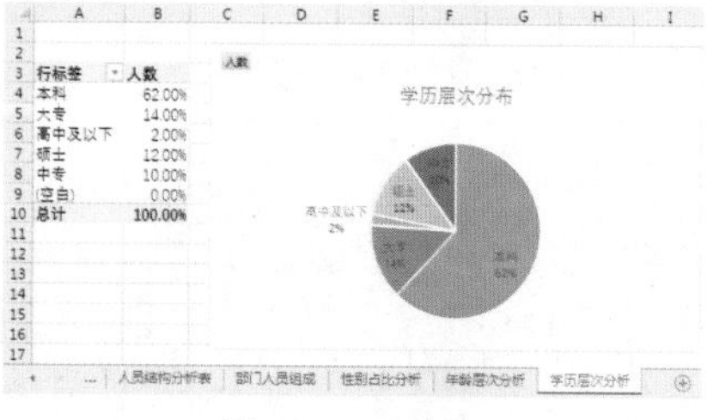

图 24-34（续）

24.2.1 制作人员结构分析表

企业的人事部需要对企业人员结构随时进行分析，以便知道人力资源的配置是否合理，哪些岗位需要储备人员。本例将制作一个统计表统计企业人员结构的各种基本数据，制作的具体步骤如下。

Step01 ❶ 新建一张空白工作表，并命名为【人员结构分析表】，❷ 在相应单元格中输入要统计数据的提示文字，并进行适当的修饰，如图 24-35 所示。

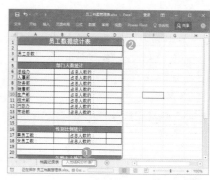

图 24-35

Step02 在 B3 单元格中输入公式【=COUNTA(档案记录表 !A3:A52)】，统计出员工总人数，如图 24-36 所示。

图 24-36

24.2.2 分析各部门员工情况

对各个部门的人数进行统计，不仅可以了解企业人员的结构分配，还能在安排某些工作时给予提示。本例统计部门人员的具体操作步骤如下。

Step01 在 B6 单元格中输入公式【=COUNTIF(档案记录表 !$D$3:$D$52, 人员结构分析表 !A6)】，统计总经办人数，如图 24-37 所示。

图 24-37

Step02 ❶ 选择 B6 单元格，❷ 向下拖动填充控制柄至 B13 单元格，复制公式统计出其他部门的人数，如图 24-38 所示。

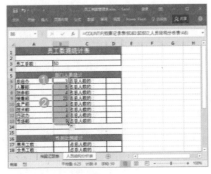

图 24-38

Step03 在 D6 单元格中输入公式【=B6/$B$3】，计算出总经办人数占

总人数的比例，如图 24-39 所示。

图 24-39

Step04 ❶ 选择 D6 单元格，❷ 向下拖动填充控制柄至 D13 单元格，复制公式，计算出各部门人数占总人数的比例，❸ 在【开始】选项卡【数字】组中的列表框中选择【百分比】选项，如图 24-40 所示。

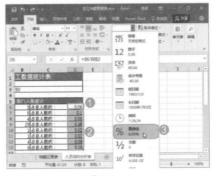

图 24-40

Step05 连续两次单击【数字】组中的【减少小数位数】按钮，让占比显示为整数的百分比类型，如图 24-41 所示。

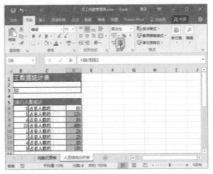

图 24-41

Step06 ❶ 选择【档案记录表】工作表，❷ 选择 D 列单元格，❸ 单击【插入】选项卡【表格】组中的【推荐的数据透视表】按钮，如图 24-42 所示。

图 24-42

Step07 打开【推荐的数据透视表】对话框，❶ 在左侧列表框中选择需要的数据透视效果，❷ 单击【确定】按钮，如图 24-43 所示。

图 24-43

Step08 ❶ 修改新工作表的名称为【部门人员组成】，并将其移动到所有工作表标签的最后，❷ 选择 B3 单元格，❸ 单击【数据透视表工具 分析】选项卡【活动字段】组中的【字段设置】按钮，如图 24-44 所示。

图 24-44

Step09 打开【值字段设置】对话框，

❶在【自定义名称】文本框中输入【人数】，❷单击【确定】按钮，如图24-45所示。

图 24-45

Step⑩ 返回工作表，即可看到数据透视表中的该字段名称显示为【人数】。❶选择任意包含数据透视内容的单元格，❷单击【工具】组中的【数据透视图】按钮，如图24-46所示。

图 24-46

Step⑪ 打开【插入图表】对话框，❶在左侧选择【饼图】选项卡，❷在右侧选择【三维饼图】选项，❸单击【确定】按钮，如图24-47所示。

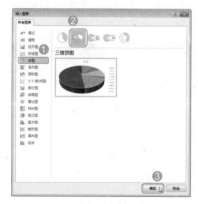

图 24-47

Step⑫ 返回工作表，即可查看到插入的数据透视图效果。在【数据透视图工具 设计】选项卡【图表样式】组中的列表框中选择需要的图表样式，如图24-48所示。

图 24-48

Step⑬ ❶单击【图表布局】组中的【快速布局】按钮，❷在弹出的下拉列表中选择需要的图表布局效果，如图24-49所示。

图 24-49

Step⑭ ❶选择数据标签，❷在【数据透视图工具 格式】选项卡【形状样式】组中的列表框中选择需要的形状样式，如图24-50所示。

图 24-50

Step⑮ ❶单击【数据透视图工具 设计】选项卡【图表布局】组中的【添加图

表元素】按钮，❷在弹出的下拉菜单中选择【图表标题】命令，❸在弹出的下级子菜单中选择【图表上方】命令，如图24-51所示。

图 24-51

Step⑯ 修改图表标题为【部门人员分布】，并将其移动到图表的较上方位置，如图24-52所示。

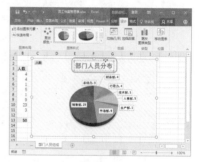

图 24-52

Step⑰ ❶选择【人员结构分析表】工作表，❷在A14单元格中输入相应的文本，❸单击【插入】选项卡【链接】组中的【超链接】按钮，如图24-53所示。

图 24-53

Step⑱ 打开【插入超链接】对话框，❶在左侧单击【本文档中的位置】按钮，❷在右侧列表框中选择【部门人员组成】选项，❸单击【确定】按钮，如图 24-54 所示。

图 24-54

24.2.3 分析员工性别占比

进行人员统计时，对性别进行统计也很常见。本例统计员工性别的操作步骤如下。

Step 01 在 B17 单元格中输入公式【=COUNTIF(档案记录表 !C3:C52, " 男 ")】，统计出男员工人数，如图 24-55 所示。

图 24-55

Step 02 在 B18 单元格中输入公式【=COUNTIF(档案记录表 !C3:C52, " 女 ")】，统计出女员工人数，如图 24-56 所示。

图 24-56

Step 03 ❶ 在 D17 单元格中输入公式【=B17/$B$3】，统计男员工占总人数的比例，❷ 复制 D17 单元格公式到 D18 单元格中，得到女员工占总人数的比例，❸ 选择 D17:D18 单元格区域，单击【开始】选项卡【数字】组中的【百分比样式】按钮 %，如图

24-57 所示。

图 24-57

Step 04 ❶ 选择【档案记录表】工作表，❷ 单击【插入】选项卡【图表】组中的【数据透视图】按钮，❸ 在弹出的下拉列表中选择【数据透视图和数据透视表】选项，如图 24-58 所示。

图 24-58

Step 05 打开【创建数据透视表】对话框，❶ 在【表 / 区域】参数框中引用档案记录表中的 A2:R52 单元格区域，❷ 单击【确定】按钮，如图 24-59 所示。

图 24-59

Step 06 修改新工作表的名称为【性别占比分析】，并将其移动到所有工作表标签的最后，❶ 选择数据透视图，

❷ 单击【数据透视图字段】任务窗格中【值】列表框中【计数项：员工编号】选项后的下拉按钮，❸ 在弹出的下拉菜单中选择【值字段设置】命令，如图 24-60 所示。

图 24-60

Step 07 打开【值字段设置】对话框，❶ 在【自定义名称】文本框中输入【人数】，❷ 单击【值显示方式】选项卡，❸ 在【值显示方式】下拉列表框中选择【总计的百分比】选项，❹ 单击【确定】按钮，如图 24-61 所示。

图 24-61

Step 08 ❶ 选择数据透视图，❷ 单击【数据透视图工具 设计】选项卡【类型】组中的【更改图表类型】按钮，如图 24-62 所示。

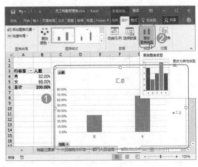

图 24-62

Step⑨ 打开【更改图表类型】对话框，❶ 在左侧选择【饼图】选项卡，❷ 单击【确定】按钮，如图 24-63 所示。

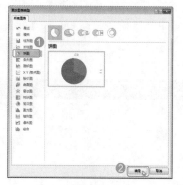

图 24-63

Step⑩ ❶ 单击【图表布局】组中的【快速布局】按钮，❷ 在弹出的下拉列表中选择需要的图表布局样式，如图 24-64 所示。

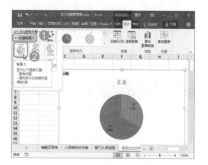

图 24-64

Step⑪ 修改图表名称为【性别占比分析】，如图 24-65 所示。

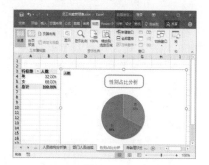

图 24-65

Step⑫ ❶ 选择【人员结构分析表】工作表，❷ 在 A19 单元格中输入相应的文本，❸ 单击【插入】选项卡【链接】组中的【超链接】按钮，如图 24-66 所示。

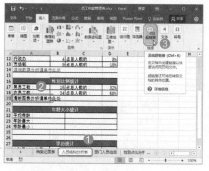

图 24-66

Step⑬ 打开【插入超链接】对话框，❶ 在左侧单击【本文档中的位置】按钮，❷ 在右侧列表框中选择【性别占比分析】选项，❸ 单击【确定】按钮，如图 24-67 所示。

图 24-67

24.2.4 分析员工年龄层次

本例中对员工年龄进行分段分析的具体操作步骤如下。

Step① ❶ 在 C22 单元格中输入公式【=AVERAGE(档案记录表 !I3:I52)】，计算出员工的平均年龄，❷ 连续两次单击【开始】选项卡【数字】组中的【减少小数位数】按钮，让该单元格中的数字最终显示为整数，如图 24-68 所示。

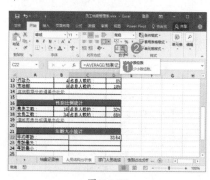

图 24-68

Step② 在 C23 单元格中输入公式【=MAX(档案记录表 !I3:I52)】，返回员工的最大年龄，如图 24-69 所示。

图 24-69

Step③ 在 C24 单元格中输入公式【=MIN(档案记录表 !I3:I52)】，返回员工的最小年龄，如图 24-70 所示。

图 24-70

Step④ ❶ 选择【档案记录表】工作表，❷ 单击【插入】选项卡【图表】组中的【数据透视图】按钮，❸ 在弹出的下拉列表中选择【数据透视图和数据透视表】选项，如图 24-71 所示。

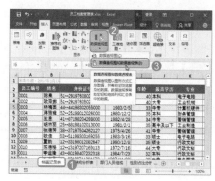

图 24-71

Step⑤ 打开【创建数据透视表】对话框，❶ 在【表 / 区域】参数框中引用档案记录表中的 A2:R52 单元格区域，❷ 单击【确定】按钮，如图 24-72 所示。

图 24-72

Step06 ① 修改新工作表的名称为【年龄层次分析】，并将其移动到所有工作表标签的最后，② 选择数据透视图，③ 在【数据透视图字段】任务窗格的字段列表框中选中【年龄】复选框，Excel 默认将年龄字段设置为值字段，④ 选择字段列表框中的【年龄】，并将其拖动到【轴】列表框中，如图 24-73 所示。

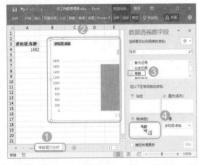

图 24-73

Step07 ① 单击【值】列表框中【求和项：年龄】选项后的下拉按钮，② 在弹出的下拉菜单中选择【值字段设置】命令，如图 24-74 所示。

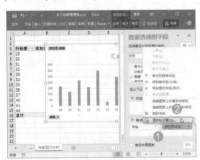

图 24-74

Step08 打开【值字段设置】对话框，① 在【自定义名称】文本框中输入【人数】，② 在【计算类型】列表框中选择【计数】选项，③ 单击【确定】按钮，如图 24-75 所示。

图 24-75

Step09 ① 选择行标签列下的任意单元格，② 单击【数据透视表工具 分析】选项卡【分组】组中的【组选择】按钮，如图 24-76 所示。

图 24-76

Step10 打开【组合】对话框，① 在【起始于】文本框中输入需要设置的年龄起始值（要分段的最小年龄），这里输入【25】，② 在【终止于】文本框中输入需要设置的年龄终止值（要分段的最大年龄），这里输入【50】，③ 在【步长】文本框中输入需要将多少年龄差距分组到一个年龄段中，这里输入【5】，④ 单击【确定】按钮，如图 24-77 所示。

图 24-77

Step11 返回数据透视表，即可看到已经根据设置的年龄阶段结合实际的年龄进行了分段显示和统计。① 修改图表名称为【年龄层次分析】，② 选择图表中的图例，并右击，③ 在弹出的快捷菜单中选择【删除】命令，如图 24-78 所示。

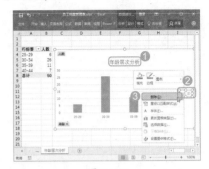

图 24-78

Step12 ① 选择【人员结构分析表】工作表，② 在 A25 单元格中输入相应的文本，③ 单击【插入】选项卡【链接】组中的【超链接】按钮，如图 24-79 所示。

图 24-79

Step13 打开【插入超链接】对话框，① 在左侧单击【本文档中的位置】按钮，② 在右侧列表框中选择【年龄层次分析】选项，③ 单击【确定】按钮，如图 24-80 所示。

图 24-80

24.2.5 分析员工学历层次

对员工学历进行统计，也可以了解企业人员的结构分配。本例中需要对本科学历的人数和硕士学历的人数进行求和，具体操作步骤如下。

Step01 在 B28 单元格中输入公式【=COUNTIF(档案记录表 !J3:J52," 本科 ")+COUNTIF(档案记录表 !J3:J52," 硕士 ")】，统计出本科以上学历的人数，如图 24-81 所示。

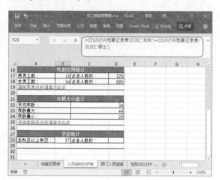

图 24-81

Step02 ❶ 在 D28 单元格中输入公式【=B28/B3】，即可计算出本科及本科以上学历的人数占总人数的比例，❷ 单击【开始】选项卡【数字】组中的【百分比样式】按钮 % ，让计算结果显示为正式的百分比样式，如图 24-82 所示。

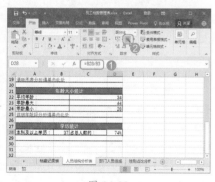

图 24-82

Step03 ❶ 选择【档案记录表】工作表，❷ 选择 J 列单元格，❸ 单击【插入】选项卡【表格】组中的【推荐的数据透视表】按钮，如图 24-83 所示。

图 24-83

Step04 打开【推荐的数据透视表】对话框，❶ 在左侧列表框中选择需要的数据透视效果，❷ 单击【确定】按钮，如图 24-84 所示。

图 24-84

Step05 ❶ 修改新工作表的名称为【学历层次分析】，并将其移动到所有工作表标签的最后，❷ 选择 B3 单元格，❸ 单击【数据透视表工具 分析】选项卡【活动字段】组中的【字段设置】按钮，如图 24-85 所示。

图 24-85

Step06 打开【值字段设置】对话框，❶ 在【自定义名称】文本框中输入【人数】，❷ 单击【值显示方式】选项卡，

❸ 在【值显示方式】下拉列表框中选择【总计的百分比】选项，❹ 单击【确定】按钮，如图 24-86 所示。

图 24-86

Step07 ❶ 选择任意包含数据透视内容的单元格，❷ 单击【工具】组中的【数据透视图】按钮，如图 24-87 所示。

图 24-87

Step08 打开【插入图表】对话框，❶ 在左侧选择【饼图】选项卡，❷ 单击【确定】按钮，如图 24-88 所示。

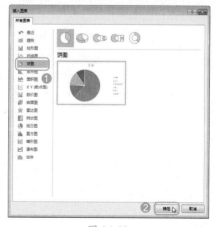

图 24-88

Step09 ❶ 选择插入的数据透视图，❷ 单击【数据透视图工具 设计】选项卡【图表布局】组中的【快速布局】按钮，❸ 在弹出的下拉列表中选择需要的图表布局样式，如图 24-89 所示。

图 24-89

Step10 选择图表中的多余数据标签，按【Delete】键将其删除，如图 24-90 所示。

图 24-90

Step11 ❶ 选择【人员结构分析表】工作表，❷ 在 A29 单元格中输入相应的文本，❸ 单击【插入】选项卡【链接】组中的【超链接】按钮，如图 24-91 所示。

图 24-91

Step12 打开【插入超链接】对话框，❶ 在左侧单击【本文档中的位置】按钮，❷ 在右侧列表框中选择【学历层次分析】选项，❸ 单击【确定】按钮，如图 24-92 所示。

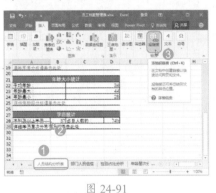

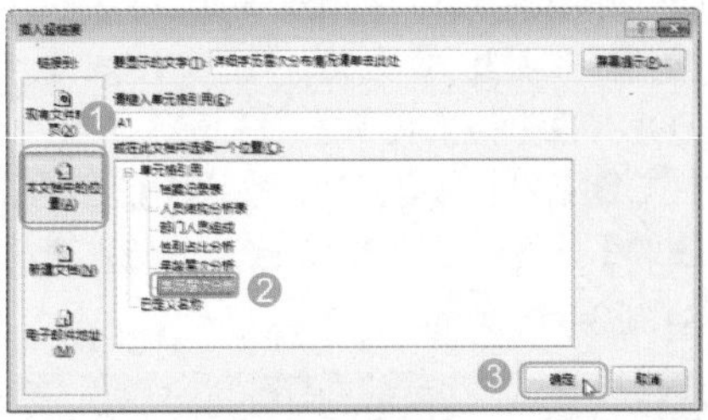

图 24-92

24.3 实现任意员工档案数据的查询

实例门类	函数＋单元格引用＋数据有效性设置类
教学视频	光盘\视频\第 24 章\24.3.mp4

使用 Excel 制作员工档案表，还能省去传统人事管理中翻查档案袋的步骤，提高工作效率。接下来制作员工档案查询表，帮助相关人员快速查找档案信息，完成后的效果如图 24-93 所示。

员工档案查询表	
员工编号	0001
姓名	陈果
性别	男
所在部门	总经办
职务	总经理
籍贯	四川
身份证号	51-*29197608020030
出生日期	1976/8/2
年龄	40
最高学历	本科
专业	电子电路
入职时间	2006/7/1
离职时间	1900/1/0
工龄	10
联系电话	1354589****
QQ	81225***55
E-mail	81225***55@qq.com
家庭地址	交大路

图 24-93

24.3.1 建立员工档案查询表框架

下面首先来建立员工档案查询表的框架，具体操作步骤如下。

Step01 ❶ 新建一张空白工作表，并命名为【档案查询表】，并将其移动到所有工作表标签的最前面，❷ 选择【档案记录表】工作表，❸ 选择第二行单元格，❹ 单击【开始】选项卡【剪贴板】组中的【复制】按钮，如图 24-94 所示。

图 24-94

图 24-100

Step 02 ❶ 选择【档案查询表】工作表，❷ 选择 B4 单元格，❸ 单击【剪贴板】组中的【粘贴】按钮，❹ 在弹出的下拉列表中选择【转置】选项，❺ 合并 B2:C2 单元格区域并输入表头名称，进行简单格式设置，如图 24-95 所示。

图 24-95

Step 03 ❶ 为 B4:C21 单元格区域设置合适的边框效果，❷ 选择 C4:C21 单元格区域，❸ 单击【对齐方式】组中的【居中】按钮，如图 24-96 所示。

图 24-96

Step 04 ❶ 选择 C10 单元格，❷ 在【数字】组中的列表框中设置数字类型为【文本】，如图 24-97 所示。

Step 05 ❶ 选择 C11、C15 和 C16 单元格，❷ 在【数字】组中的列表框中设置数字类型为【短日期】，如图 24-98 所示。

图 24-98

Step 06 在该查询表中需要实现的功能是：用户在【员工编号】单元格 C4 中输入工号，然后在下方的各查询项目单元格中显示出查询结果，故在 C4 单元格中可设置数据有效性，仅允许用户填写或选择【档案记录表】工作表中存在的员工编号。❶ 选择 C4 单元格，❷ 单击【数据】选项卡【数据工具】组中的【数据验证】按钮，如图 24-99 所示。

图 24-99

24.3.2　实现快速查询

要实现员工档案的快速查询，还需要建立公式让各项档案数据与某一项唯一数据挂钩。本例中需要根据员工工号显示出员工的姓名和其他档案信息，在【档案记录表】工作表中已存在员工档案的相关信息，此时仅需要应用 VLOOKUP 函数查询表格区域中相应列的内容即可，具体操作步骤如下。

Step 01 选择 C5 单元格，输入公式【=VLOOKUP($C$4,档案记录表!$A$3:$R$52,ROW(A2),FALSE)】，如图 24-101 所示。

图 24-101

技术看板

本步骤中在 VLOOKUP 函数中套用 ROW 函数，通过复制公式时单元格引用位置的更改，同时更改 ROW 函数中参数的单元格引用位置，从而返回不同单元格的行号，可以简化后续公式的手动输入。

Step 02 ❶ 选择 C5 单元格，向下拖动填充控制柄至 C21 单元格，即可复制公式到这些单元格，依次返回该员工的各项档案数据，❷ 单击【自动填充选项】按钮，❸ 在弹出的下拉菜单中选择【不带格式填充】选项，如图 24-102 所示。

图 24-102

图 24-103

Step 03 在 C4 单元格中输入员工工号，即可在下方的单元格中查看到该员工具体的档案数据，如图 24-103 所示。

24.4 保护工作表

实例门类	锁定单元格＋保护工作表类
教学视频	光盘\视频\第 24 章\24.4.mp4

本例到目前为止已完成了具体数据的分析和制作，为了保证其他人在使用该表格时不会因为错误操作而修改其中的数据，也为了保证后续在该工作表基础上制作的表格的准确性，需要对原始数据工作表进行保护操作。当工作簿中存在受保护的工作表时，可以通过【文件】菜单的【信息】命令查看到，效果如图 24-104 所示。

图 24-104

24.4.1 保护员工档案不被修改

由于档案记录表中的基础数据已经确认准确，希望保护该工作表中的数据不再被随意修改，可以对其进行保护，具体操作步骤如下。

Step 01 ❶ 选择【档案记录表】工作表，❷ 单击【审阅】选项卡【更改】组中的【保护工作表】按钮，如图 24-105 所示。

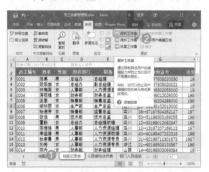

图 24-105

Step 02 打开【保护工作表】对话框，❶ 在【取消工作表保护时使用的密码】文本框中输入密码【123】，❷ 选中【保护工作表及锁定的单元格内容】复选框，❸ 在【允许此工作表的所有用户进行】列表框中选中【选定锁定单元

格】【选定未锁定的单元格】和【设置单元格格式】复选框，❹ 单击【确定】按钮，如图 24-106 所示。

图 24-106

Step 03 打开【确认密码】对话框，❶ 在【重新输入密码】文本框中输入设置的密码【123】，❷ 单击【确定】按钮，如图 24-107 所示。

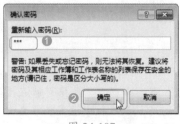

图 24-107

Step 04 返回工作表，将会发现只能选择该工作表中的单元格和设置单元格格式了，如果对单元格进行了其他编辑，将会打开提示对话框提示不能进行更改，如图 24-108 所示。

图 24-108

24.4.2 设置档案查询表中可以编辑的单元格

由于员工档案查询表中只能通过输入员工编号来查询得到该员工的相应档案信息，其他单元格是不能输入数据的，而且为了保证其他单元格中的公式不被修改，最好对其进行保护，具体操作步骤如下。

Step 01 ❶ 选择【档案查询表】工作表，❷ 选择 C4 单元格，❸ 单击【开始】选项卡【单元格】组中的【格式】按钮，❹ 在弹出的下拉菜单中选择【锁定单元格】命令，取消对该单元格的锁定，如图 24-109 所示。

图 24-109

Step 02 单击【审阅】选项卡【更改】组中的【保护工作表】按钮，如图 24-110 所示。

图 24-110

Step 03 打开【保护工作表】对话框，❶ 在【取消工作表保护时使用的密码】文本框中输入密码【234】，❷ 选中【保护工作表及锁定的单元格内容】复选框，❸ 在【允许此工作表的所有用户进行】列表框中选中【选定未锁定的单元格】和【编辑对象】复选框，❹ 单击【确定】按钮，如图 24-111 和图 24-112 所示。

图 24-111

图 24-112

Step 04 打开【确认密码】对话框，❶ 在【重新输入密码】文本框中输入设置的密码【234】，❷ 单击【确定】按钮，如图 24-113 所示。至此，完成本例的全部操作。

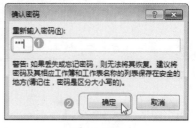

图 24-113

Step 05 返回工作表，将会发现只能在该工作表中的 C4 单元格中输入数据了，其他单元格连选中都无法实现。

本章小结

本章模拟了企业员工档案表制作与管理分析的过程，介绍了通过 Excel 制作常见基础表格的方法，其间可以通过设置数据有效性规范表格内容、提高编辑速度，再通过公式快速获得一些具有关联性的数据，避免手动输入。另外，对数据进行分析的时候，主要讲解了使用公式进行计算和插入数据透视图表获得结果的方法，相比之下，插入数据透视表不仅能得到同样的结果，还可以让用户更直观地看到计算的结果和在总数中所占的比例。因此，在实际工作中，对于简单的数据分析使用图表的方式来展现可能会得到更好的效果，除非是遇到复杂的问题或者需要精准的计算结果时才使用公式和函数来获得数据。最后，简单讲解了工作表的保护操作，其实只是想提醒用户时刻记得保护自己的劳动成果，避免因后期操作失误而得到错误的结果，导致重复工作。

> ➡ 销售的产品包含很多参数，这些数据会在不同的表格中被调用，制作一个基础表吧！
>
> ➡ 每天销售那么多产品，各种销售明细汇集成日记账、月记账，应该如何快速记录这些数据？
>
> ➡ 怎样统计各种产品的具体销售数据？
>
> ➡ 如何选择合适的图表展示统计数据？
>
> ➡ 怎样快速分析销售人员的业绩情况？

　　本章将通过制作产品的数据统计表、统计产品销售数据以及利用表格对销售人员的业绩进行分析的实例来综合运用所学的表格相关知识，学习过程中，读者也将获得以上问题的答案。

25.1　制作产品销售数据统计报表

实例门类	设置单元格格式＋函数类
教学视频	光盘\视频\第25章\25.1.mp4

　　对于工业企业和商品流通企业来说，都会涉及产品的营销问题。产品销售过程中会涉及很多数据，如果平时将这些数据进行收集和整理，就可以通过分析发现很多问题。工作中经常会使用到的有销售表，它是用来记录销售数据，以便向上级报告销售情况的表格。本节就来制作一个产品销售数据统计表，完成后的效果如图25-1和图25-2所示。

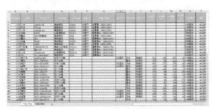

图 25-1

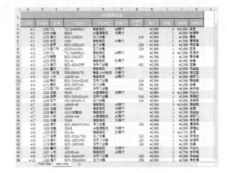

图 25-2

25.1.1　建立企业产品价目表

　　产品价目表一般是为公司生产或引进的新产品而制作的，记录了产品的各种基础信息。如果将企业当前所有的产品都记录在一个工作表中，在制作其他表格时就可以通过引用或公式快速获得相应信息了。例如，本例中首先就制作了一个产品价目表，用于记录所有销售产品的编码、品牌、产品型号、产品类型等，具体操作步骤如下。

Step01　❶ 新建一个空白工作簿，并以【销售统计表】为名进行保存，❷ 修改 Sheet1 工作表的名称为【产品价目表】，❸ 在第一行中输入相应的表头名称，并进行格式设置，❹ 在各单元格中依次输入产品的明细数据，完成后的效果如图 25-3 所示。

图 25-3

Step02　❶ 选择P列单元格，❷ 在【开始】选项卡【数字】组中的列表框中选择【货币】选项，如图 25-4 所示。

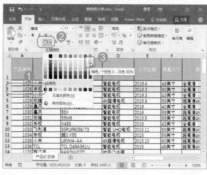

图 25-4

Step03 连续两次单击【减少小数位数】按钮 ，让该列数字显示为整数的货币型，如图 25-5 所示。

图 25-5

Step04 ❶ 选择所有包含数据以及未来可能输入数据的单元格区域，❷ 单击【开始】选项卡【字体】组中的【边框】按钮 ，❸ 在弹出的下拉菜单中选择【所有框线】命令，如图 25-6 所示。

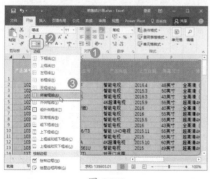

图 25-6

Step05 ❶ 选择第三行单元格，❷ 单击【字体】组中的【填充颜色】按钮 ，❸ 在弹出的下拉菜单中选择【浅绿色】选项，如图 25-7 所示。

Step06 ❶ 选择第二行和第三行单元格，向下拖动填充控制柄，直到将所有包含数据的单元格区域全部填充完为止，❷ 单击【自动填充选项】按钮 ，❸ 在弹出的下拉菜单中选择【仅填充格式】选项，如图 25-8 所示。

图 25-8

25.1.2 创建销售记录表并设置表格格式

销售记录表中记录的数据基本上相似，包括销售的产品及相关信息、销售的数量、单价、销售的金额、销售人等。下面来制作本例中的销售记录表框架，具体操作步骤如下。

Step01 ❶ 新建一张工作表，并命名为【销售记录表】，❷ 在第一行和第二行单元格中输入该表格的表头名称，并进行简单的格式设置，❸ 选择 A 列单元格，❹ 单击【开始】选项卡【数字】组右下角的【对话框启动器】按钮 ，如图 25-9 所示。

图 25-9

Step02 打开【设置单元格格式】对话框，❶ 在【数字】选项卡的【分类】列表框中选择【日期】选项，❷ 在右侧的【类型】列表框中选择需要的日期格式，❸ 单击【确定】按钮，如图 25-10 所示。

图 25-10

25.1.3 输入产品编码自动返回产品信息

由于销售记录表中的很多数据可以通过引用【产品价目表】工作表中的数据得到，本例将设置各列单元格的公式，实现在销售记录表中输入产品编号，即可得到该产品的其他相关数据，具体操作步骤如下。

Step01 ❶ 在 A3 和 B3 单元格中输入第一条记录的销售日期和产品编号，❷ 在 C3 单元格中输入公式【=VLOOKUP($B3,产品价目表!$A$2:$P$92,COLUMN(B1))】，即可根据 B3 单元格中输入的产品编码返回相应的品牌，如图 25-11 所示。

图 25-11

技术看板

本例中使用 VLOOKUP 函数进行数据查找时，也可以直接指定要查找的列，如第 2 列。但为了方便后面的数据可以通过复制公式快速得到，所以又套用了 COLUMN 函数，使该函数在进行填充公式后可以快速查找其他列的数据。

Step02 ❶ 选择 C3 单元格，❷ 向右拖动填充控制柄至 E3 单元格，即可根据 B3 单元格中输入的产品编码返回相应的产品型号和产品类型，如图 25-12 所示。

图 25-12

Step03 在 F3 单元格中输入公式【=IF(COUNTIF(E3,"* 电视 "),VLOOKUP(B3,产品价目表 !$A$2:$P$92,6),"")】，如图 25-13 所示。

Step04 在 G3 单元格中输入公式【=IF(F3="",VLOOKUP(B3,产品价目表 !$A$2:$P$92,11),"")】，如图 25-14 所示。

图 25-13

技术看板

本例中的产品是不同类型的产品，所以细节参数不一样。步骤 3 中的公式是先判断 E3 单元格中的内容是否包含【电视】文本，如果是，就返回区域中的第 6 列数据，否则说明不是电视类产品，不需要返回该列数据。

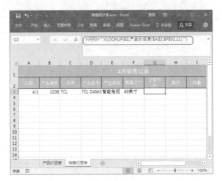

图 25-14

技术看板

步骤 4 中的公式是先判断 F3 单元格是否为空，如果不为空，则说明该条记录是电视产品的记录，就返回区域中的第 11 列数据，否则返回空值。

Step05 在 H3 单元格中输入公式【=VLOOKUP($B3,产品价目表 !$A$2:$P$92,16)】，如图 25-15 所示。

Step06 ❶ 选择 H 列单元格，❷ 在【数字】组中的列表框中选择【货币】选项，如图 25-16 所示。

图 25-15

图 25-16

Step07 连续两次单击【减少小数位数】按钮，让该列数字显示为整数的货币型，如图 25-17 所示。

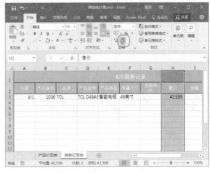

图 25-17

Step08 ❶ 选择 C3:H3 单元格区域，❷ 向下拖动填充控制柄，将公式复制到各列后续的单元格中，如图 25-18 所示。

Step09 ❶ 继续输入该条记录的其他数据，❷ 选择 J3 单元格，❸ 向下拖动填充控制柄，将公式复制到后续的单元格中，如图 25-19 所示。

图 25-18

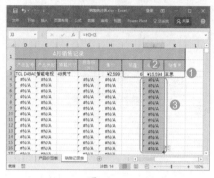

图 25-19

Step⑩ ① 在表格中依次输入各条销售

记录，② 选择 D 列和 E 列单元格，③ 调整这两列的列宽到合适，如图 25-20 所示。

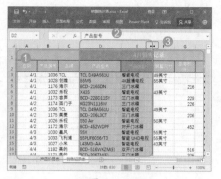

图 25-20

Step⑪ ① 选择同一天的销售数据记录行，② 单击【字体】组中的【填充颜色】按钮 🎨，③ 在弹出的下拉菜单中选择【浅绿色】选项，如图 25-21 所示。

Step⑫ 使用相同的方法将表格中隔天的销售数据记录行填充为浅绿色底纹，完成后的效果如图 25-22 所示。

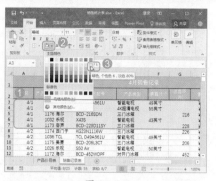

图 25-21

图 25-22

25.2 统计各类产品的销售数据

实例门类	排序＋分类汇总＋图表类
教学视频	光盘\视频\第25章\25.2.mp4

创办企业的最终目的是盈利，而是否赢利与产品的销量有直接关系。通常情况下，营销部门会根据销售记录报表来汇总产品的销量，掌握产品的社会地位和市场认可度，分析产品的近期走势，合理预测产品的销售前景并制定相应的营销策略，同时也方便厂家确定下一批次产品的生产量或研发新的产品。本节分析各类产品的销售数据，完成后的效果如图 25-23 所示。

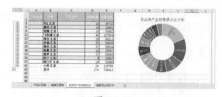

图 25-23

25.2.1 使用函数返回各类产品的销售数据统计结果

要将销售记录表中的数据按照产品类别进行统计，只需要使用 SUMIF 函数即可统计出来，具体操作步骤如下。

Step① ① 新建一张工作表，并命名为【各类别产品销售统计】，② 选择【产品价目表】工作表，③ 选择 A1:C29 单元格区域，④ 单击【开始】选项卡

【剪贴板】组中的【复制】按钮 📋，如图 25-24 所示。

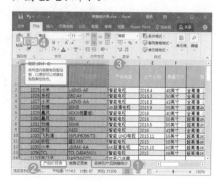

图 25-24

Step② ① 将复制的内容粘贴到【各类别产品销售统计】工作表的 A1 单元格中，② 在 D1、E1 单元格中输入合适的表头，③ 在 D2 单元格中输入公式【=SUMIF(销售记录表 !$B$3:

$B$128,A2,销售记录表!$I$3:$I$128)】，计算出该型号产品的销售数量，如图25-25所示。

图 25-25

Step03 在 E2 单元格中输入公式【=SUMIF(销售记录表!$B$3:$B$128,A2,销售记录表!$J$3:$J$128)】，计算出该型号产品的销售金额，如图25-26所示。

图 25-26

Step04 ❶ 选择 D2:E2 单元格区域，❷ 向下拖动填充控制柄，复制公式到下方的单元格中，计算出其他型号产品的销售数量和销售金额，如图25-27所示。

图 25-27

Step05 ❶ 选择 C1:C29 单元格区域，❷ 向右拖动填充控制柄至 D 列和 E 列中，❸ 单击显示出的【自动填充选项】按钮，❹ 在弹出的下拉菜单中选择【仅填充格式】选项，如图25-28所示。

图 25-28

25.2.2 使用图表直观显示各品牌产品的销售金额

为了更加直观地查看各产品的销售情况，可以插入图表进行显示，具体操作步骤如下。

Step01 ❶ 选择 A1:E29 单元格区域，❷ 单击【数据】选项卡【排序和筛选】组中的【排序】按钮，如图25-29所示。

图 25-29

Step02 打开【排序】对话框，❶ 设置主要关键字为【品牌】，❷ 单击【添加条件】按钮，❸ 设置次要关键字为【产品型号】，❹ 单击【确定】按钮，如图25-30所示。

图 25-30

Step03 返回工作表，即可看到排序后的表格数据，保持单元格区域的选择状态，单击【分类显示】组中的【分类汇总】按钮，如图25-31所示。

图 25-31

Step04 打开【分类汇总】对话框，❶ 在【分类字段】下拉列表框中选择【品牌】选项，❷ 在【选定汇总项】列表框中选中【销售数量】和【销售金额】复选框，❸ 单击【确定】按钮，如图25-32所示。

图 25-32

Step05 返回工作表，即可看到分类汇总后的效果。单击左侧列表框中的 ② 按钮，如图25-33所示。

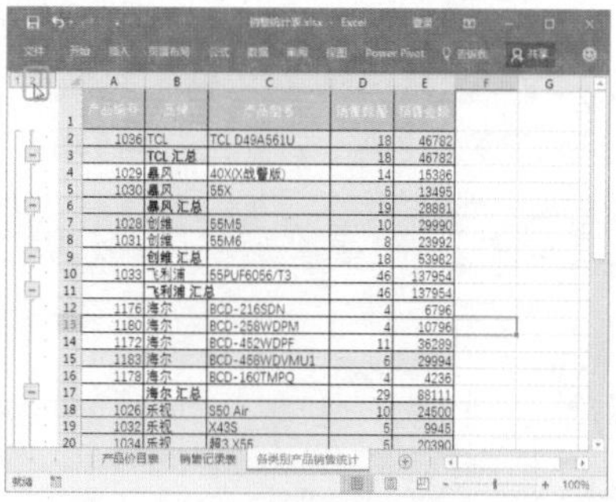

图 25-33

Step 06 经过上步操作，即可看到折叠表格明细数据，查看各品牌汇总的销售数量和销售金额数据就更加清晰了，如图 25-34 所示。

图 25-34

Step 07 ① 选择 B1:B41 和 E1:E41 单元格区域，② 单击【插入】选项卡【图表】组中的【插入层次结构图表】按钮，③ 在弹出的下拉菜单中选择【旭日图】选项，如图 25-35 所示。

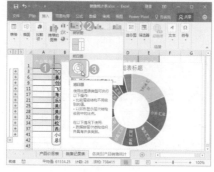

图 25-35

Step 08 经过上步操作，即可插入对应的图表。① 将图表移动到表格空白位置，② 修改图表标题为【各品牌产品销售额占比分析】，如图 25-36 所示。

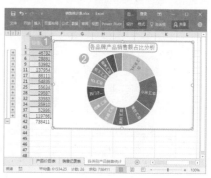

图 25-36

25.3 分析各销售人员业绩

实例门类	函数＋图表类
教学视频	光盘\视频\第 25 章\25.3.mp4

销售数据是企业可以获取的第一手资料，通过对销售数据的统计分析，不但可以统计产品销售情况，还可以分析各销售人员的业绩情况，从而为企业的人力配置提供依据。本例对销售人员业绩分析后的效果如图 25-37 所示。

图 25-37

25.3.1 统计各销售人员的销售量和销售额

要分析销售人员的业绩情况，首先需要统计出当月各销售员的具体销售数量和销售金额，具体操作步骤如下。

Step 01 ① 新建一张工作表，并命名为【销售员业绩分析】，② 输入表格表头名称和销售人员姓名，并进行简单格式设置，③ 在 B2 单元格中输入公式【=SUMIF(销售记录表!$K$3:$K$128, A2, 销售记录表!$I$3:$I$128)】，统计出该员工当月的总销量，如图 25-38 所示。

图 25-38

Step 02 在 C2 单元格中输入公式【=SUMIF(销售记录表!$K$3:$K$128,A2,销售记录表!$J$3:$J$128)】，统计出该员工当月的总销售额，如图 25-39 所示。

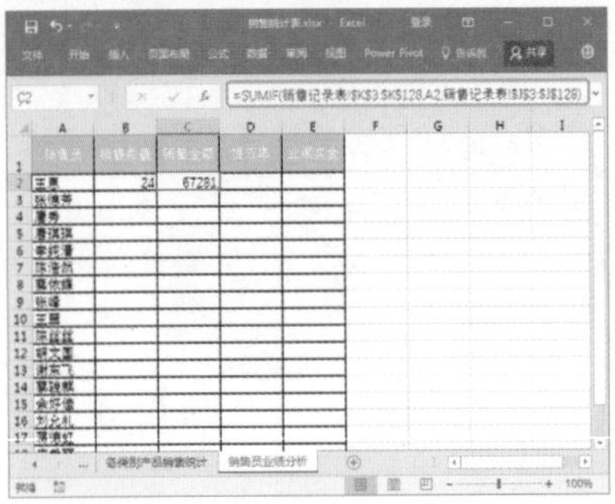

图 25-39

Step 03 ❶ 选择 B2:C2 单元格区域，❷ 向下拖动填充控制柄至 C18 单元格，复制公式计算出其他员工的销售数量和销售金额，如图 25-40 所示。

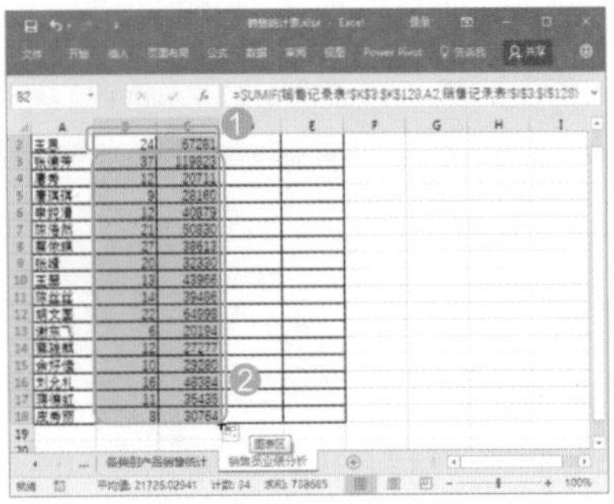

图 25-40

25.3.2 计算员工的业绩奖金

一般情况下，员工的销售金额不同时提成率也是不同的，本例假设销售额在 3 万元以内的提成 5%；大于 3 万元，小于 7 万元的提成 8%；大于 7 万元，小于 10 万元的提成 10%；大于 10 万元的提成 15%，具体操作步骤如下。

Step 01 在 A22:E24 单元格区域中输入要作为提成标准的约定内容，如图 25-41 所示。

图 25-41

Step 02 在 D2 单元格中输入公式【=HLOOKUP(C2,$A$22:$E$24,3)】，计算出根据该员工的销售金额判断出的提成率，如图 25-42 所示。

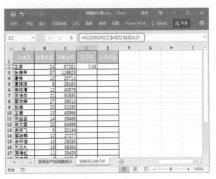

图 25-42

Step 03 ❶ 选择 D 列单元格，❷ 单击【开始】选项卡【数字】组中的【百分比样式】按钮 %，让计算出的结果显示为百分比格式，如图 25-43 所示。

图 25-43

Step 04 在 E2 单元格中输入公式【=D2*C2】，计算出该员工应领取的销售业绩奖金，如图 25-44 所示。

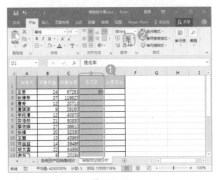

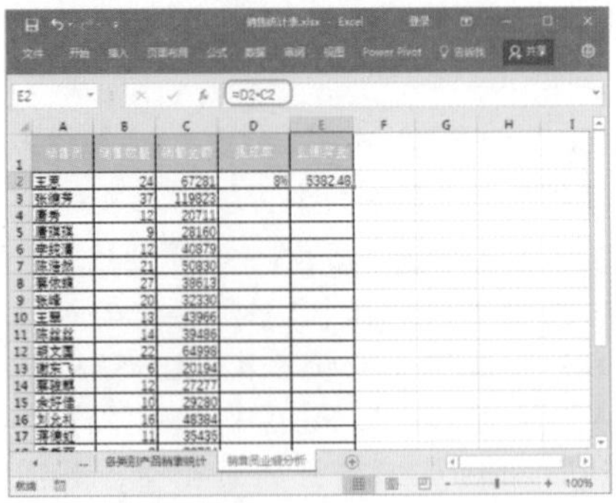

图 25-44

Step 05 ❶ 选择 D2:E2 单元格区域，

❷ 向下拖动填充控制柄至 E18 单元格，复制公式计算出其他员工的提成率和销售业绩奖金，如图 25-45 所示。

图 25-45

25.3.3 使用图表直观显示员工的业绩奖金占比

分析员工的业绩时依然可以用图表来直观展示，由于员工数量比较多，员工的业绩奖金差距比较大，一般会选择条形图进行展示。为了让制作出的表格更加美观，可以事先对源数据进行排序，具体操作步骤如下。

Step 01 ❶ 选择 E 列中的任意单元格，❷ 单击【数据】选项卡【排序和筛选】组中的【降序】按钮，如图 25-46 所示。

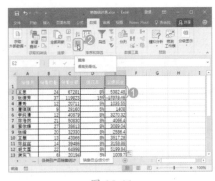

图 25-46

Step 02 ❶ 选择 A1:A18 和 E1:E18 单元格区域，❷ 单击【插入】选项卡【图表】组中的【推荐的图表】按钮，如图 25-47 所示。

图 25-47

Step 03 打开【插入图表】对话框，❶ 在左侧选择需要的图表类型，❷ 单击【确定】按钮，如图 25-48 所示。

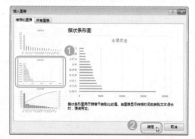

图 25-48

Step 04 返回工作表，即可看到插入的图表效果。❶ 将图表移动到工作表中的空白位置，❷ 修改图表标题为【业绩奖金分析】，❸ 在【图表工具 设计】选项卡的【图表样式】组中的列表框

中选择需要的图表样式，如图 25-49 所示。至此，完成本例的制作。

图 25-49

本章小结

　　本章模拟了产品销售数据的统计和分析过程，在实际工作中，用户可能会遇到很多类似的表格，甚至更加复杂的表格，在制作时都可以按照本案例的制作思路来完成。首先制作一个基础表格，便于其他表格直接调用其中的数据；然后对需要的数据进行统计，统计过程可能会用到各种函数，所以平时工作中常用的函数一定要牢记，能灵活应用到各种表格中；完成数据的统计后，为了让分析更加清楚明了，可以使用图表展示出统计结果，相比于文字描述，图表数据会更直观、清晰，同时方便查阅。

第 1 篇

第 2 篇

第 3 篇

第 4 篇

第 5 篇

第26章 制作企业员工工资统计、查询表

➥ 一份工资统计表中需要涉及哪些数据？可以从哪些基础表格中获取呢？

➥ 如何通过唯一数据查询并获取到其他相关数据？

➥ 工资表中的社保扣费和个人所得税是如何计算的？

➥ 如何使用公式和函数汇总部门信息、建立数据查询？

➥ 打印工资表需要怎样的设置？

本章将通过实例创建企业员工工资统计、查询表来复习前面所学过的单元格引用、页面设置、打印与函数的相关知识，介绍过程中，将会得到以上问题的答案。

26.1 创建与工资核算相关的各表格并统计数据

实例门类	工作表操作＋单元格引用＋函数类
教学视频	光盘＼视频＼第26章＼26.1.mp4

企业对员工工资进行管理是日常管理的一大组成部分。企业需要对员工每个月的具体工作情况进行记录，做到奖惩有据可依，然后将这些记录细节统计到工资表中折算成各种奖惩金额，最终核算出员工当月的工资发放情况记录在工资表中存档。各个企业的工资表可能有所不同，但制作原理基本一样，所以工资表具有相对固定的格式，其中各组成部分因公司规定而有小差异。

由于工资的最终结算金额来自多项数据，如基本工资、岗位工资、工龄工资、提成或奖金、加班工资、请假迟到扣款、保险／公积金扣款、个人所得税等，其中部分数据需要建立相应的表格来管理，然后汇总到工资表中。因此，本例在制作时，首先要创建与工资核算相关的各种表格并统计出需要的数据，方便后期引用到工资表中。本例创建的前

期各类表格效果如图26-1～图26-4所示。

图26-1

图26-2

图26-3

图26-4

26.1.1 创建员工基本工资管理表

员工工资表中总是有一些基础数据需要重复应用到其他表格中，如员工编号、姓名、所属部门、工龄等，而且这些数据的可变性不大。为了方便建立后续的各种表格，也方便统一修改某些基础数据，可以将这些数据

录入到基本工资管理表格中，具体操作步骤如下。

Step01 打开光盘\素材文件\第 26 章\员工档案管理表 .xlsx，❶ 在【档案记录表】工作表标签上右击，❷ 在弹出的快捷菜单中选择【移动或复制】命令，如图 26-5 所示。

图 26-5

Step02 打开【移动或复制工作表】对话框，❶ 在【将选定工作表移至工作簿】下拉列表框中选择【新工作簿】选项，❷ 选中下方的【建立副本】复选框，❸ 单击【确定】按钮，如图 26-6 所示。

图 26-6

Step03 经过上步操作，即可将【档案记录表】工作表复制到新工作表中。❶ 以【员工工资核算表】为名保存新工作簿，❷ 选择第一行单元格，❸ 单击【开始】选项卡【单元格】组中的【删除】按钮，将该行单元格删除，如图 26-7 所示。

Step04 重命名工作表为【基本工资管理表】，选择表格中的 F 列到 K 列，单击【删除】按钮将其删除；选择 C 列，将其删除。在 G 列后根据表格

需要继续添加相应的表头名称，❶ 选择第 4 行单元格，❷ 单击【开始】选项卡【单元格】组中的【删除】按钮，如图 26-8 所示。

图 26-7

图 26-8

Step05 ❶ 使用相同的方法将表格中已经离职的员工信息删除，❷ 修改 G2 单元格中的公式为【=INT((NOW()-E2)/365)】，❸ 拖动填充控制柄将 G2 单元格中的公式复制到该列中，如图 26-9 所示。

技术看板

本例中，判断员工是否离职，查看【离职时间】列中是否填写有日期即可，所以只要将包含日期的单元格行删除。之所以要更改 G2 单元格中的公式，就是因为后期需要将 F 列删除。

Step06 ❶ 选择 F 列单元格，❷ 单击【开始】选项卡【单元格】组中的【删除】按钮，将该列单元格删除，如图 26-10 所示。

Step07 ❶ 在 G 列和 H 列中依次输入各员工的基本工资和岗位工资，❷ 在 I2 单元格中输入公式【=IF(F2<=2,0,IF(F2<5,(F2-2)*50,(F2-5)*100+150))】，

❸ 拖动填充控制柄将 I2 单元格中的公式复制到该列中，如图 26-11 所示。

图 26-9

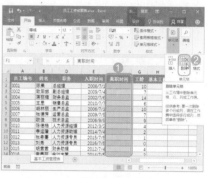

图 26-10

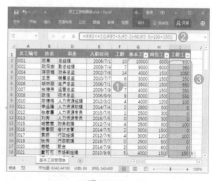

图 26-11

技术看板

本例中规定工龄工资的计算标准为：小于两年不计工龄工资；工龄大于两年小于 5 年时，按每年 50 元递增；工龄大于 5 年时，按每年 100 元递增。

26.1.2 创建奖惩管理表

企业销售人员的工资一般都是由基本工资和销售业绩提成构成，另外，

企业的日常规定中也涉及一些奖励和惩罚机制，涉及工资的部分金额，因此，需要建立一张工作表专门记录这些数据。本例中奖惩管理表的具体制作方法如下。

Step01 ❶ 新建一张工作表，并命名为【奖惩管理表】，❷ 在第一行和第二行单元格中输入相应的表头字段内容，并进行合适的格式设置，❸ 在 A3 单元格中输入需要记录第一条奖惩记录的员工编号，这里输入【'0005】，❹ 在 B3 单元格中输入公式【=VLOOKUP(A3,基本工资管理表!$A$2:$I$86,2)】，如图 26-12 所示。

图 26-12

Step02 在 C3 单元格中输入公式【=VLOOKUP(A3,基本工资管理表!$A$2:$I$86,3)】，如图 26-13 所示。

图 26-13

Step03 ❶ 选择 B3:C3 单元格区域，❷ 拖动填充控制柄将这两个单元格中的公式复制到两列中的其他单元格，如图 26-14 所示。

图 26-14

Step04 ❶ 在 A 列中输入其他需要记录奖惩记录的员工编号，即可根据公式得到对应的姓名和所在部门信息，❷ 在 D、E、F 列中输入对应的奖惩说明，这里首先输入的全部是销售部的销售业绩额，所以全部输入在 D 列中，如图 26-15 所示。

图 26-15

Step05 ❶ 在 G3 单元格中输入公式【=IF(D3<1000000,0,IF(D3<1300000,1000,D3*0.001))】，❷ 拖动填充控制柄将 G3 单元格中的公式复制到该列中，如图 26-16 所示。

图 26-16

技术看板

本例中规定销售提成计算如下：销售业绩不满 100 万元的无提成奖金；超过 100 万元，低于 130 万元的，提成为 1000 元；超过 130 万元的，按 0.1% 计提。

Step06 保持单元格的选择状态，单击【开始】选项卡【数字】组中的【减少小数位数】按钮，让该列数据显示为整数，如图 26-17 所示。

图 26-17

Step07 继续在表格中记录其他的奖惩记录（实际工作中可能会先零散地记录各种奖惩，最后才统计销售提成数据），完成后的效果如图 26-18 所示。

图 26-18

26.1.3 创建考勤统计表

企业对员工工作时间的考核主要记录在考勤表中，在计算员工工资时，需要根据公司规章制度将考勤情况反映为相应的金额奖惩，例如，对迟到进行扣款，对全勤进行奖励等。本例中考勤表中的记录已经事先准备好了，只需要进行数据统计即可，具体操作步骤如下。

Step01 打开光盘\素材文件\第26章\1

月考勤表.xlsx，❶ 在【1月考勤】工作表标签上右击，❷ 在弹出的快捷菜单中选择【移动或复制】命令，如图 26-19 所示。

图 26-19

Step02 打开【移动或复制工作表】对话框，❶ 在【将选定工作表移至工作簿】下拉列表框中选择【员工工资核算表】选项，❷ 在下方的列表框中选择【移至最后】选项，❸ 选中下方的【建立副本】复选框，❹ 单击【确定】按钮，如图 26-20 所示。

图 26-20

Step03 本例后面会单独建立一个加班记录表，所以周末加班的数据需要删除。依次选择星期六和星期日列的数据，按【Delete】键将其删除，如图 26-21 所示。

图 26-21

Step04 ❶ 在 AV ～ BB 列单元格中输入奖金统计的相关表头内容，并对相应的单元格区域设置合适的边框效果，❷ 在 AW6 单元格中输入公式【=AL6*120+AM6*50+AN6*240】，如图 26-22 所示。

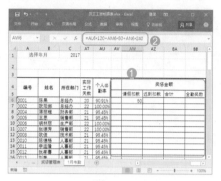

图 26-22

技术看板

本例中规定：事假扣款为 120/天，病假扣款为 50/天，旷工扣款为 240/天。

Step05 在 AZ6 单元格中输入公式【=AO6*10+AP6*50+AQ6*100】，如图 26-23 所示。

图 26-23

技术看板

本例中规定：迟到 10 分钟内扣款 10 元/次，迟到半小时内扣款 50 元/次，迟到 1 小时内扣款 100 元/次。

Step06 在 BA6 单元格中输入公式【=AW6+AZ6】，计算出请假和迟到的总扣款，如图 26-24 所示。

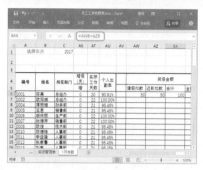

图 26-24

Step07 本例中规定当月全部出勤，且无迟到、早退等情况，即视为全勤，给予 200 元的奖励。所以，在 BB6 单元格中输入公式【=IF(SUM(AL6:AS6)=0,200,0)】，判断出该员工是否全勤，如图 26-25 所示。

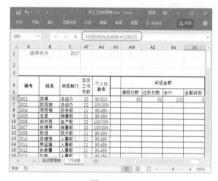

图 26-25

Step08 ❶ 选择 AW6:BB6 单元格区域，❷ 拖动填充控制柄将这几个单元格中的公式复制到同列中的其他单元格，如图 26-26 所示。

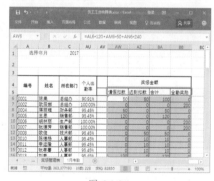

图 26-26

Step09 这里出现了一个错误，在填充单元格公式时，被隐藏的列中的数据也被进行了填充，需要修正。❶ 让

AX 列和 AY 列单元格显示出来，取消合并 AW 单元格后，将 AX 列和 AY 列移动到表格右侧的空白区域，这里移动到 BB 列和 BC 列，再删除 AX 列和 AY 列，重新输入辅助列中的数据，❷ 选择 BB 列和 BC 列单元格，单击【开始】选项卡【单元格】组中的【格式】按钮 ，❸ 在弹出的下拉菜单中选择【隐藏和取消隐藏】命令，❹ 在弹出的下级子菜单中选择【隐藏列】命令，重新进行隐藏，如图 26-27 所示。

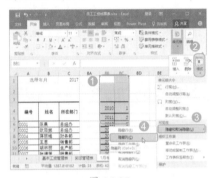

图 26-27

26.1.4 创建加班统计表

加班情况可能出现在任何部门的员工中，因此需要像记录考勤一样对当日的加班情况进行记录，方便后期计算加班工资。本例中直接提供了当月的加班记录表，只需要对加班工资进行统计即可，具体操作步骤如下。

Step❶ 打开光盘\素材文件\第 26 章\加班记录表 .xlsx，❶ 在【1 月加班统计表】工作表标签上右击，❷ 在弹出的快捷菜单中选择【移动或复制】命令，如图 26-28 所示。

图 26-28

Step❷ 打开【移动或复制工作表】对话框，❶ 在【将选定工作表移至工作簿】下拉列表框中选择【员工工资核算表】选项，❷ 在下方的列表框中选择【移至最后】选项，❸ 选中下方的【建立副本】复选框，❹ 单击【确定】按钮，如图 26-29 所示。

图 26-29

Step❸ ❶ 在 AI ～ AL 列单元格中输入加班工资统计的相关表头内容（注意：这里是将之前的隐藏单元格列移动到空白列中后再输入的内容），并对相应的单元格区域设置合适的边框效果，❷ 在 AI6 单元格中输入公式【=SUM(D6:AH6)】，统计出该员工当月的加班总时长，如图 26-30 所示。

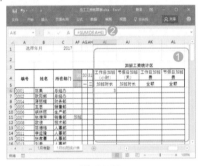

图 26-30

Step❹ 在 AJ6 单元格中输入公式【=COUNTIF(D6:AH6," 加 班 ")】，统计出该员工当月的节假日加班天数，如图 26-31 所示（本例中的素材文件中只对周末加班天数进行了记录，用户在进行日常统计时可以在加班统计表中记录法定假日或特殊情况等的加班，只需要让这类型的加班区

别于工作日加班的记录方法即可，如本例中将工作日的记录用数字进行统计加班时间，将节假日的加班用文本的【加班】进行标识即可）。

图 26-31

Step❺ 本例中规定工作日的加班按每小时 30 元进行补贴，所以在 AK6 单元格中输入公式【=AI6*30】，如图 26-32 所示。

图 26-32

Step❻ 本例中规定节假日的加班按员工当天基本工资与岗位工资之和的两倍进行补贴，所以在 AL6 单元格中输入公式【=ROUND((VLOOKUP(A6, 基本工资管理表 !$A$2:$I$86,7)+VLOOKUP(A6, 基本工资管理表 !$A$2:$I$86,8))/$P$1*AJ6*2,2)】，如图 26-33 所示。

图 26-33

Step 07 ❶ 合并 AM4:AM5 单元格区域，并输入表头内容，❷ 在 AM6 单元格中输入公式【=AK6+AL6】，计算出该员工的加班工资总金额，如图 26-34 所示。

Step 08 ❶ 选择 AI6:AM6 单元格区域，❷ 拖动填充控制柄将这几个单元格中的公式复制到同列中的其他单元格，如图 26-35 所示。

图 26-34

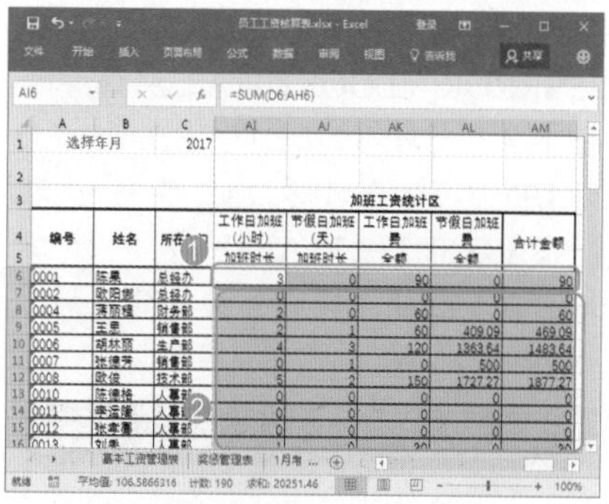

图 26-35

26.2 编制工资核算表

实例门类	单元格引用 + 函数类
教学视频	光盘\视频\ 第26章\26.2.mp4

将工资核算要用到的周边表格数据准备好以后，就可以建立工资管理系统中最重要的一张表格了，即工资统计表。这张表格中的数据需要引用周边表格中的数据，并进行一定的统计。本例中制作的工资统计表效果如图 26-36 所示。

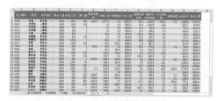

图 26-36

26.2.1 创建工资统计表

工资统计表用于对当月的工资金额进行全面结算，本例的具体操作步骤如下。

❶ 新建一张工作表，并命名为【工资统计表】，❷ 在第一行单元格中输入需要的表头内容，❸ 在 A2、B2、C2 单元格中输入公式【= 表 1[@ 员工编号]】【= 表 1[@ 姓名]】【= 表 1[@ 所在部门]】，分别引用【基本工资管理表】工作表中的 A2、B2、C2 单元格内容，❹ 选择 A2:C2 单元格区域，

拖动填充控制柄将这几个单元格中的公式复制到同列中的其他单元格，如图 26-37 所示。

图 26-37

技术看板

工资统计表制作完成后，其实每月都可以重复使用。为了后期能够快速使用，一般企业会制作一个【X 月工资表】工作簿，其中调入的工作表数据是当月的一些周边表格数据，但是这些工作表名称是相同的，如【加班表】【考勤表】，这样，当需要计算工资时，将上个月的工作簿复制过来，再将各表格中的数据修改为当月数据即可，工资统计表中的公式是不用修改的。

本例中，因为为【基本工资管理表】工作表套用了表格格式，所以 Excel 为这部分单元格区域自定义了名称为

【表 1】，且不能删除名称。当套用的表格格式被更改后名称【表】后的序号还会更改。

26.2.2 应用公式计算工资表中应发金额

员工的工资中除部分为固定数据外，如姓名、基本工资等，其他的数据基本上都需要根据特定的情况计算得出。一般情况下，工资表中的数据需要汇总为应发工资和应扣工资两个部分，最后再合计为实发工资。本小节先来计算本例中的应发工资部分，具体操作步骤如下。

Step 01 ❶ 在 D2 单元格中输入公式【= 表 1[@ 基本工资]】，❷ 向右拖动填充控制柄将 D2 单元格中的公式复制到 E2 和 F2 单元格中，如图 26-38 所示。

图 26-38

Step02 在 G2 单元格中输入公式【=IF (ISERROR(VLOOKUP(A2, 奖惩管理表 !$A$3:$H$39,7,FALSE)),"",VLOOKUP(工资统计表 !A2, 奖惩管理表 !$A$3:$H$39,7,FALSE))】，计算出该员工当月的提成和奖金额，如图 26-39 所示。

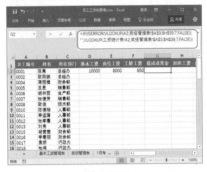

图 26-39

Step03 在 H2 单元格中输入公式【=VLOOKUP(A2,'1 月加班统计表 '!$A$6:$AM$60,39)】，计算出该员工当月的加班工资，如图 26-40 所示。

图 26-40

Step04 在 I2 单元格中输入公式【=VLOOKUP(A2,'1 月考勤 '!$A$6:$AZ$60,52)】，计算出该员工当月是否获得

了全勤奖，如图 26-41 所示。

图 26-41

Step05 在 J2 单元格中输入公式【=SUM(D2:I2)】，统计出该员工当月的应发工资总和，如图 26-42 所示。

图 26-42

26.2.3 应用公式计算工资表中应扣金额

统计完工资表中应该发放的金额后，接着就需要统计应该扣除的金额了，具体操作步骤如下。

Step01 在 K2 单元格中输入公式【=VLOOKUP(A2,'1 月考勤 '!$A$6:$AZ$60,51)】，返回该员工当月的请假、迟到扣款金额，如图 26-43 所示。

图 26-43

Step02 在 L2 单元格中输入公式【=(D2+E2+F2)*(0.08+0.02+0.005+0.12)】，计算出该员工当月需要缴纳的保险 /公积金金额，如图 26-44 所示。

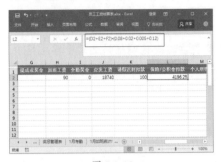

图 26-44

Step03 在 M2 单元格中输入公式【=IF(J2-L2<3500,0,IF(J2-L2-3500<=1500,(J2-L2-3500)*0.03,IF(J2-L2-3500<=4500,(J2-L2-3500)*0.1-105,IF(J2-L2-3500<=9000,(J2-L2-3500)*0.2-555,IF(J2-L2-3500<=35000,(J2-L2-3500)*0.25-1005)))))】，计算出该员工根据其当月工资应缴纳的个人所得税金额，如图 26-45 所示。

图 26-45

技术看板

本例中的个人所得税是根据最新的个人所得税计算方法计算得到的。个人所得税的起征点为 3500 元，根据个人所得税税率表，将工资、薪金所得分为七级超额累进税率，税率为 3%~45%，附表如下。

个人所得税税率表

级数	应纳税所得额（含税）	应纳税所得额（不含税）	税率(%)	速算扣除数
1	不超过 1500 元的	不超过 1455 元的	3	0
2	超过 1500 元至 4500 元的部分	超过 1455 元至 4155 元的部分	10	105 元
3	超过 4500 元至 9000 元的部分	超过 4155 元至 7755 元的部分	20	555 元
4	超过 9000 元至 35 000 元的部分	超过 7755 元至 27 255 元的部分	25	1005 元
5	超过 35 000 元至 55 000 元的部分	超过 27 255 元至 41 255 元的部分	30	2775 元
6	超过 55 000 元至 80 000 元的部分	超过 41 255 元至 57 505 元的部分	35	5505 元
7	超过 80 000 元的部分	超过 57 505 元的部分	45	13 505 元

本表含税级距中应纳税所得额是指每月收入金额－各项社会保险金(五险一金)－起征点 3500 元。

使用超额累进税率的计算方法如下：

应纳税额＝全月应纳税所得额×税率－速算扣除数

全月应纳税所得额＝(应发工资－四金)－3500

说明：如果计算的是外籍人士（包括港、澳、台地区），则个人所得税起征点应设为 4800 元。

Step 04 在 N2 单元格中输入公式【=IF(ISERROR(VLOOKUP(A2,奖惩管理表!$A$3:$H$39,8,FALSE)),"",VLOOKUP(A2,奖惩管理表!$A$3:$H$39,8,FALSE))】，返回该员工当月是否还有其他扣款金额，如图 26-46 所示。

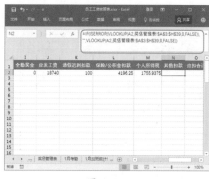

图 26-46

技术看板

本步骤中的公式是用 VLOOKUP 函数返回【奖惩管理表】工作表中统计出的各种扣款金额，同样为了防止某些员工没有涉及扣款项，而返回错误值，所以套用了 ISERROR 函数对结果是否为错误值进行先判断，再通过 IF 函数让错误值均显示为空。

Step 05 在 O2 单元格中输入公式【=SUM(K2:N2)】，计算出该员工当月需要扣除金额的总和，如图 26-47 所示。

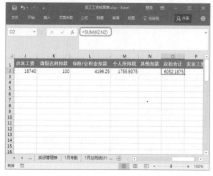

图 26-47

26.2.4 完善工资统计表的制作

目前为止，工资统计表中的绝大多数数据都已经计算完成，只需要最终计算出实际发放给员工的工资即可。由于工资表中的数据太多，为了便于查看，还需要适当进行设置。本例完善工资统计表的具体操作步骤如下。

Step 01 在 P2 单元格中输入公式【=J2-O2】，计算出该员工当月实发的工资金额，如图 26-48 所示。

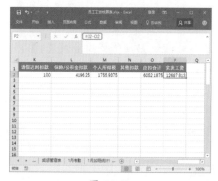

图 26-48

Step 02 ❶ 选择 D2:P2 单元格区域，❷ 拖动填充控制柄将这几个单元格中的公式复制到同列中的其他单元格，获得其他员工当月的各项工资明细，如图 26-49 所示。

Step 03 ❶ 选择 G2:P39 单元格区域，❷ 单击【开始】选项卡【数字】组右下角的【对话框启动器】按钮，如图 26-50 所示。

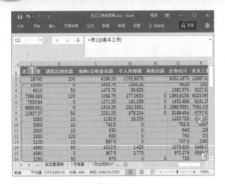

图 26-49

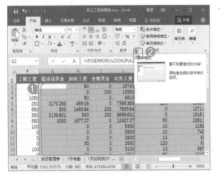

图 26-50

Step04 打开【设置单元格格式】对话框，❶ 在【数字】选项卡的【分类】列表框中选择【数值】选项，❷ 在【小数位数】数值框中输入【1】，❸ 在【负数】列表框中选择需要的负数表现形式，❹ 单击【确定】按钮，如图 26-51 所示。

图 26-51

Step05 ❶ 选择工作表中包含数据以

及未来可能添加数据项的单元格区域，❷ 单击【开始】选项卡【样式】组中的【套用表格格式】按钮，❸ 在弹出的下拉菜单中选择合适的表格样式，如图 26-52 所示。

图 26-52

Step06 打开【套用表格式】对话框，❶ 选中【表包含标题】复选框，❷ 单击【确定】按钮，如图 26-53 所示。

图 26-53

Step07 在【表格工具 设计】选项卡【表格样式选项】组中取消选中【筛选按钮】复选框，如图 26-54 所示。

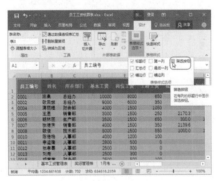

图 26-54

Step08 ❶ 选择 D ～ P 列单元格区域，❷ 调整这些列的列宽到合适，尽量缩减表格的宽度，让数据查看起来更便捷一些，如图 26-55 所示。

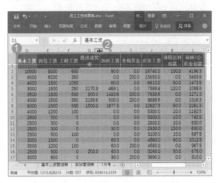

图 26-55

Step09 ❶ 选择 D2 单元格，❷ 单击【视图】选项卡【窗口】组中的【冻结窗格】按钮，❸ 在弹出的下拉列表中选择【冻结拆分窗格】选项，如图 26-56 所示，增强后续列中数据与前面几列基础数据的关联，以及后续各行与第一行表头数据的关联。

图 26-56

26.3 按部门汇总工资数据

实例门类	单元格引用＋函数类
教学视频	光盘\视频\第 26 章\26.3.mp4

按部门汇总工资数据可以查阅每个部门的工资明细，本例在汇总部门的工资数据时主要使用了 SUMIF 函数，完成后的效果如图 26-57 所示。

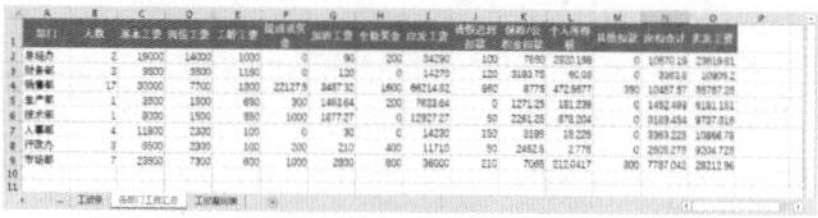

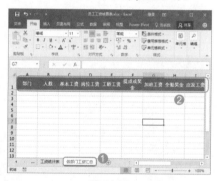

图 26-57

26.3.1 建立汇总表框架

部门工资汇总表中的各数据项与工资统计表中的相同，只是需要对部门相同的内容进行合并汇总，制作的具体操作步骤如下。

Step 01 ❶ 新建一张工作表，并命名为【各部门工资汇总】，❷ 在第一行中输入如图 26-58 所示的表头名称。

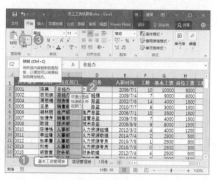

图 26-59

图 26-60

Step 04 打开【删除重复项警告】对话框，❶ 选中【以当前选定区域排序】单选按钮，❷ 单击【删除重复项】按钮，如图 26-61 所示。

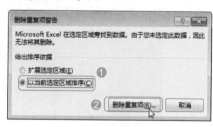

图 26-61

Step 05 打开【删除重复项】对话框，单击【确定】按钮，如图 26-62 所示。

图 26-62

图 26-58

Step 02 ❶ 选择【基本工资管理表】工作表，❷ 选择 C2:C65 单元格区域，❸ 单击【开始】选项卡【剪贴板】组中的【复制】按钮，如图 26-59 所示。

Step 03 ❶ 将复制的单元格内容粘贴到【各部门工资汇总】工作表的 A2 单元格中，并保持单元格区域的选择状态，❷ 单击【数据】选项卡【数据工具】组中的【删除重复项】按钮，如图 26-60 所示。

Step 06 打开提示对话框，提示发现的重复项数量，单击【确定】按钮，如图 26-63 所示。

图 26-63

Step 07 由于执行删除重复项操作时选择的是某列的某些单元格区域，Excel 默认将第一个单元格理解为表头，所以删除重复项后仍然有一个数据项是重复的。本例中，❶ 选择 A2 单元格，❷ 单击【开始】选项卡【单元格】组中的【删除】按钮，如图 26-64 所示。

图 26-64

Step 08 ❶ 选择保留唯一项的 A2:A9 单元格区域，❷ 单击【数据】选项卡【数据工具】组中的【数据验证】按钮，如图 26-65 所示。

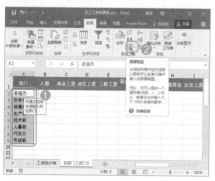

图 26-65

Step 09 打开【数据验证】对话框，❶在【设置】选项卡中单击左下侧的【全部清除】按钮，清除该区域曾设置的所有数据验证，❷单击【确定】按钮，如图 26-66 所示。

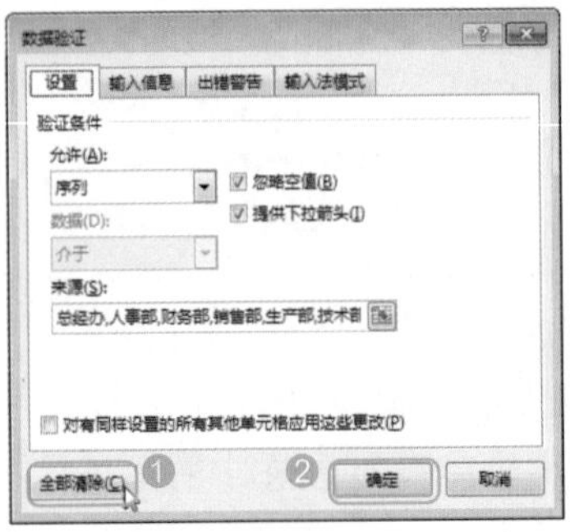

图 26-66

26.3.2 汇总各部门工资情况

制作好部门汇总表的框架后，就可以通过公式来汇总各项数据了，具体操作步骤如下。

Step 01 在 B2 单元格中输入公式【=COUNTIF(工资统计表 !$C$2:$C$64, 各部门工资汇总 !A2)】，统计出总经办部门的人数，如图 26-67 所示。

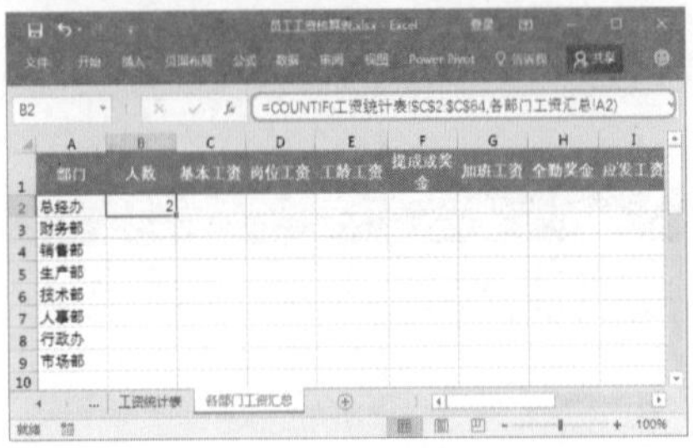

图 26-67

Step 02 在 C2 单元格中输入公式【=SUMIF(工资统计表 !$C$2:$C$64, 各部门工资汇总 !$A2, 工资统计表 !D$2:D$64)】，统计出总经办部门的基本工资总和，如图 26-68 所示。

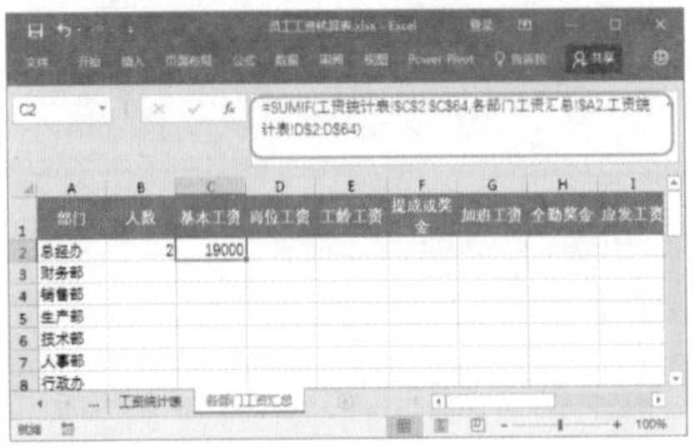

图 26-68

Step 03 ❶选择 C2 单元格，❷向右拖动填充控制柄至 O2 单元格，分别统计出该部门的各项工资数据，如图 26-69 所示。

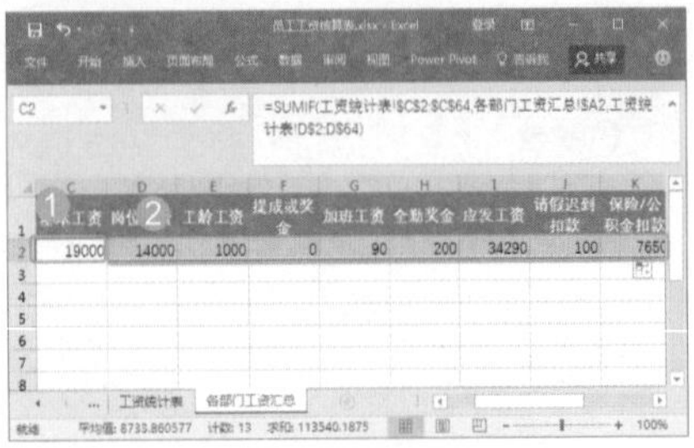

图 26-69

Step 04 ❶选择 C2: O2 单元格区域，❷向下拖动填充控制柄至 O9 单元格，分别统计出各部门的各项工资数据，选择 B2 单元格，拖动填充至 B9，如图 26-70 所示。

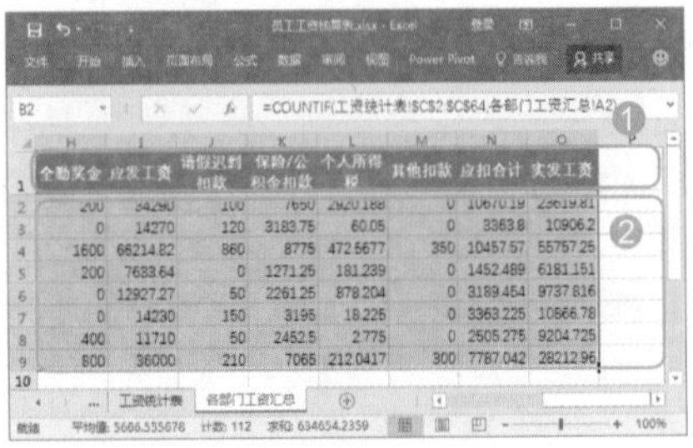

图 26-70

26.4 实现任意员工工资数据的查询

实例门类	单元格引用 + 函数类
教学视频	光盘 \ 视频 \ 第 26 章 \26.4.mp4

在大多数公司中，工资数据属于比较隐私的部分，一般员工只能查看自己的工资。为方便员工快速查看到自己的工资明细，可以制作一个工资查询表。这样，员工就能查看自己的工资明细了，完成后的效果如图 26-71 所示。

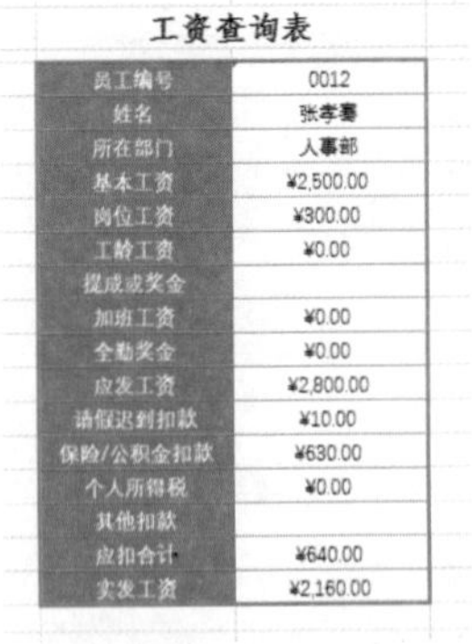
工资查询表
员工编号 0012
姓名 张孝骞
所在部门 人事部
基本工资 ¥2,500.00
岗位工资 ¥300.00
工龄工资 ¥0.00
提成或奖金
加班工资 ¥0.00
全勤奖金 ¥0.00
应发工资 ¥2,800.00
请假迟到扣款 ¥10.00
保险/公积金扣款 ¥630.00
个人所得税 ¥0.00
其他扣款
应扣合计 ¥640.00
实发工资 ¥2,160.00

图 26-71

26.4.1 建立员工工资查询表框架

下面首先来建立员工工资查询表的框架，具体操作步骤如下。

Step 01 ❶新建一张空白工作表，并命名为【工资查询表】，❷选择【工资统计表】工作表，❸选择第一行单元格，❹单击【开始】选项卡【剪贴板】组中的【复制】按钮，如图 26-72 所示。

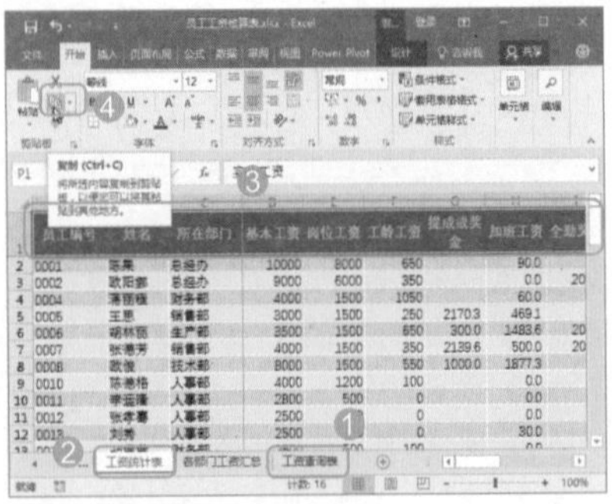

图 26-72

Step02 ❶ 选择【工资查询表】工作表，❷ 选择 B4 单元格，❸ 单击【剪贴板】组中的【粘贴】按钮，❹ 在弹出的下拉列表中选择【转置】选项，❺ 合并 B2:C2 单元格区域并输入表头名称，进行简单格式设置，如图 26-73 所示。

图 26-73

Step03 ❶ 为 B4:C19 单元格区域设置合适的边框效果，❷ 选择 C4:C19 单元格区域，❸ 单击【对齐方式】组中的【居中】按钮，如图 26-74 所示。

图 26-74

Step04 ❶ 选择 C8:C19 单元格区域，❷ 在【数字】组中的列表框中设置数字类型为【货币】，如图 26-75 所示。

Step05 在该查询表中需要实现的功能是：用户在【员工编号】单元格（C4）中输入工号，然后在下方的各查询项目单元格中显示出查询结果，故在 C4 单元格中可设置数据有效性，仅允许用户填写或选择【基本工资管理表】工作表中存在的员工编号。❶ 选择 C4 单元格，❷ 单击【数据】选项卡【数据工具】组中的【数据验证】

按钮，如图 26-76 所示。

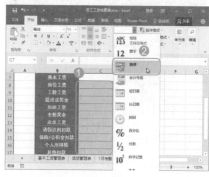

图 26-75

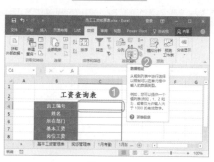

图 26-76

Step06 打开【数据验证】对话框，❶ 在【允许】下拉列表框中选择【序列】选项，❷ 在【来源】参数框中引用【基本工资管理表】工作表中的 A2:A87 单元格区域，如图 26-77 所示。

图 26-77

Step07 ❶ 选择【出错警告】选项卡，❷ 在【样式】下拉列表中选择【停止】选项，❸ 设置出错警告对话框中要显示的提示信息，❹ 单击【确定】按钮，如图 26-78 所示。

图 26-78

26.4.2 实现快速查询

要实现工资明细的快速查询，还需要建立公式让各项工资数据与某一项唯一数据挂钩。本例中需要根据员工工号显示出员工的姓名和对应的工资组成情况，在【工资统计表】工作表中已存在用户工资的相关信息，此时仅需要应用 VLOOKUP 函数查询表格区域中相应列的内容即可，具体操作步骤如下。

Step01 选择 C5 单元格，输入公式【=VLOOKUP($C$4,工资统计表!$A$1:$P$64,ROW(A2),FALSE)】，如图 26-79 所示。

图 26-79

Step02 ❶ 选择 C5 单元格，向下拖动填充控制柄至 C19 单元格，即可复制公式到这些单元格，依次返回工资的各项明细数据，❷ 单击【自动填充选项】按钮，❸ 在弹出的下拉菜单中选择【不带格式填充】选项，如图 26-80 所示。

Step 03 在 C4 单元格中输入合适的员工工号，即可在下方的单元格中查看工资中各项组成部分的具体数值，如图 26-81 所示。

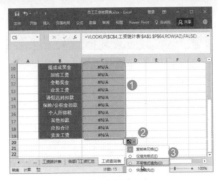

图 26-80　　　　　图 26-81

26.5　打印表格数据

实例门类	页面设置＋打印＋函数类
教学视频	光盘\视频\第26章\26.5.mp4

工资表数据统计完成后，一般还需要提交给相关领导审核签字才能拨账发放工资。本例对工作表数据进行简单格式设置后，打印输出效果如图 26-82 所示。另外，正常情况下，还会在工资正式发放前的 1~3 天发放工资条到相应员工手中。员工可以就工资条中出现的问题向上级反映。本例中打印输出还未裁剪的工资条如图 26-83 所示。

图 26-82

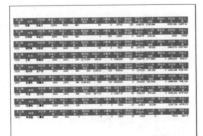

图 26-83

26.5.1　打印工资表

工资表制作并审核完成后，常常需要打印出来，本小节将介绍工资表打印前的准备工作以及打印工作表等操作。

Step 01 本例制作完成后，可以将中途使用的辅助表格隐藏起来。❶ 选择要隐藏的【基本工资管理表】【奖惩管理表】【1月考勤】和【1月加班统计表】工作表，❷ 单击【开始】选项卡【单元格】组中的【格式】按钮，❸ 在弹出的下拉菜单中选择【隐藏和取消隐藏】命令，❹ 在弹出的子菜单中选择【隐藏工作表】命令，如图 26-84 所示。

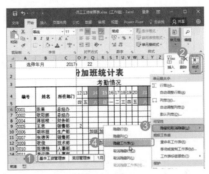

图 26-84

Step 02 ❶ 选择【工资统计表】工作表，❷ 单击【页面布局】选项卡【页面设置】组中的【纸张方向】按钮，❸ 在弹出的下拉列表中选择【横向】选项，即可将纸张方向更改为横向，

如图 26-85 所示。

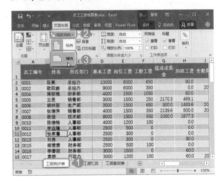

图 26-85

Step 03 ❶ 单击【页面设置】组中的【页边距】按钮，❷ 在弹出的下拉菜单中选择要设置的页边距宽度，这里选择【窄】选项，如图 26-86 所示。

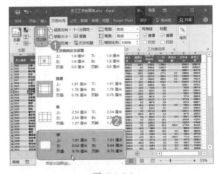

图 26-86

Step 04 发现第一页的页面区域并没有包含所有列的数据，调整前三列基础数据的列宽，让所有数据列包含在一页纸上，如图 26-87 所示。

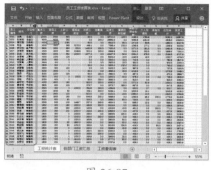

图 26-87

Step05 ❶ 选择需要打印的包含工资数据的单元格区域，❷ 单击【页面设置】组中的【打印区域】按钮🖶，❸ 在弹出的下拉列表中选择【设置打印区域】选项，如图 26-88 所示。

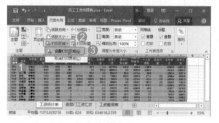

图 26-88

Step06 单击【页面设置】组中的【打印标题】按钮🖾，如图 26-89 所示。

图 26-89

Step07 选择【页面设置】对话框的【工作表】选项卡，在【打印标题】栏中的【顶端标题行】参数框中设置需要打印的标题为第一行，如图 26-90 所示。

Step08 ❶ 选择【页眉/页脚】选项卡，❷ 单击【自定义页眉】按钮，如图 26-91 所示。

图 26-90

图 26-91

Step09 打开【页眉】对话框，❶ 在【中】文本框中输入页眉内容，并选择输入的内容，❷ 单击【格式文本】按钮，如图 26-92 所示。

图 26-92

Step10 打开【字体】对话框，❶ 在【字体】列表框中设置页眉内容的字体为【黑体】，❷ 在【大小】列表框中选择【16】选项，❸ 在【颜色】列表框中选择【红色】选项，❹ 单击【确定】按钮，如图 26-93 所示。

图 26-93

Step11 返回【页眉】对话框，单击【确定】按钮完成页眉的设置，如图 26-94 所示。

图 26-94

Step12 ❶ 在【页面设置】对话框中的【页脚】下拉列表框中选择一个页脚样式，❷ 单击【打印预览】按钮，完成页眉和页脚的设置并预览打印效果，如图 26-95 所示。

图 26-95

Step13 ❶ 在打印表格之前，需要先查看表格的打印效果。完成预览后，在打印窗口中间栏中设置打印相关参数，❷单击【打印】按钮，开始打印表格，如图 26-96 所示。

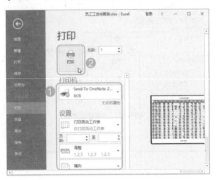

图 26-96

26.5.2 生成员工工资条

通常在发放工资时需要同时发放工资条，使员工能清楚地看到自己各部分工资的金额。本例将利用已完成的工资表，快速为每个员工制作工资条。

Step 01 ❶新建一张工作表，并命名为【工资条】，❷切换到【工资统计表】工作表中，❸选择第一行单元格，❹单击【剪贴板】组中的【复制】按钮，如图 26-97 所示。

图 26-97

Step 02 为快速制作出每一位员工的工资条，可在当前工资条基本结构中添加公式，并应用单元格和公式的填充功能，快速制作工资条。制作工资条的基本思路为：应用公式，根据公式所在位置引用【员工工资表】工作表中不同单元格中的数据。在工资条中各条数据前均需要有标题

行，且不同员工的工资条之间需要间隔一个空行，故公式在向下填充时相隔 3 个单元格，所以不能直接应用相对引用方式来引用单元格，此时，可使用 Excel 中的 OFFSET 函数对引用单元格地址进行偏移引用。❶切换到【工资条】工作表中，❷选择 A1 单元格，将复制的标题行内容粘贴到第一行中，❸在 A2 单元格中输入公式【=OFFSET(工资统计表 !$A$1,ROW()/3+1,COLUMN()-1)】，如图 26-98 所示。

图 26-98

> **技术看板**
>
> 本例各工资条中的各单元格内引用的地址将随公式所在单元格地址变化而发生变化。将 OFFSET 函数的 Reference 参数设置为【工资统计表】工作表中的 A1 单元格，并将单元格引用地址转换为绝对引用；Rows 参数设置为公式当前行数除以 3 后再加 1；Cols 参数设置为公式当前行数减 1。

Step 03 ❶选择 A2 单元格，❷向右拖动填充控制柄将公式填充到 P2 单元格，如图 26-99 所示。

图 26-99

Step 04 选择 A1:P3 单元格区域，即工资条的基本结构加 1 行空单元格，如图 26-100 所示。

图 26-100

Step 05 拖动活动单元格区域右下角的填充控制柄，向下填充至有工资数据的行，即生成所有员工的工资条，如图 26-101 所示。

图 26-101

26.5.3 打印工资条

工资条制作好以后，要调整到合适的页面大小，让同一个员工的工资信息打印在完整的页面行中，然后打印输出并进行裁剪，即可做成发放到员工手中的工资条。

Step 01 ❶选择【工资条】工作表中的 A1:P114 单元格区域，❷单击【页面布局】选项卡【页面设置】组中的【打印区域】按钮，❸在弹出的下拉列表中选择【设置打印区域】选项，如图 26-102 所示。

Step 02 ❶使用前面的方法设置纸张页面为横向，❷单击【页面设置】组中的【页边距】按钮，❸在弹出的下

拉菜单中选择【窄】命令，如图 26-103 所示。

图 26-102

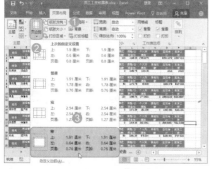

图 26-103

Step 03 观察发现，通过前面的设置后同一个员工的工资信息仍然没有完整地显示在一页页面中。在【页面布局】选项卡【调整为合适大小】组中的【缩放比例】数值框中设置值为【95%】，如图 26-104 所示。让表格在打印时缩小一定的比例，可将同一个员工的工资信息压缩在一页页面中。

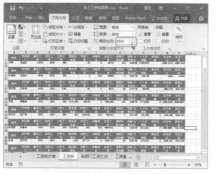

图 26-104

Step 04 查看后续员工的工资信息，发现在进行第一页分页时页面最后一个员工的表头信息和具体信息被分别放在两张纸上了。因为后期需要将同一个员工信息裁剪成纸条，所以这样的设置肯定不能满足需要。❶ 选择第 28 行单元格，❷ 单击【页面设置】组中的【分隔符】按钮，❸ 在弹出的下拉菜单中选择【插入分页符】命令，如图 26-105 所示。

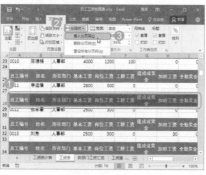

图 26-105

Step 05 经过上步操作，即可在选择的第 28 行前插入分页符，强行将第 28 行内容显示在打印纸张的第 2 页中。使用相同的方法将其他页面最后一行不连续的内容进行强行分页，完成后的效果如图 26-106 所示。

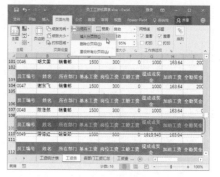

图 26-106

Step 06 ❶ 单击【文件】选项卡，在弹出的【文件】菜单中选择【打印】命令，❷ 在窗口中间栏中设置打印相关参数，❸ 单击【打印】按钮，如图 26-107 所示。

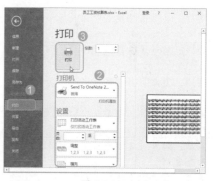

图 26-107

本章小结

本章模拟了企业的员工工资表制作全过程，这类表格制作过程是在其他基础表格上不断完善的，最终得到需要的表格框架和数据。通过本案例的练习，要学会在实际工作中建立各种格式简单的基础表格，掌握从基础表格中引用数据并通过公式得到更为复杂的表格，制作过程中要多考虑如何正确引用数据，并改善公式的可填充性，避免逐个地输入公式。另外，供人查阅的表格一般还是打印输出到纸张上，纸上阅读的方式更适合精细阅读，所以还应掌握基本的页面设置方法，能根据需求打印表格。

附录 A Excel 2016 实战案例索引表

1. 软件功能学习类

实例名称	所在页	实例名称	所在页	实例名称	所在页
实战：注册并登录 Microsoft 账户	16	实战：在医疗费用统计表中填充有序的数据	58	实战：查看档案表中的批注	105
实战：设置账户背景	17	实战：在医疗费用统计表中连续的单元格区域内填充相同的数据	58	实战：编辑档案表中的批注内容	106
实战：获取帮助了解 Excel 2016 的相关功能	21	实战：在医疗费用统计表中填充有序的数据	58	实战：显示或隐藏批注	106
实战：保护考勤表	35	实战：通过下拉列表填充医疗费用统计表数据	60	实战：移动批注或调整批注的大小	107
实战：保护工资管理系统工作簿	36	实战：将产品介绍表中的产品型号定义为自定义序列	61	实战：设置批注的格式	107
实战：加密成本费用表工作簿	36	实战：修改快餐菜单中的数据	62	实战：复制档案表中的批注	108
实战：新建窗口查看账务数据	37	实战：查找和替换快餐菜单中的数据	63	实战：删除档案表中的批注	109
实战：并排查看新旧两份档案数据	39	实战：清除快餐菜单中的数据	65	实战：对选课手册表进行拼写和语法检查	109
实战：将员工档案表拆分到多个窗格中	39	实战：设置应付账款分析表中的文字格式	80	实战：为招聘职位表设置打印区域	112
实战：冻结员工档案表的拆分窗格	40	实战：设置应付账款分析表中的数字格式	82	实战：打印科技计划项目表的标题	112
实战：在员工档案表中插入行和列	45	实战：设置应付账款分析表中的对齐方式	84	实战：分页符设置	114
实战：移动员工档案表中的行和列	46	实战：为应付账款分析表添加边框和底纹	85	实战：选定打印内容	115
实战：复制员工档案表中的行和列	46	实战：为申购单套用单元格样式	87	实战：为招聘职位表设置页面纸张	116
实战：删除员工档案表中的行和列	47	实战：创建及应用单元格样式	88	实战：为招聘职位表设置页边距	117
实战：调整员工档案表中的行高和列宽	47	实战：修改与复制单元格样式	89	实战：为招聘职位表添加页眉和页脚	118
实战：显示与隐藏员工档案表中的行和列	48	实战：合并单元格样式	90	实战：为图书配备目录表自定义页眉和页脚	119
实战：复制和移动单元格或单元格区域	51	实战：删除申请表中的单元格样式	91	实战：从 Access 获取产品订单数据	129
实战：合并实习申请表中的单元格	51	实战：为档案表套用表格样式	92	实战：将公司网站数据导入工作表	132
实战：在医疗费用统计表中输入文本	54	实战：为档案表设计表格样式	93	实战：从文本中获取联系方式数据	133
实战：在医疗费用统计表中输入数值	55	实战：创建及应用表格样式	94	实战：使用现有连接获取销售数据	134
实战：在医疗费用统计表中输入日期和时间	56	实战：修改与删除登记表中的表格样式	95	实战：在成绩表中插入超链接	135
实战：在医疗费用统计表的多个单元格中填充相同数据	57	实战：为销售表应用主题	97	实战：编辑成绩表中的超链接	136
实战：在医疗费用统计表中连续的单元格区域内填充相同的数据	58	实战：在档案表中添加批注	105	实战：创建共享工作簿	138

2．商务办公实战类

实例名称	所在页	实例名称	所在页	实例名称	所在页
创建考勤记录表模板	402	保护工作表	424	编制工资核算表	439
编制考勤记录表并完善模板	408	制作产品销售数据统计报表	426	按部门汇总工资数据	443
创建员工档案记录表	410	统计各类产品的销售数据	429	实现任意员工工资数据的查询	444
分析企业的人员结构.	415	分析各销售人员业绩	431	打印表格数据	446
实现任意员工档案数据的查询	422	创建与工资核算相关的各表格并统计数据	434		

附录 B Excel 2016 功能及命令应用索引表

1．【文件】选项卡

命令	所在页	命令	所在页	命令	所在页
信息 > 保护工作簿	37	保存	29	选项 > 自动保存	42
信息 > 检查问题	142	另存为	29	选项 > 编辑自定义列表	61
新建	27	另存为 >Excel 模板	41	打印	121
新建 > 根据模板新建	28	另存为 > 网页	144	导出 > 创建 PDF/XPS 文档	144
打开	30	关闭	31		

2．【开始】选项卡

命令	所在页	命令	所在页	命令	所在页
◆【剪贴板】组		自动换行	85	条件格式 > 新建规则	369
剪切	46	方向	85	条件格式 > 图标集	370
复制	46	合并后居中	51	◆【单元格】组	
粘贴	46	◆【数字】组		插入 > 插入工作表	32
粘贴 > 转置	68	数字	82	插入 > 插入工作表行 / 列	45
粘贴 > 格式	101	数字 > 长日期	83	插入 > 插入单元格	49
粘贴 > 选择性粘贴	108	数字 > 货币	84	格式 > 移动或复制工作表	33
◆【字体】组		减少小数位数	84	格式 > 隐藏工作表	34
【字体】下拉列表框	81	百分比样式	84	格式 > 行高	47
【字号】下拉列表框	81	◆【样式】组		格式 > 显示工作表	35
倾斜	81	单元格样式	87	格式 > 隐藏或显示工作表行 / 列	48
加粗	81	单元格样式 > 新建单元格样式	88	删除 > 删除工作表行 / 列	46
下划线	81	单元格样式 > 修改单元格样式	89	删除 > 删除工作表	34
增大字号	81	单元格样式 > 合并样式	90	删除 > 删除单元格	50
减小字号	81	单元格样式 > 删除单元格样式	91	◆【编辑】组	
字体颜色	81	套用表格格式	92	填充 > 序列	59
边框	86	套用表格格式 > 新建表格样式	94	查找和选择 > 查找	63
填充颜色	86	条件格式 > 突出显示单元格规则	364	查找和选择 > 替换	64
上标 / 下标	99	条件格式 > 项目选取规则	364	查找和选择 > 定位条件	67
◆【对齐方式】组		条件格式 > 数据条	365	查找和选择 > 转到	170
左对齐	85	条件格式 > 色阶	366	清除 > 清除格式	65
居中	85	条件格式 > 图标集	366	清除 > 删除超链接	137

3. 【插入】选项卡

命令	所在页	命令	所在页	命令	所在页
◆【表格】组		推荐的图表	281	页眉和页脚	118
推荐的数据透视表	383	插入柱形图或条形图	282	对象	132
数据透视表	384	图表 > 组合图表	282	文本框	332
◆【插图】组		数据透视图	392	艺术字	332
图片	311	◆【迷你图】组		◆【符号】组	
联机图片	312	柱形图	302	符号	66
屏幕截图	313	折线图	302	公式	341
形状	326	◆【链接】组		公式 > 墨迹公式	342
SmartArt	335	超链接	135		
◆【图表】组		◆【文本】组			

4. 【页面布局】选项卡

命令	所在页	命令	所在页	命令	所在页
◆【主题】组		◆【页面设置】组		纸张大小	116
主题	97	背景	103	纸张方向	116
主题 > 浏览主题	98	打印区域	112	页边距	117
颜色	97	打印标题	113		
字体	97	分隔符	114		

5. 【公式】选项卡

命令	所在页	命令	所在页	命令	所在页
【函数库】组		数学和三角函数 > ROUND	258	逻辑函数 > TRUE	213
自动求和 > 求和	182	数学和三角函数 > ODD	258	逻辑函数 > FALSE	213
自动求和 > 平均值	191	数学和三角函数 > POWER	258	逻辑函数 > AND	214
插入函	183	数学和三角函数 > LN	259	逻辑函数 > OR	214
数学和三角函数 > SUM	184	数学和三角函数 > RADIANS	259	逻辑函数 > NOT	215
数学和三角函数 > AVERAGE	184	数学和三角函数 > SIN	260	逻辑函数 > IFERROR	216
数学和三角函数 > SUMIF	188	数学和三角函数 > COS	260	日期和时间函数 > TODAY	217
数学和三角函数 > ABS	252	数学和三角函数 > ACOS	260	日期和时间函数 > NOW	218
数学和三角函数 > SIGN	252	统计函数 > COUNT	185	日期和时间函数 > DATE	218
数学和三角函数 > PRODUCT	253	统计函数 > MAX	186	日期和时间函数 > TIME	219
数学和三角函数 > PI	253	统计函数 > MIN	186	日期和时间函数 > YEAR	219
数学和三角函数 > SQRT	253	统计函数 > COUNTA	261	日期和时间函数 > MONTH	220
数学和三角函数 > SQRTPI	253	统计函数 > COUNTBLANK	261	日期和时间函数 > DAY	221
数学和三角函数 > MOD	254	统计函数 > COUNTIF	262	日期和时间函数 > WEEKDAY	221
数学和三角函数 > QUOTIENT	254	统计函数 > COUNTIFS	262	日期和时间函数 > HOUR	222
数学和三角函数 > GCD	254	统计函数 > SUMIFS	263	日期和时间函数 > MINUTE	222
数学和三角函数 > LCM	255	统计函数 > AVERAGEA	263	日期和时间函数 > SECOND	222
数学和三角函数 > SUMPRODUCT	255	统计函数 > AVERAGEIF	264	日期和时间函数 > 用 DATEVALUE	222
数学和三角函数 > SUMSQ	255	统计函数 > AVEDEV	264	日期和时间函数 > TIMEVALUE	222
数学和三角函数 > TRUNC	256	统计函数 > MAXA	265	日期和时间函数 > DAY	223
数学和三角函数 > INT	256	统计函数 > MINA	265	日期和时间函数 > EDATE	223
数学和三角函数 > CEILING	256	统计函数 > RANK.EQ	266	日期和时间函数 > EOMONTH	224
数学和三角函数 > EVEN	257	统计函数 > RANK.AVG	266	日期和时间函数 > NETWORKDAYS	224
数学和三角函数 > FLOOR	257	逻辑函数 > IF	187	日期和时间函数 > WEEKNUM	224

命令	所在页	命令	所在页	命令	所在页
日期和时间函数 >WORKDAY	225	文本函数 >T	205	财务函数 > DOLLARDE	250
日期和时间函数 >YEARFRAC	225	文本函数 > LOWER	206	财务函数 > DOLLARFR	250
查找与引用函数 >CHOOSE	227	文本函数 > UPPER	206	工程函数 > DELTA	267
查找与引用函数 >HLOOKUP	228	文本函数 > PROPER	206	工程函数 >GESTEP	268
查找与引用函数 >VLOOKUP	189	文本函数 >VALUE	207	工程函数 >BIN2OCT	268
查找与引用函数 >LOOKUP	229	文本函数 > FIND	207	工程函数 >BIN2DEC	268
查找与引用函数 >NDEX	230	文本函数 > FINDB	208	工程函数 >BIN2HEX	268
查找与引用函数 >INDEX	230	文本函数 > SEARCH	209	工程函数 >DEC2BIN	269
查找与引用函数 >MATCH	231	文本函数 > SEARCHB	210	工程函数 >DEC2OCT	269
查找与引用函数 >ADDRESS	231	文本函数 >REPLACE	210	工程函数 >DEC2HEX	269
查找与引用函数 >COLUMN	232	文本函数 >REPLACEB	210	工程函数 >COMPLEX	270
查找与引用函数 >ROW	230	文本函数 >SUBSTITUTE	211	工程函数 >IMREAL	270
查找与引用函数 >OFFSET	232	文本函数 >CLEAN	211	工程函数 >IMAGINARY	270
查找与引用函数 >TRANSPOSE	233	文本函数 >TRIM	211	工程函数 >ERF	270
查找与引用函数 >INDIRECT	233	财务函数 > FV	236	工程函数 >ERFC	271
查找与引用函数 >AREAS	234	财务函数 > PV	237	信息函数 > CELL	271
查找与引用函数 >COLUMNS	234	财务函数 > RATE	237	信息函数 >ERROR.TYPE	272
查找与引用函数 >ROWS	234	财务函数 > NPER	238	信息函数 >INFO	272
文本函数 > 用 CONCATENATE	196	财务函数 > PMT	238	信息函数 >N	273
文本函数 >EXACT	196	财务函数 > IPMT	239	信息函数 >TYPE	273
文本函数 >LEN	197	财务函数 > PPMT	240	信息函数 >IS	273
文本函数 > LENB	197	财务函数 > CUMIPMT	241	【定义的名称】组	
文本函数 > REPT	198	财务函数 > CUMPRINC	241	定义名称	168
文本函数 > FIXED	198	财务函数 > EFFECT	242	名称管理器	171
文本函数 > LEFT	200	财务函数 > NOMINAL	242	根据所选内容创建	177
文本函数 > LEFTB	200	财务函数 > FVSCHEDULE	243	用于公式	177
文本函数 > MID	200	财务函数 > NPV	243	【公式审核】组	
文本函数 > MIDB	201	财务函数 > XNPV	243	显示公式	172
文本函数 > RIGHT	201	财务函数 > IRR	244	公式求值	172
文本函数 > RIGHTB	202	财务函数 > MIRR	245	错误检查	173
文本函数 >ASC	202	财务函数 > XIRR	245	追踪引用单元格	174
文本函数 > WIDECHAR	203	财务函数 > AMORDEGRC	246	踪从属单元格	174
文本函数 > CODE	203	财务函数 > AMORLINC	247	移去箭头	175
文本函数 > CHAR	203	财务函数 > DB	247	监视窗口	175
文本函数 > RMB	204	财务函数 > DDB	248	【计算】组	
文本函数 > DOLLAR	204	财务函数 > VDB	248	计算选项 > 手动	155
文本函数 > TEXT	204	财务函数 > SLN	249	【开始计算	155
文本函数 > BAHTTEXT	205	财务函数 > SYD	249		

6. 【数据】选项卡

命令	所在页	命令	所在页	命令	所在页
◆【获取外部数据】组		◆【排序和筛选】组		数据验证	371
自 Access	130	降序	348	◆【预测】组	
自网站	132	排序	349	预测工作表	300
自文本	133	筛选	350	◆【分级显示】组	
现有连接	134	高级	353	分类汇总	355
◆【连接】组		◆【数据工具】组		创建组	360
全部刷新	143	分列	69	取消组合	361
编辑链接	159	合并计算	361		

7. 【审阅】选项卡

命令	所在页	命令	所在页	命令	所在页
◆【校对】组		上一条	106	保护工作簿	36
拼写检查	109	显示／隐藏批注	106	共享工作簿	138
同义词库	110	删除批注	109	修订＞突出显示修订	139
◆【批注】组		显示所有批注	115	修订＞接受／拒绝修订	140
新建批注	105	◆【更改】组			
下一条	106	保护工作表	35		

8. 【视图】选项卡

命令	所在页	命令	所在页	命令	所在页
◆【工作簿视图】组		切换窗口	37	拆分	39
分页预览	113	新建窗口	37	冻结窗格	40
页面布局	116	全部重排	38		
◆【窗口】组		并排查看	39		

9. 【表格工具／设计】选项卡

命令	所在页	命令	所在页	命令	所在页
◆【工具】组		◆【表格样式选项】组		◆【表格样式】组	
转化为区域	93	标题行	93	表格样式	96
		镶边行	93		

10. 【页眉和页脚工具／设计】选项卡

命令	所在页	命令	所在页	命令	所在页
◆【页眉和页脚】组		图片	119	◆【导航】组	
页眉	118	设置图片格式	120	转至页眉	118
页脚	118	页码	120	转至页脚	118
◆【页眉和页脚元素】组		当前日期	120		

11. 【图表工具／设计】选项卡

命令	所在页	命令	所在页	命令	所在页
◆【图表布局】组		添加图表元素＞数据表	292	◆【数据】组	
快速布局	287	添加图表元素＞趋势线	292	切换行／列	285
添加图表元素＞图表标题	288	添加图表元素＞误差线	294	选择数据	285
添加图表元素＞坐标轴	288	添加图表元素＞线条	294	◆【类型】组	
添加图表元素＞坐标轴标题	289	添加图表元素＞数据标签	297	更改图表类型	286
添加图表元素＞数据标签	290	◆【图表样式】组		◆【位置】组	
添加图表元素＞图例	291	快速样式	287	移动图表	284
添加图表元素＞网格线	291	更改颜色	287		

12. 【图表工具／格式】选项卡

命令	所在页	命令	所在页	命令	所在页
◆【当前所选内容】组		形状样式	295	形状效果	296
设置所选内容格式	288	形状填充	295	◆【艺术字样式】组	
◆【形状样式】组		形状轮廓	295	艺术字样式	297

13. 【迷你图工具 / 设计】选项卡

命令	所在页	命令	所在页	命令	所在页
◆【类型】组		低点	305	◆【分组】组	
柱形图	304	◆【样式】组		组合	303
◆【显示】组		迷你图样式	305	取消组合	304
标记	305	迷你图颜色	306	坐标轴	307
高点	305	标记颜色	306	清除	310

14. 【图片工具 / 格式】选项卡

命令	所在页	命令	所在页	命令	所在页
◆【调整】组		◆【图片样式】组		◆【大小】组	
更正	315	图片样式	322	形状宽度	314
颜色	316	图片边框	322	裁剪	318
艺术效果	316	图片效果	323	裁剪 > 裁剪为形状	320
删除背景	317	图片版式	323	裁剪 > 纵横比	321
压缩图片	325	◆【排列】组		裁剪 > 填充	321
更改图片	326	上移一层	324	裁剪 > 调整	321
重设图片	326	旋转	325		

15. 【绘图工具 / 格式】选项卡

命令	所在页	命令	所在页	命令	所在页
◆【插入形状】组		形状样式	331	文本效果	333
编辑形状 > 更改形状	327	形状填充	331	艺术字样式	333
编辑形状 > 编辑顶点	328	形状轮廓	331	◆【排列】组	
文本框	329	◆【艺术字样式】组		对齐	329
◆【形状样式】组		文本填充	331	组合	330

16. 【SmartArt 工具 / 设计】选项卡

命令	所在页	命令	所在页	命令	所在页
◆【创建图形】组		下移	338	SmartArt 样式	340
添加形状	336	布局	338	更改颜色	340
添加项目符号	337	从右向左	338	◆【重置】组	
升级	337	◆【版式】组		重设图形	340
降级	337	更改布局	339		
上移	338	◆【SmartArt 样式】组			

17. 【数据透视表工具 / 分析】选项卡

命令	所在页	命令	所在页	命令	所在页
◆【数据透视表】组		◆【筛选】组		◆【操作】组	
选项	398	插入切片器	389	清除	389
◆【活动字段】组		◆【数据】组		◆【工具】组	
字段设置	386	更改数据源	397	数据透视图	393
展开字段	400	刷新	398		

目录

Contents

技巧 1 日常事务记录和处理

　　面对繁忙的工作、杂乱的事务，很多时候都会忙得不可开交，甚至是一团乱麻。一些工作或事务就会很"自然"地被遗忘，往往带来不必要的麻烦和后果。这时，用户可采用一些实用的日常事务记录和处理技巧。

PC 端日常事务记录和处理

1. 便笺附件

　　便笺是 Windows 程序中自带的一个附件程序，小巧轻便。用户可直接启用它来记录日常的待办事项或重要事务，其具体操作步骤如下。

Step01 单击"开始"按钮 ，❶ 单击"所有程序"菜单项，❷ 单击"附件"文件夹，❸ 在展开的选项中选择"便笺"程序选项，操作过程如下图所示。

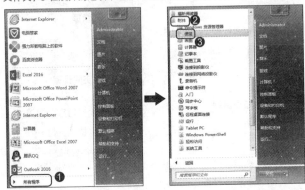

Step02 系统自动在桌面的右上角添加一个新的便笺，❶ 用户在其中输入

第一条事项，❷ 单击＋按钮，❸ 新建空白便签，在其中输入相应的事项，操作过程如下图所示。

2. 印象笔记

印象笔记（EverNote）是较为常用的一款日常事务记录与处理的程序，供用户添加相应的事项并按指定时间进行提醒（用户可在相应网站进行下载，然后将其安装到电脑中才能使用）。其具体操作如下。

Step01 ❶ 在桌面上双击印象笔记的快捷方式将其打开，❷ 单击"登录"按钮展开用户注册区，❸ 输入注册的账户和密码，❹ 单击"登录"按钮，操作过程如下图所示。

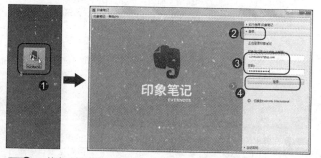

Step02 ❶ 单击"新建笔记"按钮，打开"印象笔记"窗口，❷ 在文本框中输入事项，❸ 单击"添加标签"超链接，操作过程如下图所示。

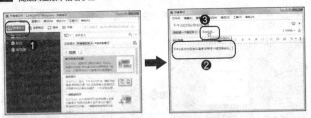

Step 03 ❶ 在出现的标签文本框中输入第一个便签，单击出现的"添加标签"超链接进入其编辑状态，❷ 输入第二个标签，操作过程如下图所示。

Step 04 ❶ 单击 ▼ 按钮，❷ 在弹出下拉列表选项中选择"提醒"选项，❸ 在弹出的面板中选择"添加日期"命令，操作过程如下图所示。

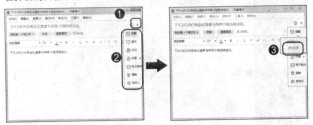

Step 05 在弹出的日期设置器中，❶ 设置提醒的日期，如这里设置为"2017年1月5日13:19:00"，❷ 单击"关闭"按钮，返回到主窗口中即可查看到添加笔记，操作过程及效果如下图所示。

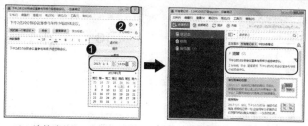

3. 滴答清单

滴答清单是一款基于 GTD 理念设计的跨平台云同步的待办事项和任务提醒程序，用户可在其中进行任务的添加，并让其在指定时间进行提醒。如下面新建"工作"清单，并在其中添加一个高优先级的"选题策划"任务为例，其具体操作步骤如下。

Step 01 启动"滴答清单"程序，❶ 单击 ☰ 按钮，❷ 在展开的面板中单击"添加清单"超链接（若用户不需要对事项进行分类，可在直接"所有"窗口中进行任务事项的添加设置），操作过程如下图所示。

Step 02 ❶ 在打开的清单页面中输入清单名称，如这里输入"工作"，❷ 单击相应的颜色按钮，❸ 单击"保存"按钮，❹ 在打开的任务窗口输入具体任务，❺ 单击 按钮，操作过程如下图所示。

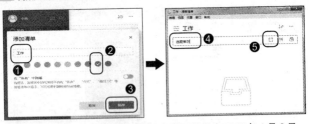

Step 03 ❶ 在日历中设置提醒的日期，如这里设置为 2017 年 1 月 6 日，❷ 单击"设置时间"按钮，❸ 选择小时数据，滚动鼠标滑轮调节时间，❹ 单击"准时"按钮，操作过程如下图所示。

Step 04 ❶ 在弹出的时间提醒方式选择相应的选项，❷ 单击"确定"按钮，❸ 返回到主界面中单击"确定"按钮，操作过程如下图所示。

|教您一招：设置重复提醒（重复事项的设置）|：：：：：

> 在设置时间面板中单击"设置重复"按钮，在弹出的面板中选择相应的重复项。

Step05 ❶ 单击 ⫶⫶⫶ 按钮，❷ 在弹出的下拉选项中选择相应的级别选项，如这里选择"高优先级"选项，按【Enter】键确认并添加任务，❸ 在任务区中即可查看到新添加的任务（要删除任务，可其选择后，在弹出区域的右下角单击"删除"按钮 🗑 ），操作过程和效果如下图所示。

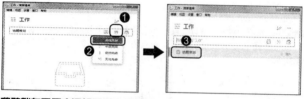

移动端在日历中添加日程事务提醒

日历在大部分手机上都默认安装存在，用户可借助于该程序来轻松地记录一些事项，并让其自动进行提醒，其具体操作步骤如下。

Step01 打开日历，❶ 点击要添加事务的日期，进入到该日期的编辑页面，❷ 点击 按钮添加新的日程事务，❸ 在事项名称文本框中输入事项名称，如这里输入"拜访客户"，❹ 设置开始时间，操作过程如下图所示。

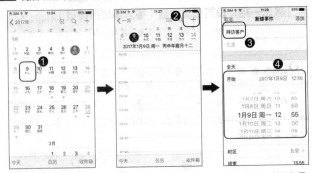

Step 02 ❶ 选择"提醒"选项，❷ 在弹出的选项中选择提醒发生时间选项，如这里选择"30 分钟前"选项，❸ 点击"添加"按钮，操作过程如下图所示。

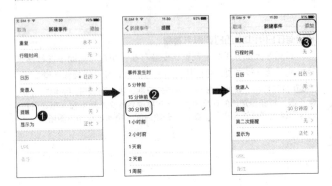

技巧 2 时间管理

要让工作生活更加有节奏、做事效率更高，效果更好。不至于总是处于"瞎忙"状态，大家可尝试进行一些常用的时间管理技巧并借用一些时间管理的小程序，如番茄土豆、doit.im、工作安排的"两分法"等，下面分别进行介绍。

PC 端时间管理

1. 番茄土豆

番茄土豆是一个结合了番茄（番茄工作法）与土豆（To-do List）的在线工具，它能帮助大家更好地改进工作效率，减少工作时间，其具体操作步骤如下。

Step 01 启动"番茄土豆"程序，❶ 在"添加新土豆"文本框中输入新任务名称，如这里输入"网上收集时间管理小程序"，❷ 单击"开始番茄"按钮，❸ 系统自动进入 25 分钟的倒计时，操作过程及效果如下图所示。

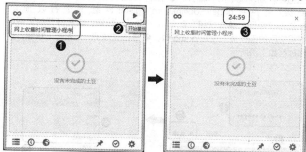

Step 02 一个番茄土豆的默认工作时长是 25 分钟，中途休息 5~15 分钟，用户可根据自身的喜好进行相应的设置，其方法为：❶ 单击"设置"按

钮 ✿，❷ 在弹出的下拉选项中选择"偏好设置"选项，打开"偏好设置"对话框，❸ 单击"番茄相关"选项卡，❹ 设置相应的参数，❺ 单击"关闭"按钮，如下图所示。

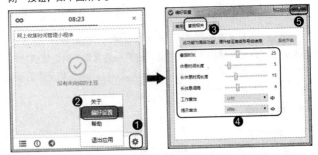

2. doit.im

doit.im 采用了优秀的任务管理理念，也就是 GTD 理念，有条不紊地组织规划各项任务，轻松应对各项庞大繁杂的工作。下面以添加上午工作时间管理为例，其具体操作步骤如下。

Step 01 启动"doit.im"程序，❶ 在打开的登录页面中输入账户和密码（用户在 https://i.doitim.com/register 网址中进行注册），❷ 选中"中国"单选按钮，❸ 单击"登录"按钮，❹ 在打开的页面中根据实际的工作情况设置各项参数，❺ 单击"好了，开始吧"按钮，操作过程如下图所示。

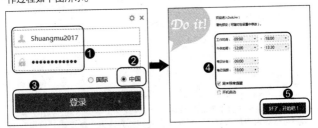

Step 02 进入到 doit.im 主界面，❶ 单击"新添加任务"按钮，打开新建任务界面，❷ 在"标题"文本框中输入任务名称，❸ 在"描述"文本框中输入任务的相应说明内容，❹ 取消选中"全天"复选框，❺ 单击左侧的 🕐 按钮，在弹出下拉选项中选择"今日待办"选项，在右侧选择日期并设置时间，操作过程如下图所示。

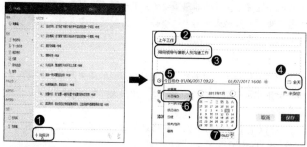

Step 03 ❶ 在截至日期上单击，❷ 在弹出的日期选择器中设置工作截至时间，❸ 在情景区域上单击，❹ 在弹出的下拉选项中选择工作任务进行的场所，如这里选择"办公室"选项，❺ 单击"保存"按钮，操作过程如下图所示。

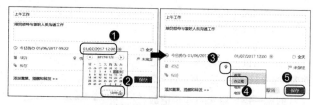

3. 工作安排的"两分法"

要让一天的时间变得更加有效率，除了对任务时间进行有效的安排和规划外，大家还可以对工作进行安排，从而让时间用到"刀刃上"，让时间的"含金量"更多。

工作安排的两分法分为两部分：一是确定工作制作时间，是否必须是当天完成，是否需要他人协作；二是明确该工作是否必须自己来完成，是否可以交给其他人员或团队来完成，从而把时间安排到其他的工作任务中。

在工作安排两分法中，若是工作紧急情况较高，通常要由多人协作来快速完成。对于非常重要的任务一般不设置完成期限。对于一些不重要或是他人可待办的事务，可分配给相应人员，从而有更多时间用于完成其他工作任务。

4. 管理生物钟

对于那些精力容易涣散，时间观念不强的用户而言，管理生物钟将会是非常有帮助的时间管理术。用户大体可以按照以下几个方面来执行。

(1) 以半个小时为单位，并将这些时间段记录下来，如8:00–8:30、8:31–9:00。

(2) 为每一时间段，安排要完成的任务。

(3) 在不同时间段，询问自己在这个时间段应该做什么，实际在做什么。

(4) 制定起床和睡觉的时间。并在睡觉前的一小段时间将明天的工作进行简要规划和安排。

(5) 在当天上班前，抽出半个小时左右回顾当天的工作日程。

(6) 找出自己工作效率、敏捷度、状态最好和最差的时间。并将重要和紧急的任务安排在自己效率最好、敏捷度和状态最好的时刻。

| 教您一招：早起的4个招数 |

早起对于一些人而言是不容易的，甚至是困难的，这里介绍让自己早起的4个小招数。

① 每天保持在同一时间起床。

② 让房间能随着太阳升起变得"亮"起来。

③ 起床后喝一杯水，然后尽快吃早饭、唤醒肚子中的"早起时钟"。

④ 按时睡觉，在睡觉前不做令自己兴奋的事情，如看电视、玩游戏、听动感很强的音乐等。

移动端时间管理

1. 利用闹钟进行时间提醒

手机闹钟是绝大部分手机都有的小程序，除了使用它作为起床闹铃外，用户还可以将其作为时间管理的一款利器，让它在指定时间提醒自己该做什么事情，以及在该点是否将事项完成等。如使用闹铃提示在 15 点 03 分应该完成调研报告并上交，其具体操作步骤为：打开闹钟程序，❶ 点击■按钮进入添加闹钟页面，❷ 设置闹钟提醒时间，❸ 选择"标签"选项，进入标签编辑状态，❹ 输入标签，点击"完成"按钮，❺ 返回到"添加闹钟"页面中点击"存储"按钮保存当前闹钟提醒方案，如下图所示。

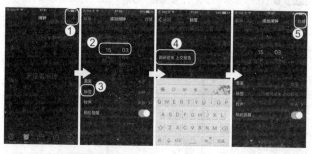

2. 借用"爱今天"管理时间

"爱今天"是一款以一万小时天才理论为主导的安卓时间管理软件，能够记录用户花费在目标上的时间，保持对自己时间的掌控，知道时间都去哪儿了，从而更加高效地利用时间。下面以添加的投资项"调研报告"为例，其具体操作步骤如下。

Step 01 打开"爱今天"程序，❶ 点击"投资"项的 ▶ 按钮，❷ 在打开的"添加目标"页面中点击"添加"按钮，❸ 进入项目添加页面中，输入项目名称，操作过程如下图所示。

Step⑫ ❶ 点击"目标"选项卡，❷ 点击"级别"项后的"点击选择"按钮，❸ 在打开的页面中选择"自定义"选项，❹ 在打开的"修改需要时间"页面中输入时间数字，如这里设置修改时间为"9"，❺ 点击"确定"按钮，操作过程如下图所示。

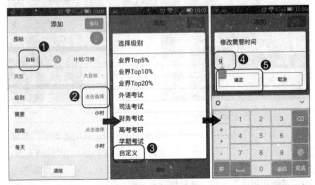

Step⑬ ❶ 点击"期限"项后的"点击选择"按钮，❷ 在弹出的日期选择器中选择当前项目的结束日期，点击"确定"按钮，程序自动将每天的时间进行平均分配，❸ 点击"保存"按钮，操作过程如下图所示。

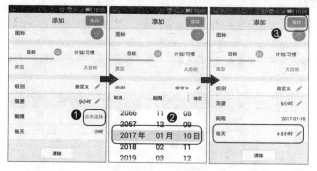

新建项目后，要开始按计划进行，可单击目标项目后的回按钮，程序自动进行计时统计。

技巧 3 邮件处理

邮件处理在办公事务中或私人事务中都会经常涉及。这里介绍一些能让邮件处理变得简单、轻松、快速和随时随地的方法技巧。

PC 端日常事务记录和处理

1. 邮件处理利器

邮件处理程序有很多，如 Outlook、Foxmail、网页邮箱等，用户可借助这些邮件处理利器来对邮件进行轻松处理。下面以 Outlook 为例进行邮件多份同时发送为例（Office 中自带的程序），其具体操作步骤为：启动 Outlook 程序，❶ 单击"新建电子邮件"按钮，进入发送邮件界面，❷ 在"收件人"文本框中输入相应的邮件地址（也可以是单一的），❸ 在"主题"文本框中输入邮件主题，❹ 在邮件内容文本框中输入邮件内容，然后单击"发送"按钮即可，如下图所示。

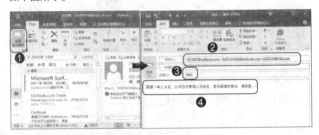

| 教您一招：发送附件 |

要发送一些文件，如报表、档案等，用户可 ❶ 单击"添加文件"下拉按钮，❷ 在弹出的下拉列表中选择"浏览此电脑"命令，❸ 在打开的对话框中选择要添加的附件文件，❹ 单击"插入"按钮，最后发送即可，如下图所示。

2. TODO 标记邮件紧急情况

收到邮件后，用户可根据邮件的紧急情况来对其进行相应的标记，如用 TODO 来标记邮件，表示该邮件在手头工作完成后立即处理，其具体操作步骤为：❶ 选择"收件箱"选项，在目标邮件上右击，❷ 在弹出的快捷菜单中选择"后续标志"命令，❸ 在弹出的子菜单命令中选择"添加提醒"命令，打开"自定义"对话框，❹ 在"标志"文本框中输入"TODO"，❺ 设置提醒日期和时间，❻ 单击"确定"按钮，如下图所示。

┃温馨提示┃∶∶∶∶∶∶

我们收到的邮件，不是全天候都有，有时有，有时没有。除了那些特别重要或紧急的邮件进行及时回复外，其他邮件，我们可以根据邮件的多少来进行处理：如果邮件的总量小于当前工作的 10%，可立即处理。若大于 10% 则可在指定时间点进行处理，也就是定时点。

3. 4D 邮件处理法

收到邮件后，用户可采取 4 种处理方法：行动（DO）或答复、搁置（Defer）、转发（Delegate）和删除（Delete）。下面分别进行介绍。

- 行动：对于邮件中重要的工作或事项，可以立即完成的，用户可立即采取行动（小于当前工作量的 10%），如对当前邮件进行答复（其方法为：打开并查看邮件后，❶ 单击"答复"按钮，❷ 进入答复界面，❸ 输入答复内容，❹ 单击"答复"按钮）。

- 搁置：对于那些工作量大于当前工作量 10% 的邮件，用户可以将其暂时放置，同时可使用 TODO 标记进行提醒。

- 转发：对于那些需要处理，同时他人处理会更加合适或效率更高的邮件，用户可将其进行转发（❶ 选择目标邮件，❷ 单击"转发"按钮，❸ 在回复邮件界面中输入收件人邮箱和主题，❹ 单击"发送"按钮），如下图所示。

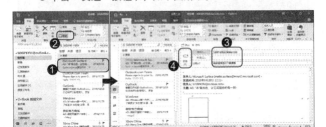

- 删除：对于那些只是传达信息或垃圾邮件，可直接将其删除，其方法为：选择目标邮件，单击"删除"按钮，如下图所示。

移动端邮件处理

1. 配置移动邮箱

当用户没有使用电脑时，为了避免重要邮件不能及时查阅和处理，用户可在移动端配置移动邮箱。下面以在手机上配置的移动 Outlook 邮箱为例进行介绍，其具体操作步骤如下。

Step01 在手机上下载并安装启动 Outlook 程序，❶ 点击"请通知我"按钮，❷ 在打开页面中输入 Outlook 邮箱，❸ 点击"添加账户"按钮，❹ 打开"输入密码"页面，输入密码，❺ 点击"登录"按钮，如下图所示。

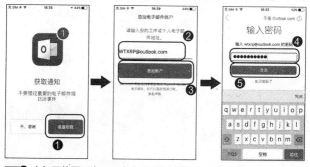

Step02 在打开的页面中，❶ 点击"是"按钮，❷ 在打开页面中点击"以后再说"按钮，如下图所示。

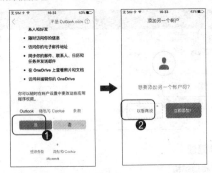

2. 随时随地收发邮件

在移动端配置邮件收发程序后，系统会自动接收邮件，用户只需对邮件进行查看即可。然后发送邮件，则需要用户手动进行操作。下面以在手机端用 Outlook 程序发送邮件为例进行介绍，其具体操作步骤为：启动 Outlook 程序，❶ 点击☑️按钮进入"新建邮件"页面，❷ 分别设置收件人、主题和邮件内容，❸ 点击▷按钮，如下图所示。

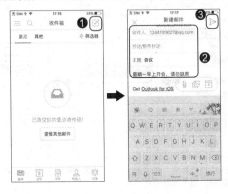

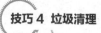

技巧 4 垃圾清理

　　用户在使用计算机或移动端的过程中都会产生大量的垃圾，会占用设备内存和移动磁盘空间，导致其他文件放置空间减少，甚至使设备反映变慢，这时需要用户手动进行清理。

PC 端垃圾清理

1. 桌面语言清理系统垃圾

　　设备运行的快慢，很大程度受到系统盘的空间大小影响。所以，每隔一段时间可以对其进行垃圾清理，以腾出更多的空间，供系统运行。为了更加方便和快捷，用户可复制一小段程序语言来自制简易的系统垃圾清理小程序，其具体操作步骤如下。

Step 01 新建空白的记事本，❶ 在其中输入清理系统垃圾的语言（可在网页上复制，这里提供一网址"http://jingyan.baidu.com/article/e9fb46e1ae37207520f76645.html"），❷ 将其保存为".bat"格式文件。

Step 02 在目标位置双击保存的清理系统 BAT 文件，系统自动对系统垃圾进行清理，如下图所示。

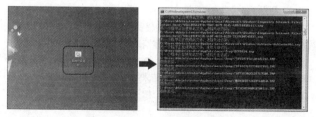

2. 利用杀毒软件清理

计算机设备中都会安装的杀毒软件，以保证计算机的安全，用户可借助这些杀毒软件进行垃圾的清理。如下面通过电脑管家软件对计算机垃圾进行清理为例，其具体操作步骤为：打开电脑管家软件，❶ 单击"清理垃圾"按钮，进入垃圾清理页面，❷ 单击"扫描垃圾"按钮，系统自动对计算机中的垃圾进行扫描，❸ 单击"立即清理"按钮清除，如下图所示。

移动端垃圾清理

1. 利用手机管家清理垃圾

移动设备上垃圾清理，可直接借助于手机上防护软件进行清理。如下面在手机上使用腾讯手机管家清理手机垃圾为例，其具体操作步骤为：启动腾讯手机管家程序，❶ 点击"清理加速"，系统自动对手机垃圾进行扫描，❷ 带扫描结束后点击"一键清理加速"按钮清理垃圾，❸ 点击"完成"按钮，如下图所示。

2. 使用净化大师快速清除垃圾

除了手动对移动设备进行垃圾清理外，用户还可以通过使用净化大师智能清理移动端垃圾，其具体操作步骤为：安装并启动净化大师程序，系统自动对手机进行垃圾清理（同时还会对后台的一些自启动程序进行关闭和阻止再启），如下图所示。

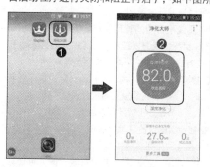

┃温馨提示┃┆┇┆┇

如果大概知道文件存储的位置，可以打开文件存储的盘符或者文件夹进行搜索，可以提高搜索的速度。

技巧 5 桌面整理

整洁有序的桌面，不仅可让用户感觉到清爽，同时，还有助于用户找到相应的程序的快捷方式或文件等。下面就介绍几个常用和实用的整理桌面的方法技巧。

PC 端桌面整理

1. 桌面整理原则

整理电脑桌面，并不是将所有程序的快捷方式或文件删除，而是要让其更加简洁和实用，用户可以遵循如下几个原则。

(1) 桌面是系统盘的一部分，因此桌面的文件越多，占有系统盘的空间越大，直接会影响到系统的运行速度，所以用户在整理电脑桌面时，需将各类文件或文件夹剪切放置到其他的盘符中，如 E 盘、F 盘等，让桌面上尽量是快捷图标方式。

(2) 对于桌面上不需要或不常用的程序快捷方式，用户可手动将其删除(其方法为：选择目标快捷方式选项，按【Delete】键删除)，让桌面上放置常用的快捷方式，从而让桌面更加简洁清爽。

(3) 对桌面文件或快捷方式较多时，用户可按照一定的顺序对其进行整理排列，如名称、时间等，让桌面放置对象显得有条理，同时，将桌面上的对象集中放置，而不是处于散乱放置状态，其方法为：在桌面任一空白处右击，❶ 在弹出的快捷菜单中选择"排序方式"命令，❷ 在弹出的子菜单中选择相应的排列选项，如下左图所示。

(4) 桌面图标的大小要适度，若桌面上的对象较少时，可让其以大图标或中等图标显示；若对象较多时，则最好用小图标。其更改方法为：在桌面任一空白处右击，❶ 在弹出的快捷菜单中选择"查看"命令，❷ 在弹出的子菜单中选择相应的排列选项，如下右图所示。

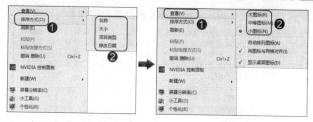

2. 用 QQ 管家整理桌面

用户不仅可以手动对桌面对象进行整理，同时还可以借助于 QQ 管家整理桌面，让对象智能分类，从而让桌面显得整洁有序、结构分明，其操作步骤如下。

打开电脑管家操作界面，❶ 单击"工具箱"按钮，❷ 单击"桌面整理"按钮，即可完成桌面的快捷整理，如下图所示。

| 教您一招：再次桌面整理或退出桌面整理 |

　　使用 QQ 管家进行桌面整理后，桌面上又产生了新的文件或快捷方式等对象，可在桌面任意空白位置处右击，在弹出的快捷菜单中选择"一键桌面整理"命令，如下左图所示；若要退出桌面整理应用，可在桌面任意空白位置处右击，在弹出的快捷菜单中选择"退出桌面整理"命令，如下右图所示。

移动端手机桌面整理

　　随着手机中 App 程序的增多，手机桌面将会越来越挤、越来越杂，给用户在使用上造成一定的麻烦，这时用户可按照如下几种方法对手机桌面进行整理。

　　(1) 卸载 App 程序：对于手机中那些不必要的程序或很少使用的程序以及那些恶意安装的程序，用户可将其直接卸载。其方法为：❶ 按住任一 App 程序图标，直到进入让手机处于屏幕管理状态，单击目标程序图标上出现的卸载符号 ，❷ 在弹出的面板中点击"删除"按钮，删除该程序桌面图标并卸载该程序，如下图所示。

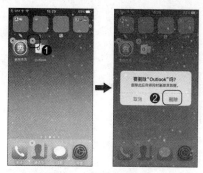

(2) 移动 App 程序图标位置：手机桌面分成多个屏幕区域，用户可将指定程序图标移到指定的位置（也可是当前屏幕区域的其他位置），其方法为：进入屏幕管理状态后，按住指定程序图标并将其拖动到目标屏幕区域位置，然后释放。

(3) 对 App 程序图标归类：若是 App 程序图标过多，用户可将指定 App 程序图标放置在指定的文件夹中。其方法为：进入屏幕管理状态，❶ 按住目标程序图标移向另一个目标程序图标，让两个应用处于重合状态，系统自动新建文件夹，❷ 输入文件夹名称，❸ 点击"完成"按钮，点击桌面任一位置退出的文件夹编辑状态，完成后即可将多个程序放置在同一文件夹中，如下图所示。

(4) 使用桌面整理程序: 在手机中(或是平板电脑中), 用户也可借助于一些桌面管理程序, 自动对桌面进行整理, 如 360 手机桌面、点心桌面等。下面是使用 360 手机桌面程序整理的效果样式。

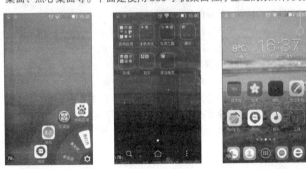

技巧 6　文件整理

无论是计算机、手机还是其他设备, 都会存在或产生大量的文件。为了便于管理和使用这些文件，用户可掌握一些常用和实用的文件整理的方法和技巧。

PC 端文件整理

1. 文件整理 5 项原则

在使用计算机进行办公或使用过程中，会随着工作量的增加、时间的延长，增加大量的文件。为了方便文件的处理和调用等，用户可按照如下 5 项原则进行整理。

(1) 非系统文件存放在非系统盘中：系统盘中最好存放与系统有关的文件，或是尽量少放与系统无关的文件。因为系统盘中存放过多会直接导致计算机卡顿，同时容易造成文件丢失，造成不必要的损失。

(2) 文件分类存放：将同类文件或相关文件尽量存放在同一文件夹中，便于文件的查找和调用。

(3) 文件或文件夹命名准确：根据文件内容对文件进行准确命令，同样，将存放文件的文件夹进行准确的命令，从而便于文件的查找和管理。

(4) 删除无价值文件：对于那些不再使用或无实际意义的文件或文件夹，可将它们直接删除，以腾出更多空间放置有价值的文件或文件夹。

(5) 重要文件备份：为了避免文件的意外损坏或丢失，用户可通过复制的方式对重要文件进行手动备份。

2. 搜索指定文件

当文件放置的位置被遗忘或手动寻找比较烦琐时，可通过搜索文件来快速将其找到，从而提高工作效率，节省时间和精力。

在桌面双击"计算机"快捷方式，❶ 在收缩文本框中输入搜索文件名称或部分名称(若能确定文件存放的盘符，可先进入该盘符)，如这里输入"会议内容"，按【Enter】键确认并搜索，❷ 系统自动进行搜索找到该文件，用户可根据需要对其进行相应操作，如复制、打开等，如下图所示。

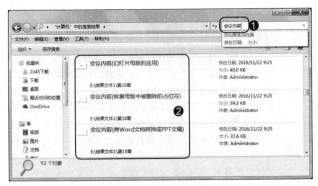

3. 创建文件快捷方式

对于一些经常使用到或最近常要打开的文件或文件夹，用户可以为其在桌面上创建快捷方式，便于再次快速打开。

在目标文件或文件夹上右击，❶ 在弹出的快捷菜单中选择"发送到"命令，❷ 在弹出的子菜单中选择"桌面快捷方式"命令，操作如下图所示。

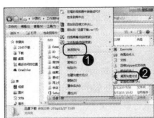

效果

移动端文件整理

1. TXT 文档显示混乱

移动设备中 TXT 文档显示混乱，很大可能是该设备中没有安装相应的 TXT 应用程序。这时，可下载安装 TXT 应用来轻松解决。下面以苹果手机中下载 txt 阅读器应用为例进行讲解。

Step01 打开 "App Store"，❶ 在搜索框中输入 "txt 阅读器"，❷ 在搜索到应用中点击需要应用的 "获取" 按钮，如这里点击 "多多阅读器" 应用的 "获取" 按钮进行下载，❸ 点击 "安装" 按钮进行安装，❹ 点击 "打开" 按钮，如下图所示。

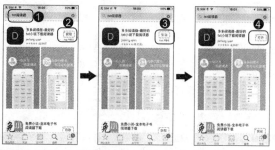

Step02 ❶ 在弹出的面板中点击 "允许"/"不允许" 按钮，❷ 在弹出的面板中点击 "Cancel" 按钮，完成安装，如下图所示。

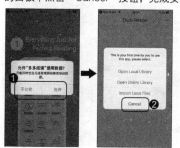

| 温馨提示 |:::::::

　　手机或 iPad 等移动设备中，一些文档需要 PDF 阅读器进行打开。一旦这类文档出现混乱显示，可下载安装 PDF 阅读器应用。

2. Office 文档无法打开

Office 文档无法打开，也就是 Word、Excel 和 PPT 文件无法正常打开，这对协同和移动办公很有影响，不过用户可直接安装相应的 Office 应用，如 WPS Office，或单独安装 Office 的 Word、Excel 和 PPT 组件。这里以苹果手机中下载 WPS Office 应用为例进行讲解。

Step01 打开"App Store"，❶ 在搜索框中输入"Office"，点击"搜索"按钮在线搜索，❷ 点击 WPS Office 应用的"获取"按钮，如下图所示。

Step02 ❶ 点击"安装"按钮安装，❷ 点击"打开"按钮，❸ 在弹出的面板中点击"允许"/"不允许"按钮，如下图所示。

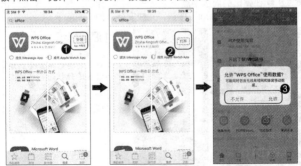

3. 压缩文件无法解压

在移动端中压缩文件无法解压，很可能是没有解压应用程序，这时用户只需下载并安装该类应用程序。下面在应用宝中下载解压应用程序为例进行介绍。

打开"应用宝"应用程序，❶ 在搜索框中输入"Zip"，❷ 点击"搜索"按钮，❸ 点击"解压者"应用的"下载"按钮，❹ 点击"安装"按钮，❺ 点击"安装"按钮，❻ 点击"下一步"按钮，❼ 点击"完成"按钮，如下图所示。

温馨提示

要对指定文件进行解压，只需打开解压工具，选择要解压文件选项，然后进行解压。

技巧 7 文件同步

数据同步是指移动设备能够迅速实现与台式计算机、笔记本电脑等实现数据同步与信息共享，保持数据完整性和一致性。下面就分别介绍的 PC 端和移动端的文件同步的常用方法和技巧。

PC 端文件同步

1. 数据同步

数据同步，特点在于"同步"，也就是数据的一致性和安全性及操作简单化，实现多种设备跨区域进行文件同步查看、下载。

- 一致性：保证在多种设备上能及时查看、调用和下载到最新的文件，如刚上传的图片、刚修改内容的文档，刚收集的音乐等。
- 安全性：同步计数能将本地的文件，同步上传到指定网盘中，从而自动生成了备份文件，这就增加了文件安全性，即使本地文件损坏、遗失，用户都能从网盘中下载找回。
- 操作简单化：随着网络科技的发展，同步变得越来越简单和智能，如 OneDrive、百度云、360 云盘等，只需用户指定同步文件，程序自动进行文件上传和存储。

2. OneDrive 上传

在 Office 办公文档中，用户可直接在当前程序中将文件上传到 OneDrive 中进行文件备份和共享，如在 Excel 中将当前工作簿上传到 OneDrive 的 "文档" 文件夹中，其具体操作步骤如下。

Step01 单击 "文件" 选项卡进入 Backstage 界面，❶ 单击 "另存为" 选项卡，❷ 双击登录成功后的 OneDrive 个人账号图标，打开 "另存为" 对话框，如下图所示。

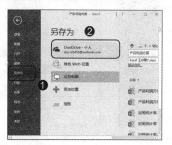

Step02 ● 选择"文档"文件夹，● 单击"打开"按钮，● 单击"保存"
按钮，同步上传文件，如下图所示。

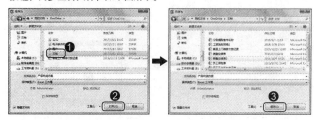

3. 文件同步共享

在 Office 组件中对文件进行同步上传，只能将当前文件同步上
传，同时也只能将当前类型的文件同步上传。当用户需要将其他类
型文件（如图片、音频、视频等）同步上传，就无法做到。此时，
用户可使用 OneDrive 客户端来轻松解决。下面将指定文件夹中所
有的文件同步上传。

Step01 按【Windows】键，● 选择"Microsoft OneDrive"选项启动
OneDrive 程序，● 在打开的窗口中输入 Office 账号，● 单击"登录"按钮，
如下图所示。

Step 02 ❶ 在打开的"输入密码"窗口中输入 Office 账号对应的密码，❷ 单击"登录"按钮，❸ 在打开的窗口中单击"更改位置"超链接，如下图所示。

Step 03 打开"选择你的 OneDrive 位置"对话框，❶ 选择要同步上传共享的文件夹，❷ 单击"选择文件夹"按钮，❸ 在打开的窗口中选中的相应的复选框，❹ 单击"下一步"按钮，如下图所示。

Step 04 在打开的窗口中即可查看到共享文件夹的时时同步状态，在任务栏中单击 OneDrive 程序图标，也能查看到系统自动将 OneDrive 中的文件进行下载同步的当前进度状态，如下图所示。

文件同步下载状态

文件同步状态

教您一招：断开 OneDrive 同步

❶ 在任务栏中单击 OneDrive 图标，❷ 在弹出的菜单选项中选择"设置"命令，打开"Microsoft OneDrive"对话框，❸ 单击"账户"选项卡，❹ 单击"取消链接 OneDrive"按钮，❺ 单击"确定"按钮，如下图所示。

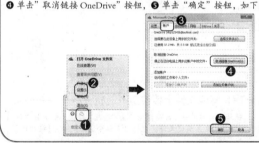

4. 腾讯微云

在 Office 办公文档中，用户可直接在当前程序中将文件上传到 OneDrive 中进行文件备份和共享，如在 Excel 中将当前工作簿上传到 OneDrive 的"文档"文件夹中，其具体操作步骤如下。

Step01 下载并安装腾讯微云并将其启动，❶ 单击"QQ 登录"选项卡，❷ 输入登录账户和密码，❸ 单击"登录"按钮，❹ 在主界面中单击"添加"按钮，如下图所示。

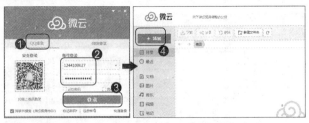

Step02 打开"上传文件到微云"对话框，❶ 选择要同步上传的文件或文件夹，❷ 在打开的对话框中单击"上传"按钮，❸ 单击"开始上传"按钮，如下图所示。

| 教您一招：修改文件上传位置 |

❶ 在"选择上传目的地"对话框中单击"修改"按钮，❷ 单击"新建文件夹"超链接，❸ 为新建文件夹进行指定命令，按【Enter】键确认，❹ 单击"开始上传"按钮，如下图所示。

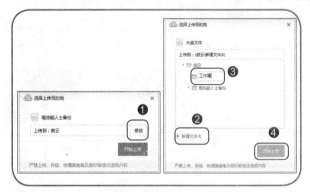

Step 03 系统自动将整个文件夹上传到腾讯云盘中(用户可单击"任务列表"选项卡,查看文件上传情况,如速度、上传不成功文件等),如下图所示。

指定文件夹上传到腾讯云端状态

| 教您一招: 修改文件上传位置 |

　　要将腾讯云中的文件或文件夹等对象下载到本地计算机上,可在目标对象上右击,在弹出的快捷菜单中选择"下载"命令。

移动端文件同步

1. 在 OneDrive 中下载文件

　　通过计算机或其他设备将文件或文件夹上传到 OneDrive 中,用户不仅可以在其他计算机上进行下载,同时还可以在其他移动设备上进行下载。如在手机中通过 OneDrive 程序下载指定 Office 文件,其具体操作步骤如下。

Step01 在手机上下载安装 OneDrive 程序并将其启动，❶ 在账号文本框中输入邮箱地址，❷ 点击"前往"按钮，❸ 在"输入密码"页面中输入密码，❹ 点击"登录"按钮，如下图所示。

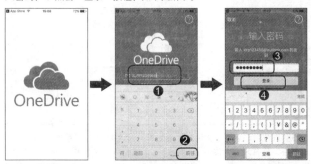

Step02 ❶ 选择目标文件，如这里选择"产品利润方案（1）"，❷ 进入预览状态点击 Excel 图表按钮，❸ 系统自动从 OneDrive 中进行工作簿下载，如下图所示。

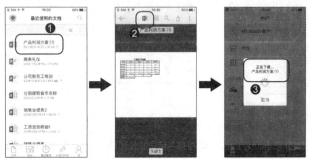

Step03 系统自动将工作簿以 Excel 程序打开，❶ 点击 🖫 按钮，❷ 设置保存工作簿的名称，❸ 在"位置"区域中选择工作簿保存的位置，如这里选择"iPhone"，❹ 点击"保存"按钮，系统自动将工作簿保存

到手机上，实现工作簿文件从 OneDrive 下载到手机上的目的，如下图所示。

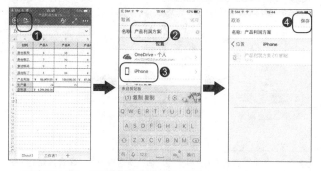

| 教您一招：下载图片对象 |

❶ 选择目标图片，进入到图片显示状态，❷ 点击 按钮，❸ 在弹出的下拉选项中选择"下载"选项，如右图所示。

2. 将文件上传到腾讯微云中

在移动端不仅可以下载文件，同时也可将文件上传到指定的网盘中，如腾讯微云、360 网盘及 OneDrive 中。由于它们大体操作基本相同，如这里以在手机端上传文件到腾讯微云中进行备份保存为例。其具体操作步骤如下。

Step01 在手机上下载安装腾讯微云程序并将其启动，❶ 点击"QQ登录"

按钮，❷ 在 QQ 登录页面中分别输入 QQ 账号和密码，❸ 点击"登录"按钮，❹ 点击▓按钮，如下图所示。

Step 02 ❶ 选择需要上传的文件类型，如这里选择图片，❷ 选择要上传图片选项，❸ 点击"上传"按钮，❹ 系统自动将文件上传到腾讯微云中，如下图所示。

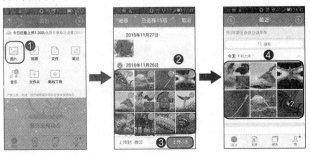

技巧 8 人脉与通讯录管理

我们每个人都是社会中的一员，与相关人员发生这样或那样的关系。这就产生了人际关系网，也就是人脉。为了更好地管理这些人际关系或人脉的信息数据，用户可以使用一些实用和高效的方法和技巧。

PC 端人脉管理

1. 脉客大师

脉客大师是一款可以拥有方便快捷的通讯录管理功能，可使用户更好、更方便管理人脉资料的软件。其中较为常用的人脉关系管理主要包括通讯录管理、人脉关系管理。下面通过对同事通讯录进行添加并将他们之间的人脉关系进行整理为例，其具体操作步骤如下。

Step 01 在官网上下载并安装脉客大师（http://www.cvcphp.com/index.html），❶ 双击"脉客大师"快捷方式将其启动，❷ 在打开的窗口中输入用户名和密码（默认用户名和密码都是"www.cvcphp.com"），❸ 单击"登录"按钮，打开"快速提醒"对话框，❹ 单击"关闭"按钮，如下图所示。

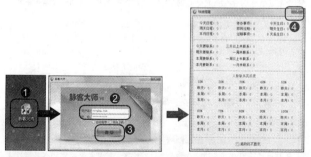

Step 02 进入脉客大师主界面，❶ 在右侧关系区域选择相应的人脉关系选项，如这里选择"同事"选项，❷ 单击"通讯录添加"选项卡，❸ 输入相应通讯录内容，❹ 单击"保存"按钮，如下图所示。

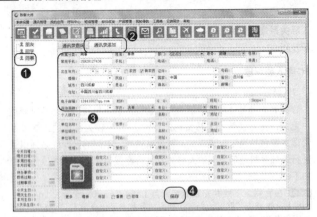

| 教您一招: 更改人脉关系 | ::::::::

随着时间的推移人际关系可能会发生这样或那样的变化, 通讯录中的关系也需要作出及时的调整: 一是自己人脉关系的调整, 二是联系人之间的关系调整。

● 在通讯录中要将关系进行调整, 可在目标对象上右击, ❶ 在弹出的快捷菜单中选择 "修改" 命令, ❷ 在弹出的子菜单中选择 "修改" 命令, 打开通讯录修改对话框, 在关系文本框中单击, ❸ 在弹出的下拉选项中选择相应的关系选项, 如下图所示。

● 对通讯录中人员之间的人脉关系进行修改, 特别是朋友、恋人这些可能发生变化的修改, ❶ 选择目标对象, ❷ 在人脉关系选卡中双击现有的人脉关系, 打开人脉关系对话框, 在人脉关系上右击, ❸ 在弹出的快捷菜单中选择 "删除" 命令 (若有其他关系, 可通过再次添加人际关系的方法添加), 如下图所示。

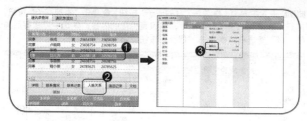

2. 鸿言人脉管理

鸿言人脉管理是一款用来管理人际关系及人际圈子的共享软件，该软件可以方便、快捷、安全地管理自己的人脉信息，并且能直观地展示人脉关系图，如下图所示。

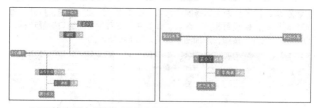

下面就分别介绍添加圈子和添加关系的操作方法。

（1）添加圈子

Step 01 在官网上下载并安装鸿言人脉管理软件（http://www.hystudio.net/1.html），❶ 双击"鸿言人脉管理"快捷方式，❷ 在打开的登录对话框中输入密码（默认密码是"123456"），❸ 单击"登录"按钮，如下图所示。

Step 02 进入主界面，❶ 单击"我的圈子"按钮，❷ 单击"添加圈子"按钮，打开"添加我的圈子"对话框，❸ 设置相应的内容，❹ 选中"保存后关闭窗口"复选框，❺ 单击"保存"按钮，如下图所示。

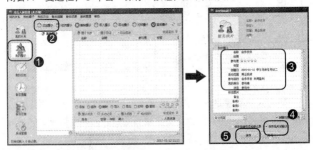

Step 03 ❶ 在圈子列表中选择圈子选项，❷ 单击"添加"按钮，打开"添加"对话框，❸ 设置相应的内容，❹ 选中"保存后关闭窗口"复选框，❺ 单击"保存"按钮，添加圈子成员，如下图所示。

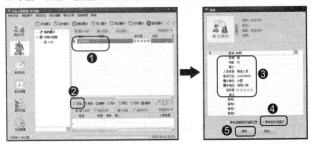

（2）添加我的关系

❶ 在主界面中单击"我的关系"按钮，❷ 单击"添加关系"按钮，打开"添加我的关系"对话框，❸ 设置相应的内容，❹ 选中"保存后关闭窗口"复选框，❺ 单击"保存"按钮，如下图所示。

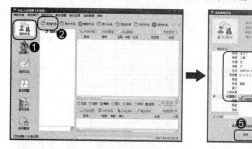

教您一招：为关系人员添加关系 ┊┊┊┊┊┊

要为自己关系的人员添加关系人员，从而帮助自己扩大关系图，❶用户可在"关系列表"中选择目标对象，❷单击"对方关系"选项卡，❸单击"添加"按钮，❹在打开的"添加对方关系"对话框中输入相应内容，❺选中"保存后关闭窗口"复选框，❻单击"保存"按钮，如下图所示。

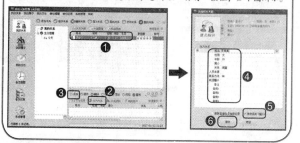

3. 佳盟个人信息管理软件

佳盟个人信息管理软件集合了好友与客户管理等应用功能，是一款性能卓越、功能全面的个人信息管理软件。其中人脉管理模块能帮助用户记录和管理人脉网络关系。下面在佳盟个人信息管理软件中添加朋友的信息为例进行介绍。

Step01 在官网上下载并安装佳盟个人信息管理软件（http://www.baeit.com/），❶ 双击"佳盟个人信息管理软件"快捷方式，❷ 在打开的对话框中输入账号和密码（新用户注册可直接在官网中进行），❸ 单击"登录"按钮，如下图所示。

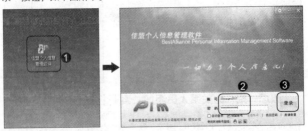

Step02 ❶ 在打开的对话框中单击"我的主界面"按钮进入主界面，❷ 选择"人脉管理"选项，展开人脉管理选项和界面，❸ 单击"增加好友"按钮，如下图所示。

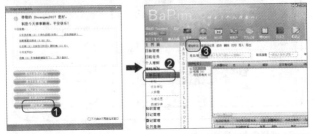

Step03 打开"好友维护"对话框，❶ 在其中输入相应的信息，❷ 单击"保存"按钮，❸ 返回到人脉关系的主界面中即可查看到添加的好友信息，如下图所示。

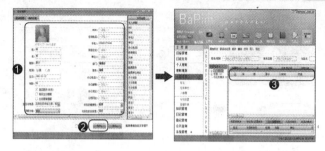

移动端人脉管理

1. 名片管理和备份

名片在商务活动中应用非常广泛，用户要用移动端收集和管理这些信息，可借用一些名片的专业管理软件，如名片全能王。

（1）添加名片并分组

Step 01 启动名片管理王，进入主界面，❶ 点击 ◉ 按钮，❷ 进入拍照界面，对准名片，点击拍照按钮，程序自动识别并获取名片中的关键信息，❸ 点击"保存"按钮，如下图所示。

Step 02 ❶ 选择"分组和备注"选项，❷ 选择"设置分组"选项，❸ 选择

"新建分组"选项，如下图所示。

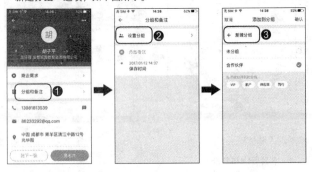

|温馨提示|:::::::

　　在新建分组页面中，程序会默认一些分组类型，如客户、供应商、同行、合作伙伴等。若满足用户需要，可直接对其进行选择调用，不用在进行新建分组的操作。

Step03 打开"新建分组"面板，❶ 在文本框中输入分组名称，如这里输入"领导"，❷ 点击"完成"按钮，❸ 点击"确认"按钮完成操作，如下图所示。

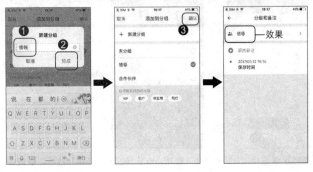

（2）名片备份

Step 01 在主界面，❶ 点击"我"按钮，进入"设置"页面，❷ 点击"账户与同步"按钮，进入"账户与同步"页面，❸ 选择相应备份方式，如这里选择"添加备份邮箱"选项，如下图所示。

Step 02 进入"添加备用邮箱"页面，❶ 输入备用邮箱，❷ 点击"绑定"按钮，❸ 在打开的"查收绑定邮件"页面中输入验证码，❹ 点击"完成"按钮，如下图所示。

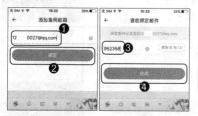

温馨提示

与邮箱绑定后，程序自动将相应名片自动保存到绑定邮箱中，一旦名片数据丢失，可在邮箱中及时找回。

2. 合并重复联系人

在通讯录中若是有多个重复的联系人，则会让整个通讯录变得臃肿，不利于用户的使用。这时，用户可使用 QQ 助手来合并那些重复的联系人，其具体操作步骤如下。

Step01 启动 QQ 同步助手，进入主界面，❶ 点击左上角的 按钮，❷ 在打开的页面中选择"通讯录管理"选项，进入"通讯录管理"页面，❸ 选择"合并重复联系人"选项，如下图所示。

Step02 程序自动查找到重复的联系人，❶ 点击"自动合并"按钮，❷ 点击"完成"按钮，❸ 在弹出的"合并成功"面板中单击相应的按钮，如这里点击"下次再说"按钮，如下图所示。

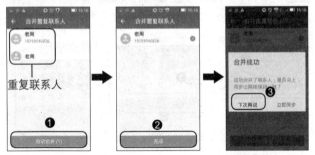

3. 恢复联系人

若是误将联系人删除或需要找回删除的联系人，可使用 QQ 同步助手将其快速准确的找回，其具体操作步骤如下。

Step01 在 QQ 同步助手主界面中，❶ 点击左上角的 按钮，❷ 在打开的页面中选择"号码找回"选项，进入"号码找回"页面，程序自动找到删除的号码，❸ 点击"还原"按钮，如下图所示。

Step 02 ❶ 在打开的"还原提示"面板中点击"确定"按钮，打开"温馨提示"面板，❷ 点击"确定"按钮，如下图所示。

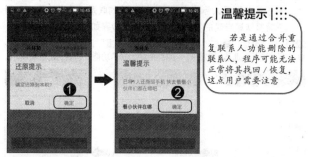

| 温馨提示 |

若是通过合并重复联系人功能删除的联系人，程序可能无法正常将其找回 / 恢复，这点用户需要注意

53

| 教您一招: 与QQ绑定 |::::::: ——

无论是使用 QQ 同步助手合并重复联系人, 还是恢复联系人, 首先需要将其绑定指定 QQ (或是微信), 其方法为: ❶ 在主界面中点击 按钮, 进入"账号登录"页面, ❷ 点击"QQ 快速登录"按钮 (或是"微信授权登录"按钮), ❸ 在打开的登录页面, 输入账号和密码, ❹ 点击登录按钮, 如下图所示。

4. 利用微信对通讯录备份

若是误将联系人删除或需要找回删除的联系人, 可使用 QQ 同步助手将其快速准确的找回, 其具体操作步骤如下。

Step01 启动微信, ❶ 在"我"页面中点击"设置", 进入"设置"页面, ❷ 选择"通用"选项, ❸ 在打开的页面中选择"功能"选项, 如下图所示。

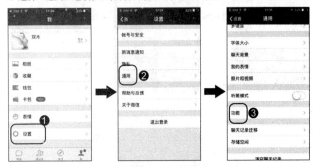

Step02 进入到"功能"页面, ❶ 选择"通讯录同步助手"选项, 进入"详细资料"页面, ❷ 点击"启用该功能"按钮, ❸ 启用通讯录同步助手,

如下图所示。

技巧 9 空间整理术

是否能很好地提高办公效率，空间环境在其中会起到一定的作用。因此，一个高效率办公人士，也要会懂得几项实用的空间整理术。

1. 办公桌整理艺术

办公桌是办公人员的主要工作场所，也是主要"战斗"的地方，为了让工作效率更高，工作更加得心应手，用户可按照如下几条方法对办公桌进行整理，其具体操作方法如下。

(1) 常用办公用品放置办公桌上。

日常的办公用品，如便签、签字笔、订书机、固体胶等，可以将它们直接放在办公桌上，方便随时地拿取和使用，也避免放置在抽屉或其他位置不易找到，花去不必要的时间寻找。当然，对于一些签字笔、橡皮擦、修正液等，用户可将它们统一放在笔筒里。

(2) 办公用品放置办公桌的固定位置。

若是办公用品多且杂，用户可以将它们分配一个固定的地方，每次使用完毕后，可将其放回在原有的位置，这样既能保证办公桌的规整，同时，方便再次快速找到它。

(3) 办公用品放置伸手可及的位置。

对于那些最常用的办公用品，不要放在较远的地方，最好是放置在伸手可及的位置，这样可以节省很多移动拿办公用品的碎片时间，从而更集中精力和时间在办公上。

(4) 办公桌不要慌忙整理。

当一项事务还没有完成，用户不必要在下班后对其进行所谓的"及时"整理，因为再次接着做该事项，会发现一些用品或资料不在以前的位置，从而会花费一些时间进行设备和资料的寻找，浪费时间，也不利于集中精力开展工作。

(5) 抽屉里的办公用品要整理。

一些不常用的办公用品或设备会放置在抽屉中，但并不意味可以随意乱放，也需要将其规整，以方便办公用品或设备的寻找和使用。

2. 文件资料整理技巧

文件资料的整理并不是将所有资料进行打包或直接放进纸箱，需要一定整理技巧。下面介绍几种常用的整理资料的技巧，帮助用户提高资料整理、保管和查阅调用的效率。

(1) 正在开展事项的文件资料整理。

对于正在开展事项的文件资料，用户可根据项目来进行分类，同时，将同一项目或相关项目的文件资料放在一个大文件夹。若是文件项目过多，用户可以将它们放在多个文件夹中，并分别为每一文件夹贴上说明的标签，从而方便对文件资料的快速精确查找。

把近期需要处理的文件资料放在比较显眼的地方，并一起将它们放置在"马上待办"文件夹中。把那些现在无法处理或不急需处理的文件资料放置在"保留文件"文件夹中。对于一些重复的文件资料，可保留一份，将其重复多余的文件资料处理掉，如粉碎等。

(2) 事项开展结束的文件资料整理。

事项结束后，相应的文件资料应该进行归类处理并在相应的文件夹上贴上说明标签。其遵循的原则是：是否便于拿出、是否便于还原、是否能及时找到。因此，用户可按照项目、内容、日期、客户名称、区域等进行分类。同时，在放置时，最好按照一定顺序进行摆放，如 1 期资料→ 2 期资料→ 3 期资料。

3. 书籍、杂志、报刊的整理

书籍、杂志、报刊的整理技巧有如下几点。

(1) 将书籍、杂志和报刊的重要内容或信息进行摘抄或复印，将它们保存在指定的笔记本电脑中或计算机中（中以 Word 和 TXT 存储）。一些特别的内容页，用户可将它们剪下来进行实物保管。这样，那些看过的书籍、报刊和杂志就可以处理掉，从而不占用有空间。

(2) 对于一些重要或常用的书籍，如工具书等，用户可将它们放置在指定位置，如书柜。

(3) 对于杂志和报刊，由于信息更新非常快，在看完后，可以直接将其处理掉或将近期杂志报刊保留，将前期的杂志报刊处理掉。

技巧 10 支付宝和微信快捷支付

支付宝和微信的快捷支付在一定程度上改变了广大用户的支付方式和支付习惯，为人们的消费支付带来了很大的便利和一定实惠。

PC 端支付宝快捷支付

1. 设置高强度登录密码

登录密码是支付宝的第一道保护，密码最好是数字和大小字母的组合，形成一种高强度的保护（当然，用户更不能设置成自己的生日、纪念日、相同的数字等，因为很容易被他人猜中）。若是设置的登录密码过于简单，用户可对其进行更改，其具体操作步骤如下。

Step01 登录支付宝，❶ 在菜单栏中单击"账户设置"菜单导航按钮，❷ 单击登录密码对应的"重置"超链接，如下图所示。

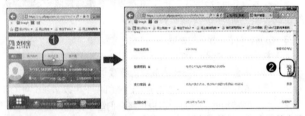

Step02 ❶ 单击相应的验证方式对应的"立即重置"按钮，如这里单击通过登录密码验证方式对应的"立即重置"按钮，❷ 在"登录密码"文本框中输入原有密码，❸ 单击"下一步"按钮，如下图所示。

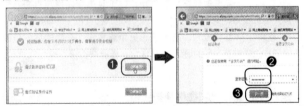

Step03 ❶ 在输入"新的登录密码"和"确认新的登录密码"文本框中输入新的密码（两者要完全相同），❷ 单击"确认"按钮，在打开的页面中即可查看到重置登录密码成功，如下图所示。

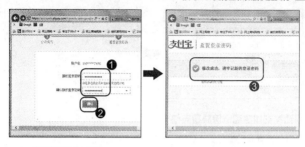

2. 设置信用卡还款

设置信用卡还款的操作步骤如下。

Step 01 ❶ 在菜单栏中单击"信用卡还款"菜单导航按钮，❷ 在打开的页面中设置信用卡的发卡行、卡号及还款金额，❸ 单击"提交还款金额"按钮，如下图所示。

Step 02 ❶ 在打开的页面中选择支付方式，❷ 输入支付宝的支付密码，❸ 单击"确认付款"按钮，如下图所示。

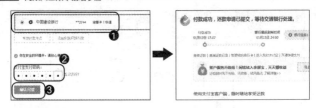

移动端支付宝和微信快捷支付

1. 设置微信支付安全防护

要让微信支付更加安全、更加放心和更加可靠，用户可设置微信支付的安全防护，从而防止自己的微信钱包意外"掉钱"，如这里以开启手势密码为例，其具体操作步骤如下。

Step01 登录微信，❶ 点击"我"按钮进入到"我"页面，❷ 选择"钱包"选项进入"钱包"页面，❸ 点击■■■按钮，❹ 在弹出的面板中选择"支付管理"选项，如下图所示。

Step02 进入"支付管理"页面，❶ 滑动"手势密码"上的滑块到右侧，❷ 在打开的"验证身份"页面中输入设置的支付密码以验证身份，❸ 在"开启手势密码"页面中先后两次绘制同样的支付手势，如下图所示。

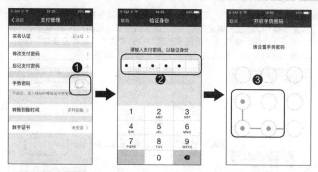

2. 微信快捷支付和转账

要让微信支付更加安全、更加放心和更加可靠，用户可设置微信支付的安全防护，从而防止自己的微信钱包意外"掉钱"，如这里以开启手势密码为例，其具体操作步骤如下。

Step01 登录微信，❶ 点击"我"按钮进入"我"页面，❷ 选择"钱包"选项进入"钱包"页面，❸ 选择"信用卡还款"选项，❹ 点击"我要还款"按钮，如下图所示。

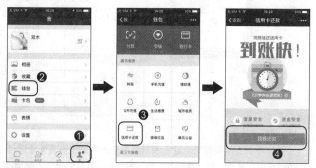

Step02 ❶ 在打开的"添加信用卡"页面中要先添加还款的信用卡信息，

包括信用卡号、持卡人和银行信息（只有第一次在微信绑定信用卡才会有此步操作，若是已绑定，则会跳过添加信用卡的页面操作），❷ 点击"确认绑卡"按钮，❸ 进入"信用卡还款"页面中点击"现在去还款"按钮，❹ 输入还款金额，❺ 点击"立即还款"按钮，如下图所示。

Step 03 ❶ 在弹出的面板中输入支付密码，❷ 点击"完成"按钮，如下图所示。

3. 微信快捷支付

微信不仅能够发信息、红包和对信用卡还款，还能直接通过付款功能来进行快捷支付，特别是一些小额支付，其具体操作步骤为：

点击"我"按钮进入"我"页面，选择"钱包"选项进入"钱包"页面，
❶ 点击"付款"按钮（要为微信好友进行转账，可在"钱包"页面
选择"转账"选项，在打开页面中选择转账好友对象，然后输入支
付密码即可），❷ 在"开启付款"页面中输入支付密码，程序自动
弹出二维码，用户让商家进行扫描即可快速实现支付，如下图所示。

4. 用支付宝给客户支付宝转账

若是自己和客户都安装了支付宝，对于一些金额不大的来往，
可直接通过支付宝来快速完成，其具体操作步骤如下。

Step 01 打开支付宝，❶ 选择目标客户对象，❷ 进入对话页面点击 ⊕ 按钮，
❸ 点击"转账"按钮，❹ 在打开的页面中输入转账金额，❺ 点击"确
认转账"按钮，如下图所示。

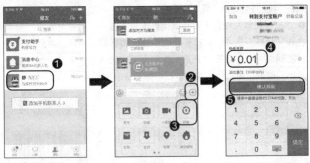

Step 02 ❶ 打开的"输入密码"页面中输入支付密码，系统自动进行转账，❷ 点击"完成"按钮，系统自动切换到会话页面中并等待对方领取转账金额，如下图所示。